插入条码

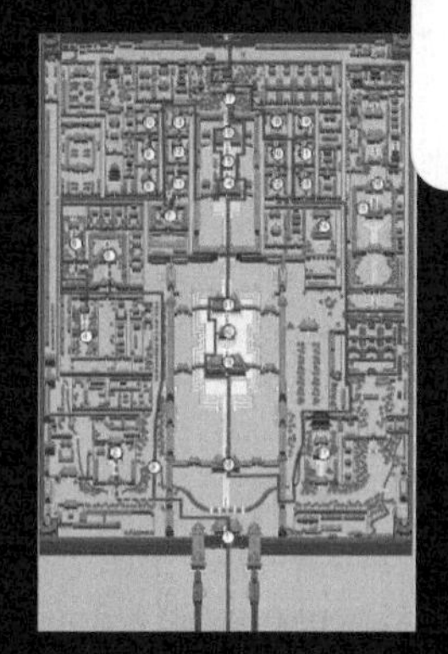

使用手绘工具绘制旅游导览图

绘制卡通插画

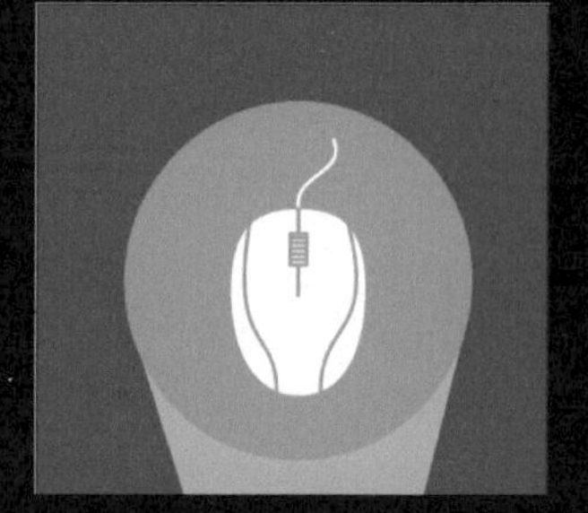

使用贝塞尔绘制鼠标图标

使用钢笔绘制T恤

绘制日历

使用星形工具绘制网店店招

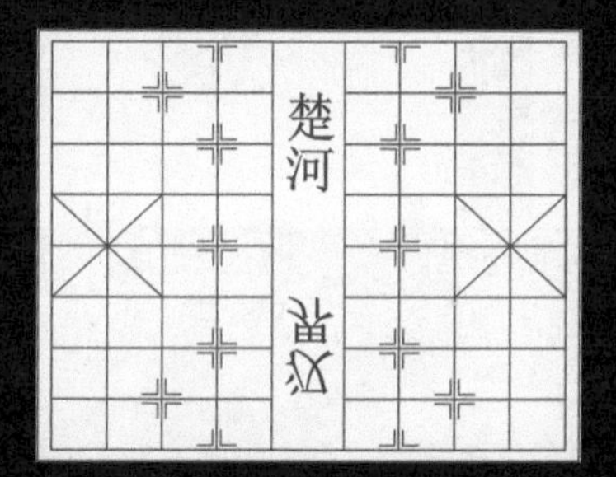

使用图纸工具绘制象棋盘

使用心形工具绘制梦幻壁纸

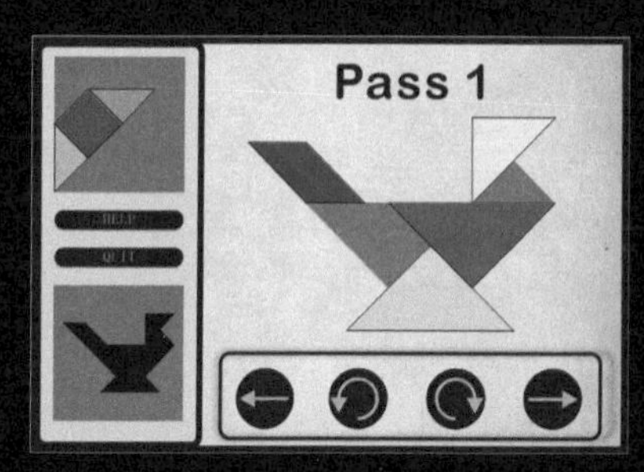

使用几何工具绘制七巧板

绘制卡通兔子

制作下沉文字效果

制作请柬封面

精 彩 实 例

制作咖啡员招聘简章

制作房地产广告宣传单

绘制卡通画

绘制红酒瓶

绘制太阳

用涂抹笔制作鳄鱼

用粗糙制作蛋挞招贴

使用调和工具制作手机

鼠标

修饰插画效果

制作中国风剪纸

制作优惠券

自制壁纸

制作音乐海报

制作购物广告

矫正图像

通过【位图颜色遮罩】去除海报背景

制作相机广告

汽车户外广告设计

购物广告设计

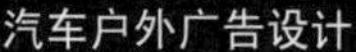

精 彩 实 例

LOGO设计

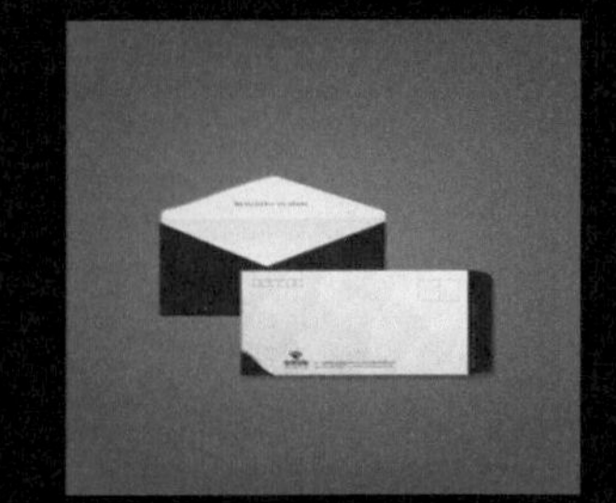

信封设计

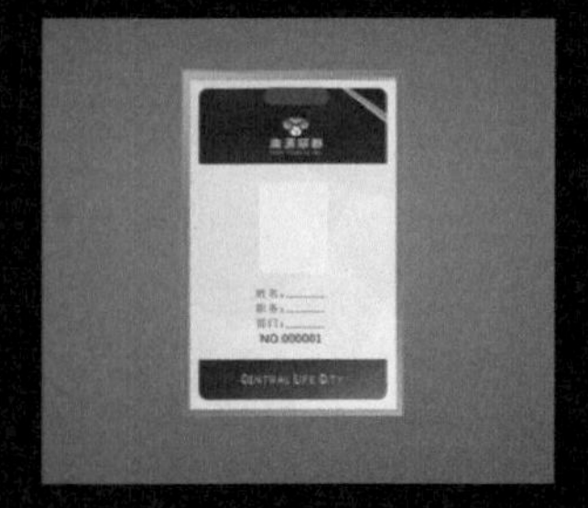

工作证设计

制作音乐海报

名片设计

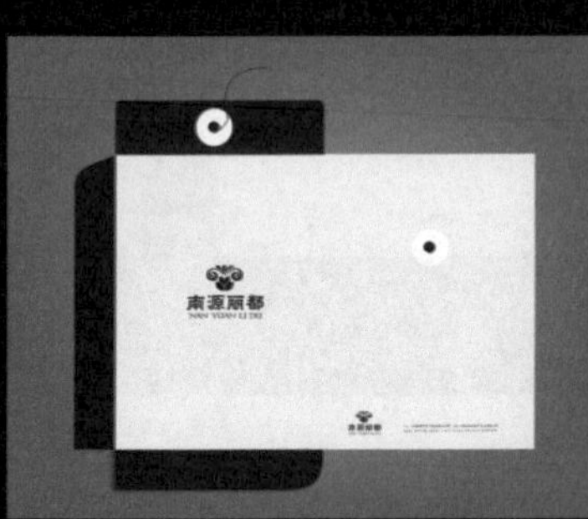

档案袋设计

制作护肤品宣传海报

制作足球赛事海报

白酒包装盒

牙膏包装设计

制作咖啡宣传单

制作手机宣传单

高等院校电脑美术教材

CorelDRAW 2018平面设计基础教程（第3版）

唐琳　编著

清华大学出版社
北　京

内 容 简 介

本书采用了“软件知识+实战、实例操作（案例）+上机练习+项目指导”的形式详细介绍了CorelDRAW 2018软件的基础知识和使用方法，实例是从典型工作任务中提炼的，简明易懂。全书在结构上分为三大部分：一是基础；二是针对软件命令及功能的实例；三是根据软件在不同行业领域中的应用，即项目指导。每一章最后都制作了一个涵盖本章内容的具体实例项目，实例项目是从典型工作任务中提炼并分析得到符合读者认知过程和学习领域要求的项目，以帮助读者巩固本章所学的知识。

全书共分14章：前9章分别介绍了CorelDRAW 2018操作基础，常用绘图工具的使用，CorelDRAW 2018的辅助功能，文本处理，使用颜色与填充对象，编辑与造形工具，处理对象与管理图层、三维效果与透明度，位图的编辑处理与转换等内容，第10~14章列举了实际工作中的5个领域，共14个综合案例。

全书内容环环相扣，文字表达与图示相结合，讲解由浅入深、循序渐进，全面讲述了CorelDRAW 2018在设计工作中的应用，真正实现了理论讲解与实例制作的完美结合。

本书可作为各类职业院校、大中专院校或电脑培训学校的教材，也可作为平面设计制作自学者和爱好者的参考用书。

图书在版编目(CIP)数据

CorelDRAW 2018平面设计基础教程 / 唐琳编著. —3版. —北京：清华大学出版社，2019.11（2024.8 重印）
高等院校电脑美术教材
ISBN 978-7-302-53932-2

Ⅰ.①C…　Ⅱ.①唐…　Ⅲ.①平面设计—图形软件—高等学校—教材　Ⅳ.①TP391.412

中国版本图书馆 CIP 数据核字（2019）第 224384 号

责任编辑：张彦青
封面设计：李　坤
责任校对：王明明
责任印制：宋　林

出版发行：清华大学出版社
网　　址：https://www.tup.com.cn, https://www.wqxuetang.com
地　　址：北京清华大学学研大厦 A 座　　**邮　　编**：100084
社 总 机：010-83470000　　**邮　　购**：010-62786544
投稿与读者服务：010-62776969，c-service@tup.tsinghua.edu.cn
质 量 反 馈：010-62772015，zhiliang@tup.tsinghua.edu.cn
印 装 者：涿州市般润文化传播有限公司
经　　销：全国新华书店
开　　本：210mm×260mm　　**印　　张**：20.25　　**字　　数**：490 千字
版　　次：2013 年 8 月第 1 版　　2019 年 11 月第 3 版　　**印　　次**：2024年 8月第 2 次印刷
定　　价：98.00 元

产品编号：084449-01

前言

CorelDRAW 2018中文版简介

CorelDRAW 2018是一款专业图形设计工具，它提供了丰富的像素描绘功能以及顺畅灵活的矢量图编辑功能，因此广泛应用于印刷出版、专业插画、多媒体图像处理和互联网页面的制作等方面。CorelDRAW 2018是业界标准的矢量绘图环境。CorelDRAW 2018可以通过形状、色彩、效果及印刷样式，展现用户的创意和想法。即使处理大型复杂的文案，其速度及稳定性也有保障。

本书内容介绍

本书以循序渐进的方式，全面介绍了CorelDRAW 2018中文版软件的基本操作和功能，详细说明了各种工具的使用方法。本书实例丰富、步骤清晰，与实践结合非常密切，具体内容如下。

第1章对CorelDRAW 2018进行简单介绍，包括CorelDRAW的应用领域、CorelDRAW的安装与卸载、文档的操作以及颜色设置等基础知识。

第2章主要介绍CorelDRAW 2018的绘图工具，只有掌握了绘图工具的使用方法，才能在创作中熟练地运用这些工具绘制出各种各样的图形。

第3章主要介绍CorelDRAW 2018的辅助工具，包括缩放工具、平移工具、颜色滴管工具、交互式填充工具、标尺功能、辅助线功能、网格功能与动态辅助线等，这些工具可以帮助用户查看与绘制图形，熟练掌握它们可以提高工作效率。

第4章主要介绍CorelDRAW 2018的文本处理功能。CorelDRAW 2018内置的字体识别和文本格式实时预览功能大大方便了操作，使用CorelDRAW 2018中的文本工具可以方便地对文本进行首字下沉、段落文本排版、文本绕图和将文字填入路径等操作。

第5章主要介绍如何为对象填充颜色，为图形选择不同的颜色可以出现不同的效果，因此需要我们熟练掌握颜色的选择与应用。

第6章主要介绍在编辑和造形对象时应用的工具。设计师既可以通过基本的绘图工具绘制出基本的图形效果，还可以通过形状工具来使图形发生变形。

第7章主要介绍在CorelDRAW 2018中如何对多个对象进行对齐与分布、排列顺序、群组与取消群组、结合与拆分等操作，以及如何使用对象管理器泊坞窗来创建与管理图层的操作。

第8章主要介绍轮廓工具、立体化工具、透视效果以及阴影工具等的使用。

第9章介绍转换和编辑位图的方法，其中包括将矢量图转换为位图、调整位图色彩模式和扩充位图边框等方法。

第10章介绍户外广告的设计和制作方法，使读者对户外广告的设计与制作有所了解。

第11章介绍企业VI的制作，通过本章的学习，可以使读者对企业VI设计有个简单的认识。

第12章介绍宣传海报设计的方法与技巧，使读者对海报设计有进一步的了解和认识。

第13章介绍商业包装设计的方法和技巧，使读者对包装设计有清晰的认识和了解。

第14章介绍怎样在CorelDRAW中制作宣传单，使读者对设计平面产品有更深入的了解。

本书特色

- 内容全面。几乎覆盖了CorelDRAW 2018中文版软件中的所有选项和命令。

- 语言通俗易懂，讲解清晰。以最小的篇幅、最易理解的语言来讲述每一项功能和每一个实例。
- 实例丰富，技术含量高，与实践紧密结合。每一个实例都倾注了作者多年的实践经验，每一个功能都经过验证。
- 版面美观，图例清晰，并具有针对性。每一个图例都经过作者精心策划和编辑。

本书约定

本书以Windows 7为操作平台来介绍，不涉及在苹果机上的使用方法，但基本功能和操作，苹果机与PC相同。为便于阅读理解，本书做如下约定。

- 本书中出现的中文菜单和命令将用“【】”括起来，以区分其他中文信息。
- 用“+”号连接的两个或三个键，表示组合键，在操作时表示同时按下这两个或三个键。例如，Ctrl+V是指在按下Ctrl键的同时，按下V字母键；Ctrl+Alt+F10是指在按下Ctrl键和Alt键的同时，按下功能键F10。
- 在没有特殊指定时，单击、双击和拖动是指用鼠标左键单击、双击和拖动；右击是指用鼠标右键单击。

关于素材

本书中的所有示例文件均可在网上下载，读者可访问清华大学出版社官网。搜索本书获取下载地址。对于部分范例，读者也可以自行准备其他图像素材文件进行练习。

本书作者和读者定位

本书主要由唐琳老师编著，朱晓文、刘蒙蒙、李少勇以及德州学院的徐玉洁、孔斌、李健泽、赵仕伟也参与了编写，在此一并表示感谢。

本书不仅适合图文设计的初学者阅读学习，还是平面设计、广告设计、包装设计等相关行业从业人员理想的参考书，也可以作为大中专院校和培训机构平面设计、广告设计等相关专业的教材。当然，在创作的过程中，由于作者水平有限，错误在所难免，希望广大读者能够批评指正。

编 者

素 材 文 件

总目录

第1章 CorelDRAW 2018的基础知识 ……001
第2章 常用绘图工具 ……020
第3章 CorelDRAW 2018的辅助功能 ……055
第4章 文本处理 ……066
第5章 使用颜色与填充对象 ……093
第6章 编辑与造形工具 ……119
第7章 处理对象与管理图层 ……158
第8章 三维效果与透明度 ……184
第9章 位图的编辑处理与转换 ……209
第10章 项目指导——户外广告设计 ……243
第11章 项目指导——VI设计 ……249
第12章 项目指导——宣传海报设计 ……269
第13章 项目指导——商业包装设计 ……278
第14章 项目指导——宣传单设计 ……295
附录1 参考答案 ……309

第1章 CorelDRAW 2018的基础知识

1.1 CorelDRAW的应用领域 ……002
1.1.1 在平面广告设计中的应用 ……002
1.1.2 在工业设计中的应用 ……002
1.1.3 在企业形象设计中的应用 ……002
1.1.4 在产品包装及造型设计中的应用 ……002
1.1.5 在网页设计中的应用 ……003
1.1.6 在商业插画设计中的应用 ……003
1.1.7 在印刷中的应用 ……003
知识链接 CorelDRAW的发展前景 ……003
1.2 软件的安装与卸载 ……003
1.2.1 CorelDRAW 2018的安装 ……003
1.2.2 CorelDRAW 2018的卸载 ……005
实例操作001——启动程序 ……005
1.3 CorelDRAW 2018的界面介绍 ……006
1.4 文档的操作 ……007
1.4.1 新建文档 ……007
1.4.2 打开文档 ……009
1.4.3 文档窗口的切换 ……009
1.4.4 关闭文档 ……009
1.4.5 退出程序 ……009
1.5 页面设置 ……010
1.5.1 页面大小与方向设置 ……010
1.5.2 页面布局设置 ……010
1.5.3 页面背景设置 ……011
1.6 图形对象的导出与导入 ……011
1.6.1 实战：导入文件 ……012
1.6.2 导出文件 ……013
1.7 颜色设置 ……013
1.7.1 利用默认调色板填充对象 ……013
实例操作002——利用颜色泊坞窗填充对象 ……014
1.7.2 自定义调色板 ……015
1.8 上机练习——插入条码 ……018
1.9 思考与练习 ……019

第2章 常用绘图工具

2.1 手绘工具 ……021
2.1.1 实战：用手绘工具绘制曲线 ……021
2.1.2 实战：使用手绘工具制作卡通图像 ……021
2.1.3 实战：用手绘工具绘制直线与箭头 ……021
2.1.4 修改对象属性 ……022
实例操作001——使用手绘工具绘制旅游导览图 ……023
2.1.5 矢量图形与位图图像 ……025
2.1.6 颜色模式 ……026
2.2 贝塞尔工具 ……026
实例操作002——绘制卡通插画 ……027
实例操作003——使用贝塞尔绘制鼠标图标 ……028
2.3 艺术笔工具 ……028
2.3.1 预设工具 ……029
2.3.2 笔刷工具 ……029
2.3.3 实战：喷涂工具 ……030
2.3.4 实战：书法工具 ……030
2.3.5 实战：压力工具 ……031
2.4 钢笔工具 ……031
实例操作004——使用钢笔绘制T恤图案 ……032
2.5 使用折线工具绘图 ……033
2.6 3点曲线工具 ……034
实例操作005——绘制日历 ……034

2.7 智能工具 035
2.7.1 智能填充工具属性栏 035
2.7.2 实战：使用智能填充工具为复杂图像填充颜色 035
2.7.3 实战：使用智能绘图工具绘图 036
2.8 矩形工具组 036
2.8.1 矩形工具 036
2.8.2 实战：3点矩形工具 037
2.8.3 实战：使用矩形绘制手机 037
2.9 椭圆形工具组 038
2.10 多边形工具组 040
2.11 星形工具组 040
2.11.1 实战：使用星形工具绘图 040
2.11.2 实战：使用复杂星形工具绘图 041
实例操作006——使用星形工具绘制网店店招 041
2.12 图纸工具与螺纹工具 043
2.12.1 实战：绘制表格 043
2.12.2 实战：绘制螺纹线 043
实例操作007——使用图纸工具绘制象棋盘 043
2.13 度量工具 045
2.13.1 实战：测量对象的宽度 045
2.13.2 实战：测量对象的角度 046
2.13.3 实战：对相关对象进行标注说明 046
2.14 使用交互式连线工具绘图 046
2.15 基本形状的绘制 047
实例操作008——使用心形工具绘制梦幻壁纸 047
实例操作009——使用几何工具绘制七巧板 048
2.16 上机练习——绘制卡通兔子 050
2.17 思考与练习 054

第3章 CorelDRAW 2018的辅助功能

3.1 缩放工具 056
3.2 平移工具 056
3.3 颜色滴管工具与交互式填充工具 057
3.3.1 实战：颜色滴管工具 057
3.3.2 实战：交互式填充工具 057
3.4 使用标尺 057
3.4.1 实战：更改标尺原点 058
3.4.2 实战：更改标尺设置 058
知识链接 移动标尺位置 059
3.5 使用辅助线与网格 059
3.5.1 实战：创建辅助线 059
3.5.2 实战：移动辅助线 060
3.5.3 实战：旋转辅助线 061
3.5.4 实战：显示或隐藏辅助线 061
3.5.5 删除辅助线 062
3.5.6 显示或隐藏网格 062
3.5.7 实战：设置网格 062
知识链接 辅助线的使用技巧 063
3.6 使用动态辅助线 063
3.6.1 启用与禁止动态辅助线 063
3.6.2 实战：使用动态辅助线 063
3.7 思考与练习 065

第4章 文本处理

4.1 创建文本 067
实例操作001——制作下沉文字效果 068
知识链接 美术文本 071
4.2 编辑文本 072
实例操作002——制作请柬封面 072
4.3 段落文本 074
4.3.1 实战：输入段落文本 074
知识链接 将段落文本转换为美术文本 075
4.3.2 实战：段落文本框的调整 075
4.3.3 实战：文本框文字的链接 076
实例操作003——制作咖啡员招聘简章 076
4.4 使文本适合路径 080
4.4.1 实战：直接将文字填入路径 080
4.4.2 实战：用鼠标将文字填入路径 080
4.4.3 实战：使用传统方式将文字填入路径 080
4.5 文本适配图文框 081
4.5.1 实战：使段落文本适合框架 081
4.5.2 实战：将段落文本置入对象中 081
4.5.3 实战：分离对象与段落文本 082
4.6 文本链接 083
4.6.1 实战：链接段落文本框 083
4.6.2 实战：将段落文本框与图形对象链接 084
4.6.3 实战：解除对象之间的链接 084
知识链接 字库的安装 085
4.7 上机练习——制作房地产广告宣传单 086
4.8 思考与练习 092

第5章 使用颜色与填充对象

5.1 选择颜色……094
5.1.1 默认调色板……094
5.1.2 实战：使用自定义调色板……094
5.1.3 实战：颜色查看器……095
5.1.4 实战：颜色和谐……095
5.1.5 实战：颜色调和……096
5.2 渐变填充……096
5.2.1 实战：使用双色渐变填充……096
5.2.2 实战：自定义渐变填充……097
5.2.3 实战：预设渐变填充……098
实例操作001——绘制卡通画……098
5.3 为对象填充图样……102
5.3.1 实战：应用向量或位图图样填充对象……103
5.3.2 实战：应用双色图样填充对象……103
5.3.3 实战：从图像创建图样……104
5.4 为对象填充底纹……105
实例操作002——绘制红酒瓶……105
5.5 为对象填充PostScript……111
5.6 为对象填充网状效果……111
5.7 智能填充工具……112
5.8 上机练习——绘制太阳……113
5.9 思考与练习……118

第6章 编辑与造形工具

6.1 选择对象……120
6.1.1 选择工具及选定范围属性栏……120
6.1.2 实战：选择工具的应用……120
知识链接 使用全选命令选择所有对象……121
6.1.3 实战：选择多个对象……121
知识链接 多选后出现的乱排的白色方块是什么？…122
6.1.4 实战：取消对象的选择……122
6.2 形状工具……122
6.2.1 形状工具的属性设置……122
6.2.2 实战：将直线转换为曲线并调整节点……123
6.2.3 实战：添加与删除节点……124
6.2.4 实战：分割曲线与连接节点……124
6.3 复制、再制与删除对象……124
6.3.1 实战：使用复制、剪切与粘贴命令处理对象…125
6.3.2 实战：再制对象……125
知识链接 对象属性的复制……125
6.3.3 删除对象……126
6.4 自由变换工具……126
6.4.1 自由变换工具的属性设置……126
6.4.2 实战：使用自由旋转工具……126
6.4.3 实战：使用自由角度反射工具……127
6.4.4 实战：使用自由倾斜工具……127
6.5 涂抹工具……127
6.5.1 涂抹工具的属性设置……127
6.5.2 实战：使用涂抹笔刷编辑对象……127
实例操作001——用涂抹笔制作鳄鱼……128
6.6 粗糙笔刷……131
6.6.1 粗糙笔刷属性的设置……131
6.6.2 实战：使用粗糙笔刷编辑对象……131
实例操作002——用粗糙制作蛋挞招贴……132
6.7 变形对象……139
6.7.1 实战：使用变形工具变形对象……139
6.7.2 实战：复制变形效果……140
6.7.3 实战：清除变形效果……140
6.8 使用封套改变对象形状……140
6.8.1 实战：使用交互式封套工具改变对象形状…141
6.8.2 实战：复制封套属性……141
6.9 刻刀工具……141
6.9.1 刻刀工具的属性设置……141
6.9.2 实战：使用刻刀工具……141
6.10 橡皮擦工具……142
6.10.1 橡皮擦工具的属性设置……142
6.10.2 实战：使用橡皮擦工具擦除对象……142
6.11 使用虚拟段删除工具……142
6.12 修剪对象……143
6.13 焊接和交叉对象……143
6.14 调和对象……144
6.14.1 调和工具的属性设置……144
6.14.2 实战：使用调和工具调和对象……144
实例操作003——使用调和工具制作手机……145
6.15 裁剪对象……150
6.15.1 实战：使用裁剪工具裁剪对象……150
6.15.2 实战：创建图框精确裁剪……150
6.15.3 实战：编辑图框精确裁剪对象内容……151
6.16 上机练习——鼠标……151
6.17 思考与练习……157

第7章 处理对象与管理图层

7.1 对齐与分布对象……159
7.1.1 对齐对象……159
7.1.2 分布对象……160
7.2 排列对象……161
7.2.1 改变对象顺序……162
7.2.2 逆序多个对象……164
7.3 调整对象大小……164
7.3.1 调整对象大小……164
7.3.2 缩放对象……165
7.4 旋转和镜像对象……165
7.4.1 实战：旋转对象……165
7.4.2 实战：镜像对象……166
知识链接 倾斜对象……167
实例操作001——修饰插画效果……167
7.5 群组对象……169
7.5.1 实战：群组对象的操作……169
7.5.2 实战：取消群组对象……170
7.5.3 编辑群组对象……170
7.6 合并与拆分对象……171
7.6.1 实战：合并对象……171
7.6.2 拆分对象……171
实例操作002——制作中国风剪纸……172
7.7 使用图层……173
7.7.1 创建图层……174
7.7.2 在指定的图层中创建对象……174
7.7.3 实战：更改图层对象的叠放顺序……174
7.7.4 显示或隐藏图层……175
知识链接 图层的基本操作……175
7.8 上机练习——制作优惠券……177
7.9 思考与练习……183

第8章 三维效果与透明度

8.1 轮廓图工具……185
8.1.1 轮廓图工具的属性设置……185
8.1.2 实战：创建轮廓图效果……186
8.1.3 实战：拆分轮廓图……187
8.1.4 实战：复制或克隆轮廓图……188
8.2 立体化工具……189
8.2.1 立体化工具的属性设置……189
8.2.2 实战：创建矢量立体模型……190
8.2.3 实战：编辑立体模型……190
8.3 在对象中应用透视效果……191
8.3.1 实战：制作立方体……192
8.3.2 实战：应用透视效果……192
8.3.3 实战：复制对象的透视效果……194
8.3.4 清除对象的透视效果……194
8.4 阴影工具……194
8.5 使用透明度工具……195
8.5.1 透明度工具的属性设置……195
8.5.2 实战：应用透明度……196
8.5.3 实战：编辑透明度……196
8.5.4 实战：更改透明度类型……196
8.5.5 实战：应用透明度模式……197
实例操作001——自制壁纸……198
实例操作002——制作音乐海报……199
8.6 上机练习——制作购物广告……202
8.7 思考与练习……208

第9章 位图的编辑处理与转换

9.1 转换为位图……210
9.2 自动调整……211
9.3 图像调整实验室……211
实例操作001——矫正图像……212
9.4 创建与编辑位图……213
9.4.1 实战：导入位图……213
9.4.2 重新取样图像……214
9.4.3 裁剪位图……214
9.5 轮廓描摹……215
9.6 模式……216
9.6.1 黑白（1位）……216
9.6.2 灰度（8位）……216
9.6.3 双色调（8位）……217
9.6.4 调色板色（8位）……217

9.6.5 RGB颜色（24位）……218
9.6.6 Lab色（24位）……218
9.6.7 CMYK色（32位）……219
9.7 位图边框扩充……219
9.7.1 自动扩充位图边框……219
9.7.2 实战：手动扩充位图边框……219
9.8 位图颜色遮罩……220
实例操作002——通过【位图颜色遮罩】去除海报背景……221
9.9 三维效果……221
9.9.1 实战：三维旋转……221
9.9.2 柱面……222
9.9.3 浮雕……222
9.9.4 实战：卷页……222
9.9.5 挤远/挤近……223
9.9.6 球面……223
9.10 艺术笔触……223
9.10.1 炭笔画……223
9.10.2 单色蜡笔画……224
9.10.3 蜡笔画……224
9.10.4 立体派……224
9.10.5 印象派……225
9.10.6 调色刀……225
9.10.7 彩色蜡笔画……225
9.10.8 钢笔画……226
9.10.9 点彩派……226
9.10.10 木版画……226
9.10.11 素描……227
9.10.12 水彩画……227
9.10.13 水印画……227
9.10.14 波纹纸画……228
9.11 模糊……228
9.11.1 定向平滑……228
9.11.2 高斯式模糊……228
9.11.3 锯齿状模糊……229
9.11.4 低通滤波器……229
9.11.5 动态模糊……229
9.11.6 放射式模糊……229
9.11.7 平滑……230
9.11.8 柔和……230
9.11.9 缩放……230
9.11.10 智能模糊……230
9.12 轮廓图……231
9.12.1 边缘检测……231
9.12.2 查找边缘……231
9.12.3 描摹轮廓……231
9.13 创造性……232
9.13.1 晶体化……232
9.13.2 织物……232
9.13.3 实战：框架……232
9.13.4 玻璃砖……233
9.13.5 马赛克……233
9.13.6 散开……233
9.13.7 茶色玻璃……234
9.13.8 彩色玻璃……234
9.13.9 虚光……234
9.13.10 旋涡……235
9.14 扭曲……235
9.14.1 块状……235
9.14.2 置换……235
9.14.3 网孔扭曲……236
9.14.4 偏移……236
9.14.5 像素……236
9.14.6 龟纹……237
9.14.7 旋涡……237
9.14.8 平铺……237
9.14.9 湿笔画……238
9.14.10 涡流……238
9.14.11 风吹效果……238
9.15 上机练习——制作相机广告……239
9.16 思考与练习……242

第10章 项目指导——户外广告设计

10.1 汽车户外广告设计……244
10.2 购物广告设计……246

第11章 项目指导——VI设计

11.1 LOGO设计……250
11.2 信封设计……251
11.3 工作证设计……255
11.4 名片设计……257

11.5 会员卡 ······ 261
11.6 档案袋设计 ······ 264

第12章 项目指导——宣传海报设计

12.1 制作护肤品宣传海报 ······ 270
12.2 制作足球赛事海报 ······ 273

第13章 项目指导——商业包装设计

13.1 白酒包装盒 ······ 279
13.2 牙膏包装设计 ······ 286

第14章 项目指导——宣传单设计

14.1 制作咖啡宣传单 ······ 296
14.2 制作手机宣传单 ······ 302

附录1 参考答案

第1章 CorelDRAW 2018的基础知识

CorelDRAW是一个功能强大的矢量绘图工具，也是国内外最流行的平面设计软件之一。CorelDRAW是集平面设计和电脑绘画功能为一体的专业设计软件，被广泛应用于平面设计、商标设计、标志制作、模型绘制、插图描画、排版及分色输出等诸多领域。

本章在开始讲解CorelDRAW 2018的强大功能之前，先对一些在该程序中要用到的基础知识、叙述约定及该程序的窗口和文件的操作等内容进行介绍，为后面更好地学习CorelDRAW打下坚固的基础。

1.1 CorelDRAW的应用领域

CorelDRAW的应用涉及平面广告设计、工业设计、企业形象设计、产品包装及造型设计、网页设计、商业插画设计以及印刷等多个领域。

1.1.1 在平面广告设计中的应用

平面广告就其形式而言，只是传递信息的一种方式，是广告主体与受众之间的媒介，其结果是为了达到一定的商业经济目的。CorelDRAW是一款基于矢量的绘图软件，其所提供的工具能够帮助设计师在平面广告的创作上更加得心应手。使用CorelDRAW所设计的平面广告具有充满时代意识的新奇感，在表现手法上也有其独特性，如图1-1所示。

图1-1　平面广告设计

1.1.2 在工业设计中的应用

在工业设计方面，CorelDRAW也广泛应用于工业产品效果图表现方面，如图1-2所示。矢量图最大的优势就是修改起来方便快捷，图像处理软件Photoshop在处理图像和做各种效果上的优势是毋庸置疑的，但如果面对需要进行多次方案调整的产品效果图而言，与CorelDRAW相比就要逊色一些了。CorelDRAW的功能强大，使用方便，在渐变填色、渐变透明、曲线的绘制与编辑等方面具有突出的优势，而在进行工业产品效果图表现上，这些工具及表现手法也是最常用的。

图1-2　工业设计

1.1.3 在企业形象设计中的应用

企业形象设计意在准确表现企业的经营理念、文化素质、经营方针、产品开发、商品流通等有关企业经营的所有因素。在企业形象设计方面，使用CorelDRAW所设计的企业Logo、信纸、便笺、名片、工作证、宣传册、文件夹、账票、备忘录、资料袋等企业形象设计产品，能够满足企业形象的表现与宣传要求，如图1-3所示。

图1-3　企业形象设计

1.1.4 在产品包装及造型设计中的应用

产品包装及造型会直接影响顾客的购买心理，产品的包装是最直接的广告，好的包装设计是企业创造利润的重要手段之一。使用CorelDRAW进行的产品包装设计，能够提高产品档次，帮助企业在众多竞争品牌中脱颖而出，如图1-4所示。

图1-4　产品包装设计

1.1.5 在网页设计中的应用

随着互联网的迅猛发展，网页设计在网站建设中处于重要地位。好的网页设计能够吸引更多的人浏览网站，从而增加网站流量。CorelDRAW全方位的设计及网页功能可以使得网站页面更加绚丽夺目，如图1-5所示。

图1-5 网页设计

1.1.6 在商业插画设计中的应用

在商业插画设计中经常会用到CorelDRAW，如图1-6所示。该软件提供的智慧型绘图工具以及新的动态向导可以充分降低用户的操控难度，能够使用户更加容易精确地绘制图形对象。

图1-6 商业插画设计

1.1.7 在印刷中的应用

CorelDRAW在印刷中的应用也很广泛，如图1-7所示。该软件的实色填充提供了各种模式的调色方案以及专色的应用、渐变、位图、底纹填充颜色变化与操作方式；而该软件的颜色管理方案可以让显示、打印和印刷的颜色达到一致。

图1-7 在印刷制版中的应用

知识链接 CorelDRAW的发展前景

CorelDRAW与Photoshop和Illustrator并称为设计领域的三大软件，其拥有功能强大的矢量绘画工具、强悍的版面设计能力、增强数字图像的能力，并能够将位图图像转换为矢量文件。用于商业设计和美术设计的电脑上大都安装了CorelDRAW，其非凡的设计能力广泛地应用于商标设计、标志制作、模型绘制、插图描画、排版及分色输出等诸多领域。

1.2 软件的安装与卸载

下面来介绍CorelDRAW 2018的安装以及卸载方法。

1.2.1 CorelDRAW 2018的安装

01 运行CorelDRAW 2018的安装程序，首先屏幕中会弹出【正在初始化安装程序】界面，如图1-8所示。

02 在界面中保持默认设置，单击【继续】按钮，如图1-9所示。

03 在弹出的界面中，选中【我同意最终用户许可协议】复选框，然后单击【继续】按钮，如图1-10所示。

04 在弹出的界面中，选择【自定义安装…】选项，如图1-11所示。

05 在弹出的界面中保持默认设置，单击【下一步】按钮，如图1-12所示。

图1-8　初始化安装程序

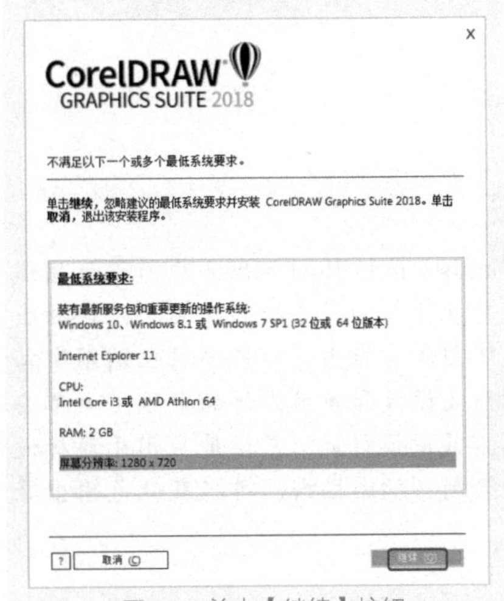

图1-9　单击【继续】按钮

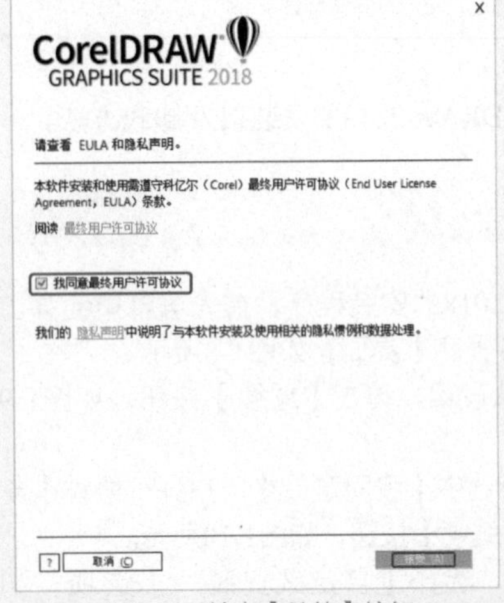

图1-10　单击【继续】按钮

06 在弹出的界面中保持默认设置，单击【下一步】按钮，如图1-13所示。

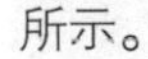

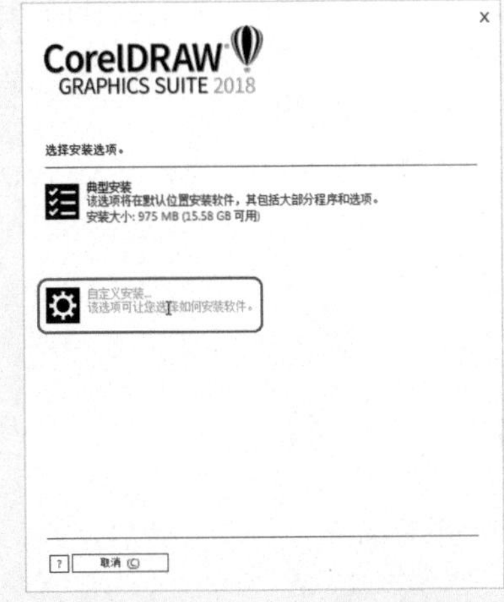

图1-11　选择【自定义安装…】选项

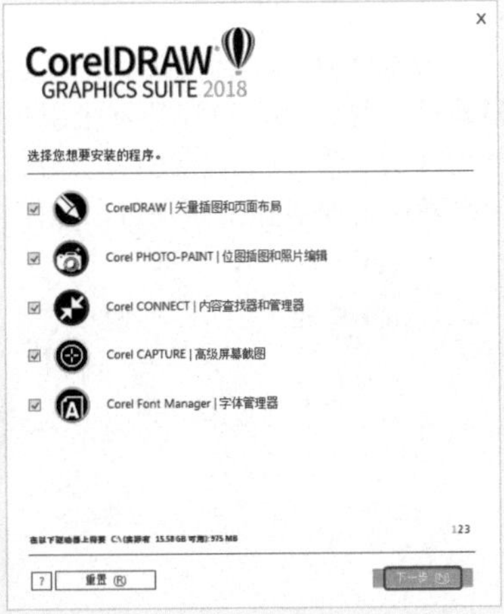

图1-12　单击【下一步】按钮

07 在该界面中设置软件的安装路径，然后单击【立即安装】按钮，如图1-14所示。

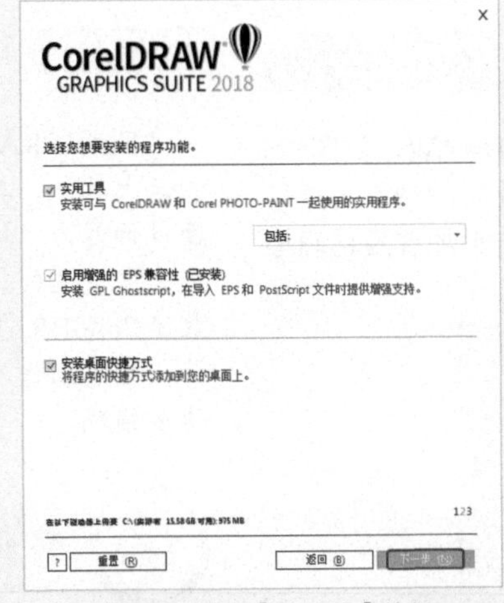

图1-13　单击【下一步】按钮

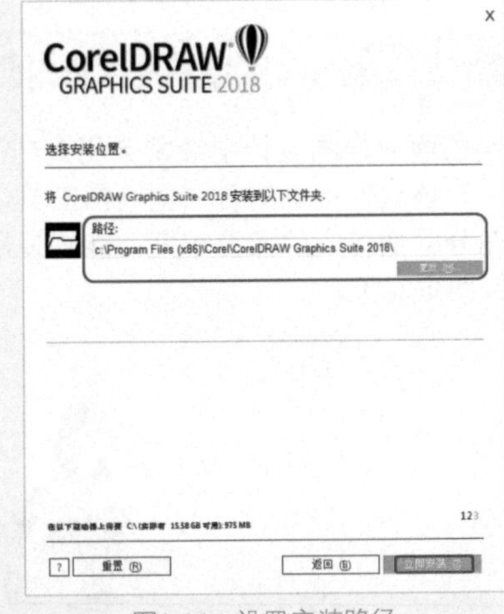

图1-14　设置安装路径

08 完成软件的安装，安装界面如图1-15所示。

图1-15　安装界面

1.2.2　CorelDRAW 2018的卸载

01 在【控制面板】中选择【程序】|【程序和功能】，在弹出的窗口中选择CorelDRAW Graphics Suite 2018，单击鼠标右键，在弹出的快捷菜单中选择【卸载/更改】命令，如图1-16所示。

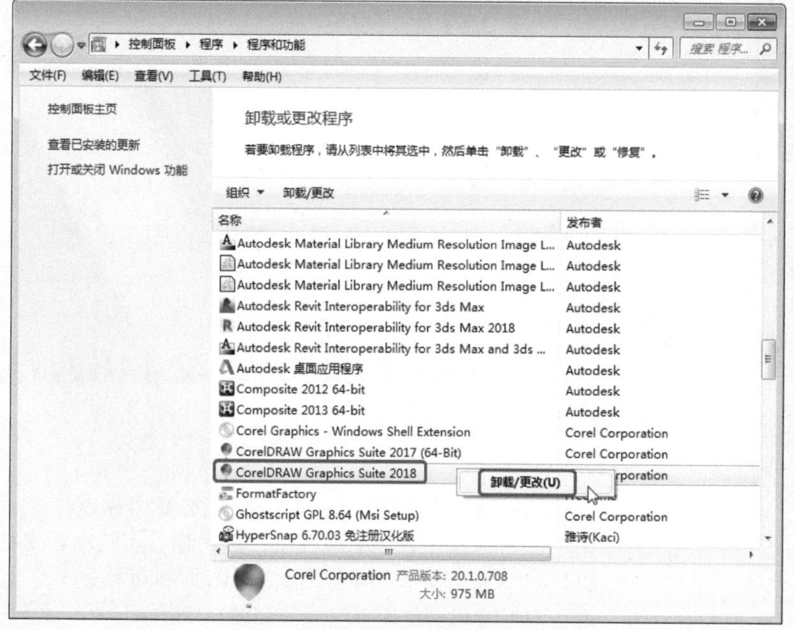

图1-16　选择【卸载/更改】命令

02 屏幕中会弹出【正在初始化安装程序】提示界面，如图1-17所示。

03 在弹出的界面中选中【删除】单选按钮，并选中【删除用户文件】复选框，然后单击【删除】按钮，如图1-18所示。

图1-17　【正在初始化安装程序】提示界面

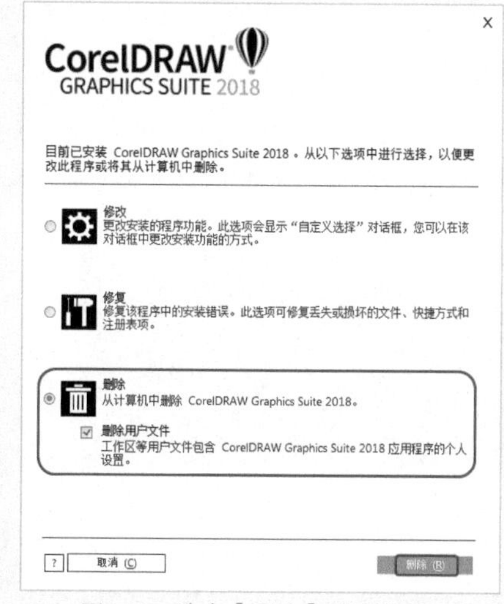

图1-18　选中【删除】单选按钮

04 程序进入卸载删除界面，如图1-19所示。卸载完成后，单击【完成】按钮，如图1-20所示。

图1-19　卸载删除界面

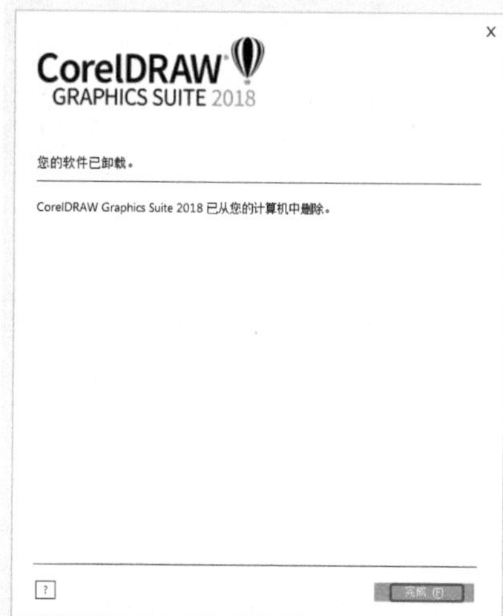

图1-20　单击【完成】按钮

实例操作001——启动程序

如果用户的计算机上已经安装好CorelDRAW 2018程序，即可启动程序，启动程序的方法如下。

01 在Windows系统的【开始】菜单中选择【所有程序】| CorelDRAW Graphics Suite 2018 | CorelDRAW 2018命令，如图1-21所示。

02 启动CorelDRAW 2018后会出现如图1-22所示的欢迎界面，单击【新建空白文档】图标，即可新建一个文件，并进入CorelDRAW的工作界面。

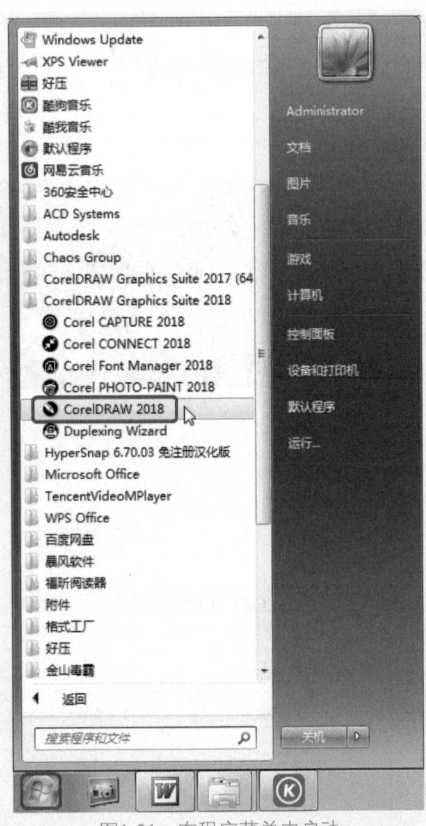

图1-21　在程序菜单中启动

图1-22　欢迎界面

1.3 CorelDRAW 2018的界面介绍

CorelDRAW 2018的工作界面主要由标题栏、菜单栏、工具属性栏、标准属性栏、标尺栏、工具箱、文档导航器、状态栏、工作区（包括绘图页和草稿区）、导航器、泊坞窗和调色板等组成，如图1-23所示。

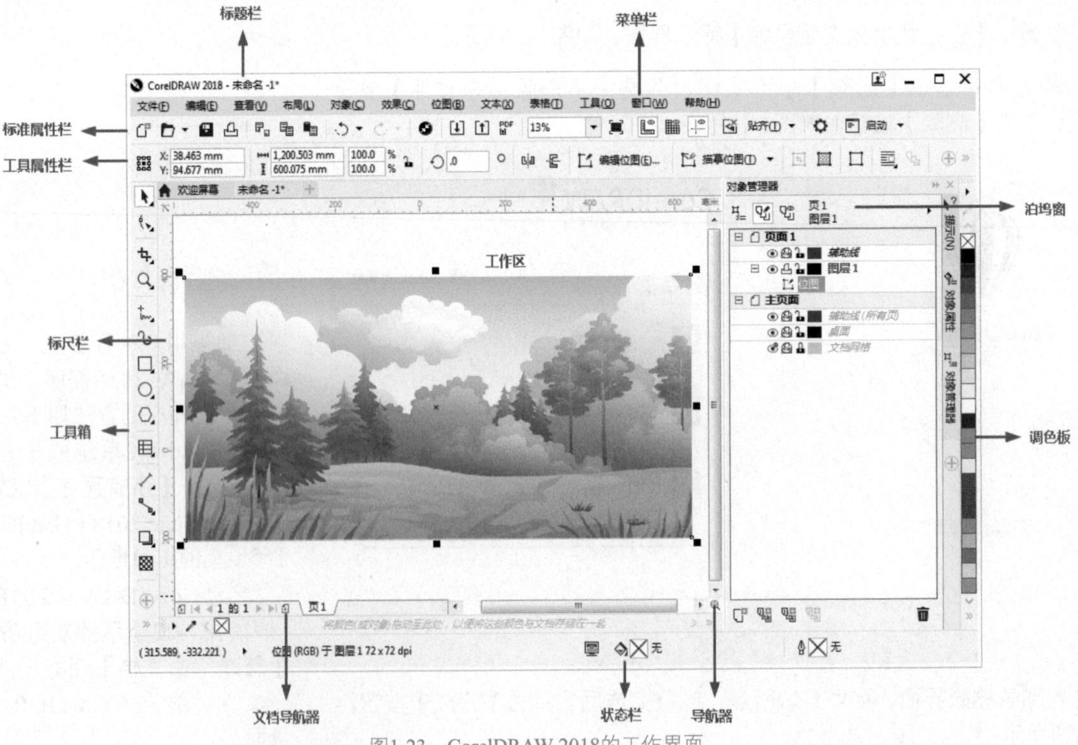

图1-23　CorelDRAW 2018的工作界面

- 标题栏：显示打开的文档标题。
- 菜单栏：包含下拉菜单和命令选项。
- 工具属性栏：包含菜单和其他命令的快捷方式。
- 标准属性栏：包含与活动工具或对象相关的命令。
- 标尺栏：具有标记的校准线，用于确定绘图中对象的大小和位置。
- 工具箱：包含在绘图中创建和修改对象的工具。
- 文档导航器：包含在页面之间移动和添加页面的控件的区域。
- 状态栏：包含有关对象属性（类型、大小、颜色、填充和分辨率）的信息，同时显示鼠标的当前位置。
- 绘图页：指绘图窗口中可打印的区域。
- 草稿区：以滚动条和应用程序控件为边界的区域，包含绘图页面和周围区域。
- 导航器：可打开一个较小的显示窗口，用于在页面上进行移动操作。
- 泊坞窗：包含与特定工具或任务相关的可用命令和设置窗口。
- 调色板：包含色样的泊坞栏。

窗口控制按钮的功能如下。

- 【最小化】按钮 ▬：在程序窗口中单击该按钮，可以将窗口缩小并存放到Windows的任务栏中。
- 【还原】按钮 ▭：单击 ⧉ 按钮，窗口缩小为一部分并显示在屏幕中间，当该按钮变成 ▭ 时称为最大化按钮，单击 ▭ 按钮，则窗口放大并且覆盖整个屏幕。
- 【关闭】按钮 ✕：单击该按钮可以关闭窗口或对话框。

1.4 文档的操作

本节将介绍CorelDRAW 2018程序文档的新建、打开、保存、关闭、退出等一些基本操作，同时对于用到的对话框以及按钮会进行说明。通过学习本节内容可掌握管理对象文档的方法。

启动程序后在欢迎屏幕中可以直接单击相应的图标来新建、打开或查看相关的文档。

1.4.1 新建文档

在使用CorelDRAW进行绘图前，必须新建一个文档，新建文档就好比画画前先准备一张白纸一样。在CorelDRAW 2018中包括【新建文档】与【从模板新建】两种新建方式，下面分别对它们进行介绍。

> 提示
> 第一次启动CorelDRAW 2018程序时会显示欢迎屏幕界面，如果用户此时取消选中【启动时始终显示欢迎屏幕】复选框，则下次启动CorelDRAW 2018时不会显示欢迎屏幕界面。

1. 新建空白文档

新建空白文档的方法如下。

01 在【欢迎屏幕】界面单击【新建文档】按钮。在一般情况下也可以使用以下任意一种方法新建文档。

- 在菜单栏中选择【文件】|【新建】命令。
- 在工具栏中单击【新建】按钮⧉。
- 按Ctrl+N组合键，执行【新建】命令。

只要执行上述任意一种方法即可弹出【创建新文档】对话框，如图1-24所示，然后单击【确定】按钮即可新建文档。

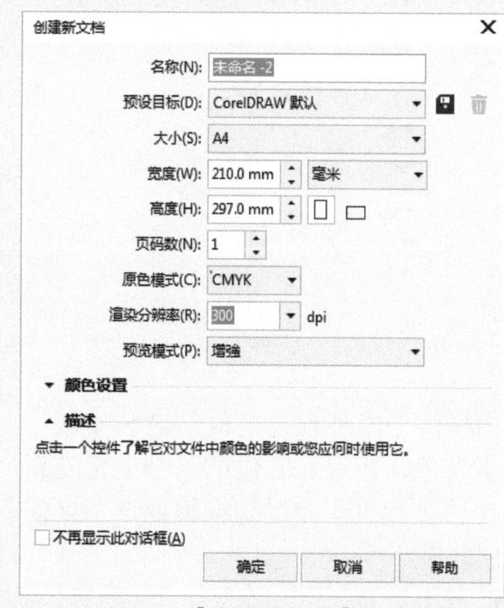

图1-24 【创建新文档】对话框

02 对新建文档的属性进行设置。在属性栏中的【页面大小】下拉列表框 A4 中可以选择纸张的类型；通过【页面度量】微调框 210.0 mm 297.0 mm 可以自定义纸张的大小。这里将纸张类型设置为A4，如图1-25所示。

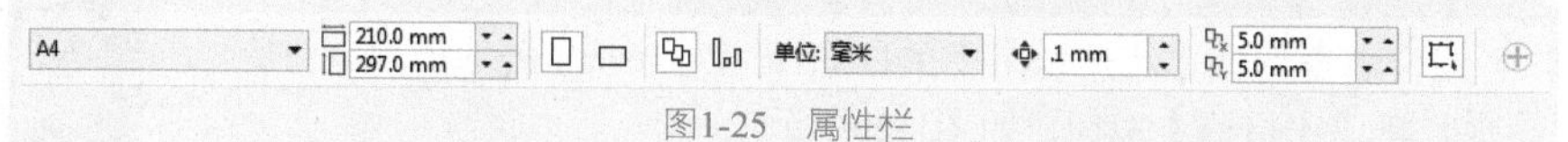

图1-25 属性栏

03 在默认状态下，新建的文件以纵向的页面方向摆放图纸，如果想变更页面的方向，可以单击属性栏中的【纵向】按钮▯与【横向】按钮▭进行切

换。如图1-26所示为单击【横向】按钮□后出现的效果。

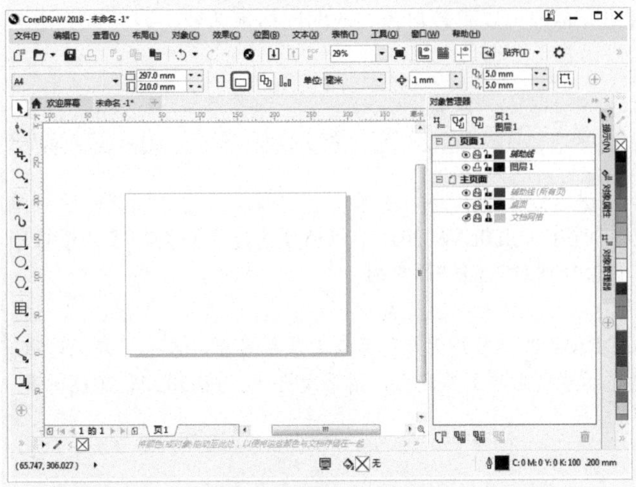

图1-26 新建的横向文件

04 在属性栏的【单位】下拉列表框中，可以更改绘图时使用的单位，其中包括英寸、毫米、点、像素、英尺等单位，如图1-27所示。

图1-27 【单位】下拉列表

2. 从模板新建

CorelDRAW 2018提供了多种预设模板，这些模板已经添加了各种图形或者对象，可以在它们的基础上建立新的图形文件，然后对文件进行更深一层的编辑处理，以便更快、更好地达到预期效果。

从模板新建文件的方法如下。

01 在【欢迎屏幕】界面中单击【从模板新建】图标，或者选择【文件】|【从模板新建】命令，弹出【从模板新建】对话框，如图1-28所示。

02 【从模板新建】对话框中提供了多种类型的模板文件，这里选择【小册子】下的Dentist NA-Brochure.cdt模板，单击【打开】按钮，如图1-29所示。

03 由模板新建的文件如图1-30所示，用户可以在该模板的基础上进行编辑、输入相关文字或执行绘图操作。

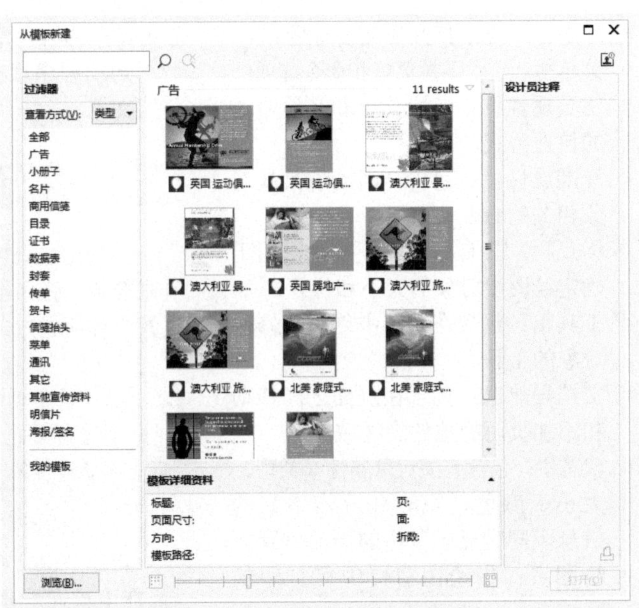

图1-28 【从模板新建】对话框

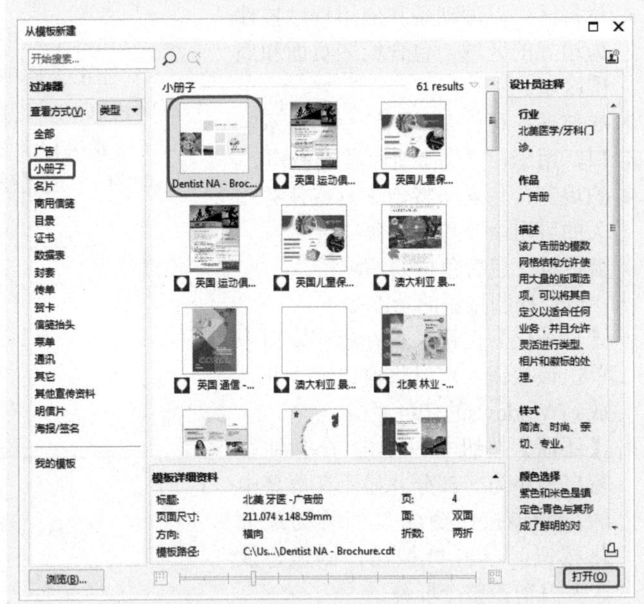

图1-29 选择模板

图1-30 模板效果

1.4.2　打开文档

在菜单栏中选择【文件】|【打开】命令或单击工具栏中的【打开】按钮，弹出如图1-31所示的【打开绘图】对话框，在【查找范围】下拉列表中选择文件所在的文件夹，再在文件夹中选择所需的文件；然后单击【打开】按钮，也可以直接双击要打开的文件，即可将选择的文件在程序窗口中打开。

图1-31　【打开绘图】对话框

如果要同时打开多个文件，可以在【打开绘图】对话框中按住Ctrl键或Shift键后用鼠标左键单击所需打开的文件，然后单击【打开】按钮。

1.4.3　文档窗口的切换

如果用户在程序窗口中打开了多个文件，就存在文件窗口的切换问题。

切换方式有两种：一种方式是从【窗口】菜单中选择要进行编辑的文件名称；另一种方式是在【窗口】菜单栏中选择【垂直平铺】或【水平平铺】命令，将打开的多个文件平铺，然后直接单击要进行编辑的绘图窗口，即可使该文件成为当前可编辑的文件，如图1-32所示。

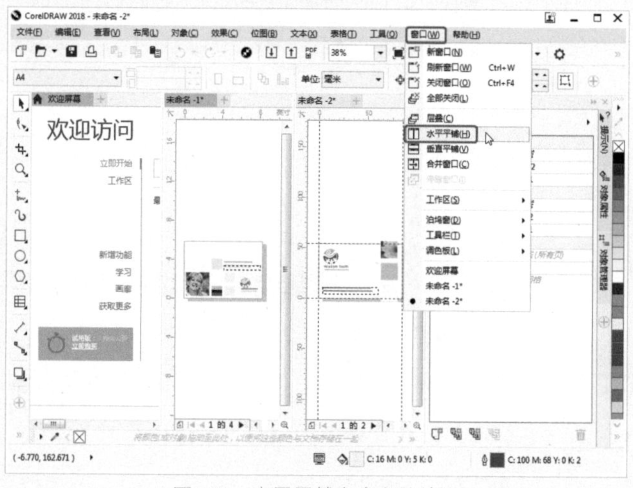

图1-32　水平平铺多个文件效果

1.4.4　关闭文档

编辑好一个文档后，需要将其保存并关闭，具体操作如下。

- 如果文档经过编辑后已经保存了，则只需在菜单栏中选择【文件】|【关闭】命令或在绘图窗口的标题栏中单击【关闭】按钮×，即可将文档关闭。
- 如果文档经过编辑后，尚未进行保存，则在菜单栏中选择【文件】|【关闭】命令，会弹出如图1-33所示的提示对话框。如果需要保存编辑后的内容，单击【是】按钮；如果不需要保存编辑后的内容，单击【否】按钮；如果不想关闭文件，单击【取消】按钮。

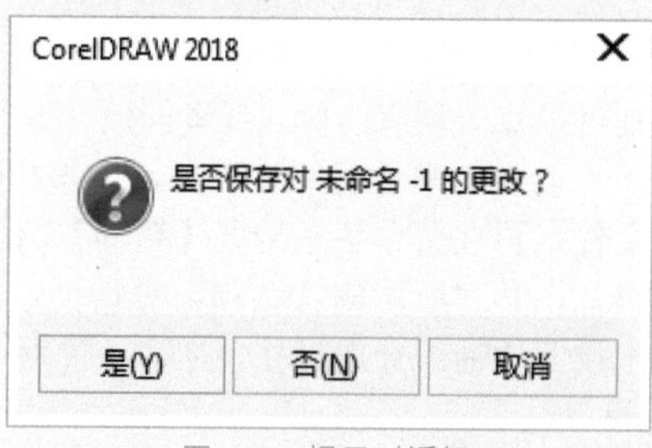

图1-33　提示对话框

1.4.5　退出程序

退出CorelDRAW 2018程序的情况如下。

- 如果程序窗口中的文档已经全部关闭，则在【文件】菜单中选择【退出】命令，即可直接将CorelDRAW 2018程序关闭。
- 如果程序窗口中还有文件没有保存，并且需要保存时，请先将其保存；如果不需要保存，则可以在【文件】菜单中选择【退出】命令，在弹出的提示对话框中单击【否】按钮，退出CorelDRAW 2018程序。

1.5 页面设置

页面设置是指设置页面打印区域（即绘图窗口中有阴影的矩形区域）的大小、方向、背景、版面等。因为只有这部分区域的图形才会被打印输出，所以称其为页面打印区域。

绘图可以从指定页面的大小、方向与布局样式设置开始。用户指定页面布局时选择的选项可以作为创建所有新绘图的默认值。

页面大小可以通过【预设页面大小】和【自定义页面大小】两种方法设置。

页面既可以是横向的，也可以是纵向的。在横向页面中，绘图的宽度大于高度；而在纵向页面中，绘图的高度大于宽度。添加到绘图项目中的页面默认采用当前方向，但用户可以为绘图项目中的每个页面指定不同的方向。

准备好打印时，应用程序将自动按打印和装订的要求排列页面。可以选择来自不同标签制造商预设的800种以上的标签格式，可以预览标签的尺度并查看它们如何适合打印的页面。如果CorelDRAW 未提供满足要求的标签样式，则可以修改现有的样式或者创建并保存自己原创的样式。

若要对页面进行设置，可以按Ctrl+N组合键新建一个文件，再在菜单栏中选择【布局】|【页面设置】命令，弹出如图1-34所示的【选项】对话框，然后在【文档】项目中设置所需的页面尺寸、标签、背景与辅助线等。

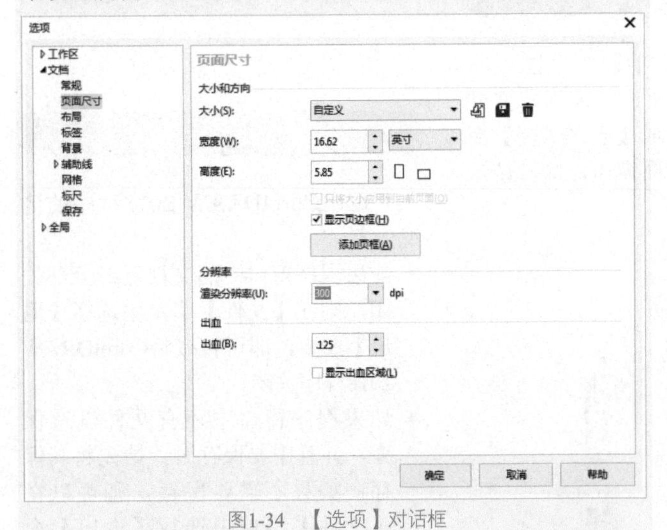

图1-34 【选项】对话框

1.5.1 页面大小与方向设置

在【选项】对话框的左边栏中选择【页面尺寸】，在右边栏中就会显示与它相关的设置参数。可以在【大小】下拉列表中选择所需的预设页面大小，如图1-35所示；也可以在【宽度】与【高度】文本框中输入所需的数值，如果需要添加页框，单击【添加页框】按钮；如果要将页面设为横向，单击【横向】按钮□。

图1-35 【大小】下拉列表

1.5.2 页面布局设置

在【选项】对话框的左边栏中选择【布局】，就会在右边栏中显示它的相关设置参数，如图1-36所示。可以在【布局】下拉列表中选择所需的布局版式，如图1-37所示，如果需要对开页，可以选中【对开页】复选框。

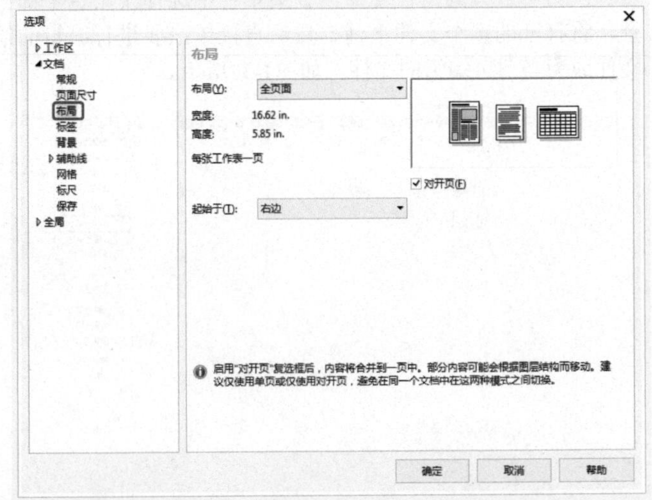

图1-36 布局设置

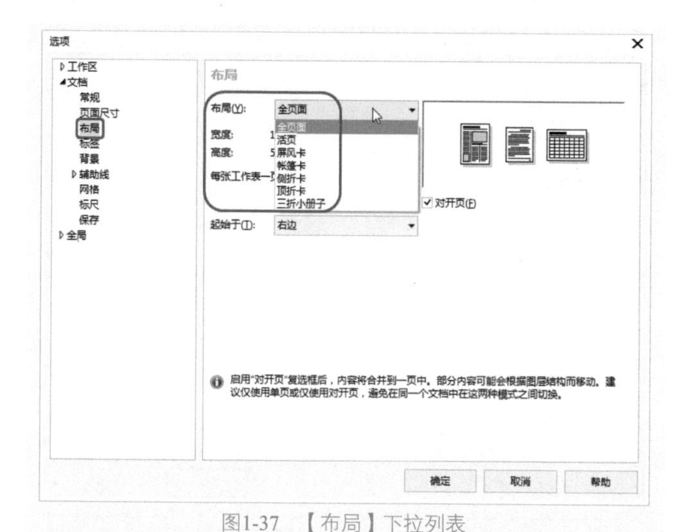

图1-37 【布局】下拉列表

1.5.3 页面背景设置

在【选项】对话框的左边栏中选择【背景】，就会在右边栏中显示它的相关设置参数，如图1-38所示。可以选中【纯色】或【位图】单选按钮来设置所需的背景颜色或图案，默认状态下为无背景。

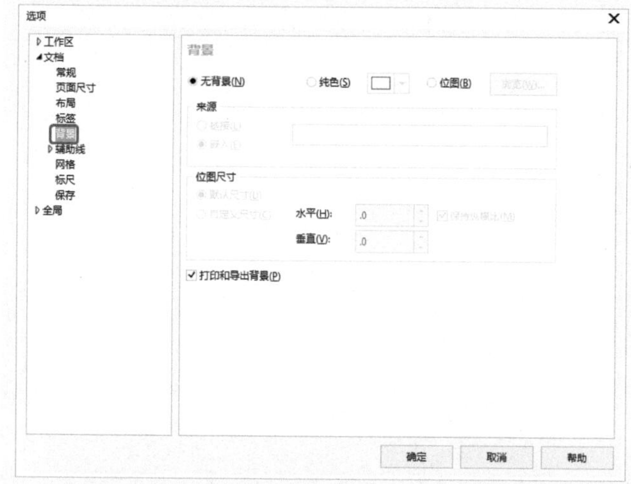

图1-38 背景设置

如果选中【纯色】单选按钮，其后的按钮呈激活状态，这时可以打开调色板，在其中选择所需的背景颜色，如图1-39所示。选择好后在【选项】对话框中单击【确定】按钮，即可将页面背景设为所选的颜色。

如果选中【位图】单选按钮，其后的【浏览】按钮呈激活状态，单击该按钮会弹出【导入】对话框，可以在其中选择要作为背景的文件，然后单击【导入】按钮。返回至【选项】对话框，其中的【来源】选项会变为激活状态，并且还显示了导入位图的路径，如图1-40所示。单击【确定】按钮，即可将选择的文件导入新建文件中，并自动排列为文件的背景，如图1-41所示。

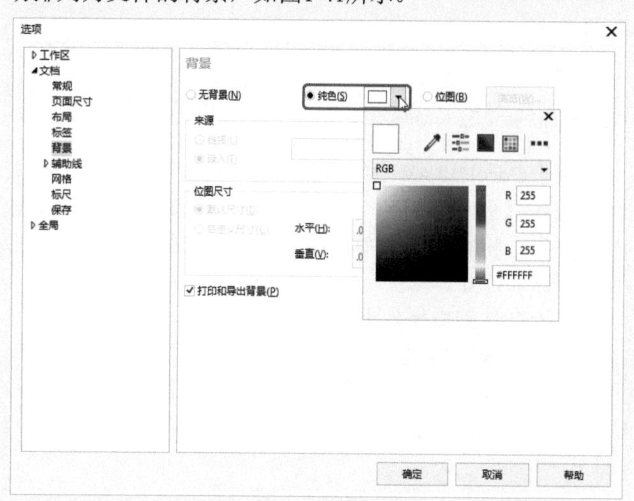

图1-39 设置纯色背景颜色

图1-40 显示导入位图路径

图1-41 设置完背景后的效果

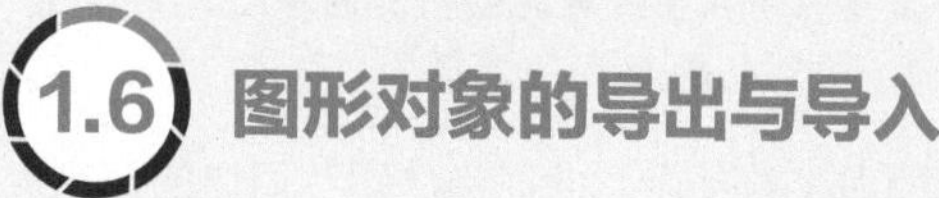

1.6 图形对象的导出与导入

当完成一个作品的制作之后，可以将其导出或者打

印。导出与导入对象都是应用程序间交换信息的途径。在导入或导出文件时，必须把该文件转换成其他程序所能支持的格式。

1.6.1 实战：导入文件

由于CorelDRAW 2018是一款矢量绘图软件，一些文件无法用【打开】命令将其打开，此时就必须使用【导入】命令，将相关的位图打开。此外，矢量图形也可使用导入的方式打开。

导入文件的操作如下。

01 按Ctrl+N组合键，新建一个【宽度】和【高度】分别为117mm和66mm的新文档，设置【原色模式】为CMYK，【渲染分辨率】为300，单击【确定】按钮，如图1-42所示。

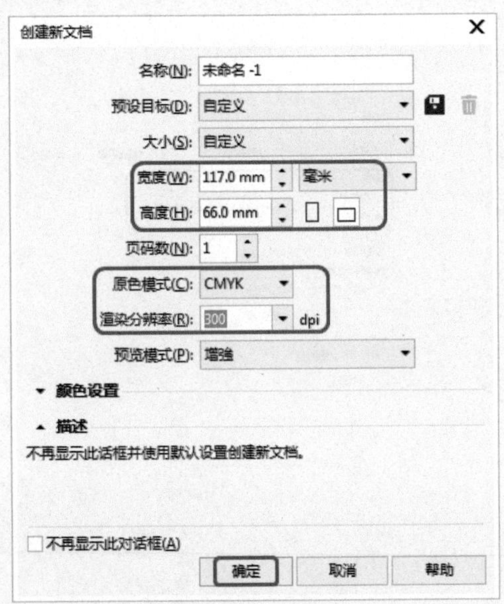

图1-42 新建文档

02 按Ctrl+I组合键，弹出【导入】对话框，选择素材|Cha01|001.jpg素材文件，单击【导入】按钮，如图1-43所示。

03 出现如图1-44所示的文件大小等信息，将左上角的定点图标移至图纸的左上角，单击并按住鼠标左键不放，然后拖动鼠标指针至图纸的右下角，在合适位置释放鼠标左键即可确定导入图像的大小与位置，如图1-45所示。

> 提示 如果用户需要将图片正好导入绘图页的中心，则在指定导入图像位置时，按Enter键即可实现。

04 导入的效果如图1-46所示，此时拖动图片周边的控制点即可调整其大小。

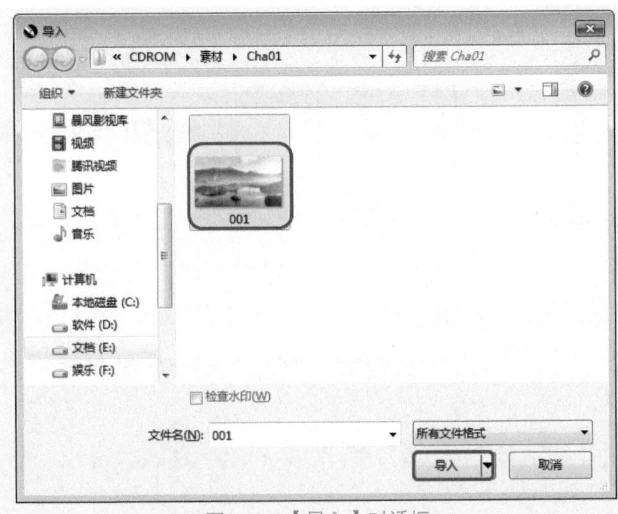

图1-43 【导入】对话框

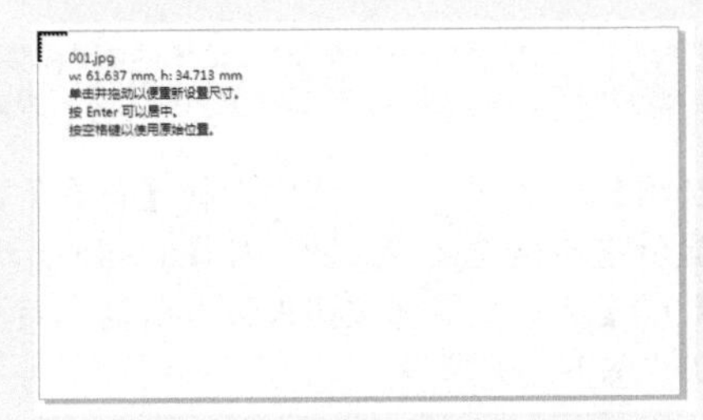

图1-44 显示文件大小等信息

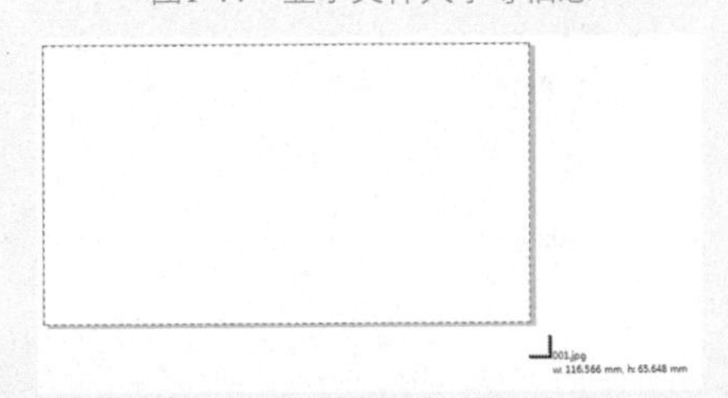

图1-45 确定导入图像的大小和位置

图1-46 导入的图片

> 提示 在导入文件时，如果只需要导入图片中的某个区域或者要重新设置图片的大小、分辨率等属性时，可以在【导入】对话框右下角的下拉列表框中选择【重新取样并装入】或【裁剪并装入】选项，如图1-47所示。

图1-47　下拉列表框

1.6.2　导出文件

在CorelDRAW中完成文件的编辑后，使用【导出】命令可以将它保存为指定的格式类型。导出文件的具体操作如下。

选择【文件】|【导出】命令，或按Ctrl+E组合键，或单击工具栏中的【导出】按钮，弹出【导出】对话框，在【导出】对话框中指定文件导出的位置，在【保存类型】下拉列表框中选择要导出的格式，在【文件名】文本框中输入导出文件名。若设置的【保存类型】为EPS，设置完成后单击【导出】按钮，如图1-48所示，将弹出【EPS导出】对话框，如图1-49所示，在该对话框中设置相应的参数，最后单击【确定】按钮即可完成导出。

图1-48　【导出】对话框

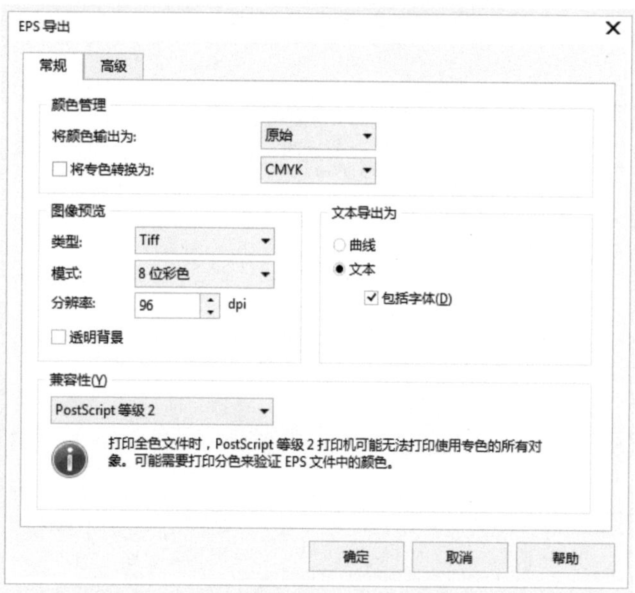

图1-49　【EPS导出】对话框

1.7　颜色设置

CorelDRAW 2018提供了多种颜色设置方式，用户可以根据自身需要使用任意一种方式对图形对象进行颜色填充。

1.7.1　利用默认调色板填充对象

默认调色板停放在程序窗口的最右边，其包含了颜色模型中的99种颜色。用户也可根据自己的情况将其拖动到程序窗口中的任意位置，以便更快、更直接地单击或右击所需的颜色。给选择的对象填充颜色和轮廓颜色后，在状态栏中会显示它的颜色样式。

1. 利用默认调色板给对象填充颜色

打开素材|Cha01|【告白海报.cdr】素材文件，如图1-50所示；选中心形对象，在【默认调色板】中单击■色块，即可将形状填充颜色，如图1-51所示。

2. 利用默认调色板设置对象轮廓色

继续上一节的操作，先将心形的【轮廓宽度】设置为10pt，【轮廓颜色】设置为黑色，如图1-52所示，然后在【默认调色板】中右击□色块，将轮廓色改为黄色，如图1-53所示。

图1-50　打开素材文件

图1-51　填充颜色

图1-52　设置轮廓宽度

图1-53　为对象填充轮廓色

3. 设置新对象颜色

如果在绘图区中无对象或没有选择任何对象，则在调色板中单击或右击时，可以设置新对象的填充颜色或轮廓色。当在调色板中单击或右击时，会弹出如图1-54所示的【更改文档默认值】对话框。选中【图形】复选框，然后单击【确定】按钮，则绘制新对象后，对象的填充颜色或轮廓色将显示为设置好的颜色。

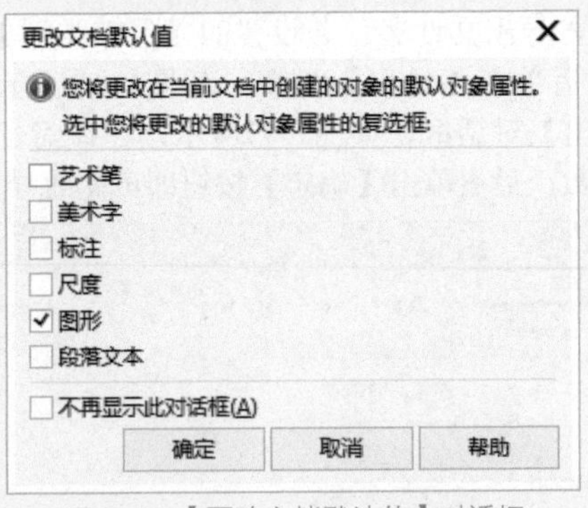

图1-54　【更改文档默认值】对话框

实例操作002——利用颜色泊坞窗填充对象

除了可以使用调色板设置对象的填充颜色与轮廓色外，还可以利用【颜色】泊坞窗来设置对象的填充颜色与轮廓色，下面通过【颜色】泊坞窗来填充画册封面颜色，效果如图1-55所示。

01 打开素材|Cha01|【画册封面模板.cdr】素材文件，如图1-56所示。

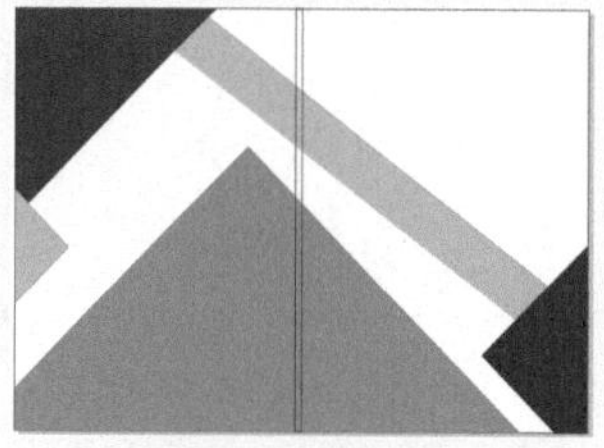

图1-55　最终效果

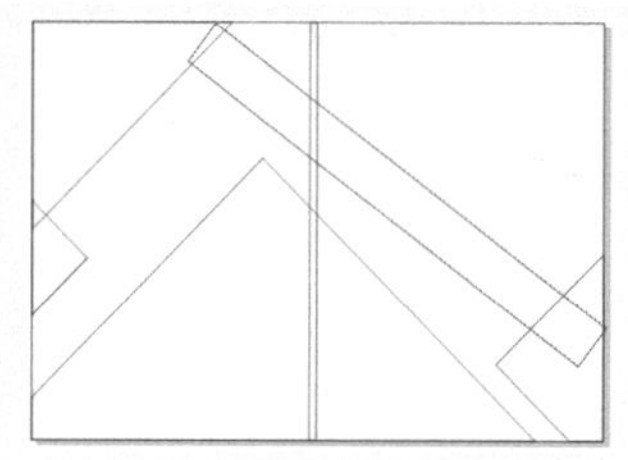

图1-56　打开素材文件

02 在菜单栏中选择【窗口】|【泊坞窗】|【颜色】命令，如图1-57所示。

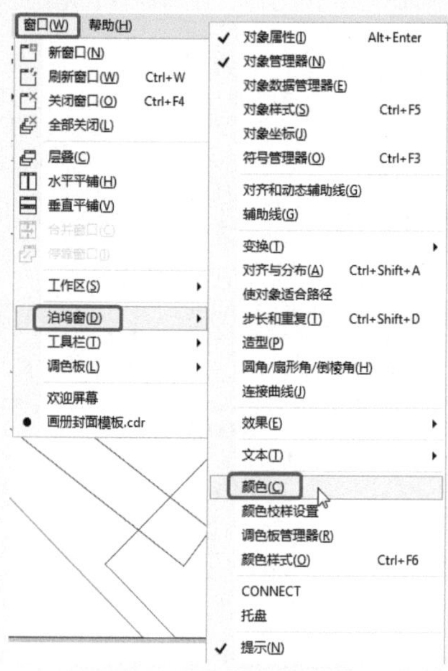

图1-57　选择【颜色】命令

03 打开【颜色泊坞窗】，按住Shift键，选择如图1-58所示的两个图形对象，将RGB设置为139、199、60，单击【填充】按钮，在【默认调色板】中右击☒按钮，将【轮廓颜色】设置为无。

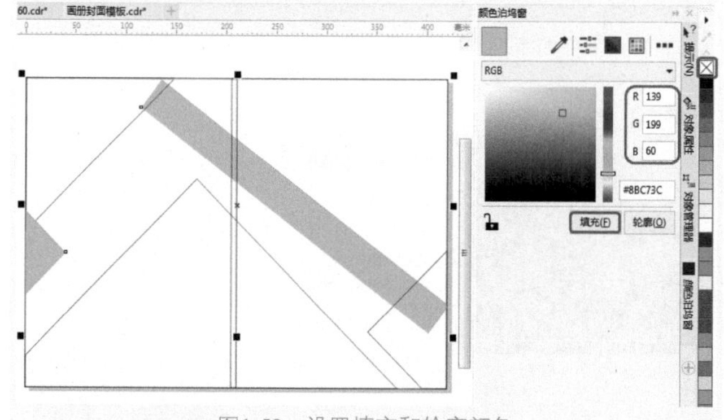

图1-58　设置填充和轮廓颜色

04 选择如图1-59所示的三角形，将RGB设置为82、156、147，单击【填充】按钮，在【默认调色板】中右击☒按钮，将【轮廓颜色】设置为无。

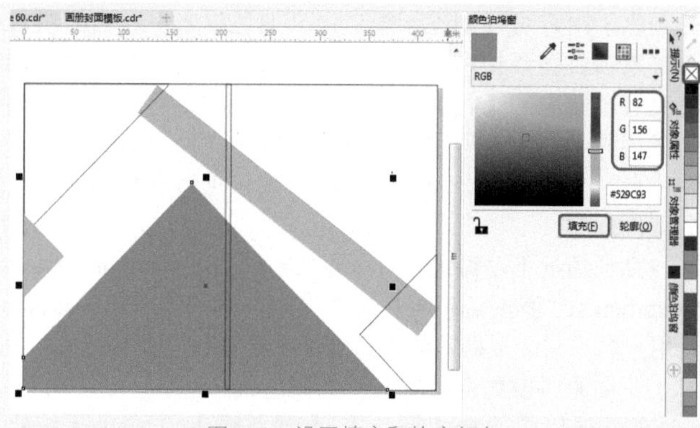

图1-59　设置填充和轮廓颜色

05 选择如图1-60所示的三角形，将RGB设置为153、33、129，单击【填充】按钮，在【默认调色板】中右击☒按钮，将【轮廓颜色】设置为无。

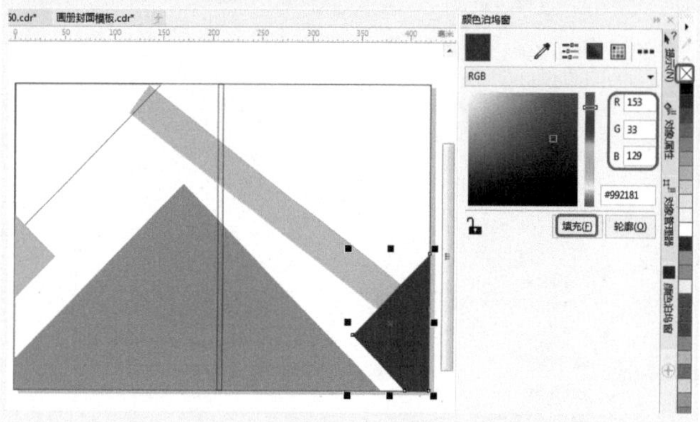

图1-60　设置填充和轮廓颜色

06 选择如图1-61所示的三角形，将RGB设置为204、29、68，单击【填充】按钮，在【默认调色板】中右击☒按钮，将【轮廓颜色】设置为无。

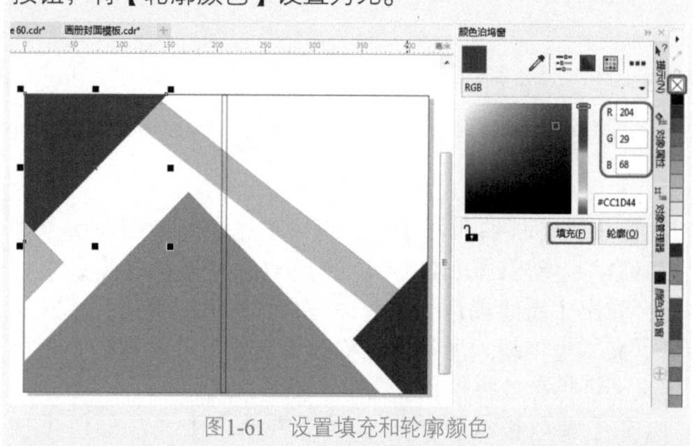

图1-61　设置填充和轮廓颜色

1.7.2　自定义调色板

自定义调色板是用户保存的颜色的集合，可以包含任何颜色模型中的颜色（包括专色）或调色板库中的调色板

的颜色。用户可以创建一个自定义调色板来保存当前项目或将来项目需要使用的所有颜色。自定义调色板可以从调色板管理器中的【我的调色板】文件夹中访问。通过手动选择每种颜色或者使用所选对象或整个文档中的颜色可以创建自定义调色板。用户还可以编辑、重命名和删除自定义调色板。

默认情况下，调色板直接存放在C:\Users\Administrator\Documents\“我的调色板”文件夹中，其中的Administrator是用户名，它会根据安装计算机时命名的不同而不同。

下面来讲解如何自定义一个调色板。

01 在菜单栏中选择【窗口】|【调色板】|【调色板编辑器】命令，如图1-62所示，弹出【调色板编辑器】对话框，如图1-63所示。

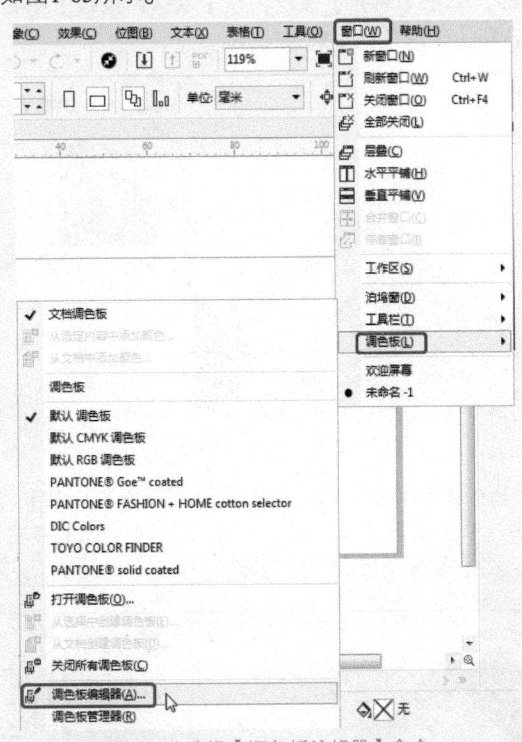

图1-62　选择【调色板编辑器】命令

02 在【调色板编辑器】对话框中单击【新建调色板】按钮，弹出CorelDRAW 2018对话框，单击【是】按钮，弹出【新建调色板】对话框，用户可以直接在【文件名】文本框中输入所需的名称后单击【保存】按钮，将自定义调色板存放在默认位置中，如图1-64所示。

03 在【调色板编辑器】对话框中单击【添加颜色】按钮，在弹出的【选择颜色】对话框中选择所需的颜色，如图1-65所示。

04 在【选择颜色】对话框中单击【加到调色板】按钮，然后单击【确定】按钮，即可向自定义调色板中添加一个色块，如图1-66所示。

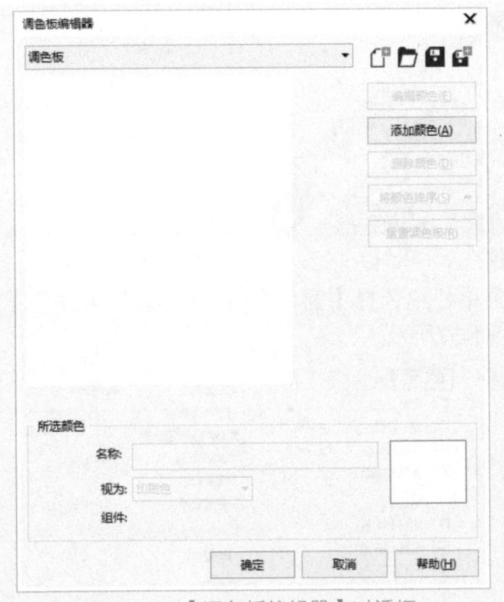

图1-63　【调色板编辑器】对话框

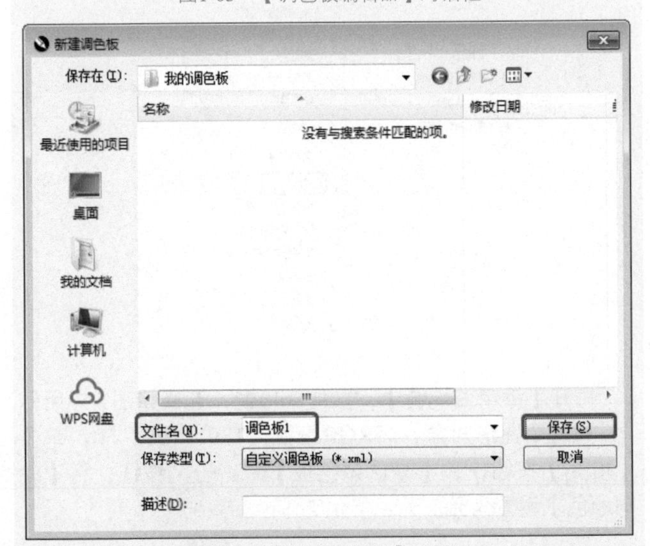

图1-64　【新建调色板】对话框

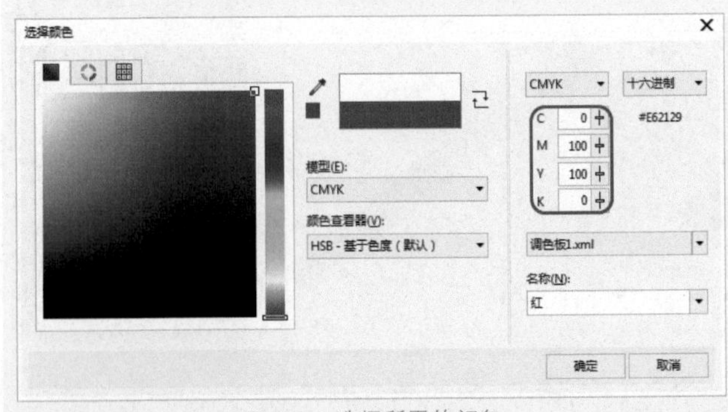

图1-65　选择所需的颜色

05 使用相同的方法，单击【添加颜色】按钮，在弹出的【选择颜色】对话框中移动光圈选择一种颜色，然后

单击【加到调色板】按钮并单击【确定】按钮。多次重复操作，添加多个颜色，如图1-67所示。

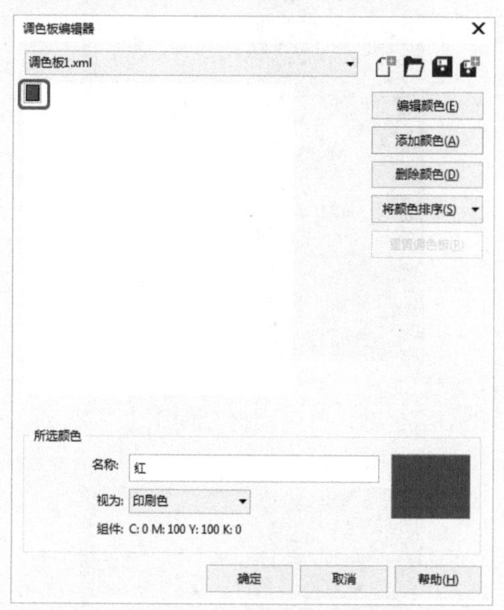

图1-66 添加到调色板

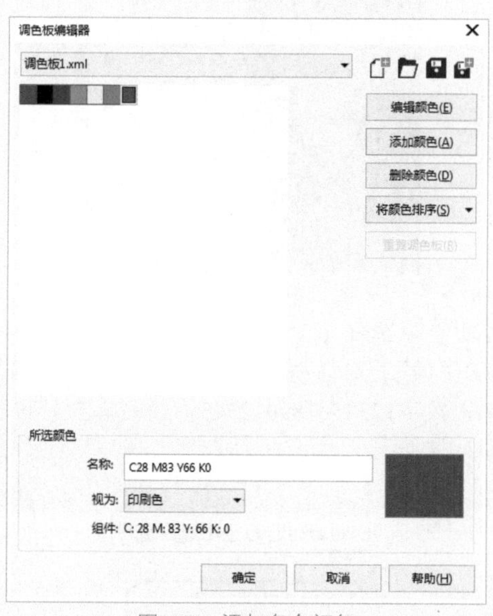

图1-67 添加多个颜色

提示 可一边移动光圈一边看右边的新建颜色区域确定颜色，也可以在C、M、Y、K文本框中输入所需的颜色数值。

06 在【调色板编辑器】对话框中，单击【保存调色板】按钮，如图1-68所示，再单击【确定】按钮完成调色板编辑。

07 如果要打开自定义的调色板，在菜单栏中选择【窗口】|【调色板】|【打开调色板】命令，如图1-69所示。

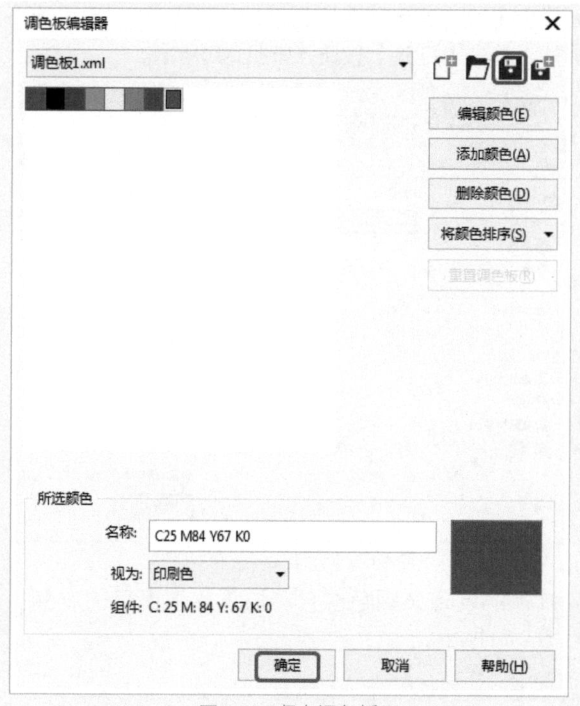

图1-68 保存调色板

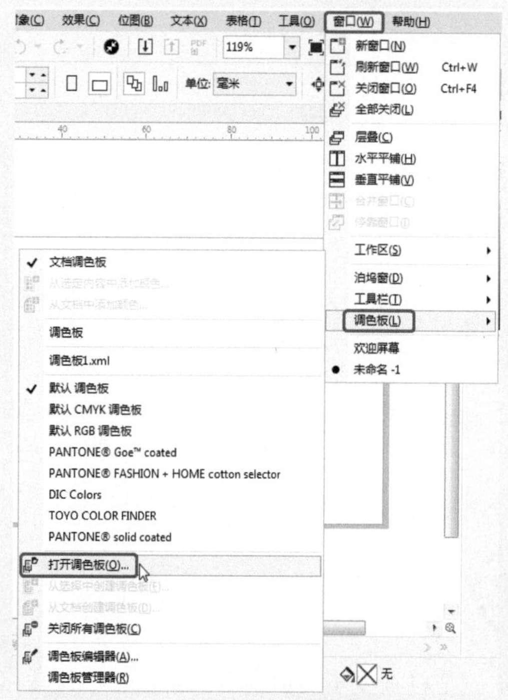

图1-69 选择【打开调色板】命令

提示 用户也可以在【选择颜色】对话框的【模型】下拉列表框中选择所需的颜色模型（例如RGB、灰度等），然后再设置所需的颜色。

08 弹出【打开调色板】对话框，选择【调色板1.xml】文件，单击【打开】按钮，如图1-70所示。

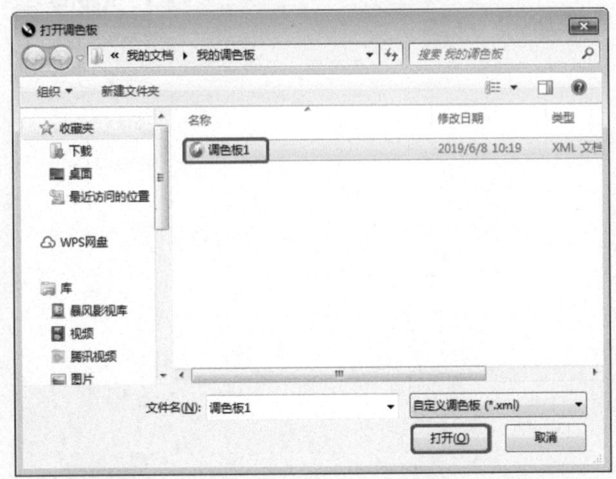

图1-70 【打开调色板】对话框

09 打开的自定义调色板自动位于程序窗口的右侧，如图1-71所示。

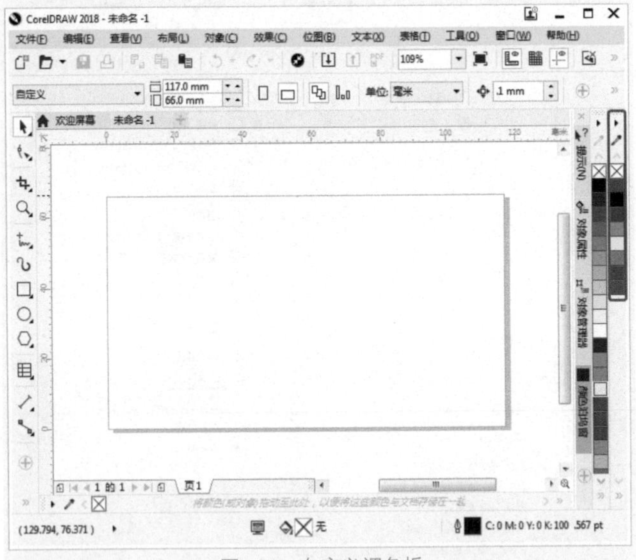

图1-71 自定义调色板

1.8 上机练习——插入条码

条码是将宽度不等的多个黑条和空白，按照一定的编码规则排列，用以表达一组信息的图形标识符。CorelDRAW的条码向导可以生成各个行业标准格式的条码。用户可以更改行业标准属性，设置条码的高级选项，以及更改文本和条码选项。更改条码选项将会改变符号的整体外观，插入条码效果如图1-72所示。

图1-72 插入条码

01 按Ctrl+O组合键，打开素材|Cha01|【吊牌.jpg】素材文件，如图1-73所示。

图1-73 打开素材文件

02 在菜单栏中选择【对象】|【插入条码】命令，弹出【条码向导】对话框。在行业标准格式中选择Code 25，并输入数字123456789012345，然后单击【下一步】按钮，如图1-74所示。

图1-74 【条码向导】对话框

03 在弹出的对话框中将【缩放比例（比例）】设置为90%，然后单击【下一步】按钮，如图1-75所示。

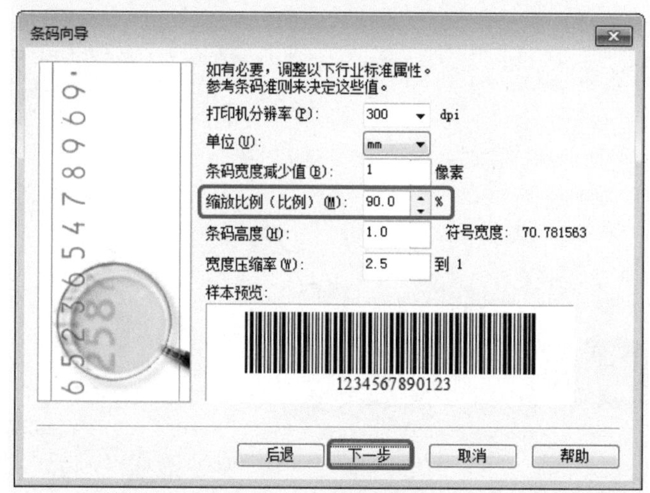

图1-75　设置缩放比例

04 在打开的对话框中选择所需的字体、大小与对齐方式，也可以选择文字置于顶部、显示起始/结束字母。此处设置【字体】为8514oem、【大小】为16，然后单击【完成】按钮，如图1-76所示。

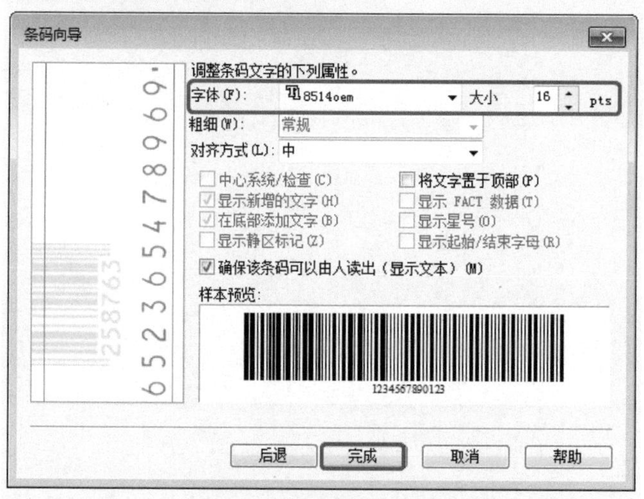

图1-76　设置字体和大小

05 条码将插入到页面中，调整对象的大小及位置，效果如图1-77所示。

图1-77　完成后的效果

1.9 思考与练习

1. CMYK颜色模式的图像与RGB颜色模式的图像有何不同？

2. 如何设置页面背景？

3. 如何利用默认调色板设置图形填充颜色和轮廓色？

第2章 常用绘图工具

CorelDRAW软件中的各种绘图工具，是创建图形的基本工具，只有掌握了绘图工具的使用方法，才能在创作图形的过程中运用自如，从而绘制出各种各样的图形，并提高工作效率。

2.1 手绘工具

使用手绘工具可以绘制出各种图形，就像用铅笔绘制图样一样，在绘制的过程中如果出了错，可以立即擦除不需要的部分并继续绘图。绘制直线或线段时，可以将它们限制为垂直直线或水平直线。在绘制线条之前可以设定轮廓的样式与宽度，以绘制所需的图形与线条。

2.1.1 实战：用手绘工具绘制曲线

使用手绘工具绘制曲线的操作步骤如下。

01 按Ctrl+N组合键，弹出【创建新文档】对话框，新建一个空白文档，在工具箱中选择【手绘工具】，如图2-1所示。

02 将鼠标指针移动到画面中按下左键进行拖动，得到所需的长度与形状后释放左键，即可绘制出需要的曲线或图形（此时绘制的图形处于选择状态，可以方便用户对其进行修改），如图2-2所示。

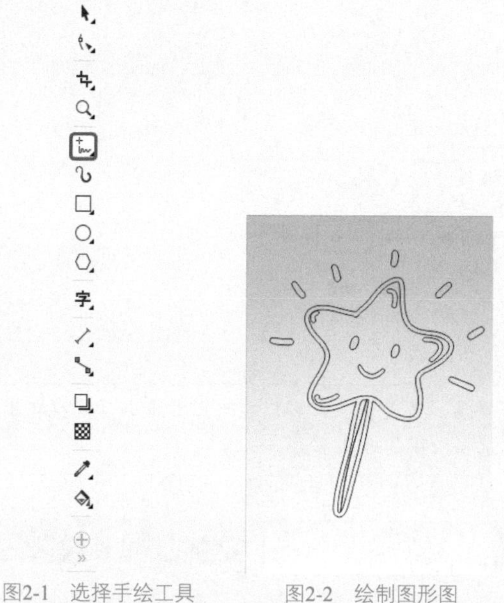

图2-1 选择手绘工具　　图2-2 绘制图形图

2.1.2 实战：使用手绘工具制作卡通图像

下面讲解如何使用手绘工具制作卡通图像，操作如下。

01 打开素材|Cha02|【手绘照片.cdr】素材文件，如图2-3所示。

02 在工具箱中选择【手绘工具】，在工作区中按住鼠标左键拖动，绘制人物的线条，绘制完成后调整线稿顺序，效果如图2-4所示。

图2-3 打开素材文件　　图2-4 绘制线稿

03 在工具箱中选择【交互式填充工具】，在人物面部单击选中面部的曲线，按Shift+F11组合键，弹出【编辑填充】对话框，设置面部颜色CMYK值为4、13、25、0，效果如图2-5所示。设置舌头部分颜色CMYK值为0、40、20、0，将衣服填充为黑色，领带填充为红色，完成效果如图2-6所示。

图2-5 为面部添加颜色

图2-6 完成效果

2.1.3 实战：用手绘工具绘制直线与箭头

用手绘工具绘制直线的操作步骤如下。

01 打开素材|Cha02|【绘制直线.cdr】素材文件，在工具箱中选择【手绘工具】。

02 将鼠标指针移动到工作区中，在适当位置单击确定起点，然后将鼠标指针移动到第二点处单击，即可完成直线的绘制，如图2-7所示。

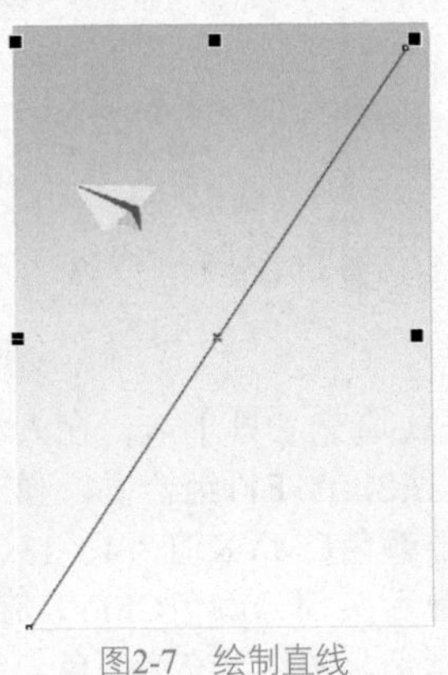

图2-7 绘制直线

提示 使用手绘工具绘制直线的过程中，如果配合键盘上的Ctrl键或者Shift键进行绘制，即可使手绘工具创建的线条按预定义的角度进行绘制。绘制垂直直线和水平直线时，此功能非常有用。配合Ctrl键绘制的直线效果如图2-8所示。

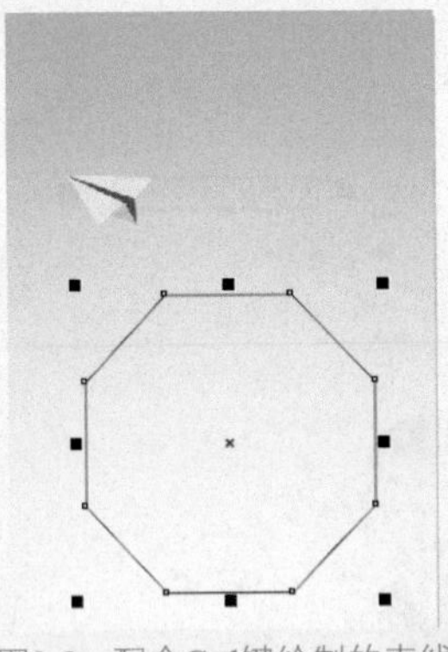

图2-8 配合Ctrl键绘制的直线

用手绘工具绘制带箭头的曲线操作步骤如下。

01 打开素材|Cha02|【手绘直线1.cdr】素材文件，在工具箱中选择【手绘工具】，在属性栏中选择合适的轮廓宽度，然后在【线条样式】下拉列表中选择需要的虚线，如图2-9所示。

02 选择好虚线后将弹出【更改文档默认值】对话框，单击【确定】按钮即可，如图2-10所示。

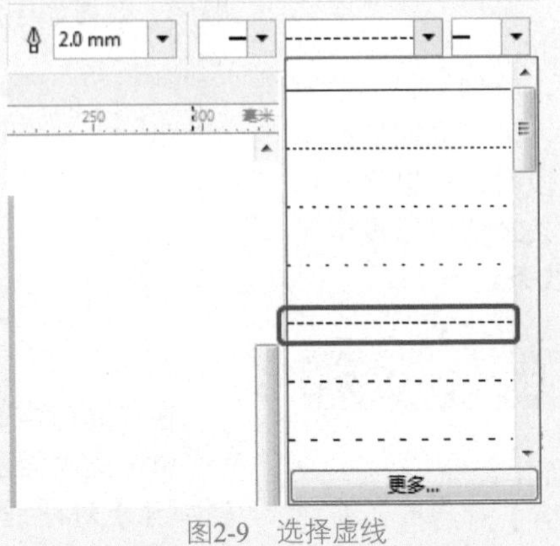

图2-9 选择虚线

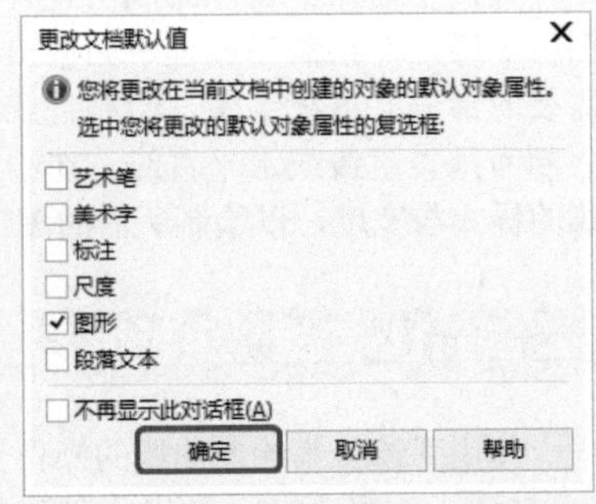

图2-10 【更改文档默认值】对话框

03 在【终止箭头】下拉列表中选择需要的箭头，在弹出的【更改文档默认值】对话框中单击【确定】按钮，如图2-11所示。

04 移动鼠标指针到工作区中，在适当的位置处单击，确定起点，再移动鼠标指针到终点处单击，即可完成直线箭头的绘制，如图2-12所示。

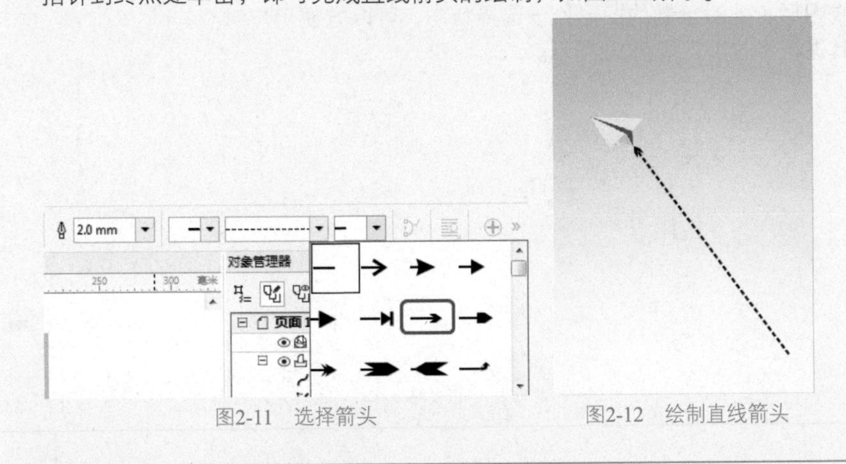

图2-11 选择箭头　　图2-12 绘制直线箭头

提示 如果要将选择的直线或曲线改为箭头，可以在选择对象以后直接在属性栏的起始或终止箭头选择器中选择所需的箭头类型。

2.1.4 修改对象属性

使用手绘工具绘制完图形后，在它的属性栏中可以设置绘制图形的相关参数，如图2-13所示。在属性栏中可以随时更改对象的属性，例如大小、位置、旋转角度、轮廓宽度等。

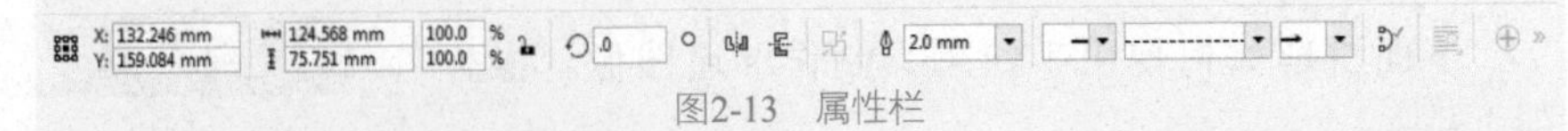

图2-13 属性栏

下面介绍如何更改图形属性。

01 打开素材|Cha02|【手绘线条2.cdr】素材文件，在属性栏中选择合适的轮廓宽度，如图2-14所示，即可改变箭头的轮廓宽度，效果如图2-15所示。

02 在属性栏的【旋转角度】文本框中输入180°后按Enter键，可将箭头旋转180°，效果如图2-17所示。

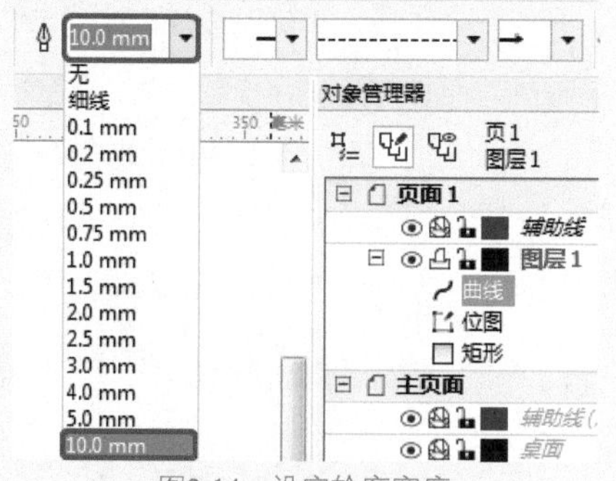

图2-14　设定轮廓宽度

图2-15　设置轮廓宽度后的效果

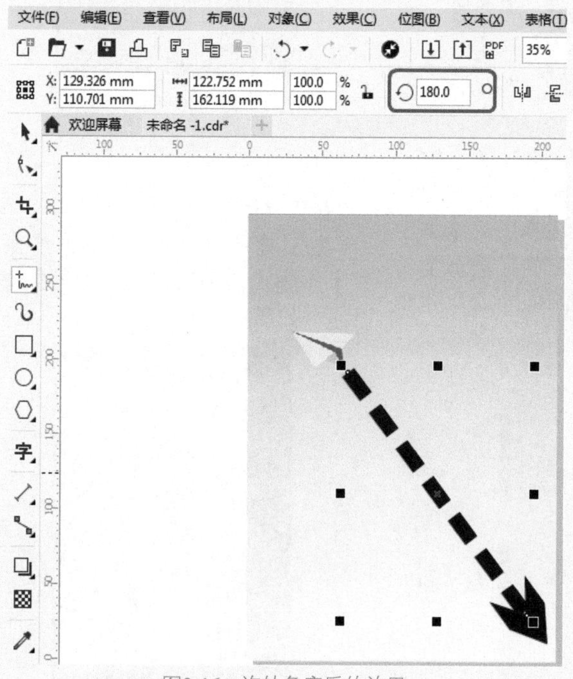

图2-16　旋转角度后的效果

03 在工作区右侧的【默认CMYK调色板】中的【绿】色块上右击鼠标，即可将图形的轮廓颜色改为绿色，效果如图2-17所示。

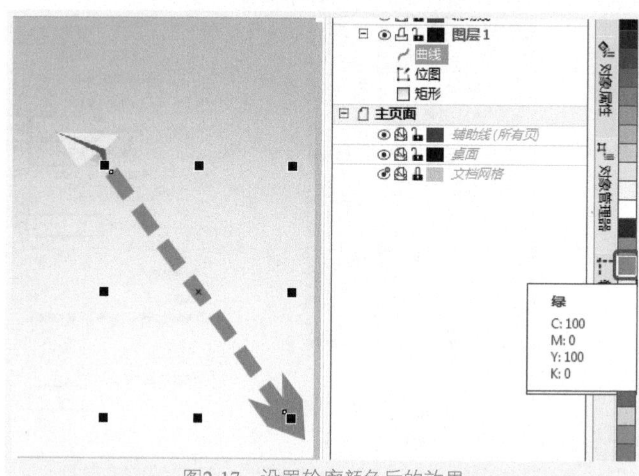

图2-17　设置轮廓颜色后的效果

04 在属性栏的【线条样式】下拉列表中选择实线，即可将虚线箭头改为实线箭头，如图2-18所示。

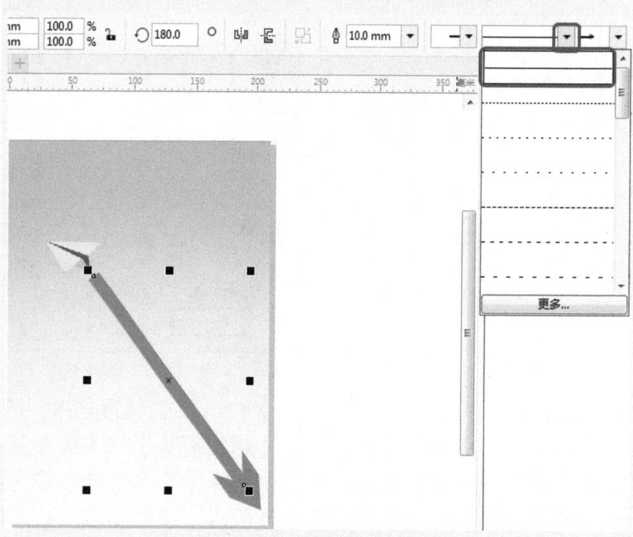

图2-18　设置轮廓样式后的效果

实例操作001——使用手绘工具绘制旅游导览图

下面将讲解如何使用手绘工具绘制旅游导览图，效果如图2-19所示。

01 按Ctrl+N组合键，弹出【创建新文档】对话框，设置【宽度】为1128px，【高度】为1900px，【渲染分辨率】为300dpi，单击【确定】按钮，创建文件，如图2-20所示。

02 按Ctrl+I组合键，弹出【导入】对话框，选择素材|Cha02|【导览地图.jpg】素材文件，单击【导入】按钮，将文件导入工作区，如图2-21所示。导入后按Enter键将文件放置到工作区中心，如图2-22所示。

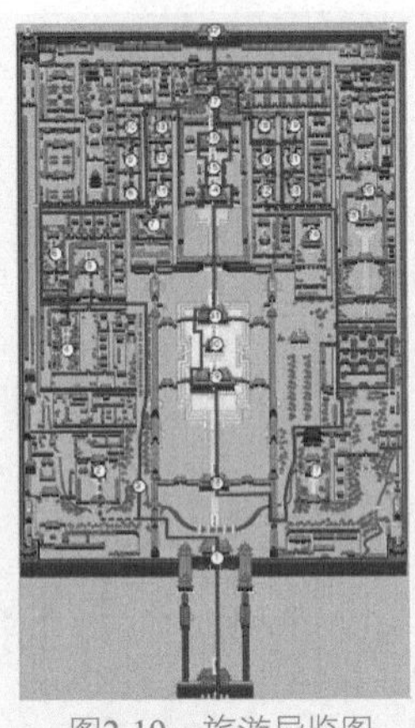

图2-19　旅游导览图

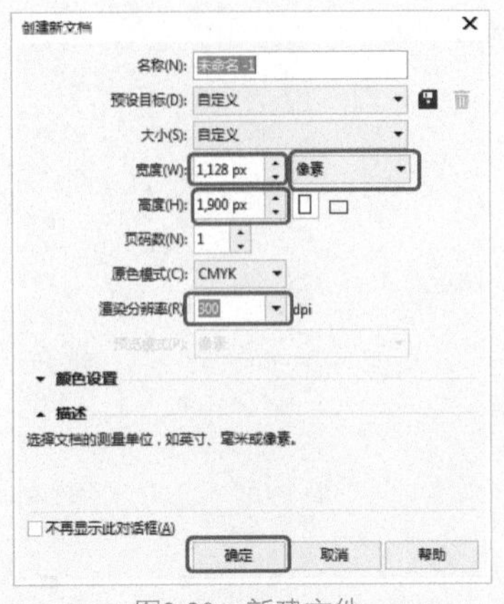

图2-20　新建文件

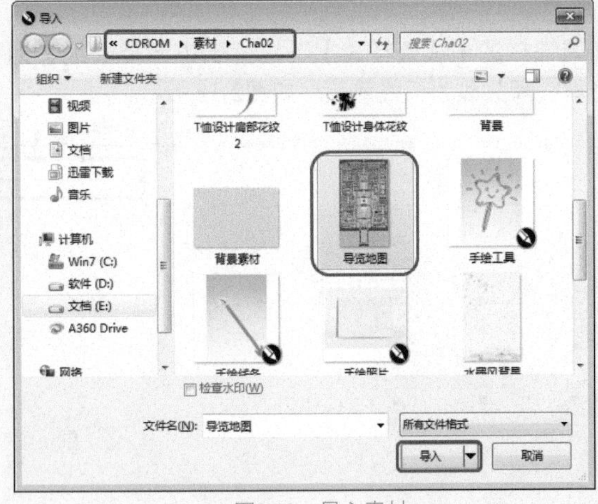

图2-21　导入素材

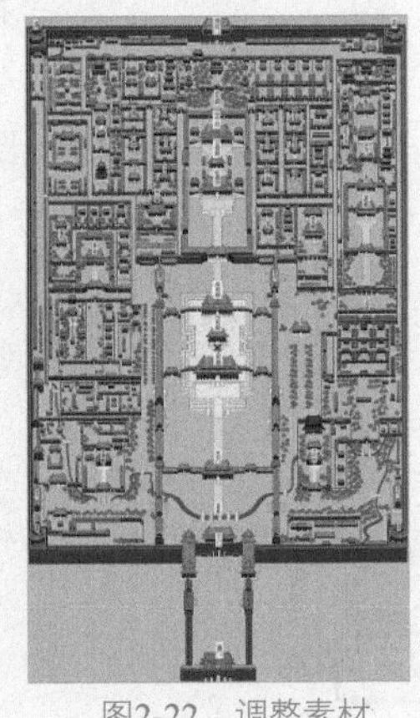

图2-22　调整素材

03 在工具箱中选择【手绘工具】，在工具属性栏中设置【轮廓宽度】为8px，【线条样式】为实线，【起始箭头】与【终止箭头】为无，在右侧的【默认调色板】上右击【红】色块，将【轮廓颜色】设为红色，在弹出的【更改文档默认值】对话框中全部选择确定，设置完成后在地图上单击确定第一个点，移动鼠标后单击确定第二个点，绘制第一条线条，如图2-23所示。

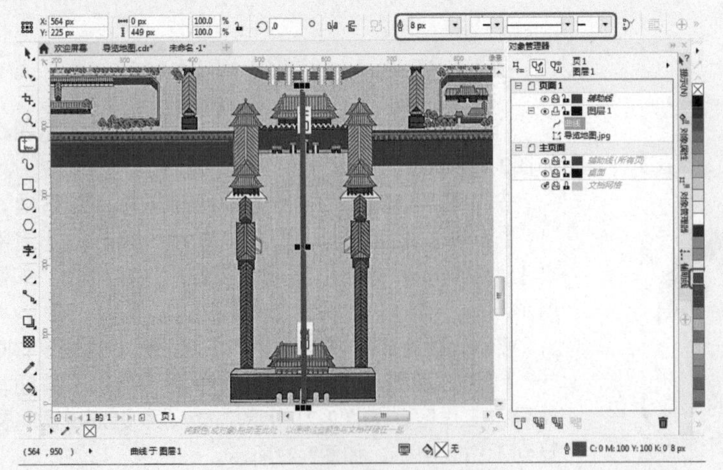

图2-23　设置参数绘制第一条路线

04 在第一条线的终点单击，作为下一条线的起点，移动鼠标后单击确定第二条线的终点，如图2-24所示。

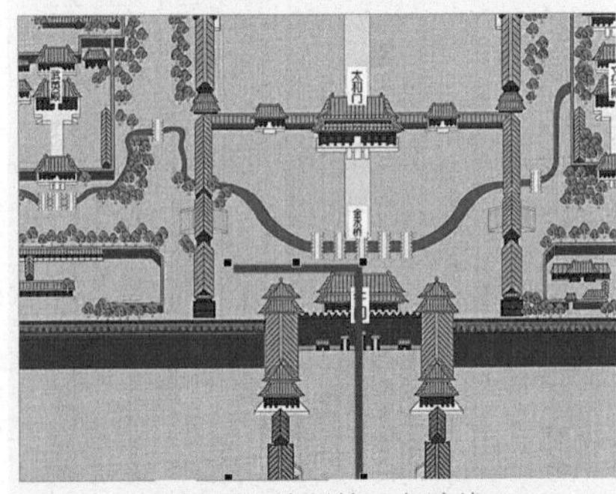

图2-24　绘制第二条路线

05 使用上述方法绘制剩余实线，绘制完成效果如图2-25所示。

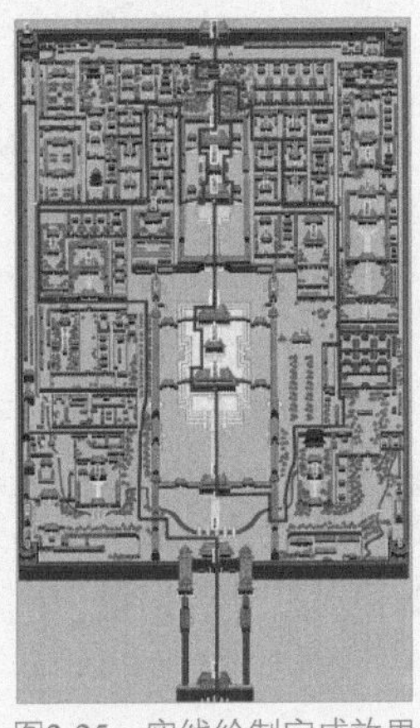

图2-25　实线绘制完成效果

06 在工具箱中选择【手绘工具】，在工具属性栏中设置【线条样式】为虚线，使用相同方法绘制虚线路线，如图2-26所示。

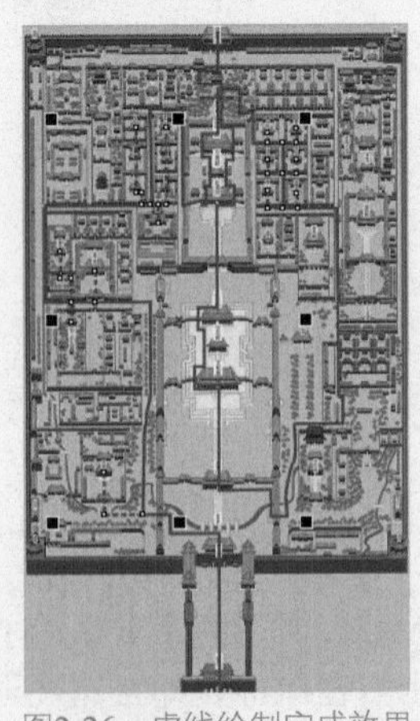

图2-26　虚线绘制完成效果

> **提示** 使用手绘工具时，当在前一个线段的终点单击作为下一个线段的起点时，不会创建新的对象，否则会在绘制新的线段时创建新的对象。

07 在工具箱中选择【椭圆形工具】，按住Ctrl键绘制【宽度】和【高度】为38px的正圆，将【轮廓宽度】设置为2px，在右侧【默认调色板】上左键单击【白】色块，将【填充颜色】设置为白色，右击【黑】色块，将【轮廓颜色】设置为黑色。如图2-27所示。

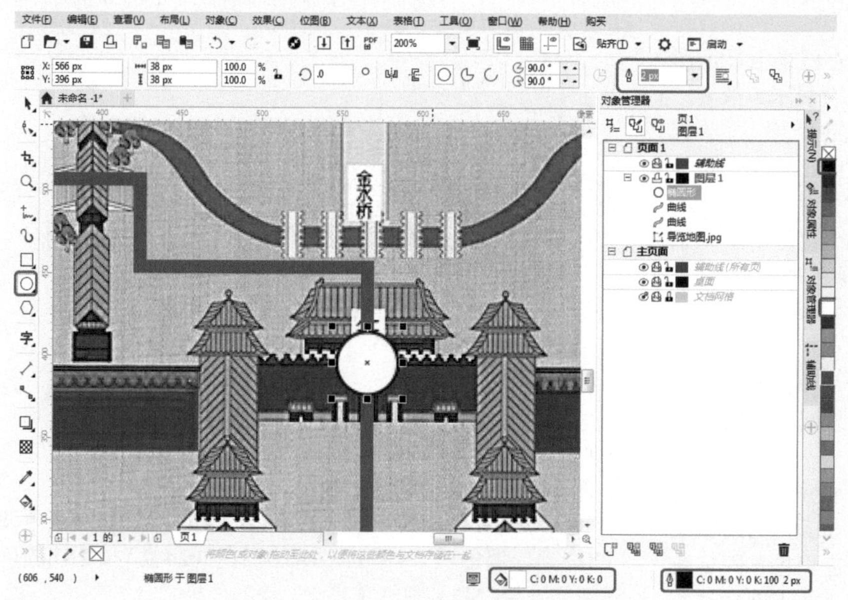

图2-27 绘制圆形

08 在工具箱中选择【文本工具】，将【字体大小】设置为6pt，在右侧【默认调色板】上左键单击【黑】色块，将【填充颜色】设为黑色，在工作区上单击后输入文本1，调整位置后效果如图2-28所示。

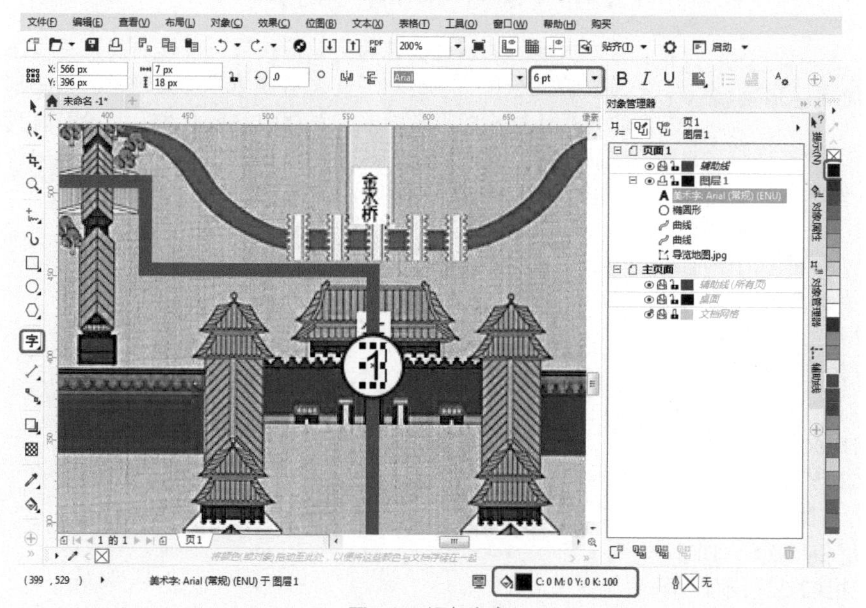

图2-28 添加文字

09 使用上述方法继续为路线景点添加标识，完成效果如图2-29所示。

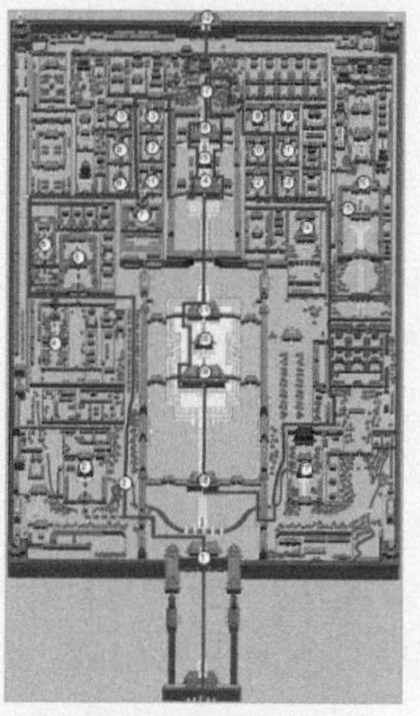

图2-29 完成效果图

2.1.5 矢量图形与位图图像

计算机图形主要分为两类：矢量图形和位图图像，如图2-30与图2-31所示。在CorelDRAW应用程序中可以将矢量图形转换为位图，然后应用CorelDRAW中不能用于矢量图形或对象的特殊效果。在进行转换时，可以选择位图的颜色模式。颜色模式决定构成位图的颜色数量和种类，因此文件大小也会受到影响。

图2-30 矢量图形

图2-31 位图图像

将矢量图形转换为位图时，还可以进行多种设置，例如背景透明度和颜色预置文件等。

1. 矢量图形

矢量图形（也称为向量图形），是指由被称为矢量的数学对象定义的线条和曲线，矢量根据图像的几何特性描绘图像。

矢量图形与分辨率无关，可以将它们缩放到任意尺寸，也可以按任意分辨率打印，都不会丢失细节或降低清晰度。因此，矢量图形在标志设计、插图设计及工程绘图上占有很大的优势。

由于计算机显示器呈现图像的方式是在网格上显示图像，因此，矢量数据和位图数据在屏幕上都会显示为像素。

在平面设计方面，制作矢量图的程序主要有CorelDRAW、FreeHand、InDesign和Illustrator等。CorelDRAW程序常用于PC，FreeHand程序常用于Mac（苹果机），InDesign和Illustrator程序可用于PC也可用于苹果机，它们都是处理图形、文字、标志等对象的程序。

2. 位图图像

与矢量图形不同，位图图像（也称为点阵图像）是由许多点组成的，其中的点称为像素，而每个像素都有一个明确的颜色。在处理位图图像时，用户所编辑的是像素，而不是对象或形状。

位图图像是连续色调图像（例如照片或数字绘画）最常用的电子媒介，因为它们可以表现阴影和颜色的细微层次。位图图像与分辨率有关，也就是说，它们包含固定数量的像素。因此，如果对它们进行缩放或以低于创建时的分辨率来打印，会丢失其中的细节，并会呈现锯齿状。

在平面设计方面，制作位图的程序主要是Adobe公司推出的Photoshop，Photoshop程序是目前平面设计中处理图形图像的首选程序。

2.1.6 颜色模式

在CorelDRAW软件中，允许用户使用各种各样符合行业标准的调色板、颜色混合器以及颜色模型来选择和创建颜色；可以创建并编辑自定义调色板，用于存储常用颜色以备将来使用；也可以通过改变色样大小、调色板中的行数和其他属性来自定义调色板在屏幕上的显示方式。

颜色模式定义了组成图像的颜色数量和类别的系统。黑白、灰度、RGB、CMYK和调色板颜色就是几种不同的颜色模式。

颜色模型是一种简单的颜色图表，它定义了颜色模式中显示的颜色范围。常见的颜色模型有CMY（青色、品红色和黄色），CMYK（青色、品红、黄色和黑色），RGB（红色、绿色和蓝色），HSB（色度、饱和度和亮度），HLS（色度、光度和饱和度），Lab以及YIQ，如图2-32所示。

尽管从屏幕上看不出CMYK颜色模式的图像与RGB颜色模式的图像之间的差别，但是这两种颜色是截然不同的。在图像尺度相同的情况下，RGB图像的文件大小比CMYK图像要小，但RGB颜色空间或色谱却可以显示更多的颜色。因此，凡是用于要求有精确色调逼真度的网页或桌面打印机的图像，一般都采用RGB模式。在商业印刷机等需要精确打印再现的场合，图像一般采用CMYK模式创建。调色板颜色图像在减小文件大小的同时力求保持色调逼真度，因而适合在屏幕上使用。

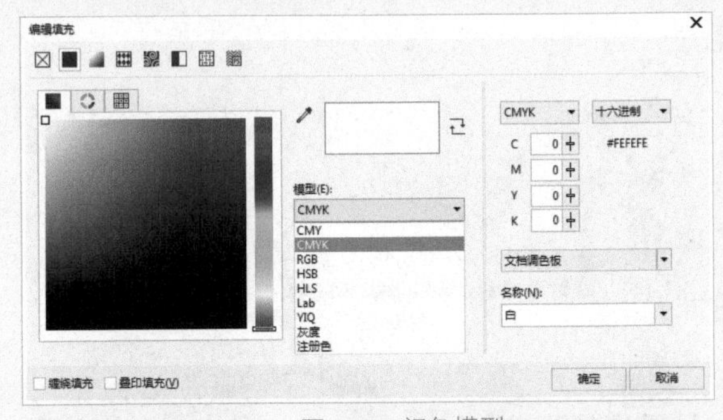

图2-32 颜色模型

每次转换图像的颜色模式时都可能会丢失颜色信息。因此，应该先保存编辑好的图像，再将其更改为不同的颜色模式。

CorelDRAW支持黑白（1位）、灰度（8位）、双色调（8位）、调色板（8位）、RGB颜色（24位）、Lab颜色（24位）与CMYK颜色（32位）等颜色模式。

2.2 贝塞尔工具

贝塞尔曲线也被称为贝兹曲线或贝济埃曲线，是由法国数学家Pierre E.Bezier（皮埃尔·贝塞尔）发现的。贝塞尔曲线是计算机图形学中非常重要的参数曲线，无论是直线或曲线都能通过数学表达式予以描述。由此为计算机矢量图形学奠定了基础。如图2-33所示为贝塞尔原理。

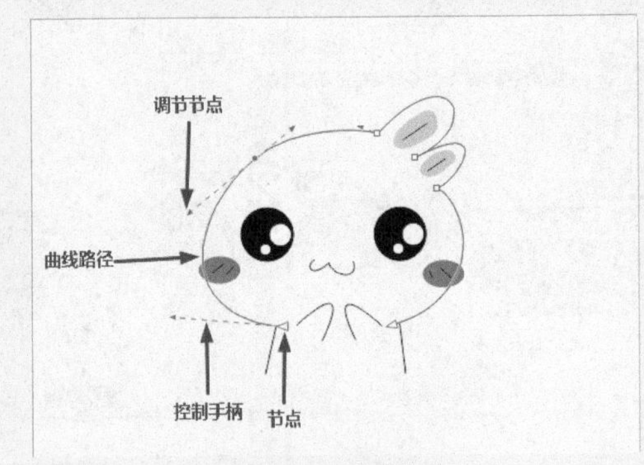

图2-33 贝塞尔原理

使用贝塞尔工具的操作步骤如下。

01 打开素材|Cha02|【贝塞尔工具.cdr】素材文件，选择工具箱中的【贝塞尔工具】，在工作区中的任意位置单击确定起点，然后在其他位置单击并拖动添加第二点，即可绘制出曲线路径。

02 使用该工具绘制曲线后，可以通过【形状工具】调整曲线，图2-34调整后的效果如图2-34所示。

图2-34 绘制曲线路径

03 在工具箱中选择【贝塞尔工具】，在工作区中的不同位置直接单击，即可绘制出直线图形，如图2-35所示。

图2-35 绘制直线路径

实例操作002——绘制卡通插画

下面将讲解如何使用贝塞尔工具绘制卡通插画，效果如图2-36所示。

图2-36 卡通插画效果图

01 按Ctrl+N组合键，弹出【创建新文档】对话框，设置【宽度】为718px，【高度】为482px，单击【确定】按钮创建文件，如图2-37所示。

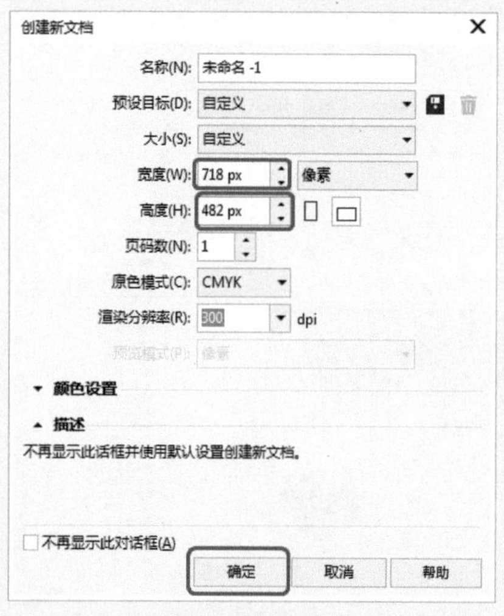

图2-37 新建文件

02 按Ctrl+I组合键，弹出【导入】对话框，选择素材|Cha02|【背景素材.jpg】素材文件，单击【导入】按钮，将文件导入工作区，导入后按Enter键将文件放置到工作区中心，如图2-38所示。

03 在工具箱中选择【贝塞尔工具】，在工作区上单击并拖动绘制曲线，绘制线稿如图2-39所示。

图2-38 导入背景

图2-39 绘制线稿

04 在工具箱中选择【智能填充工具】，在工具属性栏中选择要填充的颜色，为线稿填充颜色，填充后效果如图2-40所示。

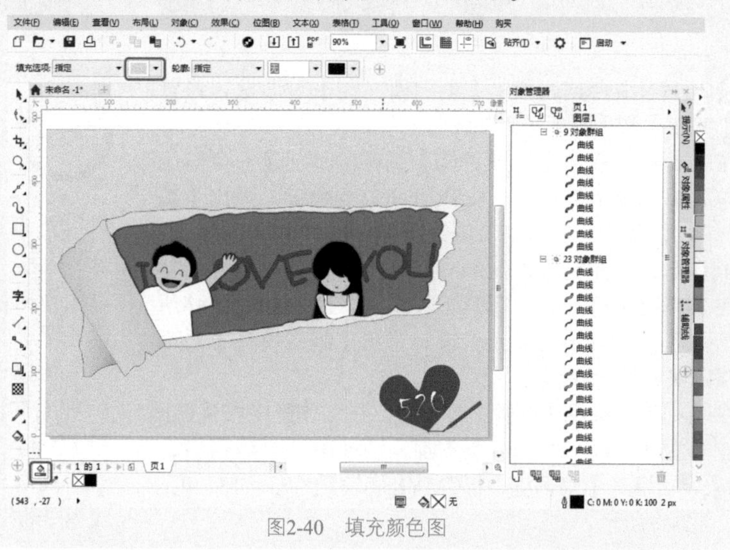

图2-40 填充颜色图

05 选择撕纸效果对象，在工具箱中选择【阴影工具】，在工作区中拖动合适距离为撕纸效果添加阴影使撕纸效果更加形象，如图2-41所示。

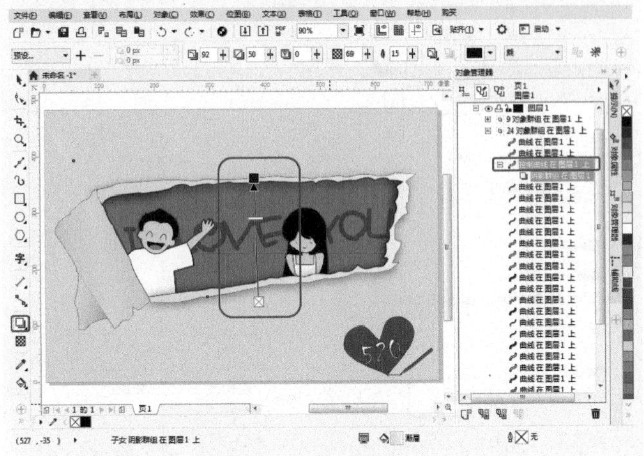

图2-41 添加阴影效果

06 完成后按Ctrl+S组合键保存文件，完成效果如图2-42所示。

实例操作003——使用贝塞尔绘制鼠标图标

下面将介绍如何使用贝塞尔工具绘制鼠标图标，效果如图2-43所示。

图2-42 完成效果图

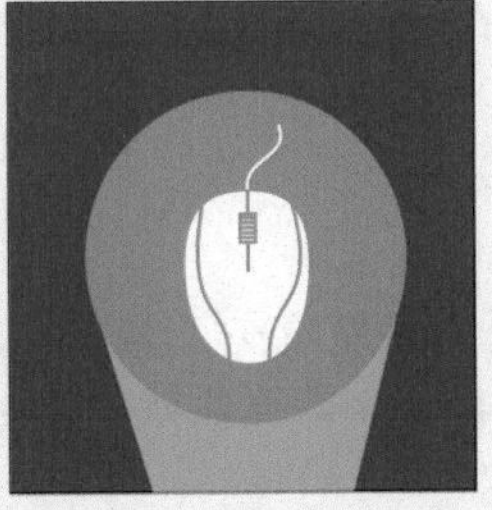

图2-43 鼠标图标效果图

01 按Ctrl+N组合键，弹出【创建新文档】对话框，设置【宽度】和【高度】为700px。

02 在工具箱中双击【矩形工具】按钮，创建一个与工作区相同大小的矩形。按Shift+F11组合键，弹出【编辑填充】对话框，将CMYK值设置为100、70、0、0，如图2-44所示，绘制完成如图2-45所示。

03 在工具箱中选择【贝塞尔工具】，绘制如图2-46所示图形，按Shift+F11组合键，弹出【编辑填充】对话框，将CMYK值设置为62、0、24、0。

04 在工具箱中选择【椭圆工具】，在工作区中按住Ctrl键单击并拖动，绘制一个正圆。按Shift+F11组合键，弹出【编辑填充】对话框，将CMYK值设置为73、13、0、0，如图2-47所示。

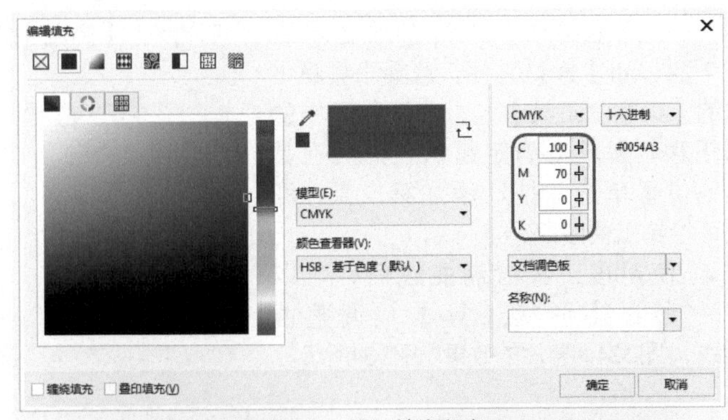

图2-44 设置填充颜色

图2-45 绘制矩形

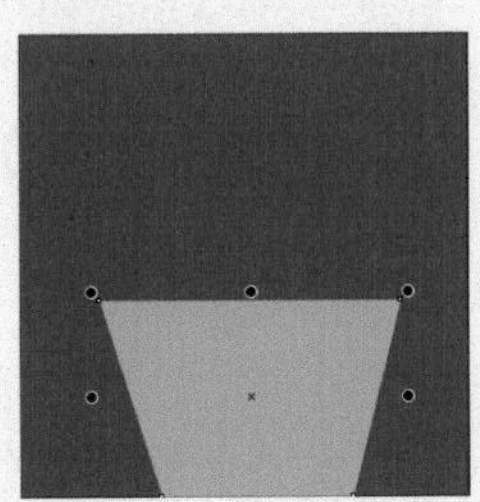

图2-46 绘制直线

05 在工具箱中选择【贝塞尔工具】，在工作区中按住并拖动鼠标绘制如图2-48所示鼠标线条，在右侧【默认调色板】上左键单击【白】色块，将【填充颜色】设置为白色，右键单击【青】色块将【轮廓颜色】设置为青色，如图2-48所示。按Ctrl+S组合键保存文件。

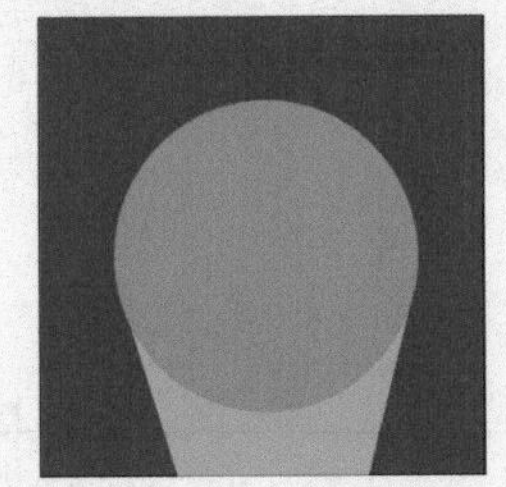

图2-47 绘制正圆

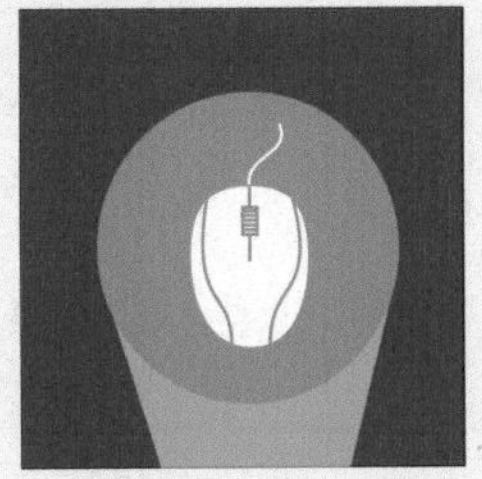

图2-48 绘制鼠标

2.3 艺术笔工具

艺术笔工具包含基于矢量图形的笔刷、笔触、喷射、书法等效果，是创作图形不可缺少的工具之一。它可以创作出过渡均匀并且很自然的艺术图案，可以大大提高设计图形的工作效率。

可以通过以下方法来使用艺术笔工具。

- 在工具箱中选择【艺术笔工具】。
- 按I键，即可使用【艺术笔工具】。

在选择【艺术笔工具】绘制图形时，鼠标指针会变成形状。此时在工作区单击，即可开始绘制各种图形。

【艺术笔工具】的属性栏中包括【预设】、【笔刷】、【喷涂】、【书法】和【压力】5种艺术笔效果。

绘制一种艺术笔效果后，使用【选择工具】单击选中绘制的线条，就会出现花边，如图2-49所示。选中图形后按Ctrl+K组合键，或在图形上右击并选择【拆分艺术笔群组】命令，可以解除曲线和艺术效果之间的关联，将它们分离，效果如图2-50所示。

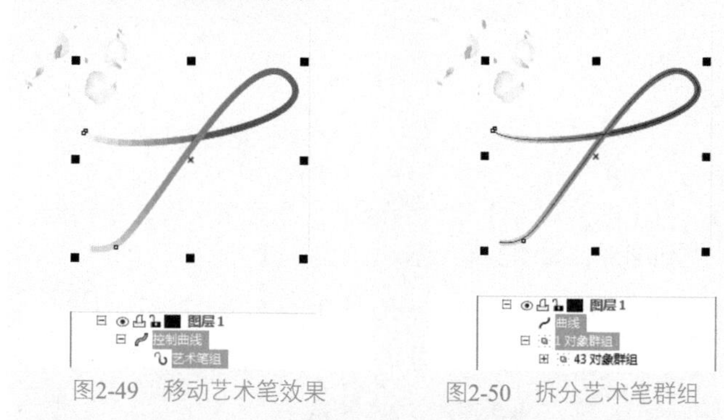

图2-49　移动艺术笔效果　　图2-50　拆分艺术笔群组

2.3.1　预设工具

【预设】艺术笔是【艺术笔工具】的效果之一，图2-51所示为【预设】艺术笔工具的属性栏，其中各选项的功能如下。

图2-51　【预设】艺术笔工具的属性栏

- 【预设】：艺术笔工具的效果之一，使用预设矢量形状绘制曲线。
- 【手绘平滑】：在创建手绘曲线时主要用于控制笔触的平滑度，其数值范围为0～100。数值越低，笔触路径就越曲折，节点就越多；反之，笔触路径就越圆滑，节点就越少，如图2-52所示。

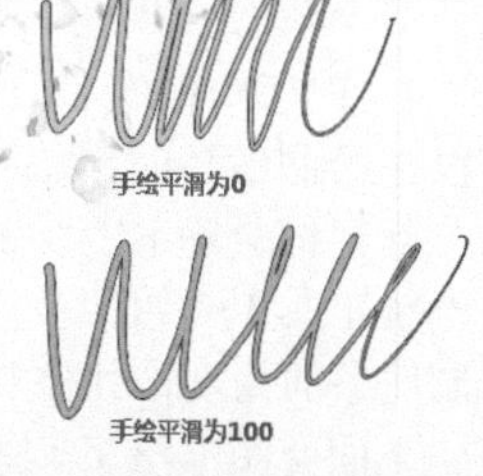

图2-52　不同手绘平滑度的效果

- 【笔触宽度】：用于调整笔触的宽度，调整范围为0.762～254mm。将笔触宽度分别设置为10mm和50mm的笔刷效果如图2-53所示。
- 【预设笔触】：CorelDRAW提供了23种不同的艺术笔触效果，可以充分释放用户的创作灵感，如图2-54所示。

图2-53　不同笔触宽度的笔刷效果

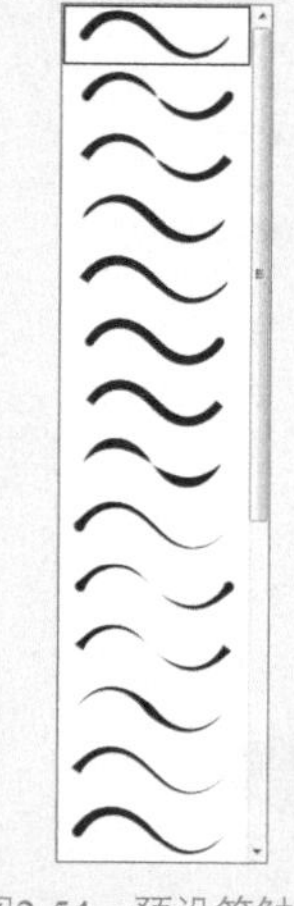

图2-54　预设笔触列表

2.3.2　笔刷工具

在工具箱中选择【艺术笔工具】，在属性栏中单击【笔刷】按钮，在右侧将显示它的相关选项，其中各选项的功能如下。

- 【笔刷】：绘制与着色的笔刷笔触相似的曲线。
- 【类别】：为所选的艺术笔工具选择一个类别，如图2-55所示。

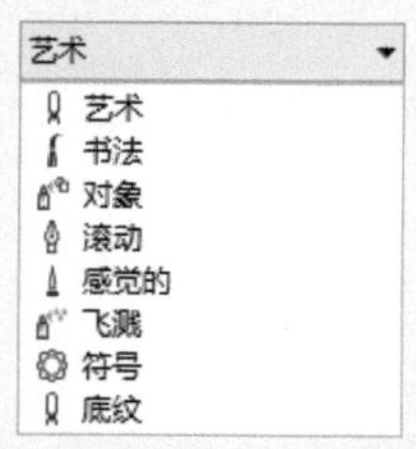

图2-55　【类别】下拉菜单

- 【笔刷笔触】：可以选择想要应用的笔刷笔触效果，如图2-56所示。
- 【浏览】：单击该按钮即可弹出【浏览文件夹】对话框，如图2-57所示，可以选择外部自定义的艺术画笔笔触文件夹。
- 【保存艺术笔触】：将当前工作区中，选中的图形另存为自定义笔触，单击该按钮即可弹出【另存为】对话框，如图2-58所示。
- 【删除】：删除自定义的艺术笔触。
- 【手绘平滑】：在创建手绘曲线时主要用于控制笔触的平滑度，其数值范围为0～100，数值越低笔触路径就越曲折，节点就越多；反之，笔触路径就越圆滑，节点就越少，路径就越平滑。
- 【笔触宽度】：用于调整笔触的宽度。调整范围是0.762～254mm。

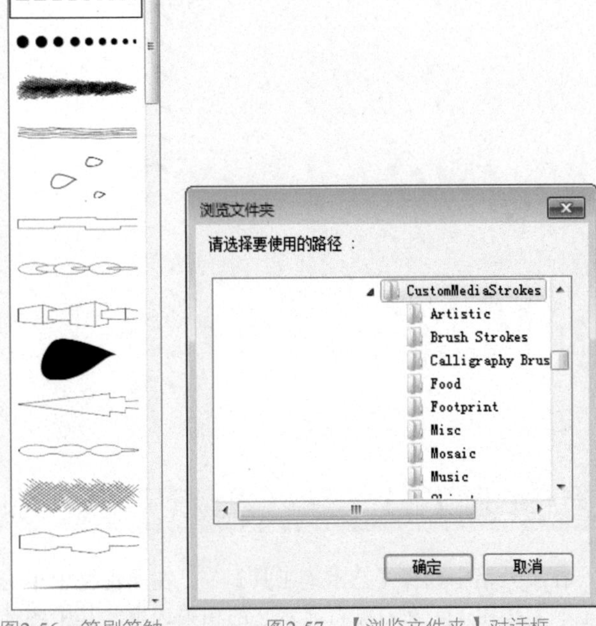

图2-56 笔刷笔触　　图2-57 【浏览文件夹】对话框

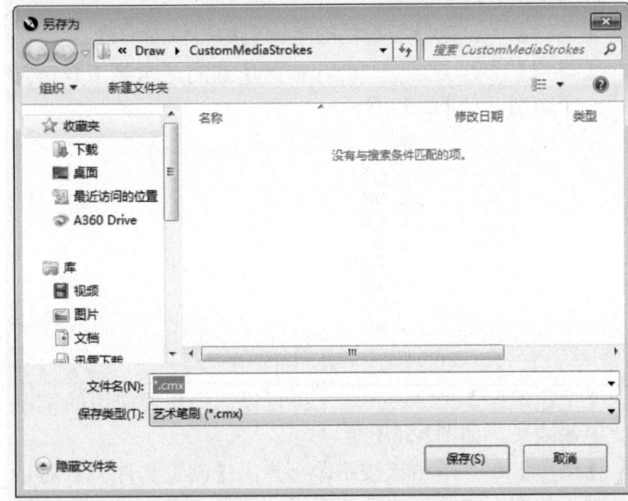

图2-58 【另存为】对话框

2.3.3 实战：喷涂工具

选择工具箱中的【艺术笔工具】，在属性栏中单击【喷涂】按钮，在右侧将显示它的相关选项。下面介绍喷涂工具的使用方法。

01 打开素材|Cha02|【背景.cdr】素材文件，选择工具箱中的【艺术笔工具】，在属性栏中单击【喷涂】按钮，将【喷涂类别】定义为植物，将【喷射图样】设置为绿色的树，将【喷涂顺序】定义为顺序，然后在工作区中绘制图形，如图2-591所示。

图2-59 绘制图形

02 将【喷涂顺序】定义为随机，然后在工作区中绘制其他图形，如图2-60所示。

图2-60 绘制其他图形

2.3.4 实战：书法工具

在【艺术笔工具】的属性栏中单击【书法】按钮，可以在绘制线条时模拟钢笔书法的效果。在绘制书法线条时，其粗细会随着笔头的角度和方向的改变而改变。使用【形状工具】可以改变所选书法控制点的角度，从而改变绘制线条的角度，并控制书法线条的粗细。

下面介绍书法工具的使用方法。

01 打开素材|Cha02|【背景.cdr】素材文件，选择工具箱中的【艺术笔工具】，在属性栏中单击【书法】按钮，将【书法角度】设置为30°，在工作区中书写文字，如图2-61所示。

02 确定新书写的文字处于选择状态，在默认调色板中为其填充颜色，如图2-62所示。

03 在工作区的空白处单击鼠标，取消对象的选择。

图2-61　书写文字

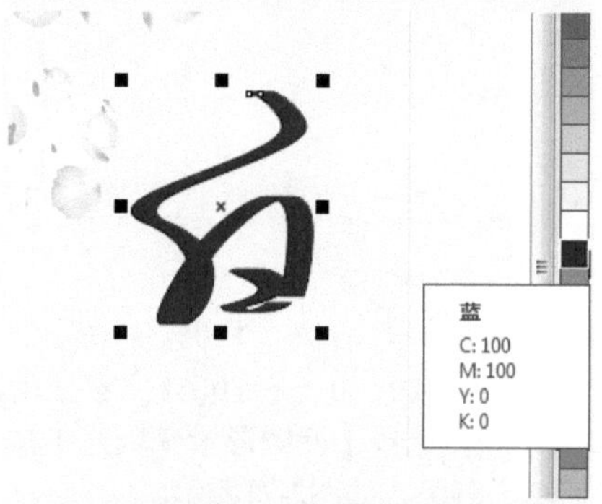

图2-62　填充颜色

2.3.5　实战：压力工具

选择【艺术笔工具】后，在属性栏中单击【表达式】按钮，可以模拟使用压力感笔画的绘图效果。其绘制的线条带有曲边，压力工具与书法工具的属性栏类似，只是缺少了【书法角度】设置项。设置的宽度代表线条的最大宽度。

使用压力工具绘图的方法如下。

01 打开素材Cha02|【背景.cdr】素材文件，选择工具箱中的【艺术笔工具】，在属性栏中单击【表达式】按钮，在工作区中书写文字，并将【笔触宽度】设置为200px，如图2-63所示。

02 在工具箱中选择【选择工具】，选择工作区中的所有文字；然后在右侧【默认调色板】中单击【青】色块，为绘制的文字填充颜色；最后在空白处单击鼠标，取消选择，如图2-64所示。

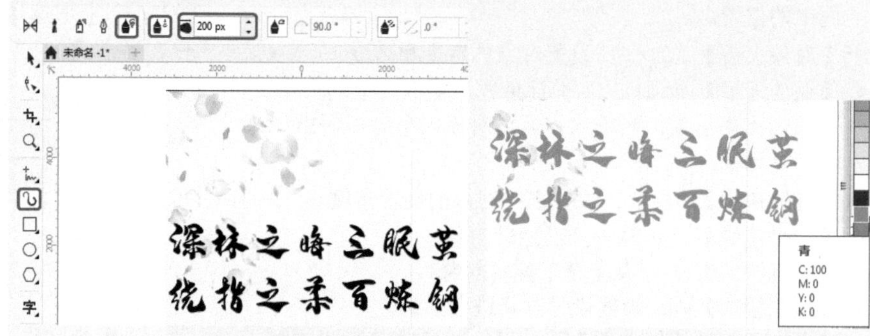

图2-63　书写文字　　图2-64　完成后的效果

2.4 钢笔工具

使用【钢笔工具】可以绘制各种线段、曲线和复杂的图形，也可以对绘制的图形进行修改。

在工具箱中选择【钢笔工具】，如果未在工作区中选择或绘制任何对象，其属性栏中的部分选项为不可用状态，只有在工作区页面中绘制并选中对象后，其属性栏中的一些不可用的选项才会成为可用选项，如图2-65所示。

图2-65　选择对象后的属性栏

钢笔工具的基本操作有以下两种。

（1）绘制直线。

在工作区中单击一点作为直线的第一点，移动鼠标指针至其他位置再次单击作为第二点，即可绘制出一条直线。

继续单击可以绘制连续的直线，双击或者按Esc键均可结束绘制，如图2-66所示。

（2）绘制曲线。

创建第一点后，按住鼠标左键并拖曳鼠标指针可以绘制曲线，同时将显示控制柄和控制点以便调节曲线的方向。

双击或者按Esc键均可结束绘制，如图2-67所示。

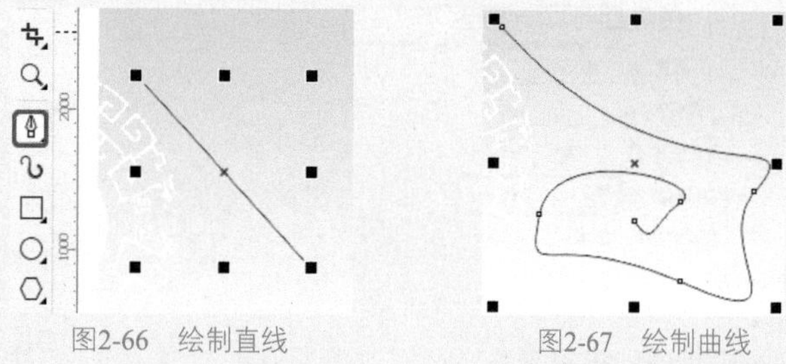
图2-66　绘制直线　　图2-67　绘制曲线

用【钢笔工具】绘制完图形后，可以在属性栏中对绘制的图形进行设置。属性栏中的各项功能介绍如下。

- 【对象原点】：定位或缩放对象时，设置要使用的参考点。在绘制图形后，在该按钮图标的任意定位点单击，可以更改绘制的图形参考点。

- 【对象位置】：通过设置x和y坐标确定对象在页面中的位置。
- 【对象大小】：设置对象的宽度和高度。
- 【缩放因子】：以百分比的形式更改对象的大小。
- 【锁定比率】：当缩放和调整对象大小时，保留原来的宽高比率。
- 【旋转角度】：设置选中对象的旋转角度。
- 【水平镜像】：从左至右翻转对象。
- 【垂直镜像】：从上至下翻转对象。
- 【预览模式】：画线段时对其进行预览。
- 【自动添加或删除节点】：单击线段时可添加节点，单击节点时可删除节点。
- 【轮廓宽度】：设置对象的轮廓宽度。

实例操作004——使用钢笔绘制T恤图案

下面将介绍如何使用钢笔工具绘制T恤图案，效果如图2-68所示。

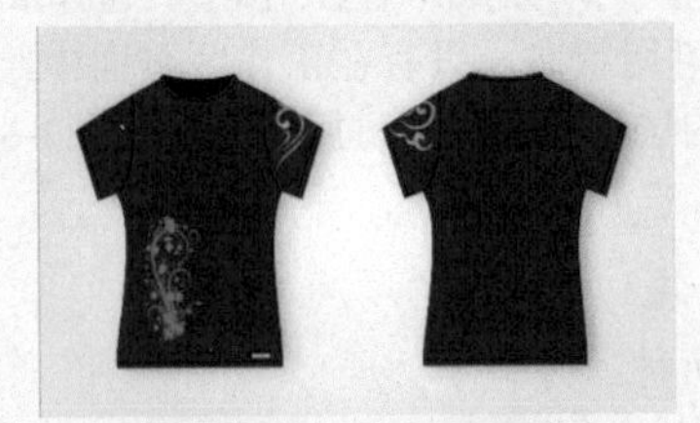

图2-68 绘制T恤效果图

01 按Ctrl+N组合键，弹出【创建新文档】对话框，设置【宽度】为135mm，【高度】为90mm，【单位】为毫米，【渲染分辨率】为300dpi，单击【确定】按钮，新建文件，如图2-69所示。

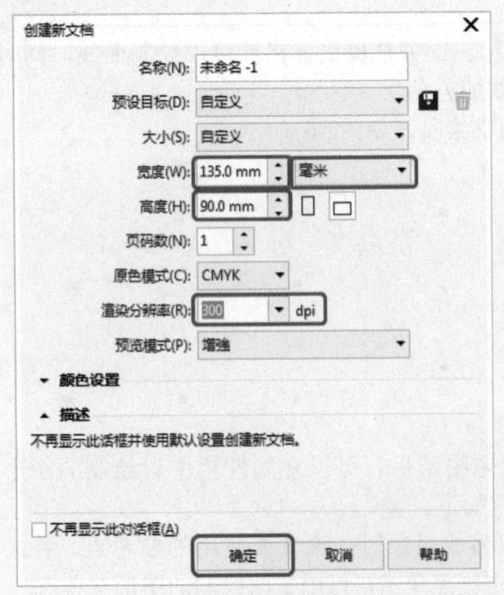

图2-69 新建文件

02 在工具箱中选择【矩形工具】，在工作区中创建一个【宽度】和【高度】分别为135mm和90mm的矩形，并调整到工作区的中间位置作为背景，如图2-70所示。

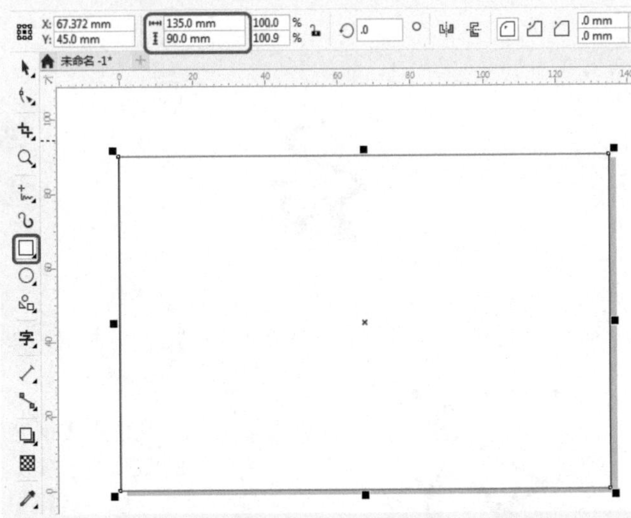

图2-70 绘制矩形

03 按F11键打开【编辑填充】对话框，将0%位置处的CMYK值设置为14、11、10、0，将100%位置处的CMYK值设置为0、0、0、0，选择【椭圆形渐变填充】按钮，单击【确定】按钮填充颜色，如图2-71所示。

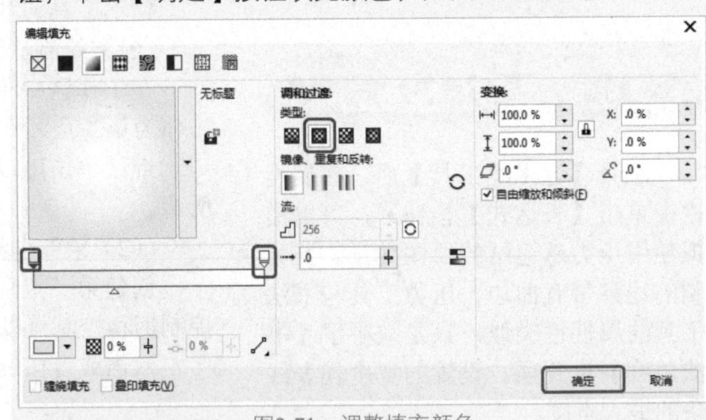

图2-71 调整填充颜色

04 在右侧【默认调色板】上右击⊠按钮，取消轮廓颜色，如图2-72所示。

图2-72 填充渐变并取消轮廓

05 在工具箱中选择【钢笔工具】，在工作区中绘制如图2-73所示的图形。

06 选中绘制的图形，按Shift+F11组合键，在弹出的【编辑填充】对话框中设置CMYK值为100、88、49、13，单击【确定】按钮为图形填充颜色，效果如图2-74所示。

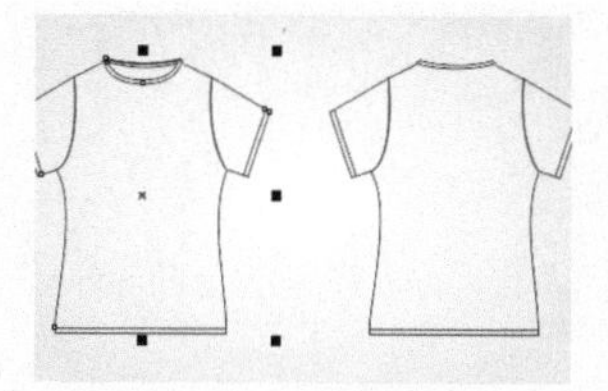

图2-73 绘制图形

图2-74 填充颜色

07 按Ctrl+I组合键，弹出【导入】对话框，选择【T恤设计肩部花纹1.png】、【T恤设计肩部花纹2.png】和【T恤设计身体花纹.png】3个素材文件，单击【导入】按钮导入文件，如图2-75所示。

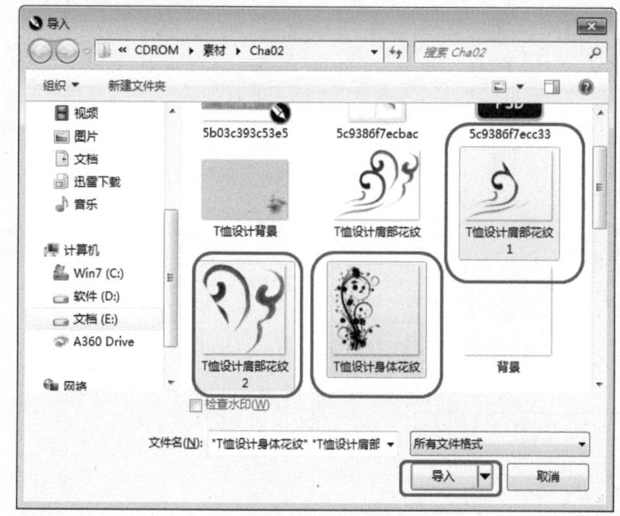

图2-75 导入文件

08 将导入的素材调整到合适的位置与角度，如图2-76所示。

09 在【对象管理器】对话框中右击导入的3个素材，在弹出的快捷菜单中选择【轮廓描摹】|【线条图】命令，将素材转换为曲线，如图2-77所示。

图2-76 调整大小与位置

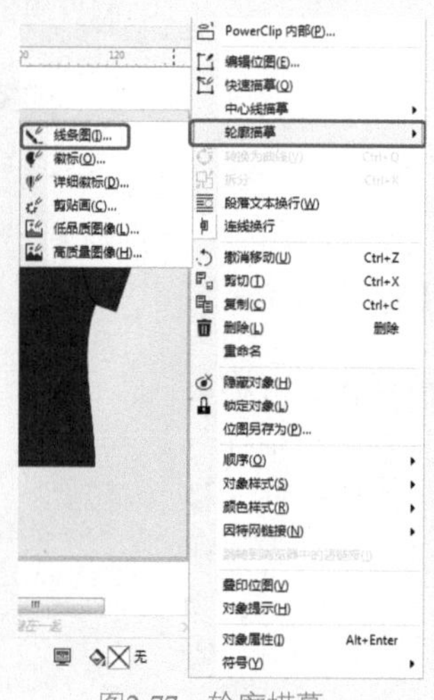

图2-77 轮廓描摹

10 选择两个肩部花纹，按Shift+F11组合键，弹出【编辑填充】对话框，将CMYK值设置为26、33、62、0，将身体部位花纹颜色的CMYK值设置为67、42、12、0，如图2-78所示。

11 在工具箱中使用【矩形工具】□与【文字工具】字，在T恤正面右下角设计如图2-79所示商标。

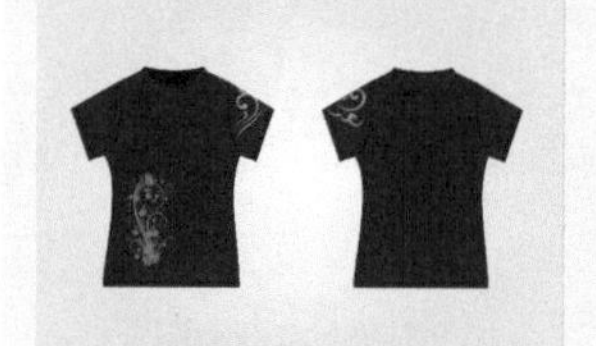

图2-78 修改花纹颜色

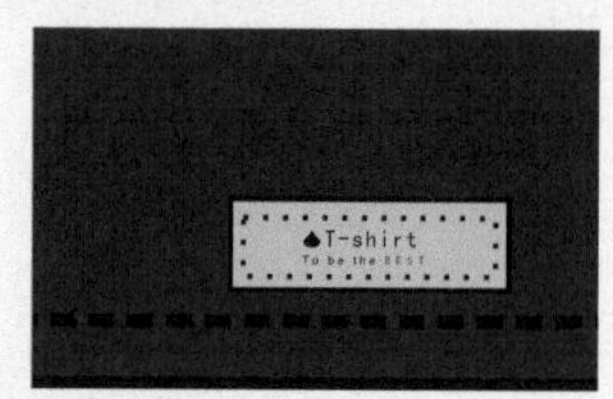

图2-79 设计商标

12 设计完成后，按Ctrl+S组合键保存文件，完成效果如图2-80所示。

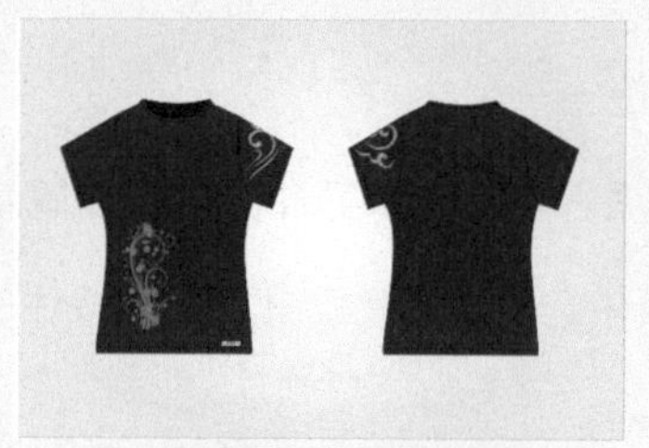

图2-80 完成效果图

2.5 使用折线工具绘图

使用折线工具可以绘制各种直线段、曲线与各种形状的复杂图形。

与钢笔工具不同的是：折线工具可以像使用手绘工具一样按住鼠标左键一直拖动，以绘制出所需的曲线，也可以通过不同位置的两次单击得到一条直线段。而钢笔工具则只能通过单击并移动或单击并拖动来绘制直线段、曲线与各种形状的图形，并且它在绘制的同时可以在曲线上添加锚点，同时按住Ctrl键还可以调整锚点的位置以达到调整曲线形状的目的。

> 提示 使用手绘工具时，在按住鼠标左键并将鼠标指针一直拖至所需的位置，释放左键即可完成绘制；而使用折线工具时，在按住鼠标左键并将鼠标指针拖至所需的位置释放左键后，还可以继续绘制，直到返回到起点处单击或双击为止。

在工具箱中选择【折线工具】，即可在属性栏中显示它的相关选项，如图2-81所示。【折线工具】与【手绘工具】的属性栏基本相同，只是【手绘平滑】选项不可用。

图2-81 折线工具属性栏

折线工具的使用方法如下。

01 在工具箱中选择【折线工具】，绘制八角星图形，如图2-82所示。

02 在右侧的【默认调色板】中单击【黄】色块，即可为绘制的图形填充颜色，如图2-83所示。

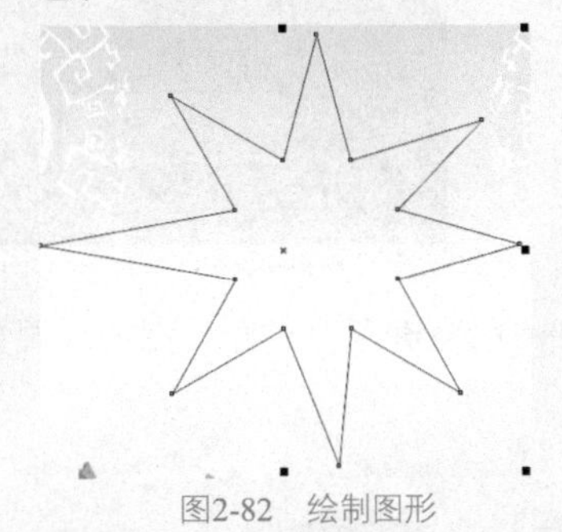

图2-82 绘制图形

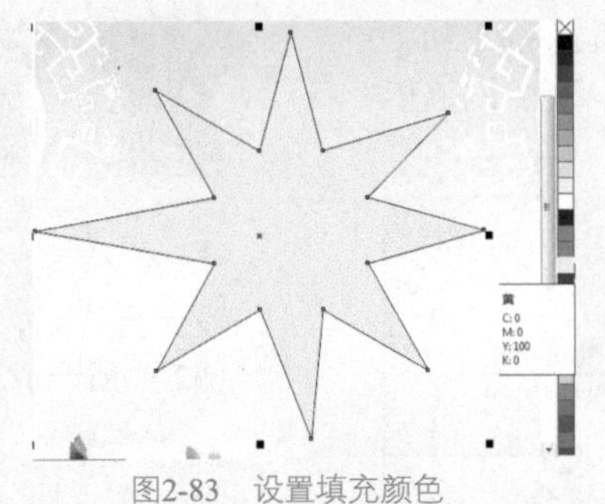

图2-83 设置填充颜色

03 在色块上右击，即可为绘制的图形设置轮廓的颜色，如图2-84所示。

04 在工具箱中选择【形状工具】，按住Ctrl键调整图形的锚点，如图2-85所示。

05 制作完成后，按住Ctrl+S组合键将场景文件保存。

图2-84 设置轮廓颜色

图2-85 调整后的效果

2.6 3点曲线工具

使用【3点曲线工具】可以绘制各种弧度的曲线或饼形。【3点曲线工具】的具体使用方式如下。

在工具箱中选择【3点曲线工具】，然后根据需要在属性栏中设置轮廓宽度，在工作区中的适当位置按下鼠标左键并向所需方向拖动鼠标指针，如图2-86所示，达到所需的长度后释放左键，再向直线两旁的任意位置移动，如图2-87所示，得到所需的弧度后单击，即可绘制完成这条曲线，效果如图2-88所示。

绘制好曲线后可以通过属性栏改变它的属性，也可以在默认CMYK调色板或颜色泊坞窗中直接更改它的颜色。

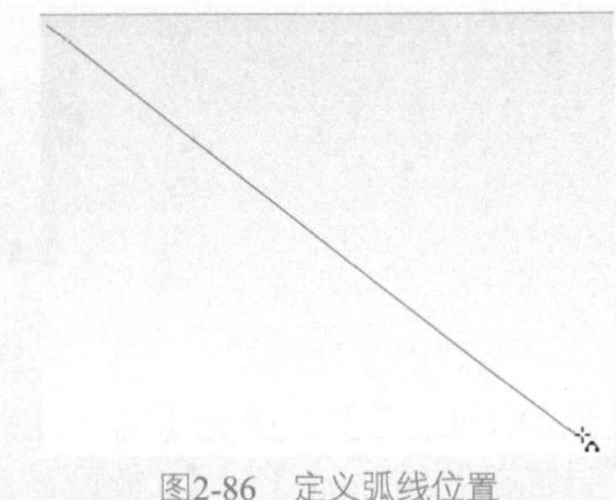

图2-86 定义弧线位置

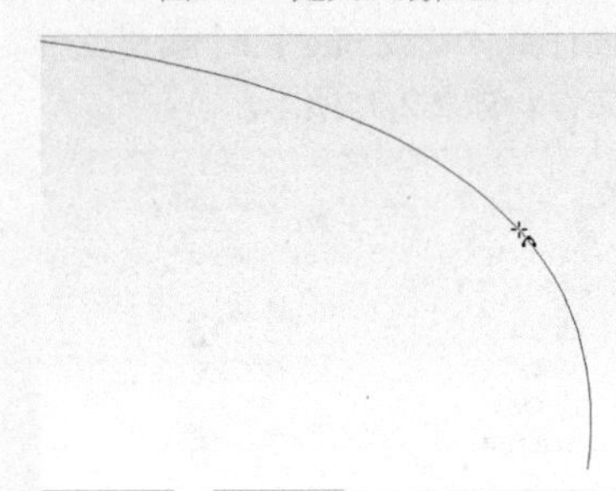

图2-87 定义弧线宽度

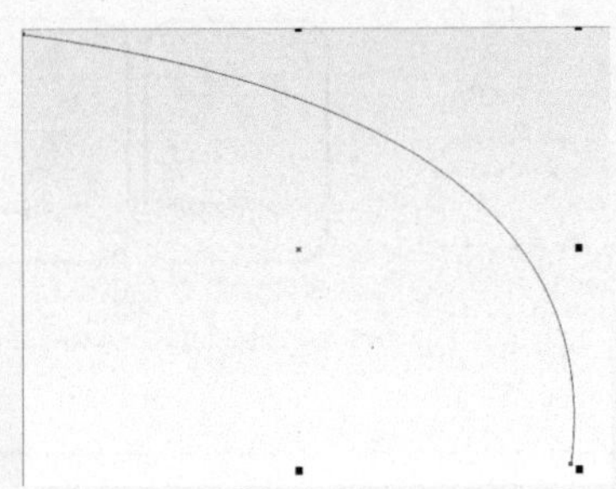

图2-88 绘制完成的弧线效果

实例操作005——绘制日历

下面将介绍如何使用折线工具绘制日历，日历效果如图2-89所示。

图2-89 绘制日历效果

01 按Ctrl+N组合键，弹出【创建新文档】对话框，设置【宽度】为300mm，【高度】为250mm，新建文件。

02 在工具箱中选择【折线工具】，绘制如图2-90所示的日历框架线。

选中页面部分，按Shift+F11组合键，弹出【编辑填充】对话框，将CMYK值设置为98、80、0、0；选中A区域，按Shift+F11组合键，将CMYK值设置为0、0、0、10；选中B区域，按Shift+F11组合键，将CMYK值设置为0、0、0、20；选中C区域，按Shift+F11组合键，将CMYK值设置为0、0、0、40；选中D区域，按Shift+F11组合键，将值设置为0、0、0、70；如图2-91所示。

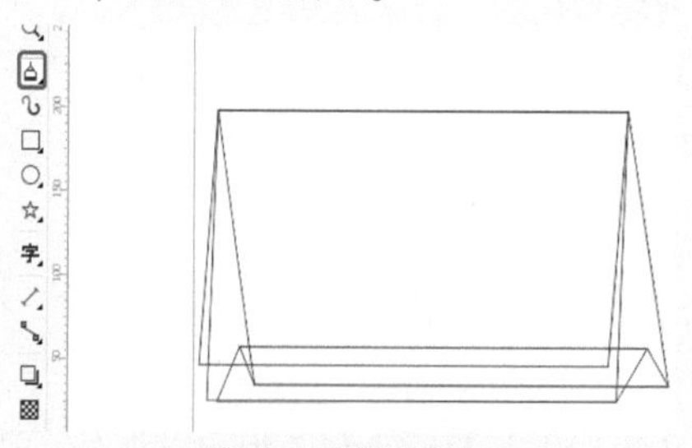
图2-90 绘制框架

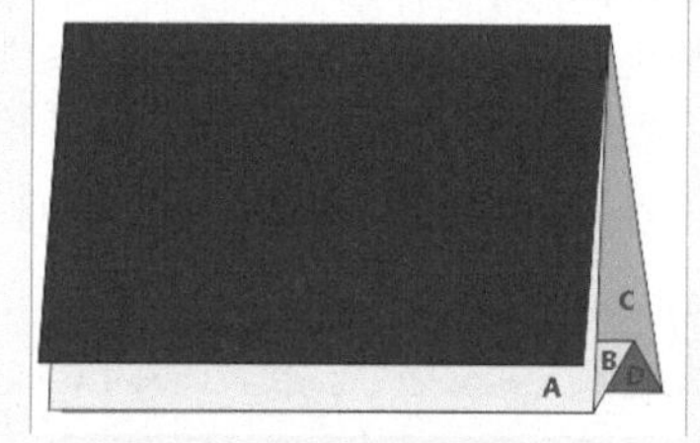

图2-91 填充颜色

03 在工具箱中选择【文字工具】字，在日历上输入年份等文字，并调整文字大小和位置，在右侧【默认调色板】上左键单击青色块修改文字颜色为青色，如图2-92所示。

04 在工具箱中选择【钢笔工具】，在日历上添加修饰性花纹，在右侧【默认调色板】上右键单击青色块修改轮廓颜色为青色，完成日历的创建，完成效果如图2-93所示。按Ctrl+S组合键保存文件。

图2-92 添加文字

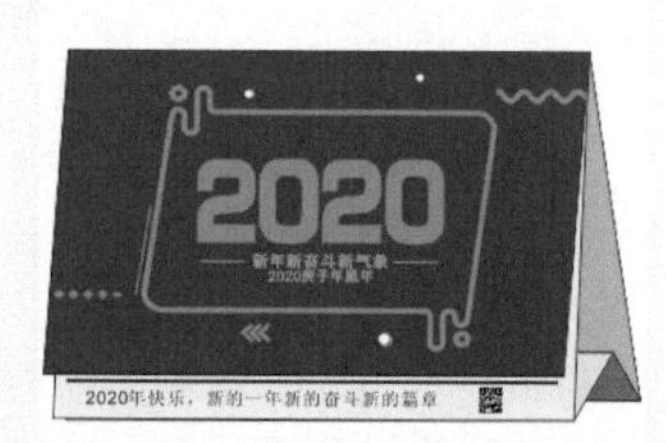

图2-93 添加花纹后完成效果

2.7 智能工具

使用【智能填充工具】可以很容易地为两个图形的重叠部分填充颜色，同时可以将填充颜色的区域创建成一个新的对象，即通过填充创建新对象，如图2-94所示，在图形重叠部分单击即可创建新对象。

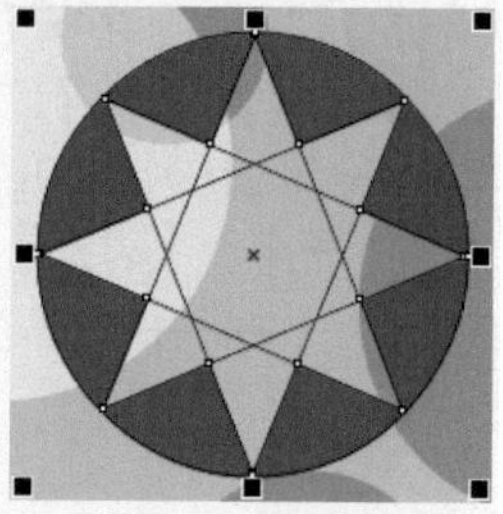
图2-94 智能填充颜色

使用工具箱中的【智能绘图工具】可以将手绘笔触转换为基本形状或平滑的曲线，在属性栏中设置【形状识别等级】和【智能平滑等级】可以对使用【智能填充工具】绘制的笔触进行不同级别的优化，并将它们转换为对象。

在属性栏中设置【轮廓宽度】数值后，使用【智能填充工具】绘制笔触时，【智能填充工具】将根据设置的【轮廓宽度】进行绘制，在对笔触进行优化并将笔触转换为对象时，将会增大绘制的笔触轮廓。

例如，设置【轮廓宽度】为10，然后在工作区中绘制一个矩形，则优化后将会增大轮廓宽度，如图2-95所示。

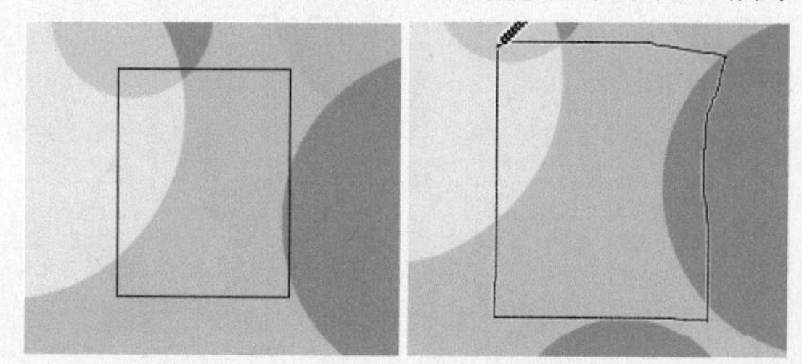
图2-95 智能工具绘制的图形

2.7.1 智能填充工具属性栏

在工具箱中选择【智能填充工具】后，在属性栏中就会显示它的相关选项，如图2-96所示。在属性栏的【填充选项】和【轮廓】中均包括【使用默认值】、【指定】、【无】3个选项，选择【指定】可以在属性栏中直接设置【填充选项】、【轮廓】的颜色以及【轮廓宽度】。

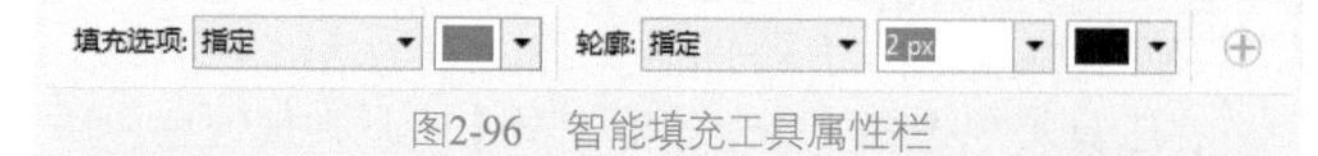

图2-96 智能填充工具属性栏

2.7.2 实战：使用智能填充工具为复杂图像填充颜色

使用【智能填充工具】的方法如下。

01 按Ctrl+N组合键，弹出【创建新文档】对话框，创建一个空白文档，绘制一个图形，如图2-97所示。

图2-97 绘制图形

02 在工具箱中选择【智能填充工具】，在属性栏中单击【填充色】下拉按钮，设置【填充颜色】的CMYK值为100、100、0、0，如图2-98所示。在弹出的颜色面板中单击【更多】按钮，可以选择更多的颜色。

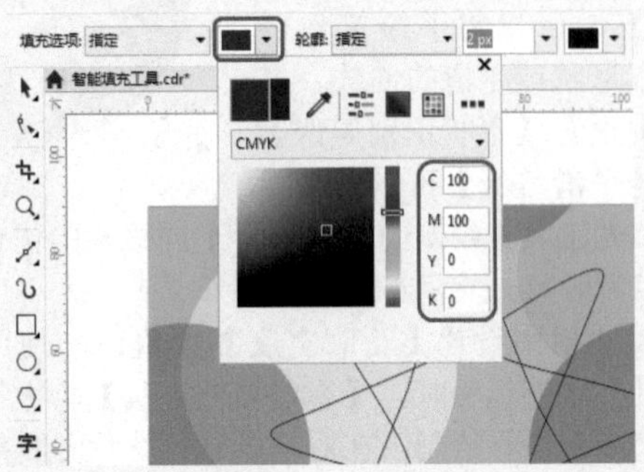

图2-98 选择颜色

03 将鼠标指针移动到图形中的空白区域单击，即可将此空白区域填充为设置的颜色，效果如图2-99所示。

04 使用相同的方法为其他区域填充颜色，填充后的效果如图2-100所示。

图2-99 为指定区域填充颜色

图2-100 完成后的效果

2.7.3 实战：使用智能绘图工具绘图

在工具箱中选择【智能绘图工具】，在属性栏将显示它的相关选项，如图2-101所示。

图2-101 智能绘图工具属性栏

使用智能绘图工具绘制圆形与矩形的方法如下。

01 在工具箱中选择【智能绘图工具】，在属性栏中单击【形状识别等级】下拉按钮，选择【最高】选项，然后将鼠标指针移动到工作区中，按下鼠标左键并拖动绘制一个近似圆的形状，如图2-102所示。释放左键后系统将会自动将其识别为圆形，如图2-103所示。

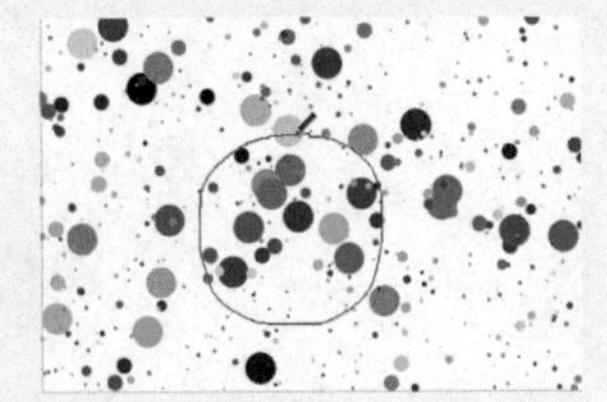

图2-102 绘制近似圆形的图形

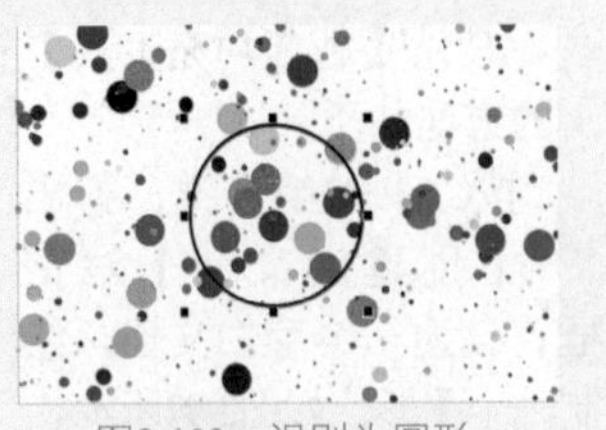

图2-103 识别为圆形

02 绘制一个近似四边形的形状，如图2-104所示，释放鼠标左键后系统会自动将其识别为矩形，如图2-105所示。

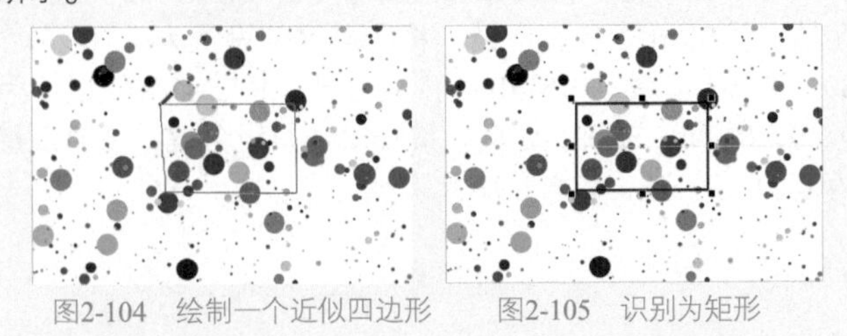

图2-104 绘制一个近似四边形　图2-105 识别为矩形

2.8 矩形工具组

使用【矩形工具】绘制图形的方法是，沿对角线拖动鼠标来绘制。矩形绘制完成后，可以在属性栏中设置宽度和高度精确调整矩形的大小，还可以在属性栏中将某个或所有边角变成圆角的形状，从而制作圆角矩形对象。使用【3点矩形工具】可以绘制出菱形与平行四边形。

2.8.1 矩形工具

使用“矩形工具”可以通过沿对角线拖动鼠标指针的方式来绘制矩形或方形，或者通过工具属性栏指定宽度和高度的方式来调整矩形的位置与大小。绘制矩形或方形之后，可以通过将某个或所有边角变成圆角的方法来改变它的形状，从而制作成圆角矩形对象。绘制完矩形后，即可显示如图2-106所示的属性工具栏。

下面将介绍属性栏中各项属性的含义与作用。

- 对象的位置：指定矩形对象在绘图区域中的X（水平）与Y（垂直）位置。
- 对象的大小：指定矩形对象的宽、高尺寸。
- 缩放因子：指定矩形对象的缩放比例，当数值少于100％时缩小对象，反之则放大；当右上边的按钮呈状态时，是按目前的宽高比例缩放对象，若按钮呈状态时，则取消保持宽高比例状态，也就是说可以只对宽度或者高度进行单独的缩放处理。
- 旋转角度：在此文本框中可以输入对象的旋转角度，按下Enter键即可按指定数值旋转对象。
- 镜像：单击按钮可以进行水平镜像，单击按钮可以进行垂直镜像。
- 边角圆滑度：设置微调框中的数值将矩形变成不同程度的圆角矩形，当按下【全部圆角】按钮时，则对4个角度起效，否则可以只针对单个边角进行圆角设置。

- 段落文本换行：单击此按钮即可展开列表，在此可以设置文本围绕矩形对象排列的样式。
- 轮廓宽度：在此可以设置矩形对象的轮廓宽度，包括【无】、【细线】与预设的多个数值，此外还可以直接输入指定的数值并按Enter键来自定轮廓宽度。
- 调整图层顺序：单击【到图层前面】按钮，可以将当前选取的对象移至文件中所有图层的前面；而单击【到图层后面】按钮，则可以将图层移至所有图层的后面。
- 转换为曲线：单击此按钮，可以将矩形对象的属性变为曲线对象，以便使用其他工具进行编辑处理。

图2-106　矩形工具属性栏

2.8.2　实战：3点矩形工具

使用【3点矩形工具】可以通过3个点来确定矩形的长度、宽度与旋转位置，其中前两个点可以指定矩形的一条边长与旋转角度，最后一点用来确定矩形宽度。此工具的属性栏与【矩形工具】的属性栏完全相同。

下面练习【3点矩形工具】的操作方法。

01 打开素材|Cha02|【3点矩形工具.cdr】素材文件，在工具箱中选择【3点矩形工具】，然后按住Ctrl键的同时在工作区中按下鼠标左键不放，拖动鼠标指针至矩形的第二点，如图2-107所示。

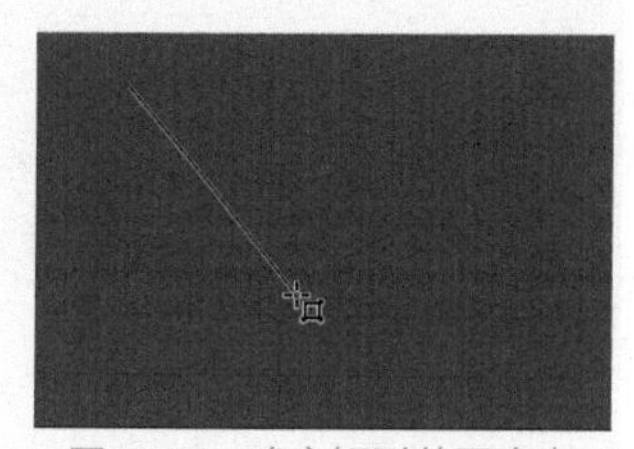

图2-107　确定矩形的两个点

02 继续按住Ctrl键，释放鼠标并移动鼠标指针至第三点的位置单击，如图2-108所示。

03 在属性栏中将【旋转角度】设置为45°，如图2-109所示。

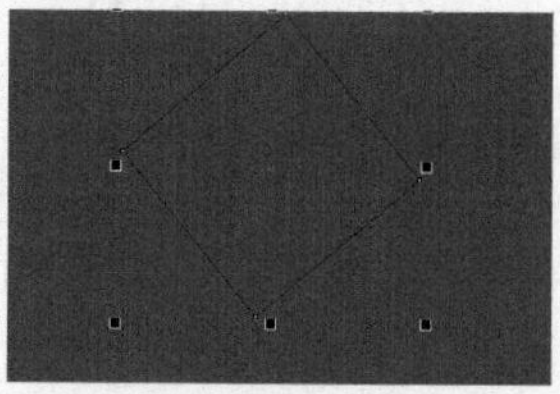

图2-108　确定矩形的高度

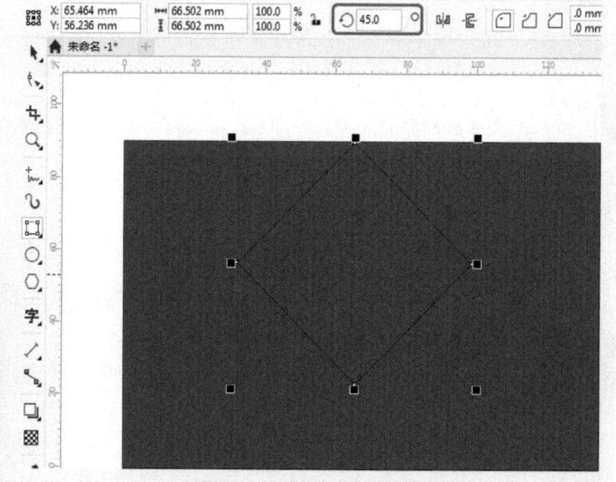

图2-109　确定矩形的宽度

04 在【默认调色板】中单击【黄】色块，为其填充颜色，并将其轮廓设置为黑色，如图2-110所示。

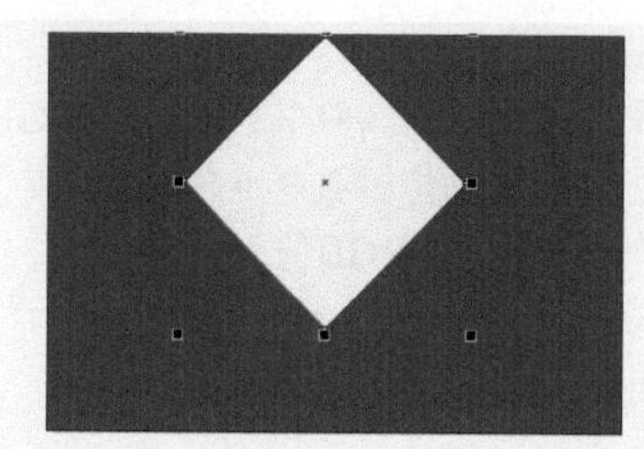

图2-110　为绘制的矩形填充颜色

> 提示
>
> 使用【3点矩形工具】拖动鼠标指针时按住Ctrl键，可以强制基线的角度以15°的增量变化。

2.8.3　实战：使用矩形绘制手机

下面将讲解如何使用矩形工具绘制手机，绘制效果如图2-111所示。

图2-111　绘制智能手机

01 按Ctrl+N组合键，弹出【创建新文档】对话框，设置【宽度】为1024px，【高度】为609px，单击【确定】按钮，创建新文档。

02 按Ctrl+I组合键，弹出【导入】对话框，在该对话框中选择素材|Cha02|【唯美背景.jpg】素材文件，将图片调整到合适大小放到中间位置，如图2-112所示。

图2-112　导入图片

03 在工具箱中选择【矩形工具】，在工具属性栏中单击【圆角】按钮，将【圆角半径】全部设为

3.2mm，在工作区中绘制一个矩形。按F11键，弹出【编辑填充】对话框，将0%位置处的RGB值设置为184、182、182，将50%位置处的RGB值设置为128、128、128，将100%位置处的RGB值设置为176、174、174，完成后单击【确定】按钮，效果如图2-113所示，并使用【阴影工具】为矩形添加阴影。

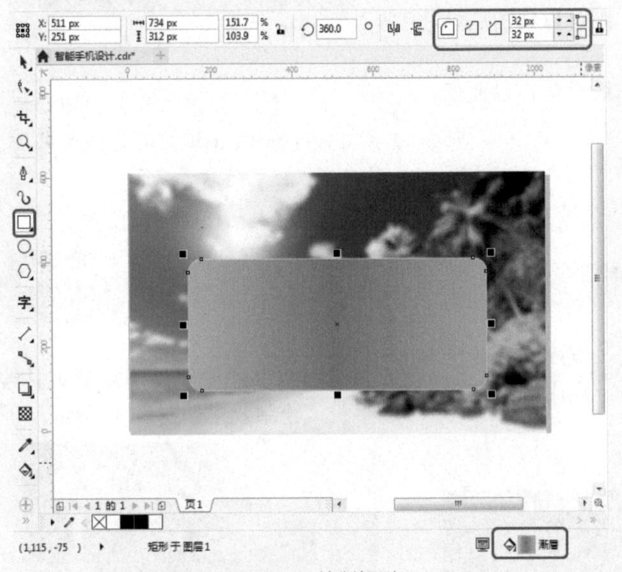

图2-113 绘制矩形

04 在工具箱中选择【钢笔工具】，在圆角矩形的两侧绘制如图2-114所示的图形，在右侧【默认调色板】上单击【白】色块为图形填充白色。

图2-114 钢笔工具绘制完成效果

05 在工具性中选择【椭圆工具】，在左侧图形上绘制摄像头等部件，选择【矩形工具】，绘制听筒、侧方按钮等部件，如图2-115所示。

图2-115 绘制小部件

06 使用Ctrl+I组合键弹出【导入】对话框，选择素材|Cha02|【清晰背景.jpg】素材文件，调整到合适的大小与位置后，完成绘制，效果如图2-116所示。

图2-116 手机绘制完成效果

2.9 椭圆形工具组

使用【椭圆形工具】可以绘制椭圆、圆形、饼图和弧线。在工具箱中选择【椭圆形工具】，在属性栏中即可显示它的选项参数。

下面通过绘制一个简单图形介绍椭圆工具的使用方法。

01 打开素材|Cha02|【椭圆形工具组.cdr】素材文件，在工具栏中选择【椭圆形工具】，按住Ctrl键的同时拖动鼠标指针，在工作区中绘制一个圆，如图2-117所示。

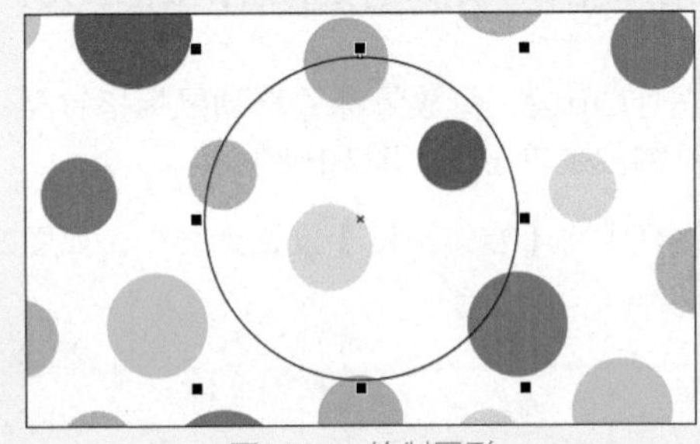

图2-117 绘制圆形

02 在属性栏中，将【起始和结束角度】分别设置为350°、300°，然后单击【饼图】按钮，如图2-118所示。

03 在默认调色板中，单击【黄】色块，然后右击【黄】色块，为绘制的圆形填充颜色和轮廓颜色，如图2-119所示。

04 再次选择工具箱中的【椭圆形工具】，按住Ctrl键在工作区中绘制一个圆，并调整其位置，如图2-120所示。

05 在默认调色板中，单击【黑】色块，为绘制的圆填充颜色，在空白处单击鼠标，取消绘制图形的选择状态，效果如图2-121所示。

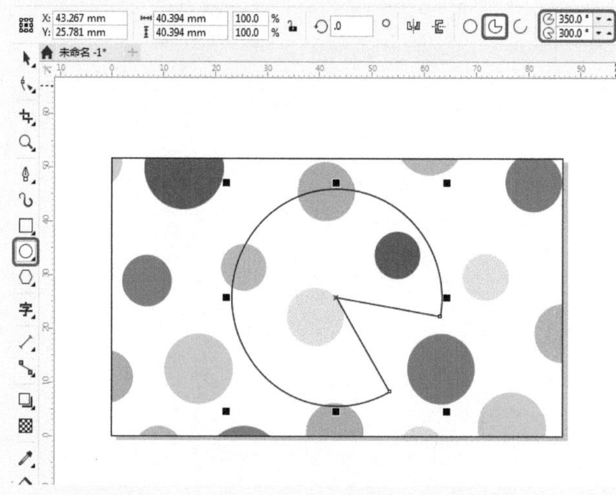

图2-118 设置起始和结束角度

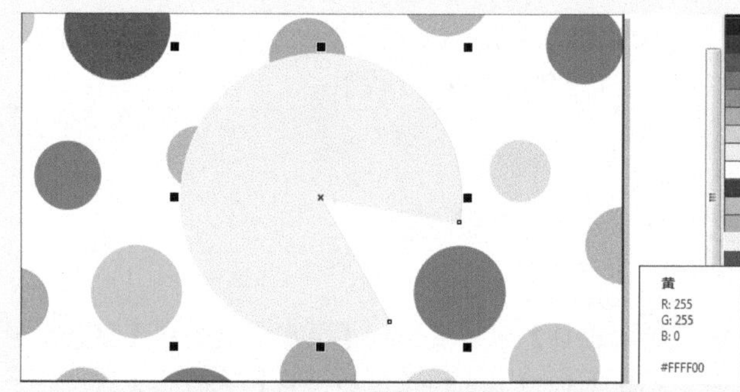

图2-119 填充颜色

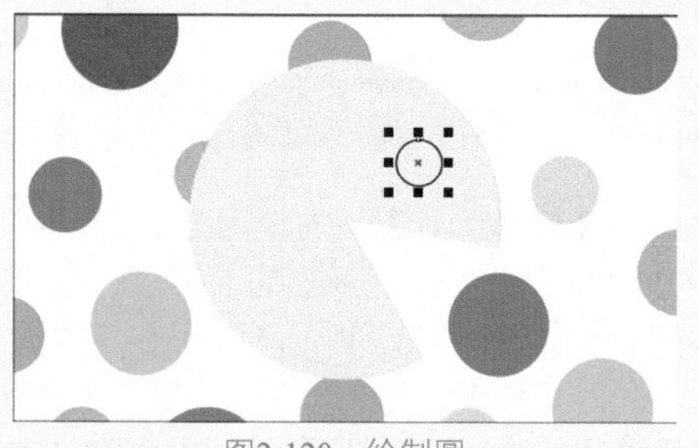

图2-120 绘制圆

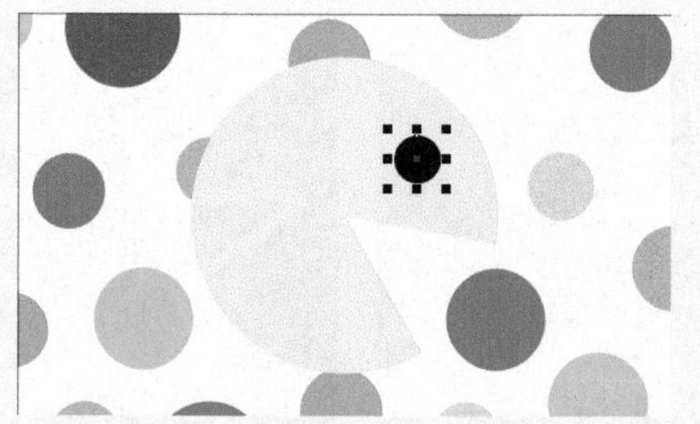

图2-121 完成后的修改

下面介绍弧的绘制方法。

01 选择工具箱中的【椭圆形工具】，在属性栏中将【轮廓宽度】设置为2mm，在工作区中绘制椭圆，如图2-122所示。

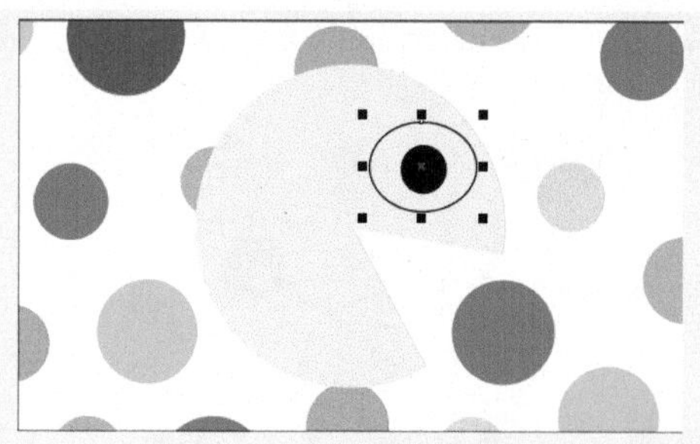

图2-122 绘制椭圆

02 确定新绘制的形状处于选择状态，在属性栏中单击【弧】按钮，在属性栏中将起始和结束角度分别设置为45°、135°，然后调整图形的位置，完成后的效果如图2-123所示。

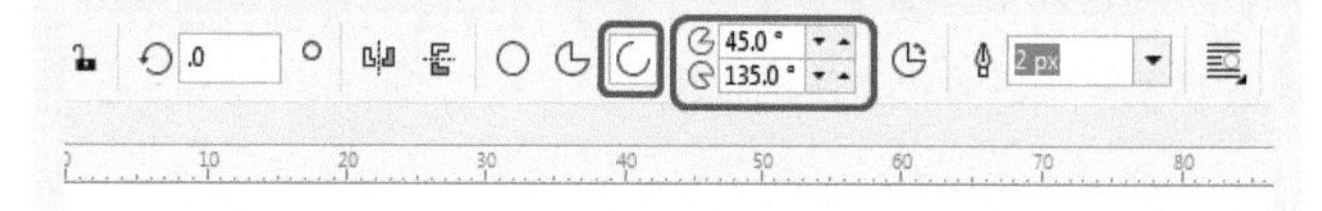

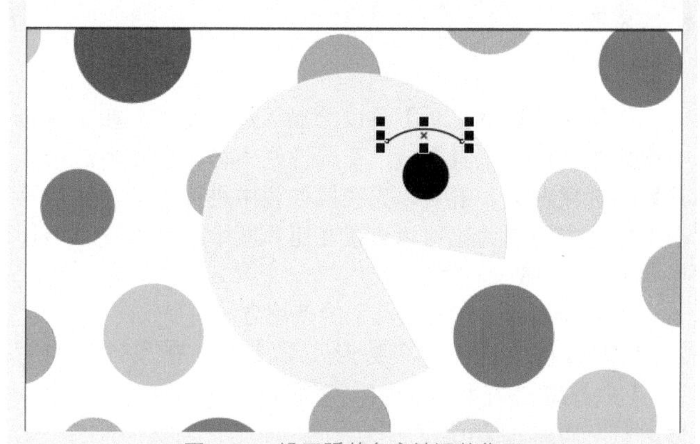

图2-123 设置弧的角度并调整位置

下面介绍【3点椭圆形工具】的使用方法。

【3点椭圆形工具】与【3点矩形工具】的绘制方法类似，使用【3点椭圆形工具】，可以快速地绘制出任意角度的椭圆形。

01 在工具箱中选择【3点椭圆形工具】，在工作区中单击并拖动鼠标，释放鼠标确定椭圆的第二点，如图2-124所示。

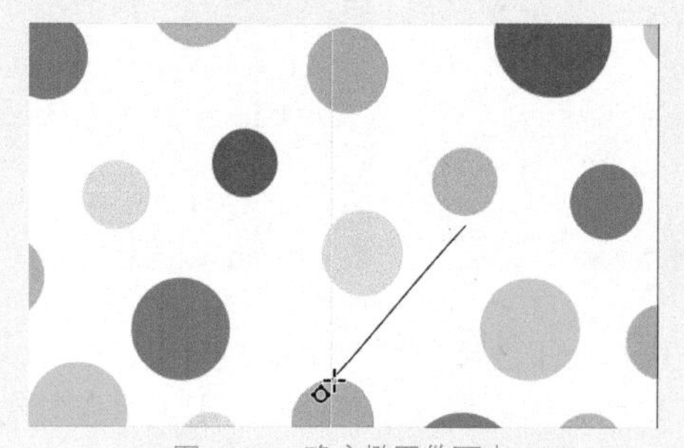

图2-124 确定椭圆的两点

02 再次拖动鼠标确定椭圆的宽度，单击鼠标完成椭圆的绘制，如图2-125所示。

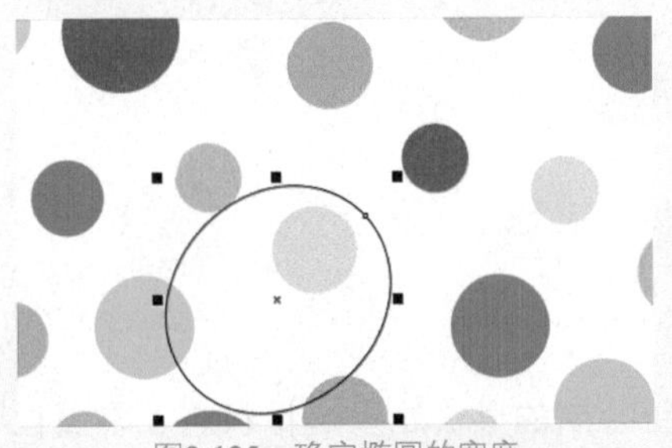

图2-125 确定椭圆的宽度

使用【3点椭圆形工具】也可以绘制正圆、饼图和弧，其绘制方法与【椭圆形工具】的绘制方法基本相同，用户可参照前面的方法进行练习。

2.10 多边形工具组

使用【多边形工具】可以绘制等边多边形。在工具箱中选择【多边形工具】，在属性栏中将显示【多边形工具】的选项参数，既可以先在属性栏中进行设置，然后再在工作区中绘制，也可以直接在工作区中拖动出一个多边形后再更改参数。

下面介绍【多边形工具】的使用方法。

01 在工具箱中选择【多边形工具】，在属性栏中将【点数或边数】设置为6，然后在工作区中单击拖动鼠标指针，如图2-126所示。

02 将多边形调整至合适的大小后释放鼠标，在默认调色板中单击黄色色块，为图形填充颜色，然后右击橘红色色块设置轮廓颜色，效果如图2-127所示。

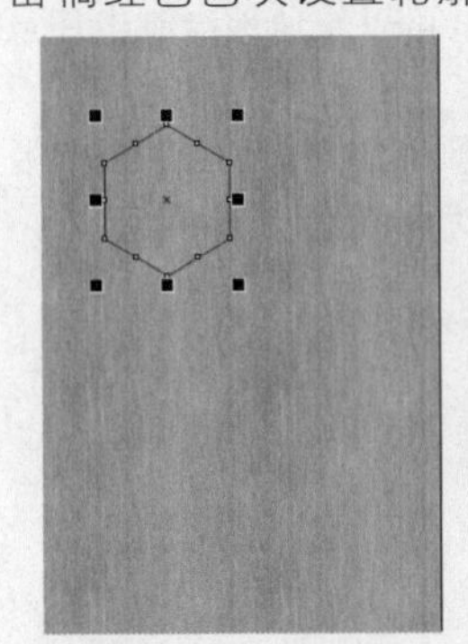

图2-126 绘制多边形

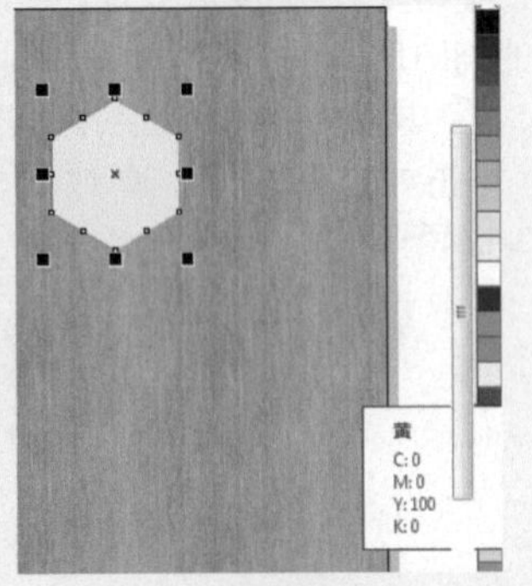

图2-127 填充颜色

03 确定图形处于选择状态，按+号键复制图形，对其进行多次复制，然后使用【选择工具】调整复制图形的位置，效果如图2-128所示。

图2-128 复制并调整后的效果

拖动鼠标时按住Shift键，可以从中心开始绘制多边形，按住Ctrl键即可绘制正多边形。

2.11 星形工具组

【星形工具】组主要包括【星形工具】和【复杂星形工具】。在工具箱中选择【星形工具】后，在属性栏中将显示其选项参数。

2.11.1 实战：使用星形工具绘图

下面介绍【星形工具】的使用方法。

01 在工具箱中按住【多边形工具】不放，在弹出的快捷菜单中选择【星形工具】，然后在工作区中的适当位置单击并向对角拖曳，绘制星形，如图2-129所示。到适当的位置释放鼠标左键，完成后的效果如图2-130所示。

图2-129 绘制星形

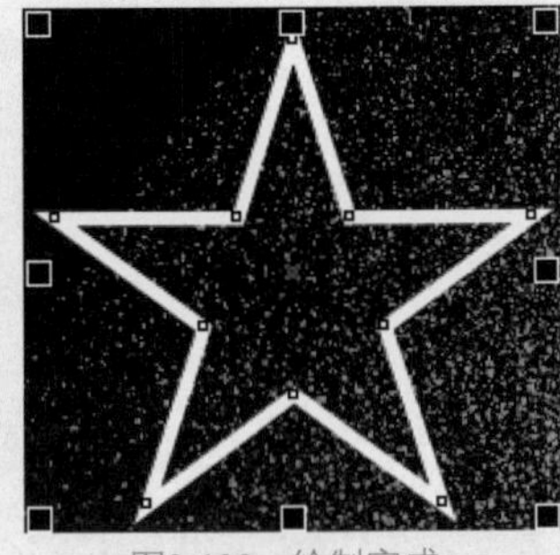

图2-130 绘制完成

02 确定新绘制的图形处于选择状态，在【默认调色板】中单击黄色色块，然后右击绿色色块，完成后的效果如图2-131所示。

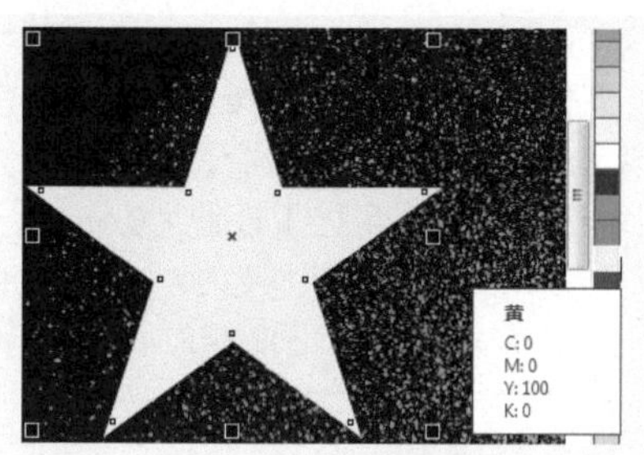

图2-131 设置颜色

03 在属性栏中将【点数或边数】设置为9，【锐度】设置为90，如图2-132所示。

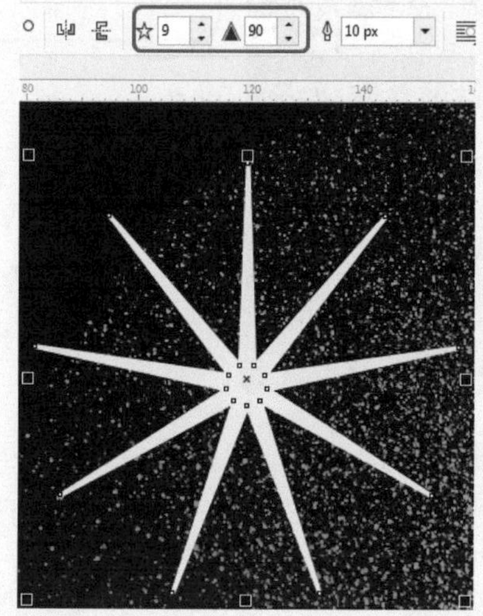

图2-132 设置属性

2.11.2 实战：使用复杂星形工具绘图

下面再来介绍复杂星形工具的基本用法。

01 打开素材|Cha02|【六芒星.cdr】素材文件。

02 在工具箱中按住【多边形工具】不放，在弹出的快捷菜单中选择【复杂星形工具】，按Ctrl+Shift组合键，在工作区中图形的中心处按下鼠标左键进行拖动，绘制图形，如图2-133所示。到适当的位置释放鼠标左键，完成后的效果如图2-134所示。

图2-133 绘制图形

图2-134 绘制完图形后的效果

03 确定新绘制的图形处于选择状态，在属性栏中将【点数或边数】设置为6，将【轮廓宽度】设置为8px，如图2-135所示。

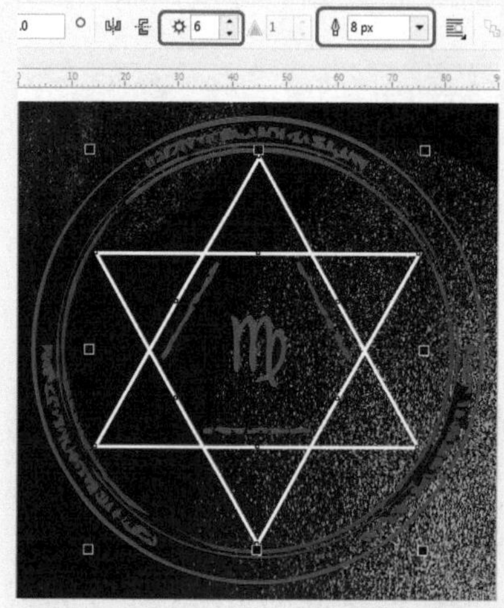

图2-135 设置属性

04 在【默认调色板】中右击洋红色色块，为图形设置轮廓颜色，完成后的效果如图2-136所示。

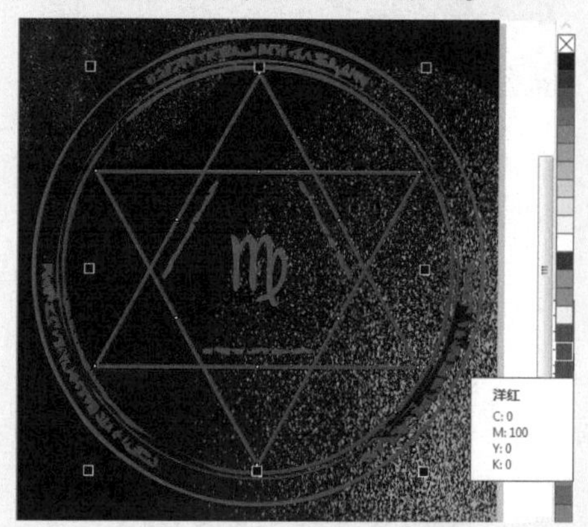

图2-136 设置轮廓颜色

实例操作006——使用星形工具绘制网店店招

下面将介绍如何使用星形工具绘制网店店招，绘制效果如图2-137所示。

图2-137 网店店招绘制效果图

01 打开素材|Cha02|【网店店招.cdr】素材文件，打开效果如图2-138所示。

02 在工具箱中选择【复杂星形工具】，在工具选项栏中设置【边数】为12，【锐度】为1，【轮廓宽度】为细线，按住Ctrl键在工作区中绘制一个星形，在默认调色

板上右击【白】色块，将轮廓颜色设为白色，如图2-139所示。

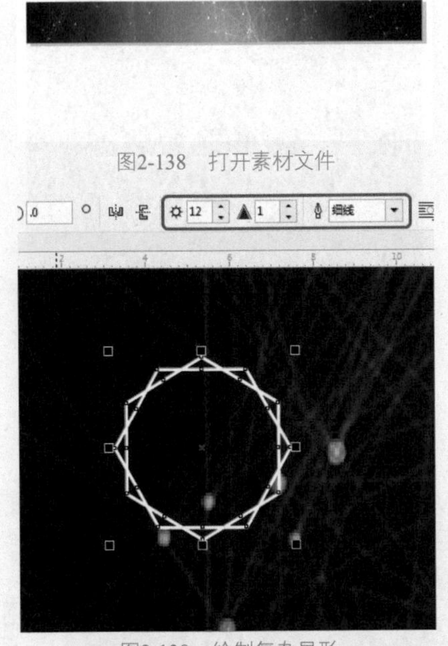

图2-138 打开素材文件

图2-139 绘制复杂星形

03 在工具箱中选择【椭圆工具】，按图2-140所示在复杂星形的周围绘制【轮廓颜色】为白色的正圆。

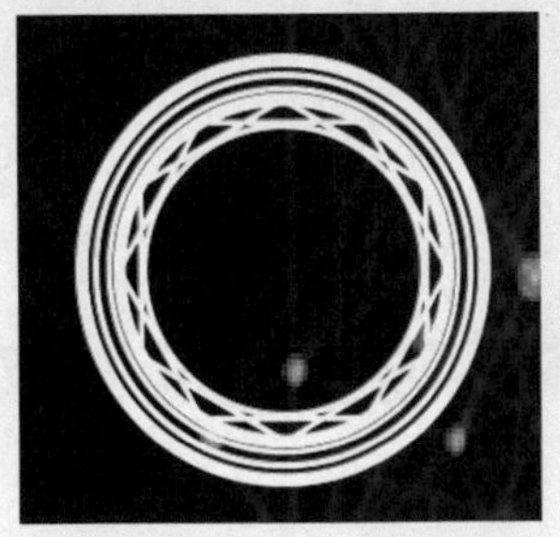

图2-140 绘制椭圆

04 在工具箱中选择【钢笔工具】，在logo中绘制“XK”字母。在工具箱中选择【文字工具】，在logo后输入“星空”，设置【字体】为【华文隶书】，【字号】为8pt，效果如图2-141所示。

图2-141 logo绘制完成

05 在工具箱中选择【星形工具】，将【边数】设置为5，【锐度】设置为53。在菜单栏中选择【窗口】|【泊坞窗】|【圆角/扇形/倒棱角】命令，在打开的泊坞窗中选中【圆角】单选按钮，【半径】设置为0.5mm，按住Ctrl键绘制一个五角星，在右侧默认调色板上单击黄色色块，将【填充颜色】设置为黄色，如图2-142所示。

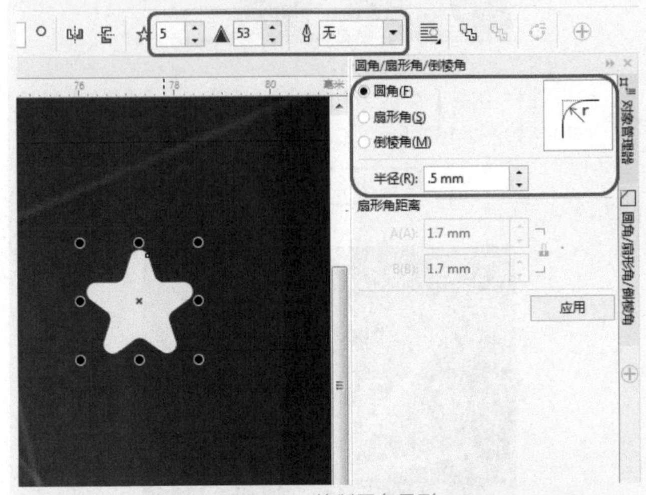

图2-142 绘制圆角星形

06 将星形复制后排列，在工具箱中选择【文字工具】，输入如图2-143所示文字，在工具属性栏中设置【字体】为Adobe 黑体 Std R，【字体大小】为3pt。

图2-143 添加文字

07 在工具箱中选择【矩形工具】，绘制一个矩形，按F11键填充如图2-144所示渐变效果。

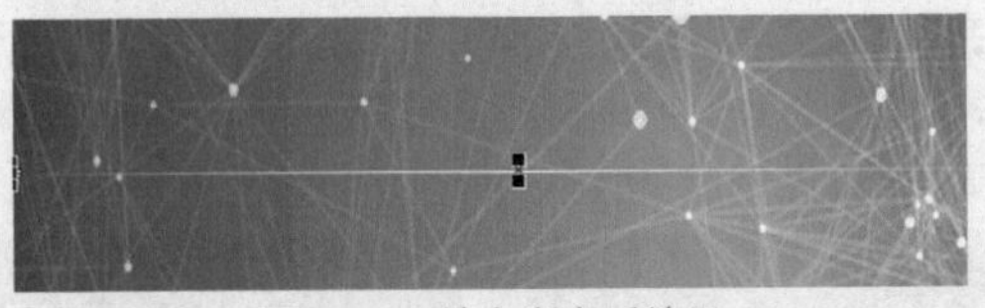

图2-144 填充渐变后效果

08 在工具箱中选择【文字工具】，为店招添加标题和副标题文字，完成效果如图2-145所示，完成后按Ctrl+S组合键保存文件。

图2-145 完成效果图

2.12 图纸工具与螺纹工具

2.12.1 实战：绘制表格

使用【图纸工具】可以绘制表格。在工具箱中选择【图纸工具】，在属性栏中将显示其选项参数，如图2-146所示。

在【图纸行和列数】微调框中输入所需的行数与列数，在绘制时将根据设置的属性绘制出表格。

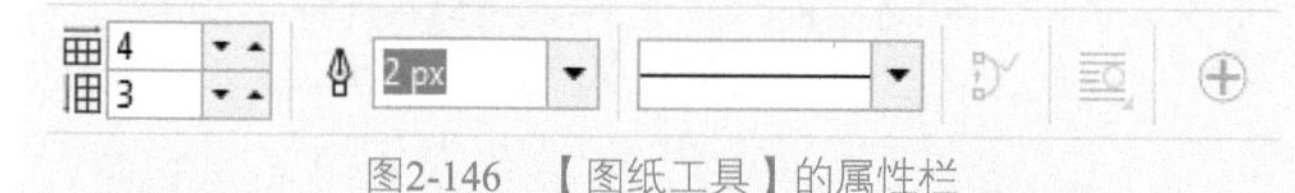

图2-146 【图纸工具】的属性栏

下面通过绘制成绩单介绍【图纸工具】的用法。

01 按Ctrl+N组合键，新建一个空白文档，在属性栏中将图纸的【行数和列数】分别设置为3和6，按Enter键确定，然后在工作区绘制一个表格，如图2-147所示。

02 在工具箱中选择【文字工具】，在文档中输入文字，并设置文字的参数，设置后的效果如图2-148所示。

03 继续使用【文字工具】输入其他的文字以及数字，完成后的效果如图2-149所示。

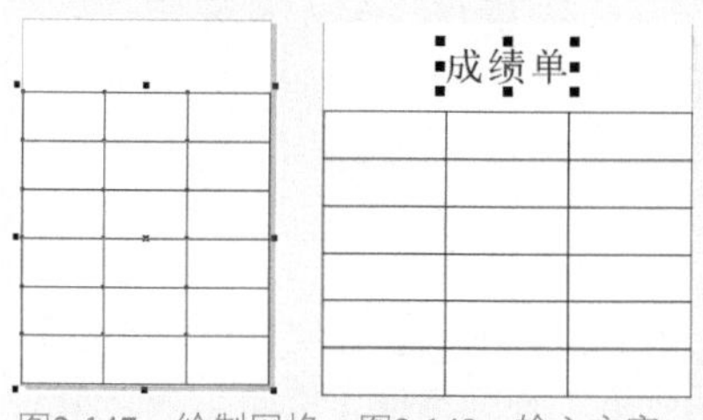

图2-147 绘制网格 图2-148 输入文字

成绩单

姓名	语文	数学
朱毅	100	98
赵迹	97	98
张叁	95	88
李思	90	90
王武	70	100

图2-149 最终效果

2.12.2 实战：绘制螺纹线

使用【螺纹工具】可以绘制螺纹线，下面简单介绍绘制螺纹的步骤。

01 按Ctrl+N组合键，弹出【创建新文档】对话框，创建一个空白文件。在工具箱中选择【螺纹工具】，在工作区中按住鼠标并拖动，拖动至合适的位置释放鼠标，创建的螺纹线效果如图2-150所示。

02 按F12键，弹出【轮廓笔】对话框，将【颜色】设置为绿色，设置完成后单击【确定】按钮，如图2-151所示。设置完成后的效果如图2-152所示。

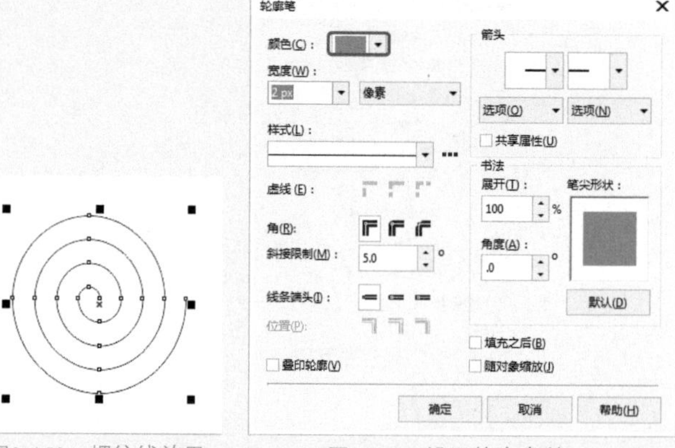

图2-150 螺纹线效果 图2-151 设置轮廓参数

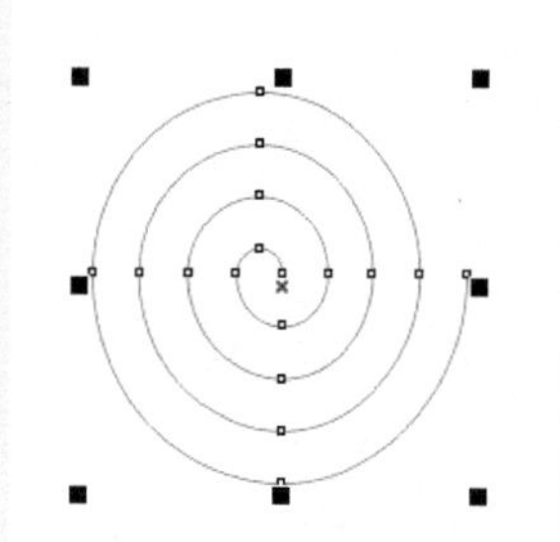

图2-152 设置完轮廓后的效果

实例操作007——使用图纸工具绘制象棋盘

下面将介绍象棋棋盘效果的制作，完成后的效果如图2-153所示。

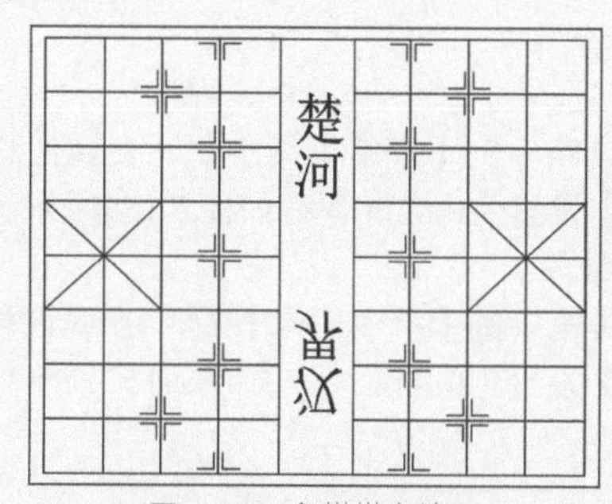

图2-153 象棋棋盘效果

01 按Ctrl+N组合键，弹出【创建新文档】对话框，设置【宽度】为300mm，【高度】为210mm，新建一个文档，如图2-154所示。

02 选择工具箱中的【图纸工具】，在属性栏中将【行数和列数】分别设置为4、8，将其填充色的CMYK参数设置为1、7、9、0，在属性栏中设置【轮廓宽度】为0.8mm，按F12键，在弹出的【轮廓笔】对话框中设置【颜色】的CMYK值为36、94、100、4，如图2-155所示。

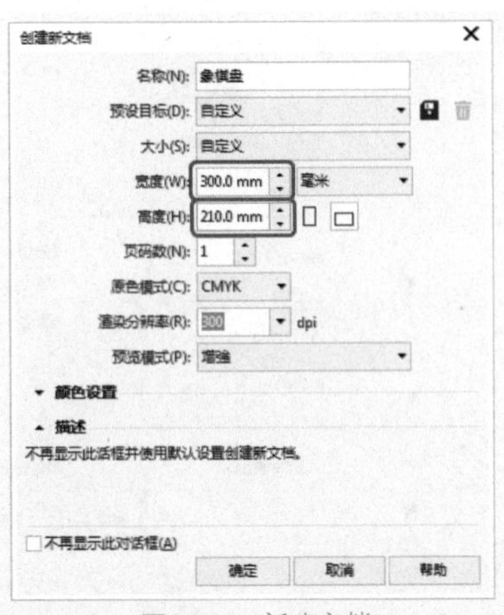

图2-154　新建文档

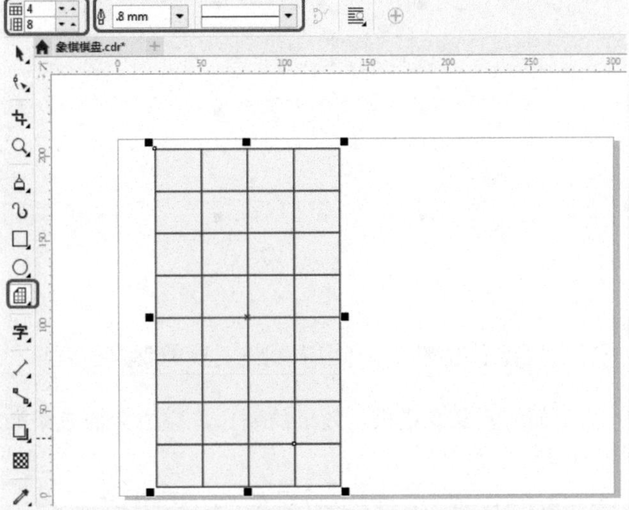

图2-155　绘制网格

03 选择工具箱中的【钢笔工具】，在属性栏中将【轮廓宽度】设置为0.8mm，在如图2-156所示的位置绘制两条相交的线段。

04 选择工具箱中的【折线工具】，在属性栏中将【轮廓宽度】设置为0.8mm，在如图2-157所示的位置绘制折线。

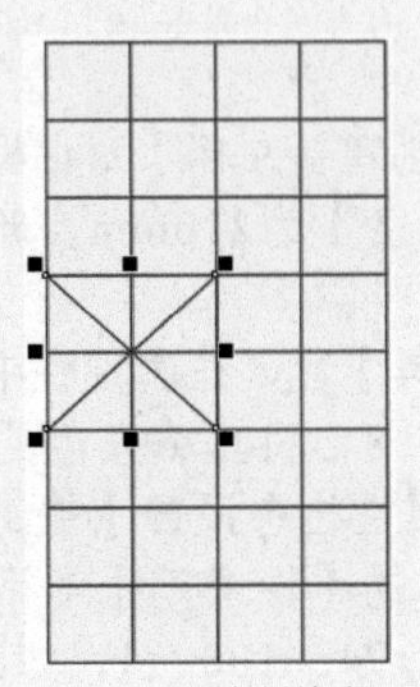

图2-156　绘制线段

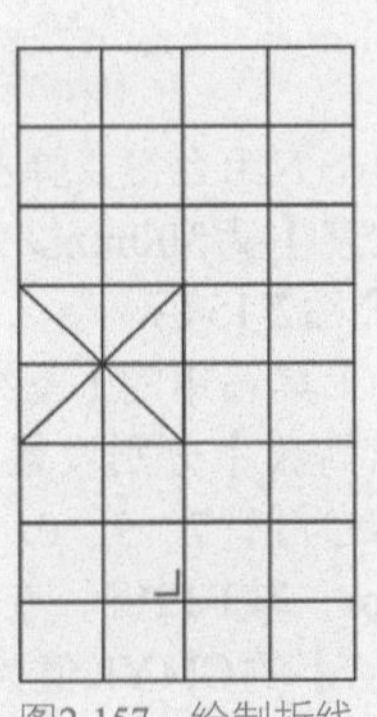

图2-157　绘制折线

05 选择新绘制的折线，对其进行复制并旋转，如图2-158所示。

06 选择新复制的几条折线，对它们进行移动复制，完成后的效果如图2-159所示。

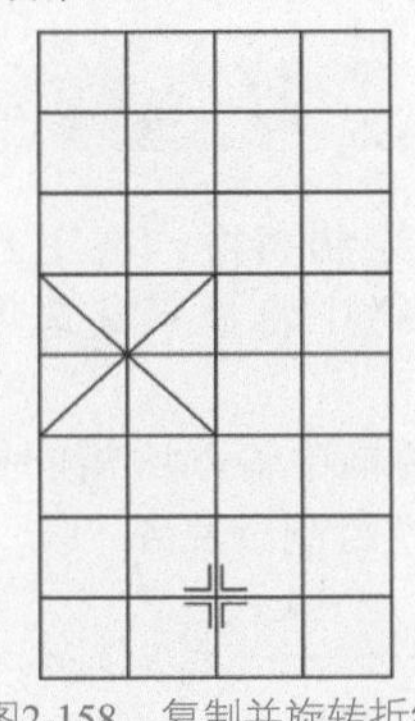

图2-158　复制并旋转折线

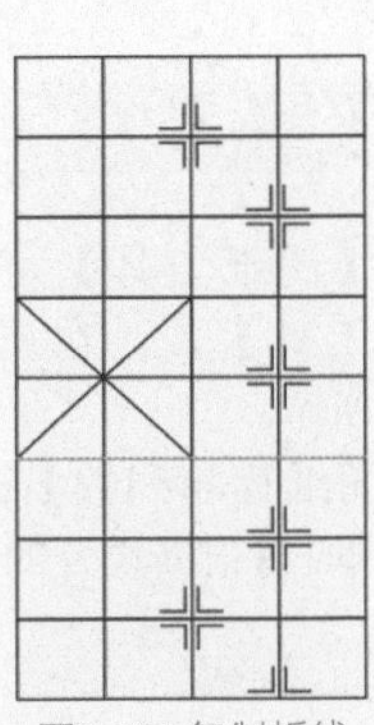

图2-159 复制折线

07 选中所有的折线，复制后向右拖动，选择工具箱中的【选择工具】，在属性栏中单击【水平镜像】按钮，将复制的对象水平镜像，如图2-160所示。

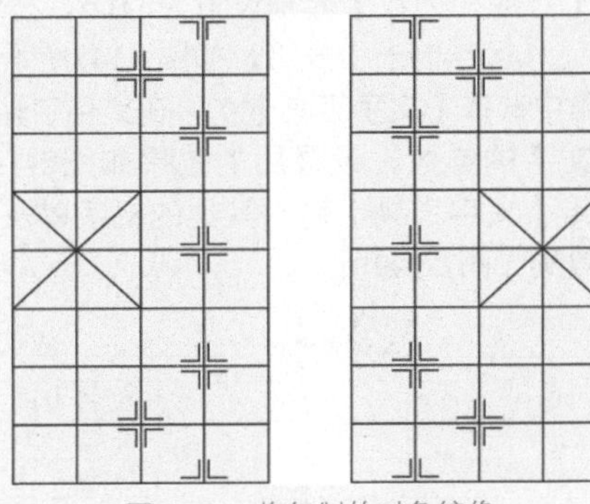

图2-160　将复制的对象镜像

08 选择工具箱中的【矩形工具】，在工作区中绘制矩形，按Shift+F11组合键，在弹出的【编辑与填充】对话框中设置CMYK值为1、7、9、0。按F12键，在弹出的【轮廓笔】对话框中设置【颜色】的CMYK值为36、94、100、4，如图2-161所示。

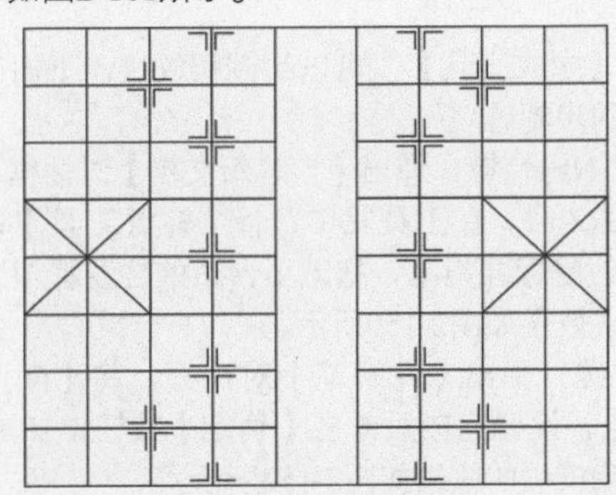

图2-161　绘制矩形

09 将新绘制的矩形进行复制，然后配合Shift键将其放大显示，如图2-162所示。

10 选择工具箱中的【文字工具】字，在工作区上如图2-163所示输入文字，完成象棋棋盘的绘制，按Ctrl+S组合键保存文件。

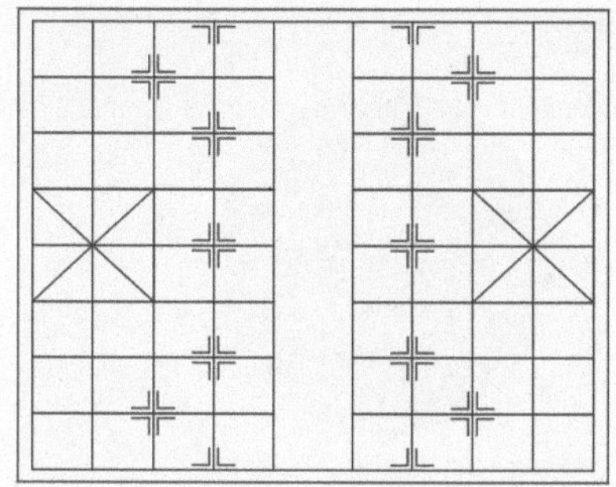
图2-162 复制矩形

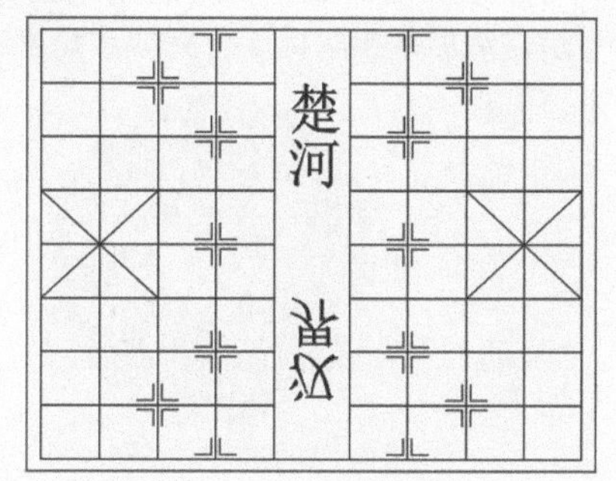

图2-163 添加文字完成效果

2.13 度量工具

使用度量工具，可以测量绘制图形的长度、宽度、角度，为我们在绘图过程中提供参考信息。

2.13.1 实战：测量对象的宽度

在工具箱中单击【平行度量】按钮，在属性栏中将显示其选项参数，如图2-164所示。

图2-164 【平行度量】工具的属性栏

使用该工具可以测量任意方向的图形尺寸，如水平的图形、垂直的图形、倾斜的图形。例如，使用该工具测量一个三角形的尺寸，如图2-165所示。

使用该工具时，应在被测量图形的一点上单击鼠标并拖动至目标点，如图2-166所示。在目标点释放鼠标，即可完成测量，如图2-167所示。

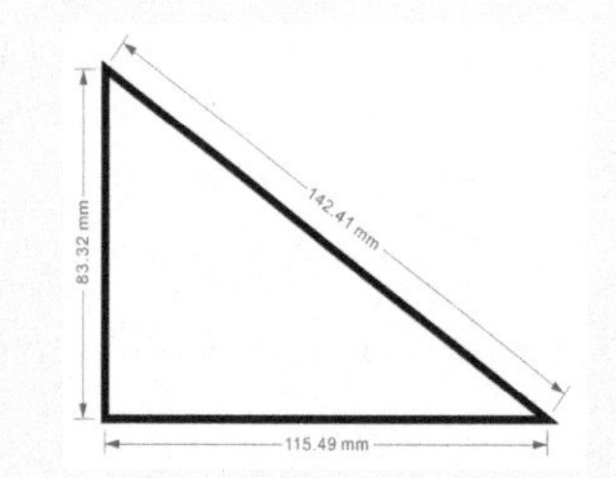

图2-165 使用【平行度量】工具测量

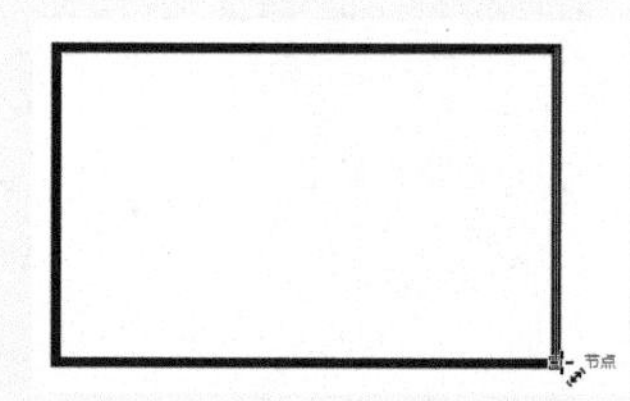

图2-166 拖至目标点

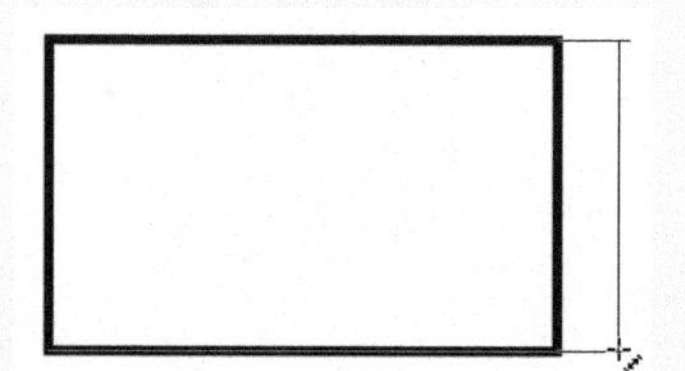
图2-167 测量后的效果

下面介绍使用【水平或垂直度量】工具进行测量的步骤。

01 按Ctrl+N组合键，弹出【创建新文档】对话框，新建一个空白文档，并在文档中绘制一个图形，如图2-168所示。

02 在工具箱中选择【水平或垂直度量】工具，将鼠标指针移动到图形的测量起点，此时会出现一个蓝色小方块或圆圈，如图2-169所示，捕捉到第一点后，单击鼠标左键确定第一点的位置。

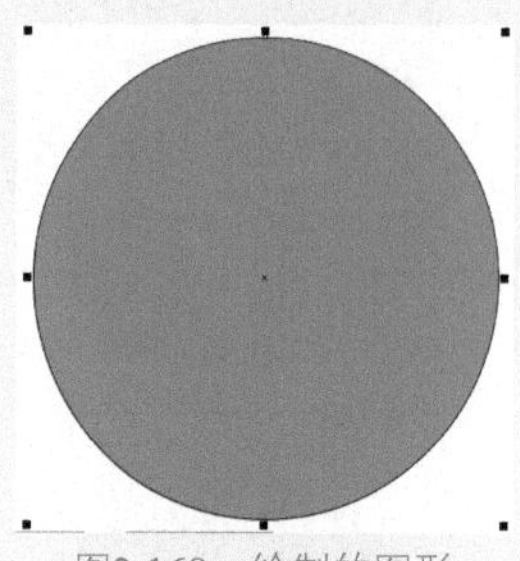
图2-168 绘制的图形

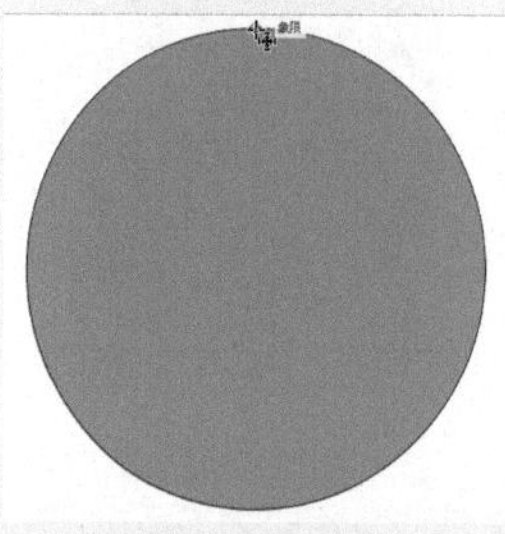
图2-169 自定义起点

03 在第一点按住鼠标左键并将鼠标指针拖曳到另一个顶点，如图2-170所示。在该点上单击后向左侧移动到适当位置，如图2-171所示，再次单击即可绘制一条标注线，同时还会用文字进行标注，效果如图2-172所示。

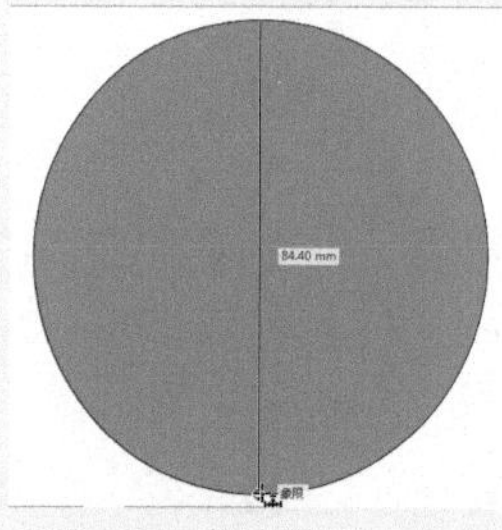
图2-170 拖曳到另一个点

04 使用【选择工具】可以调整完成后的度量标注，并可以在属性栏中进行相关的设置。

> 提示
> 用户可以为标注添加前缀或后缀，在【尺寸的前缀】文本框中可以输入尺度的前缀，在【尺寸的后缀】文本框中可以输入尺度的后缀。【水平或垂直度量】工具与【平行度量】工具的操作方法都类似于自动度量工具的操作方法。

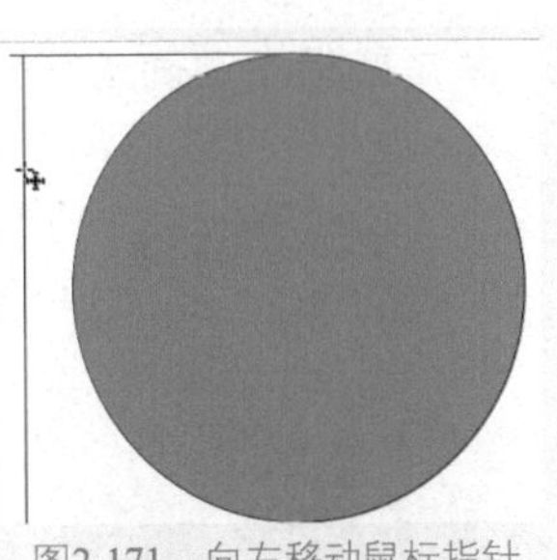

图2-171 向左移动鼠标指针

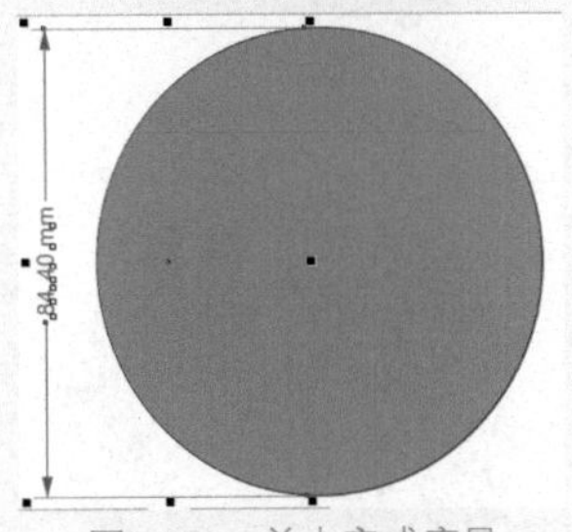

图2-172 单击完成度量

2.13.2 实战：测量对象的角度

下面来介绍如何测量对象的角度。

01 在工具箱中选择【角度工具】，对刚标注过的对象进行角度标注，将鼠标指针移到圆心处捕捉圆心，如图2-173所示。

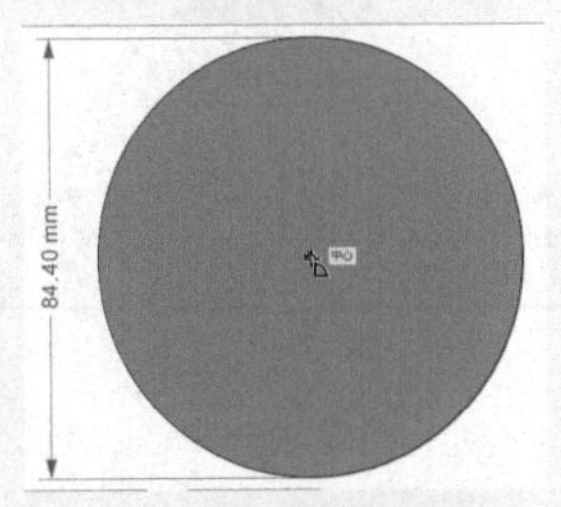

图2-173 捕捉圆心

02 捕捉到圆心后按住鼠标左键并拖动，捕捉圆形的边缘确定第一点，如图2-174所示，释放鼠标即可确定角度线的长度。

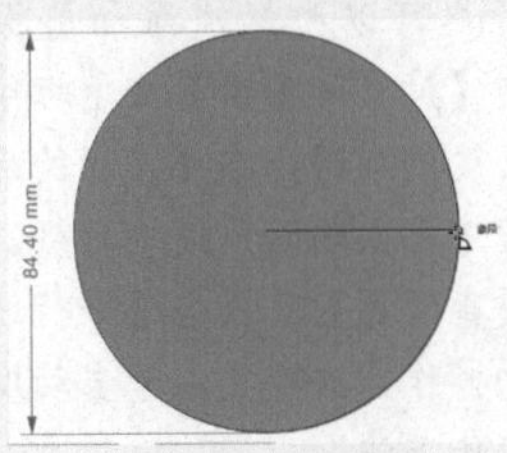

图2-174 确定角度线的长度

03 继续捕捉圆形边缘上的其他点，如图2-175所示，单击即可确定。

04 向圆形图形的右下方继续拖动鼠标指针，确定标注的距离，如图2-176所示，然后单击鼠标即可完成该角度的测量。

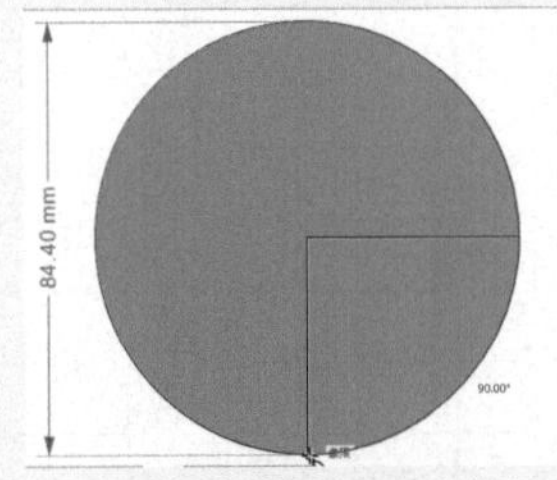

图2-175 捕捉第二条角度线的点

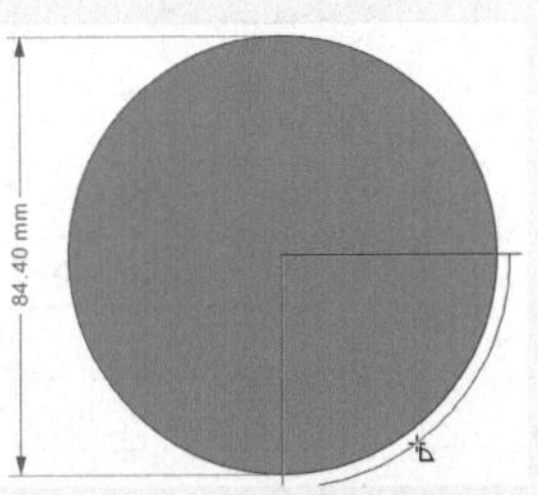

图2-176 确定标注的距离

2.13.3 实战：对相关对象进行标注说明

下面介绍对相关对象进行标注说明的操作。

01 选择【3点标注工具】，将鼠标指针移至要进行标注说明的对象上按住鼠标左键并拖动，如图2-177所示。

02 拖动鼠标指针至想要放置标注拉伸引线的位置释放鼠标，在水平方向移动一段距离，确定输入文字的起点位置，如图2-178所示，最后单击确定位置。

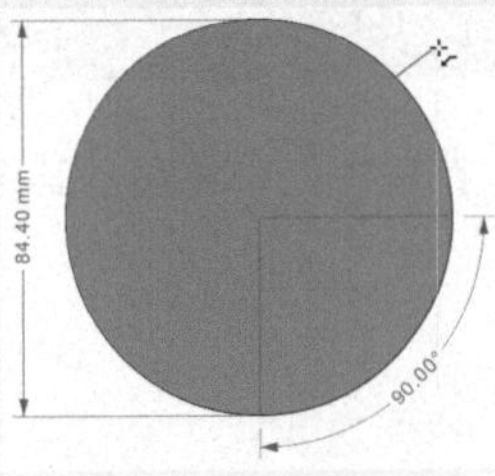

图2-177 确定标注位置

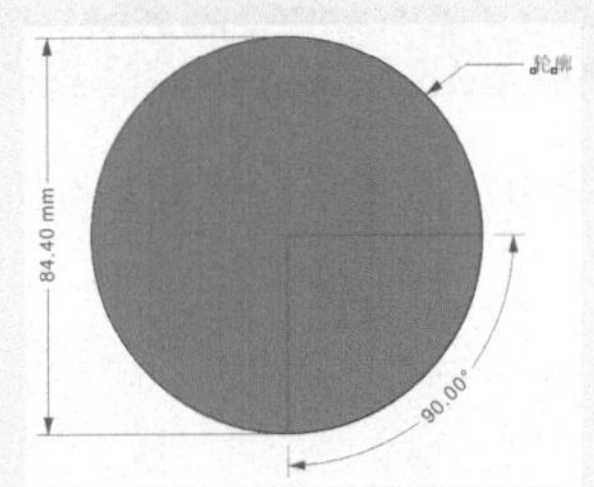

图2-178 设置文字后的效果

03 确定文字输入起点后会出现提示文本输入的光标，如图2-179所示，接着输入文字，标注说明就完成了。

04 选中标注说明的文字，可以在属性栏中对文字的字体和大小、颜色等格式进行设置。使用【选择工具】，分别选中标注线和文字，在默认调色板中单击和右击色块，为标注线与文字填充不同的颜色，效果如图2-180所示。

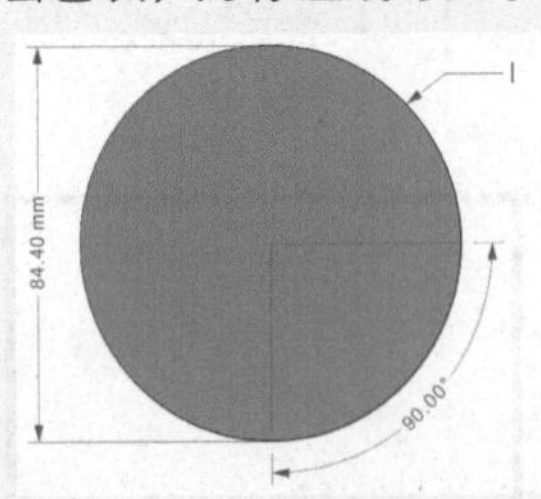

图2-179 确定文字输入起点

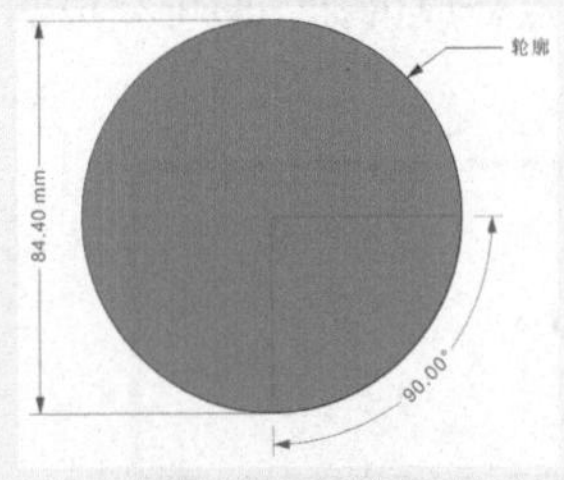

图2-180 设置标注颜色

2.14 使用交互式连线工具绘图

使用【直线连接器】、【直角连接器】、【圆直角连接符】工具连接不同图形的操作如下。

01 在工作区中绘制几个图形并填充，如图2-181所示。

02 在工具箱中选择【直线连接器】，在工作区中的白色心形的连接点按下鼠标左键，将鼠标指针拖至蓝色心形的连接点上释放鼠标，如图2-182所示。

图2-181　绘制图形

图2-182　连接图形

03 使用同样的方法，分别使用【直角连接器】、【圆直角连接符】工具对图形进行连接，效果如图2-183所示。

04 在工具箱中选择【选择工具】，对图形位置进行调整，可以看到连接器会跟随移动，效果如图2-184所示。

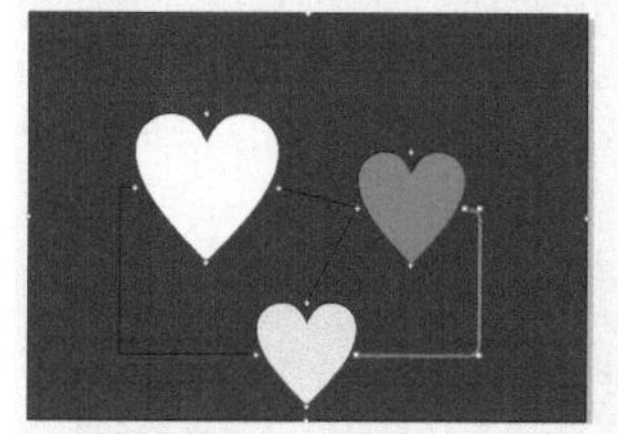

图2-183　连接图形效果

图2-184　调整图形的位置

2.15 基本形状的绘制

使用基本形状工具可以绘制各种各样的基本图形，如箭头形状、流程图形状、标题形状、标注形状等。

下面将通过实例对基本形状工具进行讲解。

实例操作008——使用心形工具绘制梦幻壁纸

下面将讲解如何使用心形工具绘制梦幻壁纸，效果如图2-185所示。

图2-185　梦幻壁纸效果图

01 按Ctrl+N组合键，弹出【创建新文档】对话框，设置【宽度】为350mm，【高度】为200mm，创建一个新文档，并命名为“梦幻壁纸”。

02 在工具箱中双击【矩形工具】，在工作区中绘制一个与页面等大的矩形。按F11键，在弹出的【编辑填充】对话框中设置【类型】为线性渐变填充，位置为0%的CMYK值为100、100、0、0，位置为-50%的CMYK值为40、100、0、0，位置为100的CMYK值为100、100、0、0，【位置】为47%，【旋转】角度为-55.1°，如图2-186所示。单击【确定】按钮填充渐变，填充效果如图2-187所示。

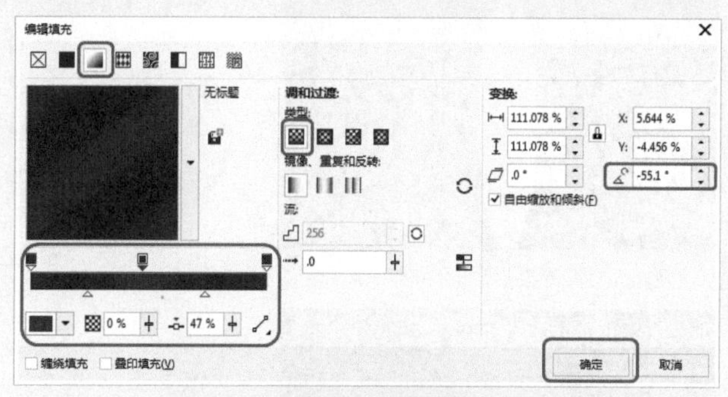

图2-186　渐变填充参数

图2-187　填充渐变

03 在工具箱中选择【矩形工具】，在渐变矩形左侧绘制矩形，在默认调色板上单击【黑】色块为矩形填充黑色，在工具箱中选择【透明度工具】，拖曳渐变效果如图2-188所示。将矩形复制到右侧改变渐变方向，如图2-189所示。

图2-188　绘制矩形

04 在工具箱中选择【椭圆工具】，在矩形上绘制一个如图2-190所示椭圆，将颜色填充为白色，去掉轮廓线。在菜单栏中选择【位图】|【转换为位图】命令，将椭圆转换为位图。最后选择【位图】|【模糊】|【高斯式模

糊】命令，将【半径】设置为90，单击【确定】按钮，完成模糊如图2-191所示。

图2-189　复制矩形

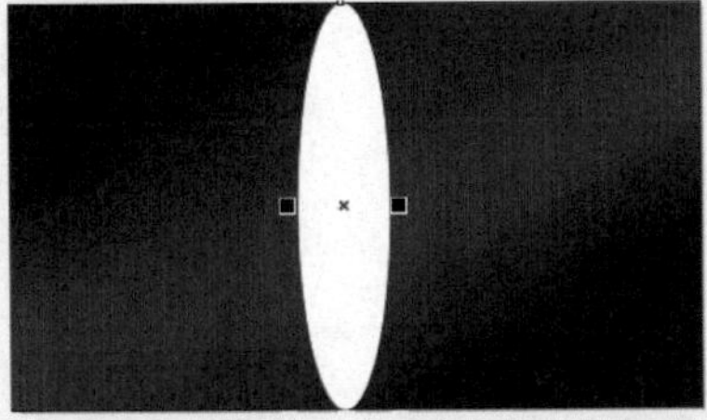
图2-190　绘制椭圆

图2-191　高斯式模糊

05 使用上述方法在矩形下方创建一个横向椭圆，为其添加【高斯式模糊】后效果如图2-192所示。

图2-192　创建横向椭圆

06 在工具箱中选择【基本形状工具】，在页面上随机绘制形状并去掉轮廓填充色彩，如图2-193所示。

07 在工具箱中选择【基本形状工具】，在工具属性栏的【完美形状】中选择心形，在工作区中绘制两个中心位置相同，大小不同的心形，在工具箱中选择【形状工具】，将心形调整到如图2-194所示形状并填充白色。

图2-193　绘制基本形状

图2-194　绘制心形

08 将心形复制3份，选择中间的心形，按Shift+F11组合键，在弹出的【编辑填充】对话框中设置CMYK值为40、100、0、0，选中后面两个心形，选择【位图】|【转换为位图】命令将心形转换为位图，最后选择【位图】|【模糊】|【高斯式模糊】命令，将【半径】设置为15，单击【确定】按钮，如图2-195所示。

图2-195　高斯式模糊

09 选中最上方白色心形，在工具箱中选择【透明度工具】，在白色心形上拖曳渐变，如图2-196所示。

10 在工具箱中选择【文字工具】，在心形中间输入文字"love"，颜色填充为白色，在工具属性栏中设置【字体】为"迷你简雪君"，【字体大小】为114.689 pt，完成梦幻壁纸的绘制，效果如图2-197所示。

图2-196　渐变填充

图2-197　完成效果

实例操作009——使用几何工具绘制七巧板

下面将介绍如何使用几何工具绘制七巧板，效果如图2-198所示。

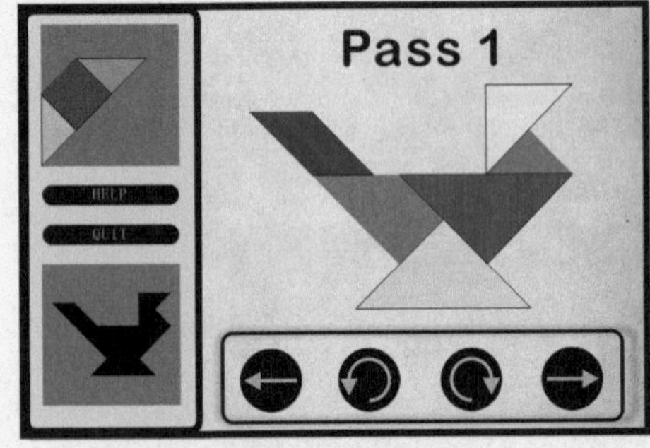

图2-198　七巧板绘制效果

01 打开素材|Cha02|【七巧板.cdr】素材文件，如图2-199所示。

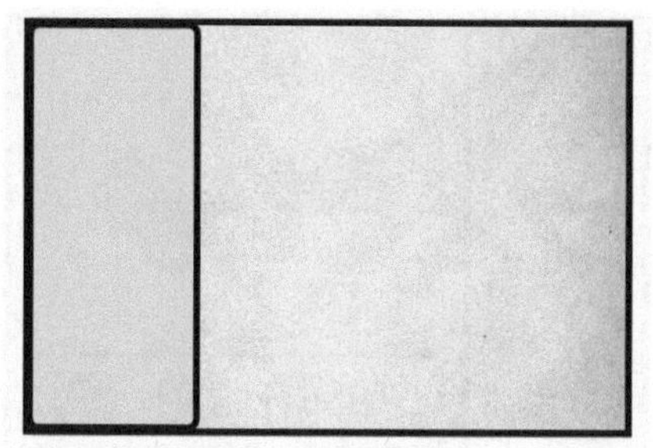

图2-199　打开素材文件

02 在工具箱中选择【矩形工具】□，在工作区中绘制一个正方形，使用【手绘工具】绘制对角线，如图2-200所示。

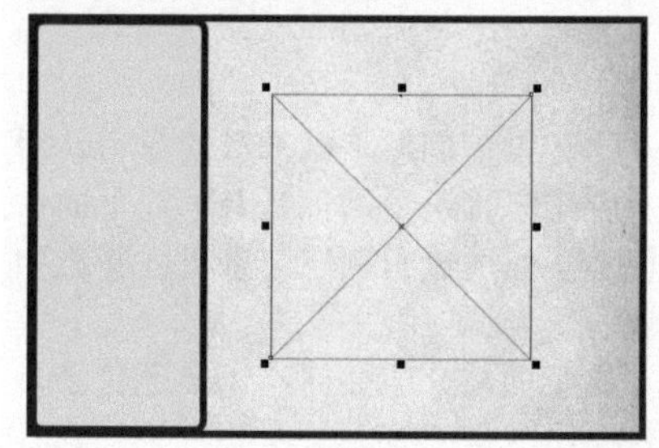

图2-200　绘制正方形

03 将对象旋转45°，在工具箱中选择【矩形工具】□，从中心绘制正方形，如图2-201所示。选择绘制的所有七巧板图形并旋转45°，使用【手绘工具】绘制分割七巧板块面的线，如图2-202所示。

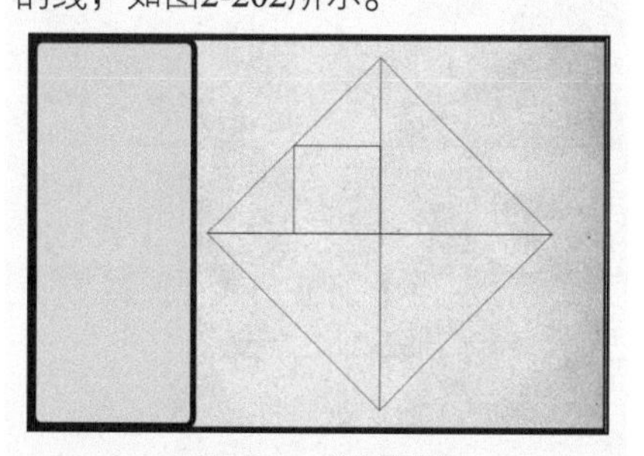

图2-201　绘制矩形

图2-202　绘制分割线

04 在工具箱中选择【多边形工具】，在工具属性栏中设置【边数或点数】为3，绘制一个三角形放入七巧板中，使用【形状工具】调整大小，如图2-203所示。完成后删除矩形与线段，只留下七巧板图形。

图2-203　绘制完成

05 按Ctrl+I组合键弹出【导入】对话框，选择素材|Cha02|【木纹七巧板.jpg】素材文件，选中素材选择【对象】|PowerClip|【置于图文框内部】菜单命令，将图片放置于七巧板中，如图2-204所示。

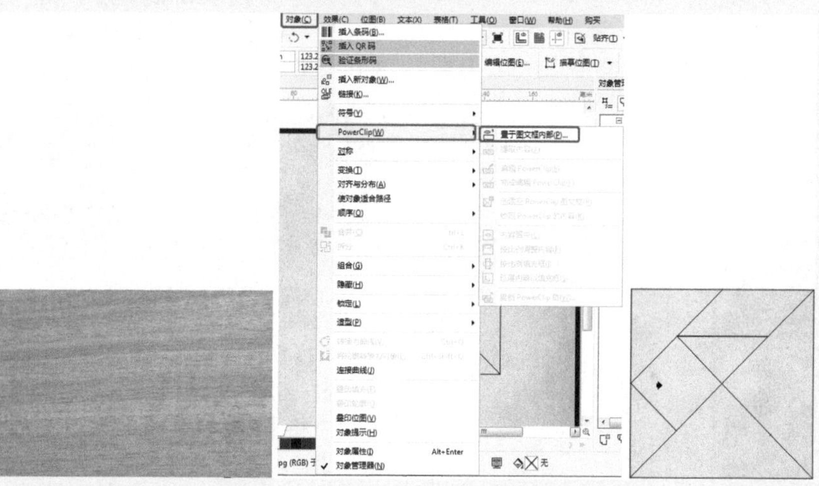

图2-204　置于图文框内部

06 把复制的七巧板群组拆分后分别按图2-205顺序填充颜色，板1为白色，板2为蓝色，板3为（C:6 M:55 Y:96 K:0），板4为（C:56 M: 88 Y:0 K:0），板5为红色，板6为（C:40 M:0 Y:100 K:0），板7为（C:4 M:0 Y:91 K:0），在工具箱中选择【透明度工具】，在工具属性栏中将【透明度】设置为50，将七巧板设置为不透明，填充完成如图2-206所示。

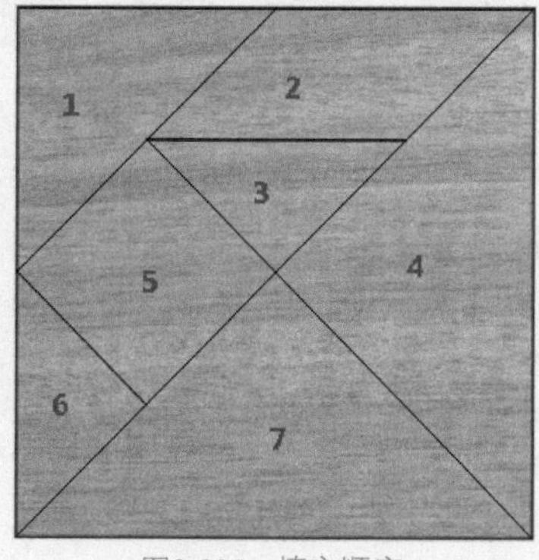

图2-205　填充顺序

图2-206　填充颜色

07 在工具箱中选择【矩形工具】□，在工作区中绘制3个矩形，使用【形状工具】调整最大的矩形形状，使用【透明度工具】将3个矩形的透明度调整为50%，如图2-207所示。

图2-207 创建并调整矩形

08 将调整好的矩形复制一份放入左下角矩形中，将【透明度】调整为0，将七巧板的部分板子旋转后放入调整后的矩形中，剩下的板子调整大小后放入左上角，如图2-208所示。

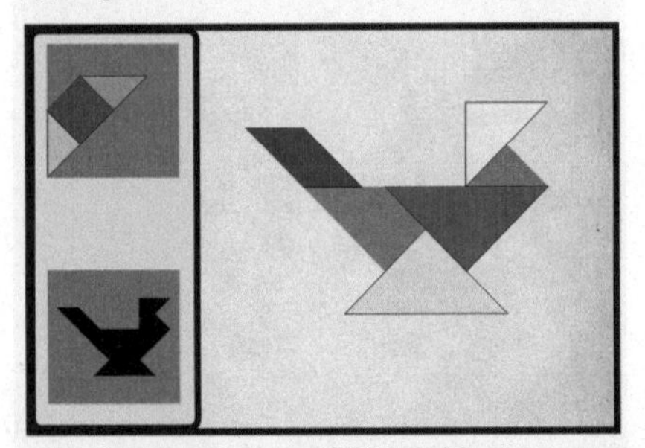

图2-208 调整七巧板

09 在工具箱中选择【矩形工具】□，在工具属性栏中设置【圆角半径】为4mm，绘制两个圆角矩形，按Shift+F11组合键，弹出【编辑填充】对话框，设置CMYK值为56、99、100、47。按F12键，弹出【轮廓笔】对话框，设置【颜色】的CMYK值为0、40、80、0，完成圆角矩形的绘制。在工具箱中选择【文字工具】字，输入文字“HELP”“QUIT”，在工具属性栏中设置【字体】为宋体，【字体大小】为12pt。按Shift+F11组合键，弹出【编辑填充】对话框，设置CMYK值为0、40、80、0，如图2-209所示。

HELP

QUIT

图2-209 绘制菜单矩形

10 在工具箱中选择【椭圆工具】○，绘制两个正圆，按Shift+F11组合键，弹出【编辑填充】对话框，设置CMYK值为56、99、100、47。使用【钢笔工具】绘制如图2-210所示箭头，【末端箭头】设置为箭头3，【轮廓宽度】为1mm。按F12键，弹出【轮廓笔】对话框，设置【颜色】的CMYK值为0、40、80、0。

图2-210 绘制按钮

11 将绘制好的按钮复制一份后【水平镜像】翻转，调整到合适位置，选择【矩形工具】□，在工具属性栏中将【圆角半径】设置为3mm。按F12键，弹出【轮廓笔】对话框，设置【颜色】的CMYK值为56、99、100、47，在按钮外侧绘制一个矩形，使用【阴影工具】添加阴影，如图2-211所示。

图2-211 按钮绘制完成

12 在工具箱中选择【文字工具】字，输入文字“Pass 1”，在工具属性栏中设置【字体】为Arial Rounded MT，【字体大小】为40pt。按F12键，弹出【轮廓笔】对话框，设置【颜色】的CMYK值为56、99、100、47，完成七巧板的绘制，完成效果如图2-212所示。

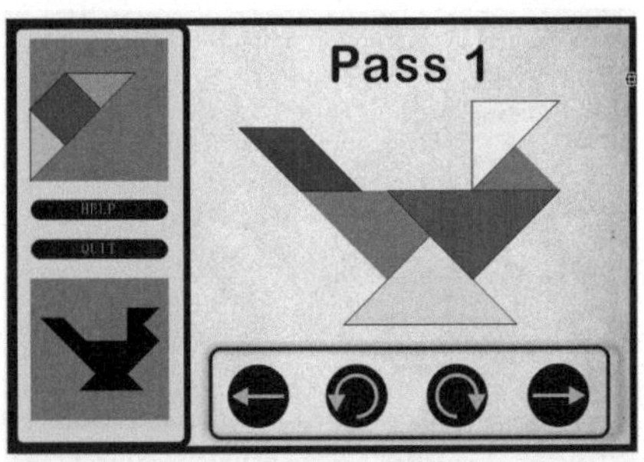

图2-212 完成效果

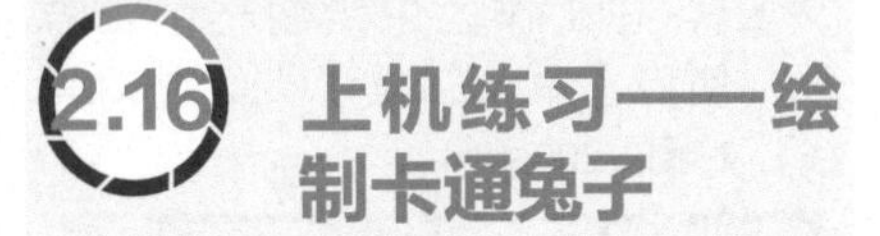

2.16 上机练习——绘制卡通兔子

通过前面对基础知识的学习，用户应该对常用绘制工具有了简单的认识，下面通过实例练习来巩固基础知识的学习。

下面将介绍如何绘制卡通兔子，效果如图2-213所示。

图2-213 卡通兔子效果图

01 打开【卡通兔子素材.cdr】素材文件，使用【钢笔工具】绘制兔子轮廓，如图2-214所示。

图2-214 绘制兔子轮廓

02 将【填充颜色】设置为白色，将【轮廓颜色】设置为无，如图2-215所示。

03 使用【钢笔工具】绘制图形对象，如图2-216所示。

图2-215　设置填充颜色

图2-216　绘制图形对象

04 按Shift+F11组合键，弹出【编辑填充】对话框，将RGB值设置为31、139、206，单击【确定】按钮，如图2-217所示。

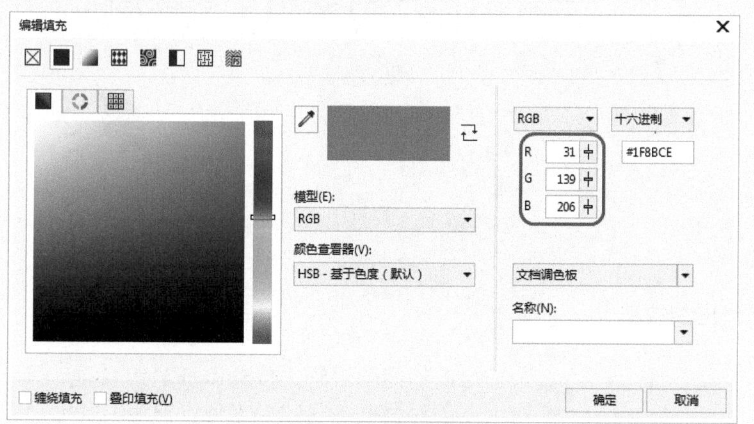

图2-217　设置填充颜色

05 将【轮廓颜色】设置为无，如图2-218所示。

06 使用【钢笔工具】绘制如图2-219所示的图形，将【填充颜色】的RGB值设置为17、110、165，将【轮廓颜色】设置为无。

07 使用【钢笔工具】绘制如图2-220所示的线段，将【轮廓宽度】设置为0.2mm。

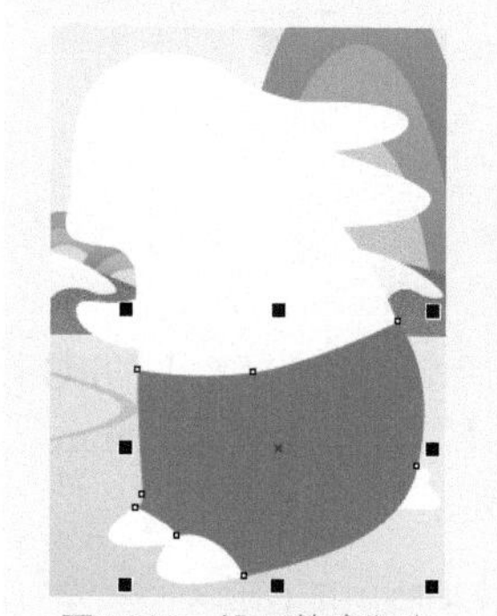

图2-218　设置轮廓颜色

图2-219　设置填充颜色

图2-220　绘制图形

08 将【填充颜色】和【轮廓颜色】的RGB值设置为61、125、186，如图2-221所示。

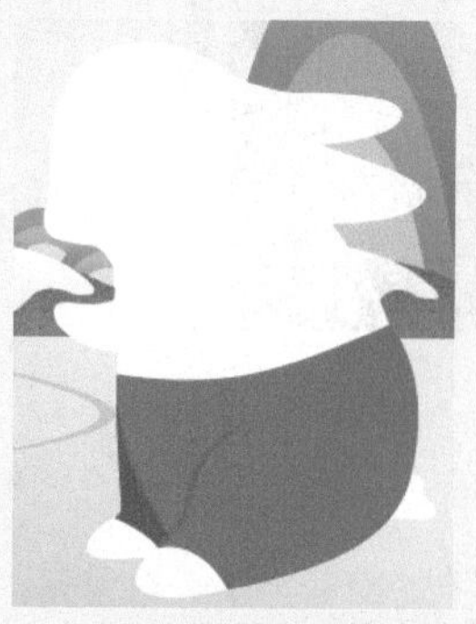

图2-221　设置填充和轮廓色

09 使用【钢笔工具】绘制如图2-222所示的图形，将【填充颜色】的RGB值设置为101、143、186，将【轮廓颜色】设置为无。

图2-222　设置填充颜色

10 使用【钢笔工具】绘制其他图形，如图2-223所示。

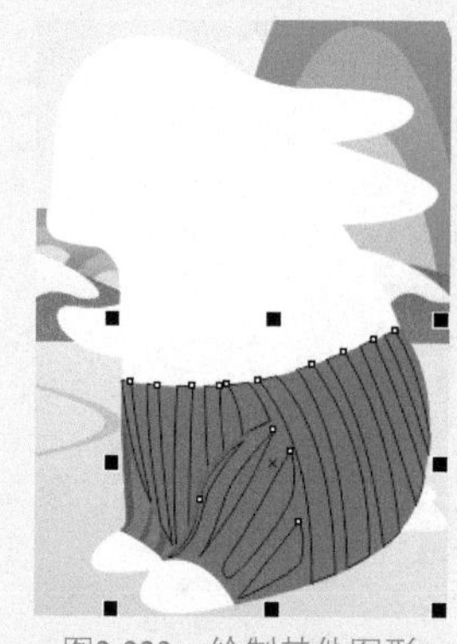

图2-223　绘制其他图形

11 按Shift+F11组合键，弹出【编辑填充】对话框，将RGB值设置为149、181、230，单击【确定】按钮，如图2-224所示。

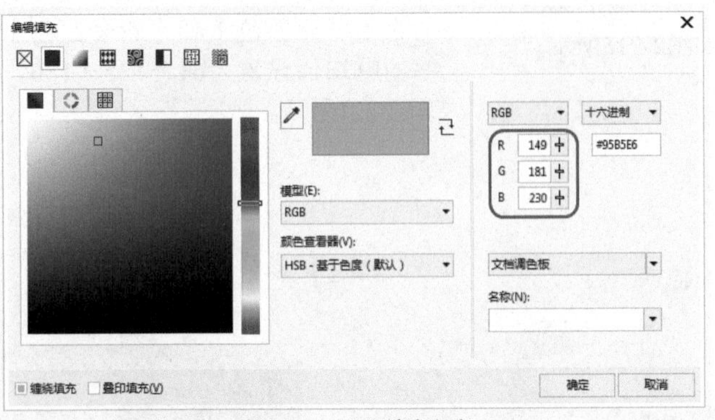

图2-224　设置填充颜色

12 将【轮廓颜色】设置为无，如图2-225所示。

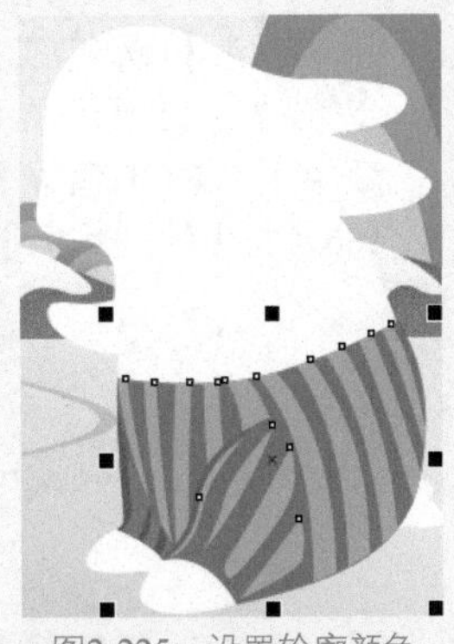

图2-225　设置轮廓颜色

13 选择如图2-226的线段，单击鼠标右键，在弹出的快捷菜单中选择【顺序】|【到图层前面】选项。

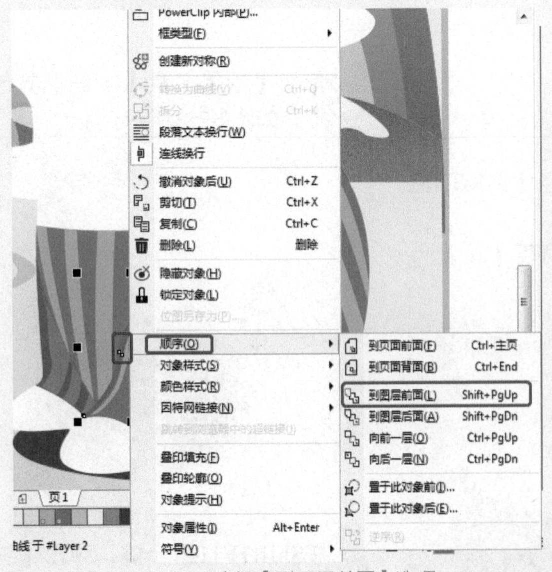

图2-226　选择【到图层前面】选项

14 使用【钢笔工具】，绘制阴影部分，将【填充颜色】的RGB值设置为207、205、206，将【轮廓颜色】设置为无，如图2-227所示。

15 使用【钢笔工具】绘制背带部分，将【填充颜色】的RGB值设置为122、190、232，将【轮廓颜色】设置为无，如图2-228所示。

图2-227　设置颜色　　图2-228　设置颜色

16 使用【钢笔工具】绘制嘴巴和眼睛部分，将【填充颜色】设置为黑色，如图2-229所示。

17 使用【椭圆工具】绘制椭圆，如图2-230示。

图2-229　绘制嘴巴和眼睛　　图2-230　圆

18 选择绘制的椭圆对象，按Shift+F11组合键，弹出【编辑填充】对话框，将CMYK值设置为0、20、10、0，单击【确定】按钮，如图2-231所示。

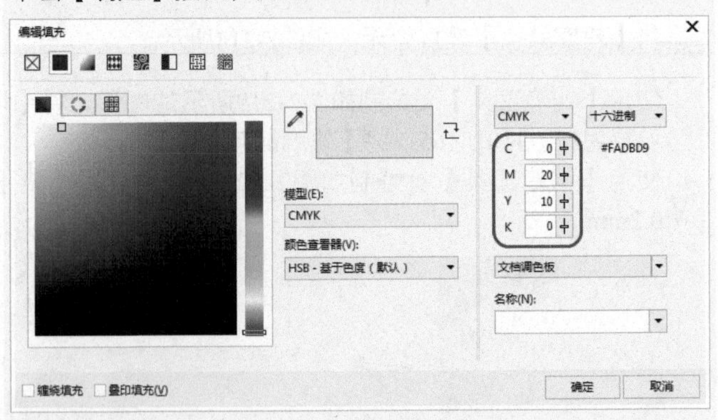

图2-231　设置填充颜色

19 按F12键，弹出【轮廓笔】对话框，将【颜色】的RGB值设置为236、154、151，将【宽度】设置为0.2mm，单击【确定】按钮，如图2-232所示。

20 使用【钢笔工具】绘制如图2-233所示的图形。

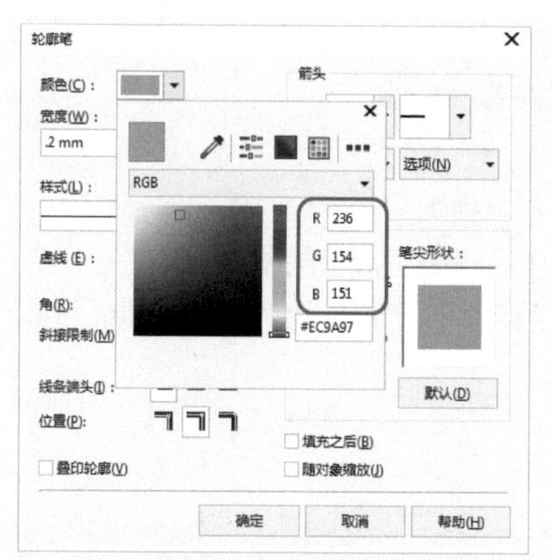

图2-232　设置轮廓颜色和宽度　　图2-233　绘制图形

21 按Shift+F11组合键，弹出【编辑填充】对话框，将RGB值设置为252、188、6，单击【确定】按钮，如图2- 234所示。

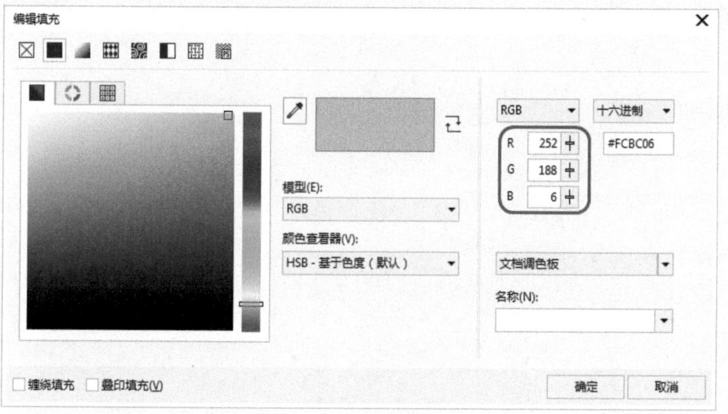

图2-234　设置填充颜色

22 将图形的【轮廓颜色】设置为无，如图2-235所示。

23 在图形上单击鼠标右键，在弹出的快捷菜单中选择【顺序】|【置于此对象后】选项，如图2-236所示。

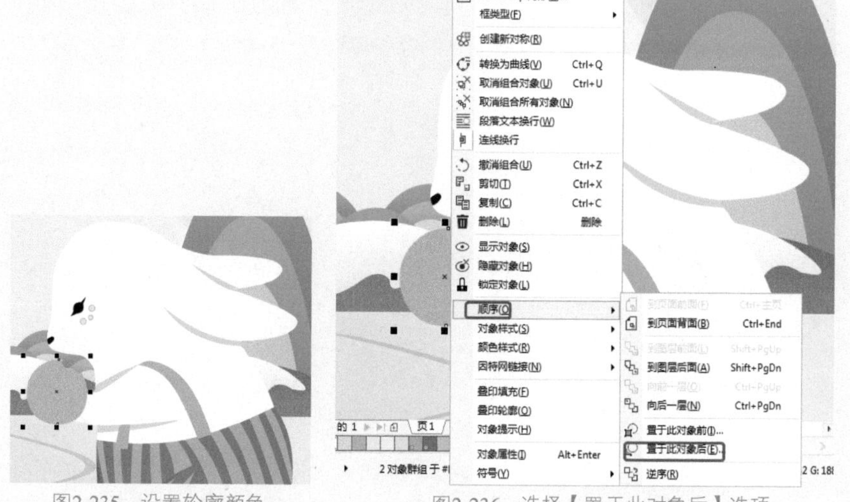

图2-235　设置轮廓颜色　　图2-236　选择【置于此对象后】选项

24 当鼠标指针变为黑色箭头时，在兔子身体部分上单击鼠标左键，改变图层顺序，如图2-237所示。

图2-237　改变图层顺序

25 使用【钢笔工具】绘制如图2-238所示的两条线段。

图2-238　绘制线段

26 按F12键，弹出【轮廓笔】对话框，将【颜色】的CMYK值设置为0、0、60、0，将【宽度】设置为0.2mm，单击【确定】按钮，如图2-239所示。

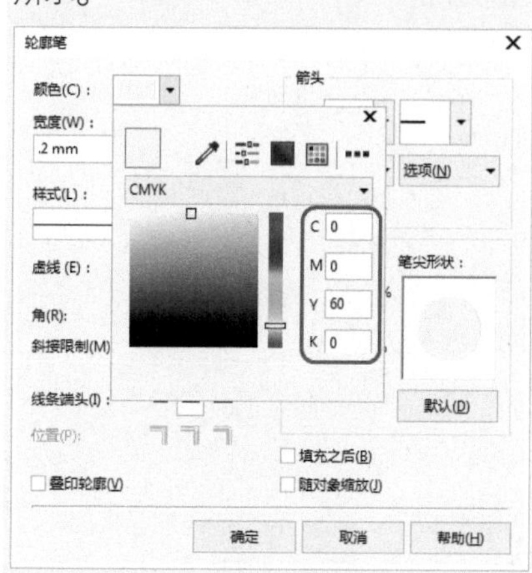

图2-239　设置轮廓颜色和宽度

27 设置完成后，最终效果如图2-240所示。

图2-240 最终效果

2.17 思考与练习

1. 贝塞尔工具与钢笔工具有哪些不同之处？
2. 用椭圆形工具组是否可以绘制出正圆？
3. 在绘制直线的过程中按住什么键可以捕捉角度？

第3章 CorelDRAW 2018的辅助功能

CorelDRAW程序中的【缩放工具】、【平移工具】、【颜色滴管工具】、【交互式填充工具】、标尺功能、辅助线功能、网格功能与动态辅助线等是帮助用户查看与绘制图形的工具，熟练掌握它们可以提高工作效率。

3.1 缩放工具

利用【缩放工具】可以对当前页面中的对象进行缩放操作，下面通过实例操作来介绍缩放工具的应用。

01 新建一个文档，在菜单栏中选择【文件】|【导入】命令，将素材|Cha03|【缩放工具.jpg】素材文件导入场景，如图3-1所示。

图3-1 导入的素材文件

02 选择工具箱中的【缩放工具】，将鼠标指针移动到工作区域中的素材上，此时鼠标指针变为放大状态，如图3-2所示。

图3-2 鼠标呈现放大状态

03 在素材上单击鼠标左键即可将素材放大，放大后的效果如图3-3所示。也可以单击工具属性栏中的【放大】按钮，将素材放大显示。

图3-3 放大图像后的效果

04 按下鼠标右键或按Shift键，鼠标指针变为缩小状态，如图3-4所示。释放鼠标右键后单击素材即可将其缩小，缩小后的效果如图3-5所示。也可以单击工具属性栏中的【缩小】按钮来缩小素材。

图3-4 鼠标呈现缩小状态

图3-5 缩放图像后的效果

3.2 平移工具

平移工具的主要作用是平移窗口，选择工具箱中的【平移工具】，此时鼠标指针会变成手的形状，按住鼠标左键并拖曳，即可移动窗口中的图像，具体的操作步骤如下。

01 新建一个文档，按Ctrl+I组合键执行导入命令，将素材| Cha03|【平移工具.jpg】素材文件导入场景，如图3-6所示。

图3-6 导入的素材文件

02 使用工具箱中的【缩放工具】，将导入的素材放大显示，如图3-7所示。

03 选择工具箱中的【平移工具】，在图形上单击并按住鼠标左键拖动，即可在工作区移动图形，如图3-8所示。

图3-7 放大图像

图3-8 移动图像

3.3 颜色滴管工具与交互式填充工具

滴管工具分为两种，一种是颜色滴管工具，另一种是属性滴管工具。使用滴管工具可以为对象拾取需要填充的颜色，而使用交互式填充工具可以根据需要为对象设置颜色。

3.3.1 实战：颜色滴管工具

下面通过实例介绍颜色滴管工具的用法。

01 新建一个【宽度】为208mm、【高度】为248mm的空白文档，按Ctrl+I组合键执行导入命令，将素材|Cha03|【填色.jpg】素材文件导入场景，并调整素材的位置，如图3-9所示。

02 选择工具箱中的【基本形状工具】，在工具属性栏中单击【完美形状】按钮，在弹出的下拉框列表中选择【心形】形状，在工作区中绘制图形，如图3-10所示。

图3-9　导入素材

图3-10　绘制心形

03 在工具属性栏中将【旋转角度】设置为10，将【轮廓宽度】设置为无，并在调色板中单击【红】色块，为其填充红色，如图3-11所示。

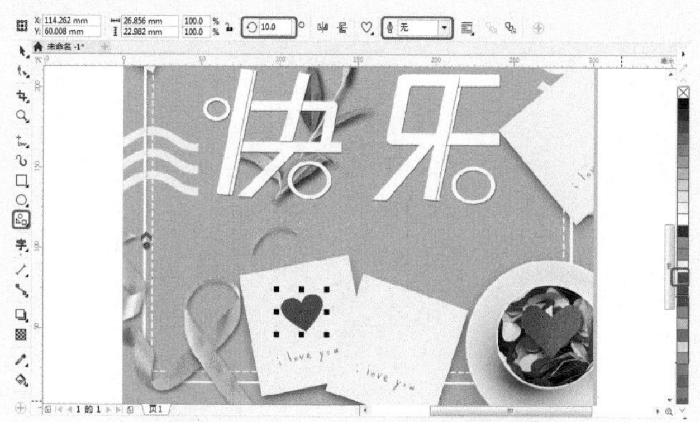

图3-11　填充颜色

04 用同样的方法绘制其他形状，效果如图3-12所示。

图3-12　效果图

3.3.2 实战：交互式填充工具

下面通过实例介绍交互式填充工具的用法。

01 新建一个【宽度】为208mm、【高度】为248mm的空白文档，按Ctrl+I组合键执行导入命令，将素材|Cha03|【填色.jpg】素材文件导入场景，并调整素材的位置，用同样的方法绘制一个心形，如图3-13所示。

02 选择工具箱中的【交互式填充工具】，在工具属性栏中单击【均匀填充】按钮，再单击【填充色】按钮，在弹出的下拉框中将颜色模式设置为CMYK，将CMYK值设置为0、100、100、0，即可为绘制的图形填充刚刚设置的颜色，并继续绘制3个心形，效果如图3-14所示。

图3-13　绘制形状

图3-14　填充颜色

3.4 使用标尺

利用标尺可以准确地对图像进行修改等操作，下面介绍标尺的基本操作及设置。

3.4.1 实战：更改标尺原点

更改标尺原点的方法如下。

01 新建一个文档，按Ctrl+I组合键，弹出【导入】对话框，在该对话框中选择素材|Cha03|【标尺.jpg】素材文件，单击【导入】按钮，如图3-15所示。

图3-15 【导入】对话框

02 在标尺栏左上角的交叉点处按住鼠标左键拖动，在拖动时会出现一个十字线，如图3-16所示。

03 到达指定位置后释放鼠标左键，该点0即成为标尺的新原点，如图3-17所示。

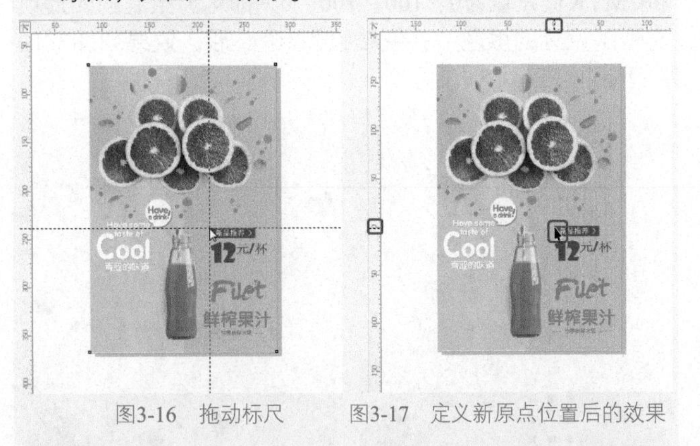

图3-16 拖动标尺　　图3-17 定义新原点位置后的效果

3.4.2 实战：更改标尺设置

标尺设置的更改方法如下。

01 继续使用上节的案例进行介绍，在标尺栏上双击，即可弹出【选项】对话框，如图3-18所示。在其中可以设置标尺的单位、原点位置、记号划分以及微调距离等参数。

图3-18 【选项】面板

02 在【单位】选项组中将【水平】单位设置为【厘米】，如图3-19所示，其他为默认值，单击【确定】按钮，即可更改标尺的单位，如图3-20所示。

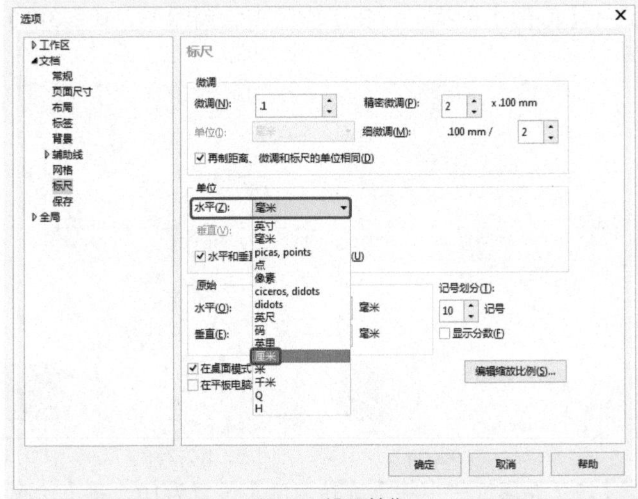

图3-19 设置单位

图3-20 改变【标尺】单位后的效果

知识链接：移动标尺位置

默认情况下，标尺显示在绘图窗口的左侧和顶部，按住Shift键并在标尺上按住鼠标左键拖动，即可移动标尺，如图3-21所示。

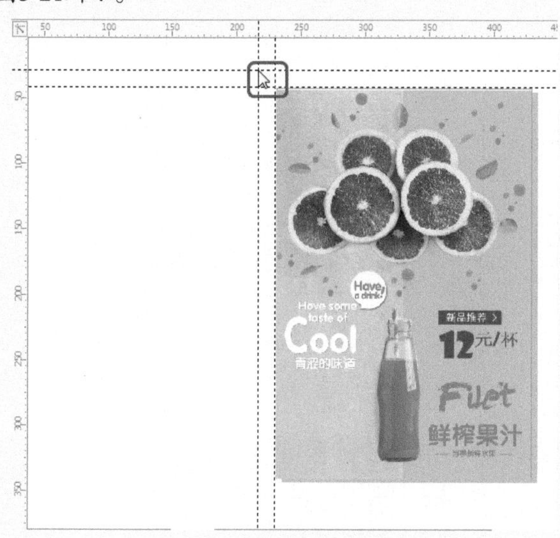

图3-21　移动标尺

3.5 使用辅助线与网格

辅助线是可以放置在绘图窗口中任意位置的线条，用来帮助放置对象。辅助线分为三种类型：水平、垂直和倾斜。可以显示/隐藏添加到绘图窗口中的辅助线。添加辅助线后，还可对辅助线进行选择、移动、旋转、锁定或删除操作。

辅助线总是使用为标尺指定的测量单位。

网格就是一系列交叉的虚线或点，可用于在绘图窗口中精确地对齐和定位对象。通过指定频率或间距，可以设置网格线或网格点之间的距离。频率是指在水平和垂直单位之间显示的线数或点数。间距是指每条线或每个点之间的精确距离。高频率值或低间距值有利于更精确地对齐和定位对象。

3.5.1 实战：创建辅助线

通过标尺设置辅助线的步骤如下。

01 创建一个【宽度】为197mm、【高度】为295mm的空白文档。按Ctrl+I组合键导入素材|Cha03|【辅助线.jpg】素材文件，移动鼠标指针到上方的水平标尺上，按住鼠标左键不放并向下拖曳，如图3-22所示。

图3-22　向下拖曳标尺

02 释放鼠标即可创建一条水平的辅助线，如图3-23所示。

图3-23　创建辅助线

通过【选项】对话框设置辅助线的步骤如下。

01 在标尺上双击，即可打开【选项】对话框，选择【辅助线】选项，如图3-24所示。

图3-24　【选项】对话框

02 在左边的目录栏中选择【辅助线】|【垂直】选项，在右边的【垂直】栏的第一个文本框中输入100，单击【添加】按钮，即可将该数值添加到下方的列表框中，如图3-25所示。

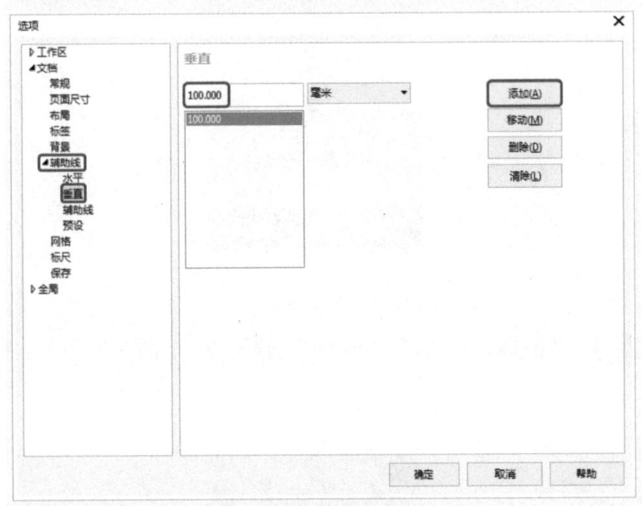

图3-25　设置垂直辅助线参数

03 设置完成后单击【确定】按钮，即可在相应的位置添加辅助线，完成后的效果如图3-26所示。

图3-26　设置完成后的效果

3.5.2　实战：移动辅助线

移动辅助线的方法有两种，具体的操作如下。

01 选择工具箱中的【选择工具】，然后移动鼠标指针到辅助线上，此时鼠标指针变为如图3-27所示的形状。

02 按住鼠标左键向右拖动，如图3-28所示。释放鼠标左键即可完成辅助线的移动，完成后的效果如图3-29所示。

图3-27　将鼠标指针移动到辅助线上

图3-28　移动辅助线

图3-29　移动辅助线后的效果

下面再来介绍另一种移动辅助线的方法。

01 继续上面的操作进行移动，确定水平的辅助线处于选择状态。

02 在【选项】对话框中，选择【辅助线】|【水平】选项，在文本框中输入148，单击【移动】按钮，如图3-30所示。

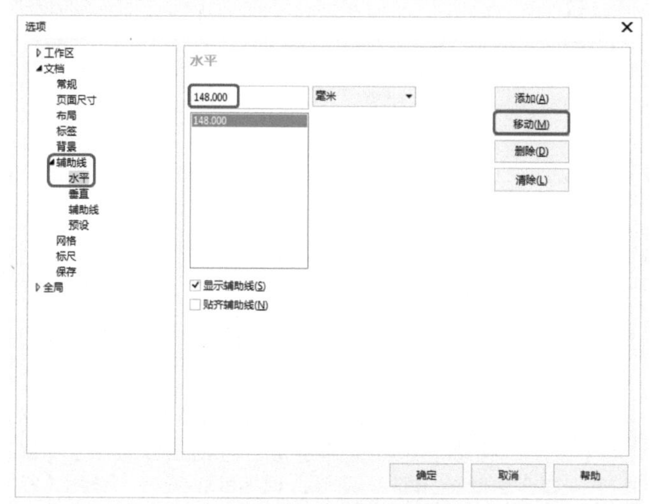

图3-30　设置水平移动距离

03 单击【确定】按钮，即可将辅助线移动到148位置处，完成后的效果如图3-31所示。

图3-31　移动辅助线后的效果

3.5.3　实战：旋转辅助线

下面我们来讲解如何旋转辅助线。

01 创建一个空白文档，按Ctrl+I组合键导入素材|Cha03|【辅助线2.jpg】素材文件，任意拖曳出一条垂直的辅助线，单击垂直的辅助线，再次单击辅助线，即可出现辅助线旋转的状态，如图3-32所示。

02 将鼠标指针移动到辅助线的旋转坐标上，按住鼠标左键进行旋转，如图3-33所示。旋转后的效果如图3-34所示。

图3-32　辅助线处于旋转状态

图3-33　旋转垂直辅助线

图3-34　旋转后的效果

3.5.4　实战：显示或隐藏辅助线

01 在空白处单击鼠标，取消辅助线的选择状态，如图3-35所示。

图3-35　取消辅助线的选择状态

02 选择菜单栏中的【查看】|【辅助线】命令，即可隐藏辅助线，如图3-36所示。

图3-36 隐藏辅助线后的效果

3.5.5 删除辅助线

要删除辅助线，应首先选择工具箱中的【选择工具】，然后在工作区中选择想要删除的辅助线，等辅助线变成红色后（表示选择了这条辅助线），按Delete键即可。

提示 在【选项】对话框中单击【删除】按钮，也可以将辅助线删除。如果要选择多条辅助线，可以配合键盘上的Shift键单击辅助线。

3.5.6 显示或隐藏网格

在菜单栏中选择【查看】|【网格】|【文档网格】命令，可以显示/隐藏网格。如图3-37所示为显示网格时的状态。

图3-37 显示网格效果

3.5.7 实战：设置网格

下面介绍网格的设置。

01 在标尺上双击，弹出【选项】对话框，如图3-38所示，可以在该对话框中对网格进行详细设置。

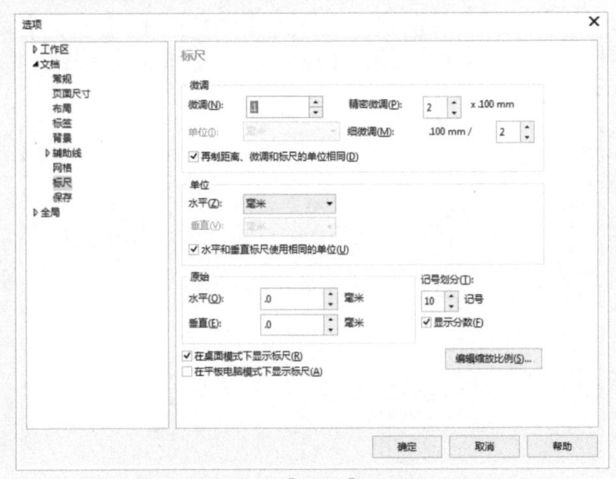

图3-38 【选项】对话框

02 选择【网格】选项，在【文档网格】选项组中勾选【显示网格】复选框，选中【将网格显示为点】单选按钮，其余参数使用默认设置，如图3-39所示。单击【确定】按钮，即可将网格以点的形式显示在绘图窗口中，效果如图3-40所示。

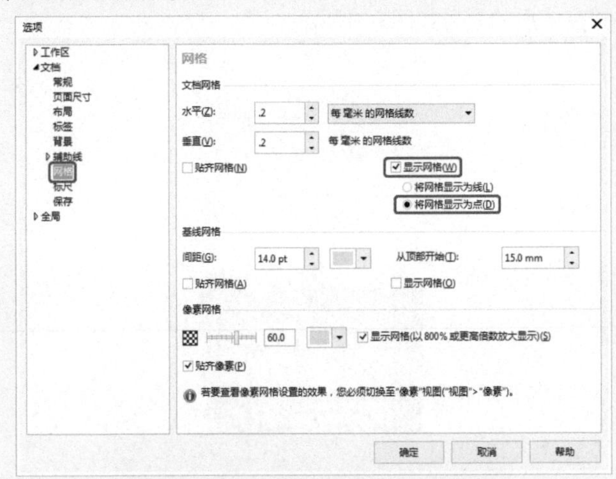

图3-39 选中【将网格显示为点】单选按钮

图3-40 网格以点的形式显示

知识链接 辅助线的使用技巧

为了方便用户使用辅助线进行制图，下面介绍使用的一些小技巧。

选择单条辅助线：单击辅助线，显示为红色表示选中了这条辅助线，可以进行相关的编辑。

选择全部辅助线：在菜单栏中选择【编辑】|【全选】|【辅助线】命令，可将工作区内未锁定的辅助线选中，方便用户进行整体删除、移动、变色和锁定等操作，如图3-41所示。

图3-41 选择全部辅助线

3.6 使用动态辅助线

在CorelDRAW 2018中，可以使用动态辅助线准确地移动、对齐和绘制对象。动态辅助线是临时辅助线，可以从对象的中心、节点、象限和文本基线中生成。

3.6.1 启用与禁止动态辅助线

在菜单栏中选择【查看】|【动态辅助线】命令，可以显示/隐藏动态辅助线。当【动态辅助线】命令前显示✔时，表示已经启用了动态辅助线，如图3-42所示；如果【动态辅助线】命令前没有✔，则表示已经禁用了动态辅助线，如图3-43所示。

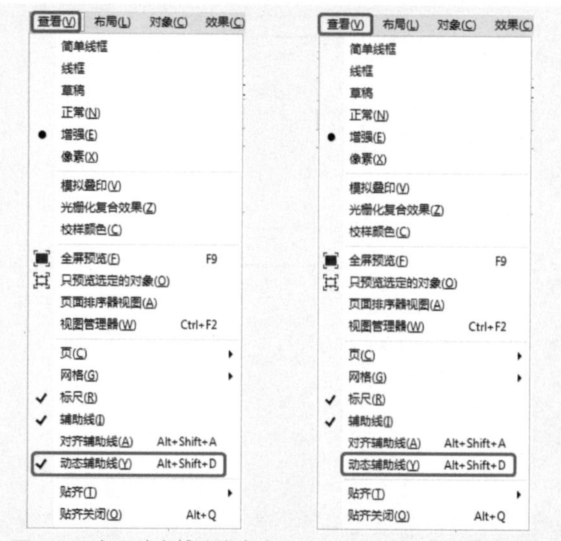

图3-42 启用动态辅助线命令　图3-43 禁用动态辅助线命令

3.6.2 实战：使用动态辅助线

下面介绍动态辅助线的使用方法。

01 创建一个【宽度】为190mm、【高度】为300mm的空白文档，按Ctrl+I组合键导入素材|Cha03|【动态辅助线.tif】素材文件，选择菜单栏中的【查看】|【动态辅助线】命令，如图3-44所示。

图3-44 选择【动态辅助线】命令

02 选择工具箱中的【艺术笔工具】，在工具属性栏中单击【喷涂】按钮，在【类别】中选择【笔刷笔触】选项，在【喷射图样】中选择一种喷涂笔刷，将【喷涂对象大小】设置为80，然后在工作区中绘制图形，如图3-45所示。

图3-45 选择【艺术笔工具】绘制图形

03 在工具箱中选择【选择工具】，沿动态辅助线拖动对象，可以查看对象与用于创建动态辅助线的贴齐点之间的距离，如图3-46所示。

图3-46 沿动态辅助线拖动对象

04 释放鼠标左键完成图形的移动，并用同样的方法绘制其他图像，效果如图3-47所示。

图3-47 绘制其他图形

05 在工具箱中选择【矩形工具】，在工作区中沿着工作区边缘绘制一个矩形，利用【选择工具】可对矩形框进行调整，如图3-48所示。

图3-48 绘制矩形

06 在菜单栏中选择【窗口】|【泊坞窗】|【对象管理器】命令，打开【对象管理器】泊坞窗，选择刚才绘制的图案，右击鼠标在弹出的快捷菜单中选择【组合对象】命令，如图3-49所示。

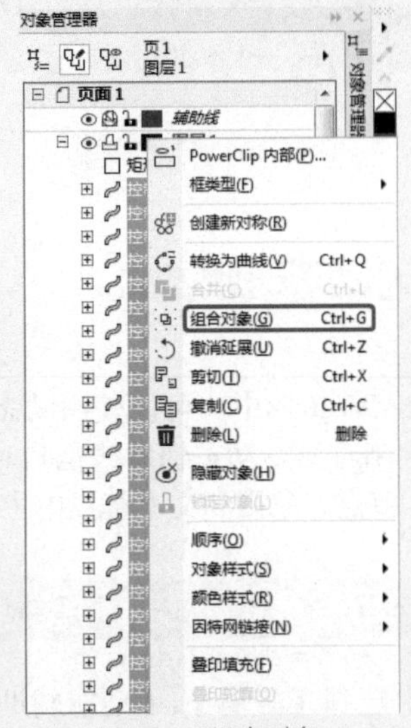

图3-49 组合对象

07 在工具箱中选择【选择工具】，在工作区中右击框外的图案，在弹出的快捷菜单中选择【PowerClip内部】命令，如图3-50所示。

08 将鼠标移动到黑框上，当出现➧图标时，在黑框上单击鼠标，如图3-51所示。

09 选择黑框，右击调色板中的☒，去除黑框的颜色，如图3-52所示。

图3-50　选择【PowerClip内容】命令

图3-51　移动鼠标到黑框上

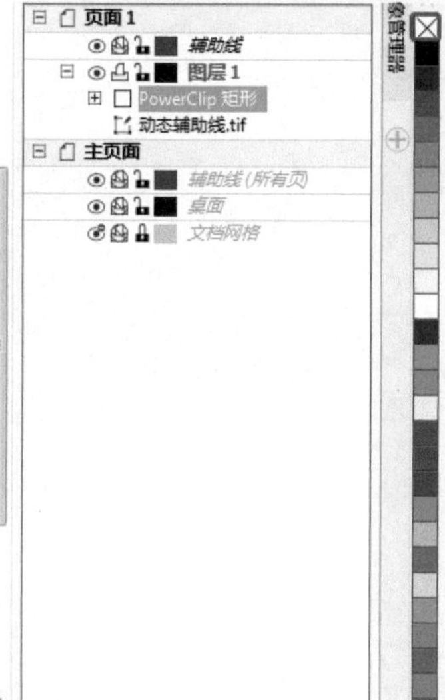

图3-52　去除黑框颜色

10 绘制完成后的效果如图3-53所示。

图3-53　绘制后的效果

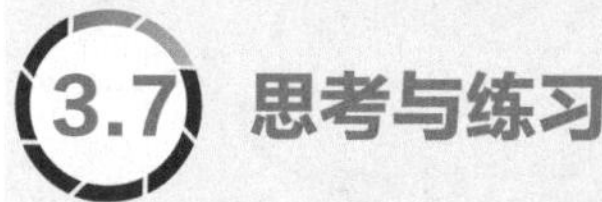

3.7 思考与练习

1. 滴管工具分为哪几种？分别是什么？

2. 辅助线有哪几种类型？分别是什么？添加辅助线后可对辅助线进行哪些操作？

3. 如何利用缩放工具对对象进行放大和缩小？

ATTRACT

第4章 文本处理

CorelDRAW 2018具有强大的文本处理功能。使用CorelDRAW 中的【文本工具】字可以方便地对文本进行首字下沉、段落文本排版、文本绕图和将文字填入路径等操作。

4.1 创建文本

在工具箱中选择【文本工具】字，在工具属性栏中就会显示出与其相关的选项。其工具属性栏中各选项的说明如下。

- 字体列表：在绘图窗口中选择文本后，可以直接在该下拉列表中选择所需的字体。
- 字体大小列表：在绘图窗口中选择文本后，可以直接在字体大小列表中选择所需的字体大小；也可以直接在该文本框中输入1～3000之间的数字来设置字体的大小。
- 【粗体】按钮B：单击选中该按钮，可以将选择的文字或将输入的文字加粗。
- 【斜体】按钮I：单击选中该按钮，可以将选择的文字倾斜；取消该按钮的选择，可以将选择的倾斜文字还原。
- 【下划线】按钮U：单击选中该按钮，可以为选择的文字或之后输入的文字添加下划线；取消该按钮的选择，可以为选择的下划线文字清除下划线。
- 【文本对齐】按钮：单击该按钮，可以选择所需的对齐方式。
- 【项目符号列表】按钮：单击选中该按钮，可以为所选的段落添加项目符号，再次单击该按钮取消选择状态，即可隐藏项目符号。
- 【首字下沉】按钮：单击该按钮呈选择状态时，可以将所选段落的首字下沉；再次单击该按钮取消选择状态时，可取消首字下沉。
- 【文本属性】按钮：单击该按钮，弹出【字符格式化】泊坞窗，可以在其中为字符进行格式化。
- 【编辑文本】按钮ab|：单击该按钮，弹出【编辑文本】对话框，可以在其中对文本进行编辑。
- 【将文本更改为水平方向】按钮和【将文本更改为垂直方向】按钮：用于设置使文本呈水平方向排列或呈竖直方向排列。

下面通过一个例子来介绍文本工具的使用方法。

01 按Ctrl+N组合键，在弹出的【创建新文档】对话框中将【宽度】、【高度】分别设置为194mm、291mm，将页面设置为【纵向】，将【渲染分辨率】设置为300dpi，单击【确定】按钮，如图4-1所示。

02 按Ctrl+I组合键，在弹出的【导入】对话框中选择素材|Cha04|【创建文本.jpg】素材图片，单击【导入】按钮，如图4-2所示。

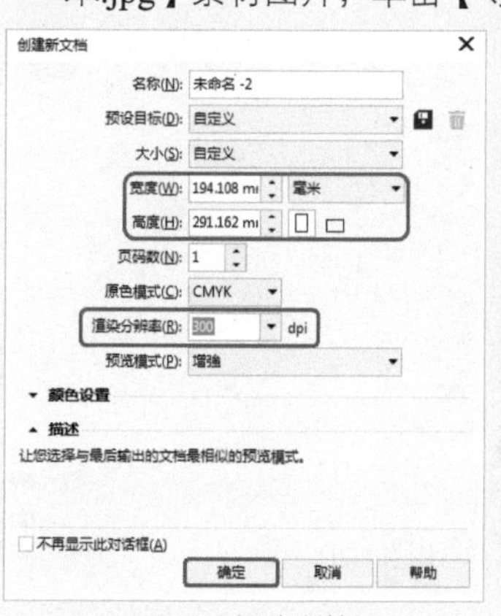

图4-1 新建文档

图4-2 【导入】对话框

03 在工具箱中选择【文本工具】字，在工作区中单击鼠标，在工作区中输入文本“田园风光”，使用【选择工具】选择文字，然后在工具属性栏中单击【将文本更改为垂直方向】按钮，如图4-3所示。

04 选择新创建的文本，在工具属性栏中将【字体】设置为汉仪菱心体简，将【字体大小】设置为150pt，然后调整文本的位置，效果如图4-4所示。

图4-3 输入文本

图4-4 设置文本后的效果

05 在工具箱中选择【交互式填充工具】，在工具属性栏中单击【均匀填充】按钮，再单击【填充色】按钮，在弹出的下拉框中单击【颜色滴管】按钮，在工作区中将鼠标移动至毕业季文字的位置处，单击鼠标吸取颜色，如图4-5所示。

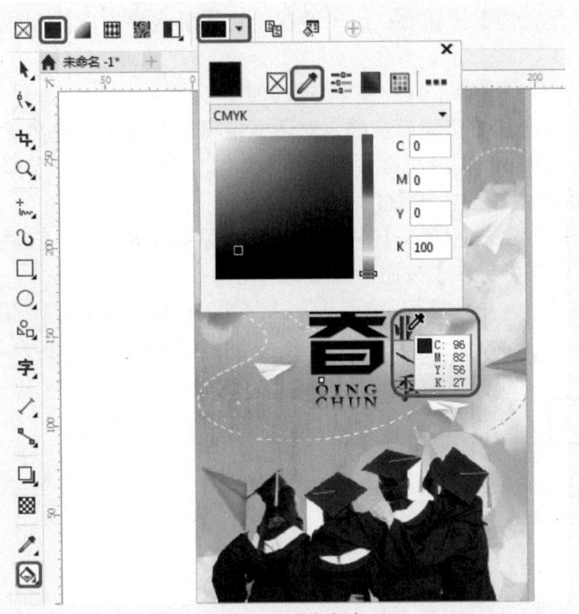

图4-5 吸取颜色

06 用同样的方法在上方输入文字，完成后的效果如图4-6所示。

图4-6 效果图

实例操作001——制作下沉文字效果

本例将介绍如何制作文字下沉效果，主要使用矩形工具和椭圆工具创建形状，使用文本工具输入文字，以及使用透明度工具制作渐变透明效果，完成后的效果如图4-7所示。

01 按Ctrl+N组合键，在弹出的【创建新文档】对话框中将【宽度】和【高度】分别设置为592mm和175mm，将【原色模式】设置为CMYK，将【渲染分辨率】设置为300dpi，单击【确定】按钮，如图4-8所示。

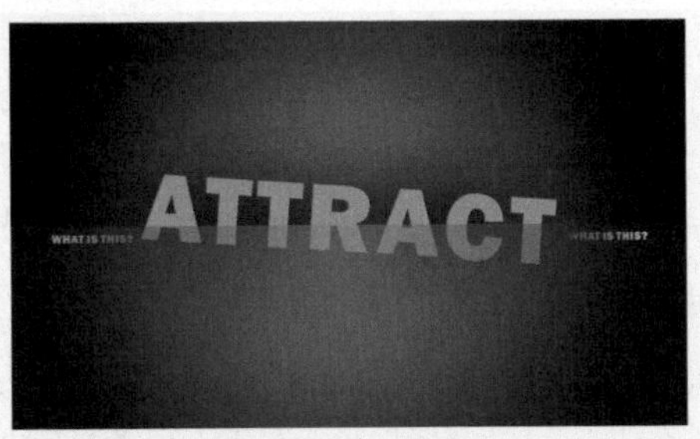

图4-7 效果图

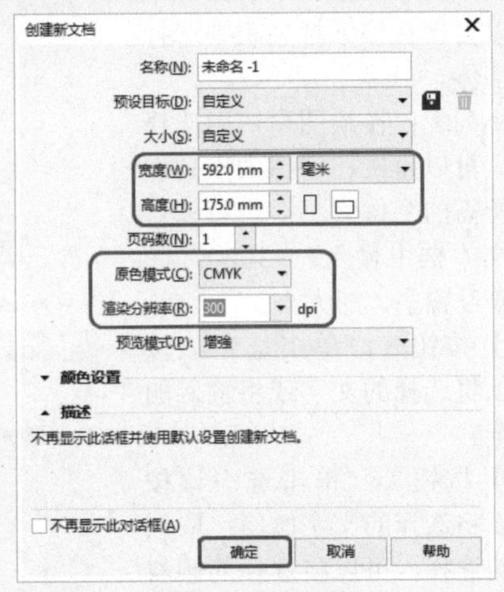

图4-8 新建文档

02 双击工具箱中的【矩形工具】□，创建一个与页面重合的矩形，然后按F11键打开【编辑填充】对话框。在该对话框中单击【渐变填充】按钮，再单击【节点颜色】按钮，将0%位置处的CMYK的颜色值分别设置为88、100、47、4，将100%位置处的颜色值分别设置为33、47、24、0，在【调和过渡】栏中将【类型】设置为【椭圆形渐变填充】，在【变换】栏中将【填充宽度】设置为138，将【填充高度】设置为120，将【倾斜】设置为30，将【旋转】设置为60，单击【确定】按钮，如图4-9所示。

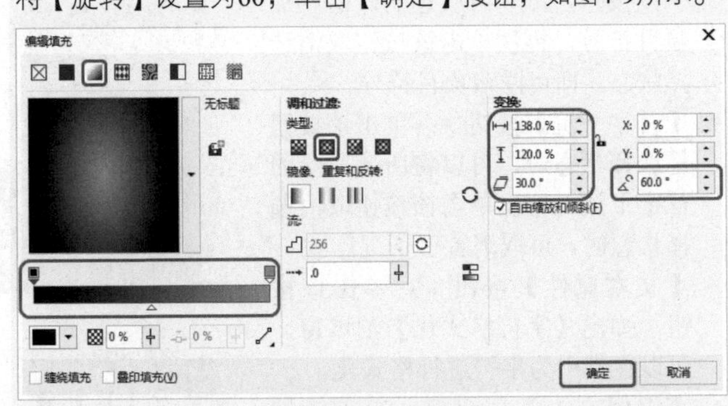

图4-9 填充渐变颜色

03 在菜单栏中选择【窗口】|【泊坞窗】|【对象管理器】命令，打开【对象管理器】泊坞窗，单击底部的【新建图层】按钮，创建一个新图层，如图4-10所示。

图4-10 新建图层

04 选择【图层2】，在工具箱中选择【椭圆工具】，在工作区中绘制一个椭圆，然后在工具箱中选择【交互式填充工具】，在工具属性栏中单击【均匀填充】按钮，再单击【填充色】按钮，在弹出的下拉框中将CMYK的颜色值设置为95、100、60、100，如图4-11所示。

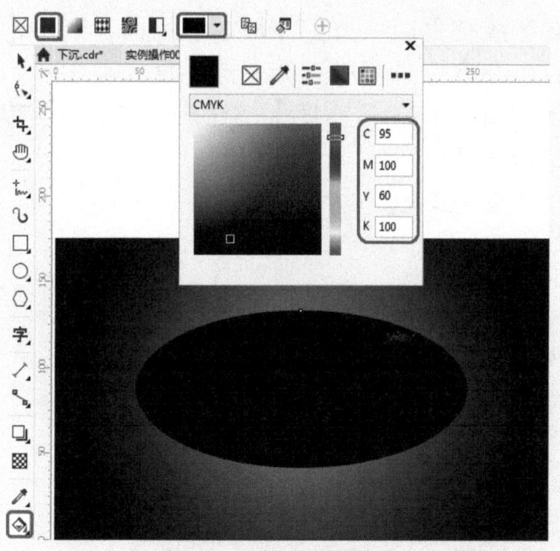

图4-11 填充椭圆颜色

05 选中椭圆，右击调色板中的【无】按钮☒，将椭圆边框去除，然后在菜单栏中选择【位图】|【转换为位图】命令，如图4-12所示。

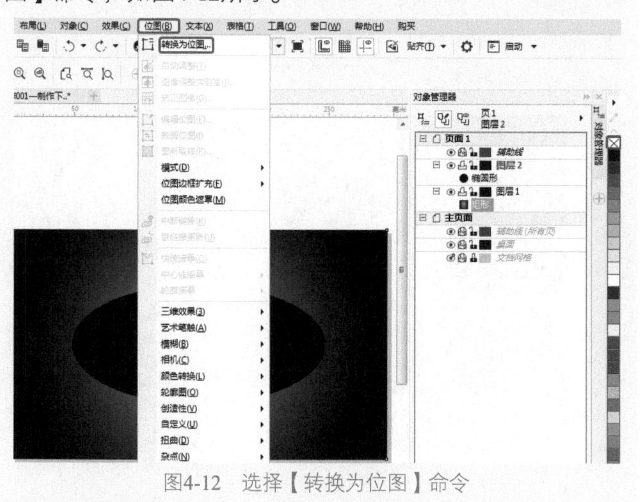

图4-12 选择【转换为位图】命令

06 在弹出的【转换为位图】对话框中单击【确定】按钮，如图4-13所示。

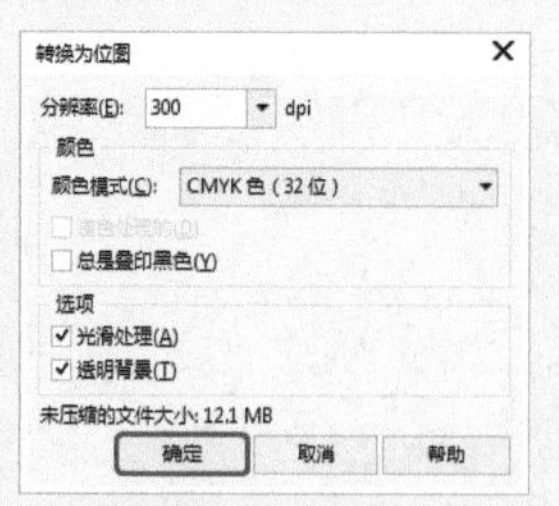

图4-13 【转换为位图】对话框

07 选中转换为位图的椭圆，在菜单栏中选择【位图】|【模糊】|【高斯式模糊】命令，如图4-14所示。

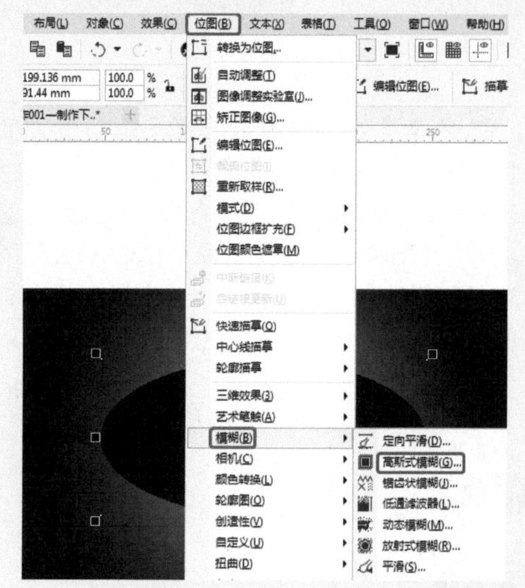

图4-14 选择【高斯式模糊】命令

08 在弹出的【高斯式模糊】对话框中将【半径】设置为250像素，单击【确定】按钮，如图4-15所示。

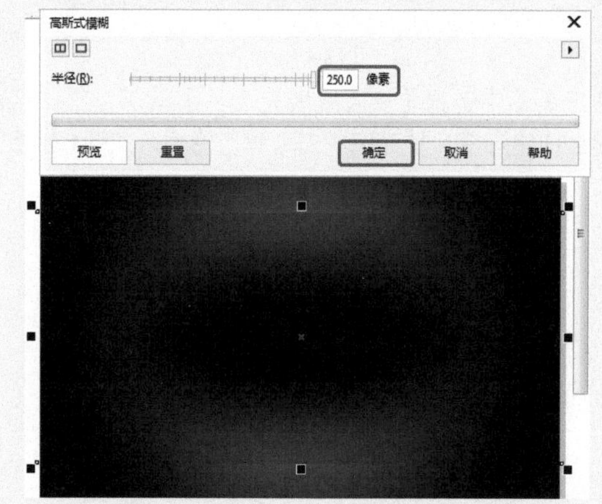

图4-15 【高斯式模糊】对话框

09 选择工具箱中的【透明工具】，在工具属性栏中单击【渐变透明度】按钮，将【节点透明度】设置为40，在工作区中拖曳渐变，如图4-16所示。

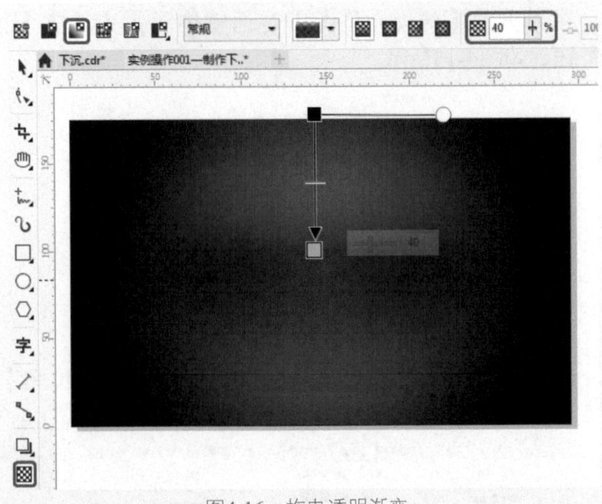

图4-16 拖曳透明渐变

10 新建一个图层，在工具箱中选择【矩形工具】□，在工作区下方绘制一个矩形，按F11键打开【编辑填充】对话框。在该对话框中将0%位置处的CMYK颜色值分别设置为88、100、47、4，将100%位置处的CMYK颜色值分别设置为33、47、24、0，在【调和过渡】栏中将【类型】设置为【椭圆形渐变填充】，单击【确定】按钮，如图4-17所示。

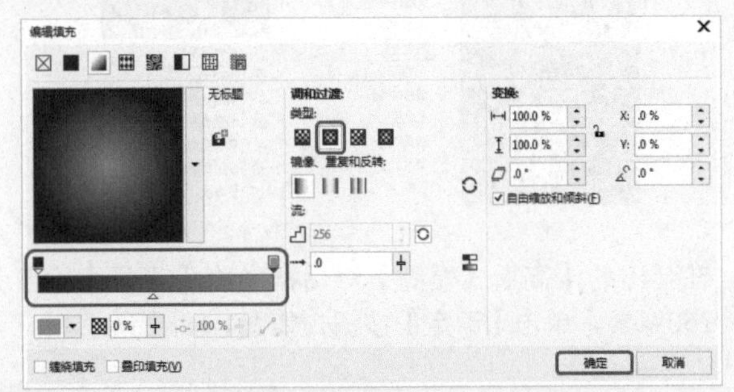

图4-17 【编辑填充】对话框

11 在工具箱中选择【交互式填充工具】，在工作区的矩形上拖曳渐变，填充完毕去除黑色轮廓，如图4-18所示。

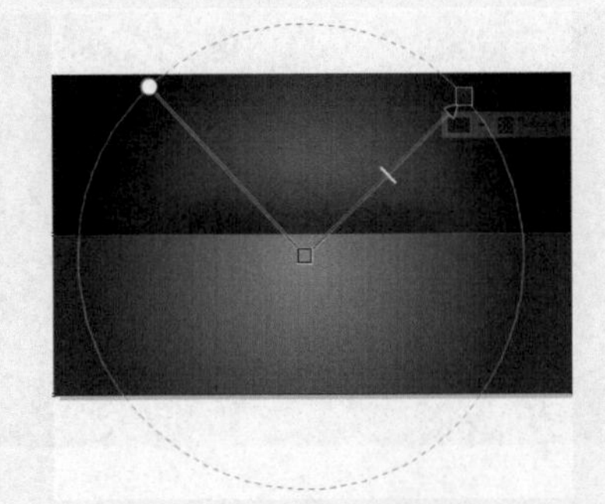

图4-18 填充渐变效果

12 在工具箱中选择【文本工具】字，在工作区中输入文字，将【字体】设置为Franklin Gothic Heavy，将【字体大小】设置为120pt，将【颜色】的CMYK颜色值分别设置为35、42、12、0，如图4-19所示。

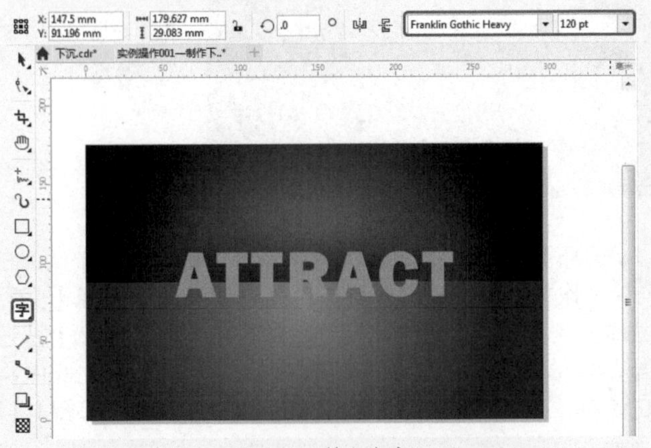

图4-19 输入文字

13 将文字放在页面下方的矩形图层后面，选择【矩形】图层，并在工具箱中选择【透明度工具】，在工具属性栏中单击【均匀透明度】按钮■，将【透明度】设置为50，如图4-20所示。

图4-20 更改图层顺序及透明度

14 使用【选择工具】选择文本，在工具属性栏中将【旋转角度】设置为356，并调整位置，如图4-21所示。

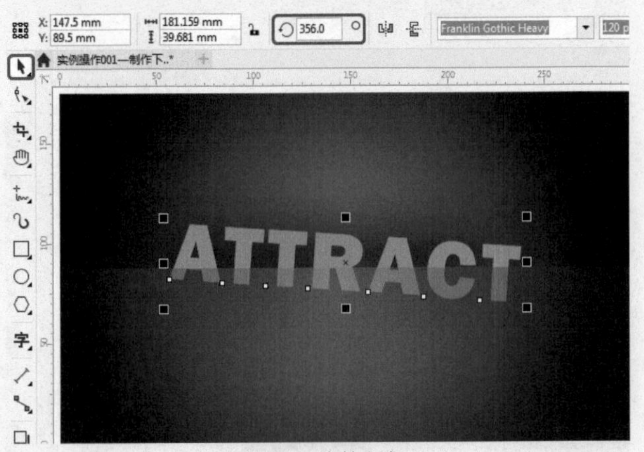

图4-21 旋转文字

15 在工具箱中选择【文本工具】字，在工作区中输入文本，将【字体】设置为Franklin Gothic Heavy，将【字号】设置为14pt，将【颜色】更改为白色，并将其复制一次放置在工作区的右边，如图4-22所示。

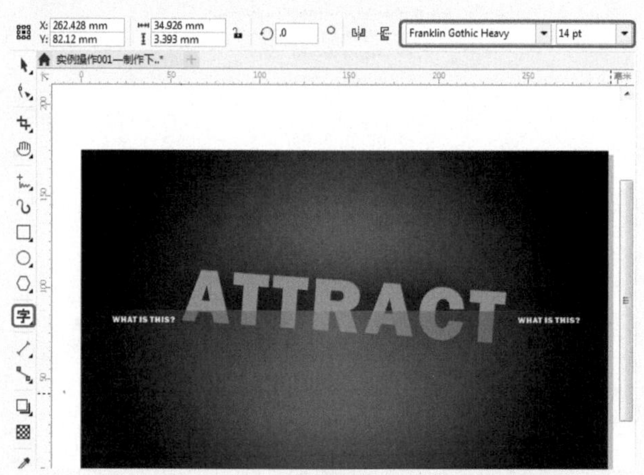

图4-22　输入文本

16 选中左侧的文字，在工具箱中选择【透明度工具】，在工具属性栏中单击【渐变透明度】按钮，在工作区中拖曳渐变，用同样的方法为右侧的文字设置渐变，如图4-23所示。

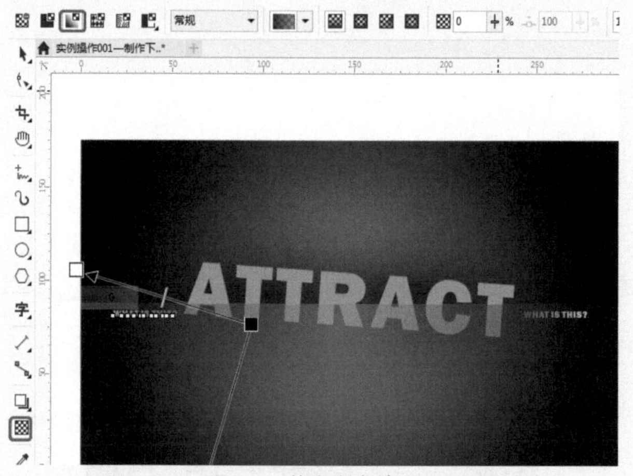

图4-23　拖曳渐变效果

知识链接　美术文本

在CorelDraw 2018中，系统把美术字作为一个单独的对象来进行编辑，并且可以使用各种处理图形的方法对其进行编辑。

1. 创建美术字

在工具箱中选择【文本工具】字，然后在工作区中使用鼠标左键单击建立一个文本插入点，如图4-24所示，即可输入文本，所输入的文本即为美术字，如图4-25所示。

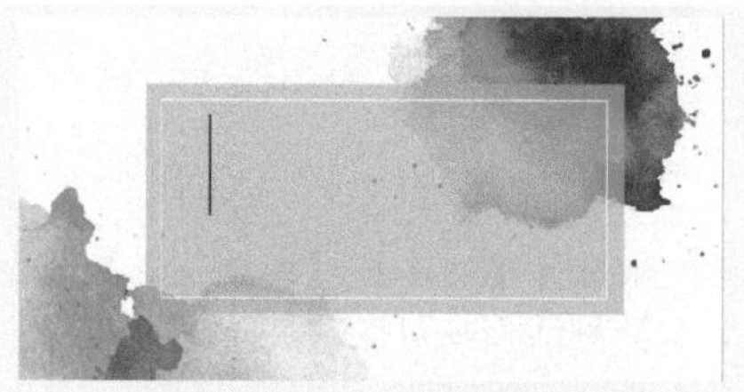

图4-24　文本插入点

图4-25　输入文本

2. 选择文本

在设置文本属性之前，必须要先将需要设置的文本选中，选择文本的方法有3种。

第一种：单击要选择的文本字符的起点位置，然后按住Shift键的同时，再按键盘上的方向键。

第二种：单击要选择的文本字符的起点位置，然后按住鼠标左键拖曳到选择字符的终点位置释放鼠标左键，如图4-26所示。

图4-26　选择部分文本

第三种：使用【选择工具】单击输入的文本，可以直接选中该文本的所有字符。

3. 美术文本转换为段落文本

在输入文本后，若要对美术文本进行段落文本的编辑，可以将美术文本转换为段落文本。

使用【选择工具】选中美术文本，然后单击鼠标右键，在弹出的快捷菜单中选择【转换为段落文本】命令，即可将美术文本转换为段落文本，也可以直接按Ctrl+F8组合键，如图4-27所示。

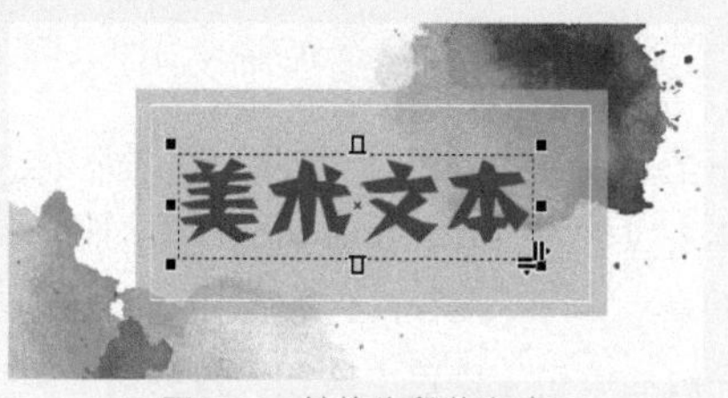

图4-27　转换为段落文本

4.2 编辑文本

在菜单栏中选择【文本】|【编辑文本】命令，在弹出的【编辑文本】对话框中可以对文本进行编辑，编辑文本的操作步骤如下。

01 打开素材|Cha04|【编辑文本.cdr】素材文件，使用【文本工具】字，在工作区中创建文本，如图4-28所示。

图4-28 输入文本

02 将鼠标放置在输入的文本上，右击鼠标，在弹出的快捷菜单中选择【编辑文本】命令，如图4-29所示。

图4-29 编辑文本菜单命令

03 在弹出的【编辑文本】对话框中选择所有的文字，将【字体】设置为CommercialScript BT，将【字体大小】设置为13pt，如图4-30所示。

04 设置完成后单击【确定】按钮，效果如图4-31所示。

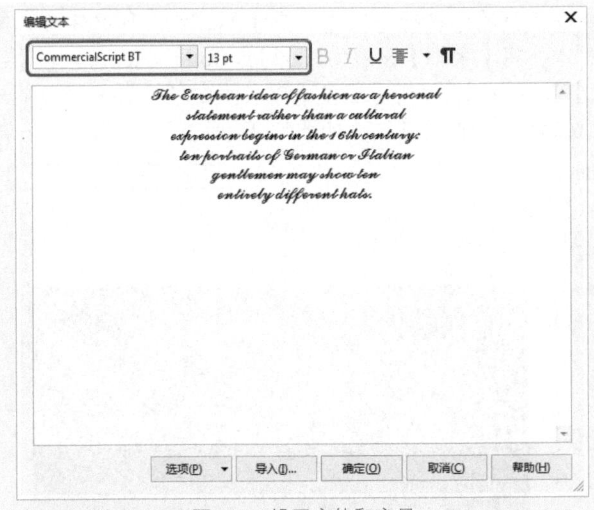

图4-30 设置字体和字号

图4-31 设置完成后的效果

实例操作002——制作请柬封面

本例将介绍如何制作请柬封面，主要使用文本工具创建文字，并对文字添加效果，完成后的效果如图4-32所示。

图4-32 效果图

01 打开素材|Cha04|【请柬.cdr】素材文件，如图4-33所示。

02 在工具箱中选择【文本工具】字，在工作区中输入文字“请柬”，用【选择工具】选中文本，并右击文字，在弹出的快捷菜单中选择【对象属性】命令，打开【对象属性】泊坞窗，如图4-34所示。

03 在【对象属性】泊坞窗中，将【字体】设置为方正综艺简体，将【大小】设置为120pt，在工作区中调整文

字的位置，如图4-35所示。

图4-33　打开的素材文件

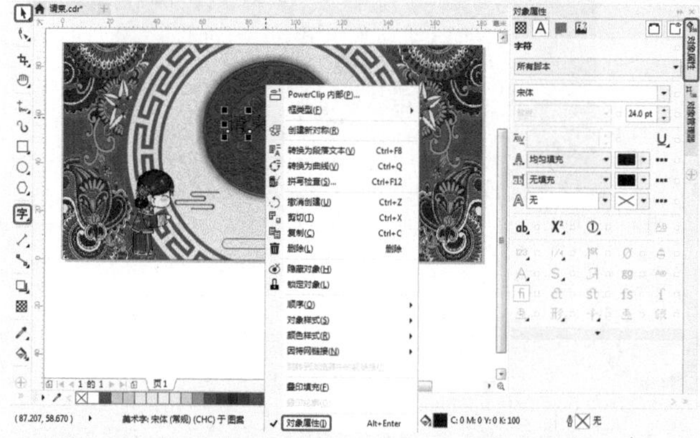

图4-34　输入文字并打开【对象属性】泊坞窗

图4-35　更改文字字体及大小

04 继续在【对象属性】泊坞窗中将【轮廓宽度】设置为1.5mm，单击【轮廓色】按钮，在弹出的下拉框中将CMYK的颜色值分别设置为39、100、100、1，如图4-36所示。

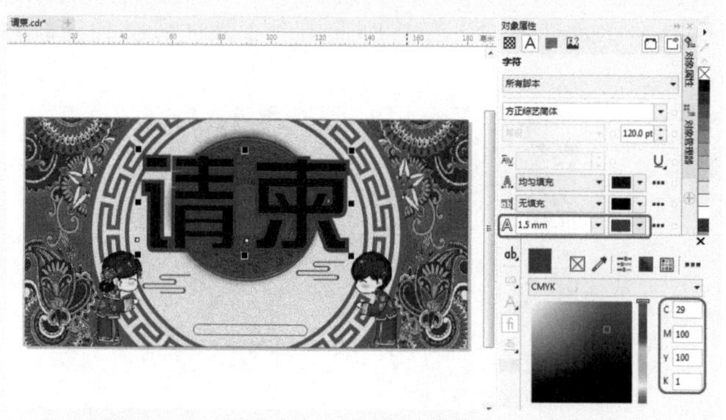

图4-36　设置文字轮廓

05 在工作区中选择文字，选择工具箱中的【交互式填充工具】，在工具属性栏中单击【渐变填充】按钮。按F11键打开【编辑填充】对话框，在该对话框中将第一个色标的颜色值分别设置为0、67、100、0，将第二个色标的颜色值分别设置为4、0、91、0，在【调和过渡】栏中单击【椭圆形渐变填充】按钮，单击【确定】，如图4-37所示。

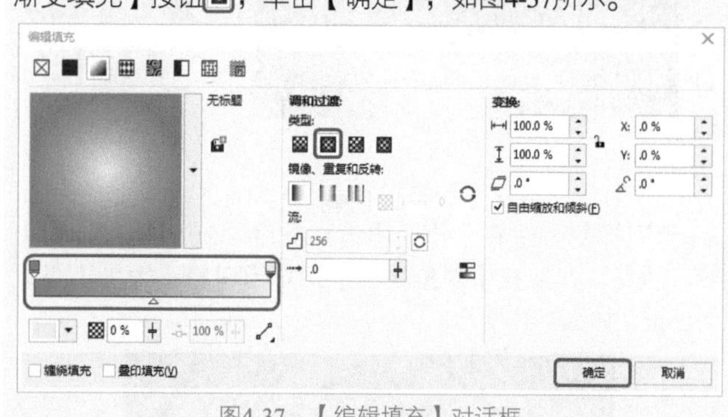

图4-37　【编辑填充】对话框

06 在工作区中拖曳渐变，效果如图4-38所示。

图4-38　绘制渐变

07 在工具箱中选择【文本工具】，在工作区中输入文字“王先生 & 栾小姐”，在【对象属性】泊坞窗中将【字体】设置为微软雅黑，将【大小】设置为15pt，将【文本颜色】的CMYK颜色值分别设置为10、99、91、1，如图4-39所示。

图4-39　输入文字

08 继续在工作区下方输入文字“真诚的邀请您来见证我们的幸福！”，并在【对象属性】泊坞窗中将【字体】设置为微软雅黑，将【大小】设置为11pt，将【文本颜色】的

CMYK颜色值分别设置为10、99、91、1，如图4-40所示。

图4-40 输入文字

09 用同样的方法在工作区中输入文字“2019年1月8日上午9点”，并在【对象属性】泊坞窗中将【大小】设置为9.5pt，如图4-41所示。

图4-41 输入文字

10 在工作区中按Ctrl+I组合键打开【导入】对话框，在该对话框中选择素材|Cha04|【云朵.png】素材文件，如图4-42所示。

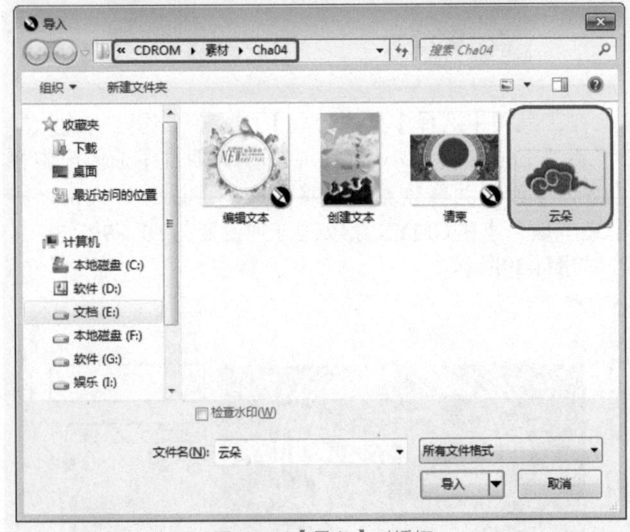

图4-42 【导入】对话框

11 单击【导入】按钮，在工作区中调整云朵的大小和位置，如图4-43所示。

12 选择云朵图案，按Ctrl+C组合键将其复制，按Ctrl+V组合键将其粘贴，并调整大小和位置，完成后的效果如图4-44所示。

图4-43 调整大小和位置

图4-44 完成后的效果

4.3 段落文本

为了适应编排各种复杂版面的需要，CorelDRAW中的段落文本应用了排版系统的框架理念，可以任意地缩放、移动文字框架。

4.3.1 实战：输入段落文本

输入段落文本之前必须先画一个段落文本框。段落文本框可以是一个任意大小的矩形虚线框，输入的文本受文本框大小的限制。输入段落文本时如果文字超出了文本框的宽度，文字将自动换行。如果输入的文字量超出了文本框所能容纳的大小，那么超出的部分将会隐藏起来。输入段落文本的具体操作步骤如下。

01 打开素材|Cha04|【请柬.cdr】素材文件，然后选择工具箱中的【文本工具】字，将鼠标指针移动到页面上的适当位置，按住鼠标左键拖曳出一个矩形框。释放鼠标，这时在文本框的左上角将显示一个文本光标，如图4-45所示。

图4-45 绘制文本框

02 输入所需要的文本，在此文本框内输入的文本即为段落文本，在【对象属性】泊坞窗中将【字体】设置为汉仪中圆简，将【大小】设置为14pt，将【文本颜色】设置为红色，如图4-46所示。

图4-46 更改文字属性

提示 按键盘上的F8键也可以启用文本工具。

03 选择工具箱中的【选择工具】，调整文本的位置，然后在页面的空白位置单击即可结束段落文本的操作，如图4-47所示。

图4-47 输入的段落文本效果

知识链接 将段落文本转换为美术文本

在输入段落文本后，若要对段落文本进行美术文本的编辑，可以将段落文本转换为美术文本。

使用【选择工具】选中段落文本，然后单击鼠标右键，在弹出的快捷菜单中选择【转换为美术字】命令，即可将段落文本转换为美术文本，也可以直接按Ctrl+F8组合键，如图4-48所示。

图4-48 段落文本转换为美术文本

4.3.2 实战：段落文本框的调整

如果创建的文本框不能容纳所输入的文字内容，则可通过调整文本框来解决，具体的操作步骤如下。

01 选择工具箱中的【选择工具】，单击段落文本，将文本框的范围和控制点显示出来，如图4-49所示。

图4-49 显示控制点

02 在文本框的控制点上按住鼠标左键拖曳，即可增加或者缩短文本框的长度，也可以拖曳其他的控制点来调整文本框的大小，如图4-50所示。

图4-50 调整文本框大小

03 如果文本框下方中间的控制点变成形状，则表示文本框中的文字没有完全显示出来，如图4-51所示；若文本框下方中间的控制点变成形状，则表示文本框内的文字已全部显示出来了，如图4-52所示。

图4-51 文字没有完全显示出来的效果

图4-52 文字全部显示出来的效果

4.3.3 实战：文本框文字的链接

将一个框架中隐藏的段落文本放到另一个框架中的具体操作步骤如下。

01 输入段落文本，并且文本框中的文字没有全部显示出来，如图4-53所示。

图4-53 创建的段落文本

02 使用【选择工具】，在文本框下方中间的控制点上单击，等指针变成形状后，在页面的适当位置按下鼠标左键拖曳出一个矩形，如图4-54所示。

图4-54 拖曳矩形框

03 释放鼠标后，会出现另一个文本框，未完全显示的文字会自动地转向新的文本框，如图4-55所示。

图4-55 完成后的效果

实例操作003——制作咖啡员招聘简章

本例将介绍如何制作咖啡生活馆招聘简章，主要使用文本工具创建段落文字，以及使用【钢笔工具】绘制图形，完成后的效果如图4-56所示。

01 按Ctrl+N组合键，在弹出的【创建新文档】对话框中将【宽度】、【高度】分别设置为180mm、270mm，将【原色模式】设置为CMYK，将【渲染分辨率】设置为300dpi，如图4-57所示。

图4-56 效果图

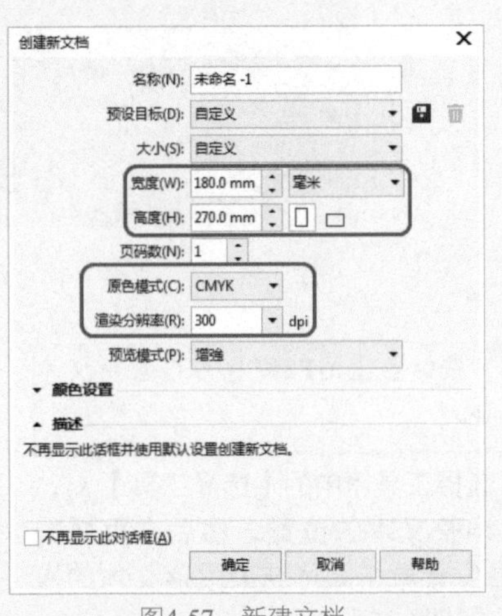

图4-57 新建文档

02 设置完成后单击【确定】按钮。按Ctrl+I组合键，打开【导入】对话框，在该对话框中选择素材|Cha04|【咖啡1.jpg】素材文件，如图4-58所示。

03 单击【导入】按钮，在工作区中调整图像的大小和位置，效果如图4-59所示。

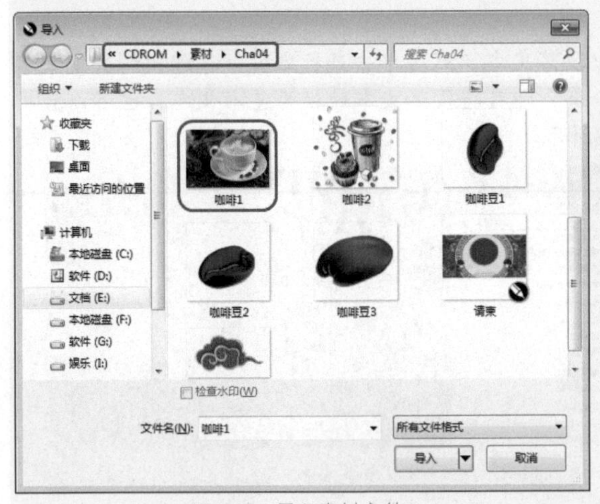

图4-58 导入素材文件

图4-59 调整图像的大小和位置

04 创建一个新图层，将【图层1】隐藏，在工具箱中选择【钢笔工具】，在工作区中绘制如图4-60所示的图形。

05 选择工具箱中的【交互式填充】工具，单击工具属性栏中的【均匀填充】按钮，再单击【填充色】按钮，将CMYK颜色值分别设置为62、68、71、20，并去除边框颜色，将【图层1】显示，如图4-61所示。

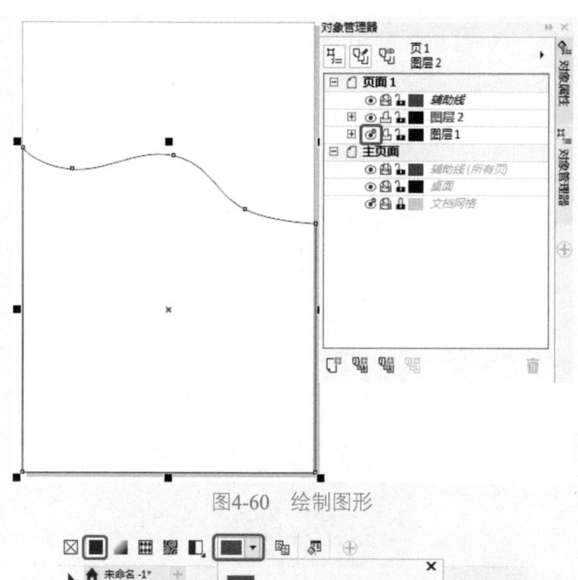

图4-60 绘制图形

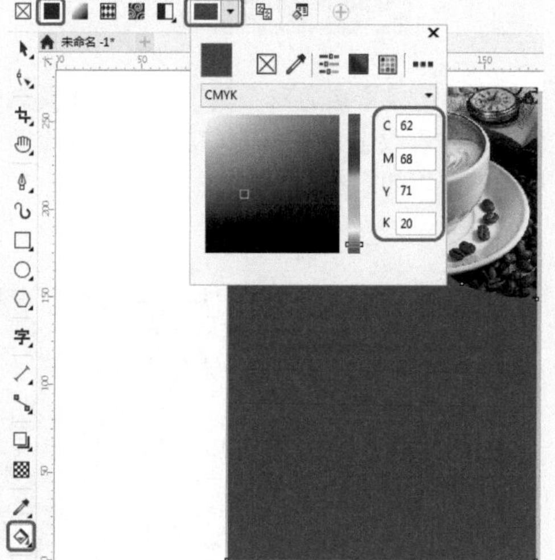

图4-61 填充颜色

06 在工具箱中选择【选择工具】选中绘制的形状，按Ctrl+C组合键将其复制，按Ctrl+V组合键将其粘贴，在【对象管理器】泊坞窗中选择下面的形状，然后将其CMYK颜色值分别设置为5、36、63、0，并调整位置，如图4-62所示。

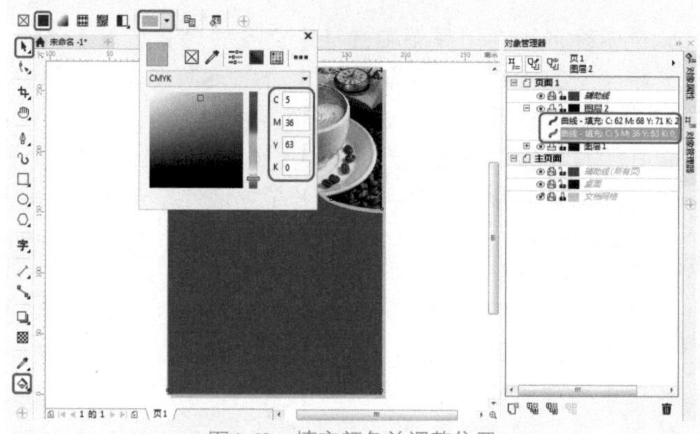

图4-62 填充颜色并调整位置

07 在工具箱中选择【文本工具】，在工作区中输入文字“咖啡员招聘”，并在【对象属性】面板中将【字体】设置为汉仪菱心体简，将【字体大小】设置为60pt，如图4-63所示。

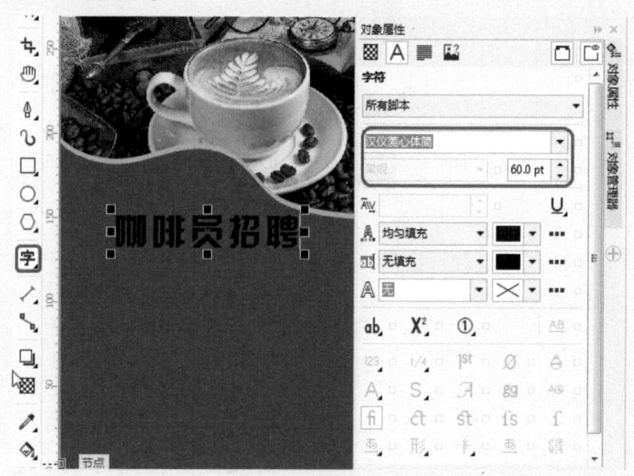

图4-63 输入文字并修改属性

08 在工具箱中选择【交互式填充工具】，在工具属性栏中单击【渐变填充】按钮。按F11键打开【编辑填充】对话框，在该对话框中将0%、50%、100%位置处的颜色值设置为16、59、91、0，并将25%和75%位置处的颜色值设置为5、36、63、0，如图4-64所示。

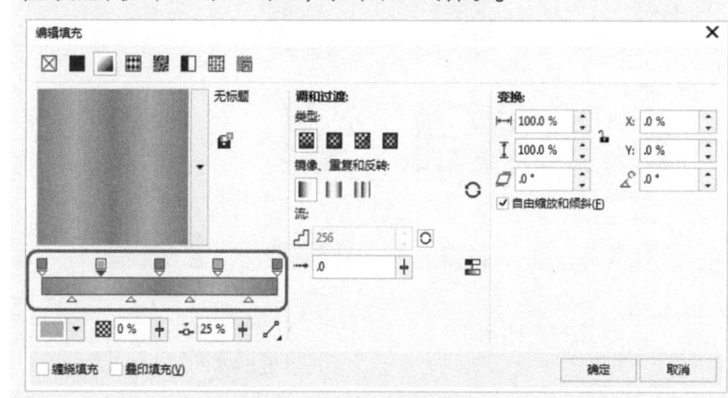

图4-64 【编辑填充】对话框

09 设置完成后单击【确定】按钮。在工具箱中选择【选择工具】选中输入的文字，按Ctrl+C组合键将其复制，按Ctrl+V组合键将其粘贴，在【对象管理器】泊坞窗中选择下面的文字，然后将其CMYK颜色值分别设置为56、75、100、28，并调整位置，如图4-65所示。

10 按Ctrl+I组合键，打开【导入】对话框，在该对话框中选择素材|Cha04|“皇冠.png”素材文件，如图4-66所示。

11 单击【导入】按钮，在工作区中调整图像的大小和位置，如图4-67所示。

12 在工具箱中选择【椭圆形工具】，在工作区中文字的下方绘制一个正圆，接着选择工具箱中的【交互式

填充工具】，为其填充颜色值分别为13、52、82、0，并去除边框，效果如图4-68所示。

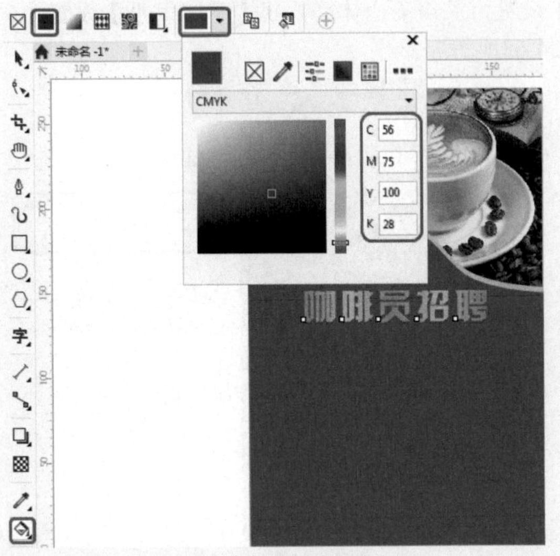

图4-65 填充颜色并调整位置

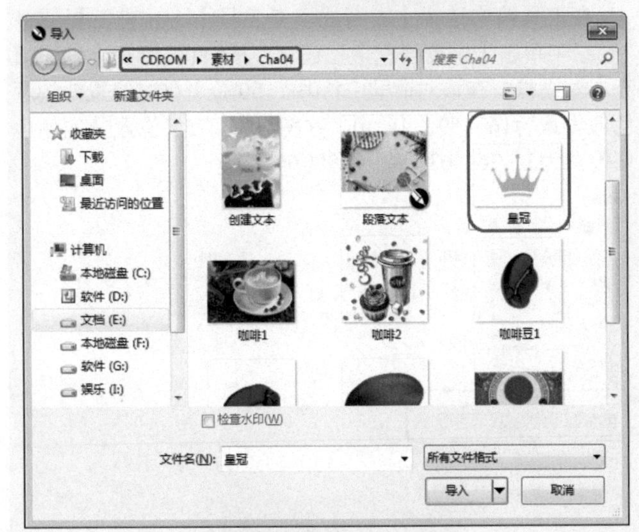

图4-66 【导入】对话框

图4-67 导入的素材文件

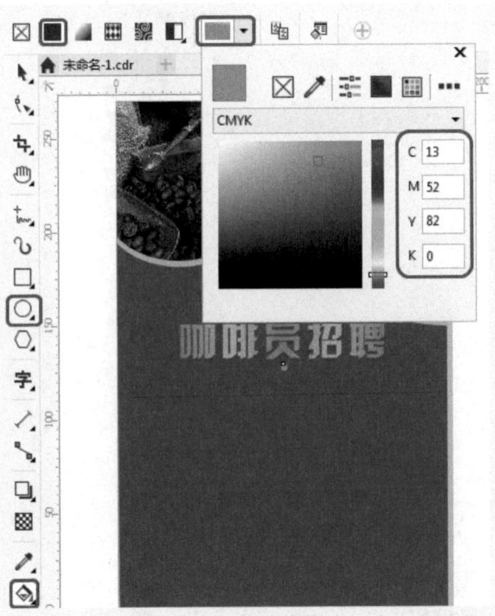

图4-68 绘制正圆并填充颜色

13 在工具箱中选择【多边形工具】，在工具属性栏中将【点数或边数】设置为4，在工作区中绘制一个菱形，完成后的效果如图4-69所示。

图4-69 绘制菱形

14 选中菱形，在工具箱中选择【交互式填充工具】，将菱形的CMYK颜色设置为13、52、82、0，并去除边框，将其复制一个放在右边，如图4-70所示。

15 在工具箱中选择【矩形工具】，在工作区中绘制一个细长的矩形，并将其CMYK颜色值分别设置为13、52、82、0的颜色，并去除边框，将其复制一个放在右边，如图4-71所示。

16 用上面所介绍的方法为所绘制的形状创建阴影效果，如图4-72所示。

17 在工具箱中选择【文本工具】，在工作区中输入文字，选中输入的文字，在【对象属性】泊坞窗中将

【字体】设置为Britannic Boid，将【字体大小】设置为25pt，将【字距调整范围】设置为25%，并为其填充和【咖啡员招聘】文字一样的渐变效果，如图4-73所示。

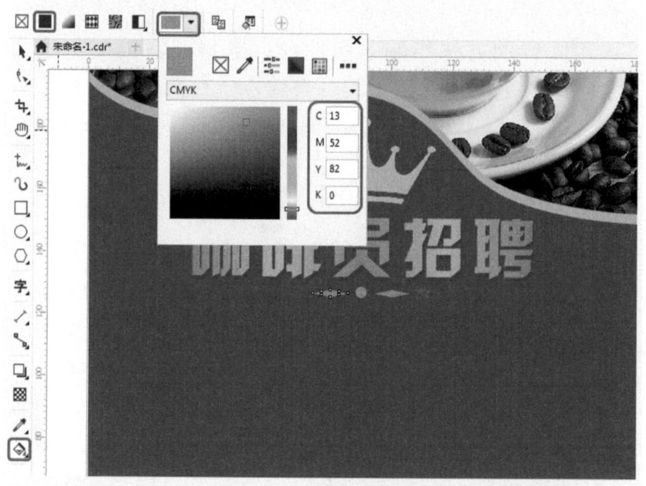

图4-70 填充颜色并复制

图4-71 绘制矩形并复制

图4-72 创建阴影效果

18 在工作区中输入文字，并在【对象属性】泊坞窗中将【字体】设置为【迷你简铁筋隶书】，将【字体大小】设置为14pt，如图4-74所示。

图4-73 输入文字并填充渐变

提示 在海报上输入段落式的文字时，可以一句一句地进行输入，在后期可以方便地对文字之间的间距和对齐方式进行更加精确的调整。

19 按Ctrl+I组合键，导入素材|Cha04|【咖啡2.png】素材文件，并调整位置和大小，如图4-75所示。

图4-74 输入文字并设置参数

图4-75 导入图片

20 用同样的方法导入其他素材文件，调整后的效果如图4-76所示。至此，咖啡员招聘简章就制作完成了，将场景导出即可。

图4-76 调整后的效果

4.4 使文本适合路径

使用CorelDRAW中的文本适合路径功能，可以将文本对象嵌入不同类型的路径中，使文字具有更多变化的外观。此外，还可以设置文字排列的方式、文字的走向及位置等。

4.4.1 实战：直接将文字填入路径

直接将文字填入路径的操作步骤如下。

01 按Ctrl+O组合键，导入素材|Cha04|【路径.cdr】素材文件，选择工具箱中的【钢笔工具】，在工作区中沿着人物的肩膀绘制一条曲线，并对曲线进行调整，调整后的效果如图4-77所示。

02 选择工具箱中的【文本工具】，然后将鼠标指针移动到曲线上，等指针变成如图4-78所示的状态后单击。

图4-77 绘制并调整曲线

图4-78 移动鼠标指针到曲线上

03 输入所需文字，这时文字会随着曲线的弧度变化，并将【字体】设置为方正剪纸简体，将【字体大小】设置为24pt，将【文本颜色】的RGB值分别设置为243、187、78，将【字距调整范围】设置为30%，并右击调色板上方的☒去除黑线，如图4-79所示。

图4-79 输入文字并设置参数

4.4.2 实战：用鼠标将文字填入路径

通过拖曳鼠标右键的方式将文字填入路径的操作步骤如下。

01 用同样的方法绘制一条曲线，选择工具箱中的【文本工具】，在曲线的上方输入一行文字，并将【字体】设置为方正剪纸简体，将【字体大小】设置为24pt，将【文本颜色】的RGB值分别设置为243、187、78，将【字距调整范围】设置为30%，如图4-80所示。

图4-80 输入文字并调整参数

02 选择工具箱中的【选择工具】，将鼠标指针移动到文字上，然后按住鼠标右键将其拖曳到曲线上，鼠标指针将变成如图4-81所示的形状。

03 释放鼠标右键，在弹出的快捷菜单中选择【使文本适合路径】命令，并去除黑线，如图4-82所示。

图4-81 拖曳文字

图4-82 调整文字效果

4.4.3 实战：使用传统方式将文字填入路径

使用传统方式将文字填入路径的操作步骤如下。

01 用同样的方法绘制一条曲线，选择工具箱中的【文本工具】，在曲线的下方输入一行文字，并将【字

体】设置为方正剪纸简体，将【字体大小】设置为24pt，将【文本颜色】的RGB值分别设置为243、187、78，将【字距调整范围】设置为30%，如图4-83所示。

图4-83 输入文字并设置参数

02 确定文字处于选择状态，选择菜单栏中的【文本】|【使文本适合路径】命令，然后将鼠标指针放置到椭圆形路径上，如图4-84所示。

03 在椭圆形路径上单击鼠标，即可将文字沿椭圆形路径放置，并去除黑线，完成后的效果如图4-85所示。

图4-84 使文本适合路径

图4-85 效果图

4.5 文本适配图文框

在段落文本框或者图形对象中输入文字后，其中的文字大小不会自动随文本框或图形对象的大小进行变化，这时可以通过【使文本适合框架】命令或者调整图形对象来让文本适合框架。

4.5.1 实战：使段落文本适合框架

要使段落文本适合框架，既可以通过改变字体大小使文字将框架填满，也可以通过选择菜单栏中的【文本】|【段落文本框】|【使文本适合框架】命令来实现。选择【使文本适合框架】命令时，如果文字超出了文本框的范围，文字会自动缩小以适应框架；如果文字未填满文本框，文字会自动放大来填满框架；如果在段落文本里使用了不同的字体大小，将保留差别并相应地调整大小以填满框架；如果有链接的文本框使用该项命令，将调整所有链接的文本框中的文字直到填满这些文本框。使段落文本适合框架的具体操作步骤如下。

01 按Ctrl+O组合键，导入素材|Cha04|【文本适配.cdr】素材文件，选择工具箱中的【文本工具】，在工具属性栏中将【字体】设置为Vladimir Script，将【字体大小】设置为10pt，然后在页面中输入段落文本，并将【文本颜色】的颜色值分别设置为60、86、100、52，如图4-86所示。

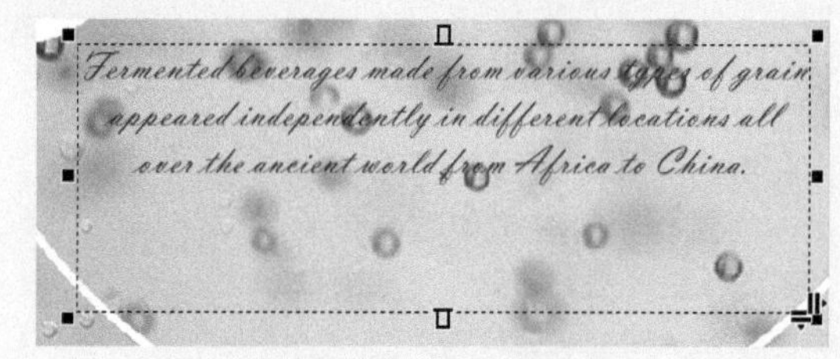

图4-86 输入文本并设置参数

02 确定新创建的文本处于选择状态，选择菜单栏中的【文本】|【段落文本框】|【使文本适合框架】命令，此时系统会按一定的缩放比例自动调整文本框中文字的大小，使文本对象适合文本框架，如图4-87所示。

图4-87 使文本适合框架后的效果

4.5.2 实战：将段落文本置入对象中

将段落文本置入对象中，就是将段落文本嵌入封闭的

图形对象中，这样可以使文字的编排更加灵活多样。在图形对象中输入的文本对象，其属性和其他的文本对象一样。具体的操作步骤如下。

01 选择工具箱中的【基本形状工具】，在工具属性栏中将【完美形状】定义为，然后在段落文本的下方绘制图形，如图4-88所示。

图4-88 绘制图形

02 选择工具箱中的【选择工具】，将鼠标指针移动到文本对象上，按住鼠标右键将文本对象拖曳到绘制的图形上，当鼠标指针变成如图4-89所示的十字环状后释放鼠标。

图4-89 移动文本到图形上

03 在弹出的快捷菜单中选择【内置文本】命令，如图4-90所示。此时段落文本便会置入图形对象中，如图4-91所示。删除部分文字，去除边框，如图4-92所示。

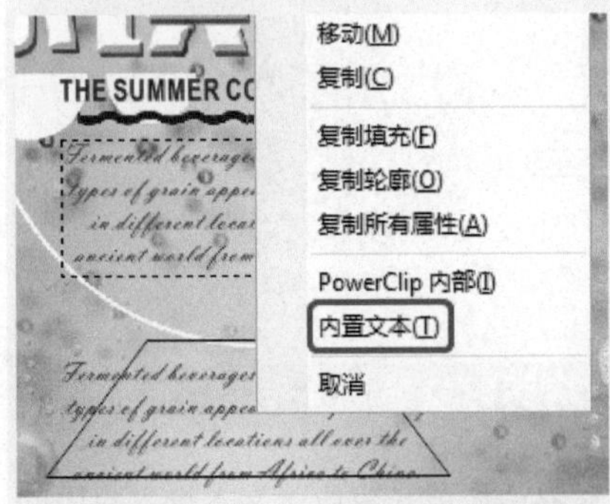

图4-90 选择【内置文本】命令

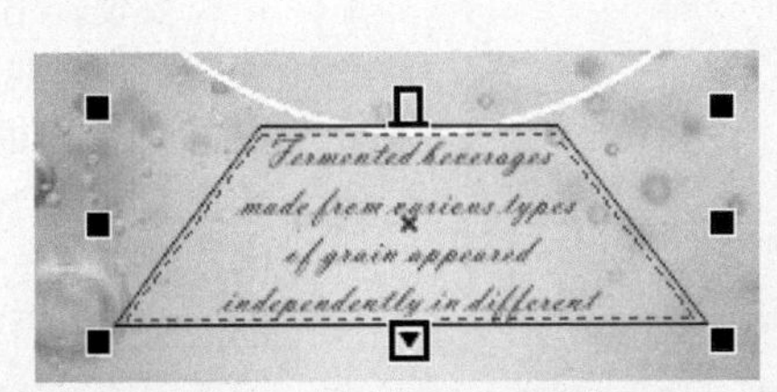

图4-91 将文本置入图形中

图4-92 调整文字

> 提示 在这里如果图形中的文字没有全部显示出来，还可以对图形进行拖曳调整大小，即可将文字内容全部显示出来。

4.5.3 实战：分离对象与段落文本

将段落文本置入图形对象中后，文字将会随着图形对象的变化而变化。如果不想让图形对象和文本对象一起移动，可以分隔它们，具体的操作步骤如下。

01 选择段落文本，显示边框，选择菜单栏中的【对象】|【拆分路径内的段落文本】命令，将文本和图形分离，如图4-93所示。

图4-93 【拆分路径内的段落文本】命令

02 接下来即可分别对文本对象或者图形对象进行操作，选择工具箱中的【选择工具】，在工作区中选择图形，将其向下移动，如图4-94所示。

03 移动到适当位置处释放鼠标，如图4-95所示。

图4-94 调整图形的位置

图4-95 分离后的效果

4.6 文本链接

在前面已经介绍过使文本适配图文框的方法，将文字的内容全部显示出来。另外，还可以将文本框中没有显示的内容链接到另一个文本框中或者图形对象中，将文本对象完全显示出来。

4.6.1 实战：链接段落文本框

链接段落文本框可以使排版更加方便容易。用户可以根据页面的具体情况，使用段落文本框将版面上的文字的摆放位置事先安排好，然后再将这些文本框链接起来，以使文本对象完全显示。链接文本框中的文本对象的属性是相同的，改变其中的一个文本框的大小，其他文本框中的文本内容也会自动进行调整。具体的操作步骤如下。

01 按Ctrl+N组合键，在弹出的【创建新文档】对话框中将【宽度】和【高度】分别设置为180mm和270mm，将【原色模式】设置为CMYK，将【渲染分辨率】设置为300dpi，单击【确定】按钮，如图4-96所示。

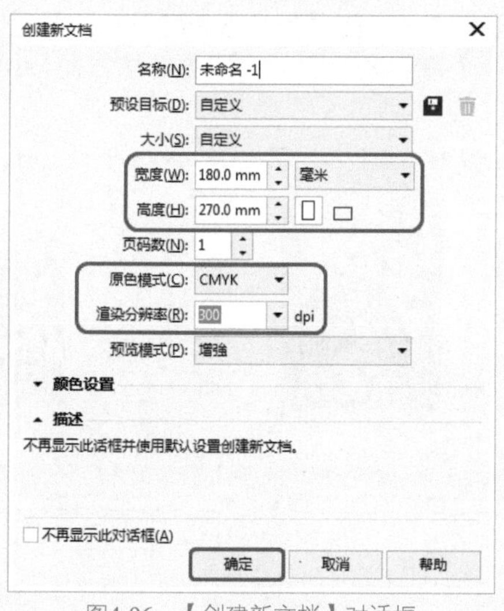

图4-96　【创建新文档】对话框

02 选择工具箱中的【文本工具】，在工具属性栏中将【字体】设置为迷你简铁筋隶书，将【字体大小】设置为22pt，然后在页面中创建一个段落文本框，并输入文字，如图4-97所示。

03 按Ctrl+I组合键，在弹出的【导入】对话框中选择素材|Cha04|【文本链接.jpg】素材文件，将选择的文件导入页面中，并调整图像的大小和位置，然后在工具属性栏中单击【文本换行】按钮，在弹出的快捷菜单中选择【跨式文本】命令，如图4-98所示。

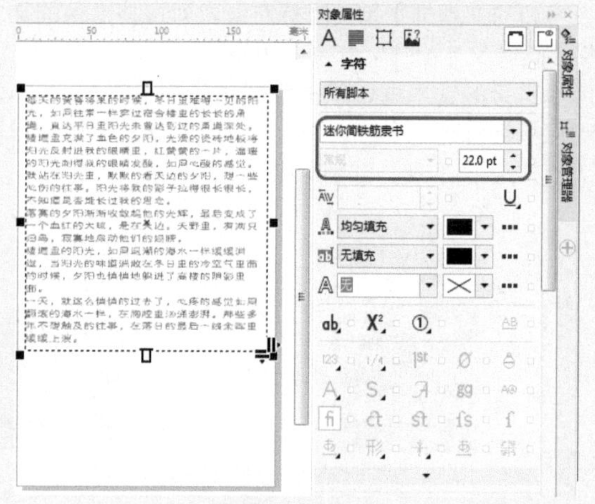

图4-97　创建文本

图4-98　选择【跨式文本】命令

04 可以看到文本内容已经超出了文本框的显示范围，选择工具箱中的【文本工具】，在合适的位置再创建两个段落文本框，如图4-99所示。

05 单击上面文本框底部的实心按钮，指针会变成插入链接状态，此时移动鼠标指针到无文本对象的文本框中，指针将变成粗黑色箭头，如图4-100所示。

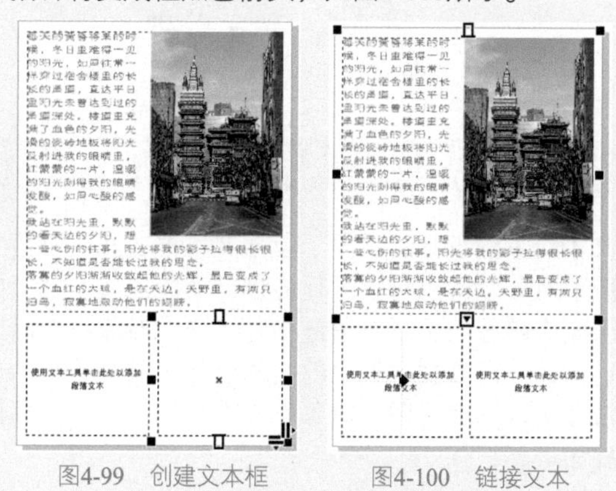

图4-99　创建文本框　　图4-100　链接文本

06 在空白的文本框中单击鼠标左键，即可将隐藏的文本链接到这个文本框中，如图4-101所示。

07 选择链接的文本框，单击底端的实心按钮▼，然后将鼠标指针移动到右下方的文本框上，此时鼠标指针会变成粗黑色箭头的形状，如图4-102所示。

图4-101　链接文本后的效果

图4-102　移动鼠标指针到文本框上

08 在文本框中单击鼠标左键，即可将隐藏的文本链接到这个文本框中，并用一个箭头表示它们之间的链接方向，如图4-103所示。

图4-103　链接后的效果

4.6.2　实战：将段落文本框与图形对象链接

文本对象的链接不只限于段落文本框之间，段落文本框和图形对象之间也可以进行链接。当段落文本框中的文本与未闭合路径的图形对象链接时，文本对象将会沿路径进行链接；当段落文本框中的文本内容与闭合路径的图形对象链接时，则会将图形对象作为文本框使用。具体的操作步骤如下。

01 使用上一节的文本框和素材图片，如图4-104所示。

02 选择工具箱中的【矩形工具】□，在工作区中绘制矩形，如图4-105所示。

图4-104　文本框内容　　图4-105　绘制矩形

03 单击上面文本框底部的实心按钮▼，鼠标指针将变成插入链接状态，然后移动鼠标指针到绘制的图形对象内，此时指针将变成粗黑色箭头，如图4-106所示。

04 在图形内单击，隐藏的文件内容就会流向此图形，并会用一个箭头表示它们之间的链接方向，如图4-107所示。

图4-106　将指针移动到矩形上　　图4-107　链接后的效果

4.6.3　实战：解除对象之间的链接

段落文本框之间或者段落文本框和图形对象之间的链接也可以解除，具体操作如下。

01 在工作区中选择文本框对象，如图4-108所示。

图4-108　选择文本框

02 选择菜单栏中的【对象】|【拆分段落文本】命令，即可解除文本链接，完成后的效果如图4-109所示。

图4-109　解除链接后的效果

知识链接 字库的安装

> 提示　在平面设计中，只用Windows系统自带的字体很难满足设计需要，因此需要在Windows系统中安装系统外的字体。

1. 由C盘进入字体文件夹

使用鼠标左键单击需要安装的字体，然后按Ctrl+C组合键复制，接着单击【计算机】，打开C盘，依次单击打开路径为Windows|Fonts，再单击字体列表的空白处，按Ctrl+V组合键粘贴字体，最后安装的字体会以蓝色选中样式在字体列表中显示，如图4-110所示。重新打开CorelDRAW 2018，即可在该软件的字体列表中找到装入的字体，如图4-111所示。

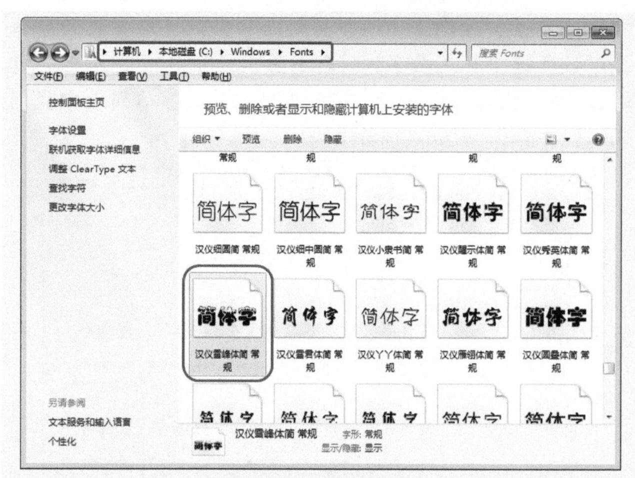

图4-110　字体安装后

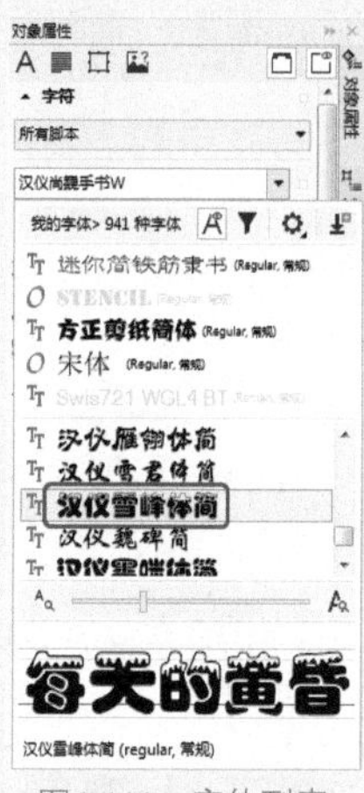

图4-111　字体列表

2. 由控制面板进入字体文件夹

使用鼠标左键单击需要安装的字体，然后按Ctrl+C组合键复制，接着依次单击【计算机】|【控制面板】，再双击【字体】，如图4-112所示。打开字体列表，在字体列表

图4-112　双击【字体】

空白处单击，按Ctrl+V组合键粘贴字体，最后安装的字体会以蓝色选中样式在字体列表中显示，如图4-113所示。重新打开CorelDRAW 2018，即可在该软件的字体列表中找到装入的字体，如图4-114所示。

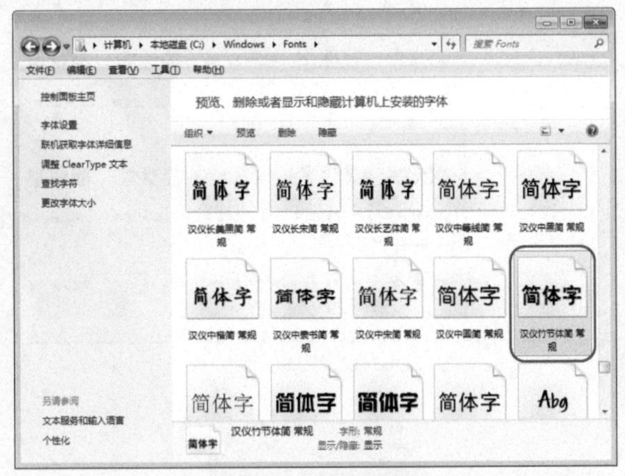

图4-113　字体安装后

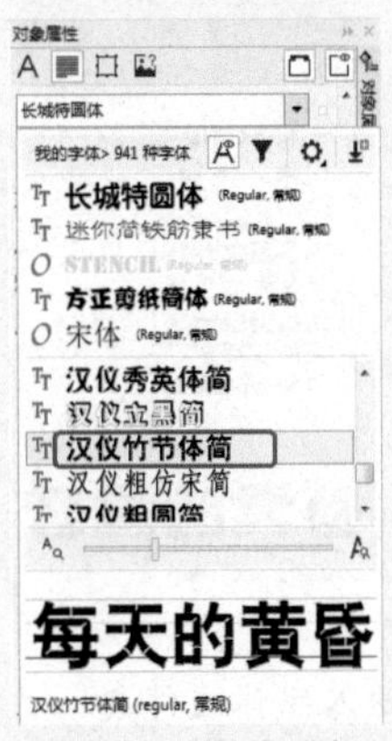

图4-114　字体列表

3. 右击字体进行安装

用鼠标右键单击需要安装的字体，在弹出的快捷菜单中选择【安装】命令，如图4-115所示，即可安装该字体，

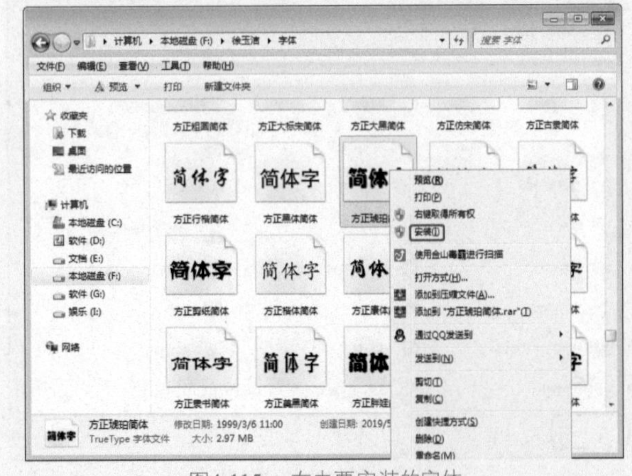

图4-115　右击要安装的字体

最后安装的字体会以蓝色选中样式在字体列表中显示，如图4-116所示。重新打开CorelDRAW 2018，即可在该软件的字体列表中找到装入的字体，如图4-117所示。

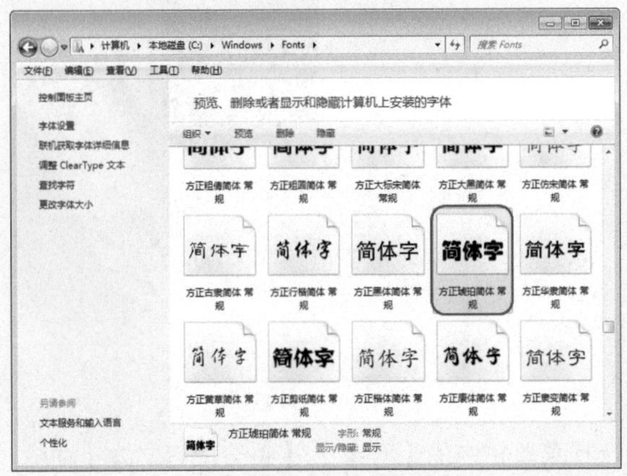

图4-116　字体安装后

图4-117　字体列表

4.7 上机练习——制作房地产广告宣传单

本例将介绍房地产广告宣传单的制作，将段落文本置入对象中，完成后的效果如图4-118所示。

01 按Ctrl+N组合键，在弹出的【创建新文档】对话框中将【宽度】和【高度】分别设置为182mm和258mm，将【渲染分辨率】设置为300dpi，如图4-119所示。

02 设置完成后单击【确定】按钮。在工具箱中选择【矩形工具】□，将绘制矩形的【宽度】和【高度】分别设置为170mm和247mm，将X和Y分别设置为91mm和129mm，如图4-120所示。

03 在【对象属性】泊坞窗中，在【轮廓】选项卡下将【轮廓色】的CMYK颜色值设置为30、44、83、0，如

图4-121所示。

图4-118　房地产广告宣传单

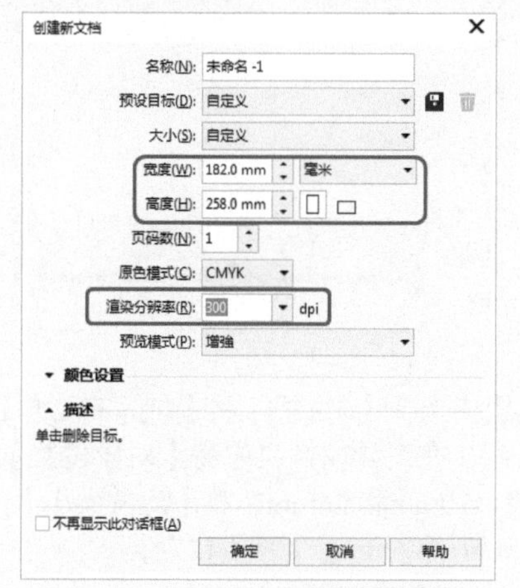

图4-119　【创建新文档】对话框

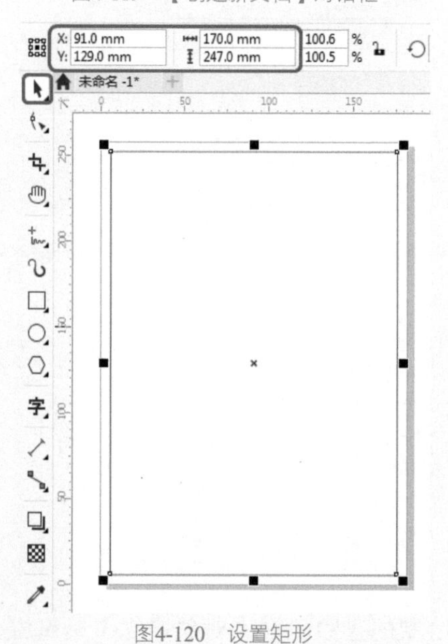

图4-120　设置矩形

04 在工具箱中选择【文本工具】字，在工作区中输入文本“城市奢装样板房耀世开启”。选择输入的文本，将【字体】设置为方正大标宋简体，将【字体大小】设置为30pt，将【文本颜色】的CMYK颜色值设置为30、44、83、0，如图4-122所示。

图4-121　设置轮廓颜色

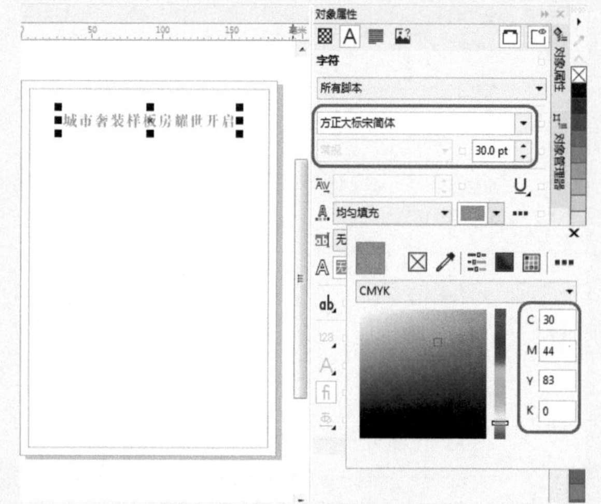

图4-122　设置文本参数

05 在工具箱中选择【文本工具】字，在工作区中输入文本“MANSION ROYAL”。选择输入的文本，将【字体】设置为Times New Roman，将【字体大小】设置为20pt，将【文本颜色】的CMYK颜色值设置为30、44、83、0，如图4-123所示。

06 在工具箱中选择【矩形工具】□，在工作区中绘制一个矩形，在工具属性栏中将【对象位置】的X和Y参数分别设置为90.31mm和219.946mm，将【对象大小】的参数分别设置为156.045mm和3.608mm，如图4-124所示。

07 选择该矩形，在【对象属性】泊坞窗中的【填充】选项卡下单击【均匀填充】按钮■，将颜色值设置为30、44、83、0，并去除边框，如图4-125所示。

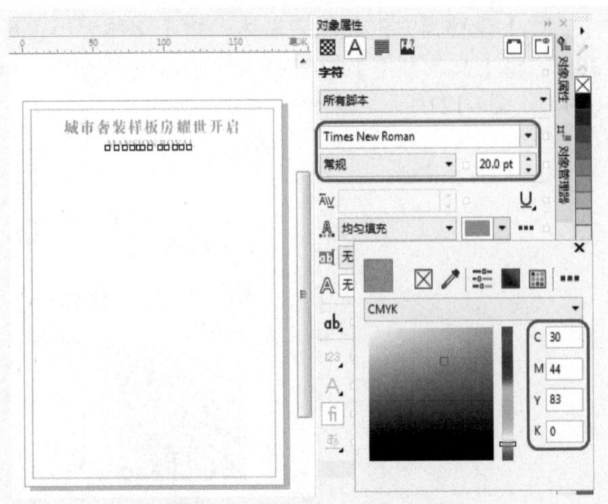

图4-123 输入文字并进行调整

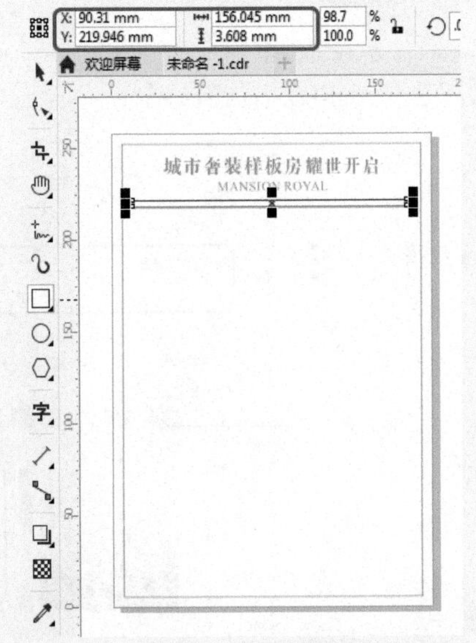

图4-124 绘制矩形

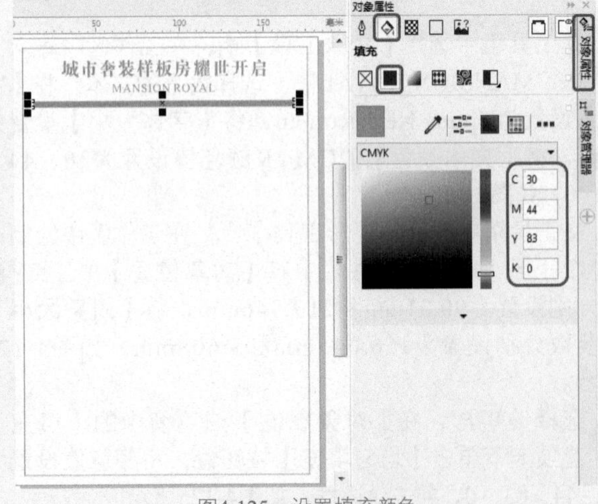

图4-125 设置填充颜色

08 用同样的方法绘制一个矩形，在工具属性栏中将【对象位置】的X和Y参数分别设置为90mm和21.5mm，将【对象大小】的参数分别设置为156mm和3.6mm，如图4-126所示。

图4-126 绘制矩形

09 在工具箱中选择【2点线工具】，在工作区底部绘制一条直线，在工具属性栏中将【对象位置】的X和Y参数分别设置为90mm和8.6mm，将【对象大小】的参数分别设置为156 mm和3.6mm，如图4-127所示。

图4-127 绘制直线

10 选择绘制的直线，在【对象属性】泊坞窗中的【轮廓】选项卡下将【轮廓色】的颜色值设置为30、44、83、0，如图4-128所示。

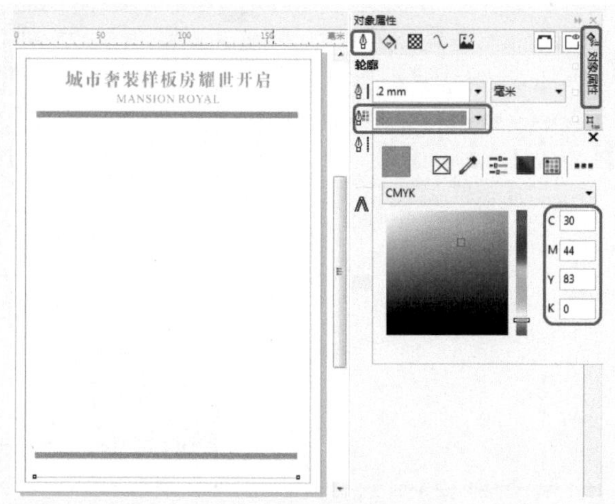

图4-128　设置颜色

⑪用同样的方法绘制一条竖线，在工具属性栏中将【对象位置】的X和Y参数分别设置为90.448mm和14.092mm，将【对象大小】的参数分别设置为0mm和8.996mm，如图4-129所示。

图4-129　绘制直线

⑫选择绘制的直线，在【对象属性】泊坞窗中的【轮廓】选项卡下将【轮廓色】的颜色值设置为30、44、83、0，如图4-130所示。

⑬在工具箱中选择【文本工具】字，在底部输入文字“开发商：匠品集团投资有限公司”，选择“开发商”，在【对象属性】泊坞窗中将【字体】设置为汉仪粗圆简，将“匠品集团投资有限公司”的【字体】设置为汉仪细圆简，将输入的文字的【字体大小】设置为8pt，将【文本颜色】的颜色值设置为30、44、83、0，如图4-131所示。

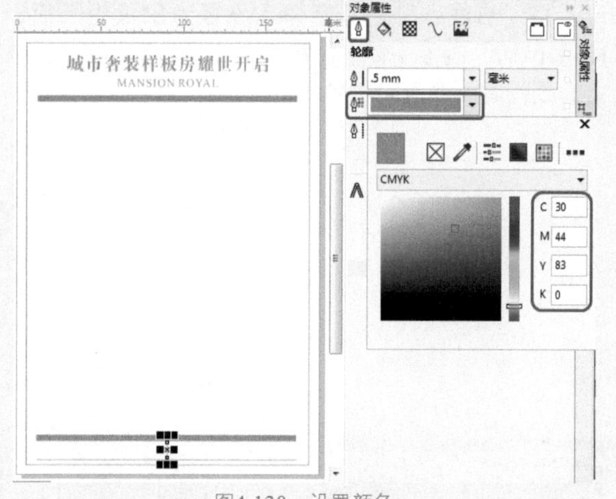

图4-130　设置颜色

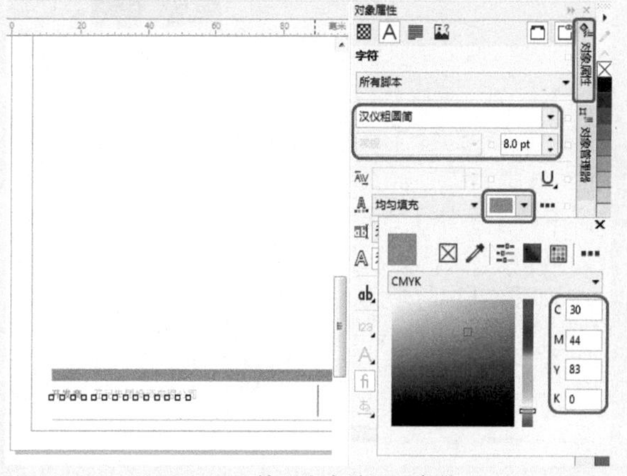

图4-131　输入文字并设置参数

⑭用同样的方法输入文字“售楼中心：山东省德州市德城区大学西路5666666666号”，并设置相应的参数，如图4-132所示。

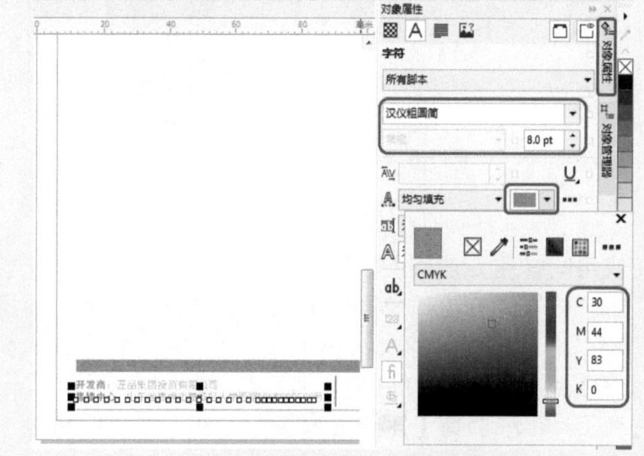

图4-132　输入文字并设置参数

⑮用同样的方法在右边输入文字“热线：123456789”，在【对象属性】泊坞窗中将【字体大小】设置为

25pt，将“热线：”的【字体】设置为汉仪粗圆简，将“123456789”的【字体】设置为汉仪细圆简，将【文本颜色】的颜色值设置为30、44、83、0，如图4-133所示。

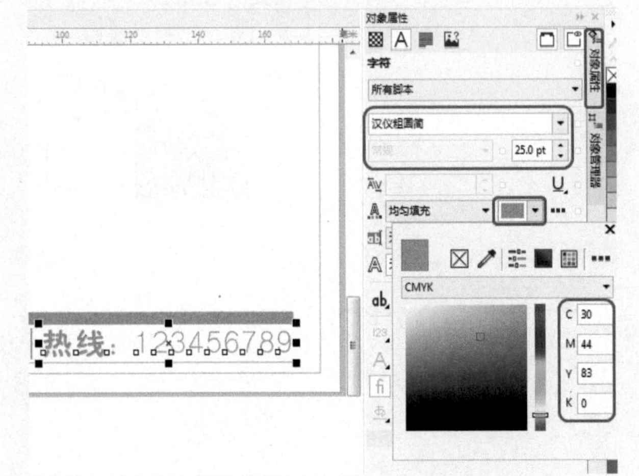

图4-133 输入文字并设置参数

16 在工具箱中选择【文本工具】字，在工作区中输入文字“品牌无界”。选择输入的文字，在【对象属性】泊坞窗中将【字体】设置为汉仪大宋简，将【字体大小】设置为20pt，将【文本颜色】的颜色值设置为30、44、83、0，如图4-134所示。

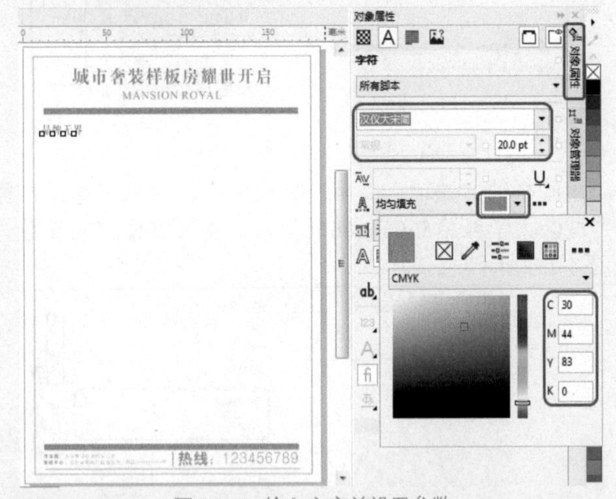

图4-134 输入文字并设置参数

17 使用同样的方法输入文字“实力钜献，完善体系，城市榜样”，在【对象属性】泊坞窗中将【字体】设置为汉仪大宋简，将【字体大小】设置为14pt，将【文本颜色】的颜色值设置为100、91、47、4，如图4-135所示。

18 在工具箱中选择【矩形工具】□，在工作区中绘制一个矩形，在工具属性栏中将【对象位置】的X和Y参数分别设置为47.127mm和160.621mm，将【对象大小】的参数分别设置为69.405mm和68.927mm，如图4-136所示。

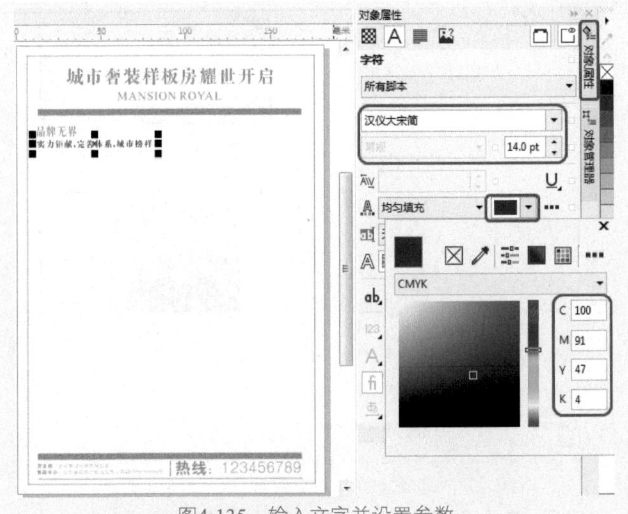

图4-135 输入文字并设置参数

图4-136 绘制矩形

19 在工具箱中选择【文本工具】字，在工作区中绘制文本框并输入文本。选择输入的文本，将【字体】设置为汉仪细圆简，将【字体大小】设置为8pt，将【行间距】设置为153。使用【选择工具】，单击鼠标右键，将文字拖曳至矩形框内，释放鼠标，在弹出的快捷菜单中选择【内置文本】命令，如图4-137所示。

20 选择绘制的矩形，调整矩形框的大小和位置，并在【对象属性】泊坞窗中将【轮廓宽度】设置为无，如图4-138所示。

21 按Ctrl+I组合键，导入素材|Cha04|【房地产1.jpg】素材文件，并调整图像位置，如图4-139所示。

22 用【选择工具】选中如图4-139所示的图形对象，将其复制3次，并调整其位置，如图4-140所示。

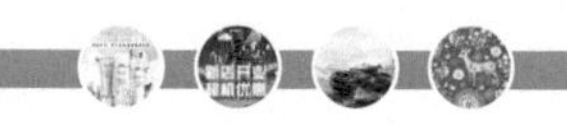

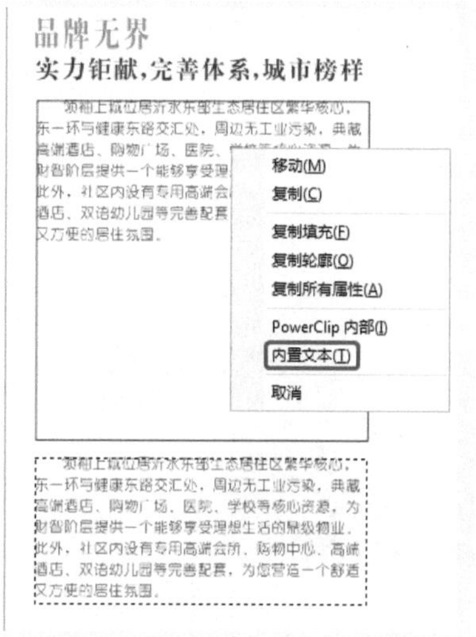

品牌无界
实力钜献，完善体系，城市榜样
移动(M)
复制(C)
复制填充(F)
复制轮廓(O)
复制所有属性(A)
PowerClip 内部(I)
内置文本(T)
取消
领袖上城位居沂水东部生态居住区繁华核心，东一环与健康东路交汇处，周边无工业污染，典藏高端酒店、购物广场、医院、学校等核心资源，为财智阶层提供一个能够享受理想生活的鼎级物业。此外，社区内设有专用高端会所、购物中心、高端酒店、双语幼儿园等完善配套，为您营造一个舒适又方便的居住氛围。

图4-137 选择【内置文本】命令

品牌无界
实力钜献，完善体系，城市榜样
领袖上城位居沂水东部生态居住区繁华核心，东一环与健康东路交汇处，周边无工业污染，典藏高端酒店、购物广场、医院、学校等核心资源，为财智阶层提供一个能够享受理想生活的鼎级物业。此外，社区内设有专用高端会所、购物中心、高端酒店、双语幼儿园等完善配套，为您营造一个舒适又方便的居住氛围。

图4-138 设置完成的效果

品牌无界
实力钜献，完善体系，城市榜样
领袖上城位居沂水东部生态居住区繁华核心，东一环与健康东路交汇处，周边无工业污染，典藏高端酒店、购物广场、医院、学校等核心资源，为财智阶层提供一个能够享受理想生活的鼎级物业。此外，社区内设有专用高端会所、购物中心、高端酒店、双语幼儿园等完善配套，为您营造一个舒适又方便的居住氛围。

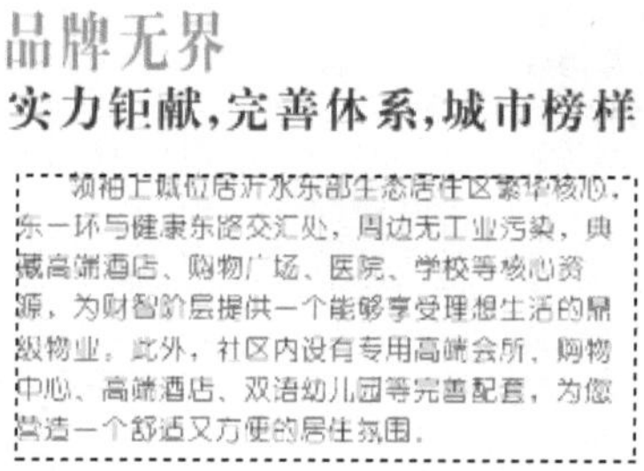

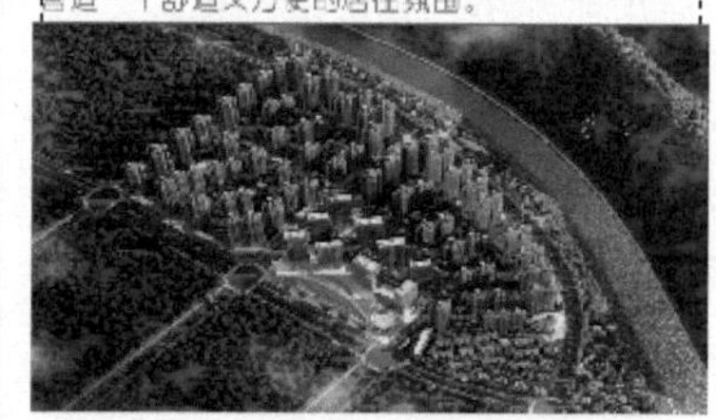

图4-139 导入素材

23 修改工作区中的文字及素材对象，效果如图4-141所示。

24 按Ctrl+I组合键，导入素材|Cha04|【房地产背景.jpg】素材文件，调整图片的位置，如图4-142所示。

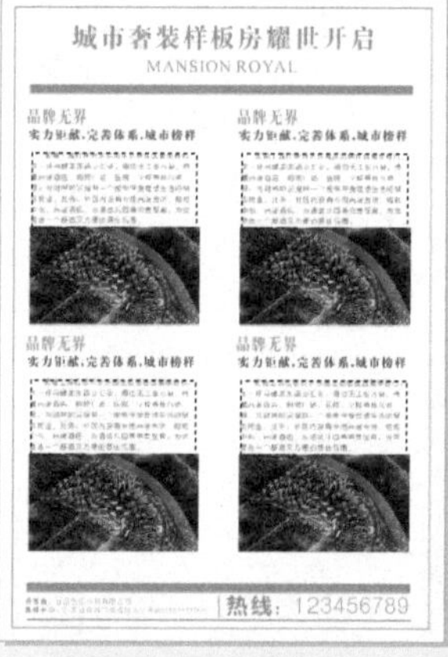

城市奢装样板房耀世开启
MANSION ROYAL
热线：123456789

图4-140 复制对象

城市奢装样板房耀世开启
MANSION ROYAL
热线：123456789

图4-141 修改内容

城市奢装样板房耀世开启
MANSION ROYAL
热线：123456789

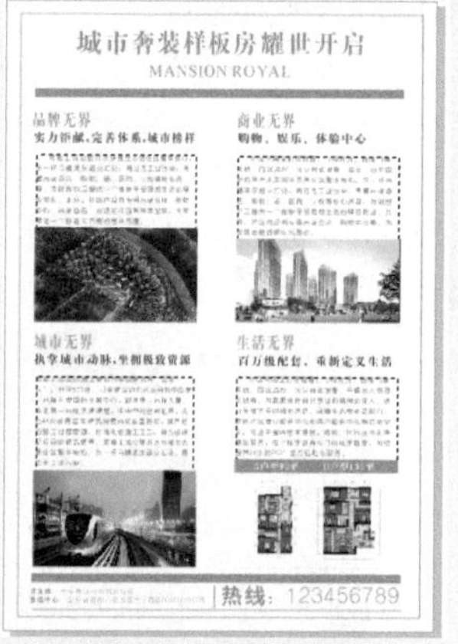

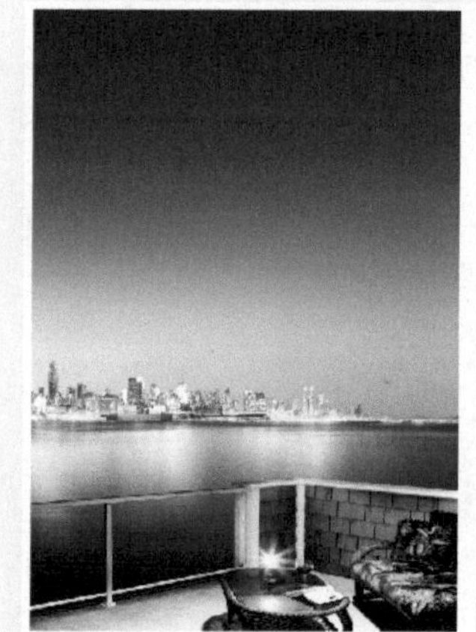

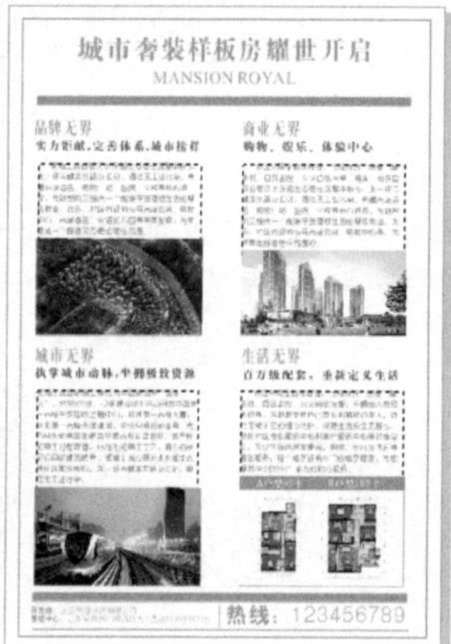

图4-142 导入素材

25 在工具箱中选择【文本工具】字，输入文字“领袖上城”，选择输入的文字，在【对象属性】泊坞窗中，将【字体】设置为李旭科书法 v1.4，将【字体大小】设置为65pt。按F11键打开【填充渐变】对话框，将0%、50%、100%位置处的颜色值分别设置为8、32、82、0，3、10、28、0，8、32、82、0，单击【确定】按钮，如图4-143所示。

领袖上城
对象属性
李旭科书法 v1.4
65.0 pt
编辑填充
确定
取消

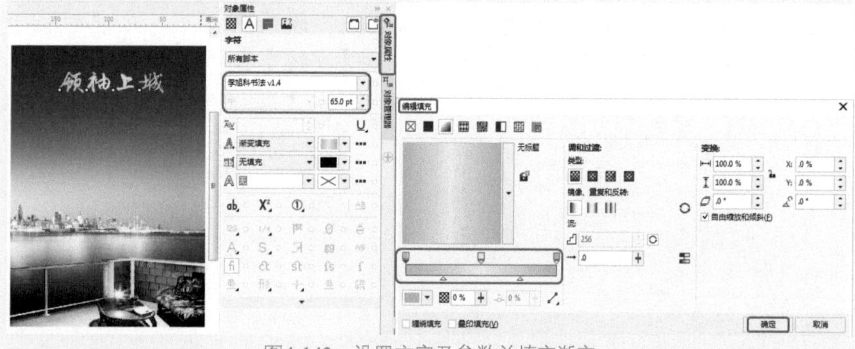

图4-143 设置文字及参数并填充渐变

26 用同样的方法输入文字并设置参数，其中“Lingxiu Shangcheng”的【字体】为Times New Roman，【字体大小】为20pt；“上层视野·上层境界”的【字体】为汉仪小隶书简，【字体大小】为20pt；“德州之子·国际之城”的

【字体】为方正大标宋简体，【字体大小】为23pt；“傲居城市门户，汇聚八方繁华 德州领袖上城，独享一城荣耀”的【字体】为汉仪细中圆简，【字体大小】为10pt，【字符间距】为8%；“水泥森林……一席人生”的【字体】为汉仪小隶书简，【字体大小】为7pt，【字符间距】为-4%，【行间距】为132%，效果如图4-144所示。

图4-144　输入文字并设置参数

27 按Ctrl+I组合键，导入素材|Cha04|【德州.png】素材文件，调整图片的大小及位置，如图4-145所示。

图4-145　导入素材

28 在工具箱中选择【矩形工具】□，在工作区中绘制一个矩形，在【对象属性】泊坞窗中将【均匀填充】的颜色值分别设置为0、0、0、80，并在工具箱中选择【透明度工具】▩，在工具属性栏中将【透明度】设置为30，如图4-146所示。

29 在工具箱中选择【文本工具】字，在底部输入文字“地址：山东省德州市德城区大学西路　联系热线:123456789”，在【对象属性】泊坞窗中将【字体】设置为方正黑体简体，将【字体大小】设置为11pt，将【文本颜色】设置为白色，至此，宣传单就制作完成了，效果如图4-147所示。

图4-146　绘制矩形并设置参数

图4-147　效果图

4.8 思考与练习

1. 将文本填入路径有几种方法，分别是什么？
2. 如何将文本与对象解除链接？

第5章 使用颜色与填充对象

在创作设计的过程中，选择颜色与填充颜色是设计工作者经常做的工作，因此需要我们熟练掌握颜色的选择与应用，本章将介绍选择颜色与为图形填充颜色的方法 。

5.1 选择颜色

标准填充是CorelDRAW 2018中最基本的填充方式，它默认的调色板模式为CMYK模式。【窗口】|【调色板】子菜单中集合了全部的CorelDRAW调色板，从中选择一项后，调色板就会在窗口的右侧出现。

用户可以通过使用固定或自定义调色板、颜色查看器，为对象选择填充颜色和轮廓颜色。如果用户要使用对象或文档中已有的颜色可以使用滴管工具对颜色取样，然后使用颜料桶工具进行填充以达到完全匹配的效果。

5.1.1 默认调色板

使用默认调色板选择颜色会有以下3种不同的情况。

- 在画面中若已经选择了一个或多个矢量对象，那么直接在默认的调色板中单击某个颜色块，则会为选择的对象填充该颜色；如果直接在默认的调色板中，右击某个颜色块，则会将该对象的轮廓设置为该颜色。
- 若在画面中没有选择任何对象，那么直接在默认调色板中单击某个颜色，会弹出如图5-1所示的【更改文档默认值】对话框，用户可根据需要选择所需的选项，选择完成后单击【确定】按钮，即可将选择的对象填充该颜色。如果直接在默认的调色板中右击某个颜色，也会弹出如图5-1所示的【更改文档默认值】对话框，用户可根据需要选择所需的选项，选择完成后单击【确定】按钮，即可将所选的对象轮廓色设置为右击的颜色。
- 如果想要选择与默认调色板中颜色相似的颜色，则需要在默认的调色板中单击该颜色，打开与所选颜色相似的颜色面板，如图5-2所示，然后将鼠标指针移动至所需的颜色上单击或右击，即可将单击或右击的颜色设置为对象的填充颜色或轮廓颜色。

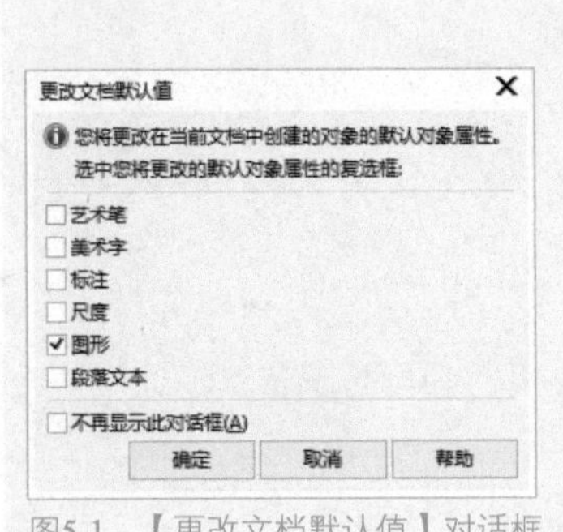

图5-1 【更改文档默认值】对话框

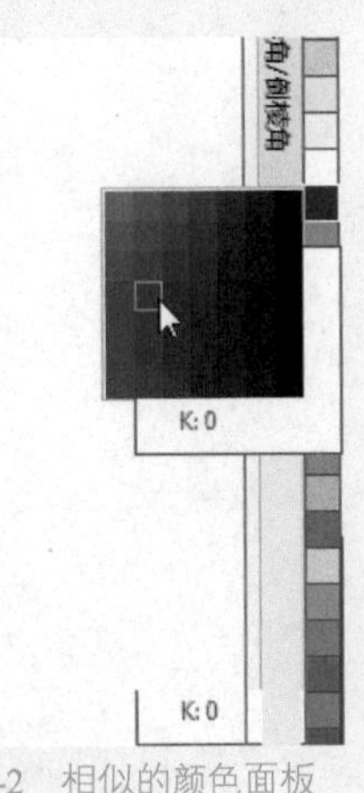

图5-2 相似的颜色面板

5.1.2 实战：使用自定义调色板

下面通过实例介绍自定义调色板的用法。

01 打开素材|Cha05|【草莓.cdr】素材文件，打开后的效果如图5-3所示。

02 在工具箱中选择【选择工具】，在工作区中选中图形对象，如图5-4所示。

图5-3 素材

图5-4 选择对象

03 在工具箱中选择【智能填充工具】，在工具属性栏中单击【填充色】按钮，如图5-5所示。

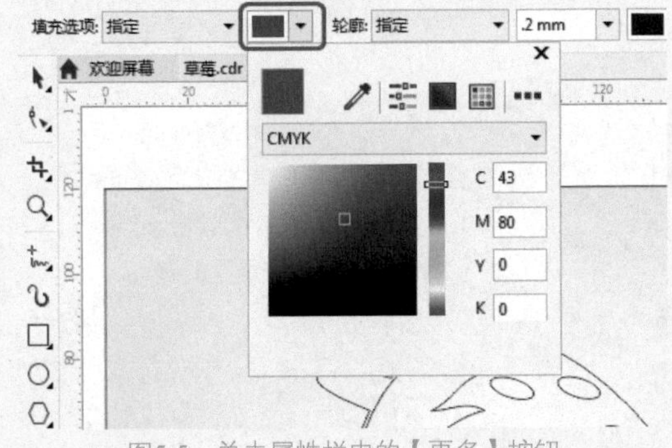

图5-5 单击属性栏中的【更多】按钮

04 在弹出的下拉菜单中单击【颜色模式】按钮，在弹出的下拉列表中选择CMYK模式，如图5-6所示。

05 将C、M、Y、K均设置为100，并单击【确定】按钮，如图5-7所示。

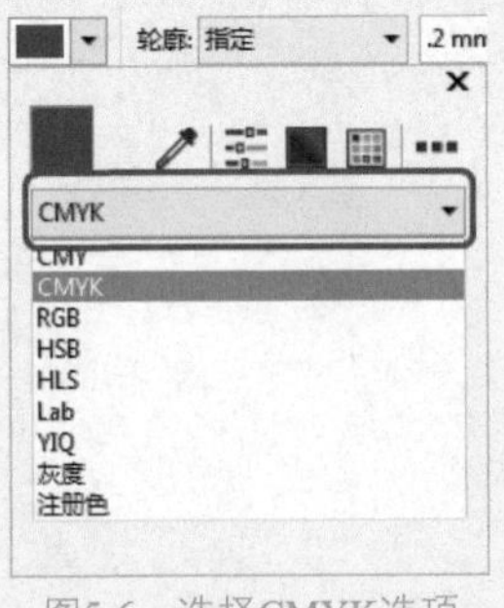

图5-6 选择CMYK选项

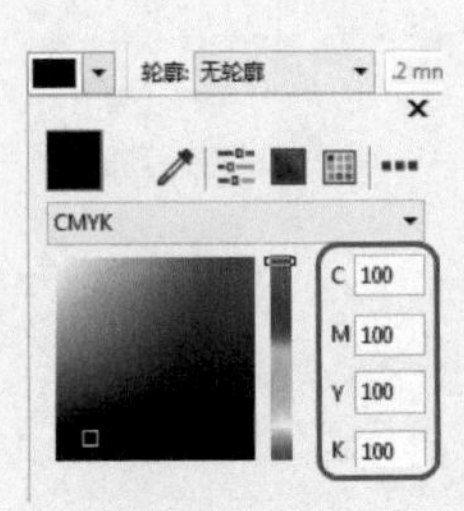

图5-7 设置CMYK参数

06 在属性栏中单击【轮廓】右侧的按钮，在弹出的下拉列表中选择【无轮廓】，然后在工作区中选中图形对象并单击鼠标，即可为对象填充颜色，效果如图5-8所示。

07 使用同样的方法为其他对象填充颜色，完成后的效果如图5-9所示。

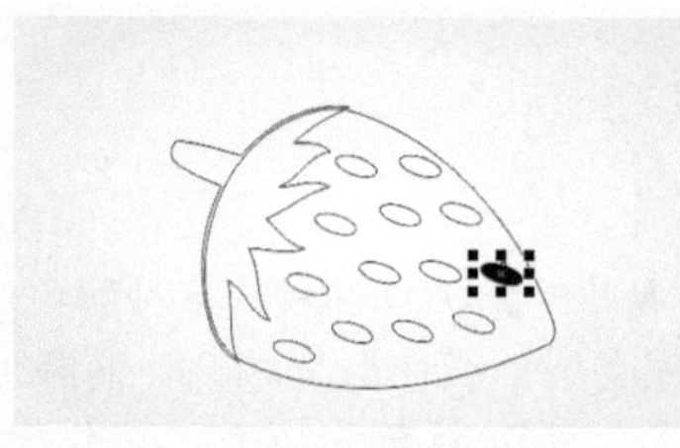

图5-8　为对象填充颜色

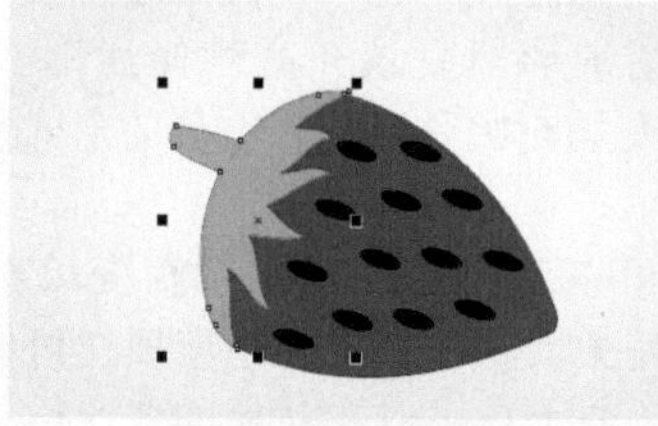

图5-9　填充颜色后的效果

5.1.3　实战：颜色查看器

本节以前一小节的素材为例，介绍颜色查看器的用法。

01 任意选择一个填充了颜色的对象，按Shift+F11组合键，即可弹出【编辑填充】对话框，如图5-10所示。

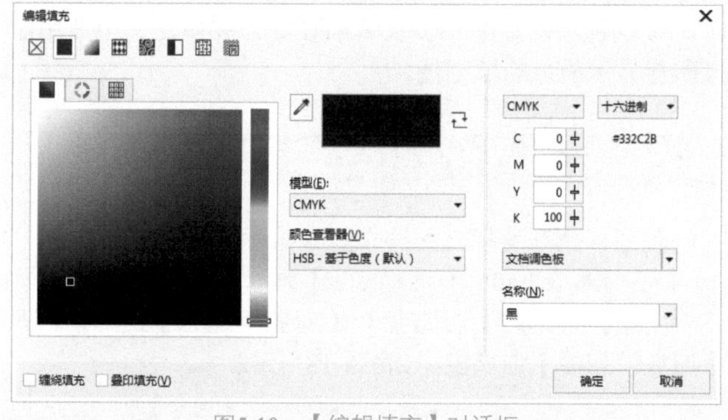

图5-10　【编辑填充】对话框

02 在该对话框中单击【颜色查看器】下的按钮，在弹出的下拉列表中选择【RGB-三维加色】选项，如图5-11所示。

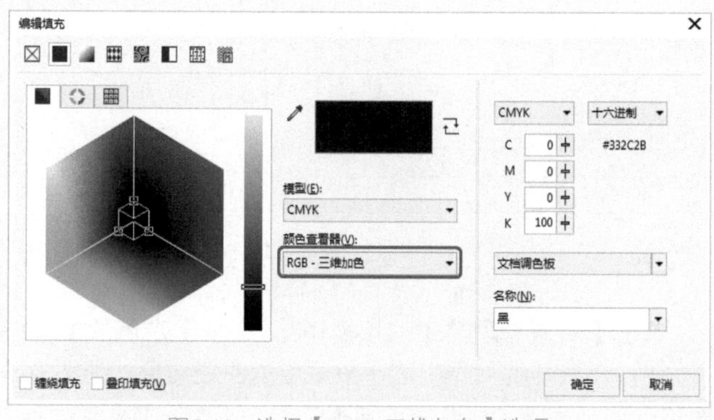

图5-11　选择【RGB-三维加色】选项

03 在RGB-三维加色查看器中通过调整控制点选择所需的颜色，设置完成后单击【确定】按钮，如图5-12所示。

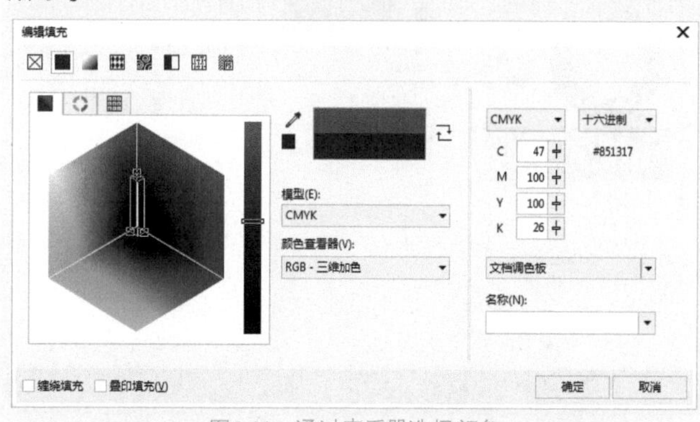

图5-12　通过查看器选择颜色

04 通过查看器为对象选择颜色后，效果如图5-13所示。

图5-13　更改颜色后的效果

5.1.4　实战：颜色和谐

01 在工作区中选中对象，按Shift+F11组合键打开【编辑填充】对话框，然后单击 按钮，如图5-14所示。

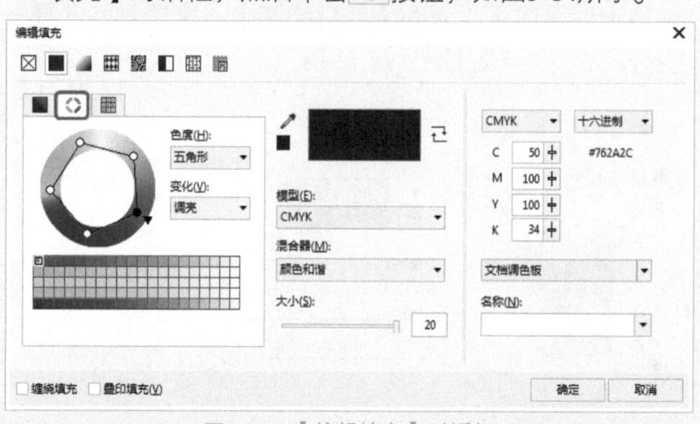

图5-14　【编辑填充】对话框

02 将【混合器】设置为【颜色和谐】，根据喜好选择一种颜色，如图5-15所示。

03 单击【确定】按钮，在工作区中即可查看效果。

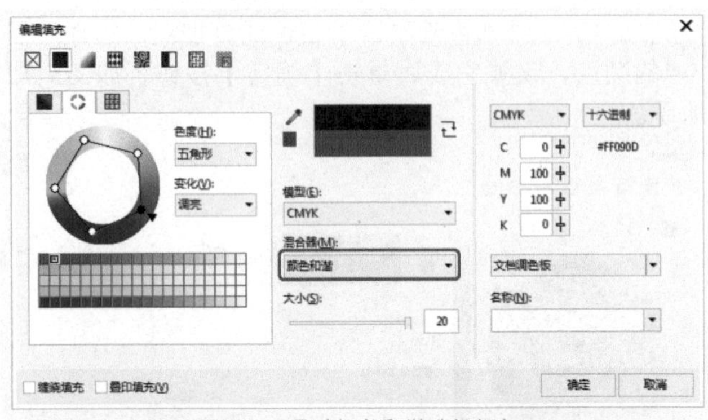

图5-15　通过颜色和谐选择颜色

5.1.5　实战：颜色调和

01 在工作区中选中对象，按Shift+F11组合键打开【编辑填充】对话框，然后单击 按钮，如图5-16所示。

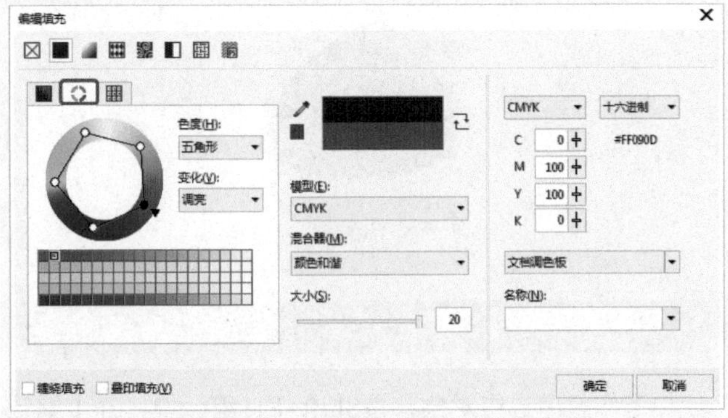

图5-16　【编辑填充】对话框

02 将【混合器】设置为【颜色调和】，根据喜好选择一种颜色，如图5-17所示。

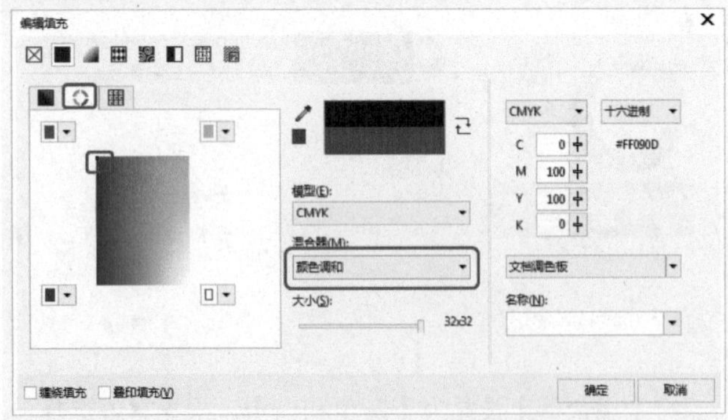

图5-17　通过颜色调和选择颜色

03 单击【确定】按钮，在工作区中即可查看效果。

5.2　渐变填充

渐变填充是给对象添加两种或多种颜色的平滑过渡。渐变填充有4种类型：线性渐变填充、椭圆形渐变填充、圆锥形渐变填充和矩形渐变填充。线性渐变填充是沿对象作直线方向的过渡填充，椭圆形渐变填充是从对象中心向外辐射，圆锥形渐变填充产生光线落在圆锥上的效果，而矩形渐变填充则是以同心方形的形式从对象中心向外扩散。

在文档中可以为对象应用预设渐变填充、双色渐变填充和自定义渐变填充。自定义渐变填充可以包含两种或两种以上的颜色，用户可以在对象的任意位置填充渐变颜色。创建自定义渐变填充之后，可以将其保存为预设。

应用渐变填充时，可以指定所选填充类型的属性。例如，可以设置填充的颜色调和方向、填充的角度、边界和中点，还可以通过指定渐变步长来调整渐变填充时的打印和显示质量。默认情况下，渐变步长设置处于锁定状态，因此渐变填充的打印质量由打印设置中的指定值决定，而显示质量由设定的默认值决定。但是，在应用渐变填充时，可以解除锁定渐变步长值的设置，并指定一个适用于打印与显示质量的填充值。

5.2.1　实战：使用双色渐变填充

使用双色渐变填充的操作步骤如下。

01 打开素材|Cha05|【蛋糕.cdr】素材文件。选择菜单栏中的【窗口】|【泊坞窗】|【对象管理器】命令，打开【对象管理器】泊坞窗，如图5-18所示。

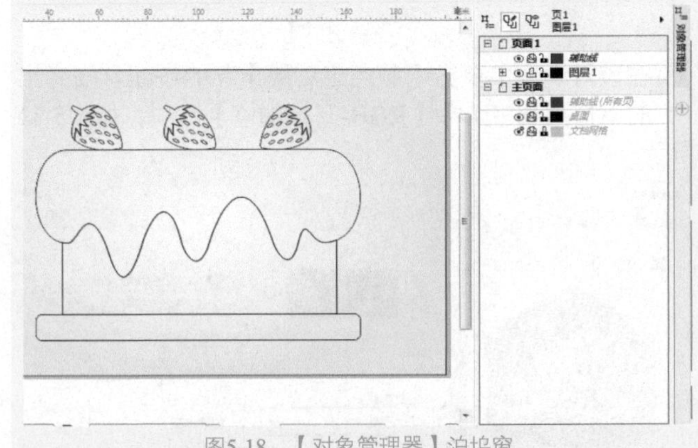

图5-18　【对象管理器】泊坞窗

02 单击【对象管理器】泊坞窗中【图层1】左侧的加号按钮，在展开的列表中选择最底层的曲线对象，如图5-19所示，即可选中工作区中的对象。

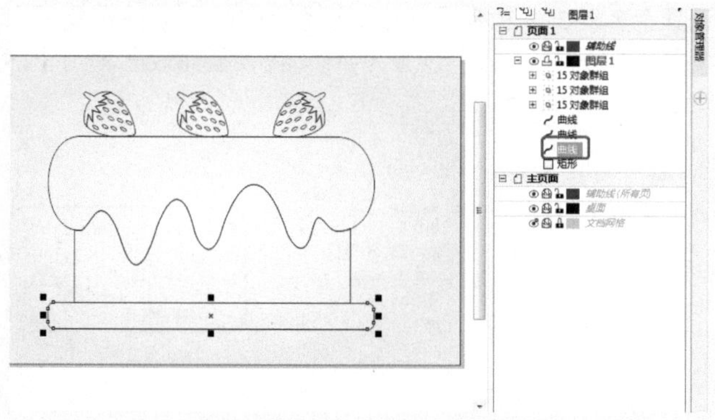

图5-19 选择【曲线】对象

03 在工具箱中选择【交互式填充工具】，按F11键，弹出【编辑填充】对话框，单击【渐变填充】按钮，如图5-20所示。

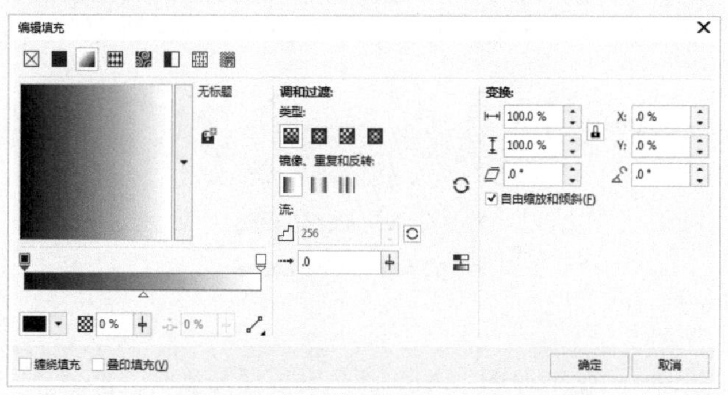

图5-20 单击【渐变填充】按钮

04 在【变换】选项组中取消选中【自由缩放和倾斜】复选框，将【填充宽度】设置为97，【水平偏移】设置为-5，【垂直偏移】设置为-3.3，【旋转】设置为90°，将渐变条上的左侧滑块的CMYK值设置为9、7、6、0，右侧滑块设置为白色，如图5-21所示。

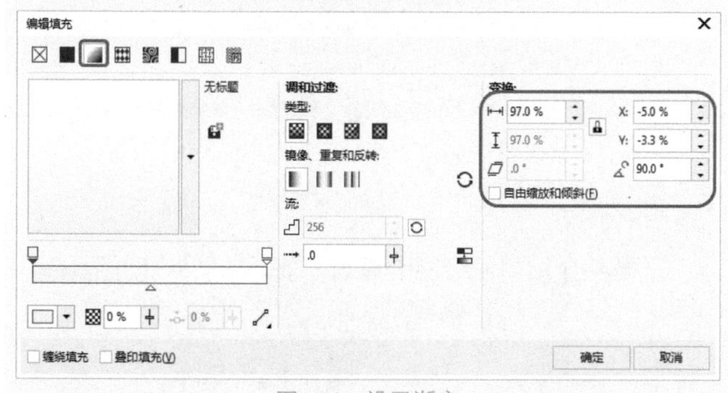

图5-21 设置渐变

05 设置完成后单击【确定】按钮，然后确定刚才选择的【曲线】对象处于选择状态，在默认的调色板中右击☒色块，取消轮廓线的填充，如图5-22所示。

图5-22 取消轮廓线的填充

5.2.2 实战：自定义渐变填充

使用自定义渐变填充的操作步骤如下。

01 在【对象管理器】泊坞窗口中的【图层1】下的列表中选择倒数第二个曲线对象，如图5-23所示。

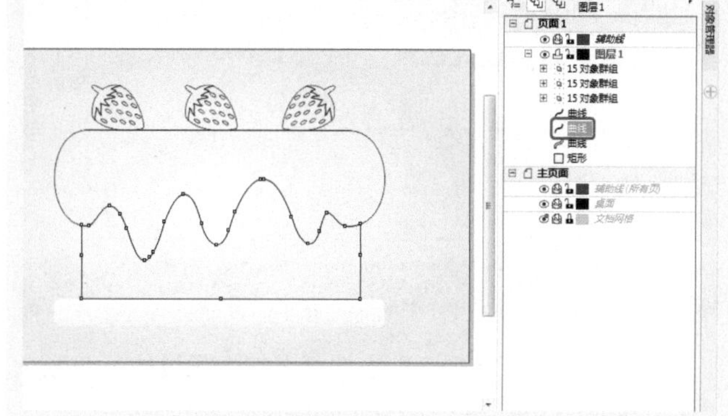

图5-23 选择对象

02 按F11键打开【编辑填充】对话框，取消选中【变换】选项组下的【自由缩放和倾斜】复选框，将【旋转】设置为90°。在颜色调和区域中双击渐变条，即可添加一个滑块，【节点位置】为0%的【色标颜色】为51、100、0、0，【节点位置】为25%的【色标颜色】为0、0、0、0，【节点位置】为50%的【色标颜色】为51、100、0、0，【节点位置】为75%的【色标颜色】为0、0、0、0，【节点位置】为100%的【色标颜色】为51、100、0、0，如图5-24所示。

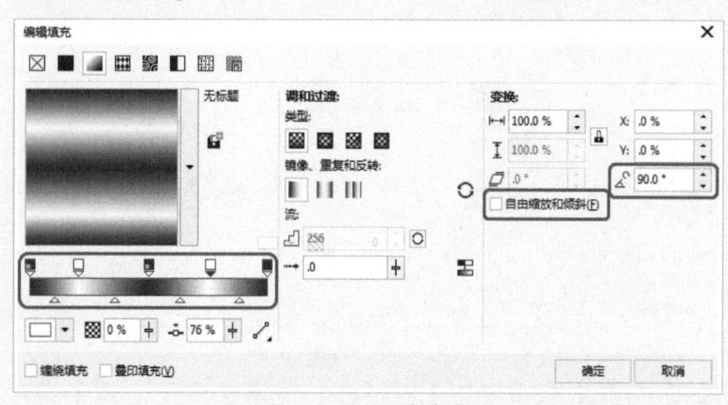

图5-24 设置渐变色

03 设置完成后单击【确定】按钮，效果如图5-25所示。

04 确定刚才选中的曲线对象仍处于选择状态，在默认的调色板中右击☒色块，取消轮廓线的填充，如图5-26所示。

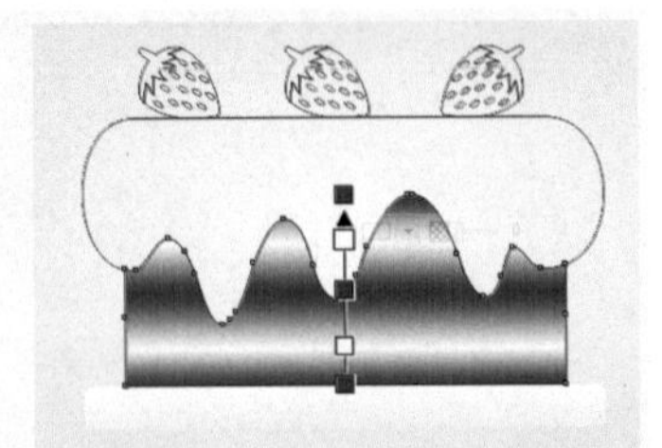
图5-25 渐变颜色的效果

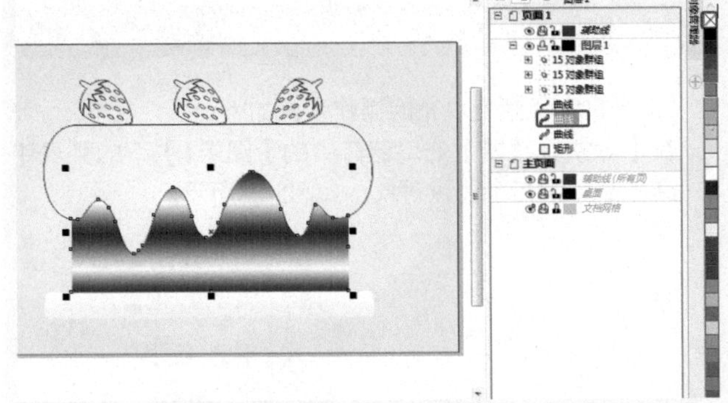
图5-26 取消轮廓线的填充

5.2.3 实战：预设渐变填充

在【预设】下拉列表框中选择系统中预设的渐变颜色填充对象的操作如下。

01 继续上一小节的操作，在【对象管理器】泊坞窗中的【图层1】下的列表中选择倒数第三个曲线对象，按F11键打开【编辑填充】对话框，单击【填充挑选器】按钮，在打开的下拉列表中单击选择一种预设效果，如图5-27所示。

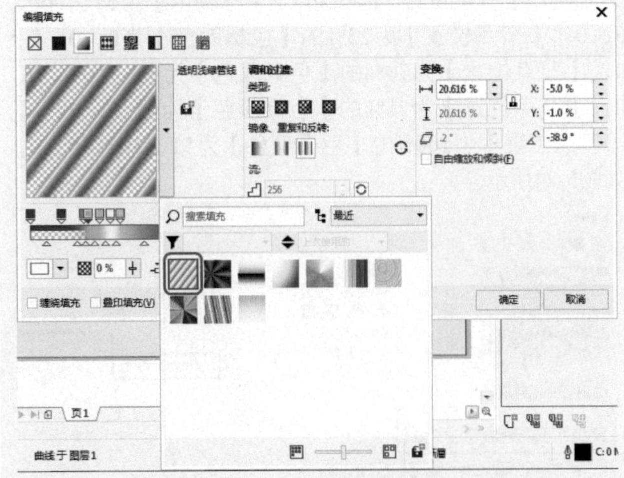
图5-27 选择预设效果

02 返回到【编辑填充】对话框，取消选中【变换】选项组中的【自由缩放和倾斜】复选框，将【填充宽度】设置为2.833、【水平偏移】设置为-12、【垂直偏移】设置为4.5、【旋转】设置为-45°，设置完成后单击【确定】按钮，如图5-28所示。

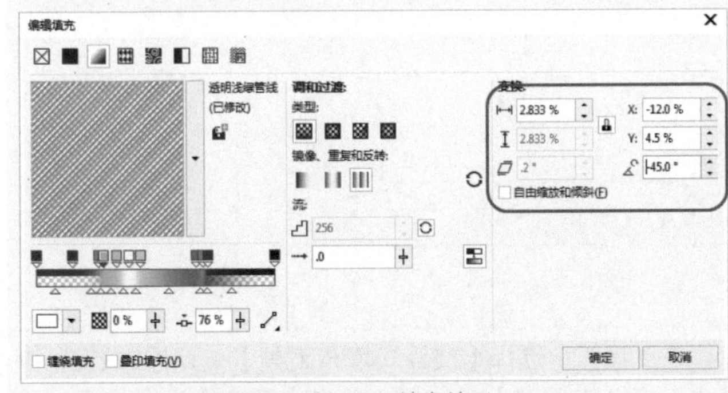
图5-28 设置填充效果

03 确定曲线对象仍处于选择状态，在默认的调色板中右击☒，取消轮廓线的填充，如图5-29所示。

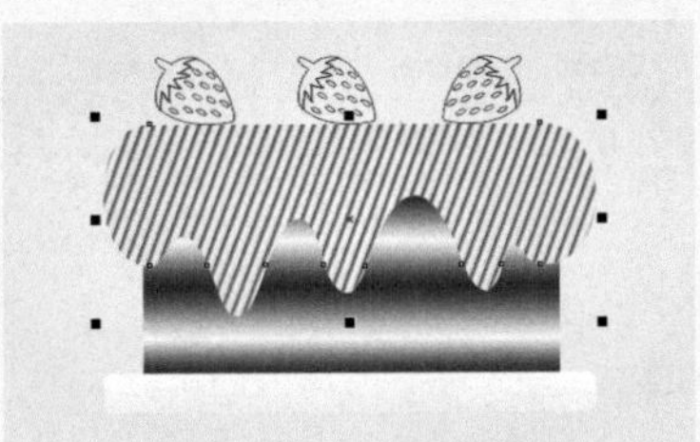
图5-29 取消轮廓线显示

04 使用同样的方法，为剩余的对象添加颜色，最终效果如图5-30所示。

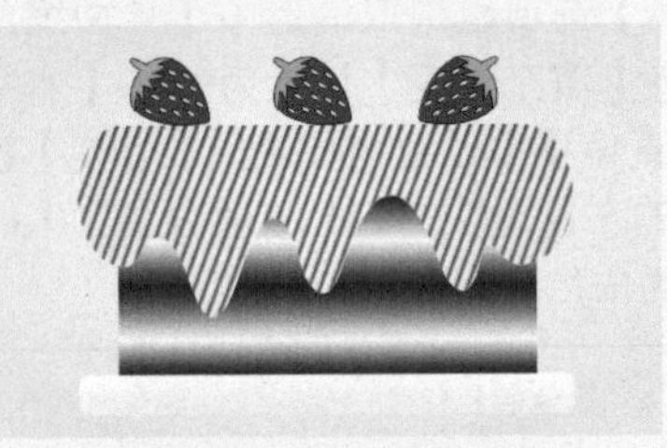
图5-30 填充后的最终效果

实例操作001——绘制卡通画

下面将介绍如何绘制卡通画，效果如图5-31所示。

图5-31 绘制卡通画效果图

01 新建一个【宽度】和【高度】分别为196、141的新文档，在工具箱中选择【矩形工具】□，在工作区中绘制一个与文档相同大小的矩形。按Shift+F11组合键，在弹出的【编辑填充】对话框中将CMYK值设置为5、13、60、0，设置完成后，单击【确定】按钮，在默认调色板中右击☒按钮，取消轮廓色，如图5-32所示。

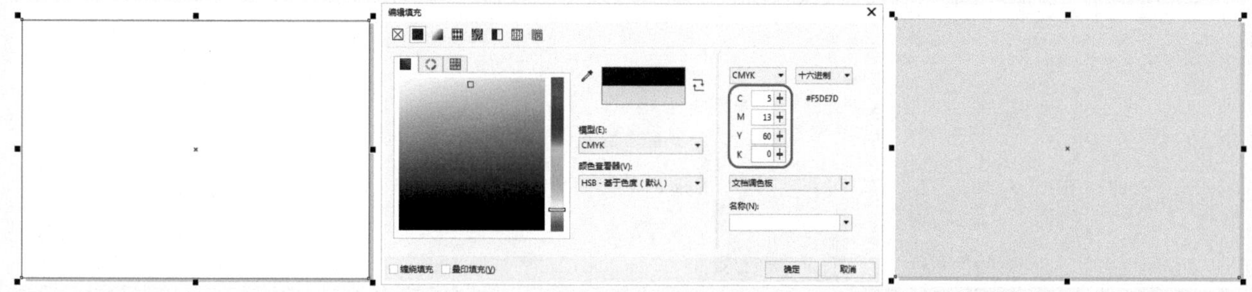

图5-32　设置填充颜色

02 在工具箱中选择【钢笔工具】，在工作区中绘制一个如图5-33所示的图形。在默认调色板中单击白色按钮，右击☒按钮，取消轮廓色。选中该图形，在工具箱中选择【透明度工具】，在工具属性栏中单击【渐变透明度】按钮，将【旋转】设置为90°，并在工作区中调整渐变透明度的大小，效果如图5-33所示。

03 使用同样的方法绘制其他云彩，并对其进行相应的设置，效果如图5-34所示。

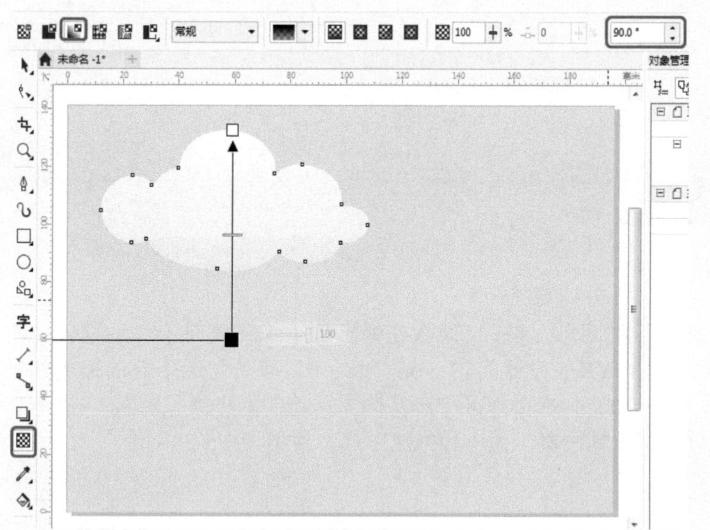

图5-33　绘制云彩

图5-34　绘制其他云彩后的效果

04 在工具箱中选择【钢笔工具】，在工作区中绘制一个如图5-35所示的图形。按F11键，在弹出的【编辑填充】对话框中将左侧节点的CMYK值设置为2、25、89、0，将右侧节点的CMYK值设置为0、40、76、0，将【旋转】设置为-88°，设置完成后，单击【确定】按钮，在默认调色板中右击☒按钮，取消轮廓色，效果如图5-35所示。

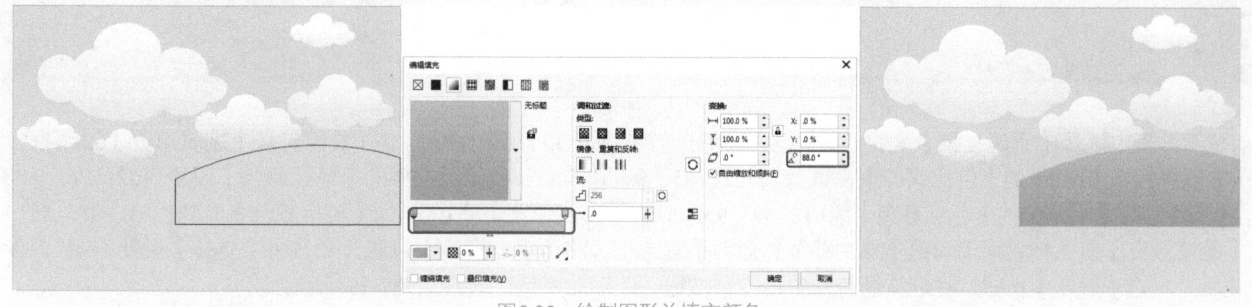

图5-35　绘制图形并填充颜色

05 在工具箱中选择【钢笔工具】，在工作区中绘制一个如图5-36所示的图形。按Shift+F11组合键，在弹出的【编辑填充】对话框中将CMYK值设置为11、4、25、0，勾选【缠绕填充】复选框，设置完成后，单击【确定】按钮，在默认调色板中右击☒按钮，取消轮廓色，继续选中该图形，在工具箱中选择【透明度工具】，在工具属性栏中将【合并模式】设置为【乘】，效果如图5-36所示。

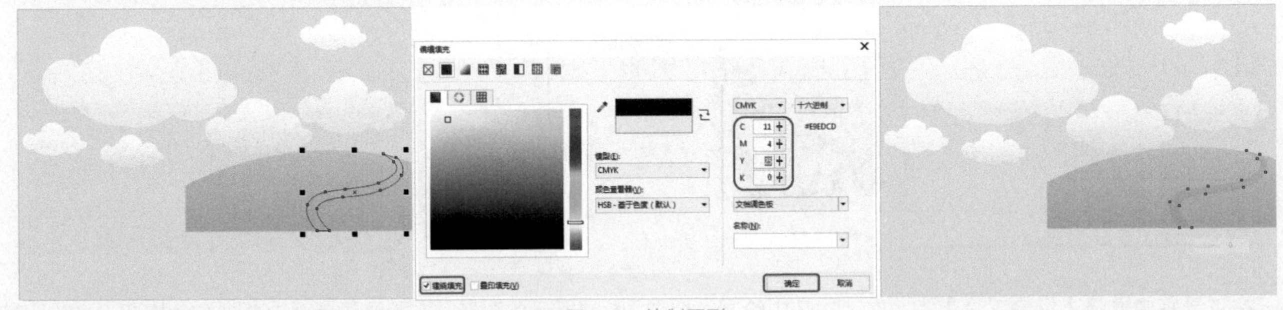

图5-36 绘制图形

06 在工具箱中选择【钢笔工具】，在工作区中绘制一个如图5-37所示的图形。按Shift+F11组合键，在弹出的【编辑填充】对话框中将CMYK值设置为4、11、47、0，勾选【缠绕填充】复选框，设置完成后，单击【确定】按钮，在默认调色板中右击☒按钮，取消轮廓色，效果如图5-37所示。

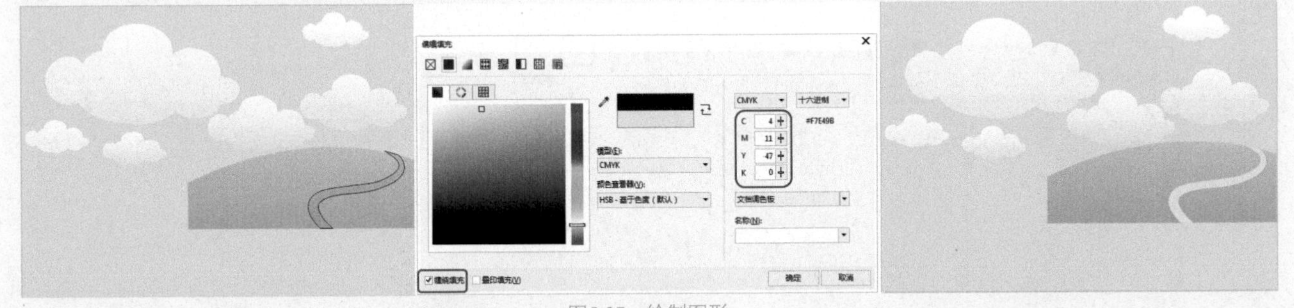

图5-37 绘制图形

07 使用上述方法在工作区中绘制一个如图5-38所示的图形。按F11键，在弹出的【编辑填充】对话框中将左侧节点的CMYK值设置为2、24、89、0，将右侧节点的CMYK值设置为13、66、98、0，取消勾选【自由缩放和倾斜】复选框，将【填充宽度】设置为110，将【旋转】设置为-100°，在工作区中选择前面所绘制的小路和阴影，按+号键对其进行复制，在工具属性栏中单击【水平镜像】按钮，调整其位置、大小和排放顺序，效果如图5-38所示。

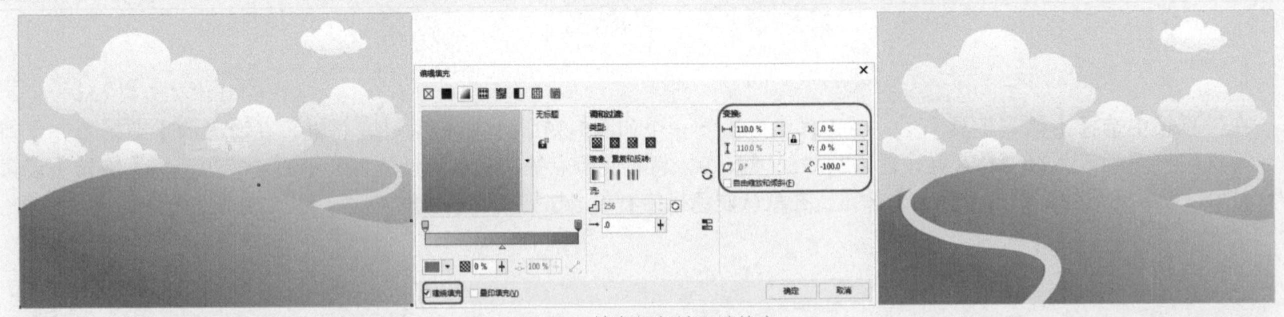

图5-38 填充颜色并取消轮廓

08 在工具箱中选择【钢笔工具】，在工作区中绘制一个如图5-39所示的图形。按F11键打开【编辑填充】对话框，将【节点位置】为0%的【色标颜色】设置为4、51、95、0，【节点位置】为45%的【色标颜色】设置为42、76、100、5，【节点位置】为80%的【色标颜色】为61、89、95、54，【节点位置】为100%的【色标颜色】为58、91、98、51，勾选【缠绕填充】复选框，取消勾选【自由缩放和倾斜】复选框，将【填充宽度】设置为42，将【旋转】设置为90°，设置完成后，单击【确定】按钮，在默认调色板中右击☒按钮，取消轮廓色，效果如图2-39所示。

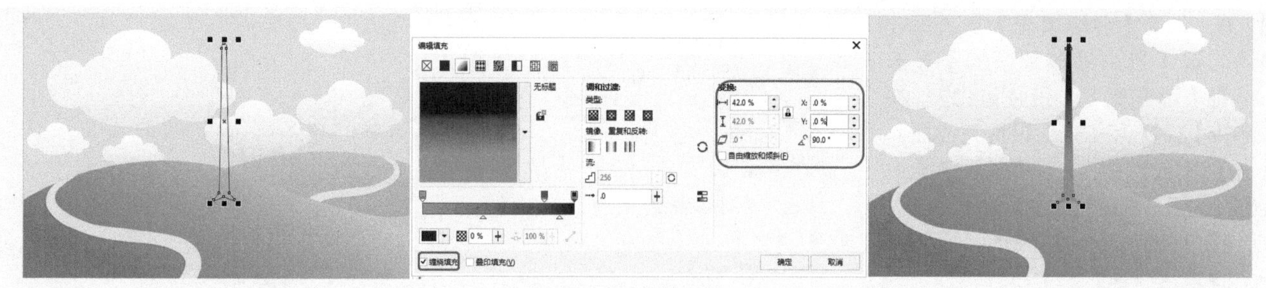

图5-39　绘制图形

09 在工具箱中选择【钢笔工具】，在工作区中绘制一个如图5-40所示的图形。按F11键，在弹出的【编辑填充】对话框中将左侧节点的CMYK值设置为3、23、85、0，在位置10处添加一个节点，将其CMYK值设置为3、23、85、0，在位置61处添加一个节点，将其CMYK值设置为7、51、93、0，将右侧节点的CMYK值设置为16、75、92、0，勾选【缠绕填充】复选框，取消勾选【自由缩放和倾斜】复选框，将【填充宽度】设置为96，将【旋转】设置为-175°，设置完成后，单击【确定】按钮，在默认调色板中右击☒按钮，取消轮廓色，效果如图5-40所示。

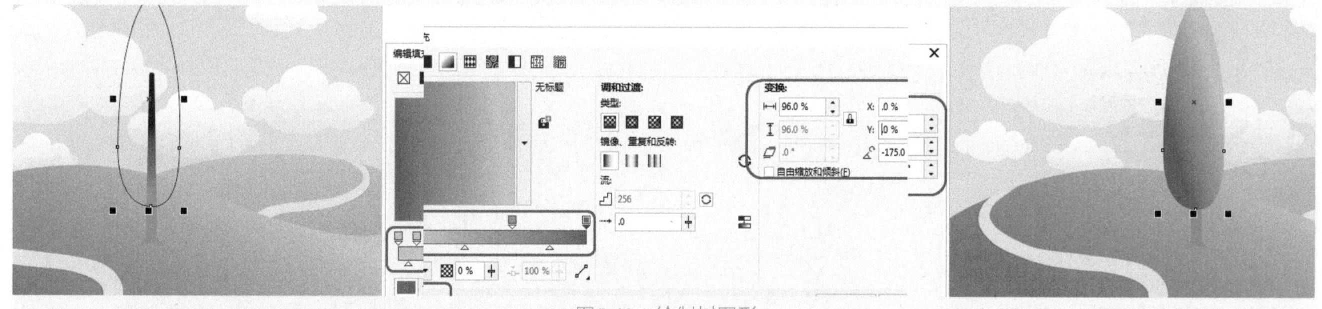

图5-40　绘制树图形

10 在工具箱中选择【钢笔工具】，在工作区中绘制一个如图5-41所示的图形。按F11键，在弹出的【编辑填充】对话框中将左侧节点的CMYK值设置为2、24、89、0，将右侧节点的CMYK值设置为0、0、0、0，勾选【缠绕填充】复选框，取消勾选【自由缩放和倾斜】复选框，将【填充宽度】设置为96，将【旋转】设置为-74.6°，设置完成后，单击【确定】按钮，在默认调色板中右击☒按钮，取消轮廓色。在工具箱中选择【透明度工具】，在工具属性栏中将【合并模式】设置为【乘】，如图5-41所示。

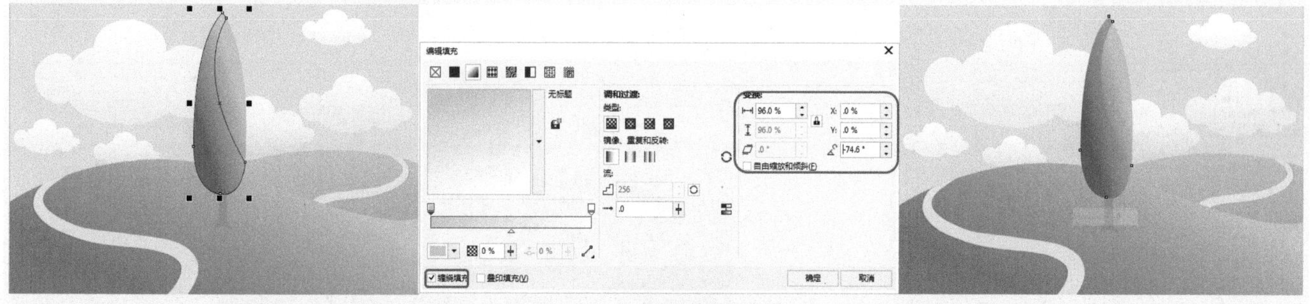

图5-41　绘制树的光照效果

11 在工作区中选中小树的3个对象，右击鼠标，在弹出的快捷菜单中选择【组合对象】命令，如图5-42所示。

12 在工作区中调整该对象的位置，并对其进行复制和调整，效果如图5-43所示。

13 在工具箱中选择【椭圆形工具】○，在工作区中按住Ctrl键绘制一个大小为5.7的正圆。按F11键，在弹出的【编辑填充】对话框中将左侧节点的CMYK值设置为3、23、85、0，在位置10%处添加一个节点，将其CMYK值设置为3、23、85、0，在位置61%处添加一个节点，将其CMYK值设置为7、51、93、0，将右侧节点的CMYK值设置为16、75、

92、0，勾选【缠绕填充】复选框，取消勾选【自由缩放和倾斜】复选框，将【填充宽度】设置为122，将【旋转】设置为-63°，设置完成后，单击【确定】按钮，在默认调色板中右击⊠按钮，取消轮廓色，对该图形进行复制，并调整其位置如图5-44所示。

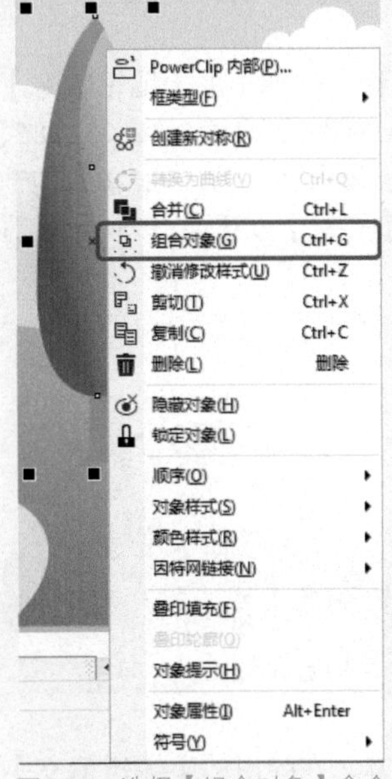

图5-42　选择【组合对象】命令

图5-43　调整对象位置并进行复制后的效果

图5-44　调整对象位置并进行复制后的效果

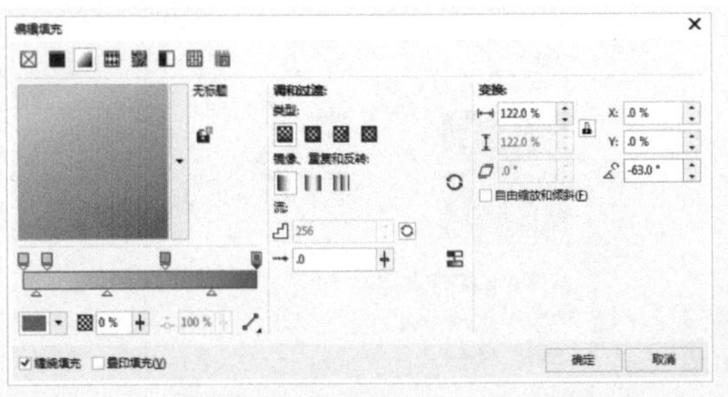

图5-44　调整对象位置并进行复制后的效果（续）

14 在工具箱中选择【钢笔工具】，在工作区中绘制一个图形，为其填充白色，并取消轮廓色，在工具箱中选择【透明度工具】，在工具属性栏中单击【均匀透明度】按钮■，将【透明度】设置为15，效果如图5-45所示。

15 使用上述方法继续绘制房子其他部分，绘制完成效果如图5-46所示。

图5-45　绘制图形

图5-46　绘制房子

16 绘制完成后使用Ctrl+S组合键保存文件，完成效果如图5-47所示。

图5-47　添加透明度效果

5.3 为对象填充图样

在CorelDRAW中，可以为对象填充向量、位图或双色图样。

5.3.1 实战：应用向量或位图图样填充对象

向量图样填充的图形是比较复杂的矢量图形，可以由线条和填充组成。向量填充可以有彩色或透明背景。位图图样填充的图形是一种位图图像，复杂性取决于其大小、图像分辨率和位深度。

在工具箱中选择【交互式填充工具】，并在属性栏中单击【向量图样填充】按钮或【位图图样填充】按钮，即可进行向量或位图图样填充。

使用位图图样填充的操作步骤如下。

01 打开素材|Cha05|【位图图样填充.cdr】文件，如图5-48所示。

02 使用【选择工具】选中内侧的矩形图形对象，如图5-49所示。

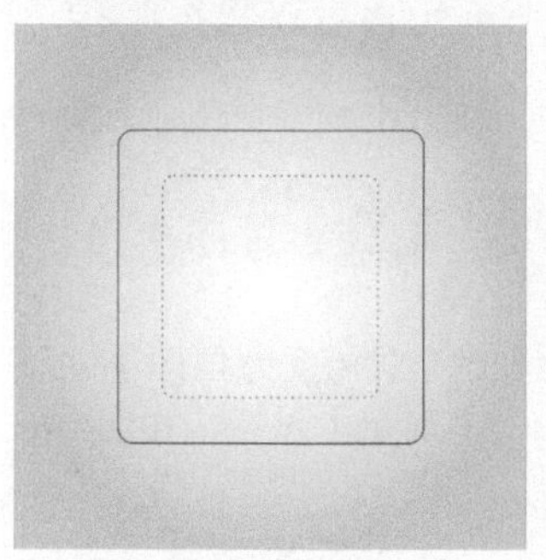

图5-48 素材文件

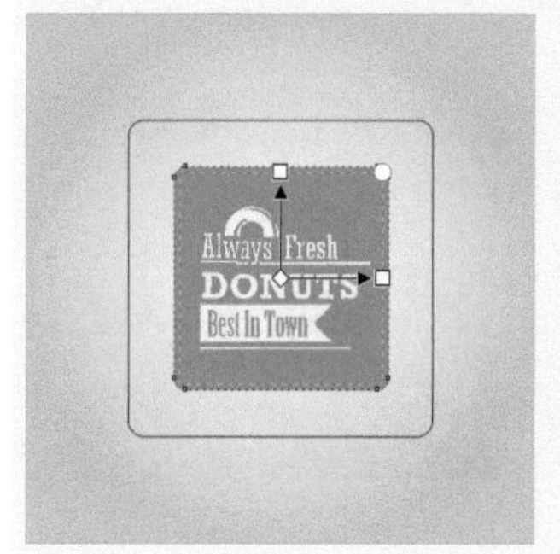

图5-49 选择内侧矩形

03 在工具箱中选择【交互式填充工具】，并在属性栏中单击【位图图样填充】按钮，然后单击【来自文件的新源】按钮，如图5-50所示。

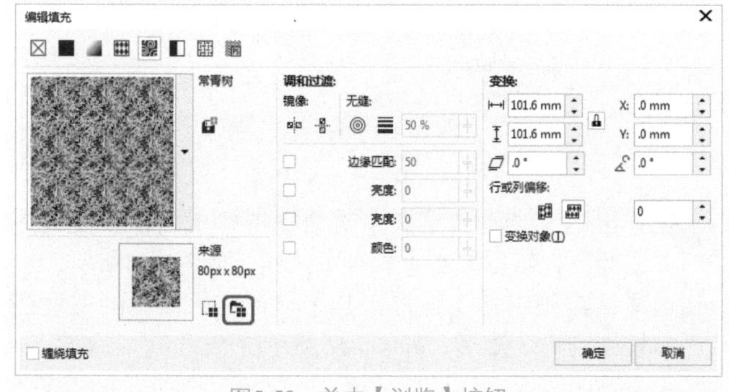

图5-50 单击【浏览】按钮

04 在弹出的【打开】对话框中将文件类型设置为JPG，然后选择素材|Cha05|【图标.jpg】素材文件，如图5-51所示。

05 单击【导入】按钮，然后按住Shift键调整位图图样的大小并移动至适当位置，如图5-52所示。

06 在空白位置单击，即可填充完成，效果如图5-53所示。

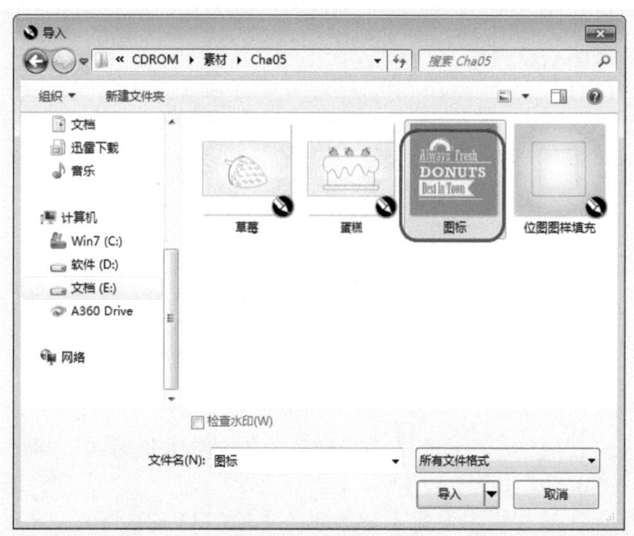

图5-51 选择素材图片

图5-52 调整位图图样

图5-53 填充完成的效果

5.3.2 实战：应用双色图样填充对象

使用双色图样填充的操作步骤如下。

01 使用【选择工具】选中外侧的矩形图形对象，如图5-54所示。

02 在工具箱中选择【交互式填充工具】，并在属性栏中单击【双色图样填充】按钮，然后选择如图5-55所示的图样。

图5-54 选择外侧矩形

图5-55 选择图样

03 按住Shift键调整图样的大小并移动至适当位置，如图5-56所示。

图5-56 调整图样的大小及位置

04 在属性栏中设置【前景颜色】的CMYK值为79、44、0、0，如图5-57所示。

05 在属性栏中设置【背景颜色】的CMYK值为0、16、94、0，如图5-58所示。

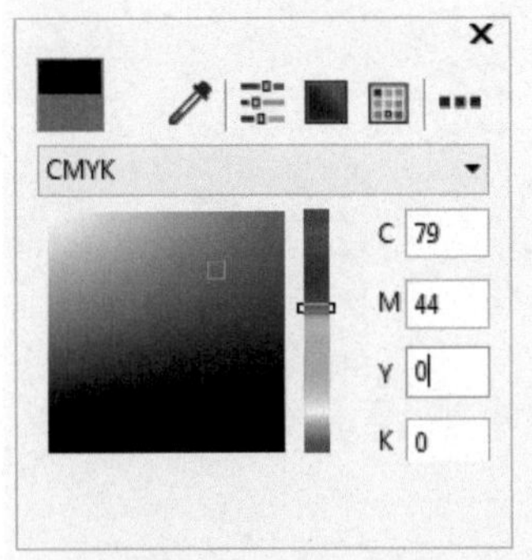

图5-57 设置前景色

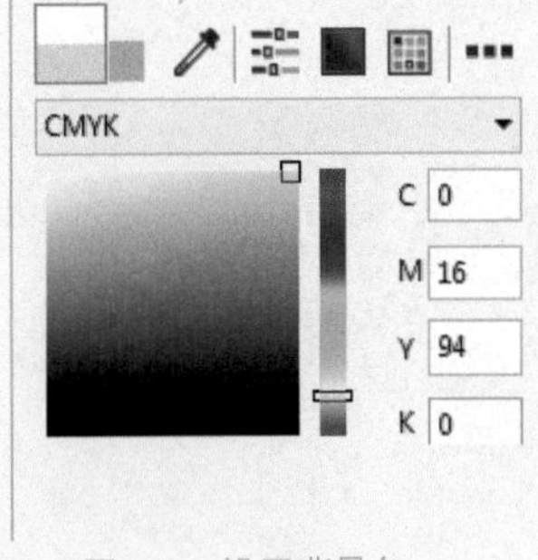

图5-58 设置背景色

06 在空白位置单击，即可填充完成，效果如图5-59所示。

图5-59 填充完成的效果

5.3.3 实战：从图像创建图样

若图样中没有所需的图样填充类型，用户也可以自己创建。下面介绍创建图样的具体操作步骤。

01 接着上节进行操作，在菜单栏中选择【工具】|【创建】|【图样填充】命令，如图5-60所示。

02 在弹出的【创建图案】对话框中选择【类型】为【位图】，并单击【确定】按钮，如图5-61所示。

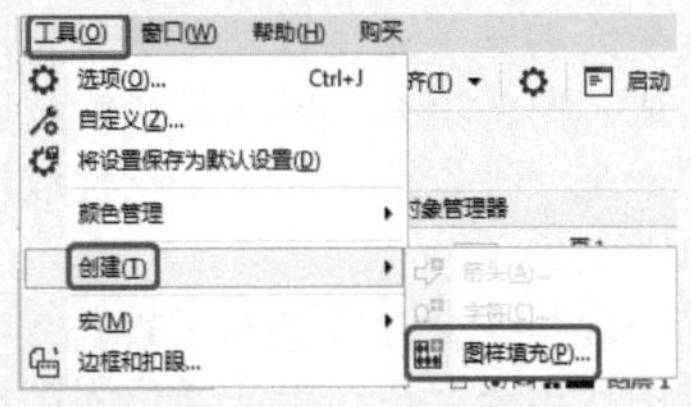

图5-60 选择【图样填充】命令

03 此时，在画面中会出现一个裁剪图标，然后按下鼠标左键并拖动，框出所需的范围，如图5-62所示。

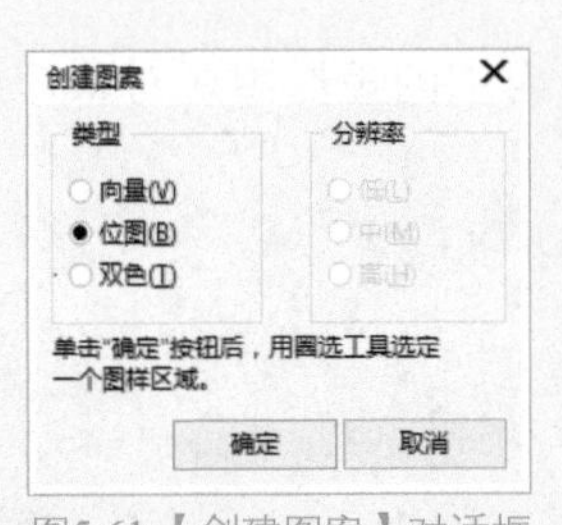

图5-61【创建图案】对话框

图5-62 裁剪图形范围

04 按Enter键进行确认，在弹出的【转换为位图】对话框中使用默认参数，并单击【确定】按钮，如图5-63所示。

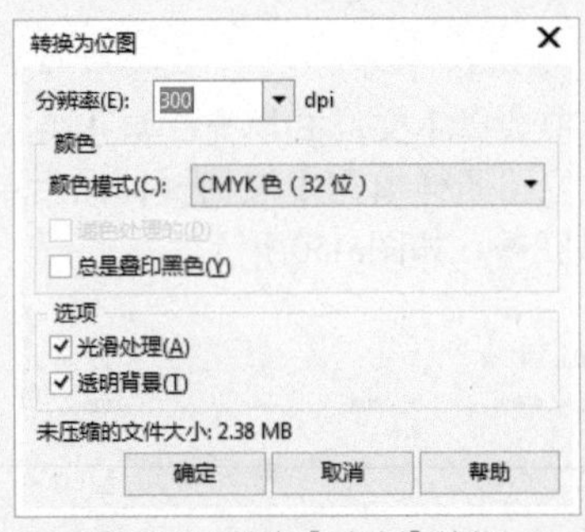

图5-63 单击【确定】按钮

05 在弹出的【创建自定义】对话框中将【名称】设置为"图标"，然后单击【保存】按钮，如图5-64所示。

06 选择工具箱中的【矩形工具】□，在画面中的任意空白处绘制一个矩形，如图5-65所示。

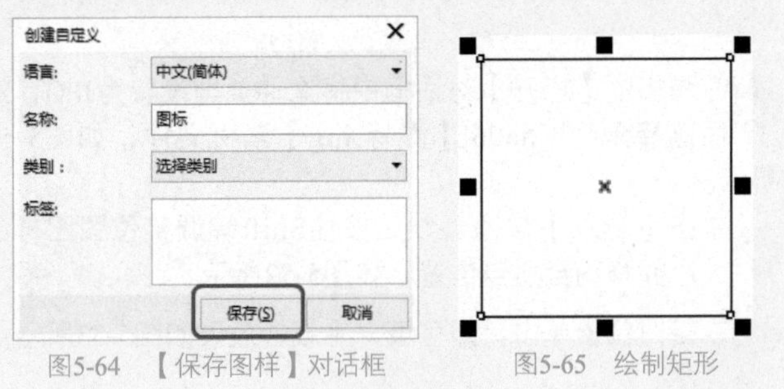

图5-64 【保存图样】对话框　　图5-65 绘制矩形

07 在工具箱中选择【交互式填充工具】，并在属性栏中单击【位图图样填充】按钮，然后单击【填充挑选器】按钮，在弹出的面板中选择【用户内容】下的图标，如图5-66所示。

08 为矩形填充位图图样后，调整图样的位置。填充完成后的效果如图5-67所示。

图5-66 选择图样

图5-67 填充完成后的效果

提示：保存图样时最好采用默认设置，以便直接在图样选择器中选择它。

5.4 为对象填充底纹

在CorelDRAW中提供了许多预设的底纹，而且每种底纹均有一组可以更改的选项，用户可以在【底纹填充】对话框中使用任意颜色或调色板中的颜色来自定义底纹，但底纹填充只能包含RGB颜色。

下面介绍填充底纹的方法。

01 打开素材|Cha05|【青花瓷圆盘.cdr】文件，如图5-68所示。

02 使用【选择工具】选中内侧的圆形图形对象，如图5-69所示。

图5-68 素材文件

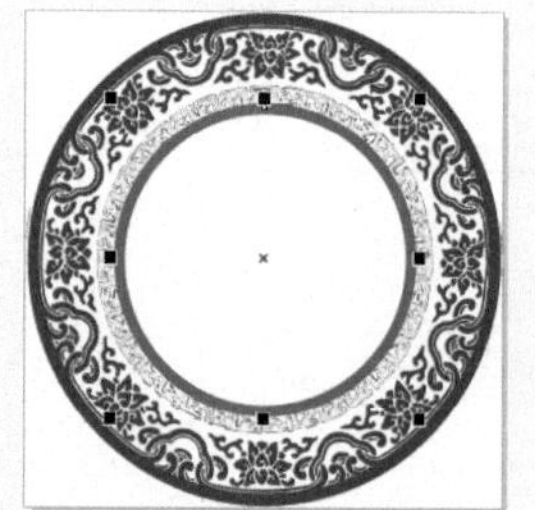

图5-69 选中内侧的圆形

03 在工具箱中选择【交互式填充工具】，在属性栏中单击【底纹填充】按钮，然后单击【编辑填充】按钮。在弹出的【编辑填充】对话框中选择【底纹库】为【样本5】。在【细菌】选项组中，将【底纹】设置为7、【密度】设置为1、【最短长度】设置为1、【最大长度】设置为23、【浮雕】设置为50，将【色调】的CMYK值设置为85、70、8、0，将【东方亮度】和【北方亮度】都设置为5，如图5-70所示。

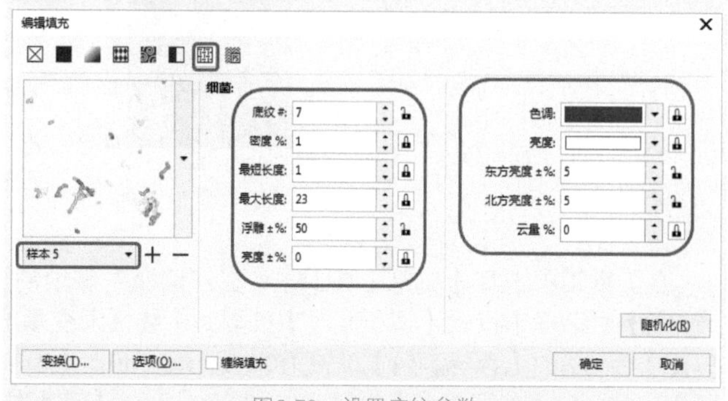

图5-70 设置底纹参数

04 单击【确定】按钮，在工作区中通过控制点调整填充图案的大小及位置，如图5-71所示。

05 在空白位置单击，完成底纹填充后的效果如图5-72所示。

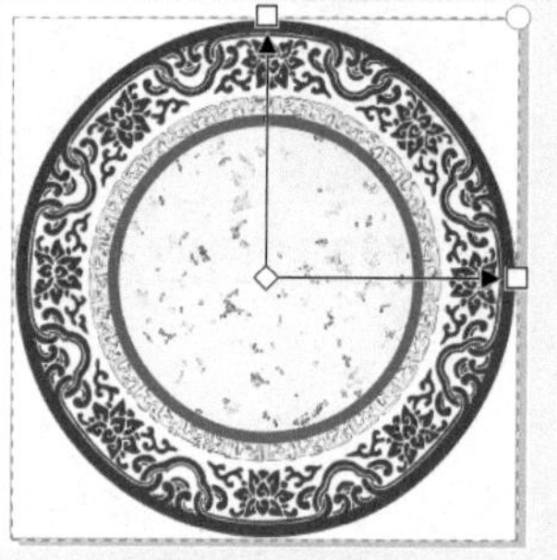

图5-71 调整填充图案的大小及位置

图5-72 填充底纹后的效果

实例操作002——绘制红酒瓶

下面将介绍如何绘制红酒瓶，效果如图5-73所示。

图5-73 红酒瓶绘制效果

01 新建一个空白文档，设置文档名为“红酒瓶”，设置【宽度】为270mm、【高度】为210mm，【颜色模式】设置为CMYK，【渲染分辨率】设置为300dpi。

02 在工具箱中选择【钢笔工具】，在工作区中绘制如图5-74所示图形。按Shift+F11组合键，弹出【编辑填充】对话框，设置CMYK值为86、85、79、100，单击【确定】按钮，取消轮廓颜色，如图5-74所示。

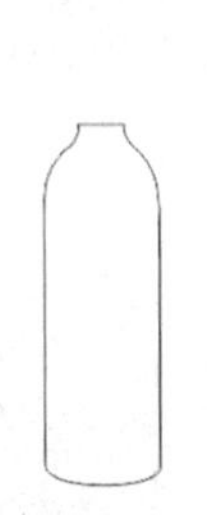

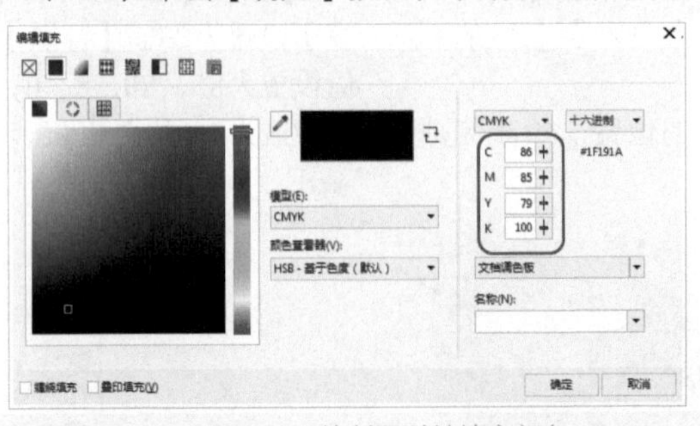

图5-74　绘制图形并填充颜色

03 在工具箱中选择【钢笔工具】，在红酒瓶左侧绘制反光区域轮廓，如图5-75所示。按F11键，在弹出的【编辑填充】对话框中设置【调和过渡】类型为【线性渐变填充】，【镜像、重复和反转】为【默认渐变填充】，将【节点位置】为 0%的【色标颜色】设置为0、0、0、100，【节点位置】为15%的【色标颜色】设置为0、0、0、81，【节点位置】为64%的【色标颜色】设置为0、0、0、90，【节点位置】为100%的【色标颜色】设置为0、0、0、100，取消勾选【自由缩放和倾斜】复选框，【填充宽度】为101.853%、【水平偏移】为7.046%、【垂直偏移】为-.919%、【旋转】为-91.1°，单击【确定】按钮，填充完毕后去除轮廓，如图5-75所示。

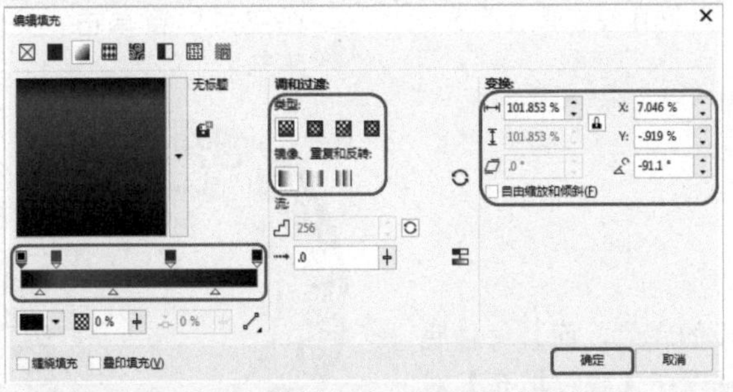

图5-75　绘制左侧反光区域并填充渐变

04 在工具箱中选择【钢笔工具】，在红酒瓶右侧绘制反光区域轮廓，如图5-76所示。按F11键，在弹出的【编辑填充】对话框中设置【调和过渡】类型为【线性渐变填充】，【镜像、重复和反转】为【默认渐变填充】，设置【节点位置】为0%的【色标颜色】为0、0、0、80，【节点位置】为50%的【色标颜色】为0、0、0、100，【节点位置】为100%的【色标颜色】为0、0、0、100，取消勾选【自由缩放和倾斜】复选框，【填充宽度】为100.0%、【水平偏移】为-.002%、【垂直偏移】为0，【旋转】为-90.0°，单击【确定】按钮，填充完毕后去除轮廓，如图5-76所示。

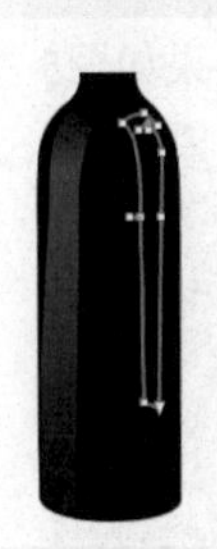

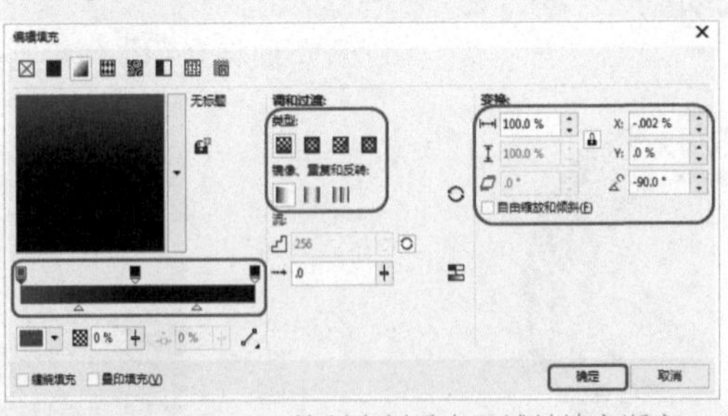

图5-76　绘制右侧反光区域并填充渐变

05 在工具箱中选择【钢笔工具】，绘制出红酒瓶颈部左侧反光区域的轮廓，如图5-77所示。按F11键，在弹出的【编辑填充】对话框中设置【调和过渡】类型为【线性渐变填充】，【镜像、重复和反转】为【默认渐变填充】，设置【节点位置】为0%的【色标颜色】为0、0、0、70，【节点位置】为85%的【色标颜色】为0、0、0、100，【节点位置】为100%的【色标颜色】为0、0、0、90，取消勾选【自由缩放和倾斜】复选框，【填充宽度】为100%、【水平偏移】

为-.002%、【垂直偏移】为0%，【旋转】为0°，单击【确定】按钮，填充完毕后去除轮廓，如图5-77所示。

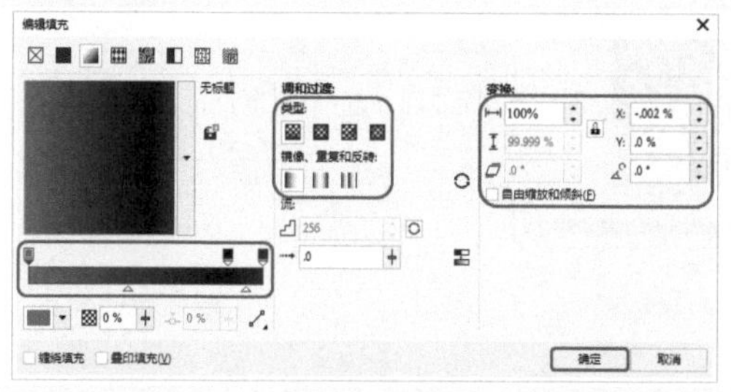

图5-77 绘制瓶颈左侧反光区域并填充渐变

06 在工具箱中选择【钢笔工具】，绘制出红酒瓶颈部右侧反光区域的轮廓，如图5-78所示。按F11键，在弹出的【编辑填充】对话框中设置【调和过渡】类型为【线性渐变填充】，【镜像、重复和反转】为【默认渐变填充】，设置【节点位置】为0%的【色标颜色】为0、0、0、100，【节点位置】为100%的【色标颜色】为0、0、0、70，取消勾选【自由缩放和倾斜】复选框，【填充宽度】为125%、【水平偏移】为0%、【垂直偏移】为-10.5%，【旋转】为-33.0°，单击【确定】按钮，填充完毕后去除轮廓，如图5-78所示。

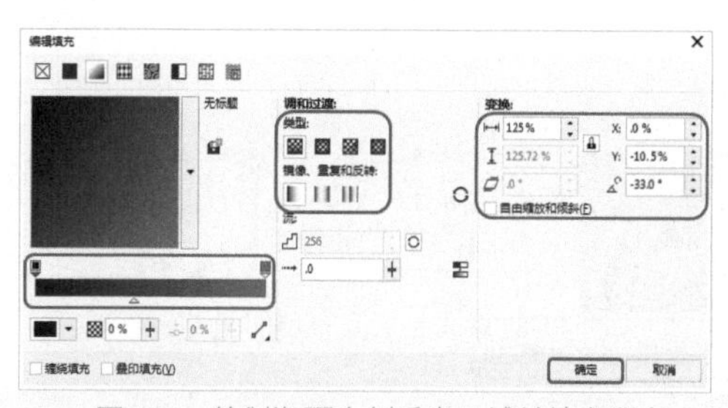

图5-78 绘制瓶颈右侧反光区域并填充渐变

07 在工具箱中选择【钢笔工具】，绘制出红酒瓶左侧上方边缘反光区域的轮廓，如图5-79所示。按F11键，在弹出的【编辑填充】对话框中设置【调和过渡】类型为【线性渐变填充】，【镜像、重复和反转】为【默认渐变填充】，设置【节点位置】为0%的【色标颜色】为78、74、71、44，【节点位置】为100%的【色标颜色】为86、85、79、100，取消勾选【自由缩放和倾斜】复选框，【填充宽度】为13.5%、【水平偏移】为0%、【垂直偏移】为0%，【旋转】为-90.0°，单击【确定】按钮，填充完毕后去除轮廓，如图5-79所示。

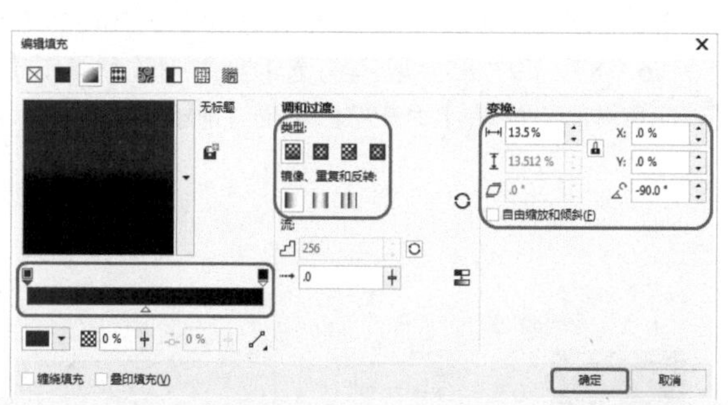

图5-79 绘制左侧上方边缘反光区域

08 在工具箱中选择【钢笔工具】，绘制出红酒瓶左侧下方边缘反光区域的轮廓，如图5-80所示。按F11键，在弹出的【编辑填充】对话框中设置【调和过渡】类型为【线性渐变填充】，【镜像、重复和反转】为【默认渐变填充】，设置【节点位置】为0%的【色标颜色】为85、86、79、100，【节点位置】为77%的【色标颜色】为0、0、0、100，【节点位置】为100%的【色标颜色】为0、0、0、70，取消勾选【自由缩放和倾斜】复选框，【填充宽度】为110%、【水平偏移】为53%、【垂直偏移】为-5.4%，【旋转】为-90.0°，单击【确定】按钮，填充完毕后去除轮廓，如图5-80所示。

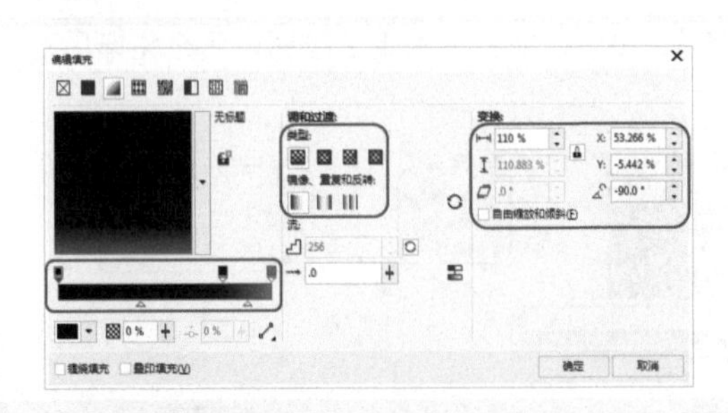

图5-80 绘制左侧下方反光区域

09 在工具箱中选择【钢笔工具】，绘制出红酒瓶右侧边缘反光区域的轮廓，如图5-81所示。按F11键，在弹出的【编辑填充】对话框中设置【调和过渡】类型为【线性渐变填充】，【镜像、重复和反转】为【默认渐变填充】，设置【节点位置】为0%的【色标颜色】为55、49、48、14，【节点位置】为85%的【色标颜色】为0、0、0、90，【节点位置】为100%的【色标颜色】为0、0、0、100，取消勾选【自由缩放和倾斜】复选框，【填充宽度】为83%、【水平偏移】为.25%、【垂直偏移】为8.5%，【旋转】为-90.0°，单击【确定】按钮，填充完毕后去除轮廓，如图5-81所示。

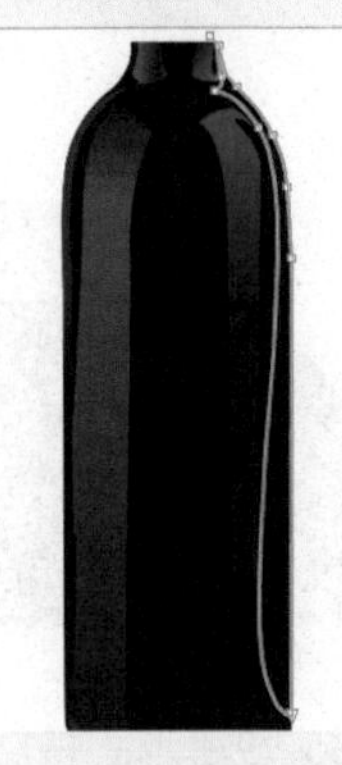
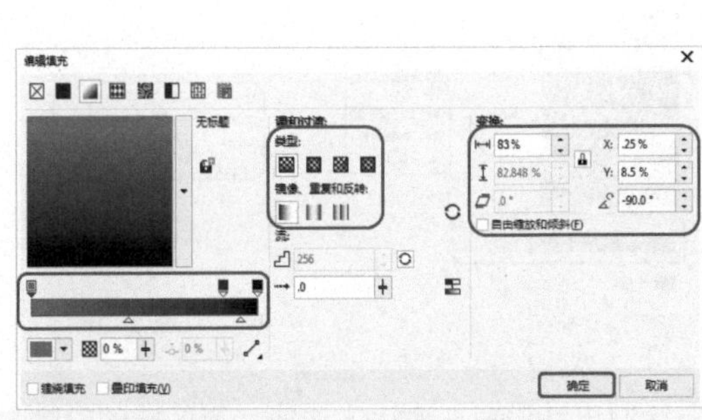

图5-81 绘制右侧边缘反光区域

10 在工具箱中选择【矩形工具】，绘制出瓶盖的外轮廓，在上方绘制一个【圆角】为0.77mm的矩形。绘制完成后将绘制的矩形全部选中，按C键使其垂直居中对齐，选中最下方的矩形，按Ctrl+Q组合键转换为曲线。在左侧工具箱中选择【形状工具】，调整矩形外形，如图5-82所示，按Ctrl+G组合键进行组合对象。选中组合后的对象，按F11键，在弹出的【编辑填充】对话框中设置【调和过渡】类型为【线性渐变填充】，【镜像、重复和反转】为【默认渐变填充】，设置【节点位置】为0%的【色标颜色】为42、90、75、65，【节点位置】为21%的【色标颜色】为35、85、77、42，【节点位置】为43%的【色标颜色】为44、89、90、11，【节点位置】为76%的【色标颜色】为56、87、82、86，【节点位置】为100%的【色标颜色】为56、87、79、85，取消勾选【自由缩放和倾斜】复选框，【填充宽度】为100.、【水平偏移】为.002、【垂直偏移】为-.008，【旋转】为0°，单击【确定】按钮，填充完毕后去除轮廓，如图5-82所示。

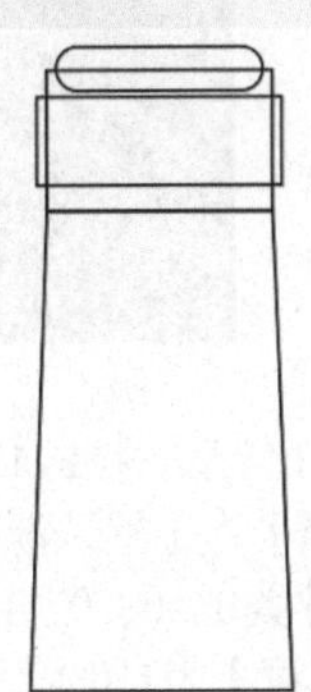
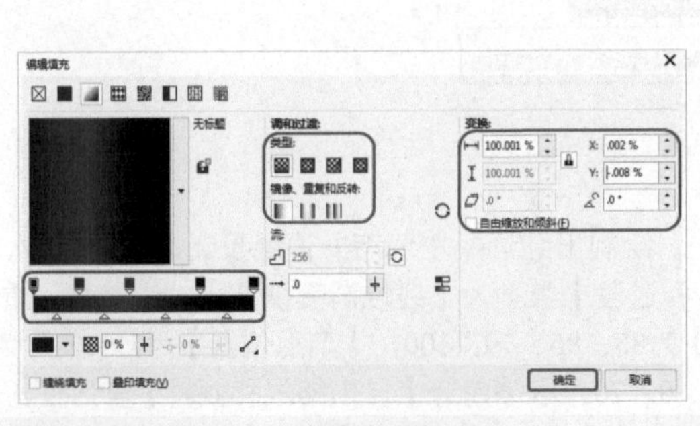

图5-82 绘制瓶盖并填充渐变

11 在工具箱中选择【矩形工具】，绘制一个【宽度】为15.7mm，【高度】为0.35mm的矩形长条。按Shift+F11组合键，在弹出的【编辑填充】对话框中将【CMYK】值设置为49、87、89、80，单击【确定】按钮，填充完成后去除轮廓，如图5-83所示。将矩形复制3份放置于瓶盖衔接处，效果如图5-84所示。

图5-83　绘制矩形长条

图5-84　衔接效果

12 在工具箱中选择【矩形工具】绘制一个矩形，按F11键，在弹出的【编辑填充】对话框中设置【调和过渡】类型为【线性渐变填充】，【镜像、重复和反转】为【默认渐变填充】，设置【节点位置】为0%的【色标颜色】为27、51、94、8，【节点位置】为28%的【色标颜色】为2、14、58、0，【节点位置】为49%的【色标颜色】为0、0、0、0，【节点位置】为67%的【色标颜色】为43、38、74、8，【节点位置】为80%的【色标颜色】为5、15、58、0，【节点位置】为100%的【色标颜色】为47、42、75、13，取消勾选【自由缩放和倾斜】复选框，【填充宽度】为99.996%、【水平偏移】为.002%、【垂直偏移】为-.017%，【旋转】为0°，单击【确定】按钮，填充完毕后去除轮廓。将填充后的矩形移动至瓶盖下方，在工具箱中选择【形状工具】，调整矩形左右两侧边缘与瓶盖左右两侧边缘重合，如图5-85所示。

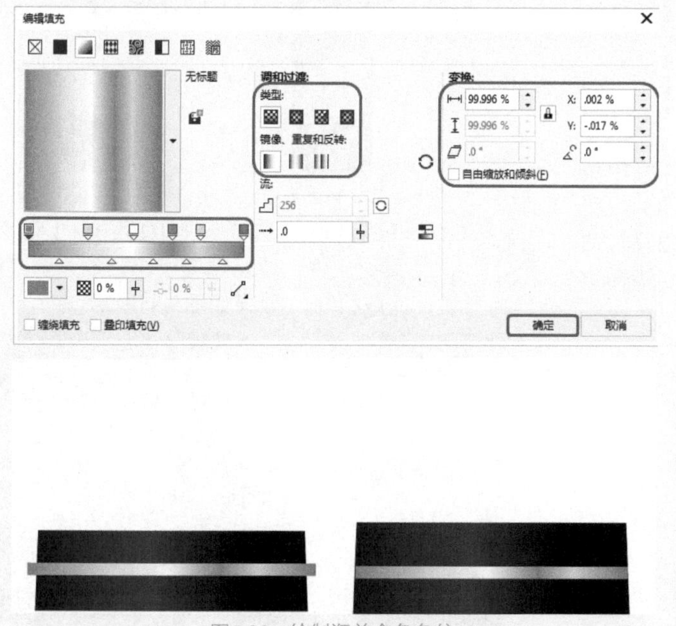

图5-85　绘制瓶盖金色条纹

13 按Ctrl+I组合键，选择素材|Cha05|【红酒文字.cdr】素材文件，移动到瓶盖下方，调整合适大小，如图5-86所示。

14 选中瓶盖上的所有内容，按Ctrl+G组合键进行对象组合，将瓶盖移动到瓶身上方，调整位置和大小，如图5-87所示。

图5-86　导入并调整素材

图5-87　组合对象并调整位置

15 在工具箱中选择【矩形工具】，在瓶身上绘制一个矩形作为瓶贴，如图5-88所示。按F11键，在弹出的【编辑填充】对话框中设置【调和过渡】类型为【线性渐变填充】，【镜像、重复和反转】为【默认渐变填充】，设置【节点位置】为0%的【色标颜色】为47、39、64、0，【节点位置】为23%的【色标颜色】为4、0、25、0，【节点位置】为53%的【色标颜色】为42、35、62、0，【节点位置】为83%的【色标颜色】为16、15、58、0，【节点位置】为100%的【色标颜色】为60、53、94、8，取消勾选【自由缩放和倾斜】复选框，【填充宽度】为99.998、【水平偏移】为.001、【垂直偏移】为0，【旋转】为0°，单击【确定】按钮，填充完毕后去除轮廓。

16 将绘制好的瓶贴复制两份，将顺序在上方的瓶贴缩小后拉长高度，如图5-89所示。在工具箱中选择【选择工具】，选中两个矩形，在工具属性栏中选择【移除前面对象】

按钮，制作边框效果，效果如图5-90所示。

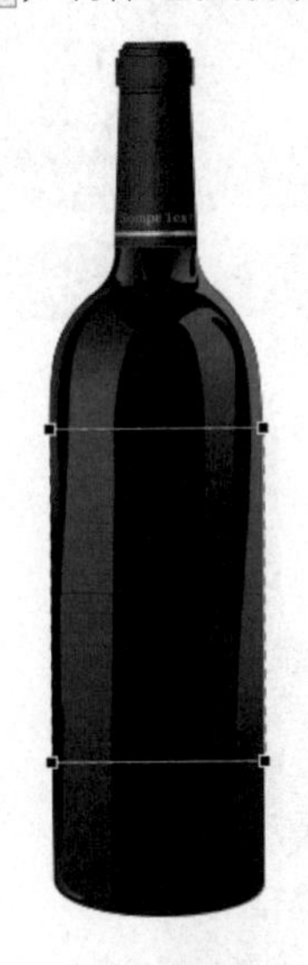

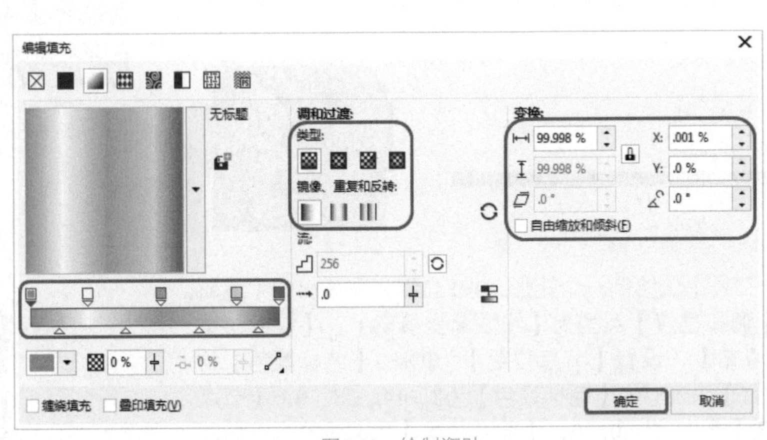

图5-88 绘制瓶贴

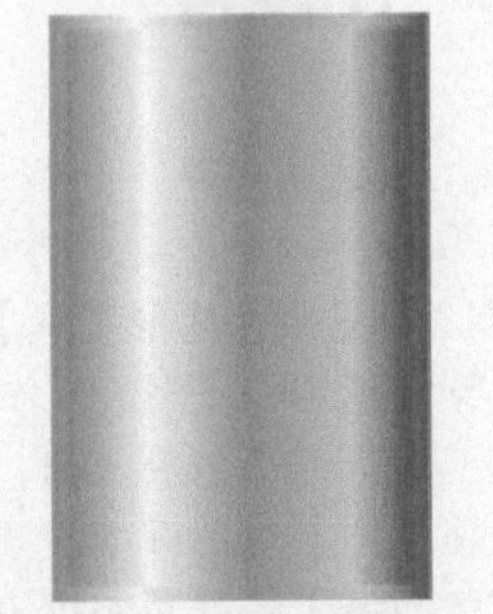

图5-89 复制、调整瓶贴

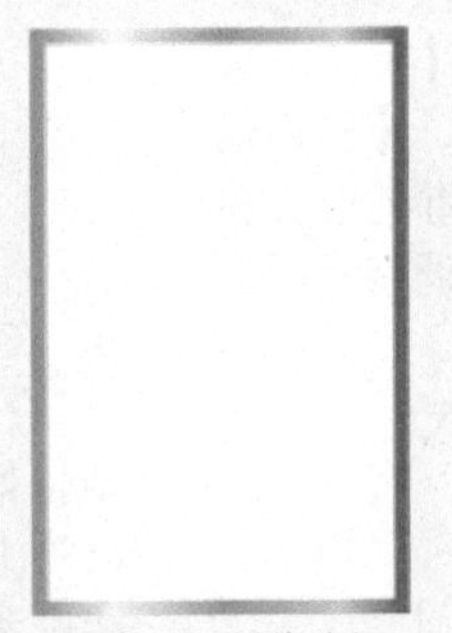

图5-90 制作边框

17 在工具箱中选择【滴管工具】，在工具属性栏中单击【属性】按钮，勾选【填充】复选框，如图5-91所示。在瓶盖的金色渐变色条上单击左键进行属性取样，然后单击矩形框，使金色色条的【填充】属性应用到矩形边框，如图5-92所示。

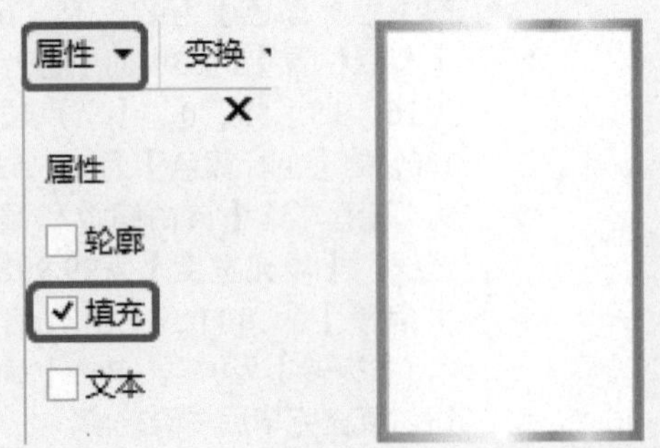

图5-91 勾选【填充】复选框 图5-92 应用【填充】属性

18 选中矩形边框，移动到瓶贴上，适当调整位置，如图5-93所示。

19 按Ctrl+I组合键，选择素材|Cha05|【红酒标签.cdr】素材文件，适当调整大小，放置到瓶贴上方，如图5-94所示。

图5-93 调整矩形框

图5-94 调整红酒标签

20 按Ctrl+I组合键，选择素材|Cha05|【葡萄庄园背景.jpg】素材文件，适当调整大小，放置到红酒瓶下面作为背景，完成绘制，效果如图5-95所示。

图5-95 红酒瓶完成效果

5.5 为对象填充PostScript

PostScript填充是使用 PostScript 语言创建的。有些底纹非常复杂，因此，包含 PostScript 底纹填充的比较大的对象，在打印或屏幕更新时需要较长时间。在应用 PostScript填充时，可以更改大小、线宽、底纹的前景和背景中出现的灰色量等属性。

按Shift+F11组合键，打开【编辑填充】对话框，单击【PostScript填充】按钮。可在该【样本列表框】中选择样本，在【参数】栏中设置相应的参数，如图5-96所示。

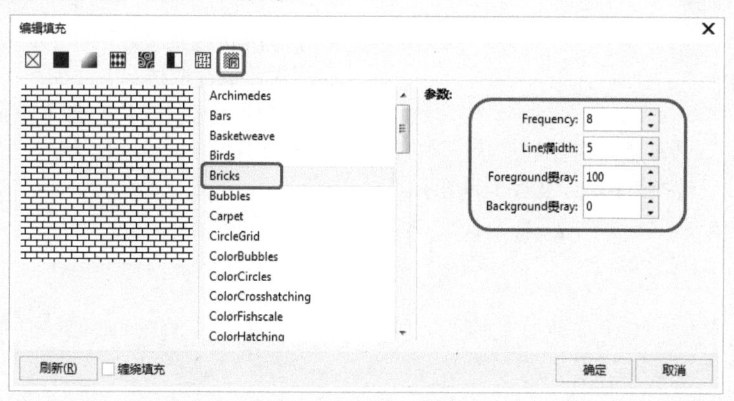

图5-96　PostScript底纹

> 提示　在应用PostScript底纹填充时，可以更改底纹大小、线宽，以及底纹的前景或背景中出现的灰色量等参数。在【PostScript底纹】对话框中选择不同的底纹样式，其参数设置也会相应发生改变。

5.6 为对象填充网状效果

在CorelDRAW中可以给对象进行网状填充，从而产生立体三维效果，此效果是各种颜色混合后而得到独特的效果。例如，可以创建任何方向的平滑的颜色过渡，而无须创建调和或轮廓图。应用网状填充时，可以指定网格的列数和行数，而且可以指定网格的交叉点。创建网状对象之后，可以通过添加和移除节点或交点来编辑网状填充网格，也可以移除网状。

【网状填充工具】可以生成一种比较细腻的渐变效果，通过设置网状节点颜色，实现不同颜色之间的自然融合，更好地对图形进行变形和多样填色处理，从而可增强软件在色彩渲染上的能力。

【网状填充工具】属性栏如图5-97所示。

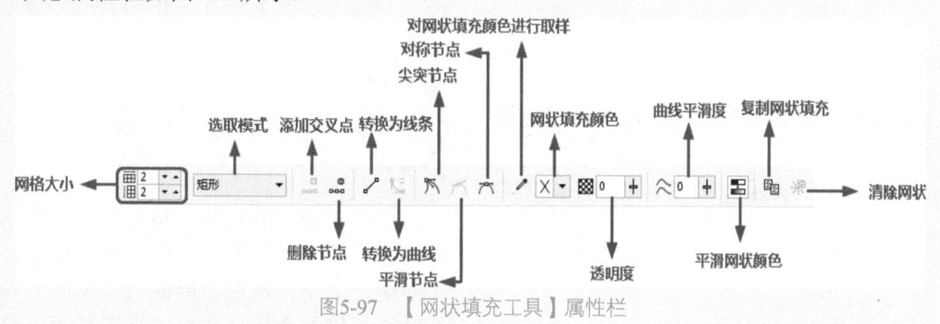

图5-97　【网状填充工具】属性栏

- 【网格大小】：设置网状填充网格中的行数和列数。

- 【选取模式】：在矩形和手绘选取框之间进行切换。
- 【添加交叉点】：在网状填充网格中添加一个交叉点，如图5-98所示。

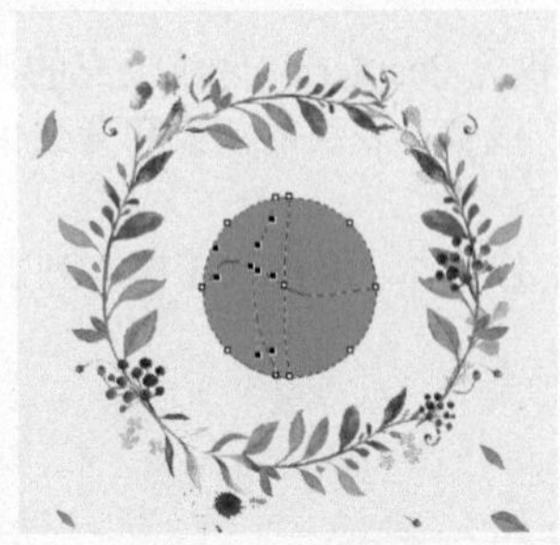

图5-98 添加交叉点

- 【删除节点】：删除节点，改变曲线对象的形状。
- 【转换为线条】：将曲线段转换为直线，如图5-99所示。

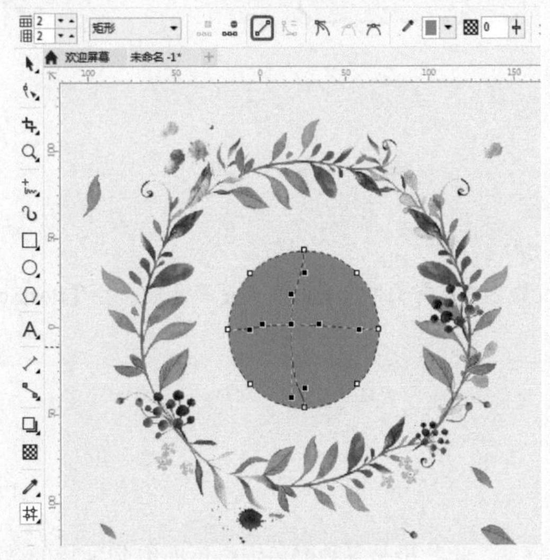

图5-99 转换为线条

- 【转换为曲线】：将线段转换为曲线，可通过控制柄更改曲线形状，如图5-100所示。
- 【尖突节点】：通过将节点转换为尖突节点，在曲线中创建一个锐角。
- 【平滑节点】：通过将节点转换为平滑节点，来提高曲线的圆滑度。
- 【对称节点】：将同一曲线形状应用到节点的两侧。

图5-100 转换为曲线

- 【对网状填充进行取样】：从桌面对要应用于选定节点的颜色进行取样。
- 【网状填充颜色】：选择要应用于选定节点的颜色，如图5-101所示。

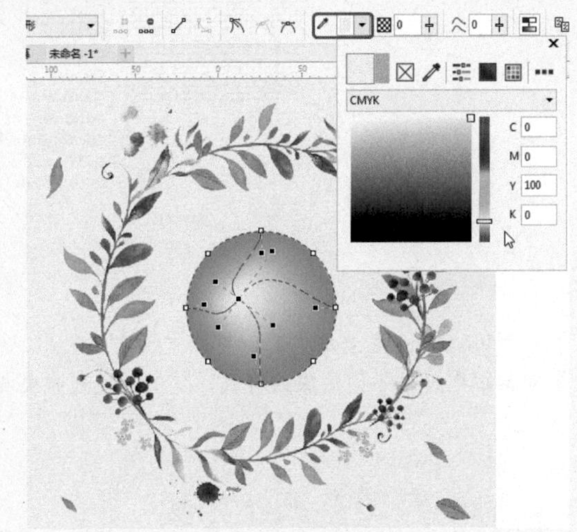

图5-101 网状填充颜色

- 【透明度】：显示所选节点区域下层的对象。
- 【曲线平滑度】：通过更改节点数量调整曲线的平滑度。
- 【平滑网状颜色】：减少网状填充中的硬边缘。
- 【复制网状填充】：将文档中另一个对象的网状填充属性应用到所选对象。
- 【清除网状】：移除对象中的网状填充。

提示 网状填充只能应用于闭合对象或单条路径。

5.7 智能填充工具

对任意闭合区域进行填充，可以使用智能填充工具。与其他填充工具不同，智能填充工具可以检测区域的边缘并创建一个闭合路径，因此可以填充区域。例如，如果用手绘线创建一个环，智能填充工具可以检测到环的边缘并

对其进行填充。只要一个或多个对象的路径完全闭合一个区域，就可以进行填充。

【智能填充工具】的属性栏如图5-102所示。

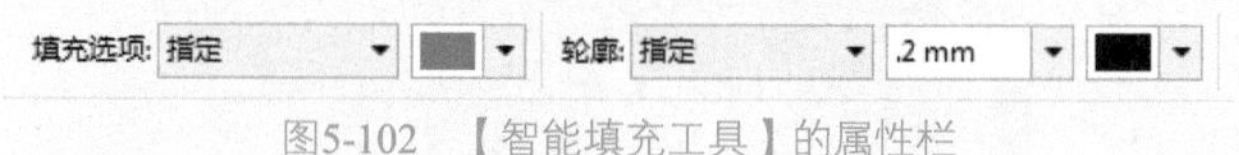

图5-102 【智能填充工具】的属性栏

- 【填充选项】：选择将默认或自定义填充属性应用于新对象。
- 【填充色】：设置填充颜色。
- 【轮廓选项】：选择将默认或自定义轮廓设置应用于新对象。
- 【轮廓宽度】：设置选择对象的轮廓宽度。
- 【轮廓色】：设置选择对象的轮廓色。

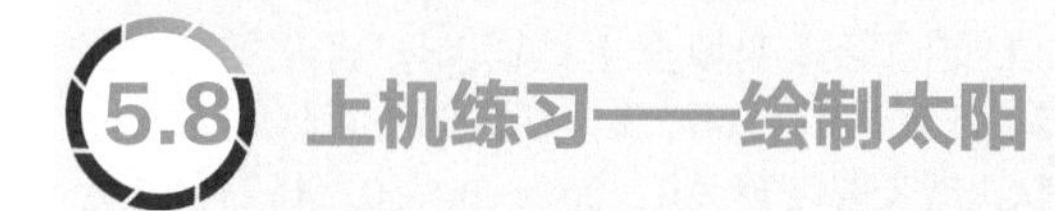

5.8 上机练习——绘制太阳

本例将介绍太阳的绘制，本例的制作比较烦琐，该案例主要通过【钢笔工具】和【椭圆形工具】来绘制太阳轮廓，然后通过为绘制的对象添加渐变填充和均匀填充来达到所需的效果，完成后的效果如图5-103所示。

图5-103 绘制太阳效果图

01 按Ctrl+N组合键，新建一个【宽度】和【高度】都为280mm的新文档，如图5-104所示。

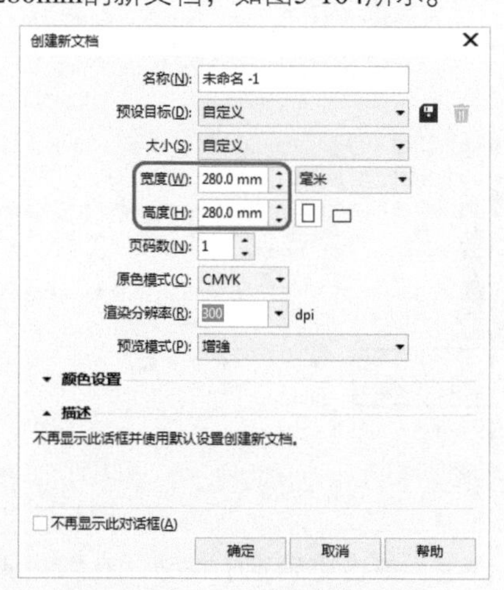

图5-104 新建文档

02 按Ctrl+I组合键，导入【太阳背景图.jpg】素材文件，点击【导入】按钮，如图5-105所示。

图5-105 选择要导入的素材文件

03 导入素材文件后的效果如图5-106所示。

图5-106 导入文件后的效果

04 在工具箱中选择【钢笔工具】，在工作区中绘制一个图形，如图5-107所示。

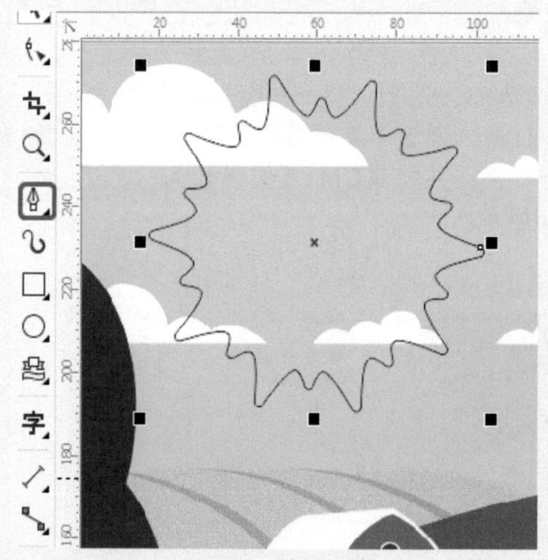

图5-107 绘制图形

05 选中该图形，按F11键，在弹出的【编辑填充】对话框中单击【椭圆形渐变填充】按钮，将左侧节点的CMYK值设置为3、27、97、0，在位置28%处添加一个

节点，并将其CMYK值设置为9、52、100、0，将右侧节点的CMYK值设置为9、52、100、0，勾选【缠绕填充】复选框，将【填充宽度】和【填充高度】都设置为98，如图5-108所示。

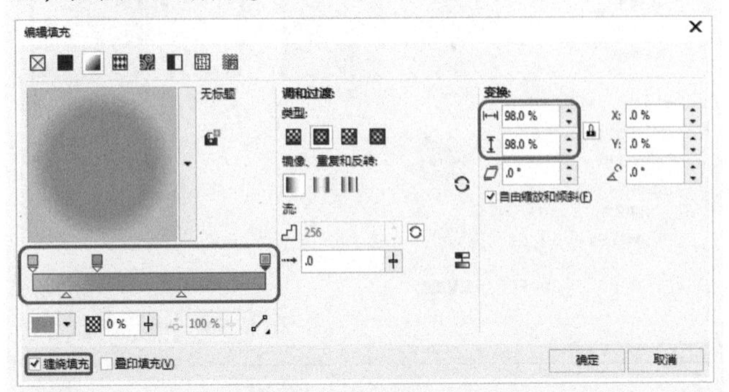

图5-108　设置渐变填充颜色

06 设置完成后，单击【确定】按钮，在默认调色板中右击☒按钮，取消轮廓色，效果如图5-109所示。

图5-109　填充渐变颜色并取消轮廓后的效果

07 继续选中该对象，按+号键对选中的对象进行复制。按F11键，弹出【编辑填充】对话框，在位置17%处添加一个节点，并将其CMYK值设置为3、27、97、0，如图5-110所示。

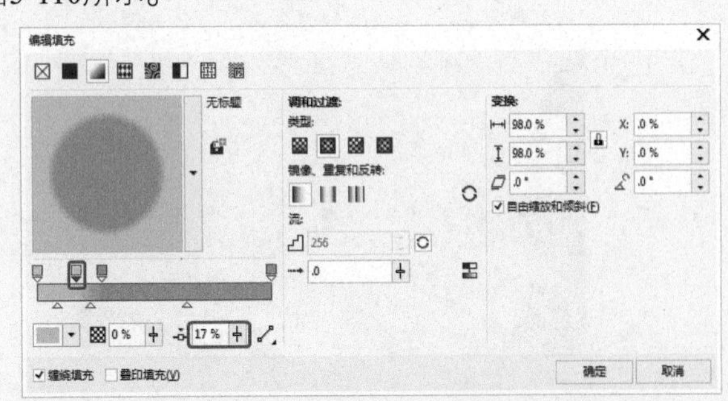

图5-110　添加节点并进行设置

08 设置完成后，单击【确定】按钮，继续选中该图形，在工具属性栏中将对象的【宽高】和【高度】分别设置为80、77.5，如图5-111所示。

图5-111　设置对象的大小

09 在工具箱中选择【椭圆形工具】○，在工作区中按住Ctrl键绘制一个【宽度】和【高度】为53.5的正圆，效果如图5-112所示。

10 选中该圆形，按F11键，在弹出的【编辑填充】对话框中单击【椭圆形渐变填充】按钮▣，将左侧节点的CMYK值设置为15、60、100、2，在50%位置处添加一个节点，并将其CMYK值设置为0、25、100、0，将右侧节点的CMYK值设置为0、10、95、0，如图5-113所示。

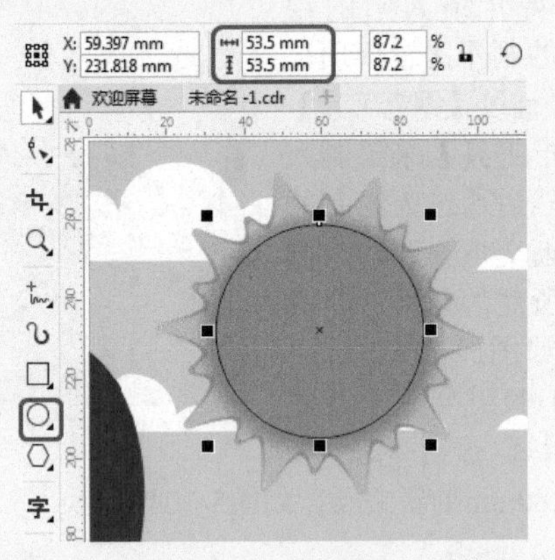

图5-112　绘制正圆

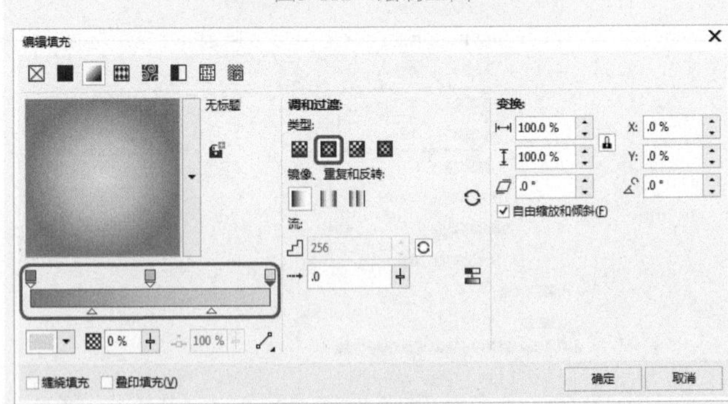

图5-113　设置渐变填充

11 设置完成后，单击【确定】按钮，在默认调色板中右击☒按钮，取消轮廓色，效果如图5-114所示。

12 继续选中该图形，按+号键对选中的图形进行复制，按Shift+F11组合键，在弹出的【编辑填充】对话框中将CMYK值设置为0、10、95、0，如图5-115所示。

13 设置完成后，单击【确定】按钮，填充颜色后的效果如图5-116所示。

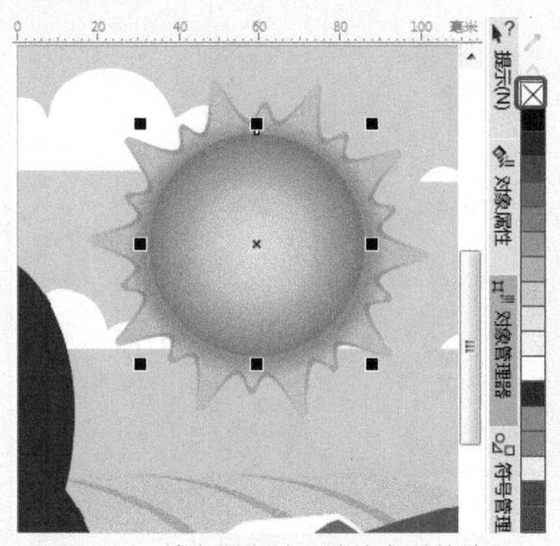

图5-114　填充渐变并取消轮廓后的效果

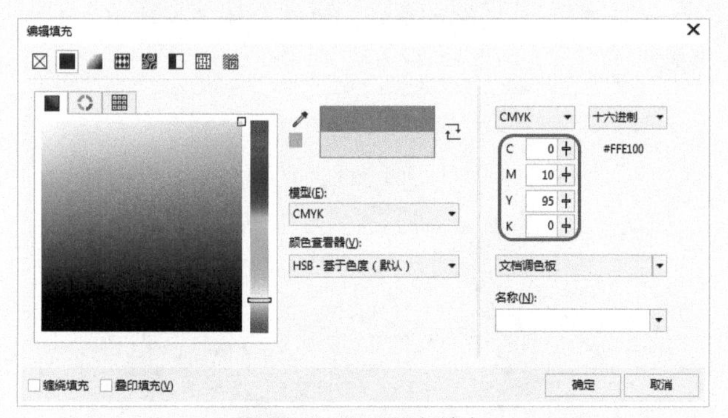

图5-115　设置均匀填充

图5-116　填充颜色后的效果

14 选中该图形，在工具箱中选择【透明度工具】，在工具属性栏中将【合并模式】设置为叠加，如图5-117所示。

15 在工具箱中选择【阴影工具】，在工具属性栏中选择【预设】列表中的小型辉光，将【阴影颜色】的CMYK值设置为6、39、99、0，如图5-118所示。

16 在工具箱中选择【椭圆形工具】，在工作区中绘制一个【宽高】和【高度】分别为34和20的椭圆，调整其位置，为其填充白色，并取消轮廓，效果如图5-119所示。

17 继续选中该图形，在工具箱中选择【透明度工具】，在工具属性栏中单击【渐变透明度】按钮，将【旋转】设置为90，如图5-120所示。

图5-117　设置合并模式

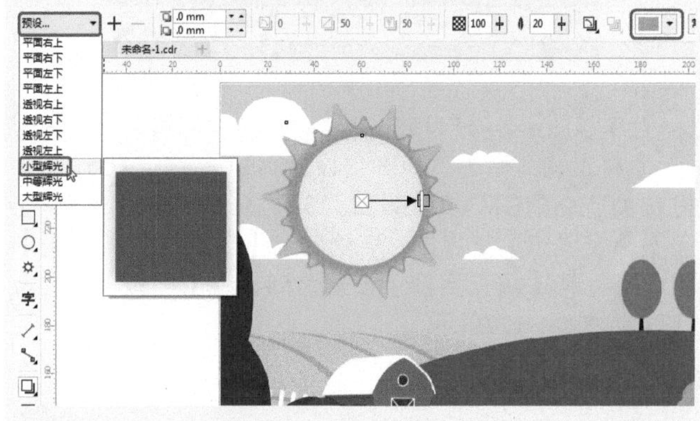

图5-118　为选中对象添加阴影

图5-119　绘制椭圆形

18 在工具箱中选择【钢笔工具】，在工作区中绘制一个如图5-121所示的图形。

图5-120 添加透明度

图5-121 绘制图形

19 选中该图形，按F11键，在弹出的【编辑填充】对话框中将左侧节点的CMYK值设置为11、94、100、0，将右侧节点的CMYK值设置为31、100、100、45，勾选【缠绕填充】复选框，取消勾选【自由缩放和倾斜】复选框，将【填充宽度】设置为58，将【旋转】设置为113.4°，如图5-122所示。

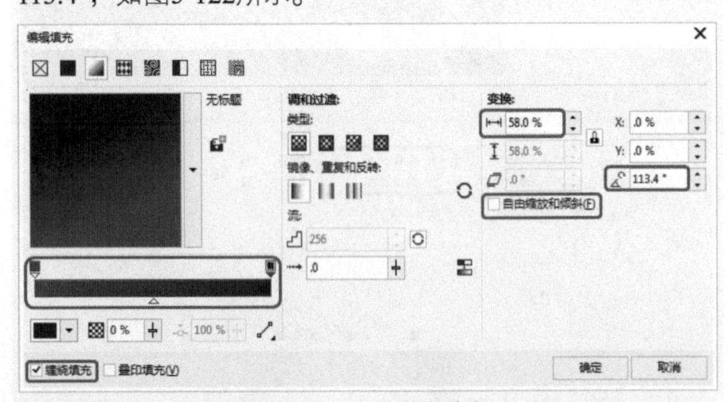

图5-122 设置渐变填充

20 设置完成后，单击【确定】按钮，在默认调色板中右击☒按钮，填充渐变并取消轮廓后的效果如图5-123所示。

21 在工具箱中选择【钢笔工具】，在工作区中绘制如图5-124所示的图形。

22 选中该图形，按Shift+F11组合键，在弹出的【编辑填充】对话框中将CMYK值设置为6、76、100、0，勾选【缠绕填充】复选框，如图5-125所示。

图5-123 填充渐变并取消轮廓后的效果

提示 在此处填充均匀填充时，需要勾选【缠绕填充】复选框。

图5-124 绘制图形

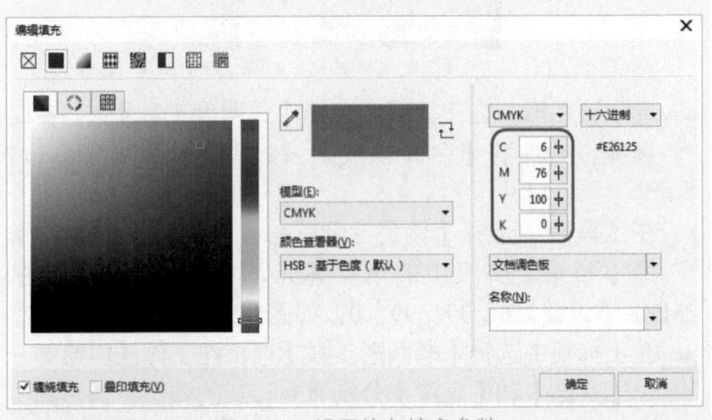

图5-125 设置均匀填充参数

23 设置完成后，单击【确定】按钮，在默认调色板中右击☒按钮，填充并取消轮廓后的效果如图5-126所示。

㉔ 在工具箱中选择【钢笔工具】，在工作区中绘制如图5-127所示的图形。

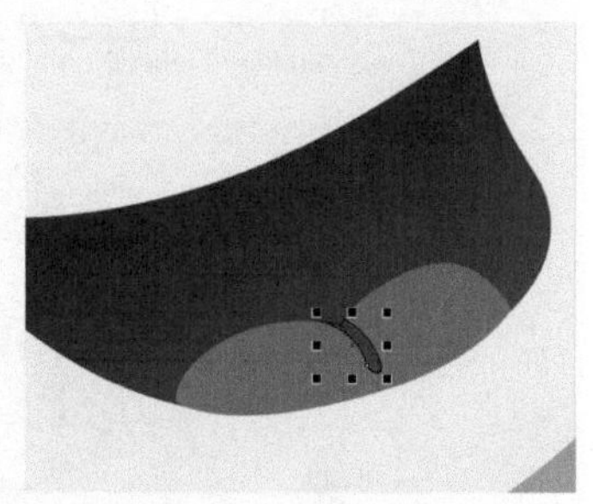

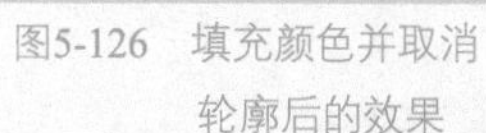

图5-126　填充颜色并取消轮廓后的效果　　图5-127　绘制图形

㉕ 将绘制的图形的CMYK值设置为7、83、100、0，并取消轮廓，效果如图5-128所示。

㉖ 在工具箱中选择【钢笔工具】，在工作区中绘制一个如图5-129所示的图形。

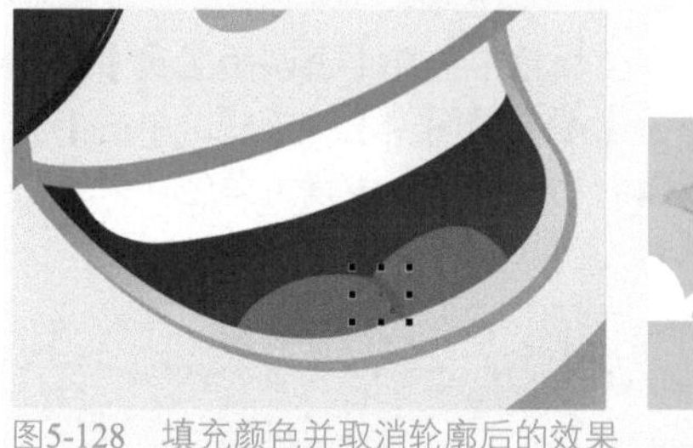

图5-128　填充颜色并取消轮廓后的效果　　图5-129　绘制图形

㉗ 选中绘制的图形，按F11键，在弹出的【编辑填充】对话框中将左侧节点的CMYK值设置为0、0、0、0，在56%位置处添加一个节点，并将其CMYK值设置为0、0、0、0。将右侧节点的CMYK值设置为10、7、7、0，勾选【缠绕填充】复选框，取消勾选【自由缩放和倾斜】复选框，将【填充宽度】设置为24.4，将【旋转】设置为28.5°，如图5-130所示。

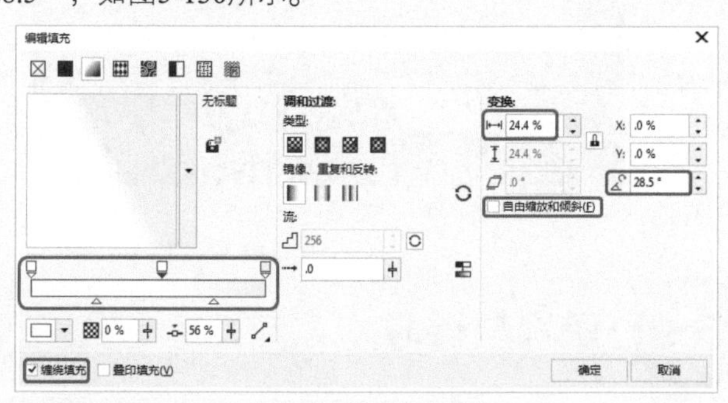

图5-130　设置渐变填充

㉘ 设置完成后，单击【确定】按钮，在默认调色板中右击☒按钮，填充渐变并取消轮廓后的效果如图5-131所示。

㉙ 在工具箱中选择【钢笔工具】，在工作区中绘制一个如图5-132所示的图形。

图5-131　填充渐变并取消轮廓后的效果　　图5-132　绘制图形

㉚ 选中该图形，按Shift+F11组合键，在弹出的【编辑填充】对话框中将CMYK值设置为6、45、100、0，勾选【缠绕填充】复选框，如图5-133所示。

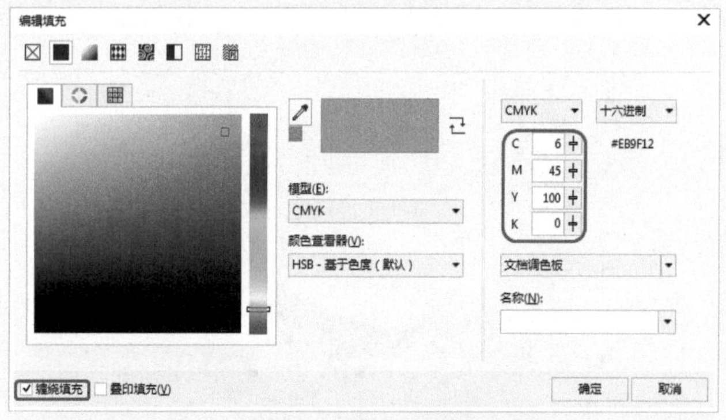

图5-133　设置均匀填充

㉛ 设置完成后，单击【确定】按钮，在默认调色板中右击☒按钮，填充并取消轮廓后的效果如图5-134所示。

图5-134　填充颜色并取消轮廓

㉜ 选中该图形，按+号键，对其进行复制。选中复制后的图形，按F11键，在弹出的【编辑填充】对话框中将左侧节点的CMYK值设置为5、10、89、0，将右侧节点的CMYK值设置为3、53、98、0，勾选【缠绕填充】复选框，取消勾选【自由缩放和倾斜】复选框，将【填充宽度】设置为37，将【旋转】设置为105.3°，如图5-135所示。

㉝ 设置完成后，单击【确定】按钮，在工具属性栏中将对象的【宽度】和【高度】分别设置为29.5和17.5，并

调整其位置，如图5-136所示。

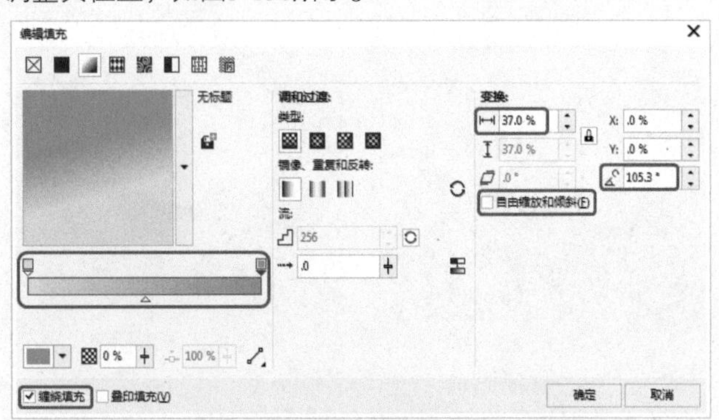
图5-135 设置渐变填充

图5-136 调整对象的大小和位置

34 使用相同的方法绘制其他图形对象，并对其进行相应的设置，效果如图5-137所示。

图5-137 绘制其他图形

35 在工具箱中选择【椭圆形工具】○，在工作区中绘制一个【宽度】和【高度】分别为70和19的椭圆，为其填充黑色，取消轮廓颜色，并调整其位置，效果如图5-138所示。

图5-138 绘制椭圆

36 继续选中该图形，在工具箱中选择【透明度工具】，在工具属性栏中单击【渐变透明度】按钮，单击【椭圆形渐变透明度】按钮，将【颜色】设置为黄色，效果如图5-139所示，对完成后的文档进行保存即可。

图5-139 添加透明度效果

5.9 思考与练习

1. 渐变填充有几种类型？分别是什么？
2. 简述网状填充工具的作用。

第6章 编辑与造形工具

在CorelDRAW 2018中，可以使用多种方式对对象进行编辑。编辑对象是绘图的必要步骤，因此本章将对各种编辑形状工具、造形工具与功能进行介绍。其中的选择工具、形状工具是CorelDRAW 2018中使用最频繁的工具，也是最重要的工具。只有熟练掌握编辑形状工具与造形工具的操作方法与应用，才能在绘图与创作过程中应用自如。

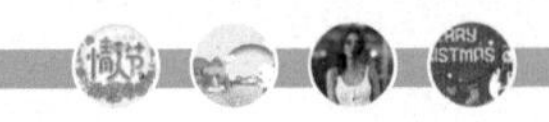

6.1 选择对象

在改变对象之前，必须先选定对象。通过选择对象，然后利用相应的工具对其进行编辑，可以得到想要的效果。

6.1.1 选择工具及选定范围属性栏

选择工具既可用于选择对象和取消对象的选择，还可用于交互式移动、延展、缩放、旋转和倾斜对象等。其实在前面的章节中已经多次用到过【选择工具】，【选择工具】在CorelDRAW 2018程序中的使用频率非常高。

在工具箱中选择【选择工具】，如果在场景中没有选择任何对象，其属性栏如图6-1所示，如果选择了对象，则会显示与选择对象相关的选项。

自定义
182.0 mm
258.0 mm
单位: 毫米
.1 mm
5.0 mm
5.0 mm

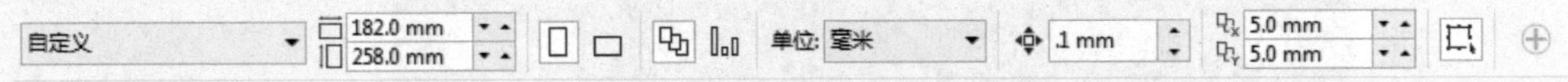

图6-1 【选择工具】的属性栏

属性栏中各选项的说明如下。

- 在【页面尺寸】下拉列表中可以选择所需的纸张类型/大小；在【页面度量】文本框中可以设置所需的纸张宽度和高度。
- 单击【纵向】按钮可以将页面设为纵向，单击【横向】按钮可以将页面设为横向。
- 单击【所有页面】按钮时可以将多页文件设为相同页面方向，单击【当前页】按钮时可以为多页文件设置不同的页面方向。
- 在【绘图单位】单位: 毫米下拉列表中可以选择所需的单位。
- 在【微调距离】.1 mm微调框中可以输入所需的偏移值（即在键盘上按方向键移动的距离）。
- 在【再制距离】5.0 mm 5.0 mm文本框中可以输入所需的再制距离。
- 在【所有对象视为已填充】文本框中可以通过单击对象内部，允许选择未填充的对象。

6.1.2 实战：选择工具的应用

选择工具主要用来选取图形和图像，当选中当前一个图形或图像时，可对其进行旋转、缩放等操作。下面对选择工具进行简单的介绍。

01 打开素材|Cha06|【选择工具的应用.cdr】素材文件， 选择工具箱中的【星形工具】，然后在绘图区中按住Shift+Ctrl组合键绘制多个不同大小的星形，并对其填充自己喜欢的颜色，效果如图6-2所示。

02 选择工具箱中的【选择工具】，然后在场景中选择任意一个绘制的星形，如图6-3所示，其属性栏如图6-4所示。

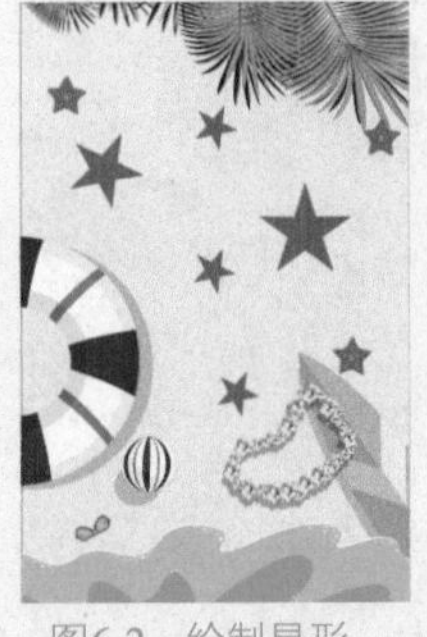

图6-2 绘制星形

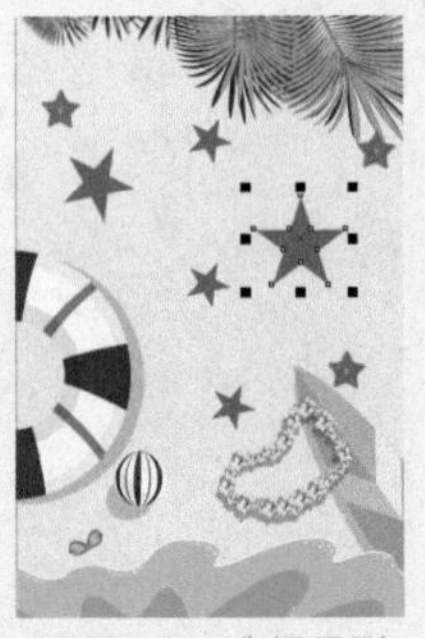

图6-3 选择星形

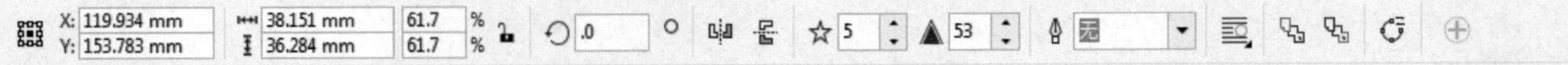

X: 119.934 mm
Y: 153.783 mm
38.151 mm
36.284 mm
61.7 %
61.7 %
.0 °
5
53
无

图6-4 星形的属性设置参数

> 提示
> 利用属性栏可以调整对象的位置、大小、缩放比例、调和步数、旋转角度、水平与垂直角度、轮廓宽度和轮廓样式等。

知识链接 使用全选命令选择所有对象

下面介绍如何使用全选命令选择所有对象。

（1）继续上面例子的操作，在菜单栏中选择【编辑】|【全选】|【对象】命令，如图6-5所示，即可将场景中的所有对象全部选中，如图6-6所示。

图6-5 全选命令

图6-6 选择所有对象

（2）在场景中拖曳出两条辅助线，如图6-7所示。

（3）在菜单栏中选择【编辑】|【全选】|【辅助线】命令，如图6-8所示。

图6-7 绘制星形

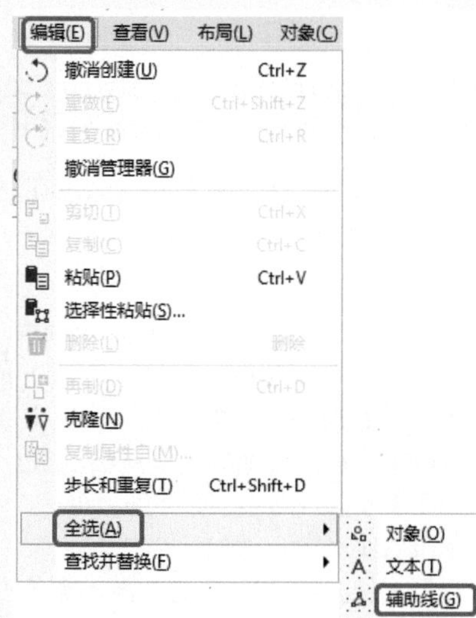

图6-8 选择辅助线

（4）选择辅助线后的效果如图6-9所示。

图6-9 选择辅助线

6.1.3 实战：选择多个对象

在实际的操作中往往需要选中多个对象同时进行编辑，选择多个对象可以使用选择工具在场景中框选或按住Shift键逐个单击来实现，具体操作如下。

01 继续一节例子的操作，选择工具箱中的【基本形状工具】，然后在绘图区中按住Shift+Ctrl组合键绘制多个不同大小的心形，并对其填充自己喜欢的颜色，选择工具箱中的【选择工具】，移动指针到适当的位置按下鼠标左键拖曳出一个虚框，如图6-10所示。

图6-10 框选对象

02 框选需要选择的对象后，释放鼠标即可选中框选的对象，效果如图6-11所示。

03 在场景中的空白处单击鼠标，可以取消对对象的选择。选择工具箱中的【选择工具】，在场景中选择最大的一颗星星，如图6-12所示。

图6-11 选择多个对象

图6-12 选择星星对象

04 按住Shift键再选择其他的对象，即可同时选择多个对象，效果如图6-13所示。

图6-13 选择多个对象

知识链接 多选后出现的乱排的白色方块是什么？

当我们进行多选时会出现对象重叠的现象，因此用白色方块表示选择的对象位置，一个白色方块代表一个对象。

6.1.4 实战：取消对象的选择

如果想取消对全部对象的选择，在场景中的空白处单击即可；如果想取消场景中对某个或某几个对象的选择，可以按住Shift键的同时单击要取消选择的对象。

01 继续上一节的操作，选择最底层的矩形单击鼠标右键，在弹出的快捷菜单中选择【锁定对象】命令。按Ctrl+A组合键，选择所有对象，如图6-14所示。

02 使用【选择工具】，按住Shift键框选上半部分形状，释放鼠标查看效果，如图6-15所示。

图6-14 选择所有对象

图6-15 取消选择

6.2 形状工具

形状工具可以更改所有曲线对象的形状，曲线对象是指用手绘工具、贝塞尔工具、钢笔工具等创建的绘图对象，以及矩形、多边形和文本对象转换而成的曲线对象。形状工具对对象形状的改变，是通过对曲线对象的节点和线段的编辑来实现的。

6.2.1 形状工具的属性设置

选择工具箱中的【形状工具】，然后在对象上选择多个节点，其属性栏如图6-16所示。属性栏中各选项的说明如下。

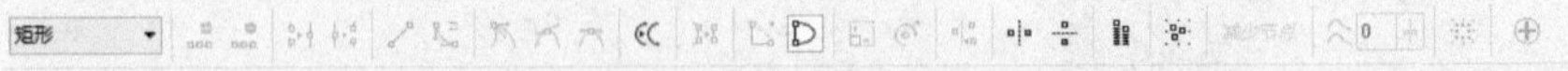

图6-16 形状工具的属性栏

- 【选取模式】下拉列表框矩形：在该下拉列表中可以选择选取范围的模式。选择【矩形】选项，可以通过矩形框来选取所需的节点；选择【手绘】选项，则可以用手绘的模式来选取所需的节点。
- 【添加节点】按钮：在曲线对象上单击，出现一个小黑点，再单击该按钮，即可在该曲线对象上添加一个节点。
- 【删除节点】按钮：在对象上选择一个节点，再单击该按钮，即可将选择的节点删除。
- 【连接两个节点】按钮：如果在绘图窗口中绘制了一个未闭合的曲线对象，然后选中起点与终点，再单击该按钮，即可使选择的两个节点连接在一起。

- 【断开曲线】按钮：该按钮的作用与【连接两个节点】按钮相反，先选择要分割的节点，然后再单击该按钮，即可将一个节点分割成两个节点。
- 【转换为线条】按钮：单击该按钮可以将选择的节点与逆时针方向相邻节点之间的曲线段转换为直线段。
- 【转换为曲线】按钮：单击该按钮可以将选择的节点与逆时针方向相邻节点之间的直线段转换为曲线段。
- 【尖突节点】按钮：单击该按钮，可以通过调节每个控制点来使平滑点或对称节点变得尖突。
- 【平滑节点】按钮：该按钮与【尖突节点】按钮的作用相反，单击该按钮可以将尖突节点转换为平滑节点。
- 【对称节点】按钮：单击该按钮可以将选择的节点转换为两边对称的平滑节点。
- 【反转方向】按钮：单击该按钮，可以反转开始节点和结束节点的位置。
- 【提取子路径】按钮：如果一个曲线对象中包括了多个子路径，则在一个子路径上选择一个节点或多个节点时，单击该按钮，即可将选择节点所在的子路径提取出来。
- 【延长曲线使之闭合】按钮：如果在绘图窗口中绘制了一个未封闭曲线对象，并且选择了起点与终点，那么单击该按钮，则可以将这两个节点用直线段连接起来，从而得到一个封闭的曲线对象。
- 【闭合曲线】按钮：它的作用与【延长曲线使之闭合】按钮的作用相同，单击它可以将未封闭曲线闭合，不过区别是不用选择起点与终点两个节点。
- 【延展与缩放节点】按钮：先在曲线对象上选择两个或多个节点，然后单击该按钮，即可在选择节点的周围出现一个缩放框，用户可以通过缩放框上的任一控制点来调整所选节点之间的连线。
- 【旋转与倾斜节点】按钮：先在曲线对象上选择两个或多个节点，然后单击该按钮，即可在选择节点的周围出现一个旋转框。用户可以拖动旋转框上的旋转箭头或双向箭头，调整旋转节点之间的连线。
- 【对齐节点】按钮：如果在曲线对象上选择两个以上的节点，那么单击该按钮，即可弹出【节点对齐】对话框。根据需要在其中选择所需的选项，选择好后单击【确定】按钮，可将选择的节点按指定方向进行对齐。
- 【水平反射节点】按钮：单击该按钮，可编辑水平镜像的对象中的对应节点。
- 【垂直反射节点】按钮：单击该按钮，可编辑垂直镜像的对象中的对应节点。
- 【弹性模式】按钮：选择曲线对象上的所有节点，单击该按钮，可以局部调整曲线对象的形状。
- 【选择所有节点】按钮：单击该按钮可以选择曲线对象上的所有节点。
- 【减少节点】按钮减少节点：单击该按钮可以将选择曲线中所选节点中重叠或多余的节点删除。
- 【曲线平滑度】按钮：拖动滑杆上的滑块可以将曲线进行平滑处理。

提示

双击形状工具，可全选对象上的节点，按住Shift键并单击，可进行多重选择；在曲线上双击，可添加一个节点；在某节点上双击可将它移除。

6.2.2　实战：将直线转换为曲线并调整节点

下面介绍用形状工具将直线转换为曲线，并对形状进行调整的操作。

01 打开素材|Cha06|【海底世界.cdr】素材文件，如图6-17所示。

02 在工具箱中选择【椭圆形工具】，在工作区中绘制椭圆，如图6-18所示。

图6-17　素材文件

图6-18　绘制椭圆

03 在工具箱中选择【交互式填充工具】，在工具属性栏中选择【均匀填充】按钮，将【填充色】的CMYK值设置为46、53、87、1，并去除边框，如图6-19所示。

图6-19　设置椭圆颜色

04 选择椭圆形状，单击鼠标右键，在弹出的快捷菜单中选择【转换为曲线】命令，如图6-20所示。

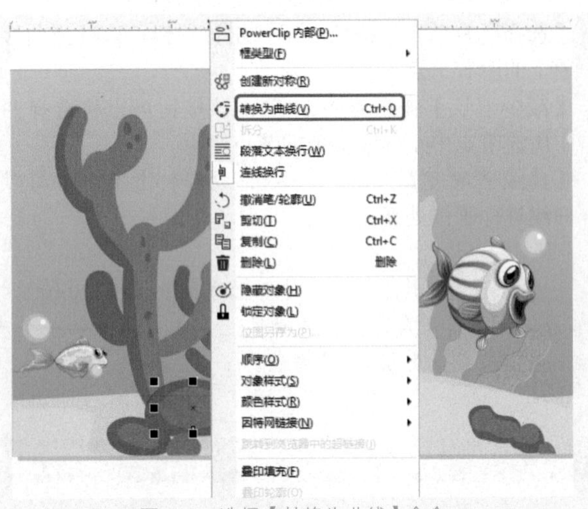

图6-20 选择【转换为曲线】命令

05 在工具箱中选择【形状工具】，在椭圆上边缘线单击鼠标选择节点，如图6-21所示。

06 移动指针到控制柄上，然后向右下方拖曳，用该方法对椭圆进行调整，如图6-22所示。

图6-21 选择节点

图6-22 调整形状

6.2.3 实战：添加与删除节点

下面介绍添加和删除节点的操作。

01 选择绘制的椭圆，选择【形状工具】，在想要添加节点的位置单击鼠标，即可在相应的位置出现一个黑点，如图6-23所示。

02 在工具属性栏中单击【添加节点】按钮，添加节点后的效果如图6-24所示。

图6-23 单击要添加节点的位置

图6-24 添加节点

03 在要删除的节点上单击鼠标，如图6-25所示。

04 在工具属性栏中单击【删除节点】按钮，删除节点后的效果如图6-26所示。

图6-25 单击要删除的节点

图6-26 删除节点

6.2.4 实战：分割曲线与连接节点

下面介绍节点的分割与连接操作。

01 继续上节操作。确定上一节添加的节点处于选择状态，在工具箱中选择【形状工具】，选择上方边缘线的节点，在属性栏中单击【断开曲线】按钮，将原来封闭的图形进行分割，如图6-27所示，这时会发现原来填充的颜色不见了。

02 在该节点上按下鼠标左键并向右下方拖曳，到适当的位置释放鼠标，即可改变节点的位置，如图6-28所示。

图6-27 分割图形

图6-28 调整节点

03 下面再来连接节点。首先在场景中按住Ctrl键选择要连接的节点，如图6-29所示，然后在属性栏中单击【延长曲线使之闭合】按钮，即可将选择的两个节点连接在一起，并对其进行调整，这时，图形会自动恢复颜色的填充，如图6-30所示。

图6-29 选择要连接的节点

图6-30 连接节点

6.3 复制、再制与删除对象

本节重点讲解对象的复制、再制与删除操作，这样可以节约时间，提高工作效率。

6.3.1 实战：使用复制、剪切与粘贴命令处理对象

CorelDRAW 2018提供了两种复制对象的方法：一是将对象复制或剪切到剪贴板上，然后粘贴到绘图区中；二是可以再制对象。将对象剪切到剪贴板时，对象将从绘图区中移除；将对象复制到剪贴板时，原对象保留在绘图区中；再制对象时，对象副本会直接放到绘图窗口中，而非剪贴板上。并且再制的速度比复制和粘贴快。

01 打开素材|Cha06|【黄色背景.cdr】素材文件，如图6-31所示。

02 使用【选择工具】选择娃娃，按Ctrl+C组合键进行复制，按Ctrl+V组合键进行粘贴，然后调整粘贴后对象的位置，如图6-32所示。

图6-31 素材文件

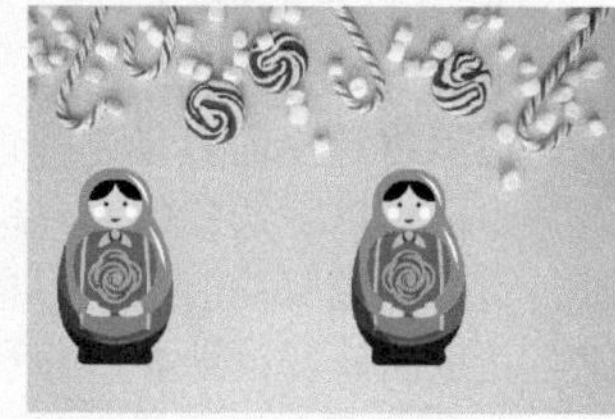
图6-32 复制对象

03 选择复制的对象，按Ctrl+X组合键进行剪切，如图6-33所示。

04 对象剪切后，按Ctrl+V组合键进行粘贴，并调整位置及其大小，效果如图6-34所示。

图6-33 剪切对象

图6-34 粘贴对象后的效果

6.3.2 实战：再制对象

再制对象的具体操作如下。

01 继续上一节的操作，在菜单栏选择【工具】|【自定义】命令，如图6-35所示。

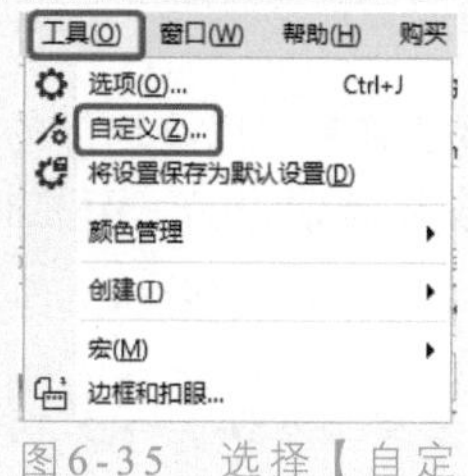

图6-35 选择【自定义】命令

02 弹出【选项】对话框，选择【文档】|【常规】选项，在【常规】选项卡下将【再制偏移】选项组中的【水平】的值设为50mm，将【垂直】的值设为0mm，如图6-36所示。

图6-36 【选项】对话框

03 单击【确定】按钮，选择【选择工具】，选择如图6-37所示的对象。

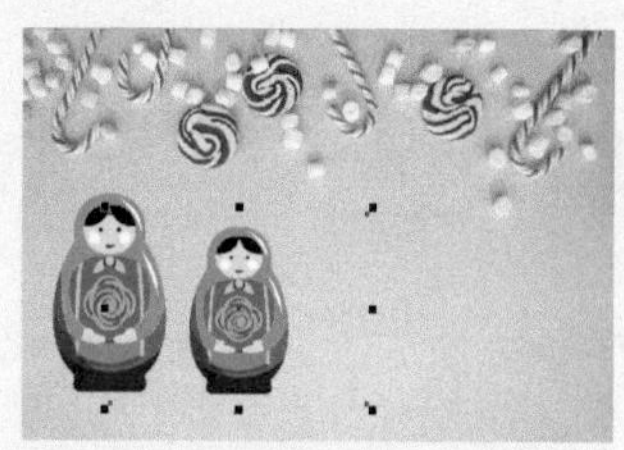
图6-37 选择对象

04 选择完成后，按Ctrl+D组合键，再制对象，效果如图6-38所示。

05 再按两次Ctrl+D组合键，对对象进行多次再制，效果如图6-39所示。

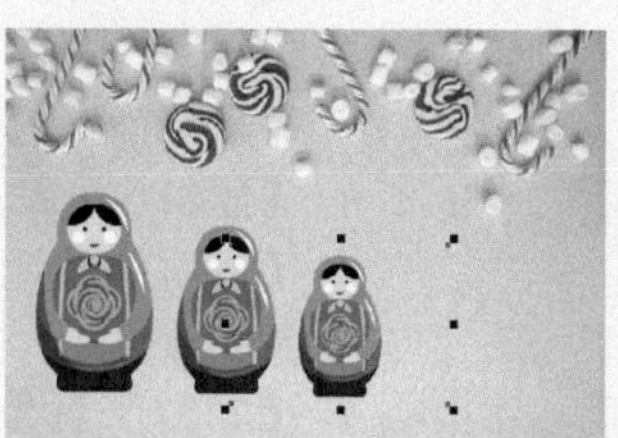
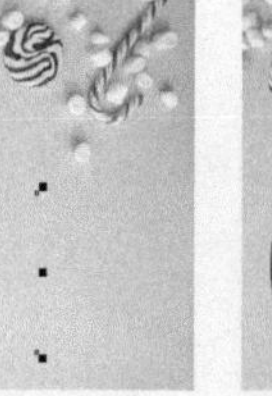
图6-38 再制对象

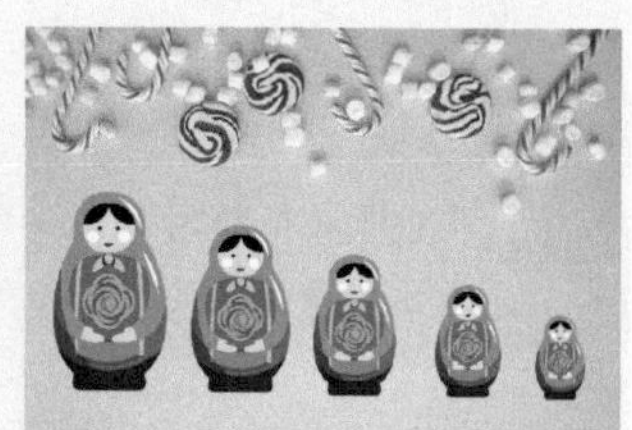
图6-39 再制对象

知识链接 对象属性的复制

下面介绍如何进行对象属性的复制。

（1）在工具箱中选择【选择工具】，选择要赋予属性的对象，如图6-40所示。

（2）在菜单栏中选择【编辑】|【复制 属性自】菜单命令，如图6-41所示。

（3）在弹出的【复制属性】对话框中勾选【轮廓笔】、【轮廓色】、【填充】复选框，单击【确定】按钮，如图6-42所示。

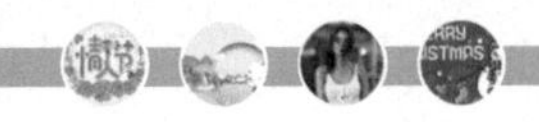

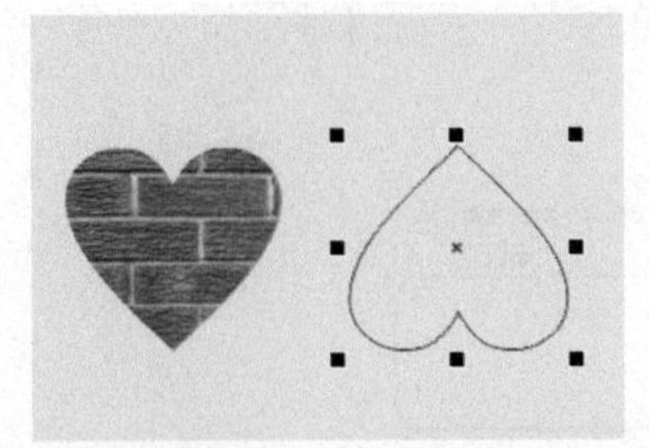

图6-40　选择对象

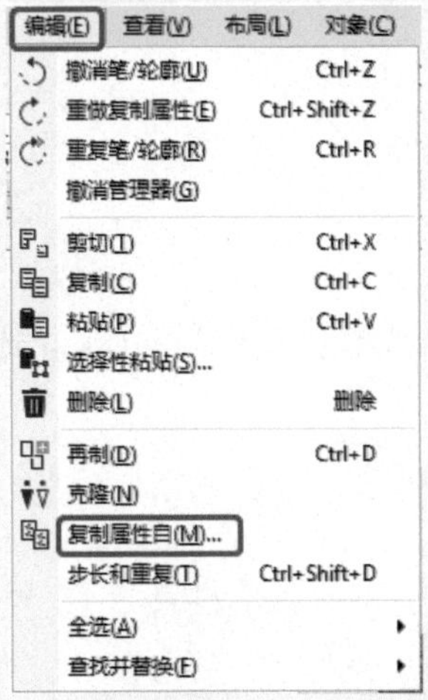

编辑(E)
查看(V)
布局(L)
对象(C)
撤消笔/轮廓(U) Ctrl+Z
重做复制属性(E) Ctrl+Shift+Z
重复笔/轮廓(R) Ctrl+R
撤消管理器(G)
剪切(T) Ctrl+X
复制(C) Ctrl+C
粘贴(P) Ctrl+V
选择性粘贴(S)...
删除(L) 删除
再制(D) Ctrl+D
克隆(N)
复制属性自(M)...
步长和重复(I) Ctrl+Shift+D
全选(A)
查找并替换(F)

图6-41　选择【复制属性自】命令

复制属性
轮廓笔(P)
轮廓色(C)
填充(F)
文本属性(I)
提示：您可以使用鼠标右键将一个对象拖动到另一个对象，来复制属性。
确定
取消
按下"确定"键后，选择要复制的对象。

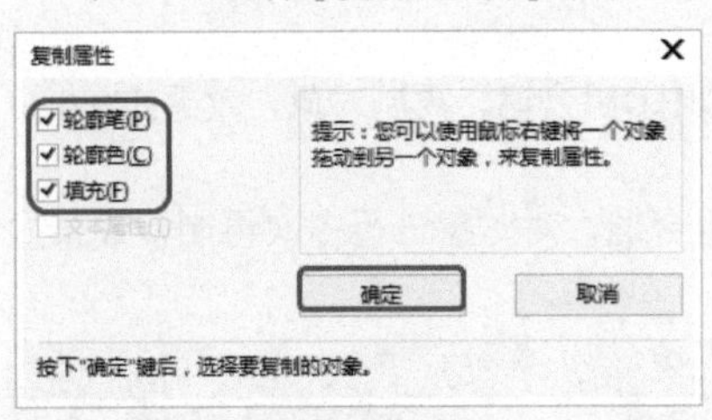

图6-42　【复制属性】对话框

（4）将鼠标移动到左侧的心形对象上，当出现➧图标时单击，如图6-43所示。

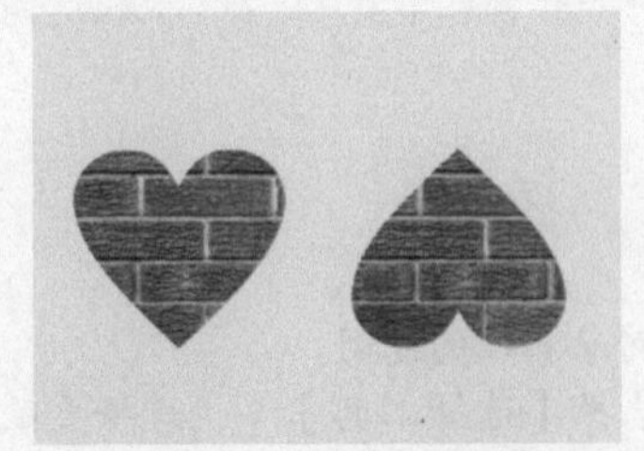

图6-43　复制属性效果

6.3.3　删除对象

要删除不需要的对象，应首先在场景中选择它，然后在菜单栏中选择【编辑】|【删除】命令，或直接按Delete键将其删除。

6.4　自由变换工具

使用自由变换工具可以很方便地旋转、扭曲、镜像和缩放对象。自由变换工具包括自由旋转工具、自由角度镜像工具和自由调节工具。

6.4.1　自由变换工具的属性设置

选择工具箱中的【自由变换工具】，属性栏中就会显示与它相关的选项，如图6-44所示。

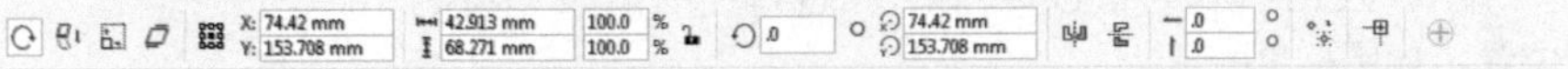

图6-44　【自由变换工具】的属性栏

属性栏中各选项的说明如下。

- 【自由旋转】工具：可以将选择的对象进行自由角度旋转。
- 【自由角度反射】工具：可以将选择的对象进行自由角度镜像。
- 【自由缩放】工具：可以将选择的对象进行自由缩放。
- 【自由倾斜】工具：可以将选择的对象进行自由扭曲。
- 【对象原点】按钮：定位或缩放对象时，设置要使用的参考点。
- 【对象位置】文本框：通过设置x和y坐标确定对象在页面中的位置。
- 【对象大小】文本框：设置对象的宽度和高度。
- 【缩放因子】文本框：设置一个百分比缩放对象。
- 【缩放比率】按钮：当缩放和调整对象大小时，保留原来的宽高比率。
- 【旋转角度】文本框 °：通过设置倾斜角度来水平或垂直倾斜对象。
- 【旋转中心】：设置旋转中心的位置。
- 【水平镜像】工具：可以将选择的对象在原中心位置进行水平镜像。
- 【垂直镜像】工具：可以使对象在原中心位置进行垂直镜像。
- 【倾斜角度】文本框 °：通过设置倾斜角度来水平或垂直倾斜对象。
- 【应用到再制】按钮：单击该按钮，可在旋转、镜像、调节、扭曲的同时再制对象。
- 【相对于对象】按钮：根据对象的位置，而不是根据X和Y坐标来应用变换。

6.4.2　实战：使用自由旋转工具

使用【自由旋转工具】可以将选择的对象进行任意角度旋转，也可以指定旋转中心点来旋转对象，也可以在旋转的同时再制对象。

01 打开素材|Cha06|【扇子.cdr】素材文件，如图6-45所示。

02 选择工具箱中的【自由变换工具】，并单击属性栏中的【自由旋转】按钮，在空白区域拖动鼠标指针，完成后的效果如图6-46所示。

图6-45 素材文件

图6-46 自由旋转的效果

6.4.3 实战：使用自由角度反射工具

下面介绍【自由角度反射工具】的使用，具体操作如下。

01 继续上一节的操作，按Ctrl+Z组合键返回到上一步，单击属性栏中的【自由角度反射工具】按钮，并将【应用到再制】按钮取消选中状态，在对象的上方按住鼠标左键由上向下拖动鼠标指针，可以移动轴的倾斜度，从而来决定对象的镜像方向，如图6-47所示。

图6-47 拖动鼠标

02 移动到适当位置，释放鼠标左键查看效果，如图6-48所示。

图6-48 镜像后的效果

6.4.4 实战：使用自由倾斜工具

下面以【自由倾斜工具】为例进行介绍。

01 继续上一节的操作，按Ctrl+Z组合键返回到上一步，在属性栏中单击【自由倾斜工具】按钮，按住鼠标左键进行拖动，如图6-49所示。

02 调整完成后，释放鼠标左键查看效果，如图6-50所示。

图6-49 拖动鼠标指针调节

图6-50 倾斜的效果

6.5 涂抹工具

利用涂抹工具可以将简单的曲线复杂化，也可以任意修改曲线的形状，从而可以绘制出一些特殊的复杂的图形。

6.5.1 涂抹工具的属性设置

在工具箱中选择【涂抹工具】，属性栏中就会显示它的选项，如图6-51所示。

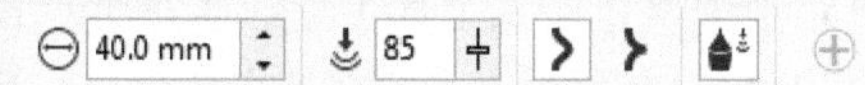
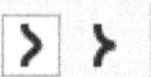
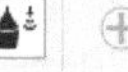

图6-51 【涂抹工具】的属性栏

属性栏中各选项的说明如下。

- 【笔尖半径】文本框：输入数值，可以设置涂抹笔刷的大小。
- 【压力】文本框：如果用户使用绘图笔，则该选项为活动可用状态，通过它可以改变笔刷笔尖的强度并对笔应用压力。
- 【平滑涂抹】按钮：激活该按钮可以涂抹出平滑的曲线。
- 【尖状涂抹】按钮：激活该按钮可以涂抹出带有尖角的曲线。
- 【笔压】按钮：绘图时，运用数字笔或写字板的压力控制效果。

6.5.2 实战：使用涂抹笔刷编辑对象

下面介绍使用涂抹工具编辑对象的操作。

01 打开素材|Cha06|【足球背景.cdr】素材文件，如图6-52所示。

02 在工具箱中选择【手绘工具】，绘制如图6-53所示的线条。

图6-52 打开的素材文件

图6-53 绘制线条

03 选择绘制的火焰，在【对象属性】泊坞窗中的【填充】卷展栏下选择【渐变填充】按钮，将0%位置处色标的RGB颜色值设置为239、55、3，将100%位置处色标的RGB颜色值设置为255、157、71，并去除轮廓，如图6-54所示。

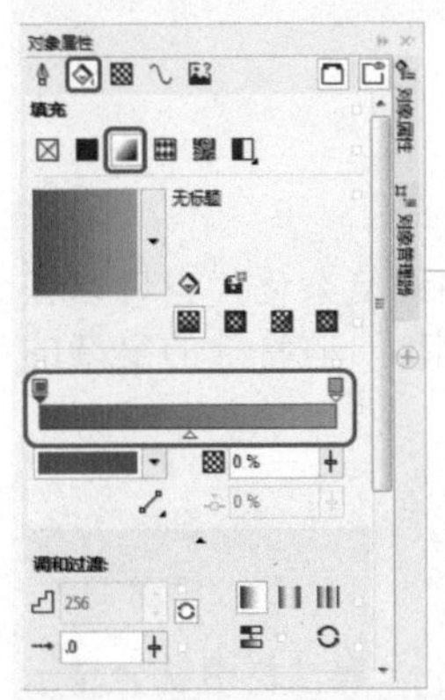

图6-54 填充颜色

04 在工具箱中选择【涂抹工具】，在属性栏中将半径设置为20mm，并启用【平滑涂抹】选项，涂抹上一步创建的对象的左侧部分，使其与足球对象平滑过渡，如图6-55所示。

05 使用同样的方法对其他的轮廓进行修改，最终效果如图6-56所示。

图6-55 进行涂抹修改

图6-56 调整后的效果

实例操作001——用涂抹笔制作鳄鱼

下面介绍利用涂抹工具、钢笔工具、形状工具来绘制鳄鱼图案，效果如图6-57所示。

图6-57 效果图

01 打开素材|Cha06|【草丛背景.cdr】素材文件，如图6-58所示。

02 打开【对象管理器】泊坞窗，单击【图层1】前面的图标，将该图层隐藏，并单击下方的【新建图层】按钮，如图6-59所示。

图6-58 打开的素材文件

图6-59 隐藏图层并新建图层

03 在工具箱中选择【钢笔工具】，在工作区中绘制出恐龙的大体轮廓，如图6-60所示。

图6-60 绘制轮廓

04 选择绘制的轮廓，在工具属性栏中将【轮廓宽度】设置为0.75mm，在工具箱中选择【涂抹工具】，在工具属性栏中将【笔尖半径】设置为10.0mm，单击【平滑涂抹】按钮，对轮廓进行涂抹，如图6-61所示。

> 提示
> 【笔尖半径】的大小可以随着不同的需求随时进行更改，以便于更精确地对图形进行调整。

05 选择绘制的轮廓，在工具箱中选择【交互式填充工具】，在工具属性栏中单击【均匀填充】按钮，

将【填充色】的RGB颜色值设置为175、209、60，如图6-62所示。

图6-61 涂抹细节

06 在工具箱中选择【钢笔工具】，在工作区中绘制出鳄鱼的口腔部分，利用【形状工具】对其进行调整，并为其填充RGB颜色值设置为248、248、204，如图6-63所示。

图6-62 填充颜色

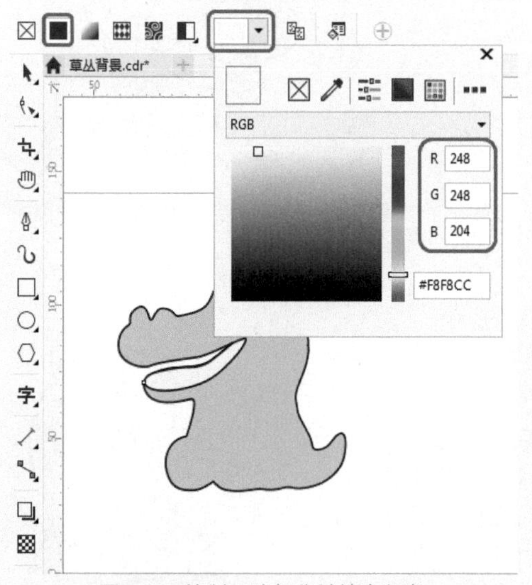

图6-63 绘制口腔部分并填充颜色

07 用同样的方法绘制出鳄鱼的舌头，为其填充RGB颜色值设置为212、139、138，并去除轮廓，利用【涂抹工具】对其进行调整，如图6-64所示。

08 利用【钢笔工具】绘制出鳄鱼的部分线条，并用【形状工具】对其进行调整，如图6-65所示。

图6-64 绘制舌头部分并填充颜色

图6-65 绘制线条

09 利用【钢笔工具】绘制出鳄鱼的牙齿部分，并为其填充RGB颜色值设置为248、248、204，如图6-66所示。

10 利用【钢笔工具】绘制出西瓜部分，并为其填充RGB颜色值设置为40、121、0，如图6-67所示。

图6-66 绘制牙齿并填充颜色

图6-67 绘制西瓜并填充颜色

11 利用【钢笔工具】绘制出西瓜皮部分，并为其填充RGB颜色值设置为248、248、204，利用【涂抹工具】对其进行调整，如图6-68所示。

12 利用【钢笔工具】绘制出西瓜瓤部分，并为其填充RGB颜色值设置为251、80、76，利用【涂抹工具】对其进行调整，如图6-69所示。

图6-68 绘制西瓜皮并填充颜色

图6-69 绘制西瓜瓤并填充颜色

13 利用【钢笔工具】绘制出西瓜纹路部分，并为其填充RGB颜色值设置为51、152、2，利用【涂抹工具】

对其进行调整，如图6-70所示。

图6-70 绘制西瓜纹路并填充颜色

14 在工具箱中选择【椭圆形工具】，在工作区中绘制西瓜籽，为其填充黑色，并去除边框，利用【涂抹工具】对其进行调整，并复制出多个西瓜籽，如图6-71所示。

图6-71 绘制西瓜籽并填充颜色

15 利用【钢笔工具】绘制出吸管部分，并为其填充白色，利用【涂抹工具】对其进行调整，如图6-72所示。

图6-72 绘制吸管并填充颜色

16 利用【钢笔工具】绘制出吸管的纹路部分，如图6-73所示。

17 利用【钢笔工具】绘制出鳄鱼的胳膊，如图6-74所示。

图6-73 绘制吸管的纹路部分

图6-74 绘制胳膊

18 利用【钢笔工具】绘制出鳄鱼的胳膊露出西瓜的一部分，为其填充RGB颜色值为175、209、60，利用【涂抹工具】对其进行调整，如图6-75所示。

图6-75 绘制露出西瓜的部分

19 利用【钢笔工具】绘制出鳄鱼的脚掌线条部分，如图6-76所示。

20 利用【钢笔工具】绘制出鳄鱼脚掌部分，为其填充RGB颜色值为248、248、204，并去除边框，利用【涂抹工具】对其进行调整，如图6-77所示。

21 利用【钢笔工具】绘制出鳄鱼的脚掌阴影部分，如图6-78所示。

图6-76 绘制脚掌线条部分

图6-77 绘制脚掌部分

22 利用【钢笔工具】绘制出鳄鱼尾巴底部，为其填充RGB颜色值为248、248、204，并利用【涂抹工具】对其进行调整，如图6-79所示。

图6-78 绘制脚掌部分

图6-79 绘制尾巴底部

23 利用【钢笔工具】绘制出鳄鱼的尾部纹路部分，如图6-80所示。

24 在【对象管理器】泊坞窗中显示【图层1】，选中绘制的鳄鱼部分，将鼠标移动到工作区中，调整鳄鱼的大小及位置，如图6-81所示。

图6-80　绘制尾巴纹路部分

图6-81　绘制尾巴纹路部分

6.6 粗糙笔刷

使用粗糙笔刷工具可以制作出类似于尖状凸起的形状。

6.6.1 粗糙笔刷属性的设置

单击工具箱中的【粗糙工具】按钮，属性栏中就会显示它的相关选项，如图6-82所示。

图6-82　【粗糙工具】属性栏

- 【笔尖半径】文本框：输入所需的数值，可以设置涂抹笔刷的大小。
- 【笔压】按钮：通过使用笔压，可以控制粗糙区域中的尖突频率。
- 【尖凸的频率】：通过设定固定值，可以更改粗糙区域中的尖突频率。
- 【干燥】：通过设定固定值，可以更改粗糙区域尖突的数量。
- 【使用笔倾斜】：通过使用笔的倾斜设置，改变粗糙尖突的高度。
- 【笔倾斜】：通过为工具设定固定角度，可以改变粗糙效果的形状。
- 【尖突方向】：更改粗糙尖突方向包括自动、固定方向、笔设置三个选项。
- 【笔方位】：将尖突方向设为自动后，为方位设定固定值。

6.6.2 实战：使用粗糙笔刷编辑对象

用粗糙工具编辑对象的具体操作方法如下。

01 打开素材|Cha06|【使用粗糙笔刷编辑对象.cdr】素材文件，如图6-83所示。

02 按F8键激活【文本工具】，在工作区中输入“文化”文字，选择输入的文字，在属性栏中将【字体】设置为汉仪南宫体简，将【字体大小】设置为450pt，调整文字的位置，效果如图6-84所示。

图6-83　素材

图6-84　输入并设置文字

03 选择上一步创建的文字，按Ctrl+Q组合键将其转换为曲线。在工具箱中选择【粗糙工具】，在工具属性栏中将【笔尖半径】和【尖突的频率】分别设置为10mm和10，将【干燥】设置为-10，将【笔倾斜】设置为45°，利用粗糙工具对文字的边缘进行粗糙处理，如图6-85所示。

04 将【笔倾斜】设置为90°，继续对文字外轮廓进行粗糙处理，完成后的效果如图6-86所示。

05 在工具箱中选择【轮廓图工具】，在属性栏中单击【外部轮廓】按钮，将【轮廓图步长】和【轮廓图偏移】分别设置为2和1.5mm，将【轮廓色】设置为黑色，将【填充色】设置为白色，如图6-87所示。

图6-85　粗糙效果

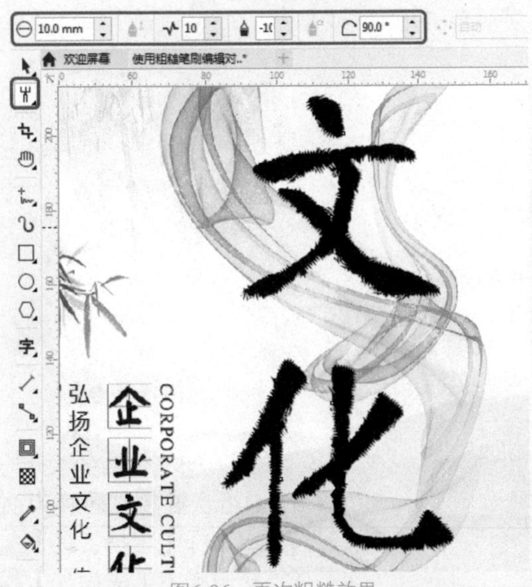

图6-86　再次粗糙效果

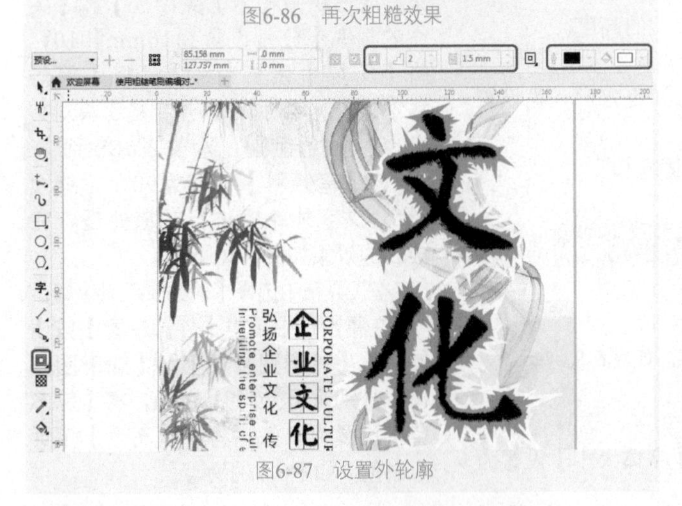

图6-87　设置外轮廓

06 调整文字的位置，最终效果如图6-88所示。

图6-88　最终效果

实例操作002——用粗糙制作蛋挞招贴

下面介绍利用粗糙工具来绘制小黄鸡图案，并利用文字工具等功能制作蛋挞招贴，效果如图6-89所示。

图6-89　效果图

01 打开素材|Cha06|【蛋挞招贴背景.cdr】素材文件，如图6-90所示。

图6-90　素材图

02 打开【对象管理器】泊坞窗，单击【图层1】前面的按钮，将背景隐藏，并单击底部的【新建图层】按钮，创建一个新图层，如图6-91所示。

03 在工具箱中选择【椭圆形工具】，在工作区中绘制一个椭圆，如图6-92所示。

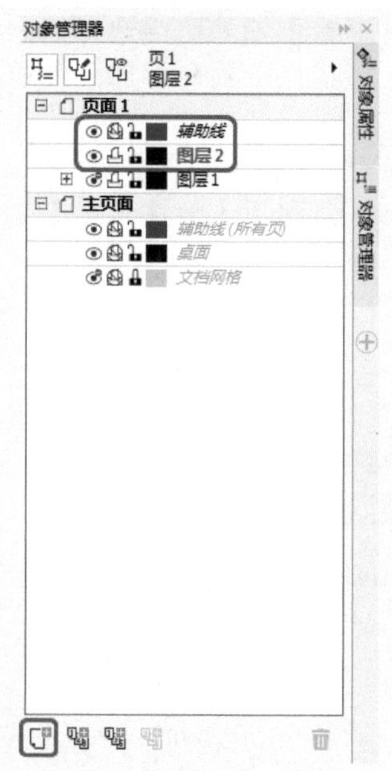

图6-91　隐藏背景并新建图层

04 在工具箱中选择【涂抹工具】，在工具属性栏中将【笔尖半径】设置为50mm，在工作区中对椭圆进行涂抹，效果如图6-93所示。

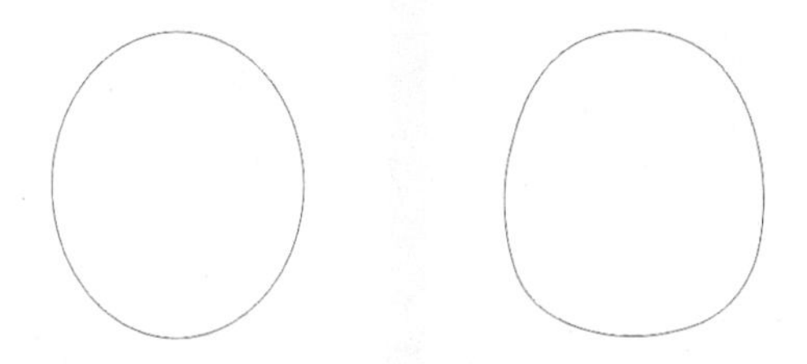

图6-92　绘制一个椭圆形　　图6-93　涂抹椭圆

05 选择绘制的椭圆，在工具箱中选择【交互式填充工具】，在工具属性栏中单击【渐变填充】按钮，然后按F11键打开【编辑填充】对话框，将0%位置处色标的RGB颜色值设置为249、195、91，将100%位置处色标的RGB颜色值设置为254、245、229，单击【类型】区域下的【椭圆形渐变填充】按钮，如图6-94所示。

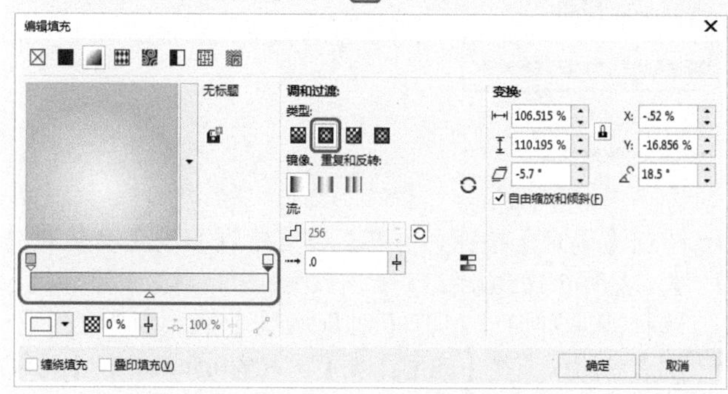

图6-94　【编辑填充】对话框

06 单击【确定】按钮，并在工作区中调整渐变填充的位置，并去除边框，如图6-95所示。

07 在工具箱中选择【粗糙工具】，在工具属性栏中将【笔尖半径】设置为15mm，将【尖突的频率】设置为6，将【干燥】设置为2，在工作区中沿着椭圆的边缘进行绘制，效果如图6-96所示。

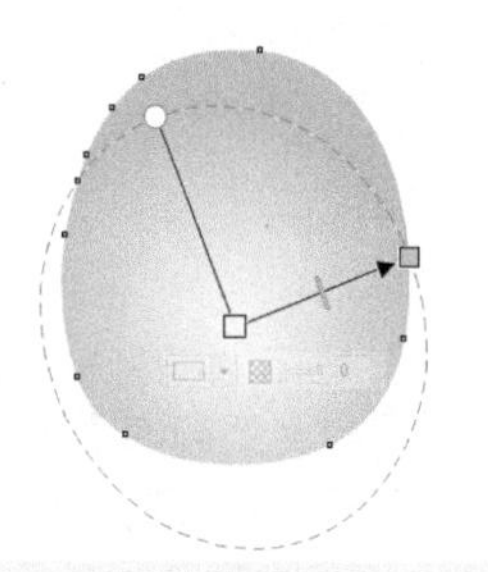

图6-95　调整渐变位置　　图6-96　绘制粗糙边缘

08 在工具箱中选择【钢笔工具】，在工作区中绘制小黄鸡胳膊部分，利用【涂抹工具】进行修改，如图6-97所示。

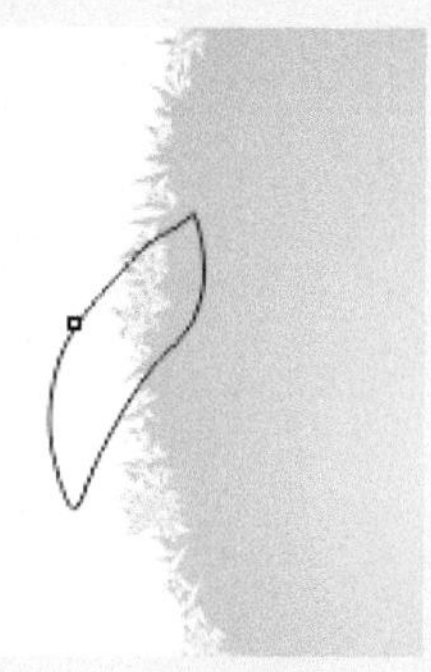

图6-97　绘制胳膊部分

09 选择绘制的胳膊部分，在工具箱中选择【交互式填充工具】，在工具属性栏中单击【渐变填充】按钮，然后按F11键打开【编辑填充】对话框，将0%位置处色标的RGB颜色值设置为204、149、66，将50%位置处色标的RGB颜色值设置为183、118、26，将100%位置处色标的RGB颜色值设置为219、161、46，如图6-98所示。

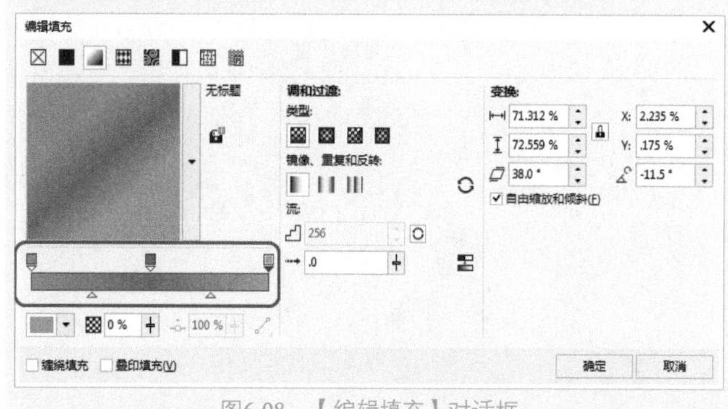

图6-98　【编辑填充】对话框

⑩ 单击【确定】按钮，并在工作区中调整渐变填充的位置，并去除边框，如图6-99所示。

图6-99　调整渐变位置

⑪ 在工具箱选择【粗糙工具】，在工具属性栏中将【笔尖半径】设置为10mm，将【尖突的频率】设置为6，将【干燥】设置为2，在工作区中沿着椭圆的边缘进行绘制，效果如图6-100所示。

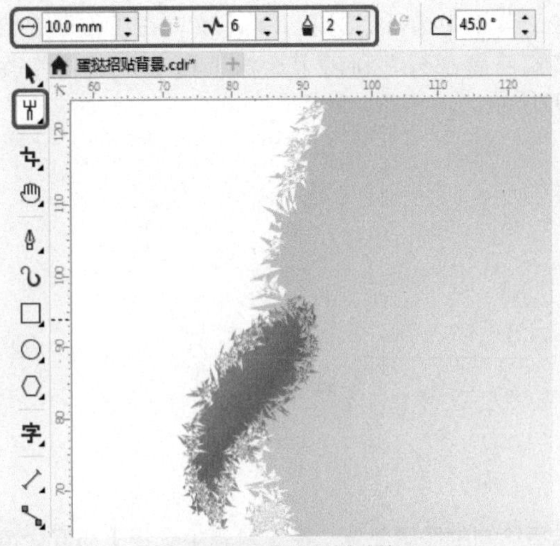

图6-100　绘制粗糙边缘

⑫ 选择胳膊部分，将其复制，调整位置，并单击工具属性栏中的【水平镜像】按钮，如图6-101所示。

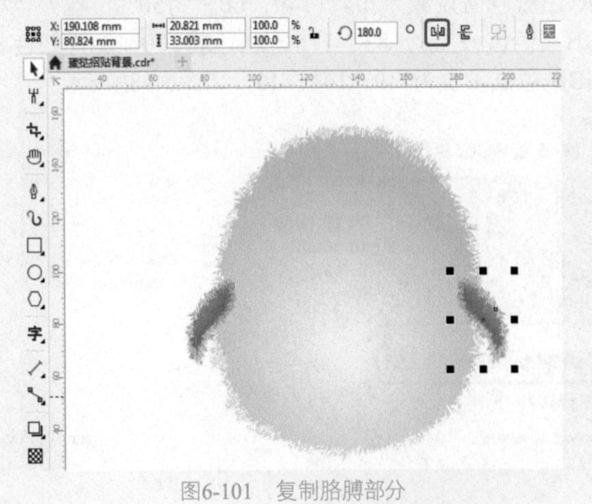

图6-101　复制胳膊部分

⑬ 在【对象管理器】泊坞窗中选择绘制的两条胳膊部分的图层，将其拖曳到身体部分图层的下方位置，如图6-102所示。

⑭ 在工具箱中选择【钢笔工具】，在工作区中绘制小黄鸡脚掌部分，利用【涂抹工具】进行修改，如图6-103所示。

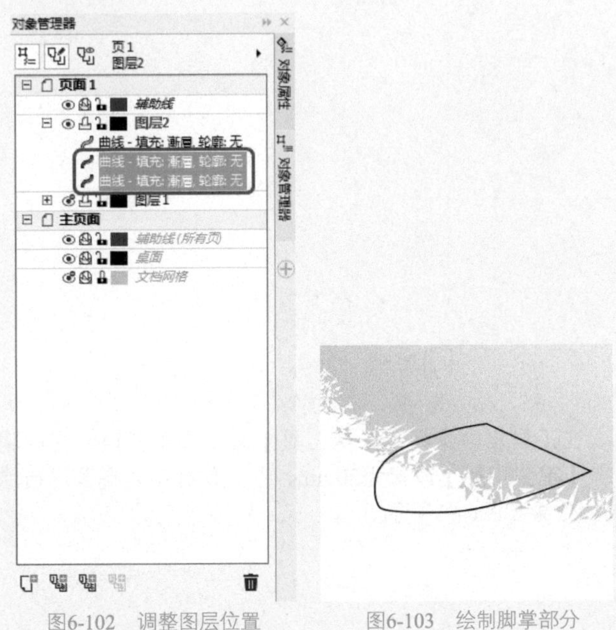

图6-102　调整图层位置　　图6-103　绘制脚掌部分

⑮ 选择绘制的椭圆，在工具箱中选择【交互式填充工具】，在工具属性栏中单击【渐变填充】按钮，然后按F11键打开【编辑填充】对话框，将0%位置处色标的RGB颜色值设置为249、195、91，将100%位置处色标的RGB颜色值设置为254、245、229，单击【类型】区域下的【椭圆形渐变填充】按钮，如图6-104所示。

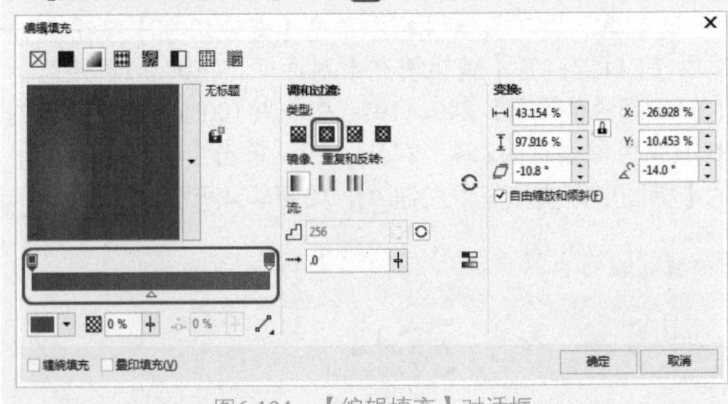

图6-104　【编辑填充】对话框

⑯ 单击【确定】按钮，并在工作区中调整渐变填充的位置，如图6-105所示。

⑰ 选择脚掌部分，打开【对象属性】泊坞窗中的【轮廓】卷展栏，将【轮廓宽度】设置为0.5mm，将【轮廓色】的RGB值设置为88、52、16，如图6-106所示。

图6-105 调整渐变位置

图6-106 调整边框参数

18 将脚掌复制一次并调整位置，在【对象属性】泊坞窗中调整图层顺序，如图6-107所示。

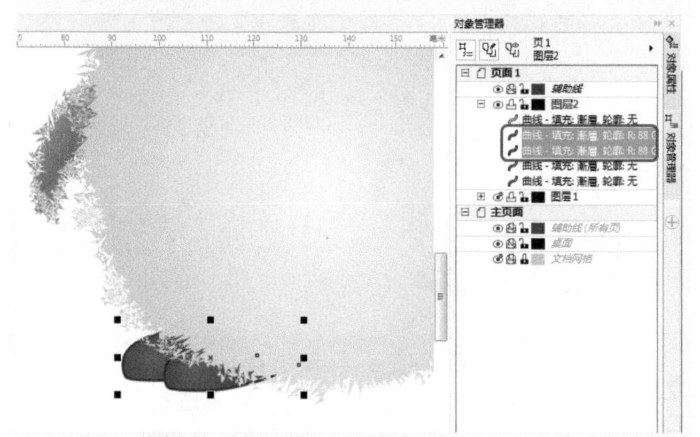

图6-107 调整图层位置

19 选择两个脚掌图层，将其复制，调整位置，并单击工具属性栏中的【水平镜像】按钮，调整图层顺序，效果如图6-108所示。

20 下面绘制小黄鸡的眼睛部分，在工具箱中选择【椭圆形工具】，在工作区中绘制一个椭圆，如图6-109所示。

21 在工具箱中选择【涂抹工具】，在工具属性栏中将【笔尖半径】设置为20mm，在工作区中对椭圆进行涂抹，如图6-110所示。

图6-108 脚掌效果图

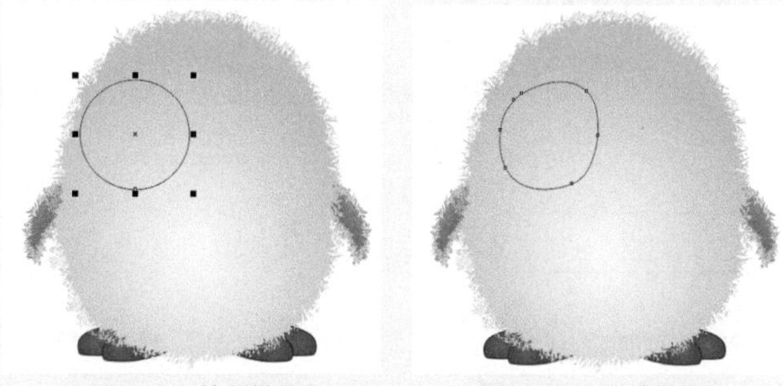

图6-109 绘制椭圆　　图6-110 涂抹椭圆

22 在工具箱中选择【交互式填充工具】，在工具属性栏中单击【均匀填充】按钮，将【填充色】的RGB值设置为136、89、19，如图6-111所示。

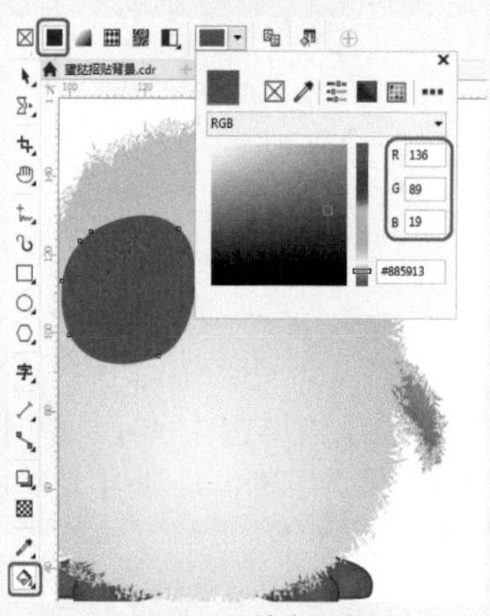

图6-111 填充颜色

23 在工具箱选择【粗糙工具】，在工具属性栏中将【笔尖半径】设置为8mm，【尖突的频率】设置为6，【干燥】设置为2，在工作区中沿着椭圆的边缘进行绘制，如图6-112所示。

24 用同样的方法在工作区中绘制一个眼睛轮廓，在工具箱中选择【交互式填充工具】，在工具属性栏中【渐变填充】按钮，然后按F11键打开【编辑填充】对话框，将0%位置处色标的RGB颜色值设置为白色，将100%位置处色标的RGB颜色值设置为255、227、127，单击【类型】区域下的【椭圆形渐变填充】按钮，如图6-113所示。

图6-112 粗糙边缘

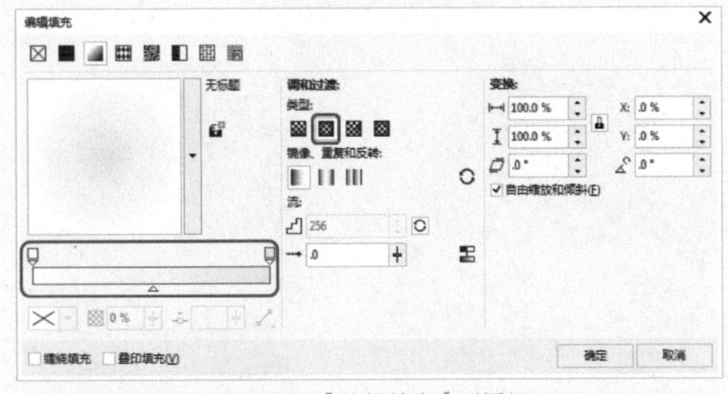

图6-113 【编辑填充】对话框

25 单击【确定】按钮，在工作区中调整渐变的大小和位置，如图6-114所示。

图6-114 调整渐变位置

26 打开【对象属性】泊坞窗中的【轮廓】卷展栏，将【轮廓宽度】设置为0.25mm，将【轮廓色】的RGB值设置为99、59、0，如图6-115所示。

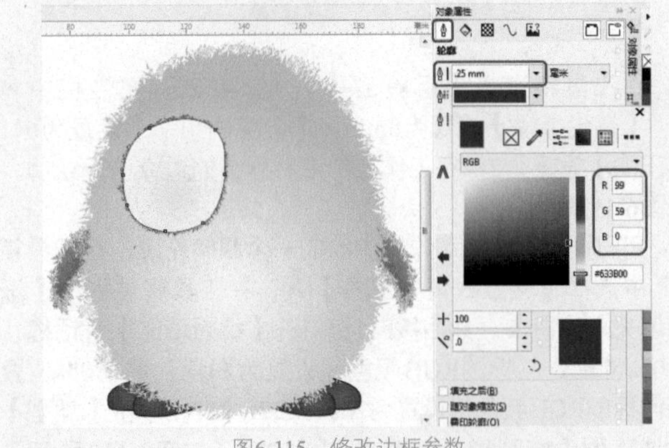

图6-115 修改边框参数

27 选择绘制的眼睛，将其复制，然后在工具箱中选择【交互式填充工具】，在工具属性栏中单击【渐变填充】按钮，然后按F11键打开【编辑填充】对话框，将0%位置处色标的RGB颜色值设置为黑色，将76%位置处色标的RGB颜色值设置为182、158、94，将【节点透明度】设置为76%，将100%位置处色标的RGB颜色值设置为255、227、127，将【节点透明度】设置为100%，单击【类型】区域下的【椭圆形渐变填充】按钮，如图6-116所示。

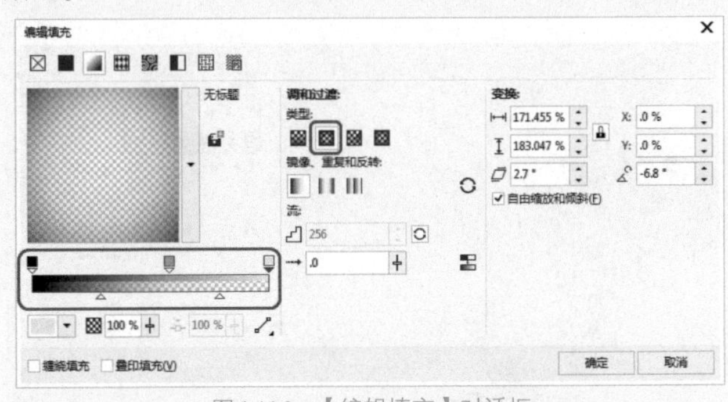

图6-116 【编辑填充】对话框

28 单击【确定】按钮，在工作区中调整渐变的位置，如图6-117所示。

29 在工具箱中选择【椭圆形工具】，在工作区中按住Shift+Ctrl组合键绘制一个正圆，如图6-118所示。

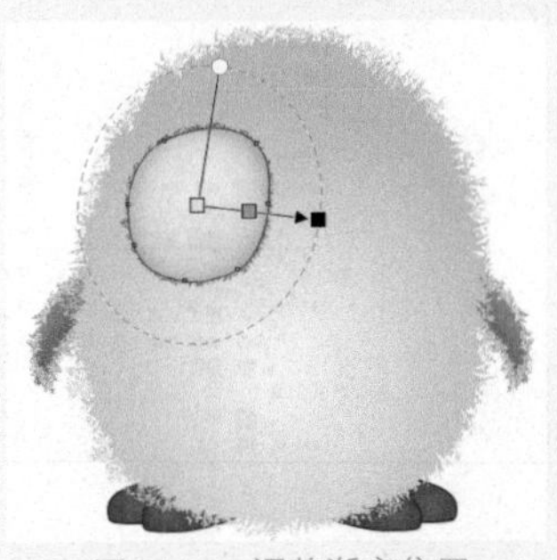

图6-117 调整渐变位置

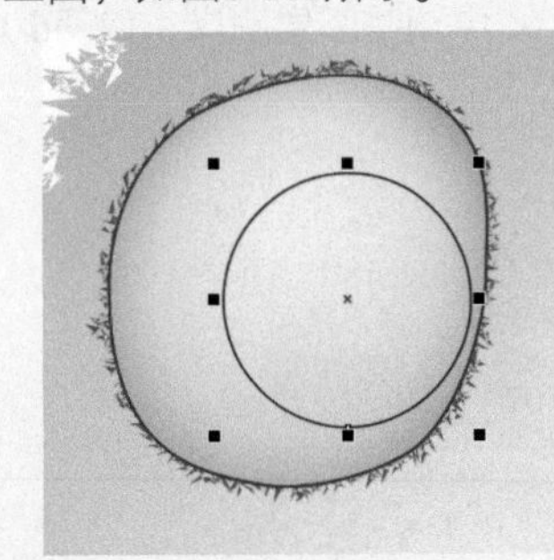

图6-118 绘制正圆

30 选择绘制的正圆，在工具箱中选择【交互式填充工具】，在工具属性栏中单击【渐变填充】按钮，然后按F11键打开【编辑填充】对话框，将0%位置处色标的RGB颜色值设置为115、68、0，将100%位置处色标的RGB颜色值设置为232、187、0，如图6-119所示。

31 单击【确定】按钮，在工作区中调整渐变的位置，如图6-120所示。

32 在工具箱中选择【椭圆形工具】，在工作区中按住Shift+Ctrl组合键绘制一个正圆，如图6-121所示。

33 选择绘制的正圆，在工具箱中选择【交互式填充工具】，在工具属性栏中单击【渐变填充】按钮，然后按F11键打开【编辑填充】对话框，将0%位置处色标

的RGB颜色值设置为51、44、43，将69%位置处色标的RGB颜色值设置为34、34、34，将【节点透明度】设置为69%，将100%位置处色标的RGB颜色值设置为白色，将【节点透明度】设置为100%，如图6-122所示。

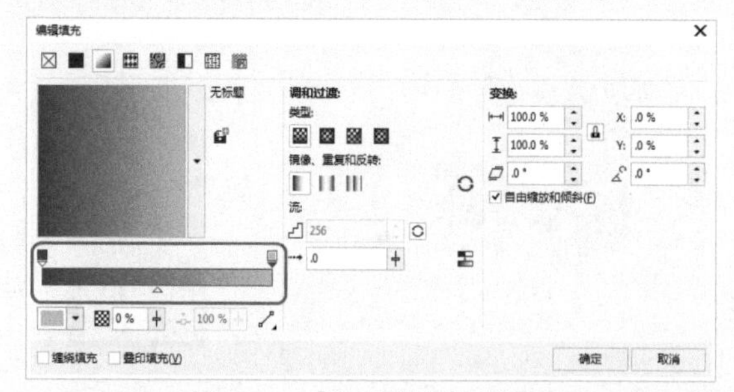

图6-119 【编辑填充】对话框

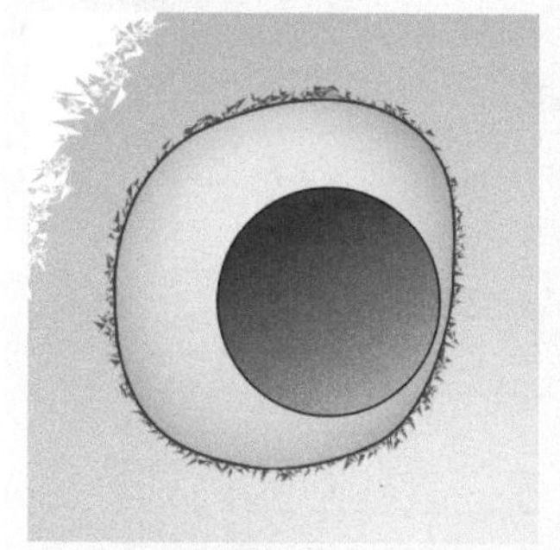

图6-120 调整渐变的位置

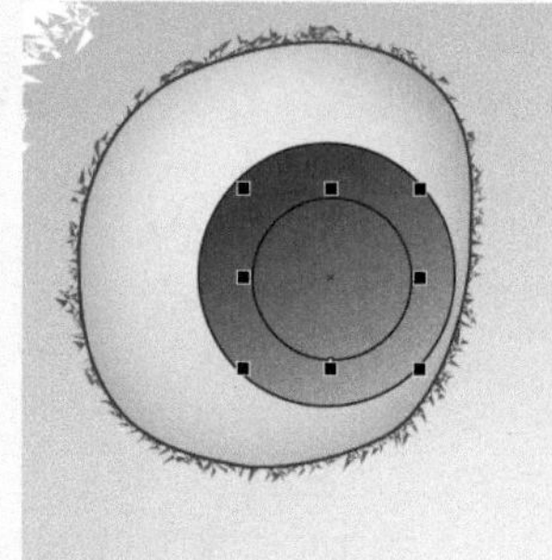

图6-121 绘制正圆

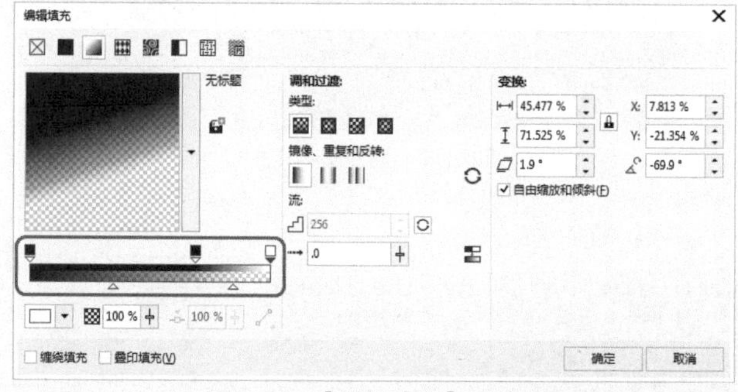

图6-122 【编辑填充】对话框

34 单击【确定】按钮，去除边框，在工作区中调整渐变的位置，如图6-123所示。

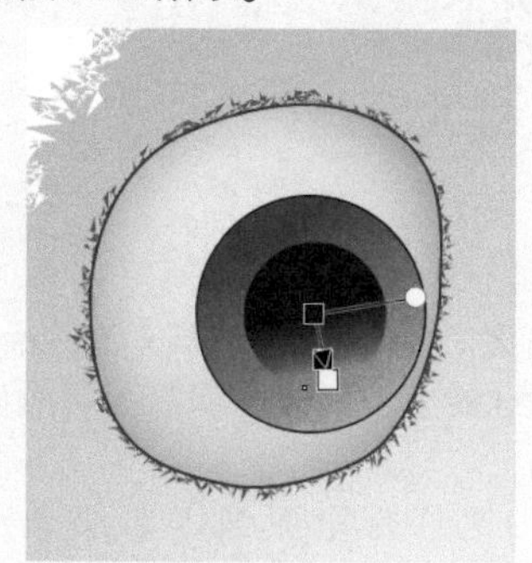

图6-123 调整渐变的位置

35 用同样的方法在工作区中绘制一个小正圆，在工具箱中选择【交互式填充工具】，在工具属性栏中单击【渐变填充】按钮，然后按F11键打开【编辑填充】对话框，将0%位置处色标的RGB颜色值设置为白色，将100%位置处色标的RGB颜色值设置为白色，将【节点透明度】设置为100%，如图6-124所示。

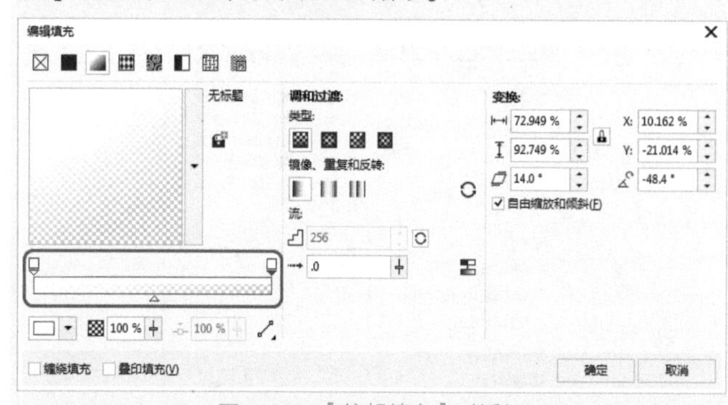

图6-124 【编辑填充】对话框

36 单击【确定】按钮，去除边框，在工作区中调整渐变的位置，如图6-125所示。

37 将绘制的白色圆形复制一份并调整其位置，如图6-126所示。

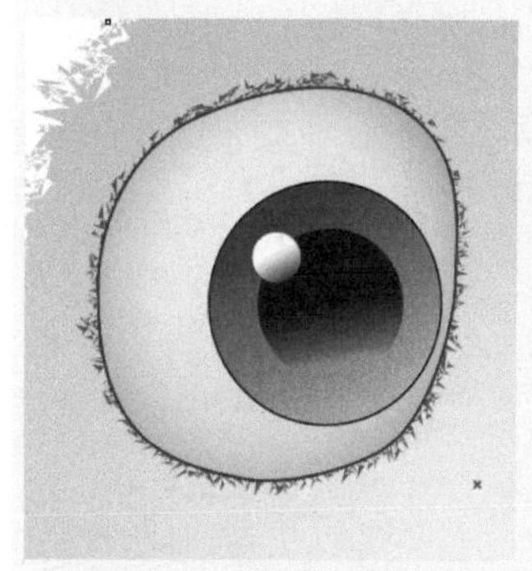

图6-125 调整渐变的位置

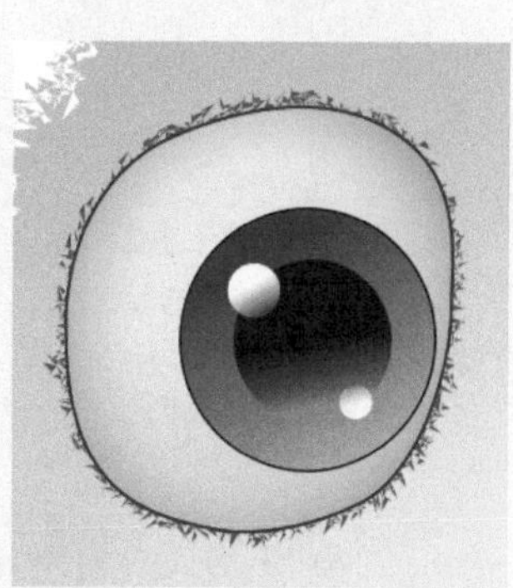

图6-126 复制白点

38 在【对象管理器】泊坞窗中选择眼睛部分的图层，右击鼠标在弹出的快捷菜单中选择【组合对象】命令，如图6-127所示。

39 将该图层组复制一次，并单击工具属性栏中的【水平镜像】按钮，调整其位置，如图6-128所示。

40 在工具箱中选择【钢笔工具】，在工作区中绘制小黄鸡的嘴巴部分，利用【涂抹工具】进行涂抹，如图6-129所示。

41 选择绘制的嘴巴部分，在工具箱中选择【交互式填充工具】，在工具属性栏中单击【渐变填充】按钮，然后按F11键打开【编辑填充】对话框，将0%位置处色标的RGB颜色值设置为251、142、3，将100%位置处色标的RGB颜色值设置为255、227、127，单击【类型】区域下的【椭圆形渐变填充】按钮，如图6-130所示。

图6-127 【组合对象】命令

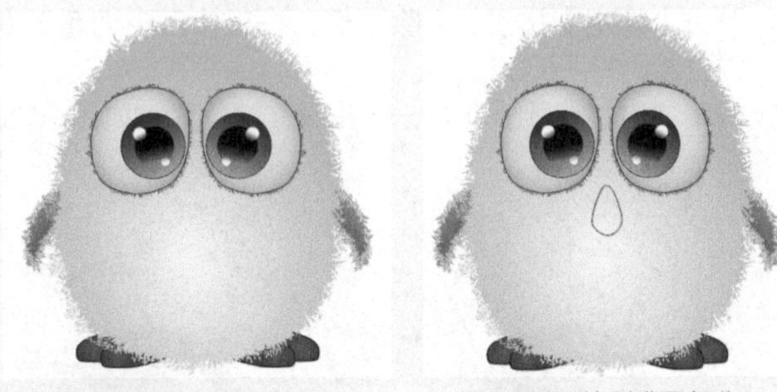

图6-128 复制眼睛部分 图6-129 绘制嘴巴部分

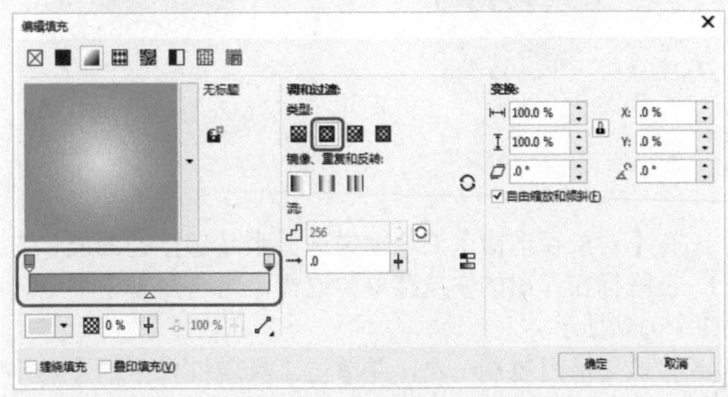

图6-130 给嘴巴部分添加渐变

42 单击【确定】按钮，在工作区中调整渐变的位置，在【对象属性】泊坞窗中的【轮廓】卷展栏中，将【轮廓宽度】设置为0.5mm，将【轮廓色】设置为224、130、0，如图6-131所示。

43 在【对象管理器】泊坞窗中，选择【图层2】中的所有图层，在工作区中调整小黄鸡的大小和位置，并显示【图层1】，如图6-132所示。

44 在工具箱中选择【矩形工具】□，在工作区中绘制一个矩形，并单击【交互式填充工具】中的【均匀填充】■，然后在【对象属性】泊坞窗中将【轮廓宽度】设置为5.0mm，将【轮廓色】的RGB参数设置为134、81、35，如图6-133所示。

图6-131 调整边框参数

图6-132 调整边框参数

图6-133 绘制矩形

45 按Ctrl+I组合键，导入素材|Cha06|【蛋挞.png】素材文件，在【对象管理器】泊坞窗中调整图层顺序，如图6-134所示。

46 在工作区中选择蛋挞图像，在菜单栏中选择【对象】|PowerClip|【置于图文框内部】命令，如图6-135所示。

图6-134　调整图层顺序

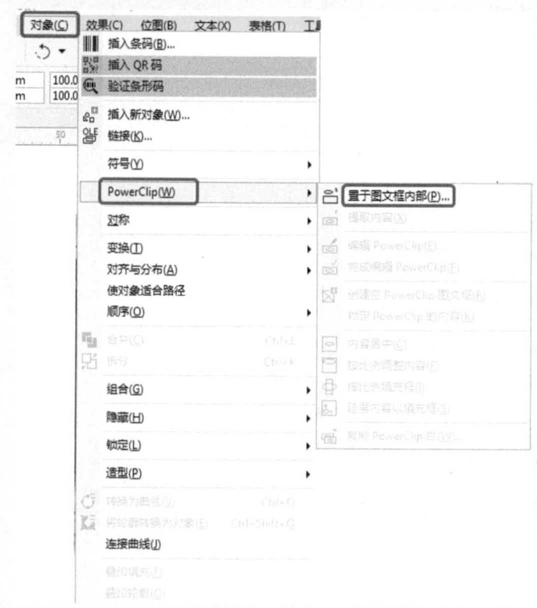

图6-135　选择【置于图文框内部】命令

47 将鼠标移动至矩形框中，当鼠标指针变为➧形状时单击，如图6-136所示。

图6-136　调整后的效果

48 按Ctrl+I组合键，导入素材|Cha06|【图文.cdr】素材文件，如图6-137所示。

图6-137　完成后的效果

6.7 变形对象

在CorelDRAW 2018中用户可以应用3种类型（推拉、拉链与扭曲）的变形效果来为对象造形。

在工具箱中选择【变形工具】，其属性栏会显示相应的选项，如图6-138所示。

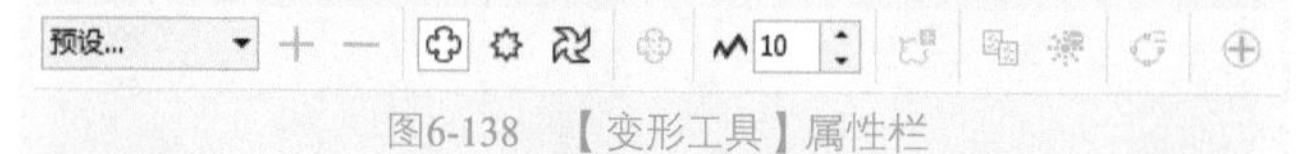

图6-138　【变形工具】属性栏

- 【推拉变形】：通过推入和外拉边缘使对象变形。
- 【拉链变形】：将锯齿效果应用到对象边缘。
- 【扭曲变形】：旋转对象应用旋涡效果。

6.7.1 实战：使用变形工具变形对象

使用变形工具变形对象的操作如下。

01 打开素材|Cha06|【花环.cdr】素材文件，如图6-139所示。

02 选择【多边形工具】，在属性栏中将【边数】设置为8，按住Ctrl键绘制正多边形，并将其轮廓设置为黄色，去除边框，如图6-140所示。

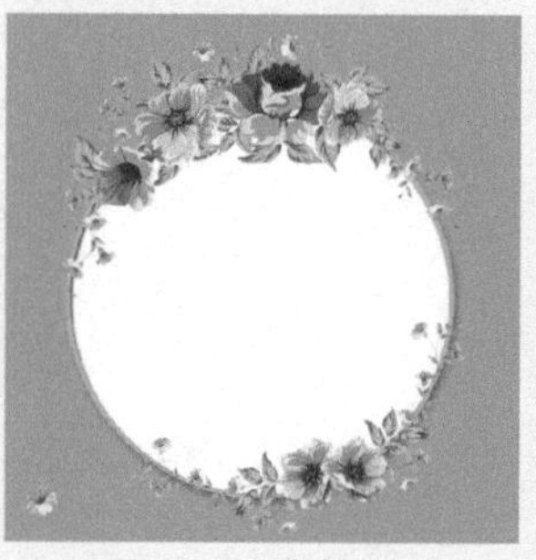

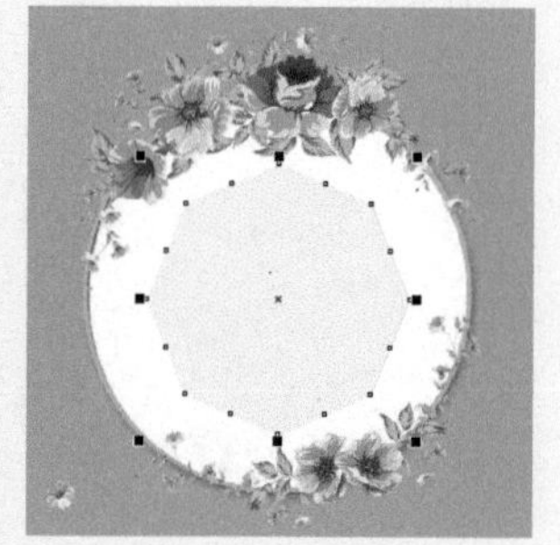

图6-139　素材文件　　图6-140　绘制多边形

03 按F10键激活【形状工具】，选择多边形的节点，向下拖动鼠标，拖动到如图6-141所示的形状。

04 选择【变形工具】，选择上一步修改的对象，在属性栏中单击【扭曲变形】按钮，将【完整旋转】设置为1，将【附加度数】设置为30，效果如图6-142所示。

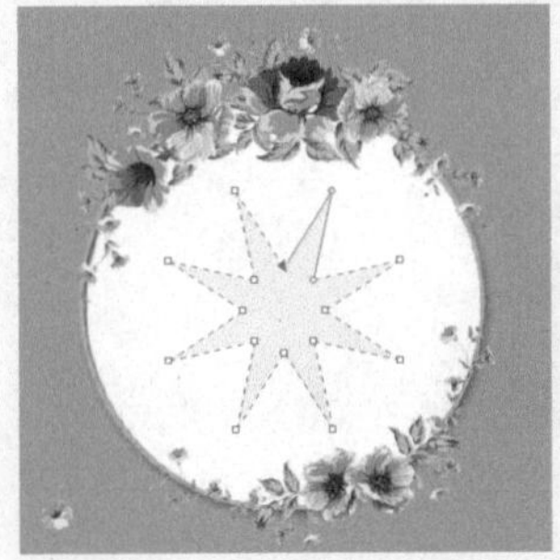

图6-141 修改形状

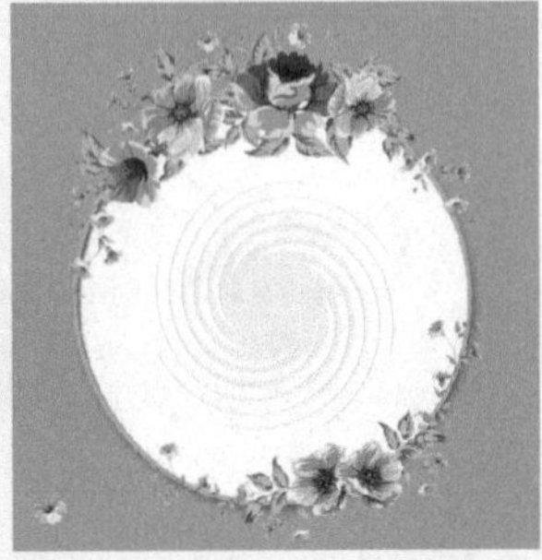

图6-142 进行变形

05 按住鼠标左键，选择控制点，向左下方拖动，如图6-143所示，完成后的效果如图6-144所示。

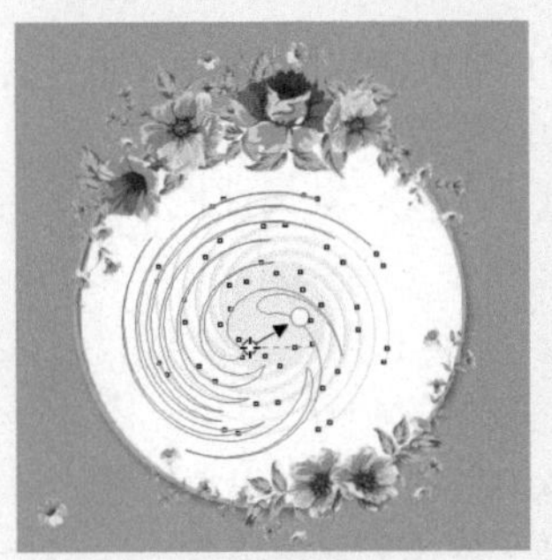

图6-143 拖动控制点

图6-144 完成后的效果

6.7.2 实战：复制变形效果

下面介绍如何复制变形效果，具体操作方法如下。

01 继续上一节的操作，将上一节绘制的图形缩小，选择【星形工具】，在属性栏中将【边数】设置为8，按住Ctrl键进行绘制，如图6-145所示。

02 选择上一步创建的星形，将其轮廓设置为黄色，去除边框，如图6-146所示。

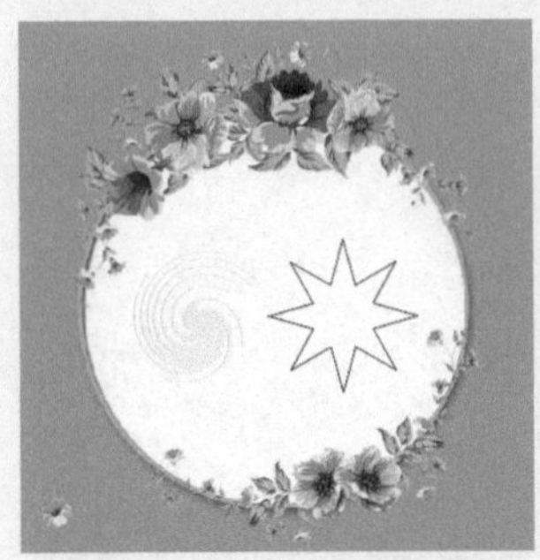

图6-145 绘制星形

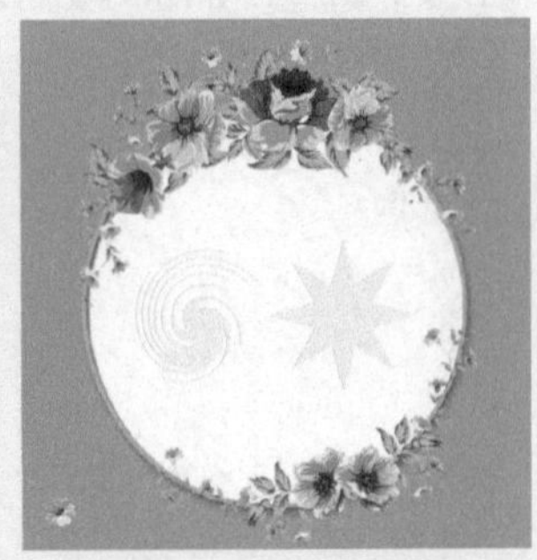

图6-146 填充颜色

03 选择【变形工具】，在场景中选择上一步创建的星形，在属性栏中单击【复制变形属性】按钮，此时场景中会出现黑色的箭头，如图6-147所示。

04 将黑色的箭头移动到上一节创建的图案中，单击鼠标左键，此时星形会发生变化，调整其位置，效果如图6-148所示。

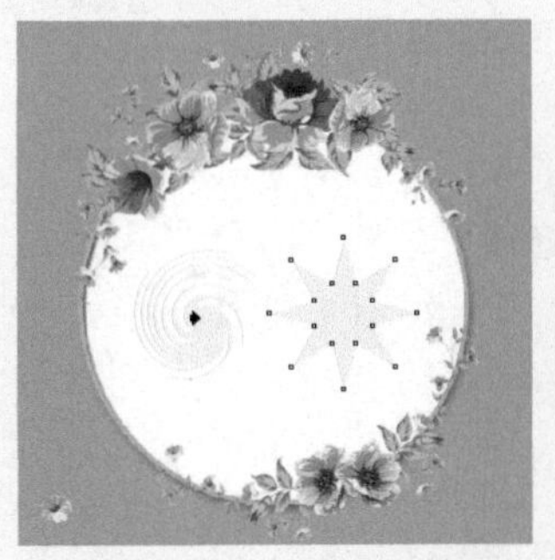

图6-147 复制属性

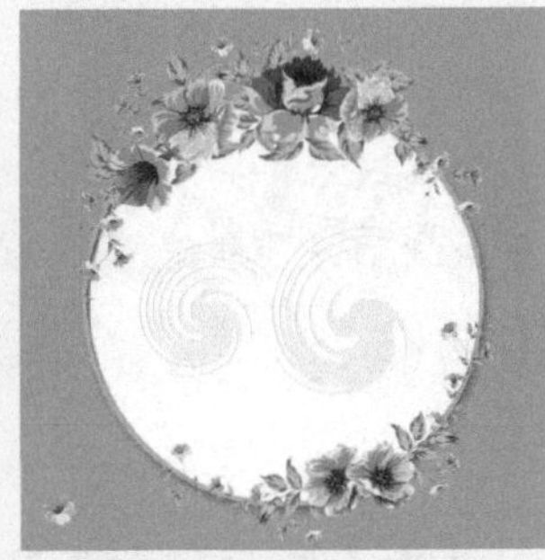

图6-148 复制属性后的效果

6.7.3 实战：清除变形效果

下面介绍如何清除添加的变形效果，具体操作方法如下。

01 继续上一小节的操作，利用【变形工具】选择上一节绘制的图形，在属性栏中单击【清除变形】按钮，如图6-149所示。

02 清除变形后的效果如图6-150所示。

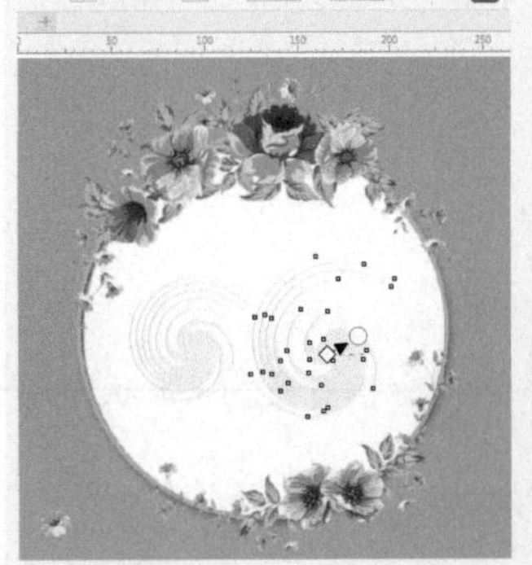

图6-149 单击【清除变形】按钮

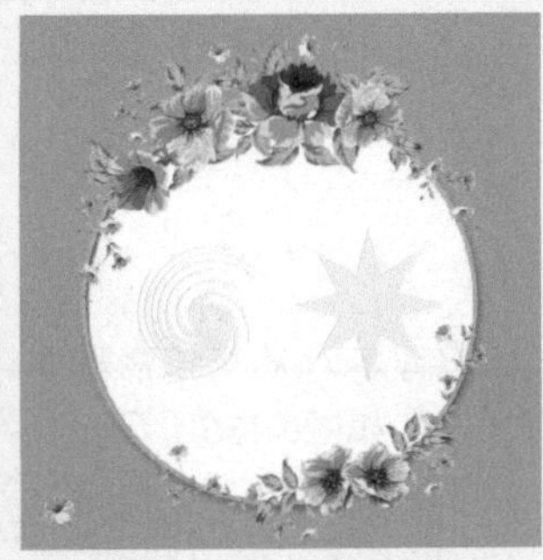

图6-150 清除变形效果

6.8 使用封套改变对象形状

在CorelDRAW 2018程序中可以将封套应用于对象，包括线条、美术字和段落文本框。封套由多个节点组成，可以移动这些节点为封套造形，从而改变对象的形状。应用封套后，可以对它进行编辑，或添加新的封套来继续改变对象的形状。CorelDRAW 2018还允许复制和移除封套。

6.8.1 实战：使用交互式封套工具改变对象形状

下面讲解利用交互式封套工具改变对象的操作。

01 打开素材|Cha06|【松树背景.cdr】素材文件，如图6-151所示。

图6-151 素材文件

02 在工具箱中选择【封套工具】，在工作区中选择文字拖动节点，如图6-152所示。

图6-152 调整节点

6.8.2 实战：复制封套属性

下面介绍如何对封套属性进行复制，具体操作方法如下。

01 继续上一节的操作，调整“松树”文字的位置到右下角，在工具箱中选择【文本工具】，在工作区中输入文字，在【对象属性】泊坞窗中将【字体】设置为长城新艺体，将【字体大小】设置为110pt，将【文本颜色】RGB值设置为125、4、0，如图6-153所示。

图6-153 绘制星形

02 在工具箱中选择【封套工具】，选择上一步输入的文本，并在工具属性栏中单击【复制封套属性】按钮，此时在场景中会出现一个黑色箭头➡，并在“松树”上单击，效果如图6-154所示。

图6-154 填充颜色

6.9 刻刀工具

使用刻刀工具可以将某一对象进行分割，本节将详细讲解刻刀工具的使用方法。

6.9.1 刻刀工具的属性设置

在工具箱中选择【刻刀工具】，其相应的属性栏如图6-155所示。

50 无 .0 mm 自动

图6-155 【刻刀工具】属性栏

属性栏中的各选项说明如下。

- 【2点线模式】按钮：沿直线切割对象。
- 【手绘模式】按钮：沿手绘曲线切割对象。
- 【贝塞尔模式】按钮：沿贝塞尔曲线切割对象。
- 【剪切时自动闭合】按钮：闭合分割对象形成的路径。
- 【手绘平滑】按钮：在创建手绘曲线时调整其平滑度。

6.9.2 实战：使用刻刀工具

刻刀工具的使用方法如下。

01 打开素材|Cha06|【刻刀.cdr】素材文件，如图6-156所示。

02 在工具箱中选择【刻刀工具】，在工具属性栏中选择【手绘模式】，在场景中捕捉“刻”的一个区域，如图6-157所示。

图6-156 素材文件

图6-157 捕捉节点

03 使用【选择工具】移动刻出的部分，效果如图6-158所示。

图6-158 移动对象

6.10 橡皮擦工具

使用橡皮擦工具可以擦除对象的一部分。CorelDRAW 2018允许擦除不需要的部分位图和矢量图对象。擦除时将自动闭合所有受影响的路径，并将对象转换为曲线。如果擦除连线，CorelDRAW 2018会创建子路径，而不是单个对象。

6.10.1 橡皮擦工具的属性设置

选择工具箱中的【橡皮擦工具】，属性栏中会显示相应的选项，如图6-159所示。

图6-159 【橡皮擦工具】属性栏

属性栏中各选项的说明如下。

- 【圆形笔尖】按钮：单击该按钮，可以为激活的工具选择圆形笔尖。
- 【方形笔尖】按钮：单击该按钮，可以为激活的工具选择方形笔尖。
- 【笔压】按钮：使用触笔压力来改变笔尖大小。
- 【橡皮擦厚度】文本框：可以设置橡皮擦的大小，数值越大，橡皮擦越大。
- 【减少节点】按钮：该按钮可以减少擦除区域的节点数。

6.10.2 实战：使用橡皮擦工具擦除对象

使用橡皮擦工具擦除对象的操作步骤如下。

01 打开素材|Cha06|【橡皮擦.cdr】素材文件，如图6-160所示。

图6-160 素材文件

02 按X键激活【橡皮擦工具】，在属性栏中将【笔尖形状】设置为【圆形笔尖】，将【橡皮擦厚度】设置为10mm，在场景中进行擦除，如图6-161所示。

图6-161 进行擦除

6.11 使用虚拟段删除工具

本小节将详细介绍另一个删除线段的工具，即虚拟段删除工具，使用此工具可以将交点之间的连线（虚拟段）删除。

使用【虚拟段删除工具】删除对象的具体操作方法如下。

01 打开素材|Cha06|【橡皮擦.cdr】素材文件，如图6-162所示。

02 在工具箱中选择【虚拟段删除工具】，在场景中框选要删除的虚拟段，如图6-163所示。

03 释放鼠标即可删除线段，效果如图6-164所示。

图6-162 素材文件

图6-163 框选多余的线条

图6-164 删除后的效果

6.12 修剪对象

下面介绍利用【选择工具】属性栏修剪对象的方法，通过修剪可以将其变成一个新的形状，此方法是创建不规则对象的好方法。

01 打开素材|Cha06|【修剪.cdr】素材文件，如图6-165所示。

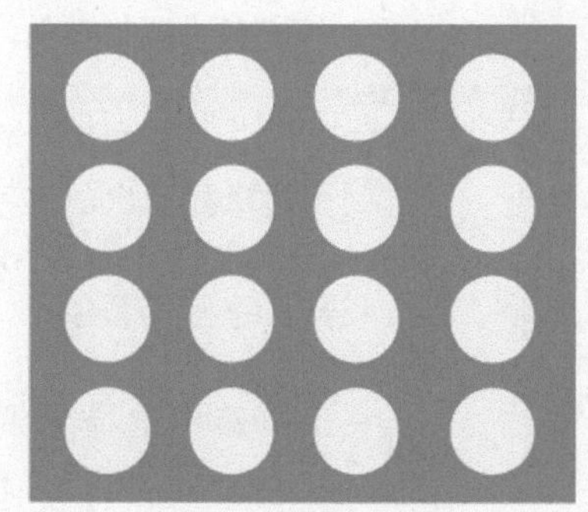
图6-165 素材文件

02 将对象全选，选择菜单栏中的【对象】|【造型】|【修剪】命令，如图6-166所示。

03 将黄点移开，得到修剪后的图形，如图6-167所示。

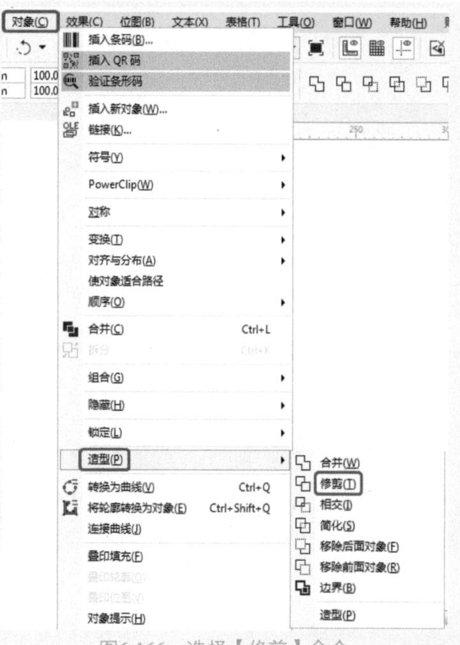

图6-166 选择【修剪】命令

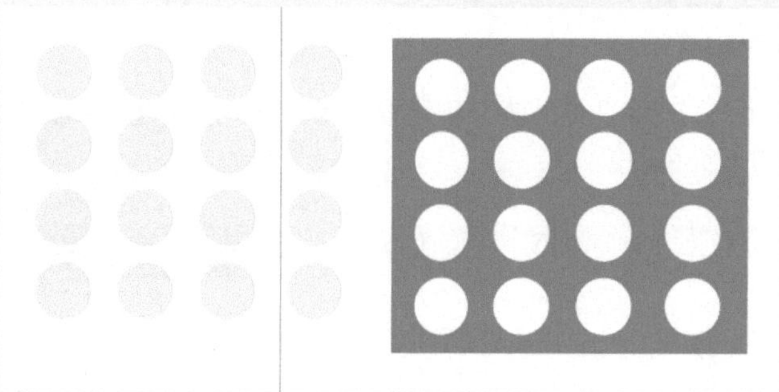
图6-167 修剪后的效果

6.13 焊接和交叉对象

焊接对象是将重叠对象捆绑在一起，来创建一个新的对象，新创建的对象使用被焊接对象的边界作为它的轮廓，所有相交的线条都会消失。

交叉对象是利用两个或多个对象的重叠部分来创建一个新的对象。

01 打开素材|Cha06|【焊接和交叉.cdr】素材文件，如图6-168所示。

02 选择场景中的两个对象，然后在属性栏中单击【焊接】按钮，即可将选择的对象焊接为一个对象，效果如图6-169所示。

03 返回到原始状态，然后在属性栏中单击【相交】按钮，即可创建出一个新的对象，如图6-170所示。

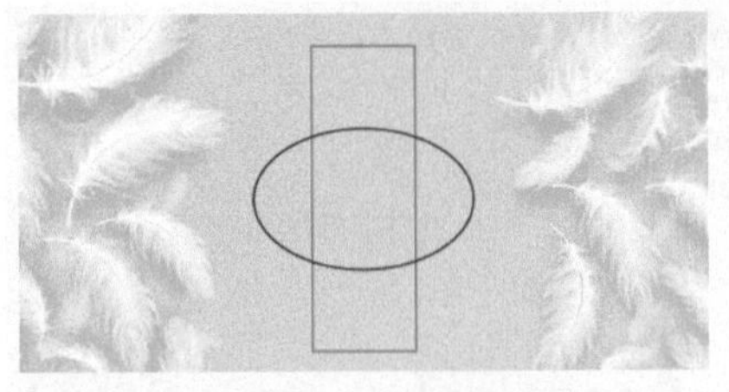

图6-168　素材文件

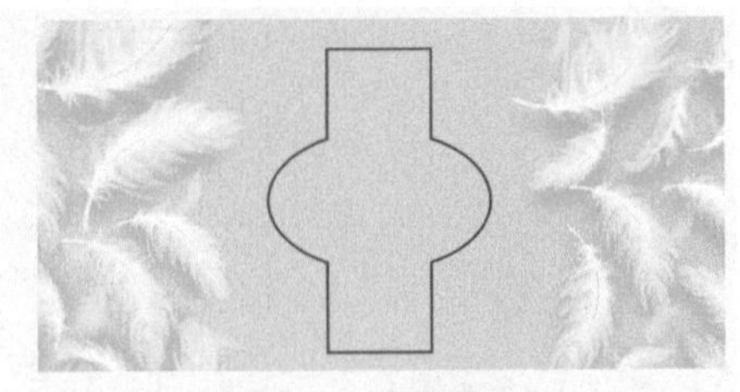

图6-169　合并后的效果

04 为了方便观看，将新创建出的对象向外移动，效果如图6-171所示。

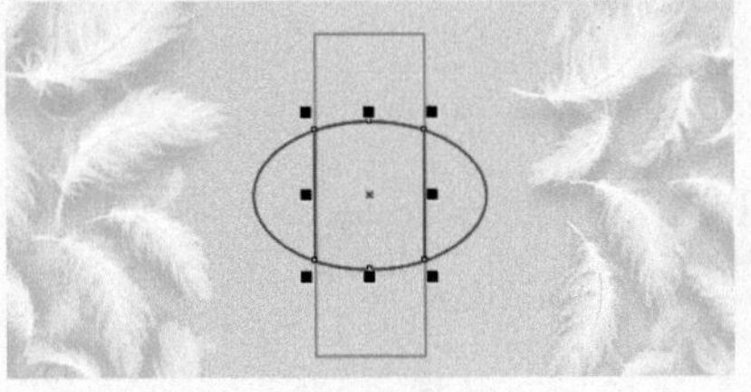

图6-170　相交对象

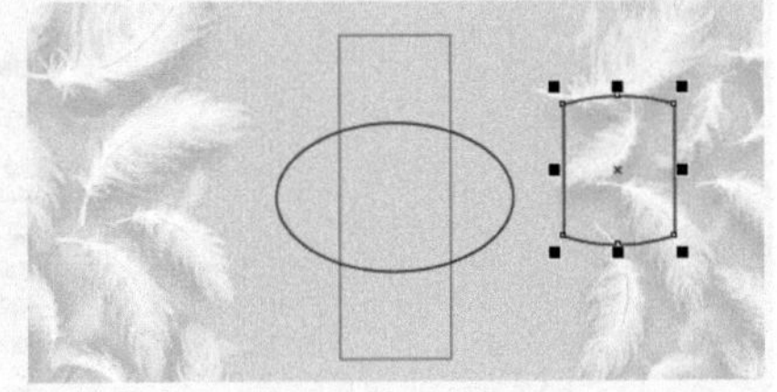

图6-171　移动对象

6.14 调和对象

本节将重点讲解如何使用调和对象，应用【调和工具】可以直接产生不同的形状和颜色。

6.14.1 调和工具的属性设置

选择工具箱中的【调和工具】，其属性栏如图6-172所示。

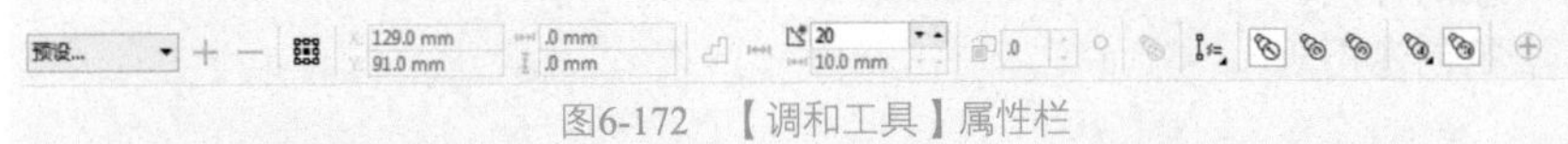

图6-172　【调和工具】属性栏

属性栏中各选项的说明如下。

- 【调和对象】选项：在【调和对象】文本框中可以输入所需的调和步长和间距。
- 【调和方向】：设置已调和对象的旋转角度。
- 【环绕调和】按钮：只有在【调和方向】文本框中输入角度时，该按钮才会变为活动状态，单击该按钮，可以在两个调和对象之间围绕调和中心旋转中间的对象。
- 【路径属性】按钮：单击该按钮，会弹出下拉菜单，可以在其中选择【新建路径】命令，使原调和对象依附在新路径上。
- 【直接调和】按钮：单击该按钮，可以设置调和的直接颜色渐变序列。
- 【顺时针调和】按钮：单击该按钮，可以按色谱顺时针方向逐渐调和。
- 【逆时针调和】按钮：单击该按钮，可以按色谱逆时针方向逐渐调和。
- 【对象和颜色加速】按钮：单击该按钮，会弹出【加速】面板，在面板中拖动【对象】与【颜色】上的滑块可以调整渐变路径上对象与色彩的分布情况。单击【锁定】按钮取消锁定后，可以单独调整对象或颜色在调和路径上的分布情况。
- 【调整加速大小】按钮：单击该按钮，可以调整调和中对象大小更改的速率。
- 【更多调和选项】按钮：单击该按钮，会弹出菜单面板，可以在其中单击所需的按钮来映射节点和拆分调和对象。如果选择的调和对象是沿新路径进行调和的，则【沿全路径调和】选项和【旋转全部对象】选项变为活动状态。
- 【起始和结束属性】按钮：单击该按钮，会弹出菜单面板，可以在其中重新选择或显示调和的起点或终点。
- 【复制调和属性】按钮：单击该按钮可以将一个调和对象的属性复制到所选的对象上。
- 【清除调和】按钮：单击该按钮可以将所选的调和对象应用的调和效果清除。

6.14.2 实战：使用调和工具调和对象

利用【调和工具】可以制作出很多特殊效果，下面讲解如何利用【调和工具】制作特殊的文字效果。

01 打开素材|Cha06|【调和工具.cdr】素材文件，按F8键激活【文本工具】，输入文字“OPEN”，在工具属性栏中将【字体】设置为方正综艺简体，将【字体大小】设置为80pt，并将其填充色设置为黄色，如图6-173所示。

02 选择上一步创建的文字，进行复制，选择复制出的文字，调整其位置，在属性栏中将【字体大小】设为143pt，并将其颜色设为绿色，如图6-174所示。

03 在工具箱中选择【调和工具】，选择黄色文字，在属性栏中激活【直接调和】按钮，按住鼠标左键将鼠标指针移动到绿色文字上，效果如图6-175所示。

04 选择调和工具中间的调整手柄，将其向下拖动，如图6-176所示。

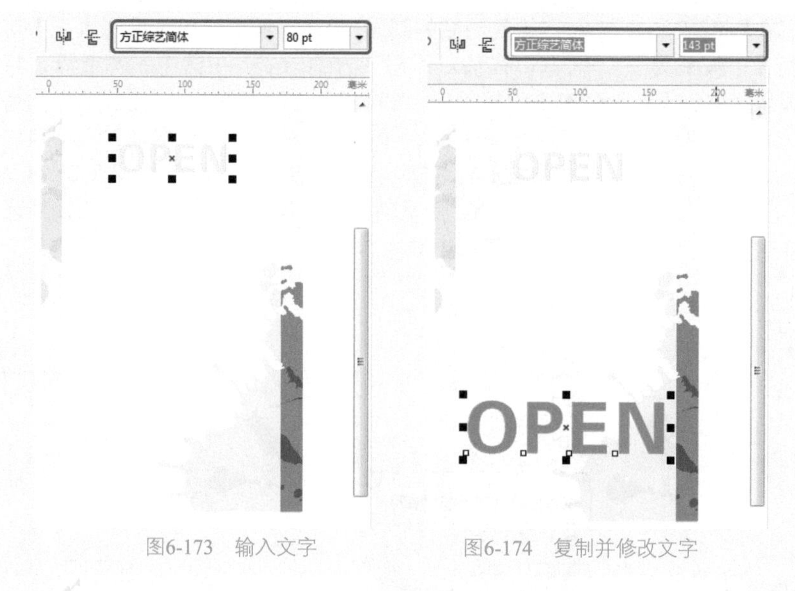

图6-173　输入文字　　图6-174　复制并修改文字

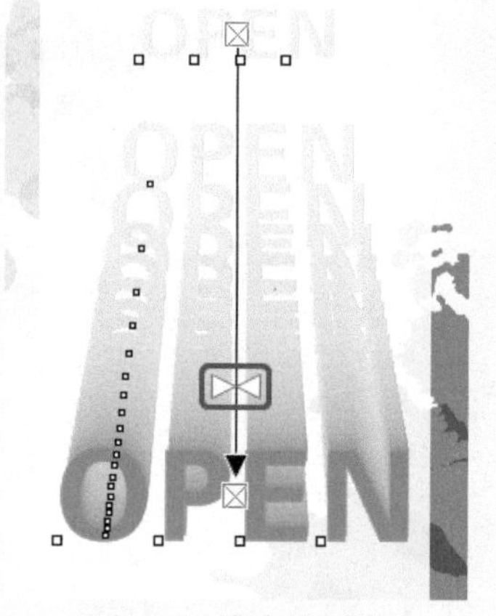

图6-175　调和后的效果　　图6-176　拖动调整手柄

05 在属性栏中将【调和对象】后面的数值设为900，效果如图6-177所示。单击【顺时针调和】按钮，此时效果如图6-178所示。

图6-177　查看效果

图6-178　顺时针调和效果

实例操作003——使用调和工具制作手机

本例将介绍如何制作手机，在本例中主要使用矩形工具和编辑填充功能进行操作，完成后的效果如图6-179所示。

图6-179　效果图

01 打开素材|Cha06|【手机背景.cdr】素材文件，如图6-180所示。

图6-180　素材文件

02 在工具箱中选择【椭圆形工具】，在工作区中绘制椭圆，在属性栏中将【对象大小】的【宽度】和【高度】均设置为4.87mm，并调整位置，如图6-181所示。

03 按F11键，弹出【编辑填充】对话框，在该对话框下方的渐变条中选中左侧节点，将其CMYK设置为73、65、60、16，选中最右侧的

节点，将其CMYK设置为93、89、88、80，在右侧取消勾选【自由缩放和倾斜】复选框，将【填充宽度】设置为98.502，【Y】设置为2.338，【旋转角度】设置为90，勾选【缠绕填充】复选框，单击【确定】按钮，如图6-182所示，并将轮廓颜色设置为无。

图6-181　绘制圆形并设置参数

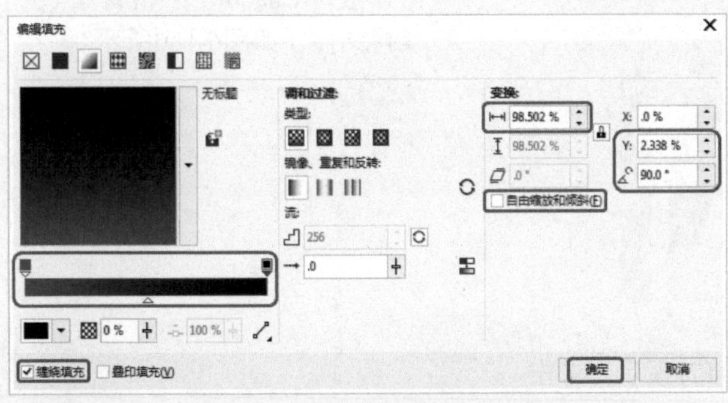

图6-182　【编辑填充】对话框

04 将其复制，在属性栏中将【对象大小】的【宽度】和【高度】均设置为1.933mm，如图6-183所示。

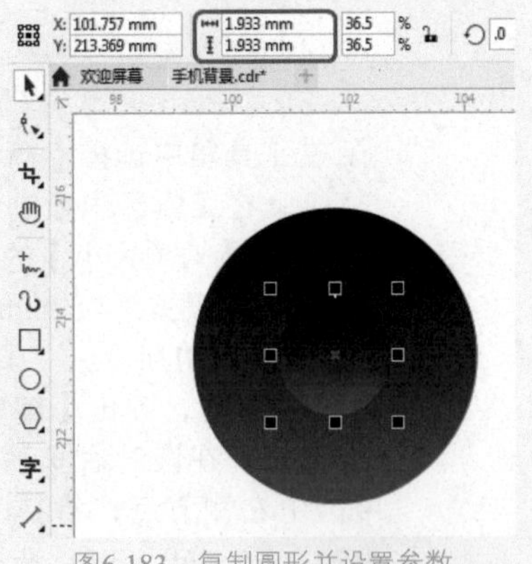

图6-183　复制圆形并设置参数

05 选择复制后的圆形，按F11键，弹出【编辑填充】对话框，在该对话框下方的渐变条中选中左侧节点，将其CMYK设置为96、89、86、76，选中最右侧的节点，将其CMYK设置为82、70、64、30，在右侧取消勾选【自由缩放和倾斜】复选框，将【填充宽度】设置为98.502，【Y】设置为2.338，【旋转角度】设置为90，勾选【缠绕填充】复选框，单击【确定】按钮，如图6-184所示。

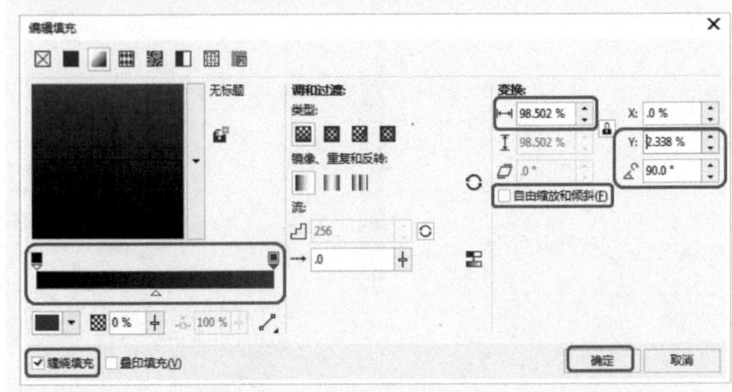

图6-184　【编辑填充】对话框

06 对复制的椭圆再次复制，在属性栏中将【对象大小】的【宽度】和【高度】均设置为1.562mm，如图6-185所示。

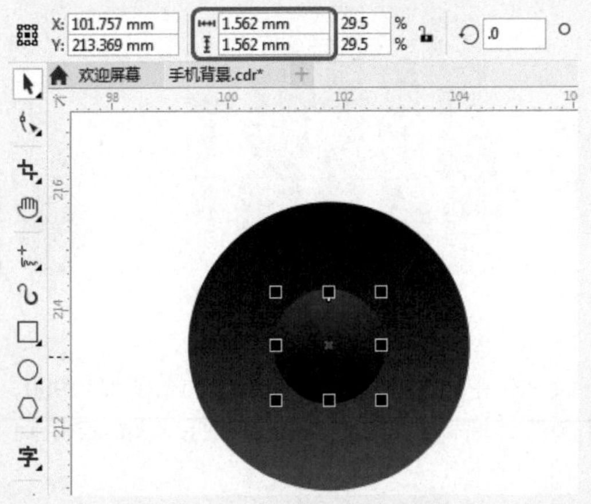

图6-185　复制椭圆并设置参数

07 选择复制的圆形，按F11键，弹出【编辑填充】对话框，在该对话框下方的渐变条中选中左侧节点，将其CMYK设置为84、79、78、62，在60%的位置添加节点，将其CMYK设置为80、75、73、50，选中最右侧的节点，将其CMYK设置为84、79、78、62，在右侧取消勾选【自由缩放和倾斜】复选框，将【填充宽度】设置为98.5，【Y】设置为2.338，【旋转角度】设置为90，勾选【缠绕填充】复选框，单击【确定】按钮，如图6-186所示。

08 对上一个复制的椭圆进行复制，在属性栏中将【对象大小】的【宽度】和【高度】均设置为1.187mm，如图6-187所示。

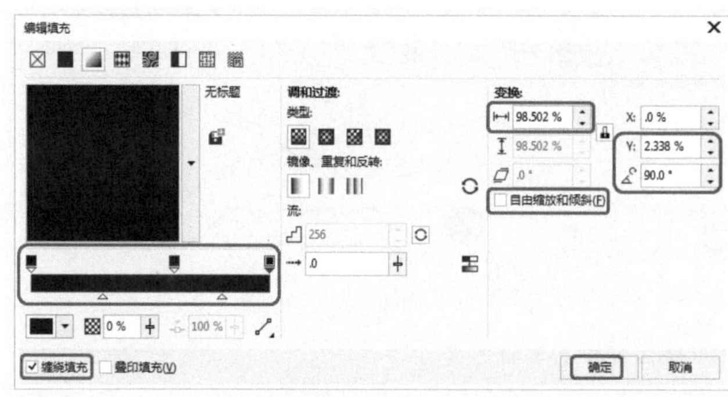

图6-186　【编辑填充】对话框

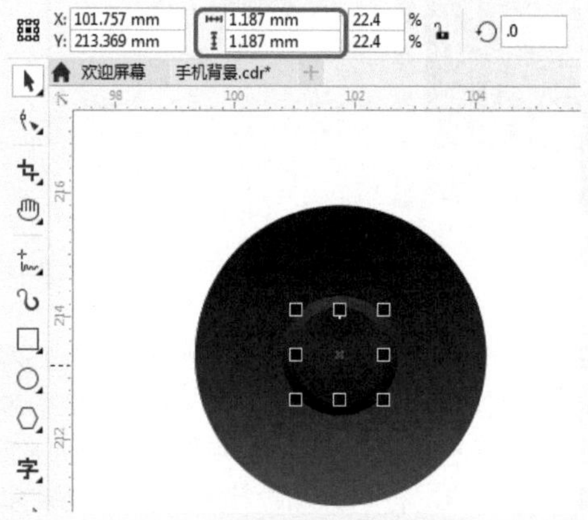

图6-187　复制圆形并设置参数

09 按F11键，弹出【编辑填充】对话框，在该对话框下方的渐变条中选中左侧节点，将其CMYK设置为84、60、0、0，将60%位置处的节点移动至42%位置处，将其CMYK设置为100、93、0、28，选中最右侧的节点，将其CMYK设置为88、90、84、77，在右侧单击【类型】下的【椭圆形渐变填充】按钮，取消勾选【自由缩放和倾斜】复选框，将【填充宽度】设置为100.008，Y设置为0，勾选【缠绕填充】复选框，单击【确定】按钮，如图6-188所示。

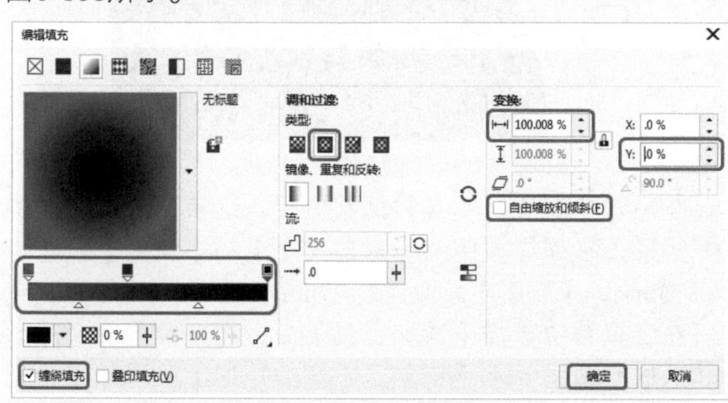

图6-188　【编辑填充】对话框

10 对之前绘制的最大椭圆形进行复制，在属性栏中将【对象大小】的【宽度】和【高度】均设置为4.541mm，调整图层顺序，如图6-189所示。

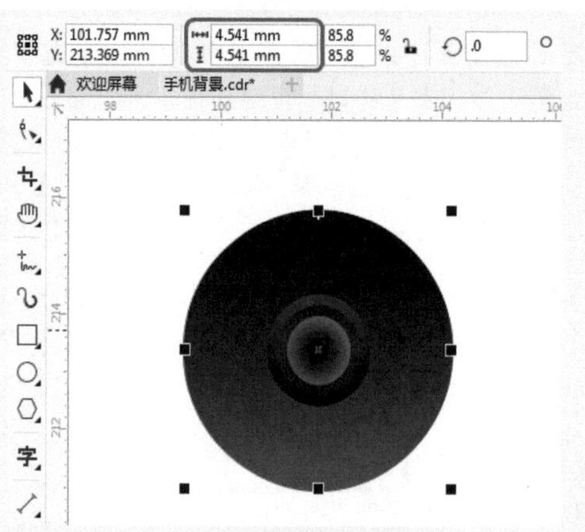

图6-189　复制圆形并设置参数

11 在工具箱中选择【网状填充工具】，选中刚复制的椭圆形，在属性栏中将【网格大小】的列数和行数均设置为3，【选取模式】设置为矩形，如图6-190所示。

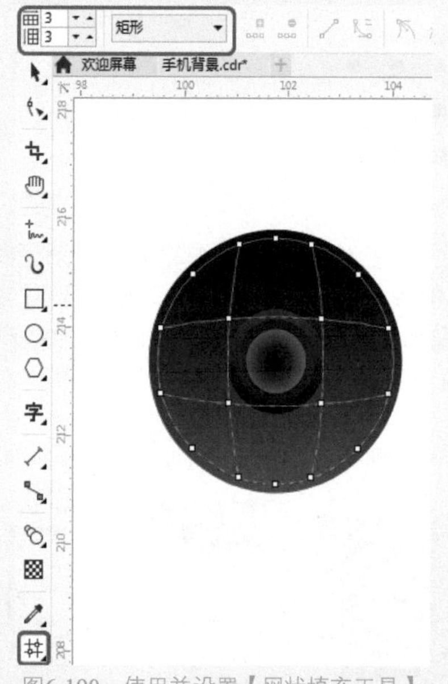

图6-190　使用并设置【网状填充工具】

12 使用【网状填充工具】在椭圆中选中控制点，调整控制点的位置，调整完成后的效果如图6-191所示。

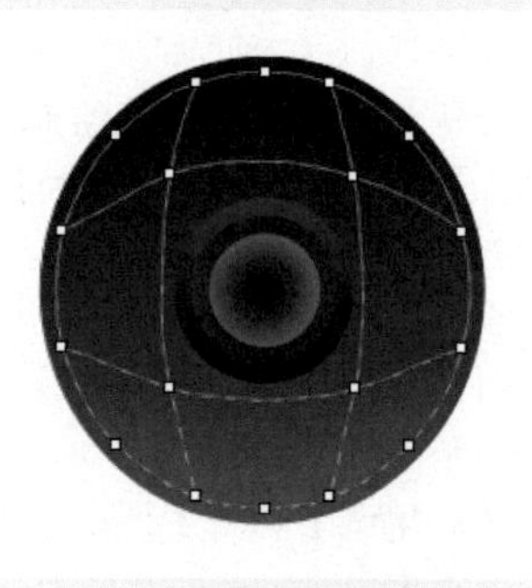

图6-191　调整控制点的位置

提示 要圈选节点，请从工具属性栏上的选取范围模式列表框选择矩形，然后拖过希望选择的节点。要手绘选择节点，请从选取模式范围列表框选择手绘，然后拖过希望选择的节点。拖动时按下Alt键可以在【矩形】和【手绘】选取范围模式之间切换。

13 使用【椭圆形工具】在工作区中绘制椭圆，在属性栏中将【对象大小】的【宽度】和【高度】均设置为3.849mm，如图6-192所示。

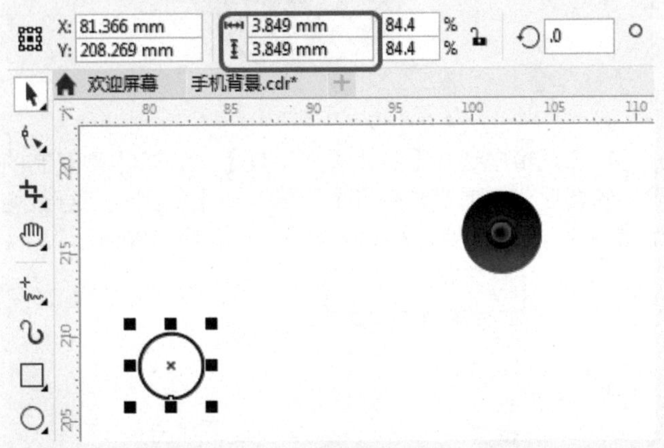

图6-192 绘制并设置椭圆

14 按Shift+F11组合键打开【编辑填充】对话框，在右侧将CMYK设置为86、82、82、69，勾选【缠绕填充】复选框，然后单击【确定】按钮，如图6-193所示，并将轮廓颜色设置为无。

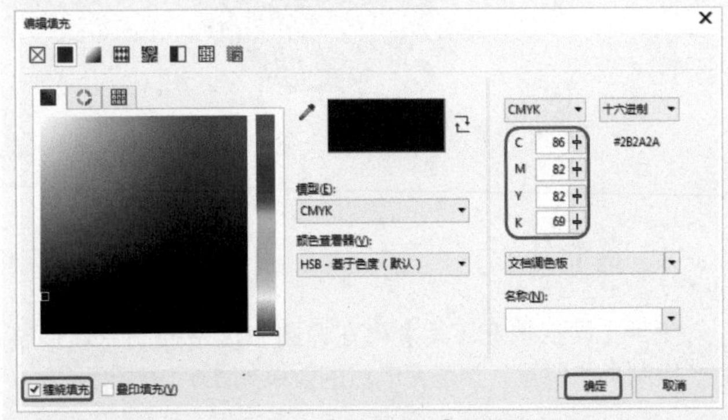

图6-193 【编辑填充】对话框

15 使用【矩形工具】在工作区中绘制矩形，在属性栏中将【对象大小】的【宽度】设置为17.992mm，【高度】设置为3.528mm，单击【同时编辑所有角】按钮，将【圆角半径】设置为2mm，如图6-194所示。

16 按Shift+F11组合键打开【编辑填充】对话框，在该对话框中将CMYK设置为93、89、88、80，勾选【缠绕填充】复选框，然后单击【确定】按钮，如图6-195所示，并将其轮廓颜色设置为无。

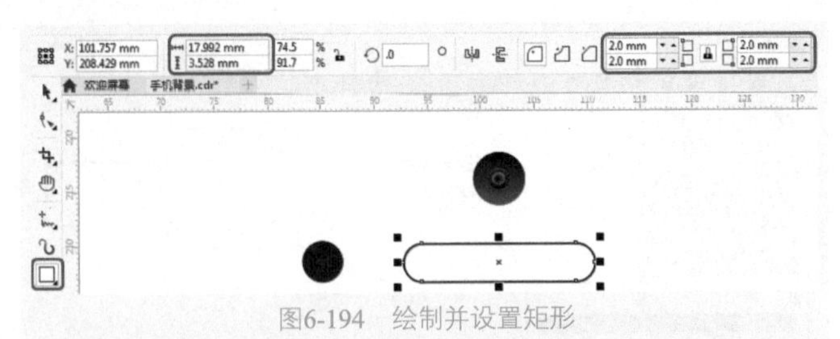

图6-194 绘制并设置矩形

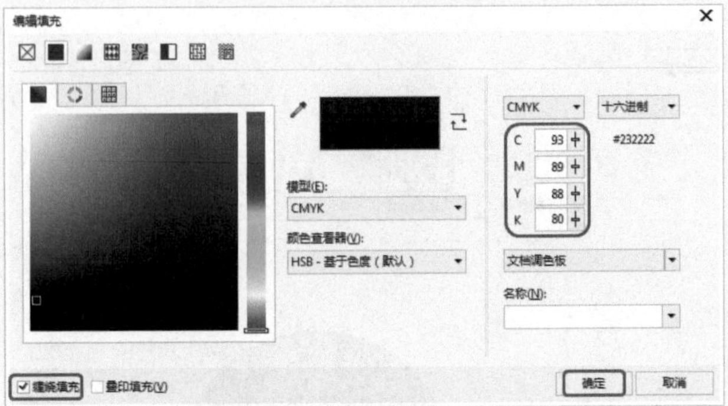

图6-195 【编辑填充】对话框

17 再次使用【矩形工具】绘制一个矩形，在属性栏中将【对象大小】的【宽度】和【高度】均设置为0.431mm，并通过【编辑填充】对话框将CMYK颜色设置为59、51、47、0，将轮廓颜色设置为无，效果如图6-196所示。

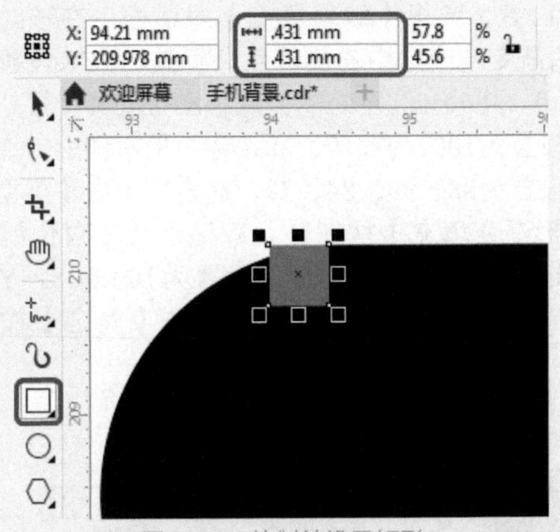

图6-196 绘制并设置矩形

18 然后对矩形进行复制并调整位置，选中所有新绘制的矩形，在属性栏中将【对象大小】的【宽度】设置为16.373mm，【高度】设置为3.447mm，如图6-197所示。

19 在工具箱中选择【调和工具】，在左侧的一个矩形上进行单击并水平拖动至右侧的矩形上，释放鼠标完成调和，如图6-198所示。

20 在属性栏中将【调和对象】的【间距】设置为17，使用同样的方法为其他的矩形进行调和，并通过对小矩形进行复制填充其他的地方，效果如图6-199所示。

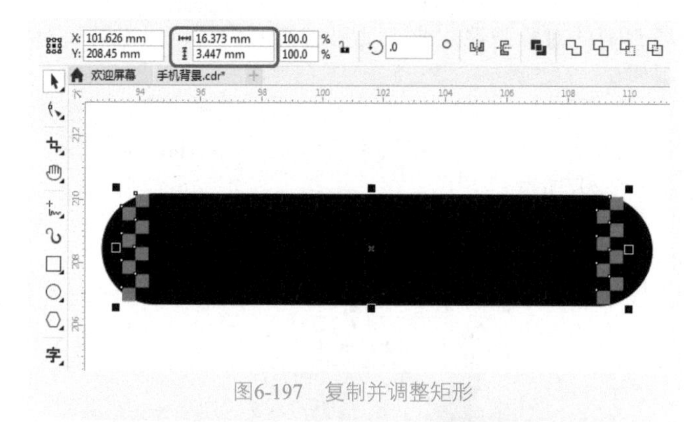

图6-197 复制并调整矩形

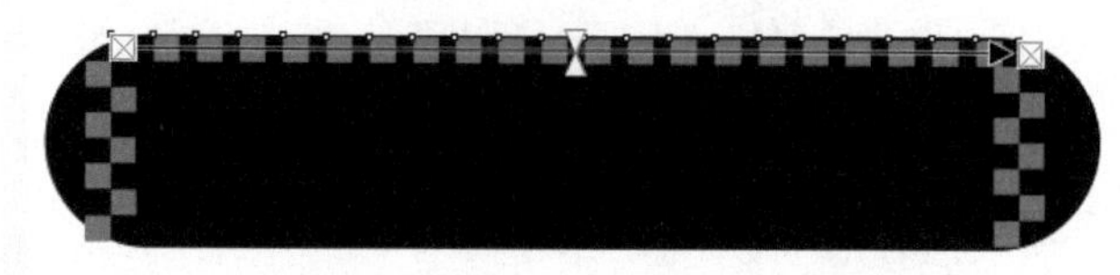

图6-198 调和矩形

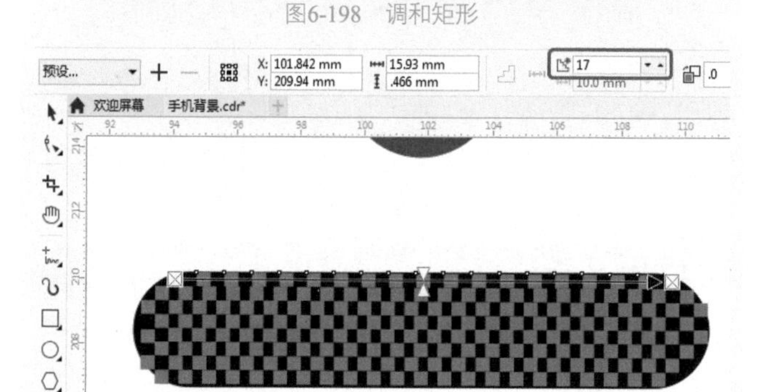

图 6-199 使用同样方法制作效果

21 使用【矩形工具】□绘制一个矩形，在属性栏中将【对象大小】的【宽度】设置为17.999mm，【高度】设置为3.192mm，将【转角半径】均设置为2mm，将【轮廓宽度】设置为0.7mm，如图6-200所示。

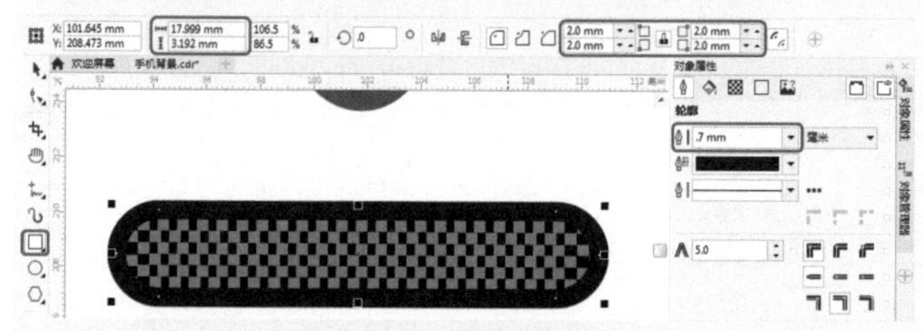

图6-200 绘制矩形并设置

22 按Ctrl+Shift+Q组合键将轮廓转换为曲线，按F11键打开【编辑填充】对话框，在该对话框下方的渐变条中选中左侧节点，将其CMYK设置为34、35、42、0，在3%的位置添加节点，将其CMYK设置为18、27、33、0，在9%的位置添加节点，将其CMYK设置为39、44、55、0，选中最右侧的节点，将其CMYK设置为39、44、55、0，在右侧取消勾选【自由缩放和倾斜】复选框，将【填充宽度】设置为170.498，【X】设置为-13.28，【Y】设置为10.628，【旋转】设置为141.3°，勾选【缠绕填充】复选框，单击【确定】按钮，如图6-201所示。

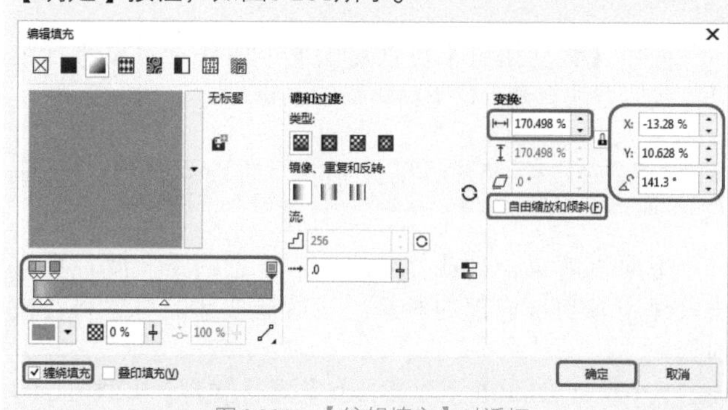

图6-201 【编辑填充】对话框

23 综合前面所讲的方法制作出其他的效果，效果如图6-202所示。

图6-202 制作其他效果

24 按Ctrl+I组合键，导入素材|Cha06|【手机屏幕.png】素材文件，并调整位置，效果如图6-203所示。

图6-203 效果图

6.15 裁剪对象

使用【裁剪工具】可以对画面中的任意对象进行裁剪，裁剪方法有两种，下面将详细讲解。

6.15.1 实战：使用裁剪工具裁剪对象

下面讲解第一种裁剪方法，需注意的是，此裁剪方法只保留裁剪框内部的对象，裁剪框外部的对象将会被删除。

01 打开素材|Cha06|【水果.cdr】素材文件，如图6-204所示。

02 在工具箱中选择【裁剪工具】，然后在场景中拖曳出一个裁剪框，如图6-205所示。

图6-204 素材文件

图6-205 拖曳出裁剪框

03 调整好裁剪框后，在裁剪框中双击，即可将裁剪框外部的对象剪掉，效果如图6-206所示。

图6-206 裁剪后的效果

6.15.2 实战：创建图框精确裁剪

使用【图框精确裁剪】命令裁剪对象，只是将不需要裁剪的对象隐藏起来，如果有需要，还可以对其进行编辑。

01 继续上一节的操作，按Ctrl+Z组合键撤销操作，选择【矩形工具】□，绘制【圆角半径】为10mm的矩形，如图6-207所示。

图6-207 绘制矩形

02 选择导入的素材图片，选择【对象】|【PowerClip】|【置于图文框内部】命令，如图6-208所示。

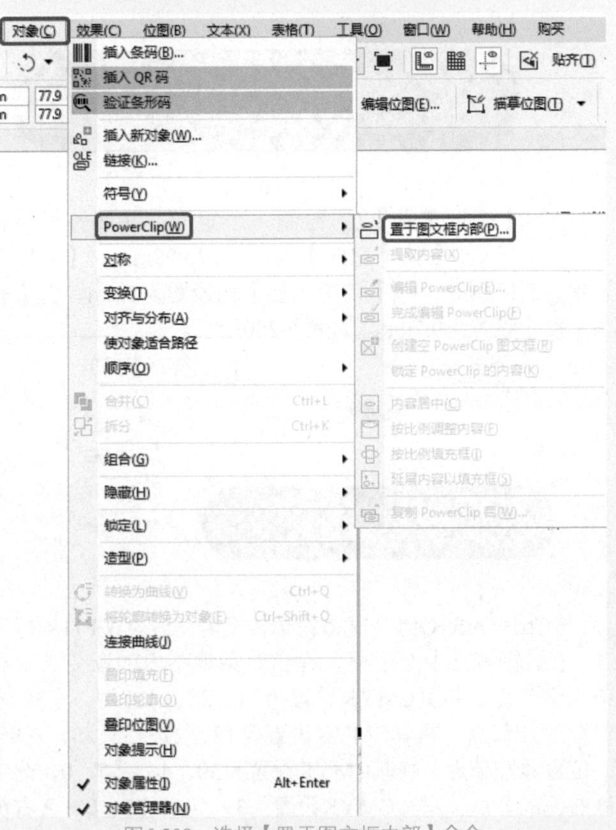

图6-208 选择【置于图文框内部】命令

03 此时鼠标指针会变为黑色箭头，在矩形中单击，即可将导入的素材图片放置到矩形中，如图6-209所示。

图6-209 效果图

6.15.3 实战：编辑图框精确裁剪对象内容

下面介绍如何对裁剪的对象进行编辑。

01 继续上一小节的操作，在菜单栏中选择【对象】|PowerClip|【编辑PowerClip】命令，如图6-210所示。

02 此时圆角矩形对象变为蓝色，内置的对象会被完整地显示出来，如图6-211所示。

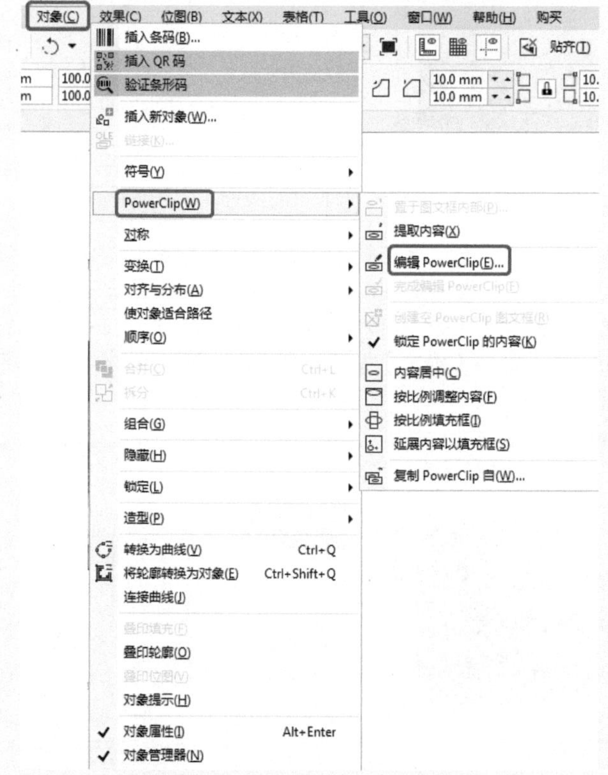

图6-210 选择【编辑PowerClip】命令

03 此时图片素材处于可编辑状态，可以适当调整图片的位置和大小，按住Ctrl键，在空白位置单击，查看效果，如图6-212所示。

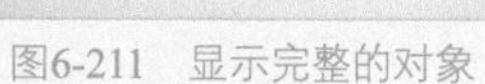

图6-211 显示完整的对象　　图6-212 最终效果

6.16 上机练习——鼠标

本例将介绍如何制作电脑配件类——鼠标，本例中主要使用调和工具和钢笔工具进行制作，完成后的效果如图6-213所示。

01 打开素材|Cha06|【鼠标背景.cdr】素材文件，如图6-214所示。

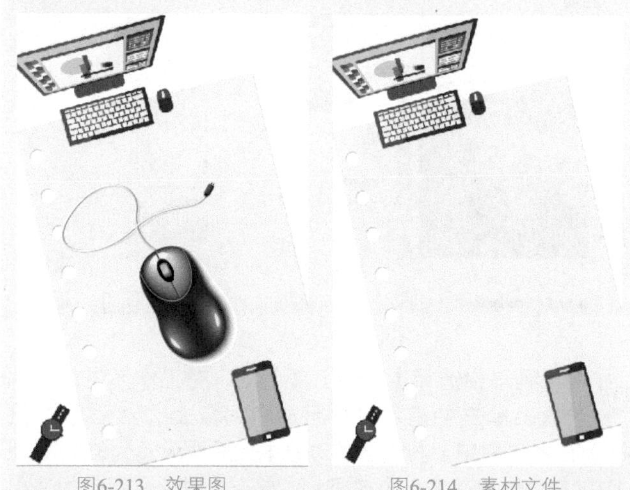

图6-213 效果图　　图6-214 素材文件

02 在工具箱中选择【钢笔工具】，在工作区中绘制一个对象，绘制完成后可以通过【形状工具】调整控制点，如图6-215所示。

03 在左侧的默认调色板中单击【白】色块，右击【无】色块，效果如图6-216所示。

04 使用同样方法，绘制一个相似且稍小的对象，如图6-217所示。

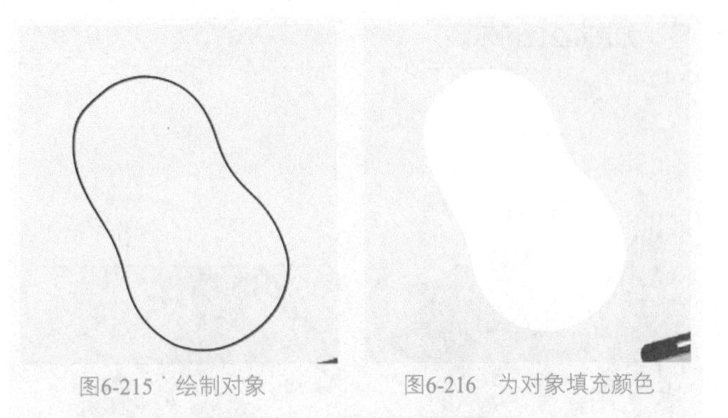

图6-215 绘制对象　　图6-216 为对象填充颜色

图6-217 绘制相似对象

05 按Shift+F11组合键打开【编辑填充】对话框，在该对话框中将CMYK设置为71、63、60、55，然后单击【确定】按钮，如图6-218所示，并将其轮廓颜色设置为无。

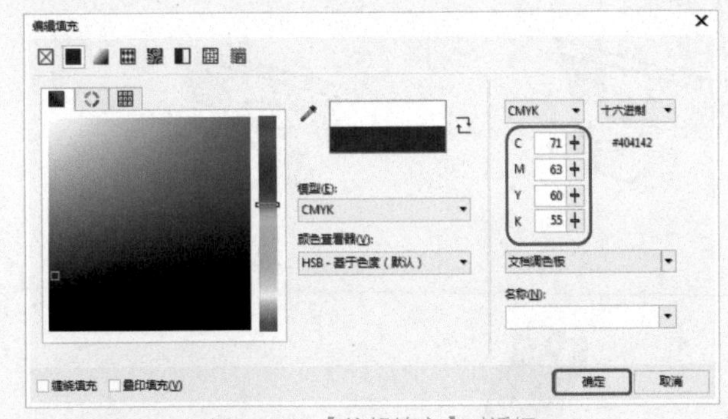

图6-218 【编辑填充】对话框

06 在工具箱中选择【调和工具】，在工作区中灰色的对象上单击并拖动鼠标至白色对象上，然后释放鼠标。在属性栏中，将【调和对象】的间距设置为35，取消选中【调整加速大小】按钮，单击【对象和颜色加速】按钮，在弹出的面板中单击按钮，取消【对象】和【颜色】的锁定，调整对象节点的位置，效果如图6-219所示。

提示：通过单击属性栏上的【对象和颜色加速】按钮，然后移动相应的滑块，可以设置对象的颜色从第一个对象向最后一个对象变换时的速度。

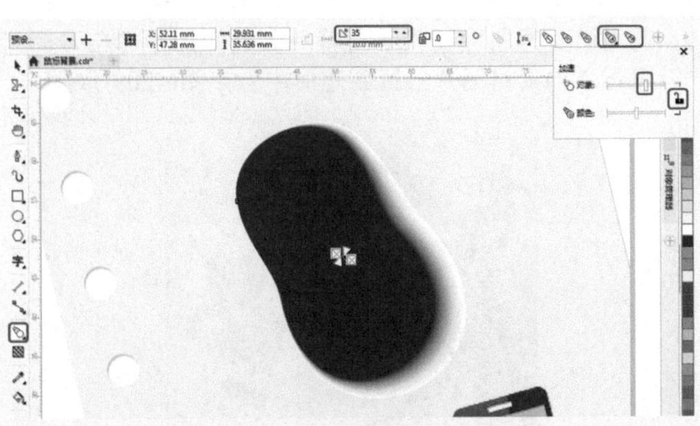

图6-219 设置调和对象的属性

07 使用【钢笔工具】在工作区中绘制对象并调整控制点，按Shift+F11组合键打开【编辑填充】对话框，在该对话框的右侧将CMYK值设置为71、63、61、57，然后单击【确定】按钮，如图6-220所示，并将其轮廓颜色设置为无。

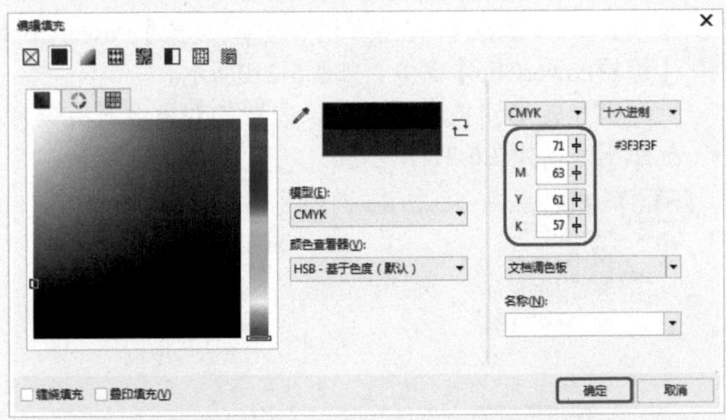

图6-220 【编辑填充】对话框

08 继续使用【钢笔工具】在工作区中绘制对象并调整控制点，按Shift+F11组合键打开【编辑填充】对话框，在该对话框的右侧将CMYK值设置为75、67、67、90，然后单击【确定】按钮，如图6-221所示，并将其轮廓颜色设置为无。

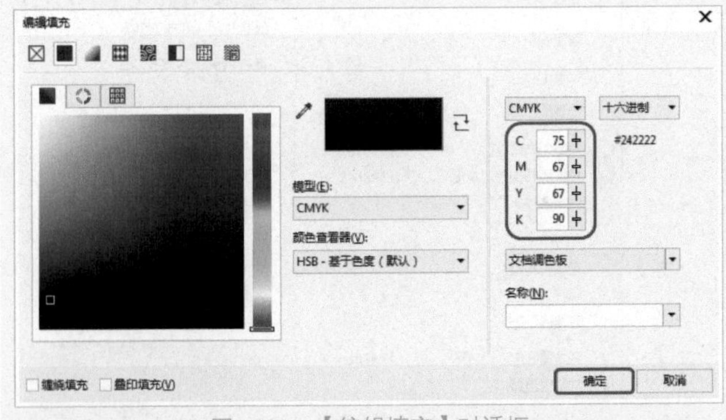

图6-221 【编辑填充】对话框

09 在工具箱中选择【调和工具】，综合前面介绍的方法调和对象，在属性栏中将【调和对象】的间距设置

为20，取消选中【调整加速大小】按钮，其他为默认设置，如图6-222所示。

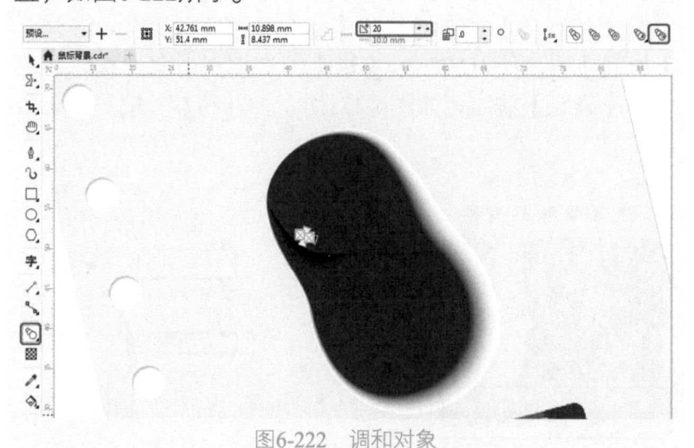

图6-222 调和对象

10 选中调和后的对象，按Ctrl+G组合键合并对象，将其复制，在属性栏中单击【水平镜像】按钮，并调整对象的位置，效果如图6-223所示。

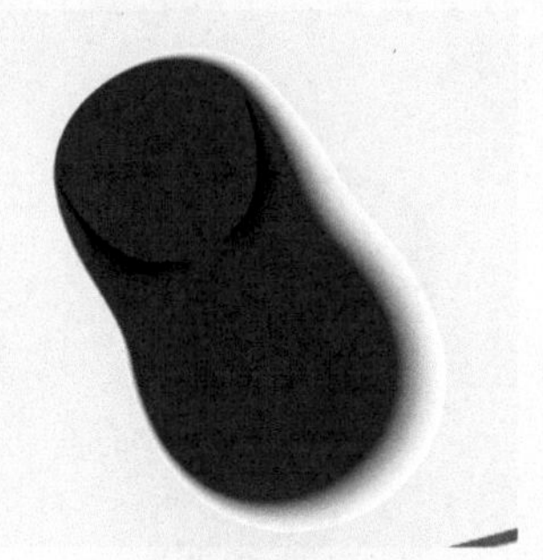

图6-223 复制并镜像对象

11 使用【钢笔工具】绘制对象并调整控制点，按F11键，在打开的【编辑填充】对话框中选择渐变条左侧的节点，将其CMYK设置为82、61、44、6，选中右侧的节点，将其CMYK设置为89、77、66、51，在右侧【变换】区域下，取消勾选【自由缩放和倾斜】复选框，将【填充宽度】设置为60.956，【旋转】设置为-177°，然后单击【确定】按钮，如图6-224所示，并将其【轮廓颜色】设置为无。

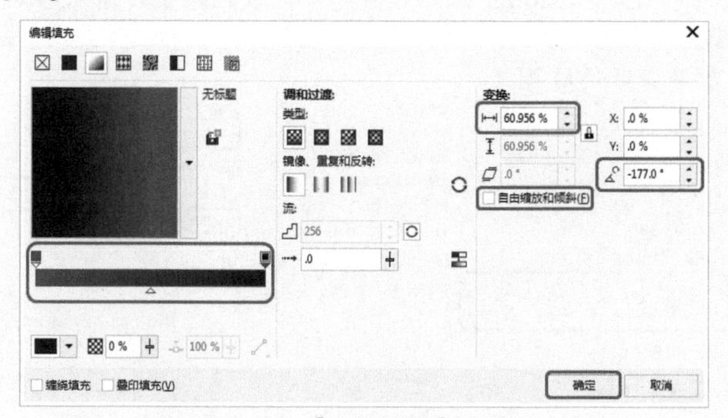

图6-224 【编辑填充】对话框

12 确认选中绘制对象，将其复制，通过控制点对它进行缩小，继续使用钢笔工具绘制对象，按Shift+F11组合键，在打开的【编辑填充】对话框中将CMYK设置为18、4、2、0，然后单击【确定】按钮，如图6-225所示。

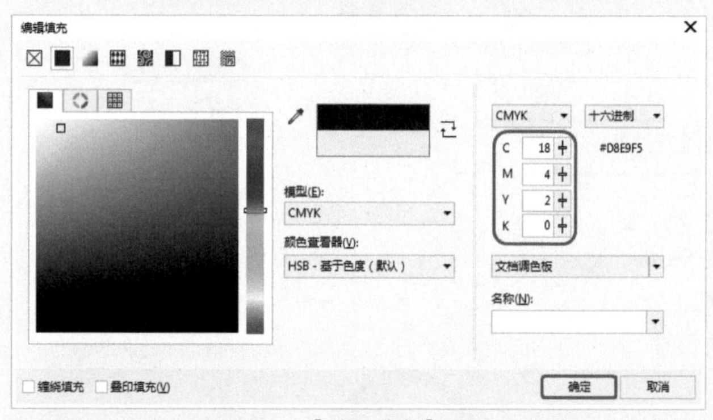

图6-225 【编辑填充】对话框

13 右击默认调色板中的【无】色块，将轮廓颜色设置为无，使用同样方法调和对象，在属性栏中将【调和对象】的间距设置为30，其他使用默认设置，如图6-226所示。

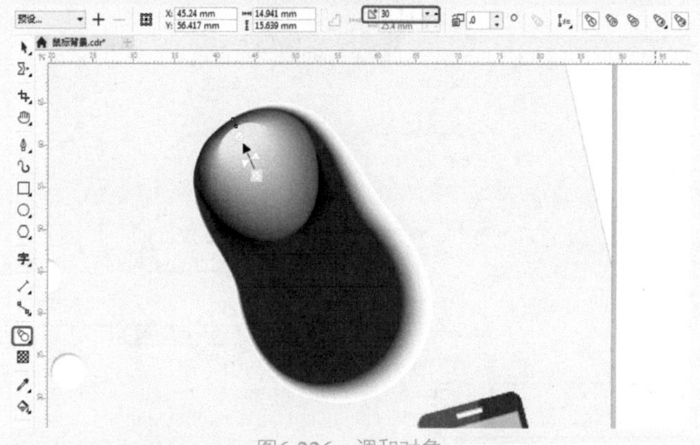

图6-226 调和对象

14 使用【选择工具】选中刚通过调和对象中较小的对象，将其复制。按F11键，打开【编辑填充】对话框，在该对话框中选中渐变条左侧的节点，将其CMYK设置为18、10、11、0，将右侧的节点颜色设置为白色，在【变换】区域下取消勾选【自由缩放和倾斜】复选框，将【对象宽度】设置为108.335，【旋转】设置为5°，然后单击【确定】按钮，如图6-227所示。

15 对复制的对象填充颜色后，其效果如图6-228所示。

16 选择【钢笔工具】在工作区中绘制对象，按F11键，在打开的【编辑填充】对话框中选择渐变条左侧的节点，将其CMYK设置为38、27、21、0，选中右侧的节点，将其颜色设置为白色，在右侧【变换】区域下，取消勾选【自由缩放和倾斜】复选框，将【填充宽度】设置为123.74，【旋转】设置为-63°，然后单击【确定】按钮，

如图6-229所示，并将其轮廓颜色设置为无。

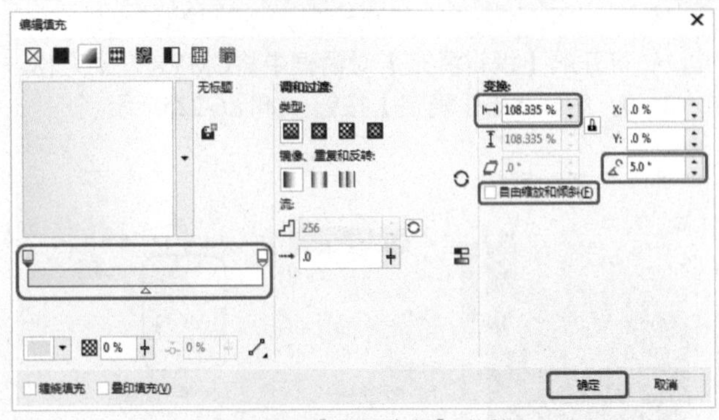

图6-227 【编辑填充】对话框

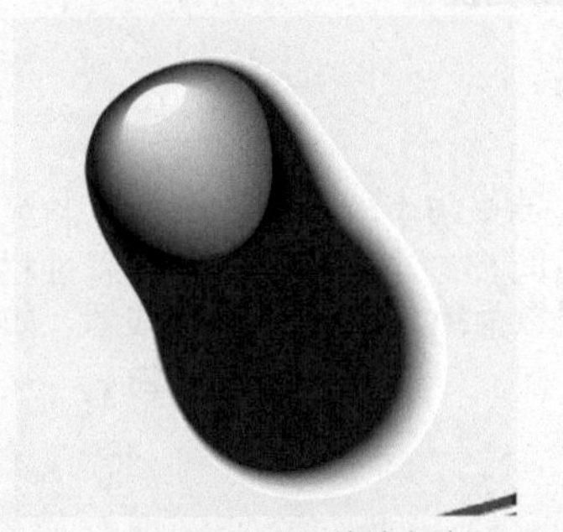

图6-228 复制对象的填充效果

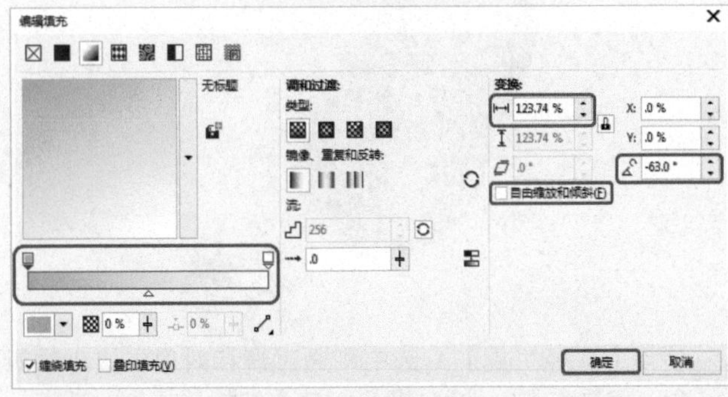

图6-229 【编辑填充】对话框

17 对绘制对象的进行填充颜色后的效果如图6-230所示。

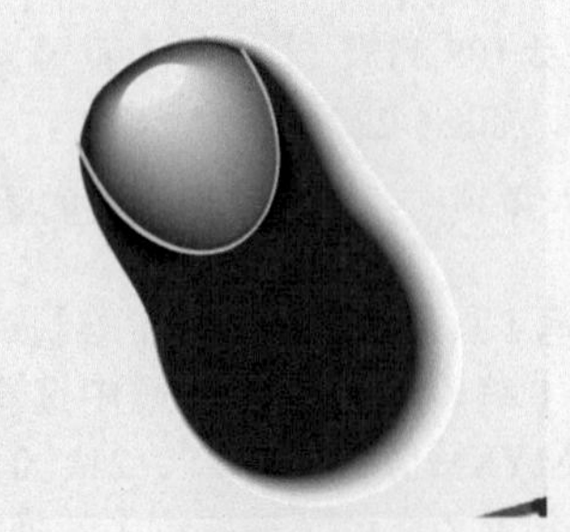

图6-230 填充颜色后的效果

18 选中该对象，将其复制，按F11键，在打开的【编辑填充】对话框中选择渐变条左侧的节点，将其CMYK设置为82、61、44、6，选中右侧的节点，将其CMYK设置为89、77、66、51，在右侧【变换】区域下，取消勾选【自由缩放和倾斜】复选框，将【填充宽度】设置为60.956，【旋转】设置为-177°，勾选【缠绕填充】复选框，然后单击【确定】按钮，如图6-231所示，并将其轮廓颜色设置为无。

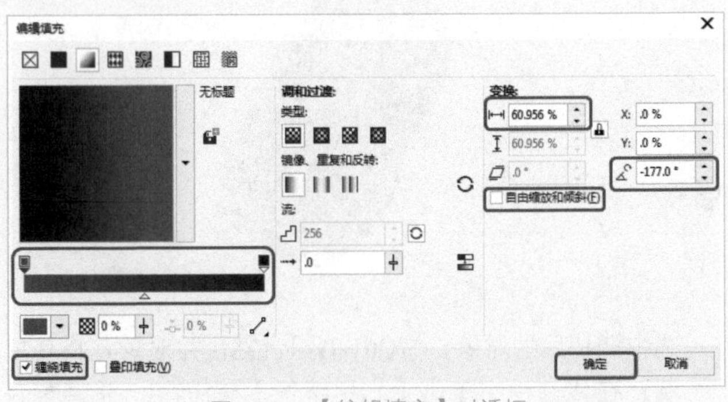

图6-231 【编辑填充】对话框

19 对复制的对象调整大小和位置，调整后的效果如图6-232所示。

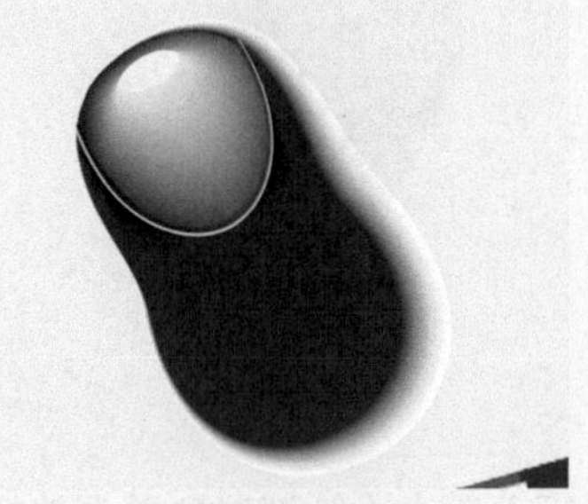

图6-232 调整复制对象后的效果

20 选择【钢笔工具】，绘制对象，按F11键，在打开的【编辑填充】对话框中选择渐变条左侧的节点，将其CMYK设置为38、27、21、0，选中右侧的节点，将颜色设置为白色，在右侧【变换】区域下，取消勾选【自由缩放和倾斜】复选框，将【填充宽度】设置为135.242，【旋转】设置为118°，勾选【缠绕填充】复选框，然后单击【确定】按钮，如图6-233所示，并将其轮廓颜色设置为无。

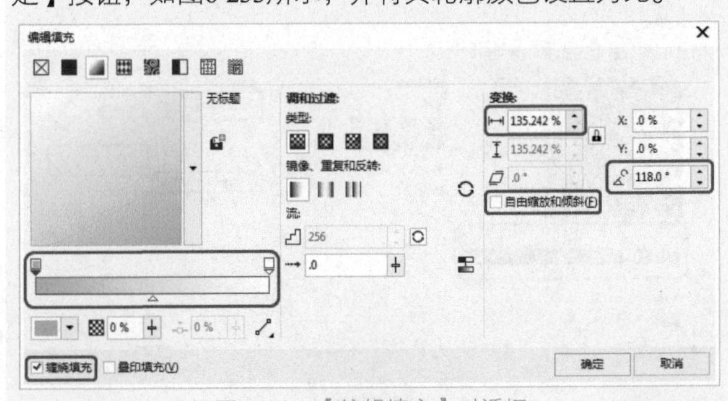

图6-233 【编辑填充】对话框

21 对对象填充颜色后的效果如图6-234所示，然后对其进行复制调整位置，将复制的对象CMYK设置为80、69、55、56，选中这两个对象，按Ctrl+PageDown组合键两次，将其向下移动两层，效果如图6-235所示。

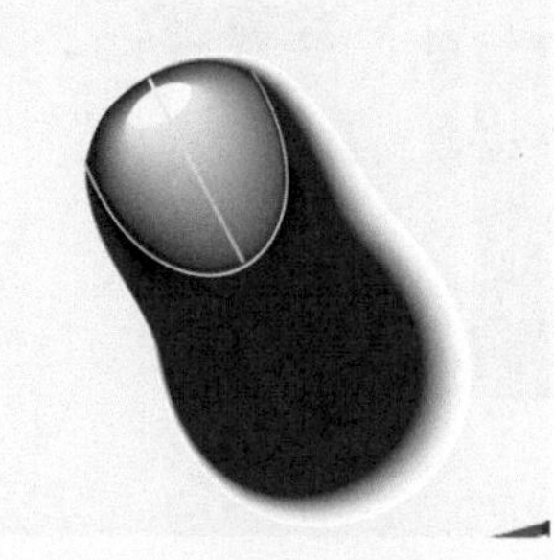

图6-234 填充后的效果

图6-235 复制对象并调整

22 在工具箱中选择【椭圆形工具】，在工作区中单击鼠标并向下拖曳出椭圆形，在属性栏中将【旋转角度】设置为27°，对象大小根据个人情况进行调整，效果如图6-236所示。

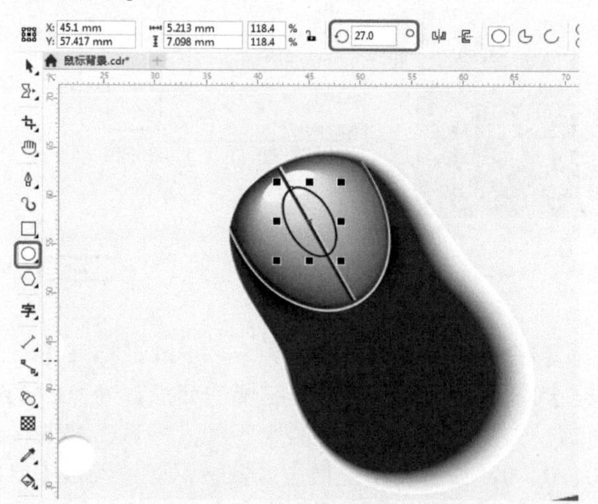

图6-236 绘制并调整椭圆

23 按F11键，在打开的【编辑填充】对话框中，选择渐变条左侧的节点，将其CMYK设置为83、71、61、29，选中右侧的节点，将其CMYK设置为32、22、18、5，在右侧【变换】区域下，取消勾选【自由缩放和倾斜】复选框，将【填充宽度】设置为84.855，【旋转】设置为14°，勾选【缠绕填充】复选框，然后单击【确定】按钮，如图6-237所示，并将其轮廓颜色设置为无。

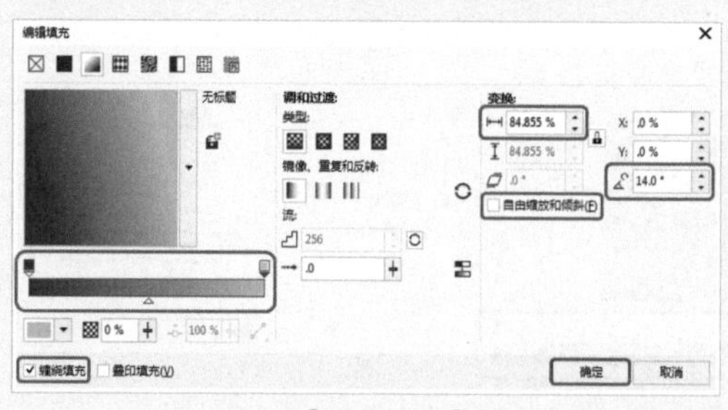

图6-237 【编辑填充】对话框

24 对之前绘制的椭圆进行复制，并缩小复制的对象，按Shift+F11组合键打开【编辑填充】对话框，将CMYK设置为75、67、65、85，然后单击【确定】按钮，完成后的效果如图6-238所示。

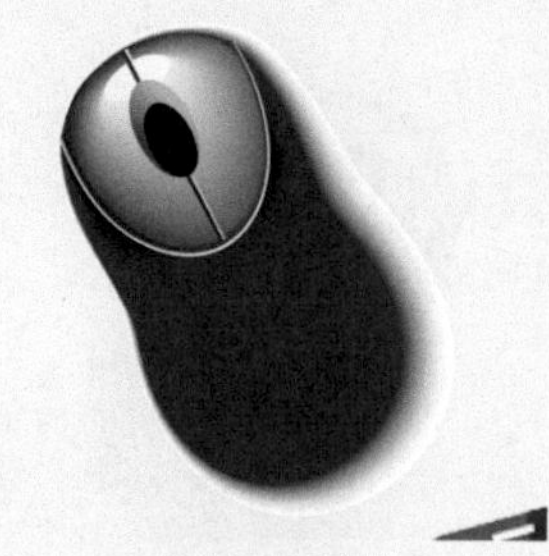

图6-238 复制对象并填充颜色

25 使用同样方法调和对象，在属性栏中将【调和对象】的【间距】设置为20，取消选中【调整加速大小】按钮，单击【对象和颜色加速】按钮，在弹出的面板中单击按钮，取消【对象】和【颜色】的锁定，调整对象节点的位置，如图6-239所示。

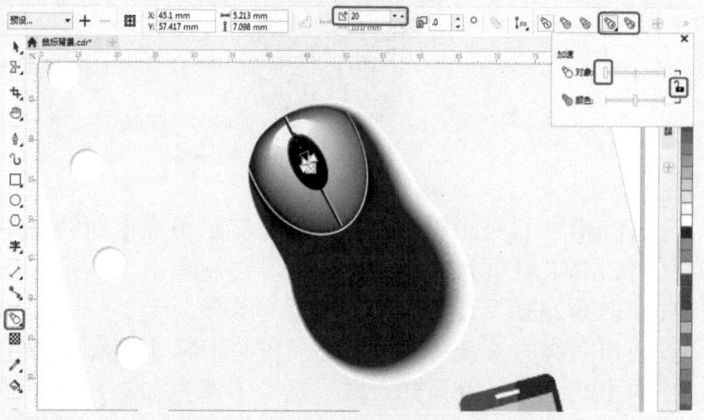

图6-239 设置调和对象的属性

26 根据前面介绍的方法绘制一个带圆角的矩形，按F11键打开【编辑填充】对话框，选择渐变条左侧的节点，将其CMYK设置为85、65、47、9，选中右侧的节点，将其CMYK设置为87、70、57、22，在右侧【变换】区域下，

取消勾选【自由缩放和倾斜】复选框，将【填充宽度】设置为101.36，【旋转】设置为2°，然后单击【确定】按钮，如图6-240所示，并将其轮廓颜色设置为无。

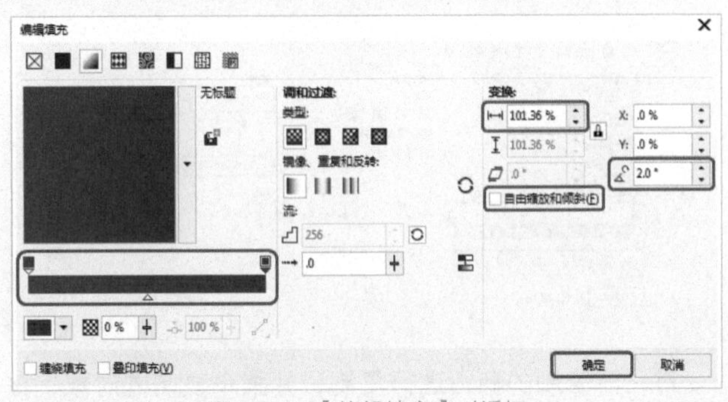

图6-240 【编辑填充】对话框

27 绘制对象并填充颜色后，其效果如图6-241所示。使用同样方法再绘制一个较小的圆角矩形，如图6-242所示。

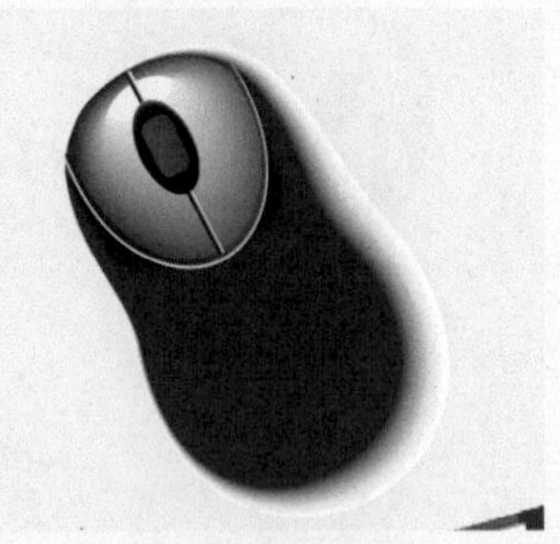

图6-241 填充颜色后

图6-242 绘制圆角矩形

28 按Shift+F11组合键，在打开的【编辑填充】对话框中将CMYK设置为30、11、7、0，然后单击【确定】按钮，如图6-243所示，并将其轮廓颜色设置为无。

29 使用同样方法调和对象，在属性栏中将【调和对象】的【间距】设置为50，取消选中【调整加速大小】按钮，单击【对象和颜色加速】按钮，在弹出的面板中单击按钮，取消【对象】和【颜色】的锁定，调整对象节点的位置，如图6-244所示。

30 对调和对象中上方的对象进行复制，然后按Shift+F11组合键打开【编辑填充】对话框，在该对话框中将其CMYK设置为27、9、5、0，然后单击【确定】按钮，如图6-245所示。

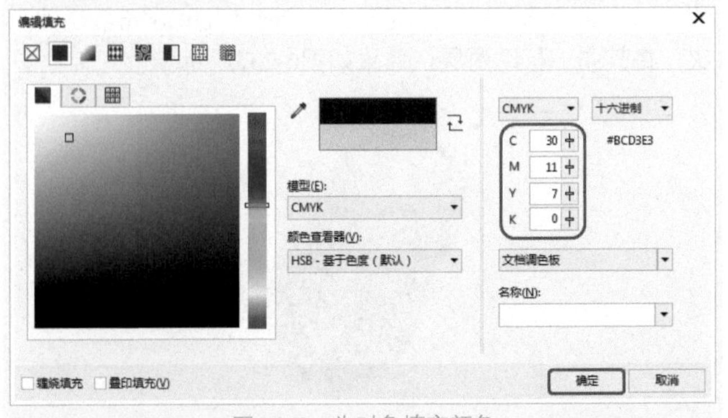

图6-243 为对象填充颜色

图6-244 设置调和对象的属性

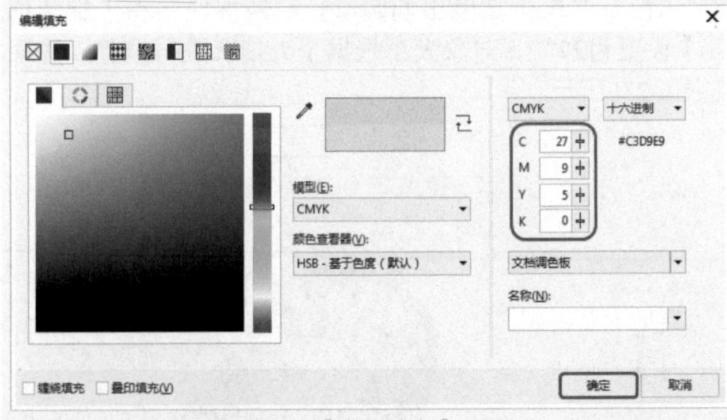

图6-245 【编辑填充】对话框

31 对复制的对象再次进行复制，按F11键打开【编辑填充】对话框，选择渐变条左侧的节点，将其CMYK设置为24、9、8、0，选中右侧的节点，将其CMYK设置为0、0、0、0，在右侧【变换】区域下，取消勾选【自由缩放和倾斜】复选框，将【填充宽度】设置为124.919，【旋转】设置为-65°，然后单击【确定】按钮，如图6-246所示。

32 确认选中对象，在工具箱中选择【透明工具】，在属性栏中将【合并模式】设置为乘，如图6-247所示。

33 按Ctrl+I组合键，导入素材|Cha06|【鼠标线.cdr】素材文件，如图6-248所示。

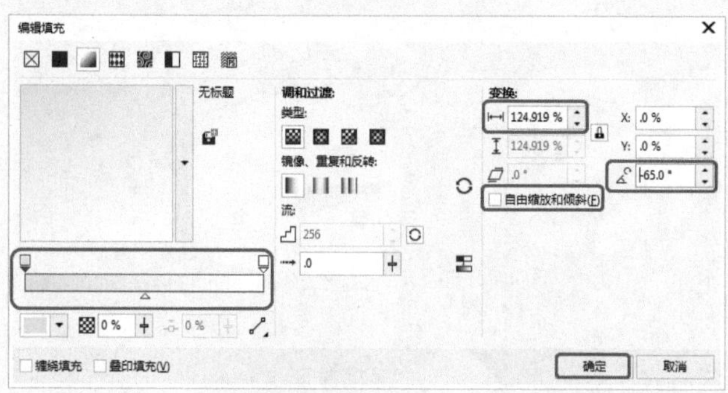

图6-246　【编辑填充】对话框

图6-247　设置对象合并模式

图6-248　完成后的效果

6.17 思考与练习

1. 简述在CorelDRAW 2018中选择对象与取消选择对象的方法。

2. 简述添加与删除节点的方法。

第7章 处理对象与管理图层

一幅复杂的作品，如果不经过合理的排列、组织与管理，就会杂乱无章，分不清主次，也就很难达到精彩的效果。

本章将介绍在CorelDRAW 2018中如何对多个对象进行对齐与分布、排列顺序、群组与取消群组、结合与拆分等操作，以及如何使用【对象管理器】泊坞窗来创建与管理图层。

7.1 对齐与分布对象

在绘制图形的时候，经常需要将某些图形对象按照一定的规则进行排列，以达到更好的视觉效果。在CorelDRAW 2018中，可以将图形或者文本按照指定的方式排列，使它们按照中心或边缘对齐，或者按照中心或边缘均匀分布。

7.1.1 对齐对象

在CorelDRAW 2018中，可以使对象互相对齐，也可以使对象与绘图页面的各个部分对齐。在菜单栏中选择【对象】|【对齐与分布】命令，可以看到对齐对象的命令，如图7-1所示。

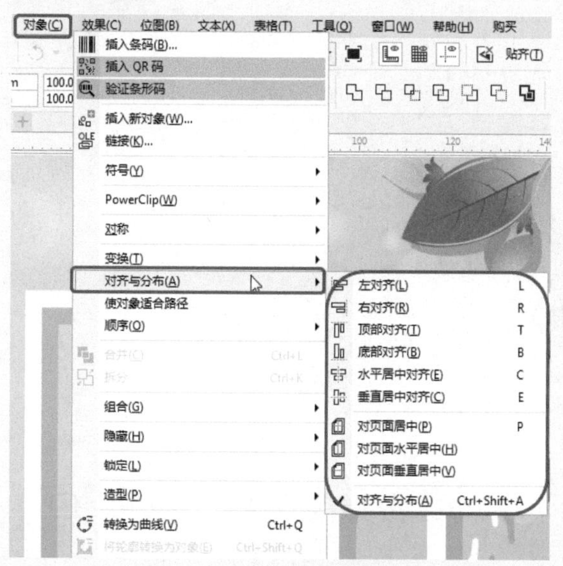

图7-1　查看对齐对象的命令

打开素材|Cha07|【对齐与分布.cdr】素材文件，如图7-2所示。下面以该素材文件为例，介绍CorelDRAW 2018中的对齐功能。

图7-2　打开的素材文件

- 左对齐：以最底层的对象为准进行左对齐，如图7-3所示。
- 右对齐：以最底层的对象为准进行右对齐，如图7-4所示。

图7-3　左对齐

图7-4　右对齐

- 顶端对齐：以最底层的对象为准进行顶端对齐，如图7-5所示。
- 底端对齐：以最底层的对象为准进行底端对齐，如图7-6所示。

图7-5　顶端对齐

图7-6　底端对齐

- 水平居中对齐：以最底层的对象为准进行水平居中对齐，如图7-7所示。
- 垂直居中对齐：以最底层的对象为准进行垂直居中对齐，如图7-8所示。

图7-7　水平居中对齐

图7-8　垂直居中对齐

- 对页面居中：以页面中心点为准进行水平居中对齐和垂直居中对齐，如图7-9所示。
- 对页面水平居中：以页面为准进行水平居中对齐，如图7-10所示。
- 对页面垂直居中：以页面为准进行垂直居中对齐，如图7-11所示。

图7-9 对页面居中

图7-10 对页面水平居中

> 提示
> 除了上述方法之外，用户还可以选择【对象】|【对齐与分布】|【对齐与分布】命令，在弹出的【对齐与分布】泊坞窗中单击【对齐】选项组中的按钮也可以对齐选择的对象，如图7-12所示。

图7-11 对页面垂直居中

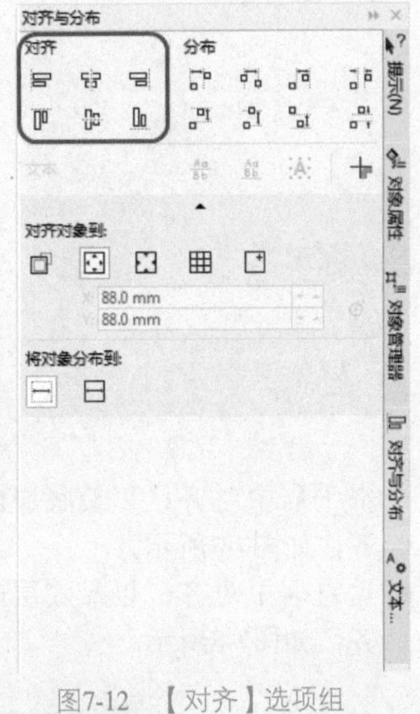

图7-12 【对齐】选项组

7.1.2 分布对象

在CorelDRAW 2018中分布对象时，可以使选择的对象的中心点或选定边缘以相等的间隔分布。在【对齐与分布】泊坞窗中，通过单击【分布】选项组中的按钮可以根据需要分布选择对象，如图7-13所示。下面继续以【对齐与分布.cdr】素材文件为例来介绍CorelDRAW 2018中的分布功能，如图7-14所示。

- 【左分散排列】按钮：平均设定对象左边缘之间的间距，如图7-15所示。
- 【水平分散排列中心】按钮：沿着水平轴，平均设定对象中心点之间的间距，如图7-16所示。

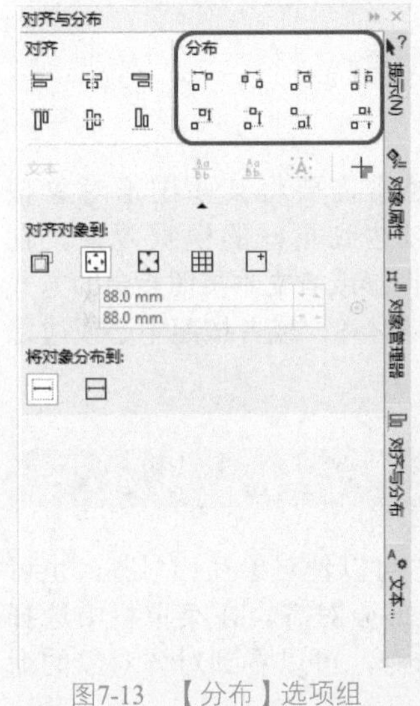

图7-13 【分布】选项组

图7-14 素材文件

图7-15 左分散排列

图7-16 水平分散排列中心

- 【右分散排列】按钮：平均设定对象右边缘之间的间距，如图7-17所示。
- 【水平分散排列间距】按钮：沿水平轴，将对象之间的间隔设为相同距离，如图7-18所示。

图7-17　右分散排列

图7-18　水平分散排列间距

- 【顶部分散排列】按钮：平均设定对象上边缘之间的间距，如图7-19所示。

图7-19　顶部分散排列

- 【垂直分散排列中心】按钮：沿着垂直轴，平均设定对象中心点之间的间距，如图7-20所示。
- 【底部分散排列】按钮：平均设定对象下边缘之间的间距，如图7-21所示。
- 【垂直分散排列间距】按钮：沿垂直轴，将对象之间的间隔设为相同距离，如图7-22所示。

图7-20　垂直分散排列中心

图7-21　底部分散排列

图7-22　垂直分散排列间距

7.2 排列对象

如果用户在绘制好一个对象后，发现它的顺序不正

确，这时可以通过图层改变对象的顺序或直接在场景中对对象的顺序进行精确定义。

7.2.1 改变对象顺序

应用CorelDRAW 2018中的顺序功能可以把多个对象按照前后顺序排列，使绘制的对象有次序。一般最后创建的对象排在最前面，最早建立的对象则排在最后面。在菜单栏中选择【对象】|【顺序】命令，在弹出的子菜单中可以选择提供的顺序命令，如图7-23所示。

图7-23 【顺序】命令的子菜单

打开素材|Cha07|【雪人.cdr】素材文件，如图7-24所示。下面以该素材为例，介绍在CorelDRAW 2018中改变对象顺序的方法。

图7-24 打开的素材文件

1. 到页面前面

选择【到页面前面】命令，可以将选定的对象移到页面上所有其他对象的前面，也可以按Ctrl+Home组合键。

在素材文件中选择背景对象，如图7-25所示，然后在菜单栏中选择【对象】|【顺序】|【到页面前面】命令，选择的图形对象就会移到所有对象的最前面，如图7-26所示。

图7-25 选择背景对象

图7-26 到页面前面

> 提示：除了上述方法外，用户还可以在选择要调整的对象后，右击鼠标，在弹出的快捷菜单中选择【顺序】命令，再在弹出的子菜单中选择相应的命令即可。

2. 到页面背面

选择【到页面背面】命令可以将选定的对象移到页面上所有其他对象的后面，或按Ctrl+End组合键。

在素材文件中选择背景对象，如图7-27所示，然后在菜单栏中选择【对象】|【顺序】|【到页面背面】命令，选择的图形对象就会移到所有对象的最后面，如图7-28所示。

图7-27 选择背景对象

图7-28 到页面背面

3. 到图层前面和到图层后面

选择【到图层前面】命令可以将选定的对象移到活动图层上所有对象的前面，或按Shift+PageUp组合键。

在工作区中选择要调整顺序的对象，如图7-29所示。然后右击鼠标，在弹出的快捷菜单中选择【顺序】|【到图层前面】命令，即可完成调整顺序排放，效果如图7-30所示。

图7-29 选择要调整顺序的对象

图7-30 调整排放顺序后的效果

选择【到图层后面】命令，可以将选定的对象移到活动图层上所有对象的后面，或按Shift+PageDown组合键。

在工作区中选择要调整顺序的对象，如图7-31所示。然后右击鼠标，在弹出的快捷菜单中选择【顺序】|【到图层后面】命令，即可完成调整顺序排放，效果如图7-32所示。

图7-31 选择要调整顺序的对象

图7-32 调整排放顺序后的效果

> 提示
> 除了上述方法外，用户还可以使用鼠标在【对象管理器】泊坞窗中直接拖动图层，也可以调整图层的位置。

4. 向前一层

选择【向前一层】命令可以将选择的对象的排列顺序向前移动一位，或按Ctrl+PageUp组合键。

在工作区中选择要调整顺序的对象，如图7-33所示。然后在菜单栏中选择【对象】|【顺序】|【向前一层】命令，选择的图形对象就会向前移动一层，如图7-34所示。

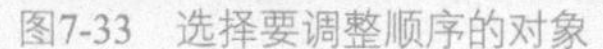

图7-33 选择要调整顺序的对象

图7-34 向前一层

5. 向后一层

选择【向后一层】命令可以使选择的对象在排列顺序上向后移动一位，或按Ctrl+PageDown组合键。

在工作区中选择要调整顺序的对象，如图7-35所示。然后在菜单栏中选择【对象】|【顺序】|【向后一层】命令，选择的图形对象就会向后移动一层，如图7-36所示。

图7-35 选择对象

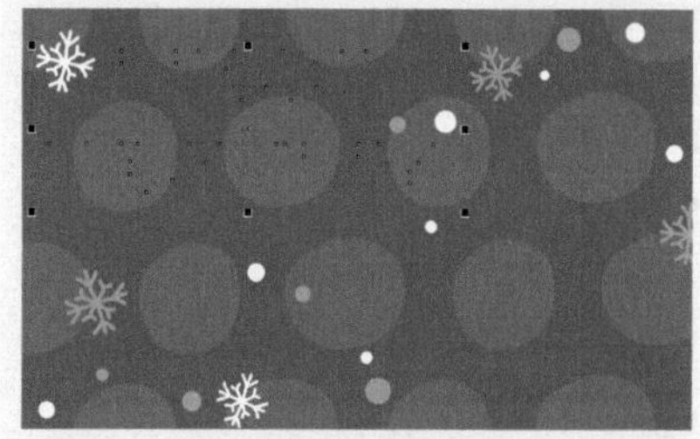

图7-36 向后一层

6. 置于此对象前和置于此对象后

选择【置于此对象前】命令可以将所选对象放在指定对象的前面。

选择【置于此对象后】命令可以将所选的对象放到指定对象的后面，此命令正好与【置于此对象前】命令的作用相反。

在素材文件中选择要调整的对象，在菜单栏中选择【对象】|【顺序】|【置于此对象后】命令，此时鼠标指针会变成➡形状，然后将鼠标指针移动到背景对象上，如图7-37所示。

图7-37 将鼠标指针移到背景上

在背景对象上单击，即可将背景对象移动到背景对象的后方，如图7-38所示。

图7-38　移动位置后的效果

7.2.2　逆序多个对象

选择【逆序】命令可以反转选择对象的排列顺序。

按Ctrl+A组合键选择素材文件中的所有对象，如图7-39所示。在菜单栏中选择【对象】|【顺序】|【逆序】命令，即可颠倒选定对象的顺序，效果如图7-40所示。

图7-39　选择所有对象

图7-40　逆序对象

7.3　调整对象大小

使用CorelDRAW 2018改变对象大小的方法有两种：第一种是通过改变对象尺寸大小来改变对象，第二种是改变缩放因子来调整大小。

7.3.1　调整对象大小

在CorelDRAW 2018中，可以通过以下方法来调整对象大小：

- 使用【选择工具】选择需要调整的对象，然后移动鼠标指针至任意一个控制点上，当鼠标指针变成双向箭头时，拖动鼠标即可调整对象大小，如图7-41所示。

图7-41　拖动鼠标调整对象大小

- 使用鼠标拖动对象时若按住Shift键，可以从对象中心等比例调整选定对象的大小，如图7-42所示。

图7-42　按住Shift键调整对象大小

- 选择需要调整的对象后，在工具属性栏的【对象大小】文本框中输入数值即可改变对象的大小，如图7-43所示。

图7-43　设置【对象大小】

提示　使用工具属性栏调整对象大小时，对象原点保持不变。如果想更改对象原点，只需单击工具属性栏中的【对象原点】按钮上的任意一点即可。

- 在菜单栏中选择【对象】|【变换】|【大小】命令，然后在弹出的【变换】泊坞窗中输入数值，如图7-44所示，即可调整对象大小，如图7-45所示。

图7-44　使用【变换】泊坞窗调整对象大小

图7-45　调整对象大小后的效果

7.3.2　缩放对象

下面介绍在CorelDRAW 2018中缩放对象的方法。

- 选择需要缩放的对象，在工具属性栏中的【缩放因子】文本框中输入数值即可缩放对象，如图7-46所示。

图7-46　设置【缩放因子】参数

> 提示
> 当【缩放因子】文本框右侧的【锁定比率】按钮处于按下状态时，可以等比例缩放对象；如果该按钮未处于按下状态，则可以分别设置宽度和高度的缩放值。

- 在菜单栏中选择【对象】|【变换】|【缩放和镜像】命令，弹出【变换】泊坞窗，如图7-47所示，通过在【水平缩放对象】和【垂直缩放对象】文本框中输入数值，单击【应用】按钮即可缩放对象，如图7-48所示。

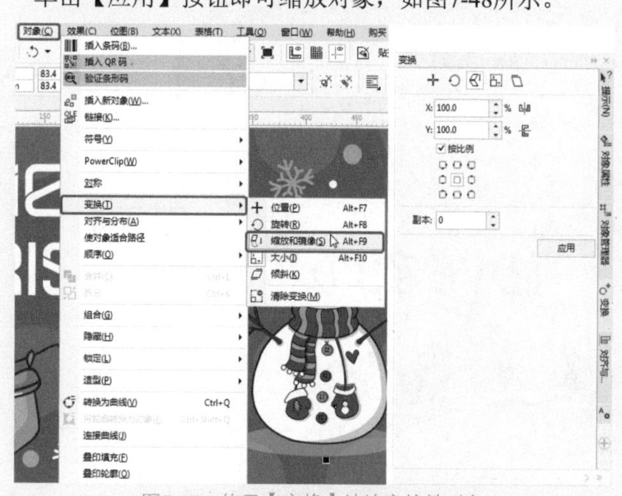

图7-47　使用【变换】泊坞窗缩放对象

图7-48　缩放对象后的效果

7.4　旋转和镜像对象

在CorelDRAW 2018中允许旋转和镜像对象。本节就来介绍旋转和镜像对象的方法。

7.4.1　实战：旋转对象

下面介绍旋转对象的操作方法。

01 按Ctrl+O组合键，在弹出的【打开】对话框中选择素材|Cha07|【爱情鸟.cdr】素材文件，单击【打开】按钮，并选择如图7-49所示的对象。

02 在菜单栏中选择【对象】|【变换】|【旋转】命令，弹出【变换】泊坞窗，将【旋转角度】设置为11°，单

击【应用】按钮，即可将选中的对象旋转，效果如图7-50所示。

图7-49 选择要调整的对象

图7-50 旋转后的效果

在CorelDRAW 2018中，还可以使用以下两种方法来旋转对象。

- 选择需要旋转的对象，在工具属性栏的【旋转角度】文本框中输入旋转角度，如图7-51所示。

图7-51 使用工具属性栏设置旋转

- 使用【选择工具】单击两次需要旋转的对象，即可在对象的边缘显示旋转手柄，沿顺时针方向或逆时针方向拖动旋转手柄即可旋转对象，如图7-52所示。

图7-52 使用旋转手柄旋转对象

7.4.2 实战：镜像对象

镜像对象可以使对象从左到右或从上到下翻转。默认情况下，镜像锚点位于对象的中心。下面来介绍镜像对象的方法。

01 选择需要镜像的对象，在菜单栏中选择【对象】|【变换】|【缩放和镜像】命令，弹出【变换】泊坞窗，在该泊坞窗中可以单击【水平镜像】按钮和【垂直镜像】按钮。这里单击【水平镜像】按钮，如图7-53所示。

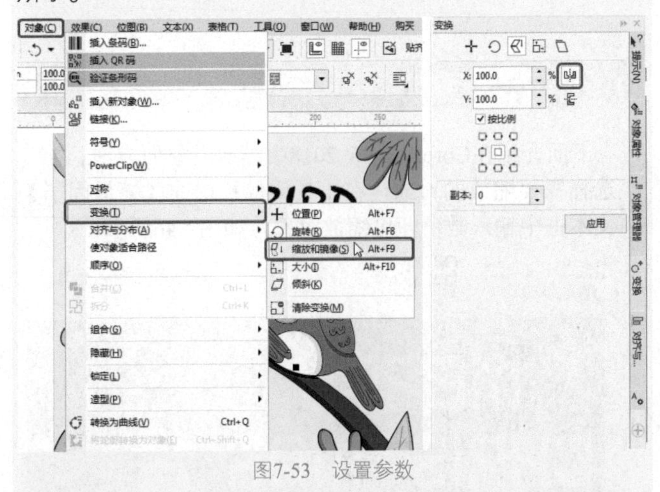

图7-53 设置参数

> 提示：除了上述方法外，用户还可以选择需要镜像的对象，在属性栏中单击【水平镜像】按钮和【垂直镜像】按钮，也可以镜像选择的对象，但不会复制对象。

02 单击【应用】按钮，将选择的对象进行复制并水平镜像后，调整镜像对象的位置，效果如图7-54所示。

图7-54 镜像后的效果

知识链接 倾斜对象

在CorelDRAW 2018中为用户提供了以下两种倾斜对象的方法。

用鼠标双击将要倾斜的对象，当对象周围出现旋转或倾斜箭头后，将指针移动到水平或直线上的倾斜锚点上，按住鼠标左键进行拖曳倾斜即可。

首先选择将要倾斜的对象，然后在菜单栏中选择【对象】|【变换】|【倾斜】命令，弹出【变换】泊坞窗，在该泊坞窗中设置X轴和Y轴的参数，然后勾选【使用锚点】复选框并指定位置，最后单击【应用】按钮即可。

实例操作001——修饰插画效果

下面将介绍如何修饰插画效果，效果如图7-55所示，操作步骤如下：

01 按Ctrl+O组合键，在弹出的【打开绘图】对话框中选择素材|Cha07|【插画.cdr】素材文件，单击【打开】按钮，如图7-56所示。

图7-55 修饰插画效果　图7-56 打开的素材文件

02 在工具箱中选择【选择工具】，在工作区中选择要调整的对象，如图7-57所示。

03 在【变换】泊坞窗中单击【旋转】按钮，将【旋转角度】设置为13.67，单击【应用】按钮，如图7-58所示。

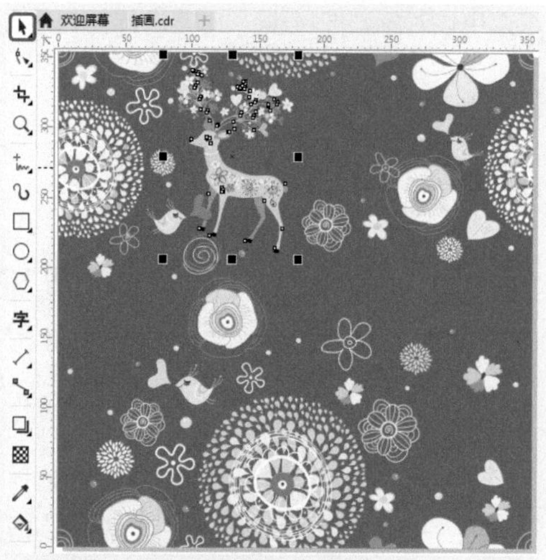
图7-57 选择对象

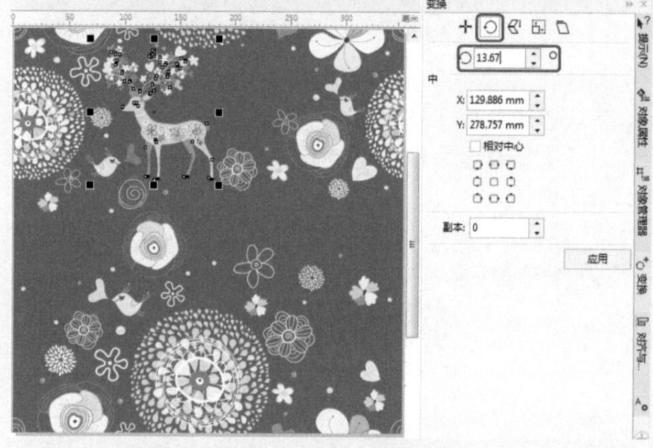
图7-58 设置旋转参数

04 继续选中该对象，在【变换】泊坞窗中单击【缩放和镜像】按钮，将【水平缩放对象】和【垂直缩放对象】都设置为202.8，单击【应用】按钮，在工作区中调整其位置，效果如图7-59所示。

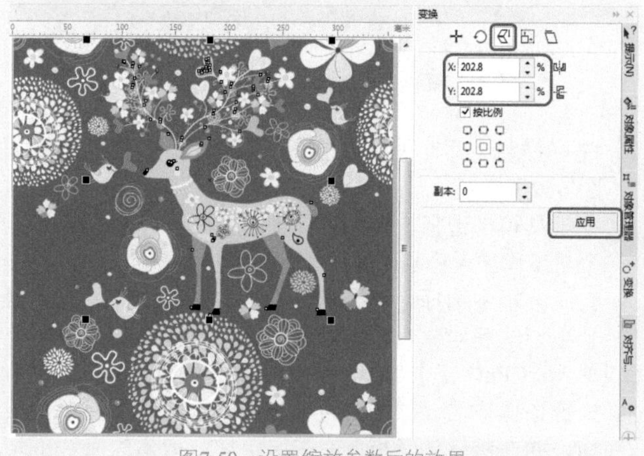
图7-59 设置缩放参数后的效果

05 继续选中该对象，按+号键，对其进行复制，在工具属性栏中单击【水平镜像】按钮，并在工作区中调整其位置，效果如图7-60所示。

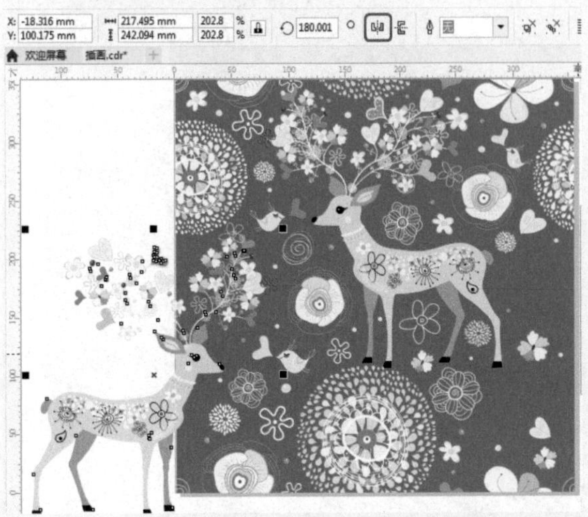

图7-60 复制对象并镜像

06 确认该对象处于选中状态，在工具属性栏中将【缩放因子】都设置为175.9，并在工作区中调整其位置，效果如图7-61所示。

图7-61 设置缩放参数后的效果

07 按+号键，对其进行复制，并调整其位置，效果如图7-62所示。

08 在工具箱中选择【矩形工具】，在工作区中绘制一个与工作区大小相同的矩形，如图7-63所示。

09 在工具箱中选择【选择工具】，在工作区中选择两个小型的鹿对象，右击鼠标，在弹出的快捷菜单中选择【PowerClip内部】命令，如图7-64所示。

10 执行该操作后，鼠标变为➡样式时，在矩形上单击鼠标，并在默认调色板上右击☒色块，取消轮廓线的填充，效果如图7-65所示。

图7-62 复制对象并调整其位置

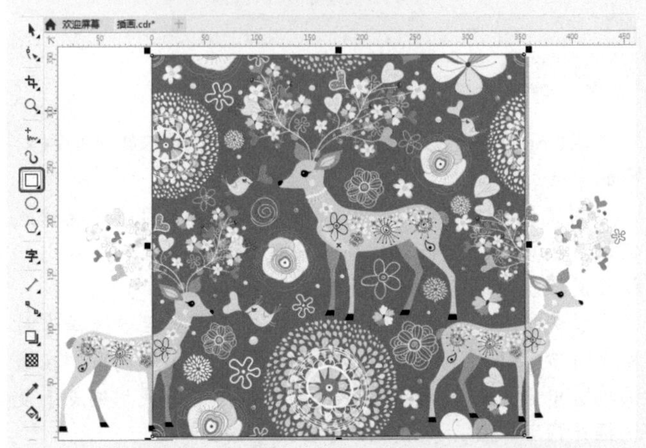

图7-63 绘制矩形

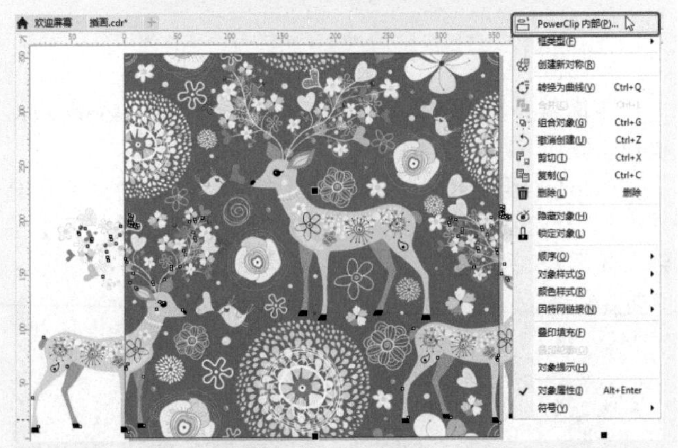

图7-64 选择【PowerClip内部】命令

图7-65 调整后的效果

7.5 群组对象

在CorelDRAW 2018中既可以将两个或多个对象进行群组，也可以群组其他群组以创建嵌套群组，还可以直接编辑群组中的对象，而不需要解组。

7.5.1　实战：群组对象的操作

在CorelDRAW 2018中提供了以下3种群组的方法。

- 首先选择将要进行群组操作的所有对象，然后单击鼠标右键，在弹出的快捷菜单中选择【组合对象】命令（也可以按Ctrl+G组合键）进行快速群组，如图7-66所示。

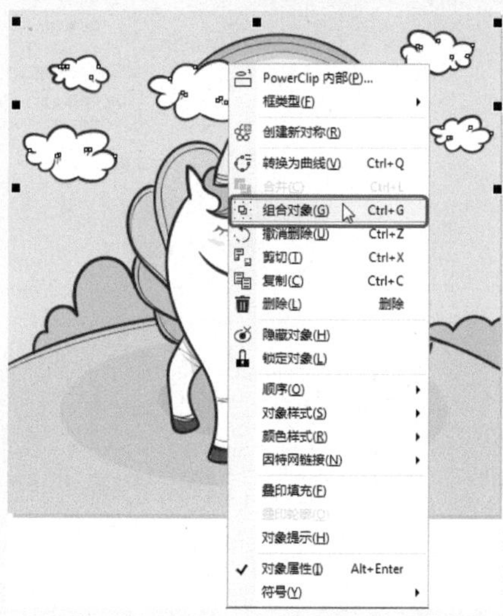

图7-66　在快捷菜单中选择【组合对象】命令

- 选择需要群组的所有对象，在菜单栏中选择【对象】|【组合】|【组合对象】命令进行群组，如图7-67所示。

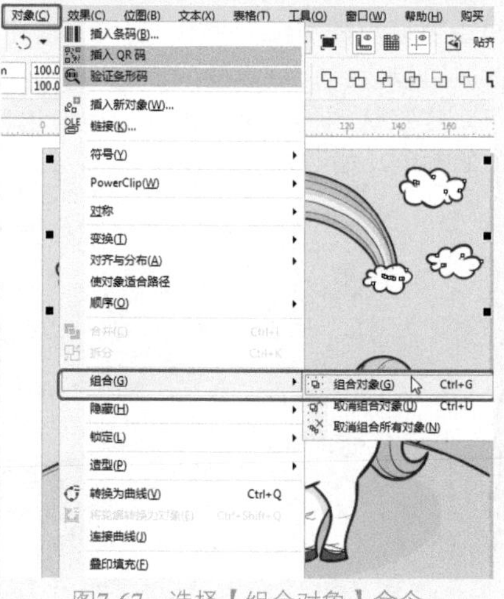

图7-67　选择【组合对象】命令

- 选择需要群组的所有对象，在工具属性栏中单击【组合对象】按钮进行快速群组。

> 提示　群组不仅能用于单个对象之间，在组与组之间同样可以进行群组操作，而且群组后的对象将以整体的形式表现出来，显示为一个图层。

下面将简单讲解如何进行群组操作，效果如图7-68所示，具体操作步骤如下。

01 按Ctrl+O组合键，在弹出的【打开绘图】对话框中选择素材|Cha07|【独角兽.cdr】素材文件，单击【打开】按钮，如图7-69所示。

图7-68　编组对象　　图7-69　打开的素材文件

02 在工具箱中选择【选择工具】，在工作区中按住Shift键选择所有的云彩对象，如图7-70所示。

图7-70　选择云彩对象

03 在选择的对象上右击鼠标，在弹出的快捷菜单中选择【组合对象】命令，如图7-71所示。

04 执行该操作后，即可将选中的对象进行组合，效果如图7-72所示。

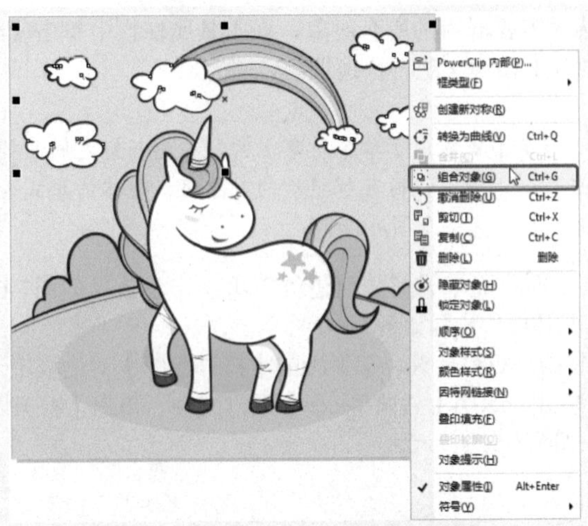

图7-71 选择【组合对象】命令

图7-72 组合对象后的效果

7.5.2 实战：取消群组对象

当用户在群组后发现错误，还可以取消群组重新编辑。在CorelDRAW 2018中为用户提供了以下3种取消群组的方法。

- 选择群组对象，然后单击鼠标右键，在弹出的快捷菜单中选择【取消组合对象】或【取消组合所有对象】命令（也可按Ctrl+U组合键）进行快速解散群组。
- 选择群组对象，在菜单栏中选择【对象】|【组合】|【取消组合对象】或【取消组合所有对象】命令进行解组。
- 选择群组对象，在工具属性栏中单击【取消组合对象】按钮或【取消组合所有对象】按钮进行快速解组。

> 提示
> 在执行【取消组合对象】命令时，将群组拆分为单个对象，或者将嵌套群组拆分为多个群组。在执行【取消组合所有对象】命令时，将一个或多个群组拆分为单个对象，包括嵌套群组中的对象。

下面将简单讲解如何取消群组对象，具体操作步骤如下。

01 继续上面的操作，在工作区中选择组合的云彩对象，右击鼠标，在弹出的快捷菜单中选择【取消组合所有对象】命令，如图7-73所示。

02 执行该操作后，即可将选中的组对象全部取消，效果如图7-74所示。

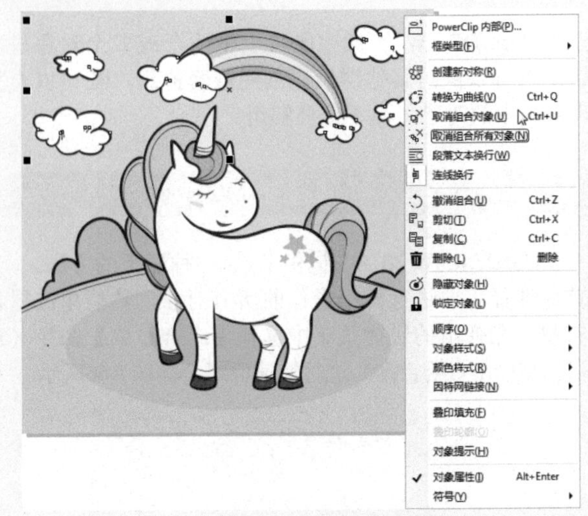

图7-73 选择【取消组合所有对象】命令

图7-74 取消组合所有对象后的效果

7.5.3 编辑群组对象

如果需要编辑群组中的对象，只需在按住Ctrl键的同时单击群组中要编辑的对象。例如选择如图7-75所示的蓝色背景，此时可以看到控制点变成黑色圆点，然后对其进行编辑即可，在默认调色板上单击【粉蓝】色块，即可更改选择对象的颜色，如图7-76所示。

图7-75 选择蓝色背景

图7-76 更改颜色

7.6 合并与拆分对象

合并是将两个或多个对象合并为单个新的对象，可以合并矩形、椭圆形、多边形、星形、螺纹、图形或文本以便将这些对象转换为单个曲线对象。如果需要修改由多个独立对象合并而成的对象的属性，可以拆分合并的对象。

7.6.1 实战：合并对象

下面介绍合并对象的方法，效果如图7-77所示，具体操作步骤如下。

图7-77　合并对象后的效果

01 按Ctrl+O组合键，在弹出的【打开绘图】对话框中选择素材|Cha07|【独角兽.cdr】素材文件，单击【打开】按钮，如图7-78所示。

图7-78　打开的素材

02 在工具箱中选择【选择工具】，在工作区中按住Shift键选择如图7-79所示的对象。

03 右击鼠标，在弹出的快捷菜单中选择【合并】命令，如图7-80所示。

04 执行该操作后，即可将选择的对象合并为一个对象，如图7-81所示。

提示　在工具属性栏中单击【合并】按钮，也可以将选择的对象合并。还可以在菜单栏中选择【对象】|【合并】命令。

图7-79　选择对象

图7-80　选择【合并】命令

图7-81　合并对象

7.6.2 拆分对象

选择需要拆分的对象，右击鼠标，在弹出的快捷菜单中选择【拆分曲线】命令(或按Ctrl+K组合键)，如图7-82所示，即可将合并的对象拆分，如图7-83所示。

提示　除了上述方法外，用户还可以在菜单栏中选择【对象】|【拆分曲线】命令来拆分对象。

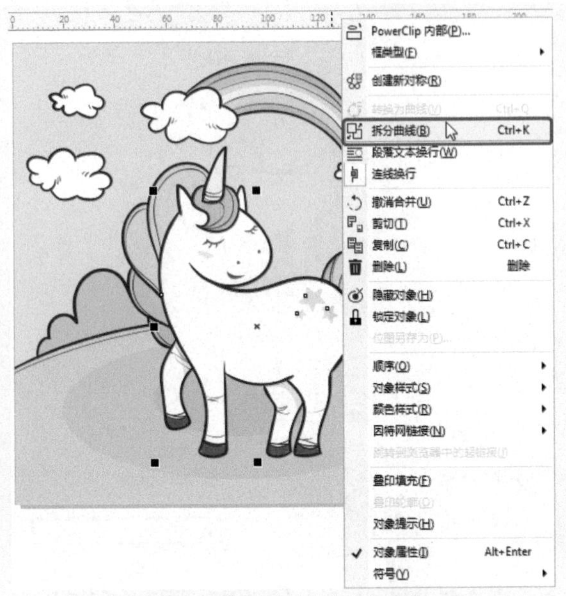

图7-82　选择【拆分曲线】命令

图7-83　拆分曲线后的效果

实例操作002——制作中国风剪纸

下面将介绍如何制作中国风剪纸，效果如图7-84所示，操作步骤如下。

01 按Ctrl+O组合键，在弹出的【打开绘图】对话框中选择素材|Cha07|【中国风剪纸素材.cdr】素材文件，单击【打开】按钮，如图7-85所示。

图7-84　中国风剪纸

图7-85　打开的素材文件

02 在工具箱中选择【钢笔工具】，在工作区中绘制一个如图7-86所示的图形。

图7-86　绘制图形

03 选择绘制的对象，按Shift+F11组合键，在弹出的【编辑填充】对话框中将【颜色模型】设置为RGB，将RGB值设置为255、196、47，如图7-87所示。

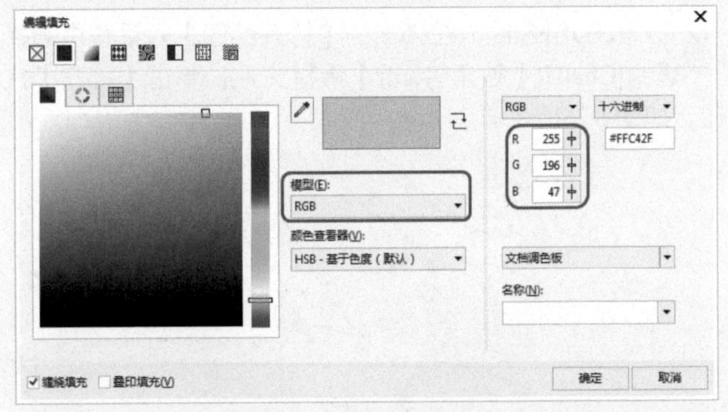

图7-87　设置填充颜色

04 设置完成后，单击【确定】按钮，并在默认调色板上右击☒色块，取消轮廓线的填充。使用【钢笔工具】在工作区中绘制如图7-88所示的图形，并为其任意填充一种颜色，取消其轮廓填充。

05 使用【钢笔工具】在工作区中绘制其他图形，并为其填充任意颜色，如图7-89所示。

06 在工具箱中选择【选择工具】，在工作区中按住Shift键选择绘制的所有图形，右击鼠标，在弹出的快捷菜单中选择【合并】命令，如图7-90所示。

07 执行该操作后，将合并后的对象的RGB颜色设置为255、196、47，如图7-91所示。

图7-88　绘制图形并进行设置

图7-89　绘制其他图形后的效果

图7-90　选择【合并】命令

08 使用同样的方法在工作区中绘制其他图形，并对其进行相应的设置，效果如图7-92所示。

图7-91　合并对象后的效果

图7-92　绘制其他图形后的效果

7.7 使用图层

在CorelDRAW 2018中的绘图都是由叠放的对象组成的，这些对象的叠放顺序决定了绘图的外观，可以使用图层组织这些对象。图层为用户在组织和编辑复杂绘图中的对象时提供了更大的灵活性。可以把一个绘图划分成若干个图层，每个图层分别包含一部分绘图内容。

在菜单栏中选择【窗口】|【泊坞窗】|【对象管理器】命令，如图7-93所示，弹出【对象管理器】泊坞窗。在该泊坞窗中可以看到每个新文件都是使用默认页面（页面1）和主页面创建的，如图7-94所示。默认页面包括以下图层。

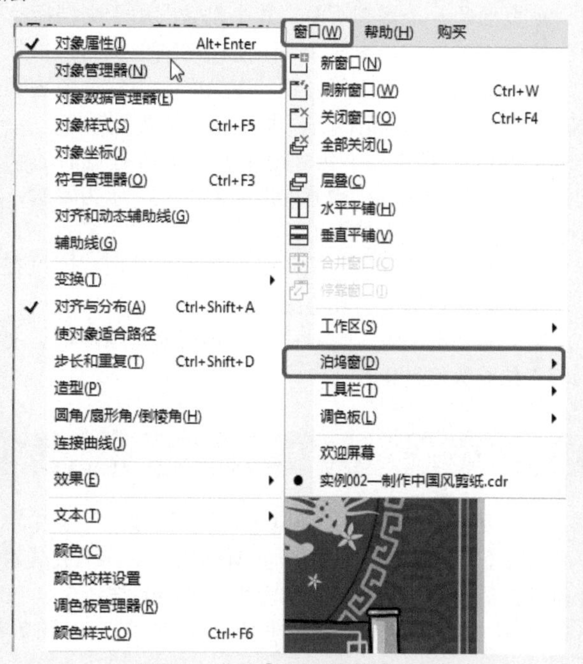

图7-93　选择【对象管理器】命令

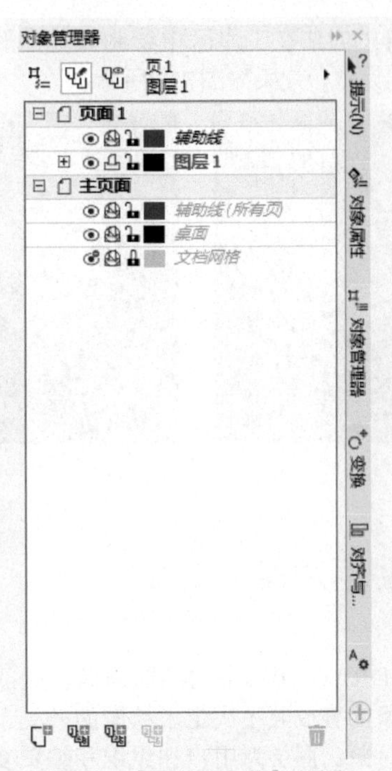

图7-94 【对象管理器】泊坞窗

- 辅助线：存储特定页面（局部）的辅助线。在辅助线图层上放置的所有对象只显示为轮廓，而该轮廓可作为辅助线使用。
- 图层1：指的是默认的局部图层。在页面上绘制对象时，对象将添加到该图层上，除非用户选择了另一个图层。

主页面是一个虚拟页面，其中包含应用于文档所有页面的信息。可以将一个或多个图层添加到主页面，以保留页眉、页脚或静态背景等内容。主页面上的默认图层不能被删除或复制。默认情况下，主页面包含以下图层。

- 辅助线（所有页）：包含用于文档中所有页面的辅助线。在辅助线图层上放置的所有对象只显示为轮廓，而该轮廓可作为辅助线使用。
- 桌面：包含绘图页面边框外部的对象。该图层可以存储用户稍后可能要包含在绘图页中的对象。
- 文档网格：包含用于文档中所有页面的文档网格。文档网格始终为底部图层。

7.7.1 创建图层

如果要创建图层，可以在【对象管理器】泊坞窗中单击左下角的【新建图层】按钮，如图7-95所示。或者在【对象管理器】泊坞窗中单击【对象管理器选项】按钮，在弹出的下拉菜单中选择【新建图层】命令，如图7-96所示。

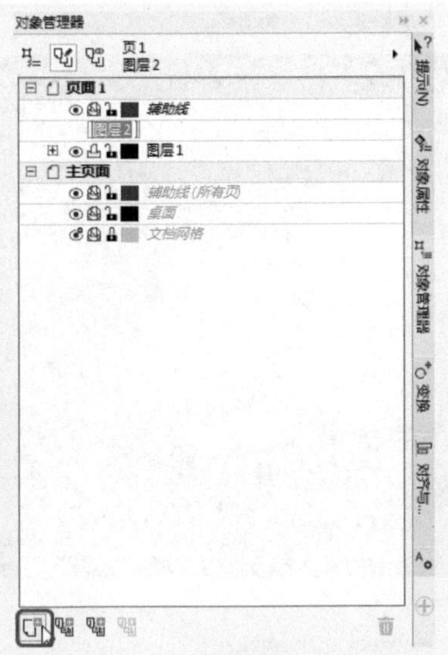

图7-95 单击【新建图层】按钮

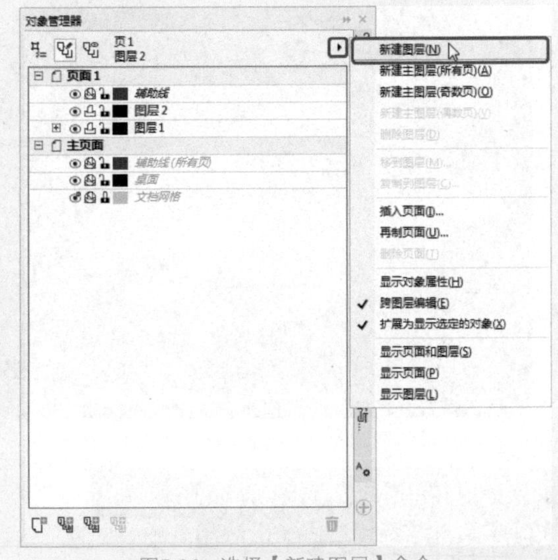

图7-96 选择【新建图层】命令

7.7.2 在指定的图层中创建对象

在【对象管理器】泊坞窗中，如果选择的图层为【图层1】，则在绘图页中创建的对象就会添加到【图层1】中，反之，则创建的对象就会添加到其他的图层中。

7.7.3 实战：更改图层对象的叠放顺序

下面来介绍更改图层对象叠放顺序的方法，具体操作步骤如下。

01 按Ctrl+O组合键，在弹出的【打开绘图】对话框中选择素材|Cha07|【独角兽.cdr】素材文件，单击【打开】按

钮，如图7-97所示。

02 在【对象管理器】泊坞窗中选择【图层1】中的最下方的对象，如图7-98所示。

图7-97 打开的素材文件

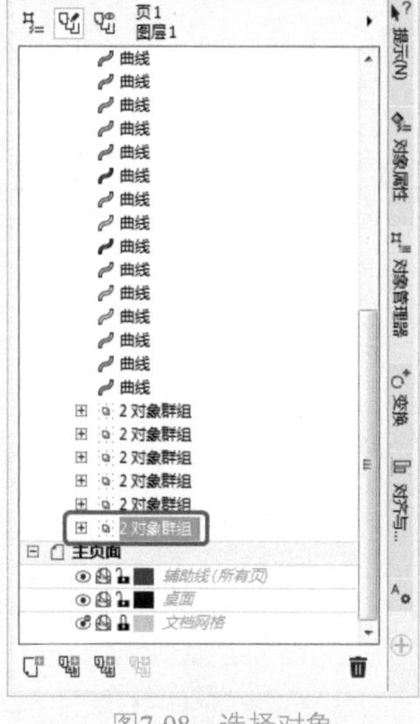

图7-98 选择对象

03 单击鼠标左键并拖动鼠标指针，将其拖曳至其上一个对象的上方，即可调整图层对象的排列顺序，效果如图7-99所示。

图7-99 调整图层对象的排列顺序

7.7.4 显示或隐藏图层

如果需要隐藏图层，可以单击该图层左侧的【显示或隐藏】图标，当【显示或隐藏】图标变成样式时，表示该图层被隐藏，如图7-100所示。

在选择的图层上单击鼠标右键，在弹出的快捷菜单中选择【可见】命令，可以显示隐藏的图层，如图7-101所示。

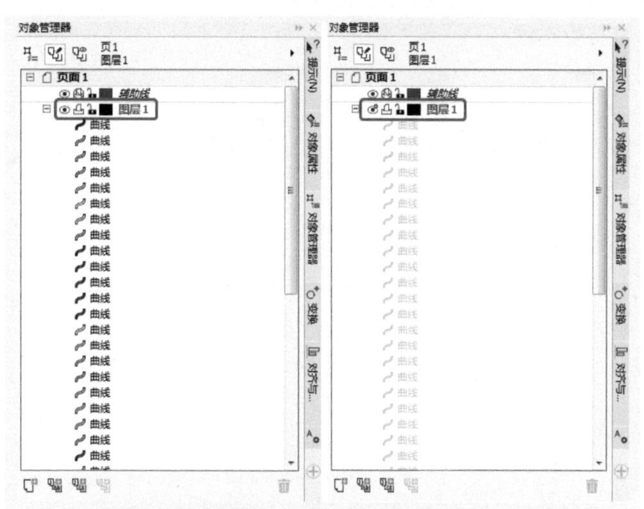

图7-100 单击【显示或隐藏】图标

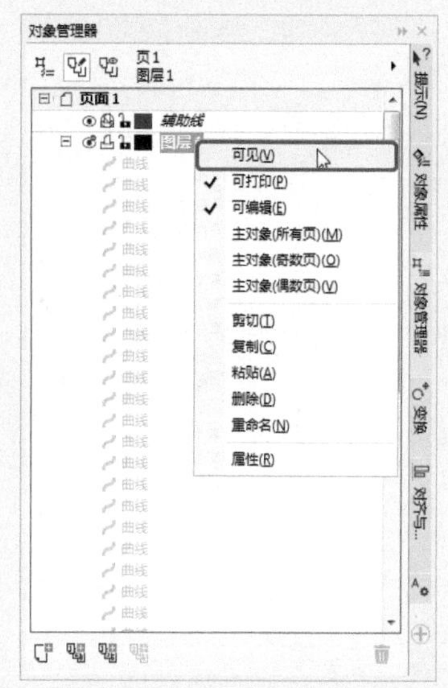

图7-101 选择【可见】命令

知识链接 图层的基本操作

1. 重命名图层

在需要重命名的图层上单击鼠标右键，在弹出的快捷菜单中选择【重命名】命令，此时，图层名变为可编辑文本框，在该文本框中输入新名并按Enter键确认即可，如图7-102所示。也可以通过单击两次图层名，然后输入新的名称来重命名图层。

2. 复制图层

右键单击需要复制的图层，在弹出的快捷菜单中选择【复制】命令，即可复制图层，如图7-103所示。右键单击需要放置复制图层位置下方的图层，并在弹出的快捷菜单中选择【粘贴】命令，图层及其包含的对象将粘贴在选定

图层的上方。

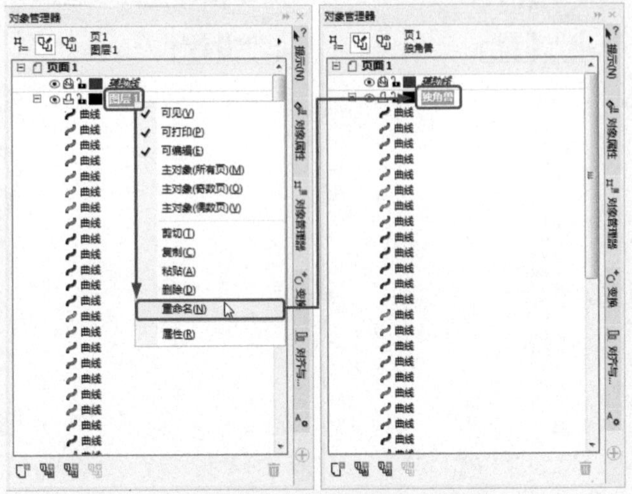

图7-102　重命名图层

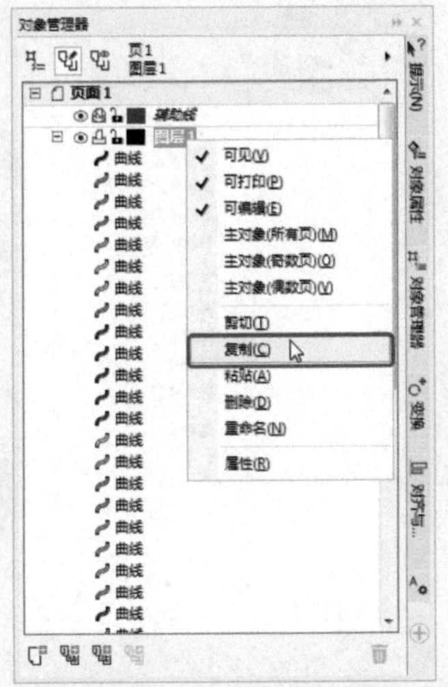

图7-103　选择【复制】命令

3. 删除图层

在CorelDRAW 2018中，可以使用以下方法来删除图层。

在需要删除的图层上单击鼠标右键，在弹出的快捷菜单中选择【删除】命令，即可将选择的图层删除，如图7-104所示。

选择需要删除的图层，然后单击【对象管理器选项】按钮▸，在弹出的下拉菜单中选择【删除图层】命令，如图7-105所示。

选择需要删除的图层，然后单击右下角的【删除】按钮🗑，如图7-106所示。

删除图层时，将同时删除该图层上的所有对象。要保留对象，可先将其移动到另一个图层上，然后再删除当前图层。将对象移动到另一个图层上的方法与更改图层对象叠放顺序的方法相同，在此不再赘述。

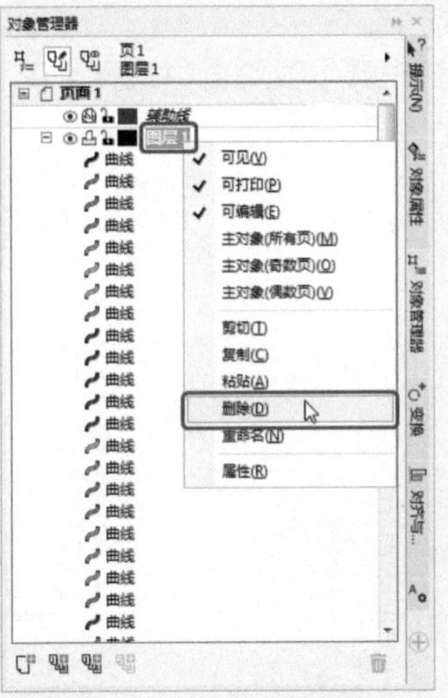

图7-104　选择【删除】命令

图7-105　选择【删除图层】命令

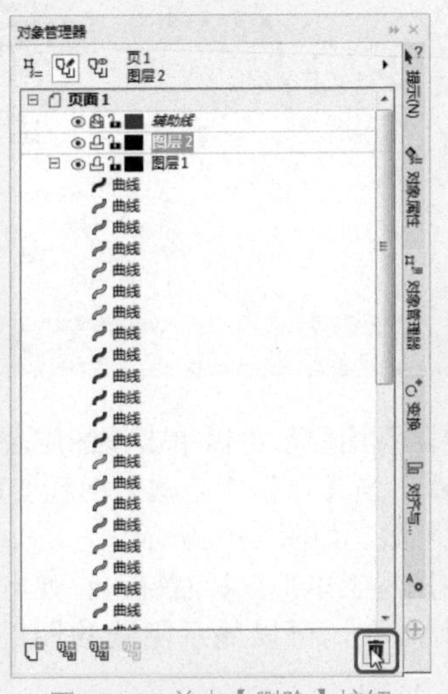

图7-106　单击【删除】按钮

7.8 上机练习——制作优惠券

下面将介绍如何制作优惠券，效果如图7-107所示，操作步骤如下。

图7-107 效果图

01 启动软件，按Ctrl+N组合键，在弹出的【创建新文档】对话框中将【宽度】、【高度】分别设置为225、216，将【渲染分辨率】设置为300，如图7-108所示。

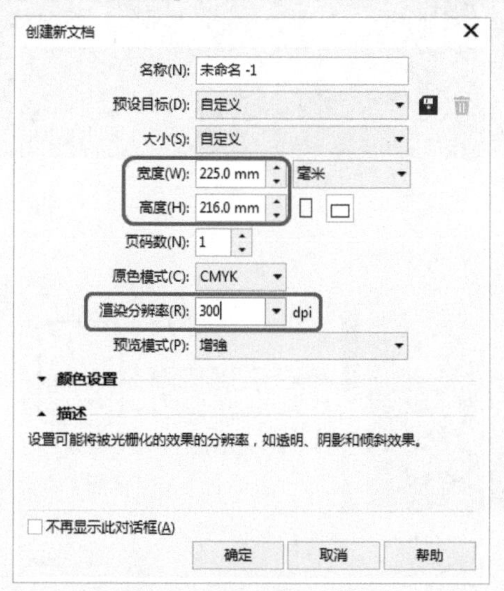

图7-108 设置新建文档参数

02 设置完成后，单击【确定】按钮，在工具箱中选择【矩形工具】□，在工作区中绘制一个矩形。选中绘制的矩形，在工具属性栏中将【宽度】和【高度】分别设置为225和100，调整其位置，效果如图7-109所示。

03 选中绘制的矩形，按Shift+F11组合键，在弹出的【编辑填充】对话框中将【颜色模型】设置为CMYK，将CMYK值设置为10、99、95、0，如图7-110所示。

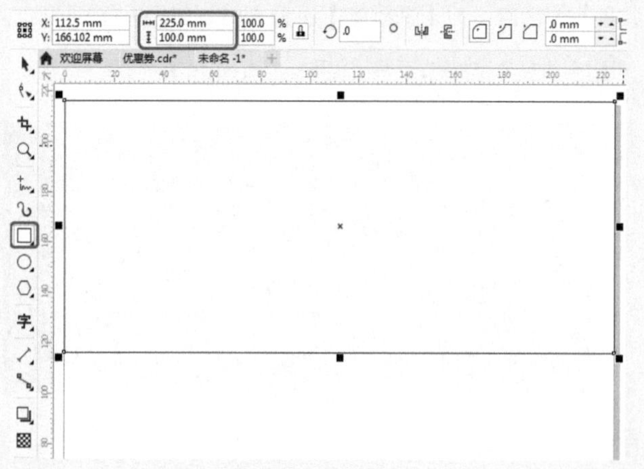

图7-109 绘制矩形

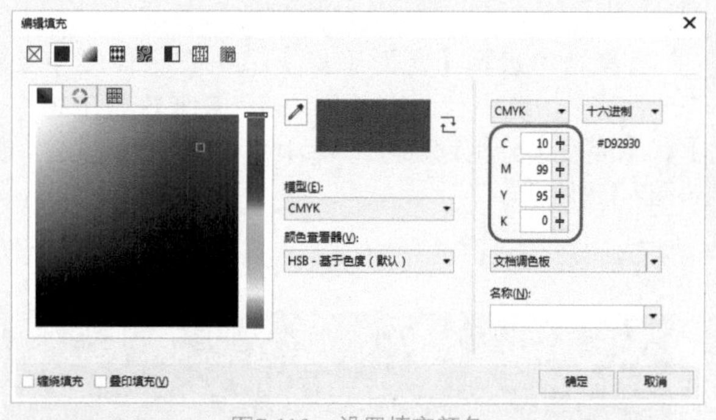

图7-110 设置填充颜色

04 设置完成后，单击【确定】按钮，并在默认调色板上右击☒色块，取消轮廓线的填充。按Ctrl+I组合键，在弹出的“导入”对话框中选择素材|Cha07|【底纹.cdr】素材文件，如图7-111所示。

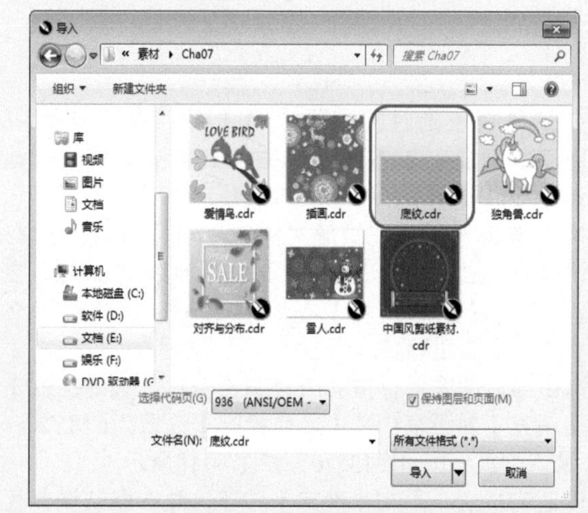

图7-111 选择素材文件

05 单击【导入】按钮，在工作区中单击鼠标，将选中的素材文件导入到文档中。选中导入的素材文件，在工具箱

中选择【透明度工具】▩，在工具属性栏中单击【均匀透明度】按钮■，将【透明度】设置为85，如图7-112所示。

图7-112　设置透明度参数

06 在工具箱中选择【矩形工具】□，在工作区中绘制一个矩形。选中绘制的矩形，在工具属性栏中将【宽度】和【高度】分别设置为225和100，并调整其位置，效果如图7-113所示。

图7-113　绘制矩形

07 在工具箱中选择【选择工具】，在工作区中选择底纹对象，右击鼠标，在弹出的快捷菜单中选择【PowerClip内部】命令，如图7-114所示。

08 执行该操作后，在矩形对象上单击鼠标，然后在默认调色板上右击☒色块，取消轮廓线的填充。在工具箱中选择【钢笔工具】，在工作区中绘制一个如图7-115所示的图形。

09 选中绘制的图形，按Shift+F11组合键，在弹出的【编辑填充】对话框中将【颜色模型】设置为CMYK，将CMYK值设置为1、4、13、0，如图7-116所示。

10 设置完成后，单击【确定】按钮，并在默认调色板上右击☒色块，取消轮廓线的填充。在工具箱中选择【钢笔工具】，在工作区中绘制多个如图7-116所示的图形。选中绘制的图形，如图7-117所示。

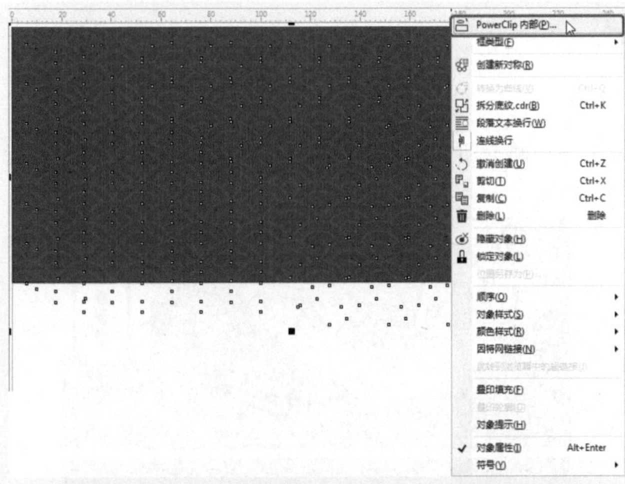

图7-114　选择【PowerClip内部】命令

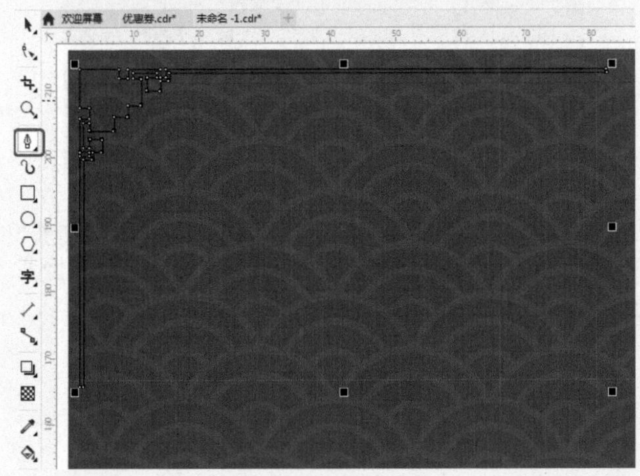

图7-115　绘制图形

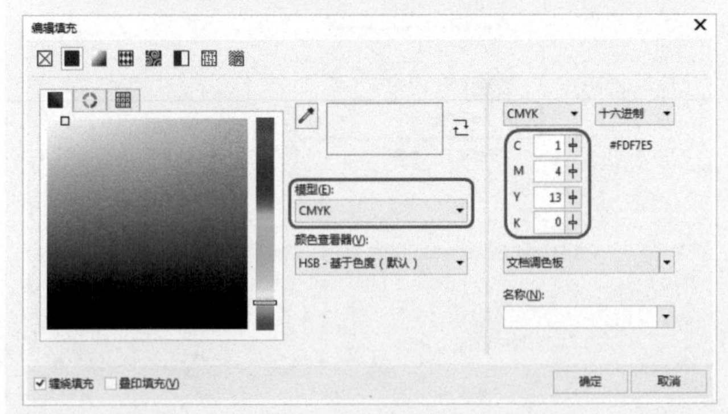

图7-116　设置填充颜色

11 为绘制的图形填充任意一种颜色，并在默认调色板上右击☒色块，取消轮廓线的填充。在工作区中选择绘制的所有对象，右击鼠标，在弹出的快捷菜单中选择【合并】命令，如图7-118所示。

12 选择合并后的对象，在【变换】泊坞窗中单击【缩放和镜像】按钮，单击【水平镜像】按钮，将【副本】设置为1，单击【应用】按钮，如图7-119所示。

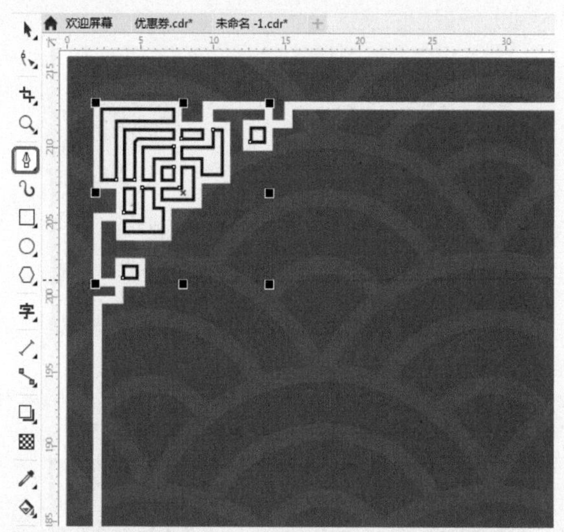

图7-117　绘制其他图形

图7-118　选择【合并】命令

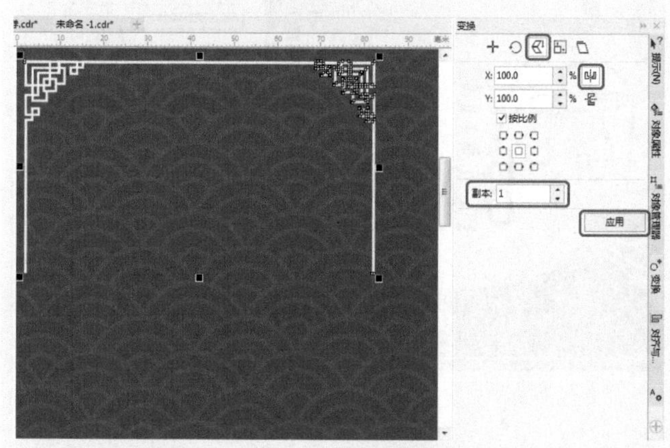

图7-119　镜像对象

13 在工作区中调整镜像对象的位置，调整完成后，选择两个边框对象，在【变换】泊坞窗中单击【垂直镜像】按钮，将【副本】设置为1，单击【应用】按钮，然后在工作区中调整镜像对象的位置，如图7-120所示。

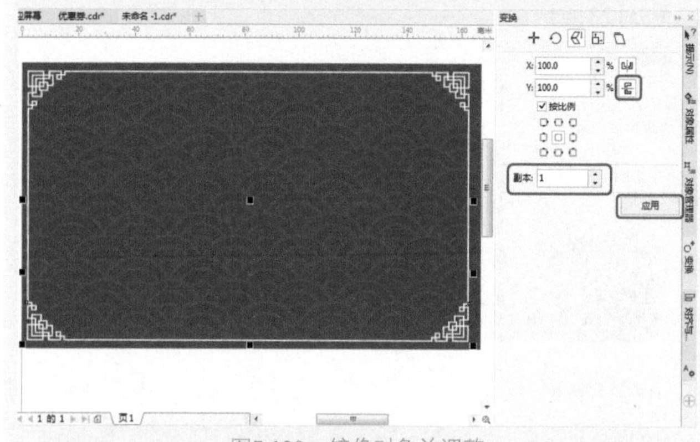

图7-120　镜像对象并调整

14 在工具箱中选择【钢笔工具】，在工作区中绘制如图7-121所示的图形。

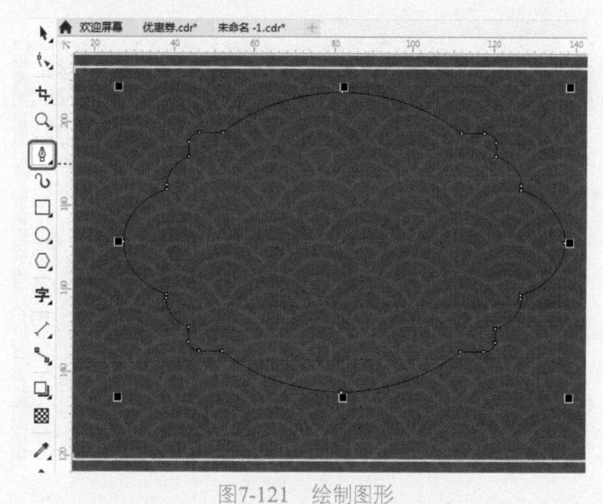

图7-121　绘制图形

15 选中绘制的图形，按Shift+F11组合键，在弹出的【编辑填充】对话框中将【颜色模型】设置为CMYK，将CMYK值设置为1、4、13、0，如图7-122所示。

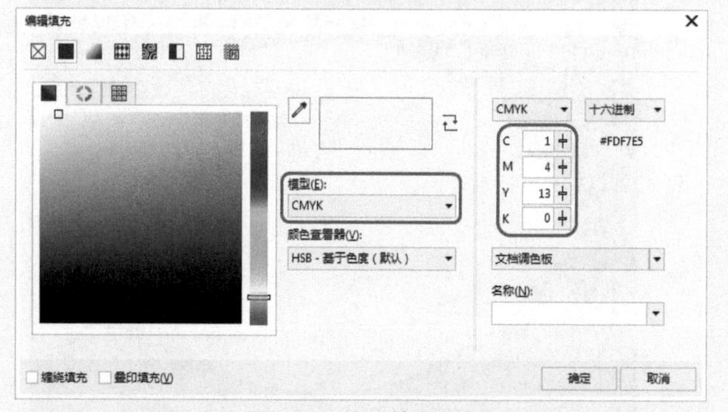

图7-122　设置填充颜色

16 设置完成后，单击【确定】按钮，在默认调色板上右击☒色块，取消轮廓线的填充。选择设置后的对象，

按+号键，对其进行复制，按Shift+F11组合键，在弹出的【编辑填充】对话框中将CMYK值设置为18、31、70、0，如图7-123所示。

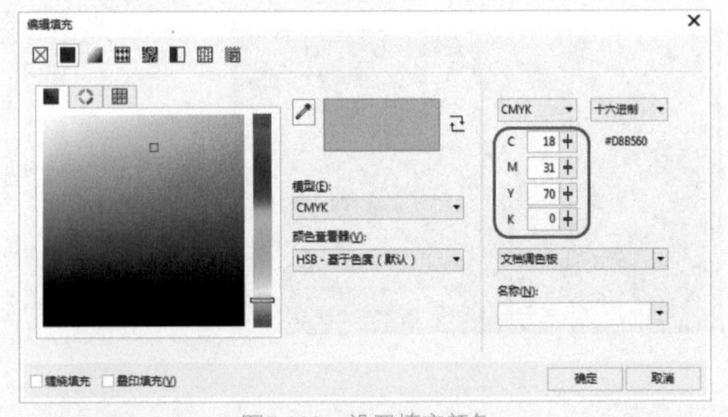

图7-123 设置填充颜色

17 设置完成后，单击【确定】按钮，在工作区中调整复制图形的大小，效果如图7-124所示。

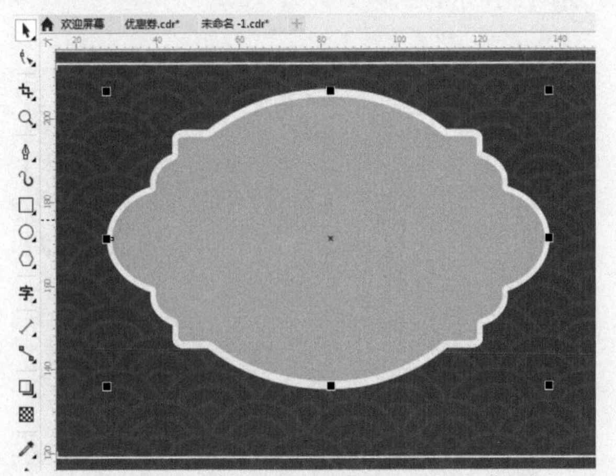

图7-124 调整复制图形的大小

18 使用同样的方法再对该图形进行复制，并对其进行相应的调整，效果如图7-125所示。

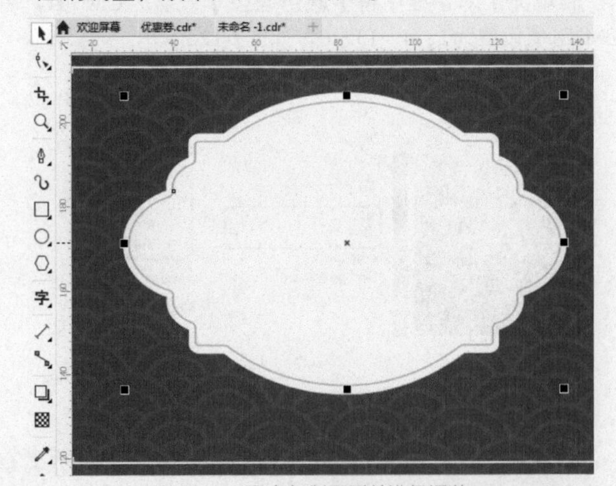

图7-125 再次复制图形并进行调整

19 根据前面所介绍的方法在工作区中绘制其他对象，并对其进行相应的设置，效果如图7-126所示。

图7-126 绘制其他对象后的效果

20 根据前面所介绍的方法将【标题文字.cdr】素材文件导入到文档中，并调整其位置，效果如图7-127所示。

图7-127 导入素材文件

21 在工具箱中选择【文本工具】字，在工作区中单击鼠标，输入文字。选中输入的文字，在【文本属性】泊坞窗中将【字体】设置为方正兰亭粗黑简体，将【字体大小】设置为12，将【文本颜色】的CMYK值设置为1、4、13、0，并在工作区中调整其位置，效果如图7-128所示。

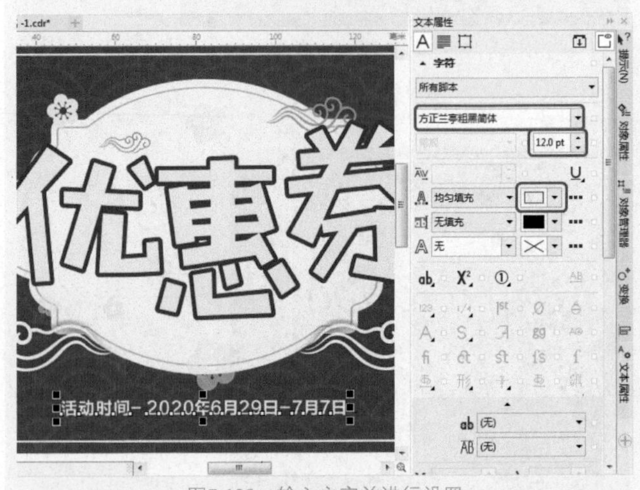

图7-128 输入文字并进行设置

22 在工具箱中选择【钢笔工具】，在工作区中绘制一条直线。选中绘制的直线，在【对象属性】泊坞窗中将【轮廓宽度】设置为0.5，将【轮廓色】设置为0、0、

0、0，并在【线条样式】下拉列表中选择一种线条样式，如图7-129所示。

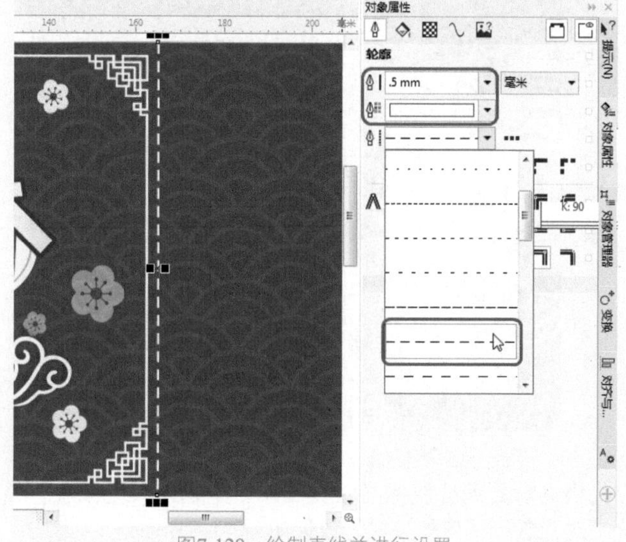

图7-129 绘制直线并进行设置

23 在工具箱中选择【文本工具】字，在工作区中单击鼠标，输入文字。选中输入的文字，在【文本属性】泊坞窗中将【字体】设置为方正隶书简体，将【字体大小】设置为46，将【文本颜色】设置为0、0、0、0，如图7-130所示。

图7-130 输入文字并进行设置

24 在【文本属性】泊坞窗中单击【段落】按钮，将【字符间距】设置为36，将【文本方向】设置为垂直，如图7-131所示。

25 使用【文本工具】字在工作区中单击鼠标，分别输入3个数字。选中输入的文字，在【文本属性】泊坞窗中将【字体】设置为Swis721 BlkCn BT，将【字体大小】设置为118，将【文本颜色】设置为0、0、0、0，如图7-132所示。

图7-131 设置字符间距与文本方向

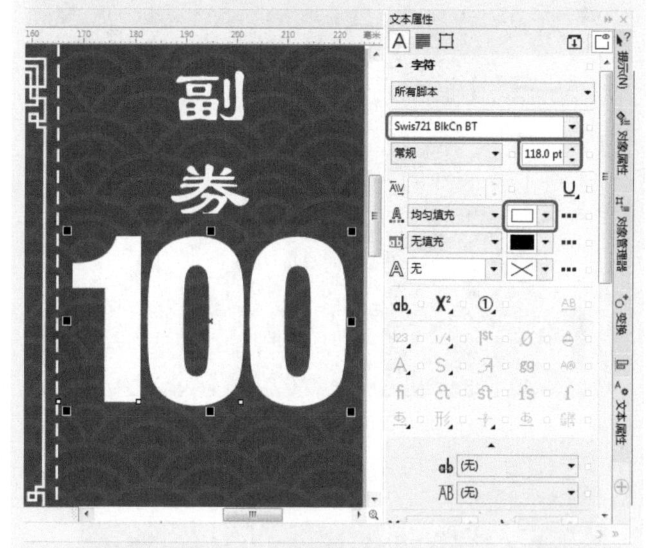

图7-132 输入文字并进行设置

26 选中3个数字，右击鼠标，在弹出的快捷菜单中选择【转换为曲线】命令，如图7-133所示。

27 在工具箱中选择【椭圆形工具】，在工作区中绘制一个圆形，在工具属性栏中将【宽度】、【高度】都设置为9，并为其填充任意颜色，取消轮廓显示，如图7-134所示。

28 在工作区中选择如图7-135所示的两个图形，在工具属性栏中单击【移除前面对象】按钮。

29 在工具箱中选择【椭圆形工具】，在工作区中绘制一个圆形。选中绘制的圆形，在工具属性栏中将【宽度】和【高度】都设置为7.8，将其填充为白色，并取消轮

廓色，效果如图7-136所示。

图7-133　选择【转换为曲线】命令

图7-134　绘制圆形

图7-135　选择图形并进行操作

图7-136　绘制圆形并进行设置

30 根据前面所介绍的方法在工作区中输入其他文字，并对其进行相应的设置，效果如图7-137所示。

图7-137　输入其他文字后的效果

31 根据前面所介绍的方法将【花纹.cdr】素材文件导入至文档中，并调整其位置与大小，效果如图7-138所示。

图7-138　导入素材文件

32 根据前面所介绍的方法制作优惠券反面，制作后的效果如图7-139所示。

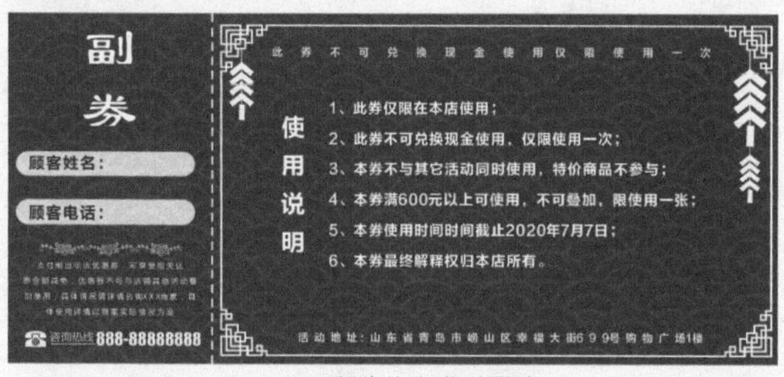

图7-139 制作优惠券反面效果

提示 在制作优惠券反面效果时，其部分背景、底纹、边框与部分文字可以在优惠券正面效果中进行复制。

7.9 思考与练习

1. 简述排放顺序的方法。
2. 简述镜像对象的方法。
3. 简述拆分对象的方法。

第8章 三维效果与透明度

在CorelDRAW中，利用工具箱中的轮廓工具、立体化工具、透视效果和阴影工具可以更方便、更直观地改变对象的外观。本章就来介绍轮廓工具、立体化工具、透视效果以及阴影工具等的使用。

8.1 轮廓图工具

使用【轮廓图工具】▣可以为对象添加各种轮廓图效果。轮廓图效果可使轮廓线向内或向外复制，并将所需的颜色以渐变状态进行填充。

8.1.1 轮廓图工具的属性设置

在CorelDRAW中，如果要为图形添加轮廓图效果，首先选中该对象，然后在工具箱中选择【轮廓图工具】▣，在属性栏的【预设】下拉列表中选择【内向流动】或【外向流动】命令，即可为选中的对象添加轮廓图效果，如图8-1所示为选择【外向流动】命令后的效果。

在选择【轮廓图工具】▣后，CorelDRAW会显示其相应的属性栏，如图8-2所示。用户可以在其中根据需要设置所需的参数，来创建所需的轮廓图效果。

其中各选项说明如下。

- 【到中心】按钮▣：单击该按钮后，可以向中心添加轮廓线。
- 【内部轮廓】按钮▣：单击该按钮后，可以向内部添加轮廓线。
- 【外部轮廓】按钮▣：单击该按钮后，可以向外部添加轮廓。
- 【轮廓图步长】：在文本框中输入参数，可以调整轮廓图步长的数量，如图8-3所示为将步长设置为3时的效果。
- 【轮廓图偏移】：该文本框可以用于调整对象中轮廓的间距，如图8-4所示为轮廓图偏移为5mm时的效果。
- 【轮廓图角】按钮▣：该按钮可以用于设置轮廓图的角类型，如图8-5所示为不同角类型的效果。
- 【轮廓色】按钮▣：该按钮可以用于设置轮廓的颜色，其中包括【线性轮廓色】、【顺时针轮廓色】、【逆时针轮廓色】3个选项。

图8-1　选择【外向流动】命令后的效果

图8-2　【轮廓图工具】属性栏

图8-3　轮廓图步长为3时的效果

图8-4　轮廓图偏移为5mm时的效果

(a) 斜接角

(b) 圆角

(c) 斜切角

图8-5 不同的角类型

- 【对象和颜色加速】按钮：该按钮用于调整轮廓中对象大小和颜色变化的速率。
- 【复制轮廓图属性】按钮：该按钮可以将文档中另一个对象的轮廓图属性应用到所选的对象上。
- 【清除轮廓】按钮：该按钮可以将选中对象中的轮廓图效果清除。

8.1.2 实战：创建轮廓图效果

下面将介绍如何制作轮廓图效果，效果如图8-6所示，操作步骤如下。

01 按Ctrl+O组合键，在弹出的【打开绘图】对话框中选择素材|Cha08|【素材01.cdr】素材文件，单击【打开】按钮，如图8-7所示。

图8-6 创建轮廓图后的效果

02 在工具箱中选择【选择工具】，在工作区中选择如图8-8所示的对象。

图8-7 打开的素材文件

图8-8 选择对象

03 在工具箱中选择【轮廓图工具】，在工具属性栏中单击【预设】下拉按钮，在弹出的下拉列表中选择【外向流动】选项，如图8-9所示。

图8-9 选择【外向流动】选项

04 在工具属性栏中将【轮廓图步长】设置为2，将【轮廓图偏移】设置为3，将【填充色】设置为0、0、0、0，将【最后一个填充挑选器】设置为0、0、0、0，如图8-10所示。

图8-10 设置轮廓图参数

05 使用同样的方法为其他文字添加轮廓图效果，如图8-11所示。

图8-11 添加轮廓图效果

8.1.3 实战：拆分轮廓图

如果要编辑用轮廓图工具创建的轮廓线，要先将其拆分，然后再编辑创建出的轮廓线。

继续上面的操作进行讲解。

01 选中文字的轮廓图，右击鼠标，在弹出的快捷菜单中选择【拆分轮廓图群组】命令，如图8-12所示。

提示 除了上述方法外，用户还可以在菜单栏中选择【对象】|【拆分轮廓群组】命令来拆分轮廓图。

02 由于拆分轮廓图群组后，它仍然是一个群组，因此还需要在该对象上右击鼠标，在弹出的快捷菜单中选择【取消组合对象】命令，将该群组对象全部解散，如图8-13所示。

图8-12 选择【拆分轮廓图群组】命令

提示 除了上述方法外，用户还可以在菜单栏中选择【对象】|【组合】|【取消组合对象】命令来取消群组。

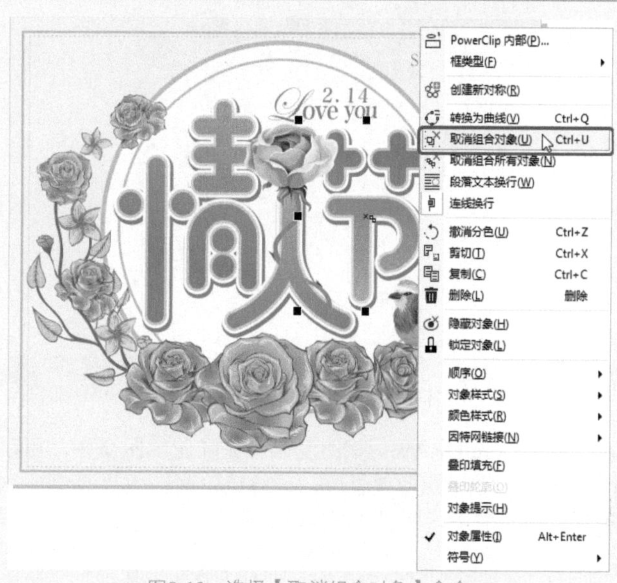

图8-13 选择【取消组合对象】命令

03 在工具箱中选择【选择工具】，在工作区中选择如图8-14所示的对象。

图8-14 选择对象

04 按Shift+F11组合键，在弹出的【编辑填充】对话框中将CMYK值设置为0、82、0、0，如图8-15所示。

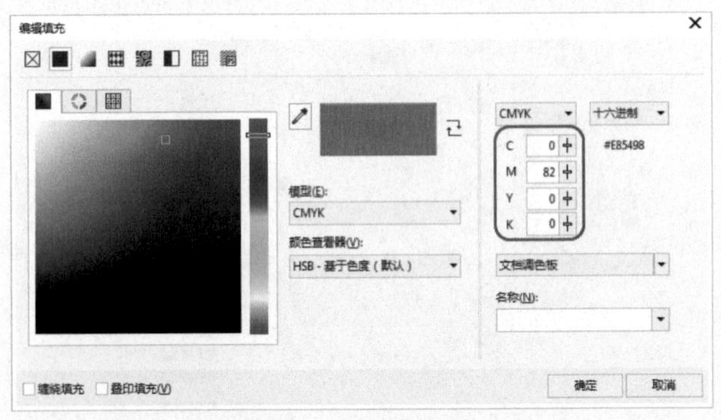

图8-15 设置填充颜色

05 设置完成后，单击【确定】按钮，即可完成对选中对象的更改，效果如图8-16所示。

图8-16 更改后的效果

8.1.4 实战：复制或克隆轮廓图

利用CorelDRAW提供的复制与克隆轮廓图命令，可以在制作好一个轮廓图效果后，再将该轮廓图效果复制或克隆到其他对象上，效果如图8-17所示。

图8-17 复制或克隆轮廓图

01 打开素材|Cha08|【素材01.cdr】素材文件，在工作区中选择“情”对象，在工具箱中选择【轮廓图工具】，在工具属性栏中单击【预设】下拉按钮，在弹出的下拉列表中选择【外向流动】选项，在工具属性栏中将【轮廓图步长】设置为2，将【轮廓图偏移】设置为3，将【填充色】设置为0、0、0、0，将【最后一个填充挑选器】设置为0、0、0、0，如图8-18所示。

图8-18 添加轮廓图效果

02 在工作区中选择“人”图形对象，在菜单栏中选择【效果】|【复制效果】|【轮廓图自】命令，如图8-19所示。

图8-19 选择【轮廓图自】命令

03 执行该操作后，此时鼠标将变为➧样式，将鼠标指针移动到要复制的轮廓图效果上单击，效果将复制到选择的对象上，如图8-20所示。

04 使用同样的方法为其他图形复制轮廓图效果，如图8-21所示。

> 提示
>
> 若选择【效果】|【克隆效果】|【轮廓图自】命令来设置轮廓图效果，则修改源图形的轮廓图效果时，克隆得到的图形轮廓图效果将随之改变。

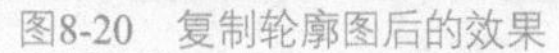

图8-20 复制轮廓图后的效果

图8-21 为其他图形复制轮廓图后的效果

8.2 立体化工具

使用【立体化工具】可以将简单的二维平面图形转换为三维立体化图形，如将正方形变为立方体。

8.2.1 立体化工具的属性设置

下面介绍【立体化工具】的属性栏，如图8-22所示。

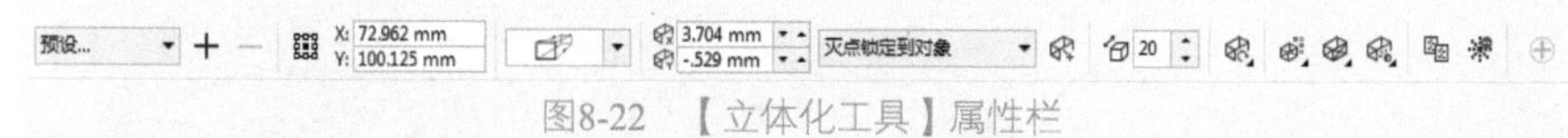

图8-22 【立体化工具】属性栏

- 【立体化类型】下拉列表框：可以选择多个立体化类型，如图8-23所示。
- 【深度】20：可以输入立体化延伸的长度。
- 【灭点坐标】3.704 mm -.529 mm：可以输入所需的灭点坐标，从而达到更改立体化效果的目的。
- 【灭点属性】下拉列表框：可以选择所需的选项来确定灭点位置是否与其他立体化对象共享灭点等。
- 【页面或对象灭点】按钮：当【页面或对象灭点】按钮图标为时移动灭点，坐标值是相对于对象的。当【页面或对象灭点】按钮图标为时移动灭点，坐标值是相对于页面的。
- 【立体化旋转】按钮：单击该按钮，将弹出一个如图8-24所示的面板，可以直接拖动3字圆形按钮，来调整立体对象的方向；若单击按钮，面板将自动变成【旋转值】面板，如图8-25所示，在其中输入所需的旋转值，可以调整立体对象的方向。如果要返回到3字图形按钮面板，只需再次单击右下角的按钮。

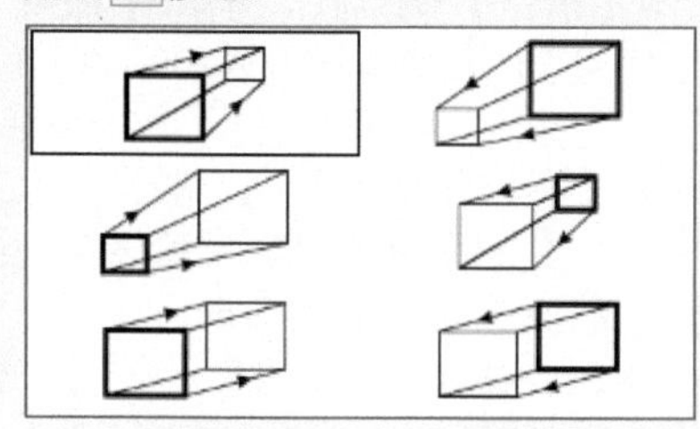

图8-23 立体化类型

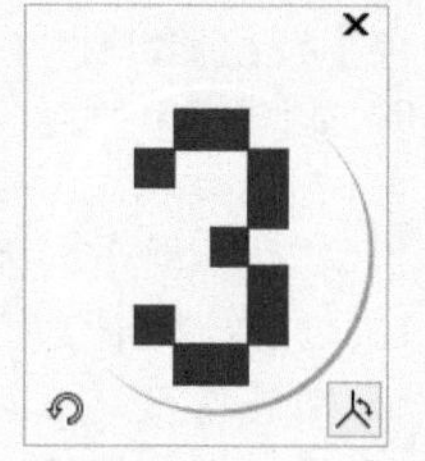

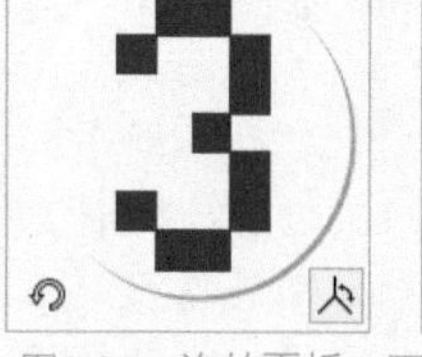

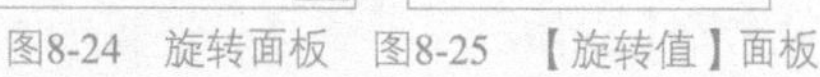

图8-24 旋转面板 图8-25 【旋转值】面板

- 【立体化颜色】按钮：单击【立体化颜色】按钮，将弹出【颜色】面板，如图8-26所示，可以在其中编辑与选择所需的颜色。如果选择的立体化效果设置了斜角，则可以在其中设置所需的斜角边颜色。

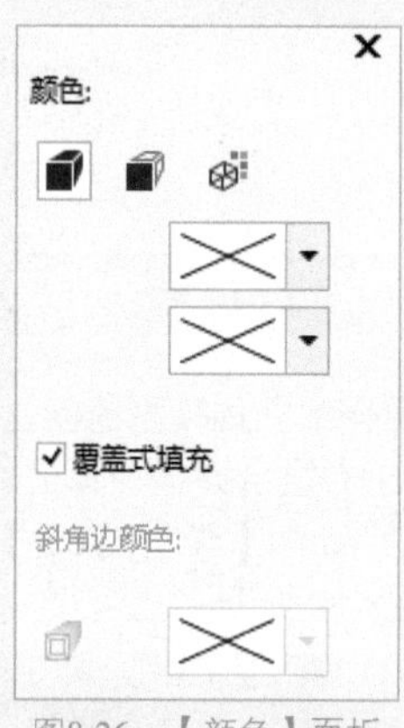

图8-26 【颜色】面板

- 【立体化倾斜】按钮：单击该按钮，将弹出如图8-27所示的面板，用户可以在其中勾选【使用斜角修饰边】复选框，然后在文本框中输入所需的斜角深度与角度来设定斜角修饰边；也可以勾选【只显示斜角修饰边】复选框，只显示斜角修饰边。

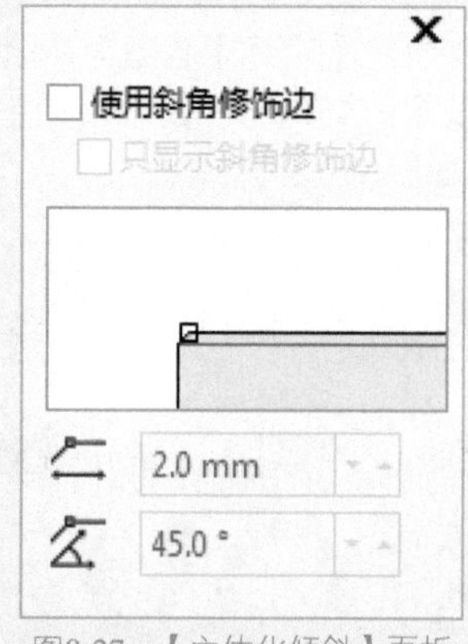

图8-27 【立体化倾斜】面板

- 【立体化照明】按钮：单击该按钮，将弹出如图8-28所示的面板，可以在左边单击相应的光源为立体化对象添加光源，还可以设定光源的强度，以及是否使用全色范围。

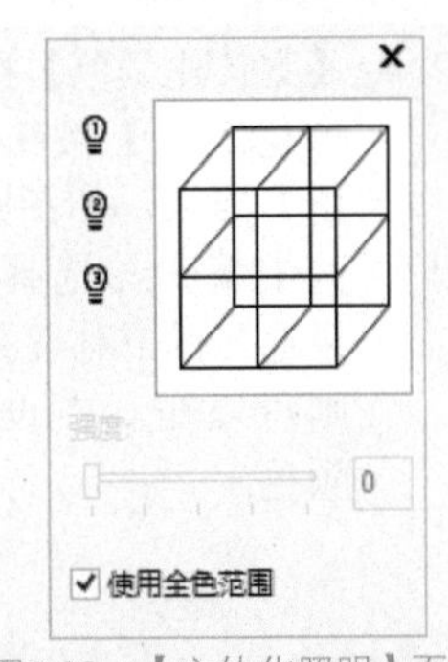

图8-28 【立体化照明】面板

8.2.2 实战：创建矢量立体模型

下面介绍立体模型的创建方法。

01 按Ctrl+O组合键，在弹出的【打开绘图】对话框中选择素材|Cha08|【素材02.cdr】素材文件，单击【打开】按钮，如图8-29所示。

图8-29 打开的素材文件

02 在工具箱中选择【文本工具】字，在工作区中单击鼠标，输入文字。选中输入的文字，在【文本属性】泊坞窗中将【字体】设置为Berlin Sans FB，将【字体大小】设置为450，将【文本颜色】设置为0、100、100、0，如图8-30所示。

图8-30 输入文字并进行设置

03 在工具箱中选择【立体化工具】，在工具属性栏中单击【预设】，在弹出的下拉列表中选择【立体右上】选项，如图8-31所示。

图8-31 选择【立体右上】选项

04 在工具属性栏中将【灭点坐标】分别设置为-1.4、118，效果如图8-32所示。

图8-32 为文字添加立体化效果

8.2.3 实战：编辑立体模型

下面对创建的立体模型进行编辑操作。

01 继续上面的操作，确认文本处于选择状态，在工具属性栏中单击【立体化颜色】按钮，单击【使用纯色】按钮，将【使用】的颜色值设置为100、0、0、0，如图8-33所示。

02 在工具属性栏中单击【立体化照明】，在弹出【立体化照明】面板中单击【光源1】按钮，然后调整光源1的位置，将【强度】设置为15，如图8-34所示。

03 单击【光源2】按钮，并调整光源2的位置，将【强度】设置为62，如图8-35所示。

图8-33　设置立体化颜色

图8-34　设置光源1参数

图8-35　设置光源2参数

04 单击【光源3】按钮，然后调整光源3到适当的位置，将【强度】设置为60，如图8-36所示。在工作区的空白处单击，取消对象的选择，完成对立体模型的编辑。

图8-36　设置光源3参数

8.3 在对象中应用透视效果

通过缩短对象的一边或两边，可以创建单点或两点透视效果，如图8-37和图8-38所示。

图8-37　单点透视效果

图8-38　两点透视效果

在对象或群组对象中可以添加透视效果，在链接的群组（比如轮廓图、调和、立体模型和用艺术笔工具创建的对象）中也可以添加透视效果，但不能将透视效果添加到段落文本、位图或符号上。

8.3.1 实战：制作立方体

下面介绍通过立体化工具制作立方体效果的操作，效果如图8-39所示。

图8-39 制作立方体

01 按Ctrl+O组合键，在弹出的【打开绘图】对话框中选择素材|Cha08|【素材03.cdr】素材文件，单击【打开】按钮，如图8-40所示。

02 在工具箱中选择【矩形工具】□，沿红色图案的边缘绘制一个矩形，创建完成后的效果如图8-41所示。

图8-40 打开的素材文件

图8-41 绘制矩形

03 在工具箱中选择【立体化工具】，然后在创建的矩形上拖曳鼠标，为创建的矩形添加立体化效果，在工具属性栏中的【立体化类型】中选择如图8-42所示的立体化类型，然后对立体化图形进行调整。

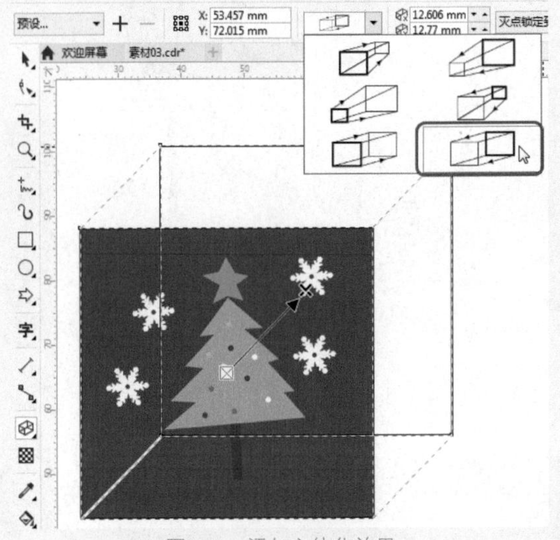

图8-42 添加立体化效果

04 在工作区空白位置单击鼠标，即可完成创建立方体，效果如图8-43所示。

图8-43 创建立方体后的效果

8.3.2 实战：应用透视效果

继续上一小节的操作，使用【透视】命令对图形进行调整，制作出立方体效果，效果如图8-44所示。

图8-44 透视效果

01 在工作区中选择创建的立方体，右击鼠标，在弹出的快捷菜单中选择【顺序】|【到页面背面】命令，如图8-45所示。

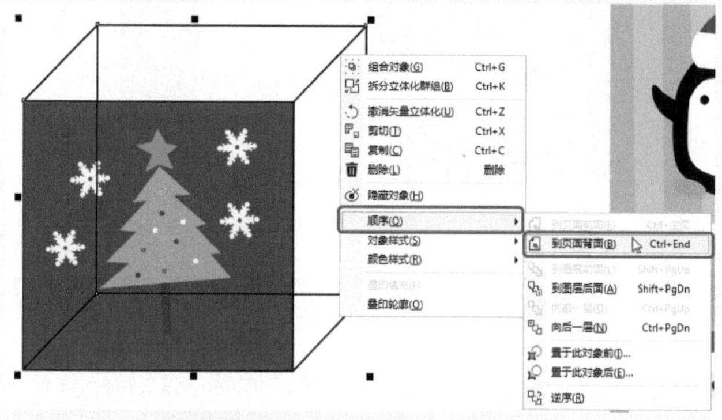

图8-45　选择【到页面背面】命令

02 在工作区中选择黄色图形对象，在工作区中调整其位置，如图8-46所示。

图8-46　调整对象位置

03 继续选中黄色图形，在菜单栏中选择【效果】|【添加透视】命令，如图8-47所示。

图8-47　选择【添加透视】命令

04 执行该操作后，在工作区中将对象上的控制点调整至立方体相应的顶点上，效果如图8-48所示。

图8-48　创建透视效果

05 在工具箱中选择【选择工具】，在工作区中选择绿色图形，在工作区中调整其位置，在菜单栏中选择【效果】|【添加透视】命令，如图8-49所示。

图8-49　选择【添加透视】命令

06 执行该操作后，在工作区中将对象上的控制点调整至立方体相应的顶点上，效果如图8-50所示。

图8-50　创建透视效果

8.3.3 实战：复制对象的透视效果

下面介绍复制对象的透视效果的操作。

01 继续上一小节的操作，选择工具箱中的【选择工具】，在工作区中选择正面的图形对象，并将其向右拖动到适当的位置后右击，复制副本，如图8-51所示。

图8-51 复制图形对象

02 在菜单栏中选择【效果】|【复制效果】|【建立透视点自】命令，如图8-52所示。

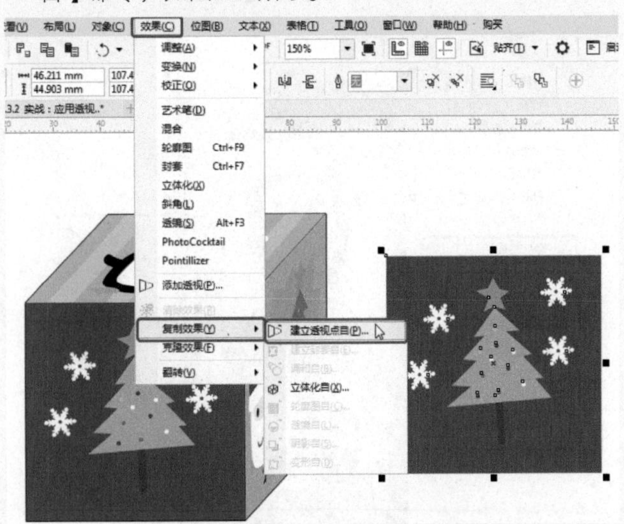

图8-52 选择【建立透视点自】命令

03 此时鼠标指针变成➡样式，然后移动指针到要复制的透视效果上，如图8-53所示。

图8-53 移动鼠标指针到要复制的透视效果上

04 单击鼠标左键，即可将选择的透视效果复制到选择的对象上，如图8-54所示。

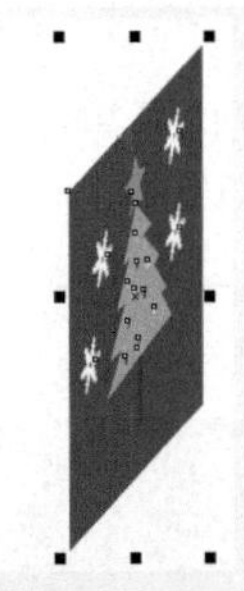

图8-54 复制透视后的效果

8.3.4 清除对象的透视效果

在菜单栏中选择【效果】|【清除透视点】命令，如图8-55所示，即可将选择对象中的透视效果清除，如图8-56所示。

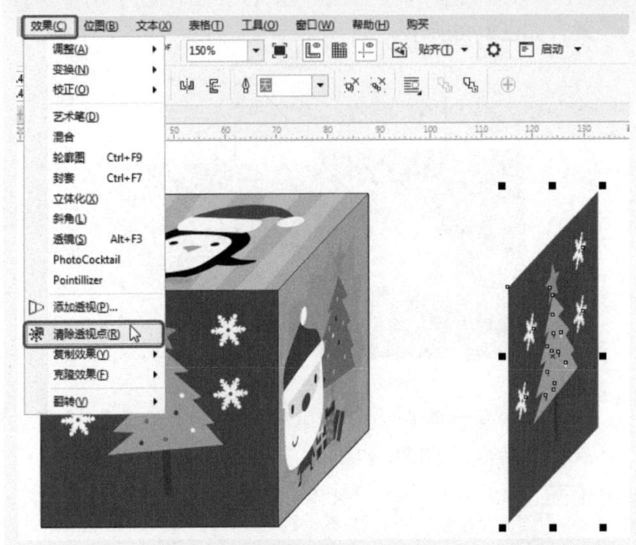

图8-55 选择【清除透视点】命令

图8-56 清除透视效果

8.4 阴影工具

使用【阴影工具】可以为对象添加阴影效果，并可以模拟光源照射对象时产生的阴影效果。在添加阴影时，可以调整阴影的透明度、颜色、位置及羽化程度，当对象外观改变时，阴影的形状也随之变化。

下面对【阴影工具】的属性栏进行简单的介绍，如图8-57所示。

图8-57　【阴影工具】属性栏

- 【阴影偏移】：当在【预设】列表中选择【平面右上】、【平面右下】、【平面左上】、【平面左下】、【小型辉光】、【中等辉光】或【大型辉光】时，该选项呈可用状态，可以在其中输入所需的偏移值。
- 【阴影角度】：用户可以在其中输入所需的阴影角度值。
- 【阴影的不透明】：可以在其文本框中输入所需的阴影不透明度值。
- 【阴影羽化】：在其文本框中可以输入所需的阴影羽化值。
- 【羽化方向】：在其下拉列表中可以选择所需的阴影羽化的方向。
- 【羽化边缘】：在其下拉列表中可以选择羽化类型。
- 【阴影延展】：该选项用于调整阴影的长度。
- 【阴影淡出】：该选项用于调整阴影边缘的淡出程度。

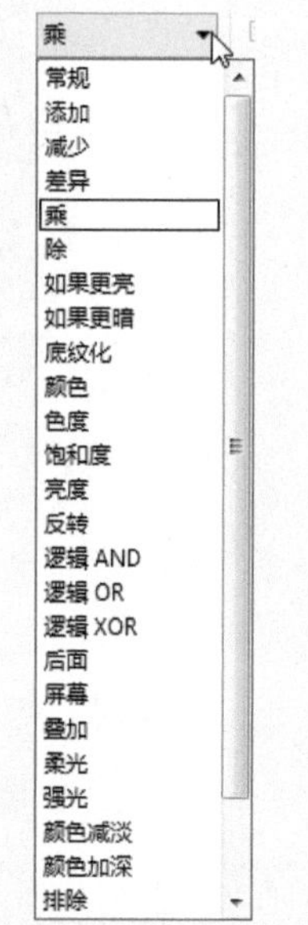

图8-58　【合并模式】选项

- 【透明度的操作】：在其下拉列表中可以为对象设置各种所需的透明度。
- 【阴影颜色】选项：在其下拉调色板中可以设置所需的阴影颜色。
- 【合并模式】选项：在其下拉列表中可以为阴影设置各种所需的模式，如图8-58所示。

8.5 使用透明度工具

在工具箱中选择【透明度工具】，可以为对象设置透明效果，方法是通过减少图像颜色的填充量来更改透明度，使其成为透明或半透明的效果。在如图8-59所示的属性栏中，还可以设置图像的透明度类型、合并模式、节点透明度、调整透明角度、边界大小和编辑透明度，以及控制透明度目标等。

图8-59　【透明度工具】属性栏

8.5.1　透明度工具的属性设置

下面介绍透明度工具属性栏中的各选项。

- 【无透明度】：删除添加的透明度效果。
- 【均匀透明度】：为图形应用整齐且均匀分布的透明度。
- 【渐变透明度】：为图形应用均匀过渡的透明度效果。
- 【向量图样透明度】：向量图就是矢量图，为图形添加带有矢量图纹理的渐变透明效果。
- 【位图图样透明度】：为图形添加带有位图纹理的渐变透明效果。
- 【双色图样透明度】：为图形应用双色图样透明度。

当选择【无透明度】以外的透明度模式时，在属性栏中将会根据选择的模式，出现不同的设置选项，在这里只简单介绍几种经常出现的选项，其他选项可通过逐个试用来了解其功能。

- 【编辑透明度】：单击该按钮，将弹出【渐变透明度】对话框，用户可以根据需要在其中编辑所需的渐变，以改变透明度。
- 【复制透明度】：将文档中其他对象的透明度应用到选定对象上。
- 【合并模式】常规：在其列表中可以选择所需的透明度合并模式，有【常规】【添加】【减少】【差异】【乘】【除】【如果更亮】【如果更暗】【底纹化】【颜色】【色度】【饱和度】【亮度】【反转】【逻辑AND】【逻辑OR】【逻辑XOR】【后面】【屏幕】【叠加】【柔光】【强光】【颜色减淡】【颜色加深】【排除】【红】【绿】和【蓝】等。
- 【透明度挑选器】：在其列表中选择所需的透明度类型，例如：不同的透明度程度、不同纹理的透明度等。
- 【冻结透明度】：单击该按钮，可以冻结透明度内容。在未单击该按钮之前，添加了透明度的对象，其透明度会随下方或上方其他对象的颜色的改变而改变；单击该按钮之后，该对象的透明度会锁定，不会因为对其他对象进行调整而跟随改变。如图8-60所示为冻结透明度前对对象进行调整的对比效果，如图8-61所示为冻结透明度后对对象进行调整的对比效果。

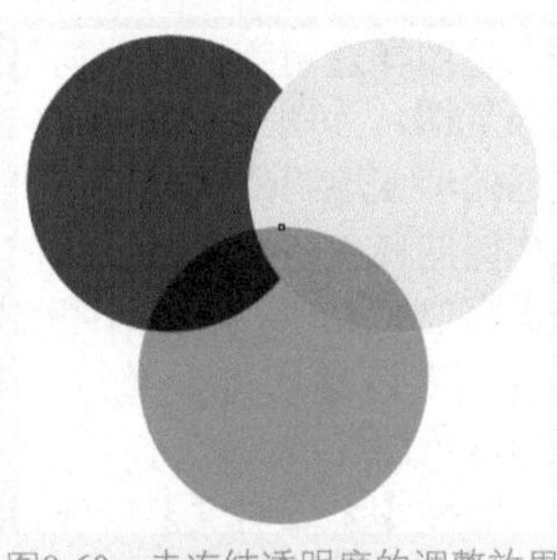

图8-60　未冻结透明度的调整效果

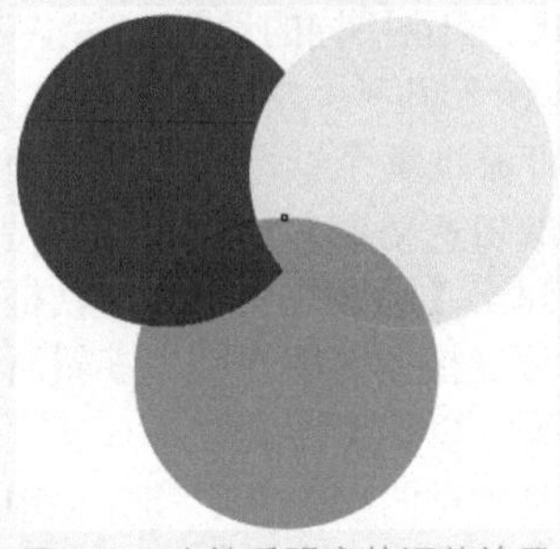

图8-61　冻结透明度的调整效果

8.5.2　实战：应用透明度

应用透明度的操作如下。

01 按Ctrl+N组合键，新建一个【宽度】和【高度】均为40mm的文档。在工具箱中选择【椭圆形工具】，在工作区中按住Ctrl键绘制【宽度】和【高度】均为20mm圆形，将其填充为红色，并取消轮廓线的填充，效果如图8-62所示。

图8-62　绘制圆形

02 选择工具箱中的【透明度工具】，在工具属性栏中单击【向量图样透明度】按钮，将【合并模式】设置为绿。

03 单击【透明度挑选器】按钮，在弹出的下拉列表中，将【选择内容来源】定义为初学者包，在其中选择Vector Pattern 148,fill选项，如图8-63所示，在圆形内部拖曳鼠标，添加新的透明度范围线。

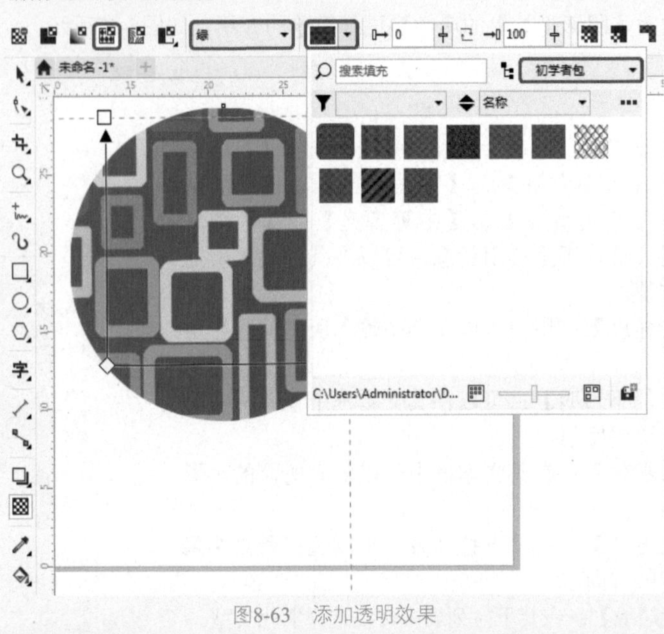

图8-63　添加透明效果

8.5.3　实战：编辑透明度

为图像添加透明度效果后，还可以对透明度进行编辑。下面介绍编辑透明度的操作。

01 继续上一小节的操作，在属性栏中单击【编辑透明度】按钮，弹出【编辑透明度】对话框，在该对话框中单击【水平镜像平铺】按钮，将【变换】选项组中的【倾斜】参数设置为45°，如图8-64所示。

02 设置完成后单击【确定】按钮，编辑完透明度后的效果如图8-65所示。

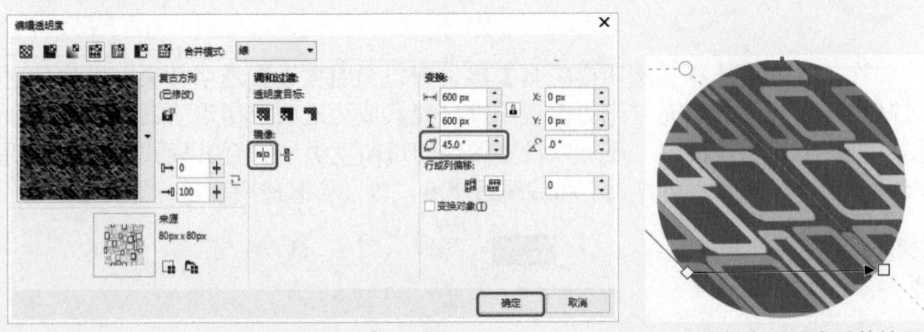

图8-64　【编辑透明度】对话框　　图8-65　编辑完透明度后的效果

8.5.4　实战：更改透明度类型

下面介绍在属性栏中更改透明度类型的方法。

01 继续上一小节的操作，确认选中了工作区中的图形，在属性栏中单击【渐变透明度】按钮，在右侧单击【锥形渐变透明度】按钮，即可更改透

明度的类型，如图8-66所示。

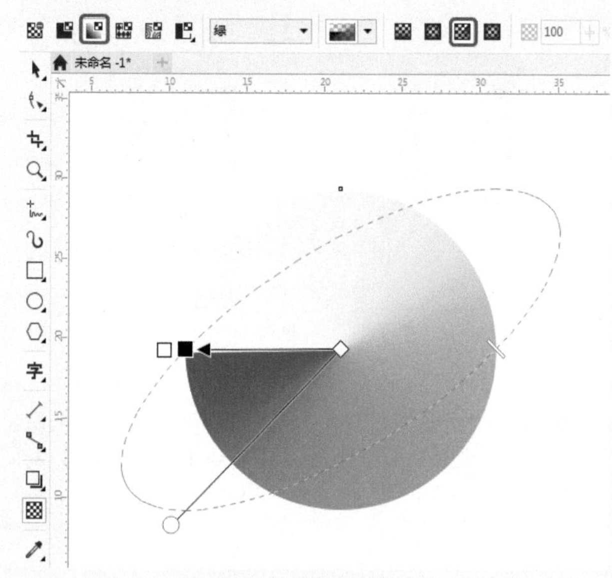

图8-66 设置渐变类型

02 继续在属性栏中进行设置，单击【透明度挑选器】按钮，在弹出的下拉列表中，将【选择内容来源】定义为初学者包，在其中选择Fountain Fill 003选项，如图8-67所示。

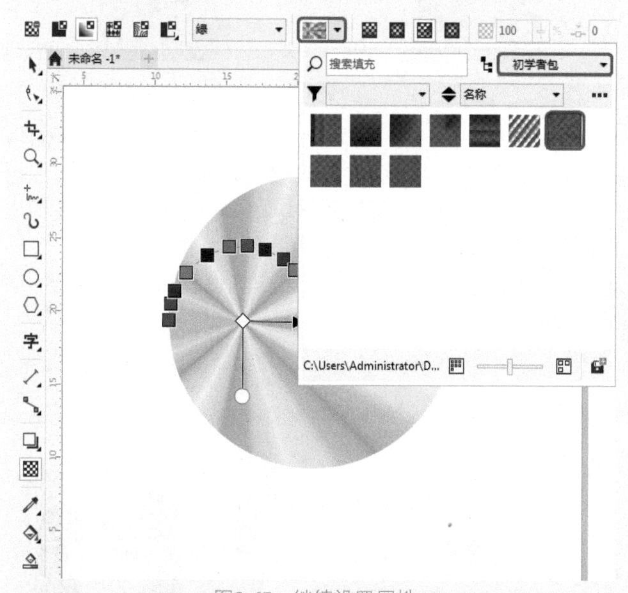

图8-67 继续设置属性

用户也可以选择其他的透明度类型，这里就不再介绍了。

8.5.5 实战：应用透明度模式

下面介绍更改透明度的合并模式的操作方法。

01 继续上一小节的操作，在工具箱中选择【矩形工具】，在工作区中绘制【宽度】和【高度】为30mm大小的矩形，如图8-68所示。

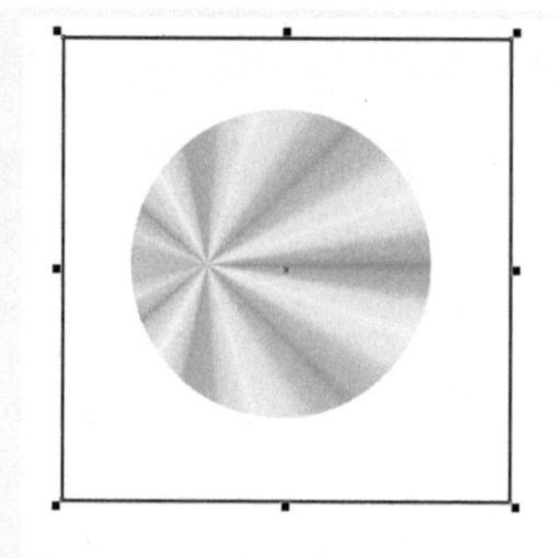

图8-68 绘制矩形

02 在默认调色板中单击【黄】色块，为矩形填充颜色，并将【轮廓宽度】设置为无。

03 在工具箱中选择【透明度工具】，在属性栏中单击【向量图样透明度】按钮，在右侧单击【合并模式】按钮常规，在弹出的下拉列表中选择【饱和度】选项，如图8-69所示。

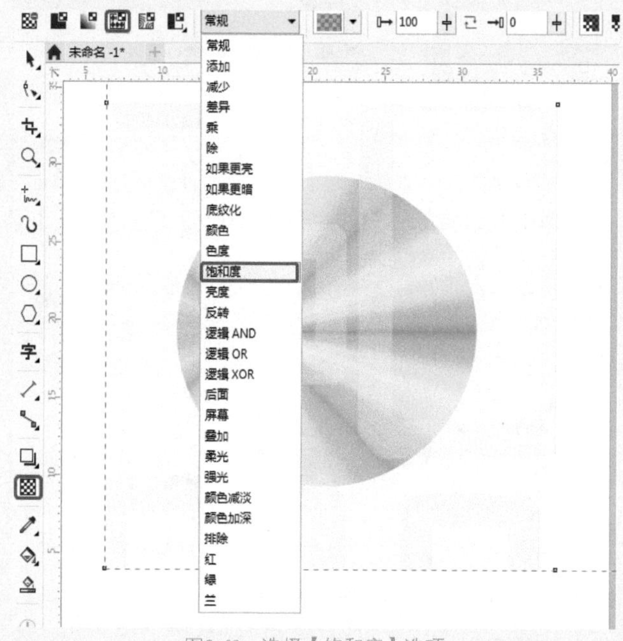

图8-69 选择【饱和度】选项

04 选择【饱和度】合并模式后，效果如图8-70所示。

图8-70 饱和度合并模式的效果

实例操作001——自制壁纸

下面将讲解如何制作手机壁纸，效果如图8-71所示。

01 按Ctrl+N组合键，在弹出的【创建新文档】对话框中，将【名称】设置为“自制壁纸”，将【宽度】设置为272px，【高度】设置为510px，如图8-72所示。

图8-71 自制壁纸

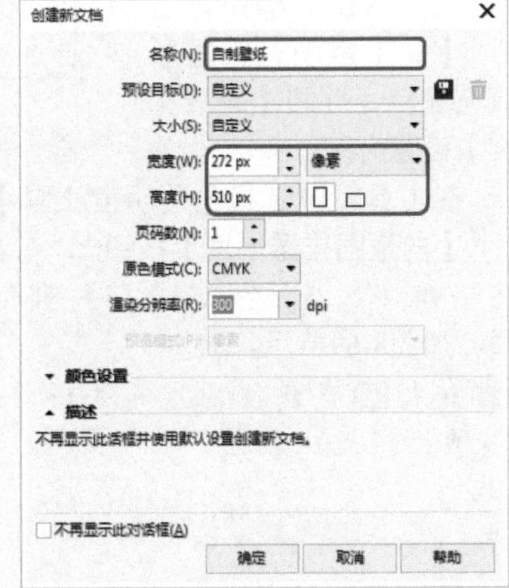

图8-72 【创建新文档】对话框

02 按Ctrl+I组合键，打开素材|Cha08|【手机素材.jpg】素材文件，如图8-73所示。

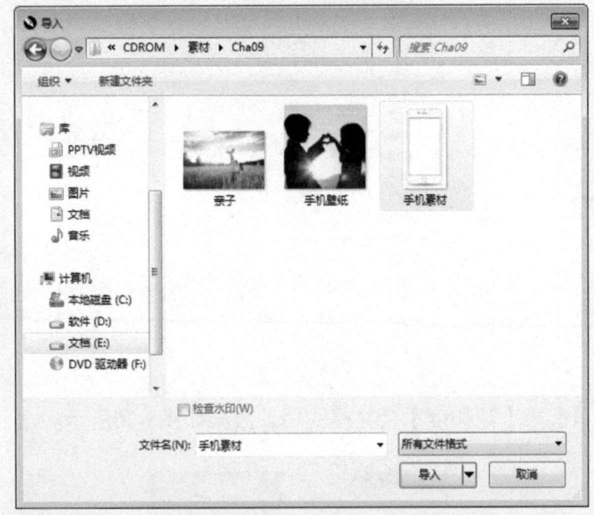

图8-73 导入素材文件

03 按Ctrl+I组合键，打开素材|Cha08|【手机壁纸.jpg】素材文件，并调整对象的【宽度】和【高度】为193px，如图8-74所示。

04 选择【矩形工具】□，绘制矩形，将【轮廓宽度】设置为无，【填充颜色】为橘红，并调整对象的【宽度】和【高度】为193px和154px，如图8-75所示。

05 选择【矩形工具】□，绘制矩形，将【轮廓宽度】设置为无，【填充颜色】为白色，并调整对象的【宽度】和【高度】为193px和2px，如图8-76所示。

图8-74 导入素材文件并调整

图8-75 绘制矩形

06 按Ctrl+C组合键进行复制，按Ctrl+V组合键进行粘贴，复制并粘贴出来两个矩形，并使用【选择工具】调整位置，如图8-77所示。

图8-76 绘制矩形

图8-77 复制矩形并调整位置

07 选中3个矩形，按Ctrl+C组合键进行复制，按Ctrl+V组合键进行粘贴，在对象管理器中，单击鼠标右键，在弹出的快捷菜单中选择【组合对象】命令，如图8-78所示。

08 在工具属性栏中，设置旋转角度为90，如图8-79所示。

图8-78 选择【组合对象】命令 图8-79 旋转矩形组

09 在右上角的第一个方格之中绘制一个【宽度】和【高度】为45px的正方形，设置【轮廓宽度】为无，【填充颜色】为白色。在工具箱中选择【透明度工具】，在属性栏中单击【均匀透明度】按钮，并设置【透明度】为50，如图8-80所示。

10 按照上述方式，分别在三排四列以及四排二列绘制两个【透明度】为50的矩形，如图8-81所示。

11 选择【文本工具】字，输入文本，设置【字体】为华文细黑，【字体大小】为3pt，选中【将文本更改为垂直方向】，【颜色填充】为白色，选择【矩形工具】□绘制【宽度】为60px，【高度】为100px的矩形，设置【颜色填充】为白色。选择【文本工具】字，输入“星期五”，设置【字体】为方正综艺简体，【字体大小】为3.5pt，【颜色填充】为橘红色。选择【矩形工具】□，绘制【宽度】为50px【高度】为1px，【颜色填充】为橘红的矩形。选择【文本工具】字，设置【字体】为Script MT Bold，【颜色填充】为橘红色，分别输入“12”和“Mar”，设置“12”的【字体大小】为3.5，“Mar”【字体大小】为4.5，如图8-82所示。

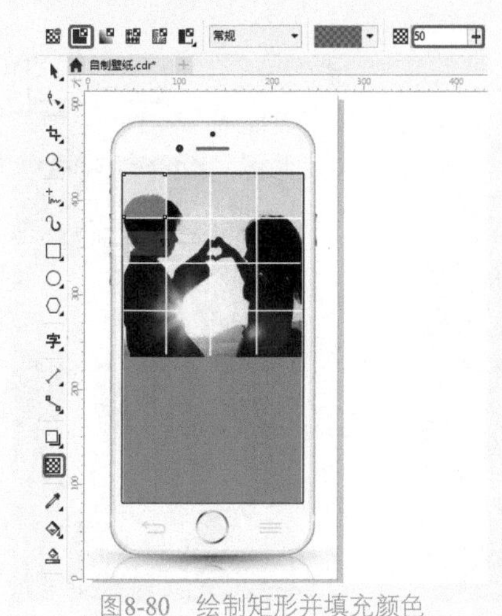

图8-80 绘制矩形并填充颜色

图8-81 绘制矩形

图8-82 最终效果

实例操作002——制作音乐海报

下面讲解如何制作音乐海报，效果如图8-83所示。

图8-83 音乐海报

01 按Ctrl+N组合键，在弹出的【创建新文档】对话框中，将【名称】设置为“音乐节海报"，将【宽度】设置为1334px，【高度】设置为2000px，如图8-84所示。

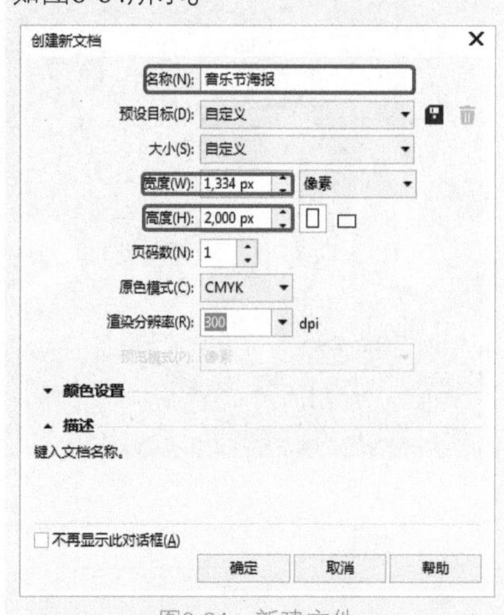

图8-84 新建文件

02 按Ctrl+I组合键，打开素材|Cha08|【背景文件.jpg】素材文件。

03 使用【椭圆形工具】，在如图8-85所示位置新建一个【宽度】和【高度】均为380px的圆，【填充颜色】为黑色，设置【轮廓边线】为无。

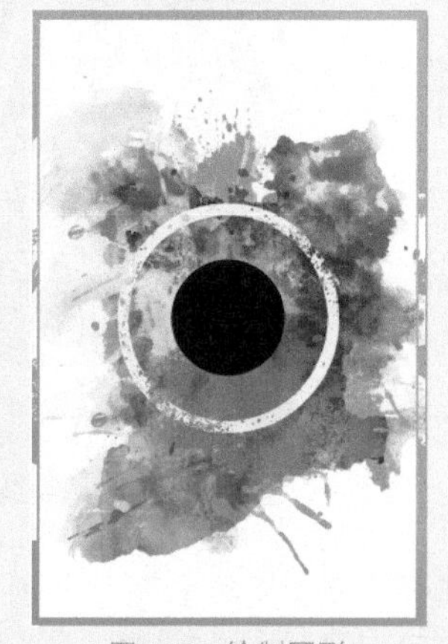

图8-85 绘制圆形

04 选择【文本工具】字，设置【字体】为Chiller，【字体大小】为36pt，在如图8-86所示位置输入“Music”。

05 选择【矩形工具】，绘制【宽度】为100，【高度】为2的矩形，如图8-87所示。

图8-86 输入文字

图8-87 绘制矩形

06 选择【文本工具】字，分别在相应位置输入音符以及主办方信息，如图8-88、图8-89所示。

07 选择【椭圆形工具】○，在字母M的右上角绘制一个【宽度】和【高度】均为38px的圆，【填充颜色】为黄色，并将【轮廓边线】设置为无，如图8-90所示。

08 选择【透明度工具】，为黄色的圆形添加透明度效果，在工具属性栏中单击【渐变透明度】按钮以及【椭圆形渐变透明度】按钮，制作一个发光效果，如图8-91所示。

图8-88 输入音符

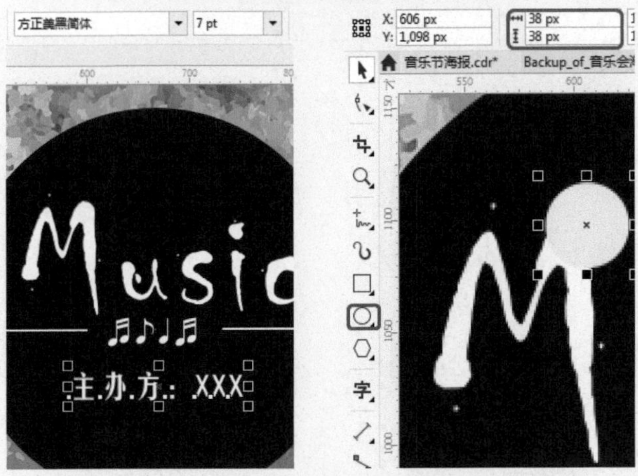

图8-89 输入文字 图8-90 绘制圆形

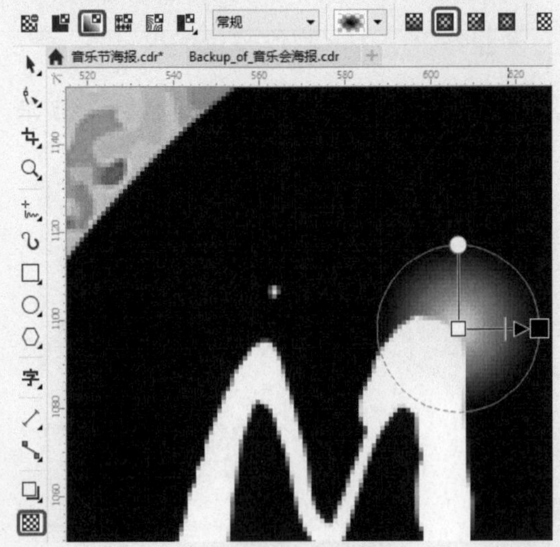

图8-91 添加透明度效果

09 复制并粘贴上一步制作的发光效果，并调整位置，选择【椭圆形工具】◯，绘制一个正圆，如图8-92所示。

图8-92 绘制圆

10 复制并粘贴上一步制作的正圆，选择复制出来的正圆，并按住Shift键，以圆心为基准点放大正圆。调整后使用【选择工具】选中两个正圆。单击鼠标右键，在弹出的快捷菜单中选择【合并】命令，如图8-93所示。

图8-93 复制圆并合并

11 合并后，设置【填充颜色】为白色，并将【轮廓边线】设置为无，选择【透明度工具】为白色的空心圆添加【均匀透明度】，并将【透明度】设置为50，如图8-94所示。

图8-94 填充并添加透镜

12 在左上角使用【矩形工具】□，绘制一个【宽度】为400，【高度】为200，【轮廓边线】为2的矩形，如图8-95所示。

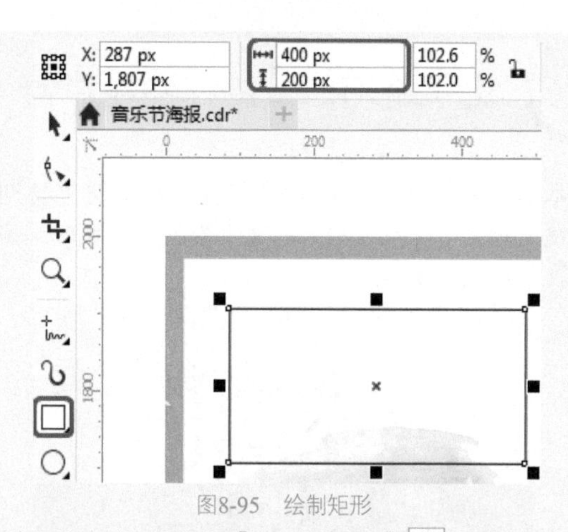

图8-95 绘制矩形

13 在矩形之中，使用【文本工具】字，输入“音乐节”，并设置【字体】为汉仪大黑简，【字体大小】为16pt，输入“Music Festival”，并设置【字体】为Vladimir Script，【字体大小】为12pt，如图8-96所示。

图8-96 添加文字

14 在海报的右上角，使用【文本工具】字，分别输入“2019”“09/”“21-22”“SAT”“SUN”。在海报的右下角，使用【文本工具】字，分别输入“International”“Music Festival”“Fashionable”“2019”，其中英文文字的【字体】为Embassy BT，效果如图8-97所示。

图8-97 最终效果

8.6 上机练习——制作购物广告

本例将介绍如何制作购物广告，本案例主要同导入素材及输入文字以及为输入的文字添加立体化效果来体现的，效果如图8-98所示。

图8-98 购物广告

01 按Ctrl+N组合键，在弹出的【创建新文档】对话框中将【宽度】和【高度】分别设置为238和179，如图8-99所示。

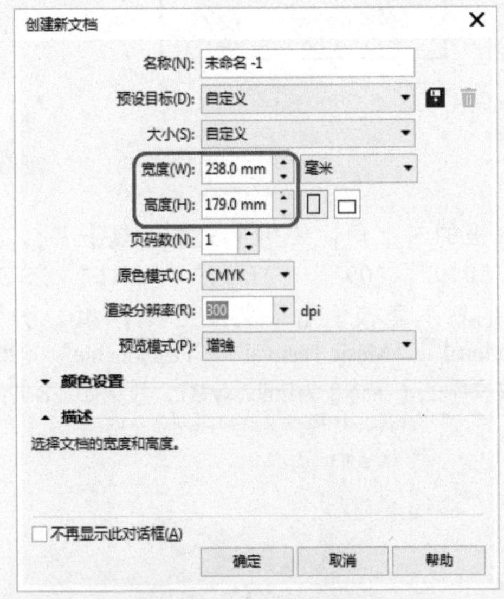

图8-99 新建文档

02 设置完成后，单击【确定】按钮，按Ctrl+I组合键，在弹出的【导入】对话框中选择素材|Cha08|【背景.jpg】素材文件，如图8-100所示。

03 单击【导入】按钮，在工作区中指定该素材的位置，效果如图8-101所示。

04 在工具箱中双击【矩形工具】□，即可绘制一个与工作区大小相同的矩形，将其调整至最顶层，如图8-102所示。

05 使用【选择工具】选中导入的素材文件，右击鼠标，在弹出的快捷菜单中选择【PowerClip内部】命令，如图8-103所示。

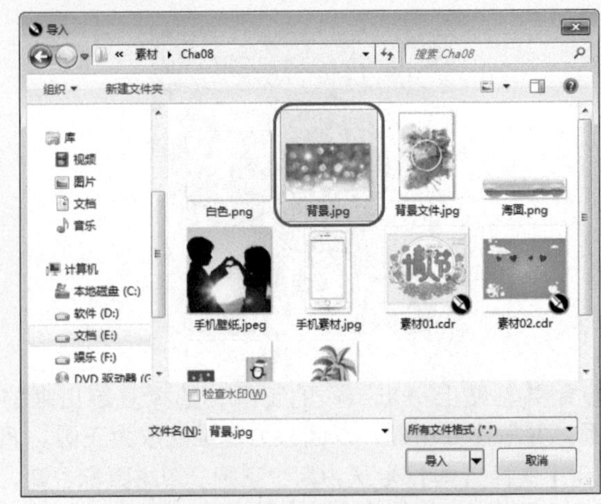

图8-100 选择素材文件

图8-101 导入素材文件

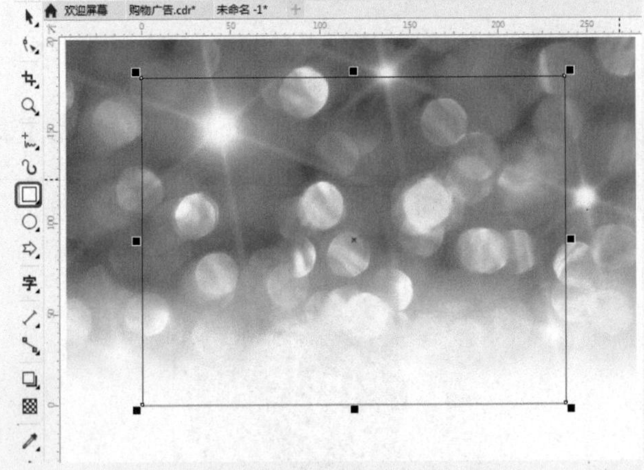

图8-102 绘制矩形

06 执行该操作后，在矩形上单击鼠标，将选中的对象置入到该图形中，并在默认调色板中右键单击☒按钮，取消轮廓色，效果如图8-104所示。

07 在工具箱中选择【椭圆形工具】○，在工作区中按住Ctrl键绘制一个【宽度】和【高度】为38的正圆，如图8-105所示。

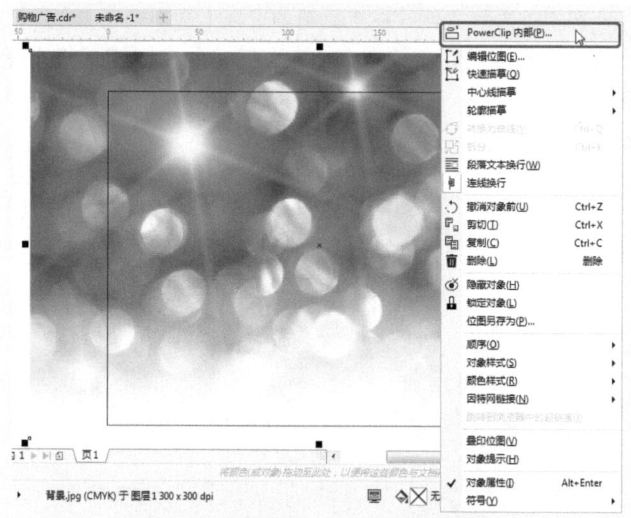

图8-103　选择【PowerClip内部】命令

图8-104　图框裁剪后的效果

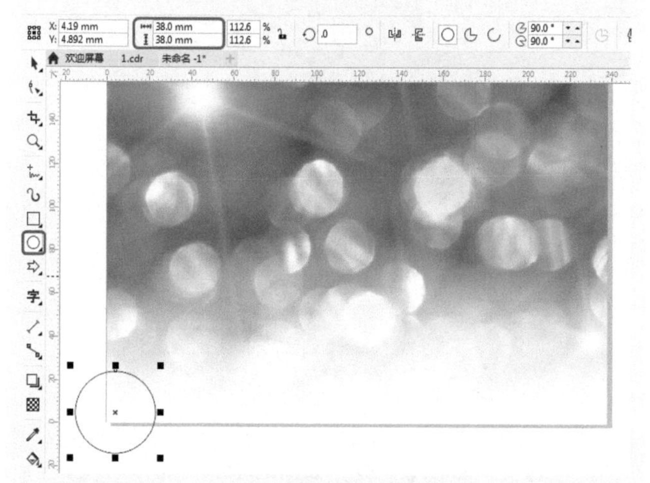

图8-105　绘制正圆

08 选中该圆形，按Shift+F11组合键，在弹出的【编辑填充】对话框中将CMYK值设置为100、20、0、0，如图8-106所示。

09 设置完成后，单击【确定】按钮，在默认调色板中右键单击⊠按钮，取消轮廓色。在工具箱中选择【透明度工具】▩，在工具属性栏中单击【均匀透明度】按钮■，将【透明度】设置为50，如图8-107所示。

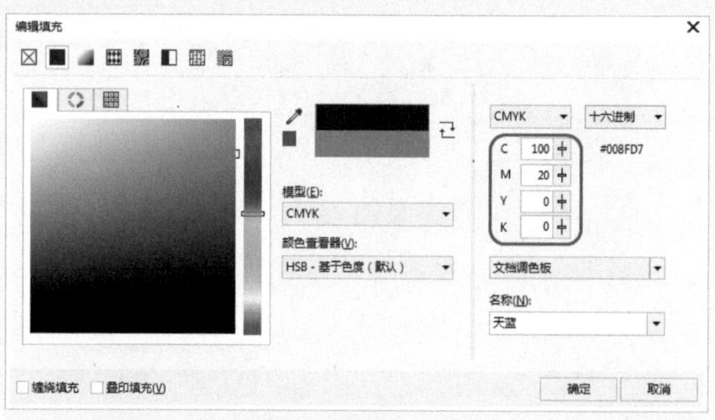

图8-106　设置填充颜色

图8-107　添加透明度效果

10 使用同样的方法绘制其他圆形，并对其进行相应的设置，效果如图8-108所示。

> 提示
>
> 读者可以对前面所绘制的圆形进行复制，并更改其颜色及位置即可。

图8-108　绘制其他图形

11 选中所有的圆形，右击鼠标，在弹出的快捷菜单中选择【PowerClip内部】命令，如图8-109所示。

12 执行该操作后，在背景图像上单击鼠标，对选中的图形进行图框裁剪，效果如图8-110所示。

图8-109　选择【PowerClip内部】命令

图8-110　裁剪后的效果

13 根据前面所介绍的方法将【白色.png】素材文件添加至文档中，并调整其位置，如图8-111所示。

图8-111　导入素材文件

14 根据前面所介绍的方法将【海面.png】素材文件添加至文档中，调整其位置，如图8-112所示。

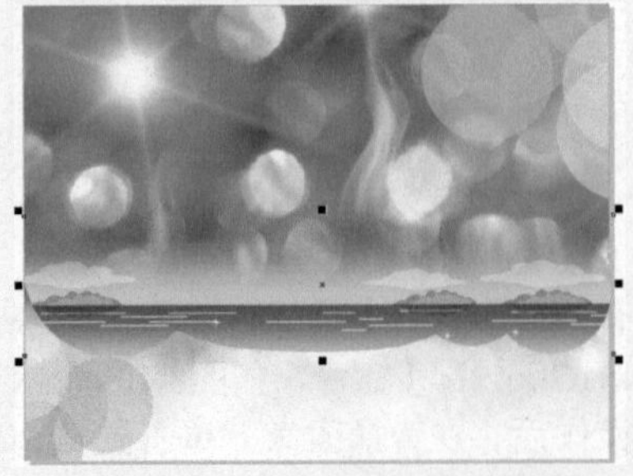

图8-112　导入【海面.png】素材文件

15 选中该素材文件，在工具箱中选择【透明度工具】，在工具属性栏中单击【渐变透明度】按钮，将【旋转】设置为90，在工作区中调整节点的位置，如图8-113所示。

图8-113　添加透明度效果

16 在工具箱中选择【文本工具】字，在工作区中单击鼠标，输入文字。选中输入的文字，在【文本属性】泊坞窗中将【字体】设置为汉仪菱心体简，将【字体大小】设置为118，在【段落】选项组中将【字符间距】设置为-3，如图8-114所示。

图8-114　输入文字并进行设置

17 选中创建的文字，右击鼠标，在弹出的快捷菜单中选择【转换为曲线】命令，如图8-115所示。

18 执行该操作后，即可将选中的文字转换为曲线，在工具箱中选择【形状工具】，在工作区中调整该文字的形状，效果如图8-116所示。

> 提示　除此之外，还可以按Ctrl+Q组合键执行【转换为曲线】命令。

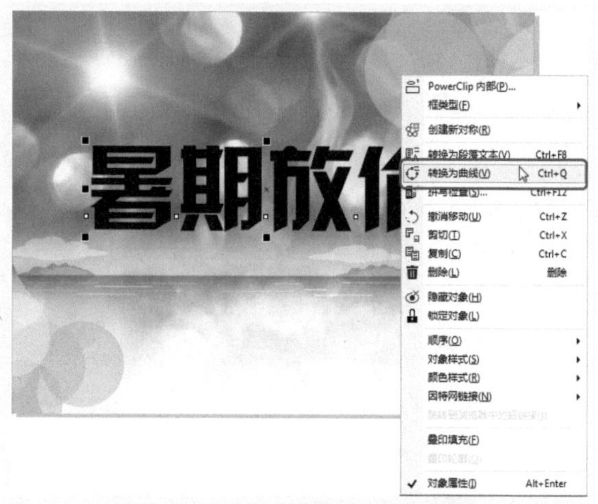

图8-115　选择【转换为曲线】命令

图8-116　调整文字形状后的效果

19 选中调整后的图形，按Shift+F11组合键，在弹出的【编辑填充】对话框中将CMYK值设置为0、0、100、0，如图8-117所示。

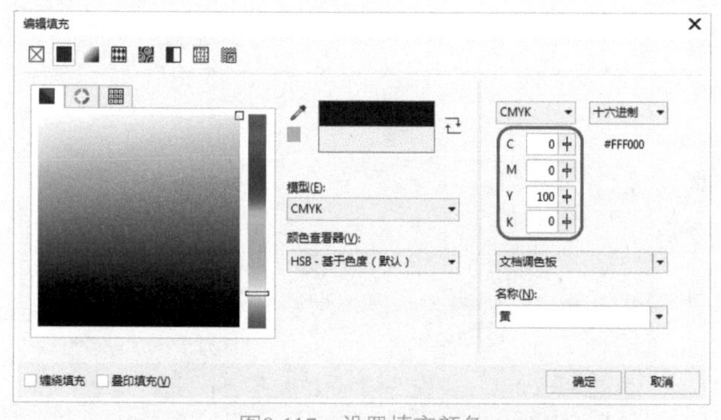

图8-117　设置填充颜色

20 设置完成后，单击【确定】按钮。按F12键，在弹出的【轮廓笔】对话框中将【宽度】设置为3mm，将【颜色】的CMYK值设置为99、81、0、0，单击【圆角】按钮，勾选【填充之后】、【随对象缩放】复选框，如图8-118所示。

提示　【填充之后】复选框是控制轮廓是否在对象内进行填充，如果取消勾选该复选框，轮廓则在对象内进行填充。

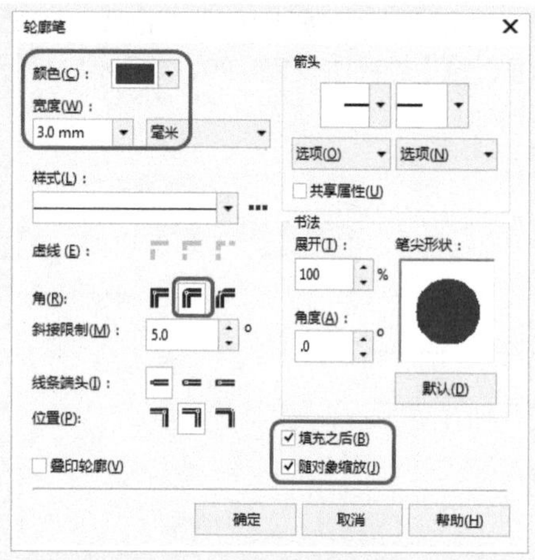

图8-118　设置轮廓笔

21 设置完成后，单击【确定】按钮，填充颜色并设置轮廓笔后的效果如图8-119所示。

图8-119　设置后的效果

22 在工具箱中选择【文本工具】，在工作区中单击鼠标，输入文字。选中输入的文字，在【文本属性】泊坞窗中将【字体】设置为方正超粗黑简体，将【字体大小】设置为73，在【段落】选项组中将【字符间距】设置为80，如图8-120所示。

图8-120　输入文字并进行设置

23 选中输入的文字，按F11键，在弹出的【编辑填充】对话框中将左侧节点的CMYK值设置为40、0、0、0，

将右侧节点的CMYK值设置为0、0、0、0，勾选【缠绕填充】复选框，将【旋转】设置为90，如图8-121所示。

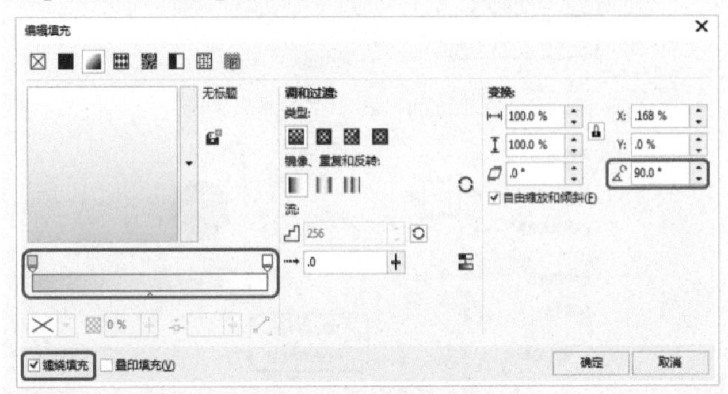

图8-121 设置渐变填充

24 设置完成后，单击【确定】按钮。按F12键，在弹出的【轮廓笔】对话框中将【宽度】设置为3mm，将【颜色】的CMYK值设置为99、81、0、0，单击【圆角】按钮，勾选【填充之后】、【随对象缩放】复选框，如图8-122所示。

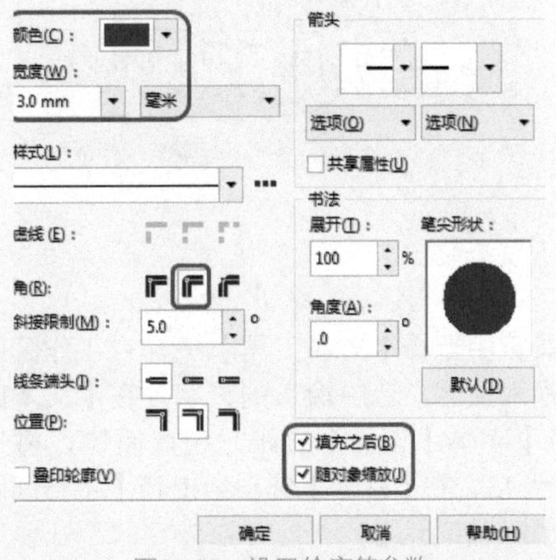

图8-122 设置轮廓笔参数

25 设置完成后，单击【确定】按钮，在工具属性栏中将该对象的【宽度】设置为129，设置完成后的效果如图8-123所示。

26 在工具箱中选择【文本工具】字，在工作区中单击鼠标，输入文字。选中输入的文字，在【文本属性】泊坞窗中将【字体】设置为方正超粗黑简体，将【字体大小】设置为48，在【段落】选项组中将【字符间距】设置为60，如图8-124所示。

27 选中输入的文字，在工具属性栏中将【宽度】设置为101，如图8-125所示。

28 按Ctrl+K组合键，将选中的文字进行拆分。选中拆分后的“S”，按Shift+F11组合键，在弹出的【编辑填充】对话框中将CMYK值设置为0、100、0、0，勾选【缠绕填充】复选框，如图8-126所示。

图8-123 设置完成后的效果

图8-124 输入文字并进行设置

图8-125 设置对象宽度

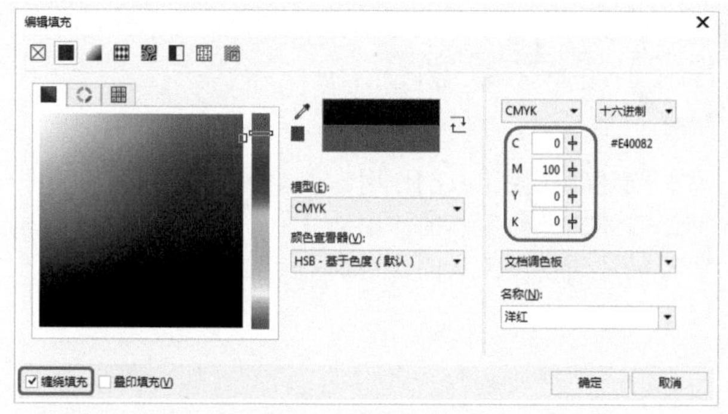

图8-126　设置填充颜色

29 设置完成后，单击【确定】按钮。按F12键，在弹出的【轮廓笔】对话框中将【宽度】设置为3mm，将【颜色】的CMYK值设置为99、81、0、0，单击【圆角】按钮，勾选【填充之后】、【随对象缩放】复选框，如图8-127所示。

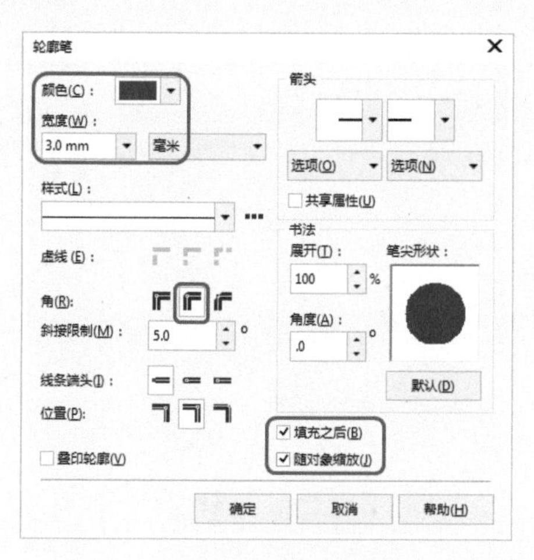

图8-127　设置轮廓笔

30 设置完成后，单击【确定】按钮，使用同样的方法设置其他拆分后的文字，如图8-128所示。

图8-128　设置其他文字后的效果

31 选中所有的文字对象，右击鼠标，在弹出的快捷菜单中选择【组合对象】命令，如图8-129所示。

32 在工具箱中选择【立体化工具】，在工作区中拖动鼠标添加立体化效果，在工具属性栏中将X和Y分别设置为106和111，将灭点坐标分别设置为11.4和-2.2，将【深度】设置为50，单击【立体化颜色】按钮，在弹出的面板中单击【使用纯色】按钮，将立体化颜色的CMYK值设置为99、81、0、0，如图8-130所示。

图8-129　选择【组合对象】命令

图8-130　添加立体化效果

33 根据前面所介绍的方法输入其他文字，并对其进行相应的设置，效果如图8-131所示。

图8-131　输入其他文字并进行设置后的效果

34 根据前面所介绍的方法制作其他对象，并导入其他素材文件，调整排放顺序，效果如图8-132所示。

图8-132 制作其他对象后的效果

8.7 思考与练习

1. 简述轮廓图工具的作用。
2. 简述立体化工具的作用。
3. 简述透明度工具的作用。

第9章 位图的编辑处理与转换

在CorelDRAW中的【位图】菜单中提供了很多与位图图像相关的功能，本章主要介绍通过【位图】菜单转换和编辑位图的方法，其中包括将矢量图转换为位图、调整位图色彩模式和扩充位图边框等。

9.1 转换为位图

使用【转换为位图】命令可以将矢量图转换为位图，从而可以在位图中应用不能用于矢量图的特殊效果。转换位图时可以选择位图的颜色模式，颜色模式用于决定构成位图的颜色数量和种类，因此文件的大小也会受到影响，如图9-1所示为转换为位图的效果。

01 按Ctrl+N组合键新建一个【宽度】为600mm、【高度】为800mm的空白文档，如图9-2所示。

图9-1 转换为位图

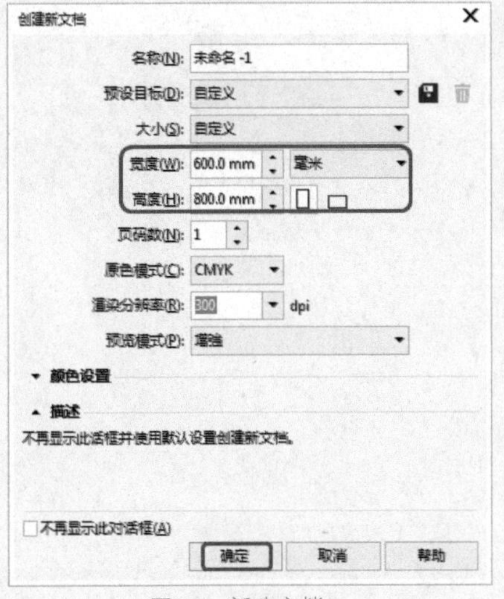

图9-2 新建文档

02 在菜单栏中选择【文件】|【导入】命令，在弹出的【导入】对话框中选择素材|Cha09|【海边.ai】素材文件，如图9-3所示。

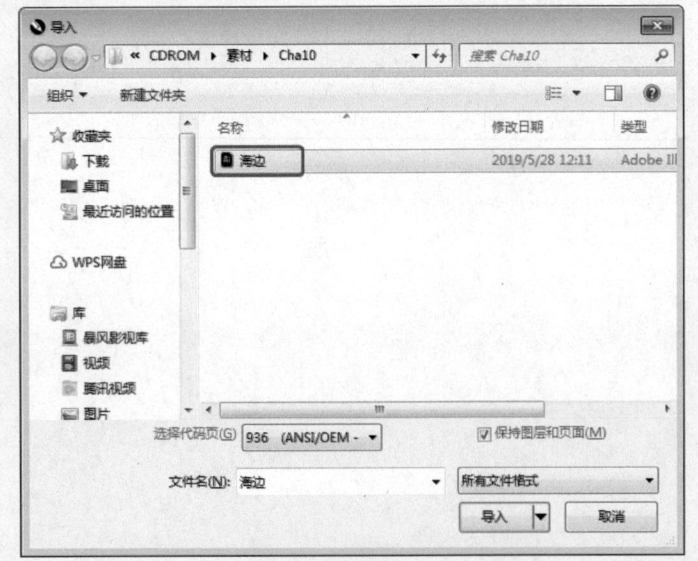

图9-3 选择素材文件

03 单击【导入】按钮，在工作区中指定文件的位置，效果如图9-4所示。

图9-4 导入素材文件

04 选中所有的素材文件，在菜单栏中选择【位图】|【转换为位图】命令，如图9-5所示。

图9-5 选择【转换为位图】命令

05 弹出【转换为位图】对话框，用户可以在对话框的【分辨率】下拉列表框中设置位图的分辨率，以及在【颜色模式】下拉列表框中选择合适的颜色模式，在这里使用默认设置即可，如图9-6所示。

06 设置完成后，单击【确定】按钮，再在工作区中选中该对象，即可发现选中的对象以一个整体的形式显示，效果如图9-7所示。

图9-6　【转换为位图】对话框

图9-7　转换为位图后的效果

9.2 自动调整

使用【自动调整】命令可以自动调整位图的颜色和对比度，从而使位图的色彩更加真实自然，具体的操作步骤如下。

01 新建一个空白文档，按Ctrl+I组合键，弹出【导入】对话框，选择素材|Cha09|001.jpg素材文件，如图9-8所示。

图9-8　导入的素材文件

02 确定导入的素材文件处于选择状态，在菜单栏中选择【位图】|【自动调整】命令，如图9-9所示。

图9-9　选择【自动调整】命令

03 执行该命令后，即可完成图像的调整，调整后的效果如图9-10所示。

图9-10　自动调整后的效果

9.3 图像调整实验室

虽然使用【自动调整】命令的工作效率高，但是无法对调整时的参数进行控制，调整后图像也未必能达到令用户满意的特定效果。因此为了更好地控制调整效果，可以选择使用【图像调整实验室】命令来对图像的颜色、亮度、对比度等属性进行调整。

使用【图像调整实验室】命令调整图像的操作步骤如下。

01 新建一个空白文档，按Ctrl+I组合键，弹出【导入】对话框，选择素材|Cha09|002.jpg素材文件，如图9-11所示。

图9-11　导入的素材文件

02 确定导入的素材文件处于选择状态，在菜单栏中选择【位图】|【图像调整实验室】命令，如图9-12所示。

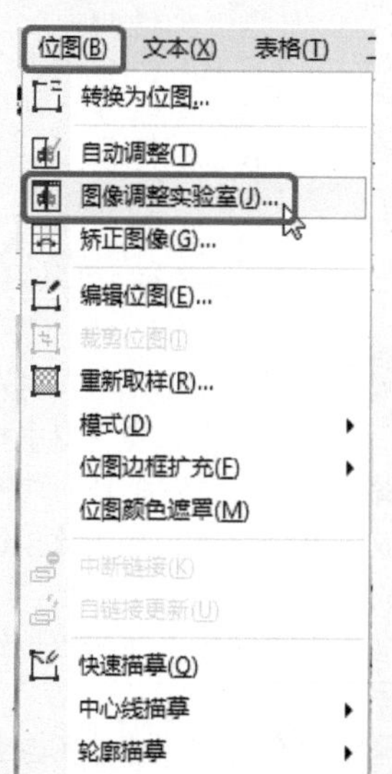

图9-12　选择【图像调整实验室】命令

03 弹出【图像调整实验室】对话框，在该对话框中将【温度】、【淡色】、【饱和度】、【亮度】、【对比度】分别设置为3900、-26、22、15、-8，如图9-13所示。

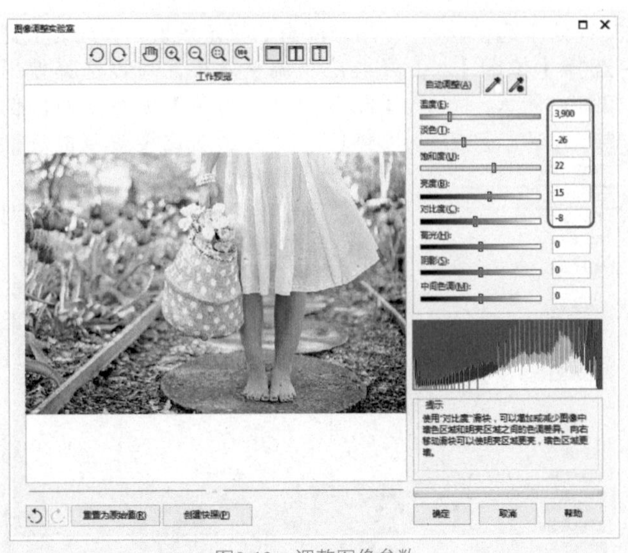

图9-13　调整图像参数

04 设置完成后，单击【确定】按钮，调整图像后的效果如图9-14所示。

【图像调整实验室】对话框中各选项的功能介绍如下。

- 【逆时针旋转图像90度】按钮：单击该按钮可以使图像逆时针旋转90°。
- 【顺时针旋转图像90度】按钮：单击该按钮可以使图像顺时针旋转90°。

图9-14　调整后的效果

- 【平移工具】：单击该按钮可以使鼠标指针变成手形，从而可以在预览窗口中按住鼠标左键移动对象，以查看图像中无法完整显示的部分。
- 【放大】按钮：单击该按钮后，在预览窗口中单击即可放大图像。
- 【缩小】按钮：单击该按钮后，在预览窗口中单击即可缩小图像。
- 【显示适合窗口大小的图像】按钮：单击该按钮后，可以缩放图像，使其刚好适合预览窗口的大小。
- 【以正常尺寸显示图像】按钮：单击该按钮可以将图像恢复正常尺寸。
- 【全屏预览】按钮：单击该按钮可以在预览窗口中以全屏方式预览对象。
- 【全屏预览之前和之后】按钮：单击该按钮可以在预览窗口中预览调整前后的图像。
- 【拆分预览之前和之后】按钮：单击该按钮可以在预览窗口中以拆分的方式预览调整前后的图像。
- 【自动调整】按钮：单击该按钮可以自动调整图像的亮度和对比度。
- 【选择白点】按钮：依据选择的白点自动调整图像的对比度。可以用该按钮使过暗的图像变亮。
- 【选择黑点】按钮：依据选择的黑点自动调整图像的对比度。可以用该按钮使过亮的图像变暗。
- 【温度】：使用该滑块可以调整图像的色温。通过色温的调节可以提高图像中的暖色调或冷色调，使图像具有温暖或者寒冷的感觉。
- 【淡色】：调整该滑块可以使图像的颜色偏向绿色或品红色，一般在使用【温度】滑块调节色温后，再使用该滑块进行微调。
- 【饱和度】：使用该滑块可以调节图像的饱和度，从而使图像显得鲜明或者灰暗。
- 【亮度】：使用该滑块可以调节图像的整体明暗度，如果要调整特定区域的明暗度，可以使用【高光】、【阴影】或【中间色调】滑块。
- 【对比度】：使用该滑块可以调整图像的对比度，从而增加或减少图像中暗色区域和明亮区域之间的色调差异。
- 【高光】：使用该滑块可以调整图像中最亮区域的亮度。
- 【阴影】：使用该滑块可以调整图像中最暗区域的亮度。
- 【中间色调】：使用该滑块可以调整图像内中间范围色调的亮度。
- 【撤销上一步操作】按钮：单击该按钮可以撤销最后一步的调整操作。
- 【重做最后撤销的操作】按钮：单击该按钮可以重做最后撤销的操作。
- 【重置为原始值】按钮：单击该按钮可以将调整后的图像重置为调整前的原始值。

实例操作001——矫正图像

使用【矫正图像】命令可以快速矫正位图图像。矫正以某个角度获取或扫描的相片时，该功能非常有用。矫正图像效果如图9-15所示。

01 按Ctrl+N组合键新建【宽度】为295mm、【高度】为339mm的空白文档。按Ctrl+I组合键，弹出【导入】对话框，选择素材|Cha09|003.jpg素材文件，导入素材文件后的效果如图9-16所示。

02 确定导入的素材文件处于选择状态，在菜单栏中选择【位图】|【矫正图像】命令，如图9-17所示。

图9-15　效果图

图9-16　导入的素材文件

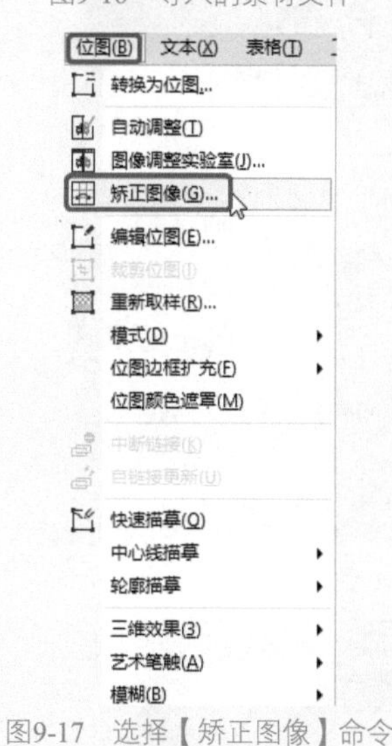

图9-17　选择【矫正图像】命令

03 在弹出的【矫正图像】对话框中将【旋转图像】设置为15°，勾选【裁剪图像】复选框，如图9-18所示。

04 设置完成后，单击【确定】按钮，即可完成矫正图像，效果如图9-19所示。

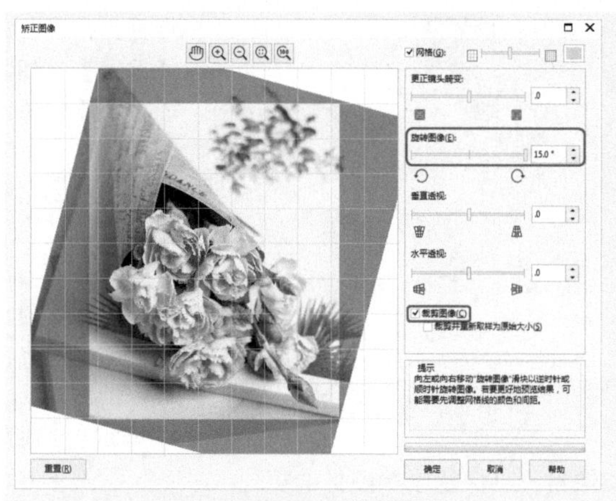

图9-18　设置旋转图像

图9-19　矫正图像后的效果

9.4 创建与编辑位图

在CorelDRAW 2018中，可对指定的位图进行导入、重新取样、裁剪或做一些细节的编辑等，也可以将矢量图转换为位图进行编辑。

9.4.1 实战：导入位图

在CorelDRAW 2018中导入位图的操作步骤如下。

01 按Ctrl+I组合键，弹出【导入】对话框，选择素材|Cha09|004.jpg素材文件，单击【导入】按钮，如图9-20所示。

图9-20　选择需要的位图文件

02 在工作区中单击或拖动鼠标，可直接将所选的位图对象导入到工作区中，如图9-21所示。

图9-21 导入后的效果

9.4.2 重新取样图像

通过重新取样，可以增加像素，以保留原始图像的更多细节。为图像执行【重新取样】命令后，调整图像大小就可以使像素的数量无论在较大区域还是较小区域均保持不变。

在菜单栏中选择【位图】|【重新取样】命令，弹出【重新取样】对话框。可以在对话框中重新设置图像的大小和分辨率，从而达到对图像重新取样的目的，如图9-22所示。设置完成后单击【确定】按钮，即可重新取样。

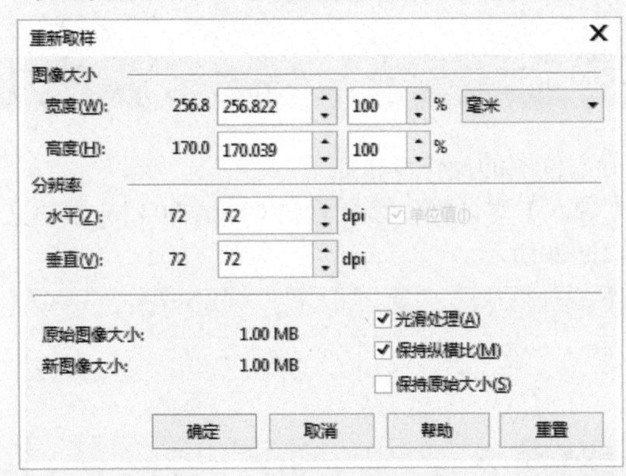

图9-22 【重新取样】对话框

下面简单介绍【重新取样】对话框中各选项的功能。

- 【图像大小】：用于对位图图像的大小进行重新设置，用户可以重新输入图像的宽度和高度值，也可以调整宽、高的百分比。如果勾选【保持纵横比】复选框，则调整图像大小时会按原有比例改变图像的宽、高。
- 【分辨率】：用于调整图像的水平或垂直方向上的分辨率。如果勾选【保持纵横比】复选框，则图像的水平和垂直分辨率保持相同。
- 【光滑处理】：勾选该复选框，可以对图像进行光滑处理，从而避免图像外观的参差不齐。
- 【保持原始大小】：勾选该复选框，可以在调整时保持图像的体积大小不变。也就是如果调高了图像大小或分辨率两项中的某一项，则另外一项的数值就会下降。原始图像和新图像的体积大小都可以在对话框的左下方查看。
- 【重置】按钮：单击该按钮，可以恢复图像的大小和分辨率为原始值。

9.4.3 裁剪位图

将位图添加到绘图后，可以对位图进行裁剪，以移除不需要的位图。要将位图裁剪成矩形，可以使用【裁剪工具】；要将位图裁剪成不规则形状，可以使用【形状工具】。

下面将分别介绍两种裁剪位图的方法。

1. 使用【裁剪工具】裁剪位图

在工具箱中选择【裁剪工具】，在位图上按住鼠标左键并进行拖动，创建一个裁剪控制框。拖动控制框上的控制点，调整裁剪控制框的大小和位置，如图9-23所示，使其框选需要保留的图像区域。然后按Enter键进行确认，即可将位于裁剪控制框外的图像裁剪掉，如图9-24所示。

图9-23 调整裁剪控制框

图9-24 裁剪后的效果

2. 使用【形状工具】裁剪位图

在工具箱中选择【形状工具】，单击位图图像，此时在图像边角出现4个控制节点，接下来用户按照自己的需求对位图进行调整即可，如图9-25所示。

图9-25 使用【形状工具】裁剪位图

9.5 轮廓描摹

轮廓描摹方式是使用无轮廓的曲线对象进行描摹，适用于描摹剪贴画、徽标和相片图像。

在工作区中选择需要描摹的位图图像，然后在菜单栏中选择【位图】|【轮廓描摹】命令，在弹出的子菜单中选择一种描摹方式，如图9-26所示。

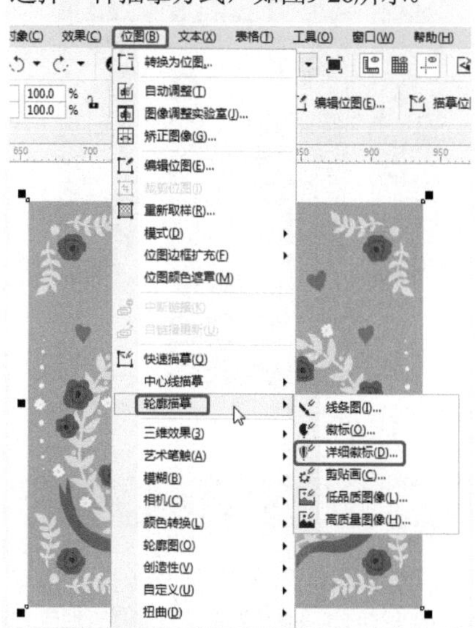

图9-26 选择【轮廓描摹】命令

选择任意一种子菜单命令后，都可以弹出PowerTRACE对话框，在该对话框中可以对描摹参数进行设置，如图9-27所示。

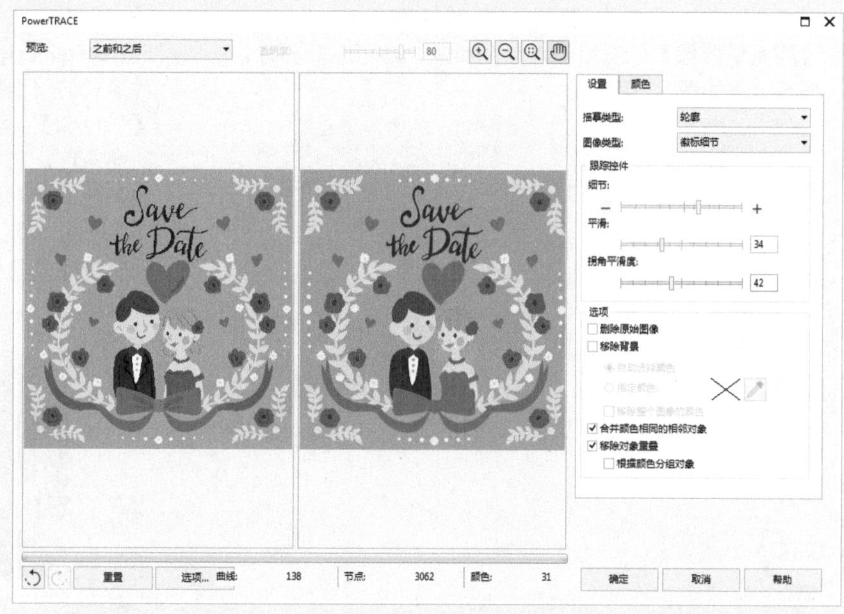

图9-27 PowerTRACE对话框

- 【线条图】：适用于描摹黑白草图和图解，描摹效果如图9-28所示。
- 【徽标】：适用于描摹细节和颜色较少的简单徽标，描摹效果如图9-29所示。

图9-28 【线条图】效果

图9-29 【徽标】效果

- 【详细徽标】：适用于描摹包含精细细节和许多颜色的徽标，描摹效果如图9-30所示。
- 【剪贴画】：适用于描摹根据细节量和颜色数而构成不同的图形，描摹效果如图9-31所示。

图9-30 【详细徽标】效果

图9-31 【剪贴画】效果

- 【低品质图像】：适用于描摹细节不足（或包括要忽略的精细细节）的相片，描摹效果如图9-32所示。
- 【高质量图像】：适用于描摹高质量、超精细的相片，描摹效果如图9-33所示。

图9-32 【低品质图像】效果

图9-33 【高质量图像】效果

9.6 模式

【模式】命令用于更改位图的色彩模式，不同的颜色模式下，色彩的表现方式和能够表现的丰富程度都不同，从而可以满足不同应用的需要。

9.6.1 黑白（1位）

【黑白（1位）】子菜单命令用于将图像转换为由黑和白两种色彩组成的黑白图像。【黑白】色彩模式是最简单的，其可以表现的色彩数量最少，因此只需用1个数据位来存储色彩信息，从而使得图像的体积也相对较小。

选择位图后，在菜单栏中选择【位图】|【模式】|【黑白（1位）】命令，弹出【转换为1位】对话框，可以在【转换方法】下拉列表框中选择所需的色彩转换方法，然后在【选项】选项组中设置转换时的强度等选项，如图9-34所示。将位图转换为黑白色彩前后的对比效果如图9-35所示。

在【转换方法】下拉列表框中提供了7种转换方法，各个转换方法的功能如下。

- 【线条图】：产生高对比度的黑白图像。灰度值低于所设阈值的颜色将变成黑色，而灰度值高于所设阈值的颜色将变成白色。
- 【顺序】：将灰度级组织到重复的黑白像素的几何图案中。纯色得到强调，图像边缘变硬。此选项最适合标准色。
- Jarvis：将Jarvis算法应用于屏幕。这种形式的错误扩散适合于摄影图像。
- Stucki：将Stucki算法应用于屏幕。这种形式的错误扩散适合于摄影图像。
- Floyd-Steinberg：将Floyd-Steinberg 算法应用于屏幕。这种形式的错误扩散适合于摄影图像。
- 【半色调】：通过改变图像中黑白像素的图案来创建不同的灰度。可以选择屏幕类型、半色调的角度、每单位线条数以及测量单位。
- 【基数分布】：应用计算并将结果分布到屏幕上，从而创建带底纹的外观。

图9-34 【转换为1位】对话框

图9-35 转换为【黑白】模式前后的效果对比

9.6.2 灰度（8位）

【灰度（8位）】子菜单命令用于将图像转换为由黑色、白色以及中间过渡的灰色组成的图像。【灰度】色彩模式用0～255的亮度值来定义颜色，因此其色彩表现能力比【黑白】色彩模式更强，而存储色彩信息所用的数据位也更多。

选择位图后，在菜单栏中选择【位图】|【模式】|【灰度（8位）】命令，即可将图像转换为【灰度】色彩模式，转换前后的对比效果如图9-36所示。

图9-36 转换为【灰度】模式前后的对比效果

9.6.3 双色调（8位）

【双色调（8位）】子菜单命令用于将图像转换为【双色调】色彩模式。【双色调】色彩模式是在【灰度】模式的基础上附加1～4种颜色，从而增强了图像的色彩表现能力。

选择位图后，在菜单栏中选择【位图】|【模式】|【双色调（8位）】命令，弹出【双色调】对话框，可以在对话框的【类型】下拉列表框中选择一种色调类型，然后在下方的色彩列表框中选择某一色调，再在右侧的网格中按住鼠标左键拖曳鼠标指针调整色调曲线，从而控制添加到图像中的色调的强度，如图9-37所示。

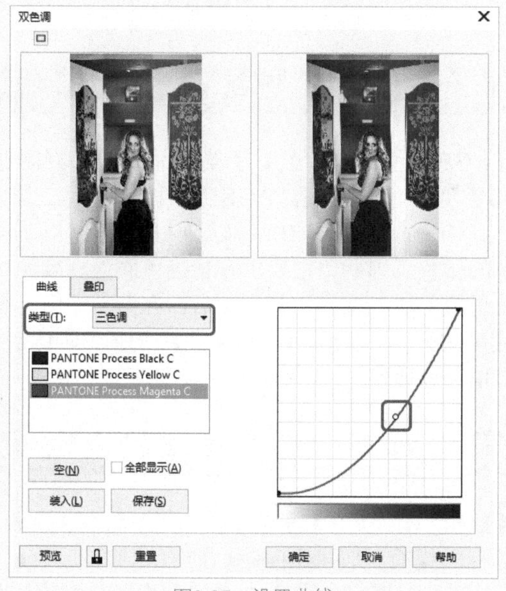

图9-37 设置曲线

除此之外，单击对话框中的【空】按钮可以将曲线恢复到默认值；单击【保存】按钮可以保存已调整的曲线；单击【装入】按钮可以导入保存的曲线。也可以切换到【叠印】选项卡，然后在【叠印】选项卡中指定打印图像时要叠印的颜色，如图9-38所示。将位图转换为【双色调】色彩模式前后的对比效果如图9-39所示。

图9-38 【叠印】选项卡

图9-39 转换为【双色调（8位）】前后的对比效果

9.6.4 调色板色（8位）

【调色板色（8位）】子菜单命令用于将图像转换为调色板类型的色彩模式。【调色板】色彩模式也称为【索引】色彩模式，其将色彩分为256种颜色值，并将这些颜色值存储在调色板中。将图像转换为调色板色彩模式时，会给每个像素分配一个固定的颜色值，因此，该颜色模式的图像在色彩逼真度较高的情况下保持了较小的文件体积，

比较适合在屏幕上使用。

选择位图后，在菜单栏中选择【位图】|【模式】|【调色板色（8位）】命令，弹出【转换至调色板色】对话框，可以在对话框中设置图像的平滑度，选择要使用的调色板，以及选择递色处理的方式和抵色强度，如图9-40所示。

图9-40 【选项】选项卡

除此之外，也可以切换到【范围的灵敏度】选项卡，然后在打开的选项卡中指定范围灵敏度颜色，如图9-41所示。或者切换到【已处理的调色板】选项卡，查看和编辑调色板，如图9-42所示。将位图转换为【调色板】色彩模式前后的对比效果如图9-43所示。

图9-41 【范围的灵敏度】选项卡

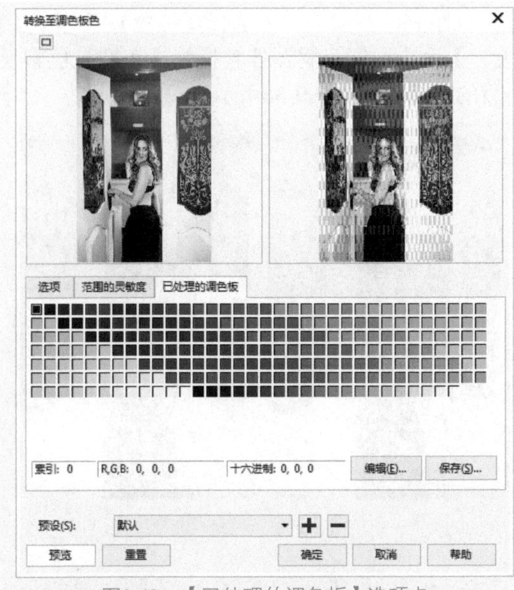

图9-42 【已处理的调色板】选项卡

图9-43 转换为【调色板】前后的对比效果

9.6.5 RGB颜色（24位）

【RGB颜色（24位）】子菜单命令用于将图像转换为RGB类型的色彩模式。RGB色彩模式使用三原色Red（红）、Green（绿）、Blue（蓝）来描述色彩，可以显示更多的颜色。因此，在要求有精确色彩逼真度的场合，都可以采用RGB模式。选择位图后，在菜单栏中选择【位图】|【模式】|【RGB颜色（24位）】命令，即可将图像转换为RGB色彩模式。

9.6.6 Lab色（24位）

【Lab色（24位）】子菜单命令用于将图像转换为Lab类型的色彩模式。Lab颜色模式使用L（亮度）、a（绿色到红色）、b（蓝色到黄色）来描述图像，是一种与设备无

关的色彩模式，无论使用何种设备创建或输出图像，这种模式都能生成一致的颜色。选择位图后，在菜单栏中选择【位图】|【模式】|【Lab色（24位）】命令，即可将图像转换为Lab色彩模式，效果如图9-44所示。

图9-44 转换为Lab色（24位）

9.6.7 CMYK色（32位）

【CMYK色（32位）】子菜单命令用于将图像转换为CMYK类型的色彩模式。CMYK色彩模式使用青色（C）、品红色（M）、黄色（Y）和黑色（K）来描述色彩，可以产生真实的黑色和范围很广的色调。因此，在商业印刷等需要精确打印的场合，图像一般采用CMYK模式。

选择位图后，在菜单栏中选择【位图】|【模式】|【CMYK色（32位）】命令，即可将图像转换为CMYK色彩模式，转换前后的对比效果如图9-45所示。

图9-45 转换为CMYK色彩模式前后的对比效果

9.7 位图边框扩充

【位图边框扩充】菜单命令用于扩充位图图像边缘的空白部分，用户可以选择自动扩充位图边框，也可以手动调节位图边框。

9.7.1 自动扩充位图边框

如果要自动扩充位图边框，可以在菜单栏中选择【位图】|【位图边框扩充】|【自动扩充位图边框】命令，再次选择该子菜单命令即可取消自动扩充边框功能。

9.7.2 实战：手动扩充位图边框

除了可以使用自动扩充外，也可以选择手动扩充位图边框。手动扩充位图边框效果如图9-46所示。

图9-46 扩充位图边框前后对比效果图

01 按Ctrl+O组合键，弹出【打开绘图】对话框，选择素材|Cha09|005.cdr素材文件，效果如图9-47所示。

图9-47 打开素材文件

02 在工作区中选择位图图像，然后在菜单栏中选择【位图】|【位图边框扩充】|【手动扩充位图边框】命令，如图9-48所示。

03 弹出【位图边框扩充】对话框，在该对话框中将【扩大方式】下的参数设置为110%，如图9-49所示。

图9-48　选择【手动扩充位图边框】命令

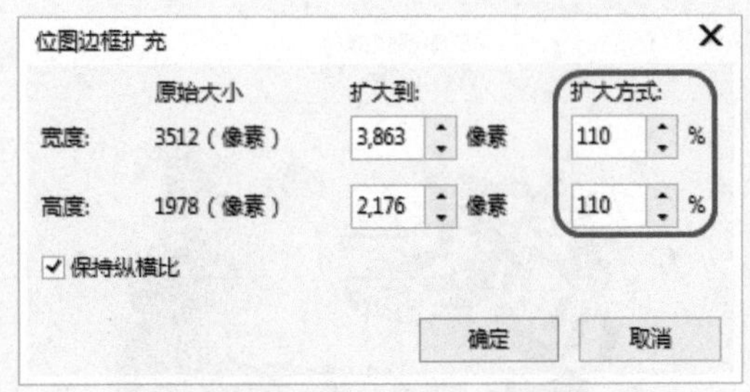

图9-49　设置位图边框填充参数

04 设置完成后单击【确定】按钮，扩充边框后的效果如图9-50所示。

图9-50　扩充边框后的效果

9.8 位图颜色遮罩

【位图颜色遮罩】命令主要用于隐藏或显示位图中特定的颜色，从而对位图的色彩进行过滤。

在菜单栏中选择【位图】|【位图颜色遮罩】命令，即可弹出【位图颜色遮罩】泊坞窗，如图9-51所示。用户可以在泊坞窗中设置要显示或隐藏的颜色，也可以保存或打开已保存的设置。

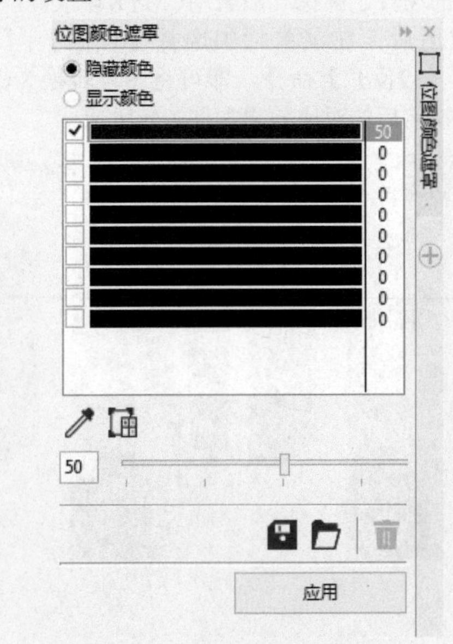

图9-51　【位图颜色遮罩】泊坞窗

提示　在【位图颜色遮罩】泊坞窗中，【容限】级越高，所选颜色周围的颜色范围越广。

实例操作002——通过【位图颜色遮罩】去除海报背景

下面通过【位图颜色遮罩】泊坞窗制作情人节海报，效果如图9-52所示。

01 按Ctrl+O组合键，弹出【打开绘图】对话框，选择素材|Cha09|006.cdr素材文件，如图9-53所示。

图9-52 效果图

图9-53 打开素材文件

02 在菜单栏中选择【位图】|【位图颜色遮罩】命令，选中【隐藏颜色】单选按钮。选择颜色列表中的第一个色块，然后单击【颜色选择】按钮，待鼠标指针变成吸管形状时单击图像中要隐藏的颜色。可以发现，颜色列表中被选择的色块变成了与图像单击部位相同的颜色。将【颜色容限】设置为50，设置完成后单击【应用】按钮，如图9-54所示。

图9-54 设置【容限】

03 弹出CorelDRAW 2018对话框，保持默认设置，单击【确定】按钮，如图9-55所示。

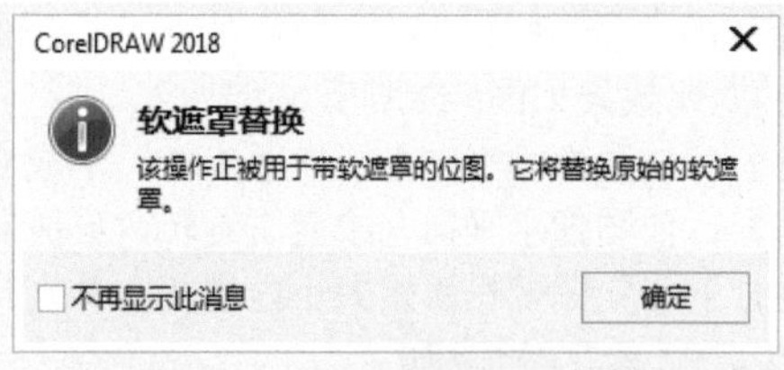

图9-55 CorelDRAW 2018对话框

04 即可将图像中被选择的颜色隐藏，效果如图9-56所示。

图9-56 隐藏颜色效果

9.9 三维效果

使用【位图】菜单中【三维效果】下的命令可以创建具有三维纵深感的效果。

9.9.1 实战：三维旋转

【三维旋转】子菜单命令用于创建三维方向上的立体旋转效果。下面简单介绍三维旋转的操作步骤。

01 新建文档，导入007.jpg素材文件，选择位图后，在菜单栏中选择【位图】|【三维效果】|【三维旋转】命令，弹出【三维旋转】对话框，在该对话框中可以对相关参数进行设置，如图9-57所示。

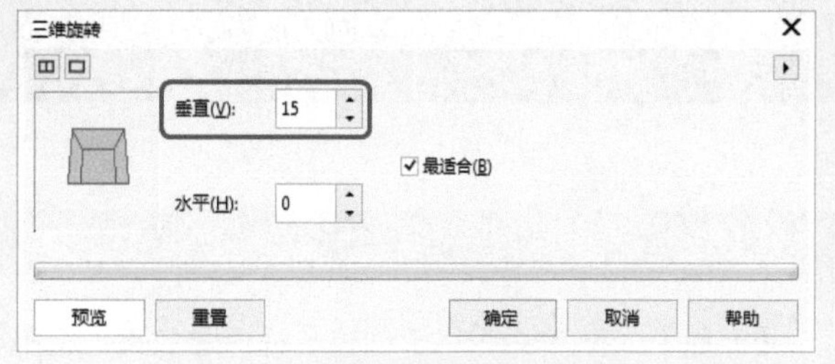

图9-57 【三维旋转】对话框

02 设置完成后，单击【确定】按钮，设置【三维旋转】前后的对比效果如图9-58所示。

- 【垂直】：使图像垂直向上或向下旋转，形成立体感。
- 【水平】：使图像水平向左或向右旋转，形成立体感。
- 【最适合】：使图像在原始大小内进行立体旋转。

图9-58 三维旋转前后的对比效果

9.9.2 柱面

【柱面】子菜单命令用于在垂直或水平方向上拉伸或压缩图像，使图像显得较长或较扁。选择位图后，在菜单栏中选择【位图】|【三维效果】|【柱面】命令，弹出【柱面】对话框，在该对话框中可以对相关参数进行设置，如图9-59所示。设置【柱面】前后的对比效果如图9-60所示。

- 【水平】：以水平方式来改变柱面的效果。
- 【垂直的】：以垂直方式来改变柱面的效果。
- 【百分比】：设置柱面的百分比。

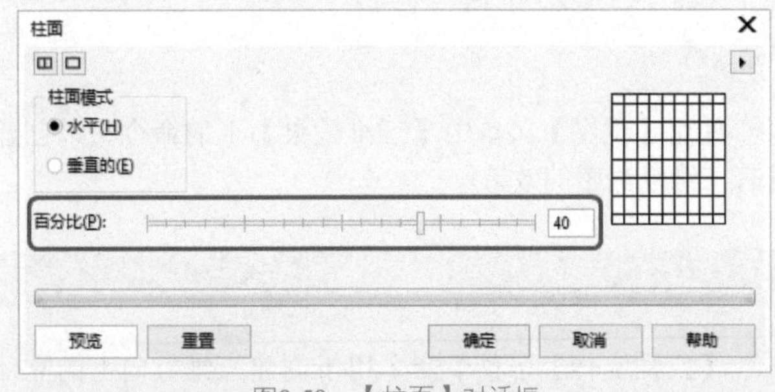

图9-59 【柱面】对话框

图9-60 添加柱面前后的对比效果

9.9.3 浮雕

【浮雕】子菜单命令用于创建各种浮雕效果。选择位图后，在菜单栏中选择【位图】|【三维效果】|【浮雕】命令，弹出【浮雕】对话框。在该对话框中可以对相关参数进行设置，如图9-61所示。设置【浮雕】前后的对比效果如图9-62所示。

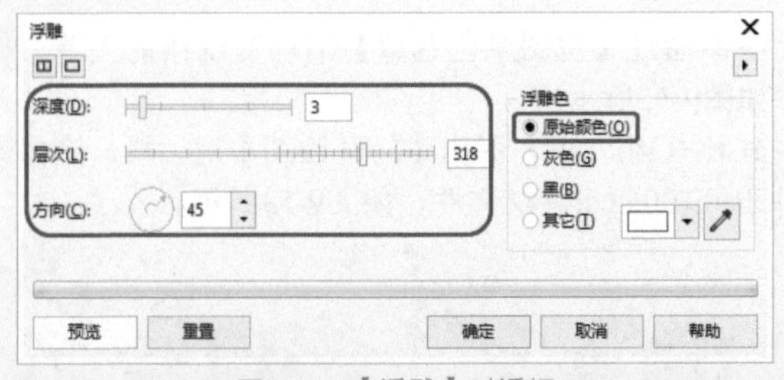

图9-61 【浮雕】对话框

图9-62 添加浮雕前后的对比效果

- 【深度】：控制浮雕效果的明显度，控制值为1～20。
- 【层次】：控制画面的层次度，层次值为1～500。层次一般和深度配合起来使用。
- 【方向】：用来控制浮雕的方向。
- 【浮雕色】：默认的有原始颜色、灰色、黑色和其它。使用【其它】选项可以自定义选择浮雕颜色。

9.9.4 实战：卷页

【卷页】子菜单命令用于创建图像的卷页效果，使得图像好像翻卷的书页一样卷曲。

01 导入007.jpg素材文件，选中该图像，在菜单栏中选择【位图】|【三维效果】|【卷页】命令，弹出【卷页】对话框。在该对话框中选择卷页方向，将【卷曲】、【背景】颜色设置为白色，将【宽度】和【高度】都设置为77，如图9-63所示。

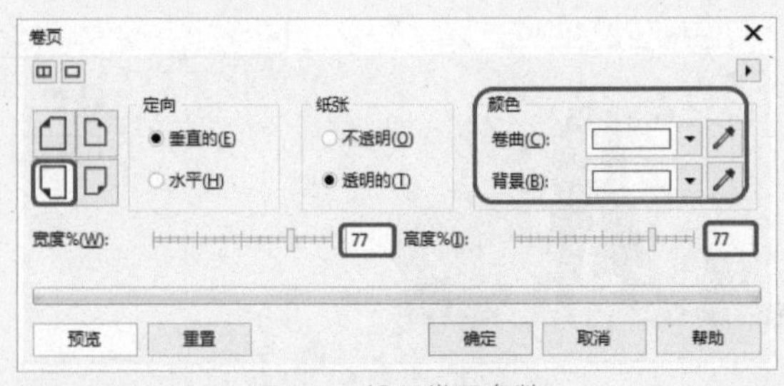

图9-63 设置卷页参数

02 设置完成后，单击【确定】按钮，即可完成卷页效果，如图9-64所示。

【卷页】对话框中各个选项的功能如下。

- 【卷页角】：可以给图像的左上角、右上角、左下角和右下角分别添加卷页效果。
- 【定向】：设置卷页的方向为水平卷页还是垂直卷页。
- 【纸张】：选择纸张为透明或不透明。
- 【颜色】：设置卷页的颜色和背景颜色。一般背景默认为白色，这样可以很明显地看到卷上去的效果，当然也可以设置为其他颜色。
- 【宽度】：设置卷页的宽度，设置比例为1%～100%。
- 【高度】：设置卷页的高度，设置比例为1%～100%。

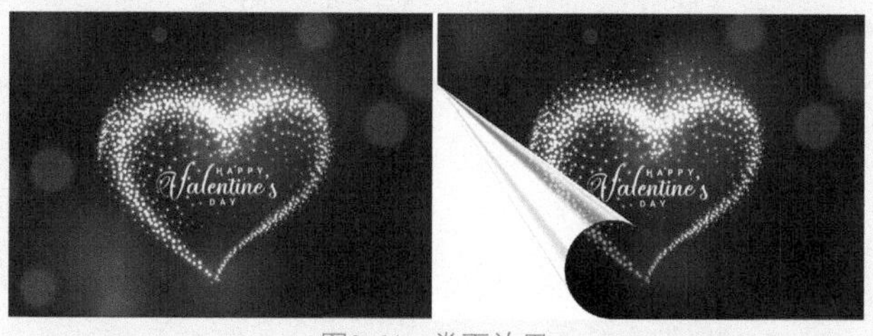

图9-64　卷页效果

9.9.5　挤远/挤近

【挤远/挤近】子菜单命令用于在图像上的某一点产生挤压效果，可以向外挤压（挤近），也可以向内挤压（挤远）。选择位图后，在菜单栏中选择【位图】|【三维效果】|【挤远/挤近】命令，弹出【挤远/挤近】对话框，在该对话框中可以对相关参数进行设置，如图9-65所示。设置【挤远/挤近】前后的对比效果如图9-66所示。

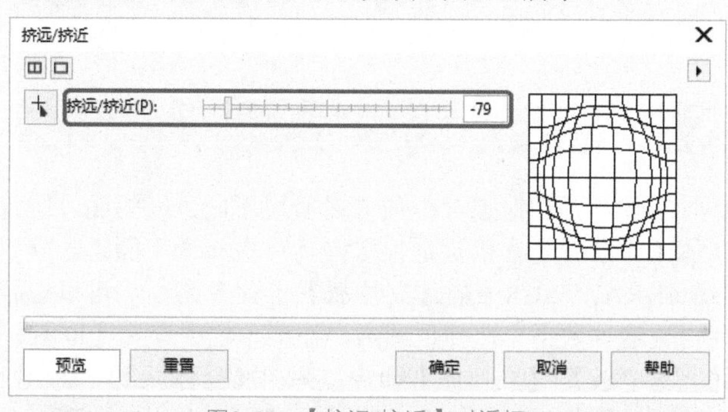

图9-65　【挤远/挤近】对话框

图9-66　设置【挤远/挤近】前后的对比效果

9.9.6　球面

【球面】子菜单命令用于在图像上的某一点产生球面凹陷或凸出的效果，类似于通过球面透镜观察图像的效果。选择位图后，在菜单栏中选择【位图】|【三维效果】|【球面】命令，弹出【球面】对话框，在该对话框中可以对相关参数进行设置，如图9-67所示。设置【球面】前后的对比效果如图9-68所示。

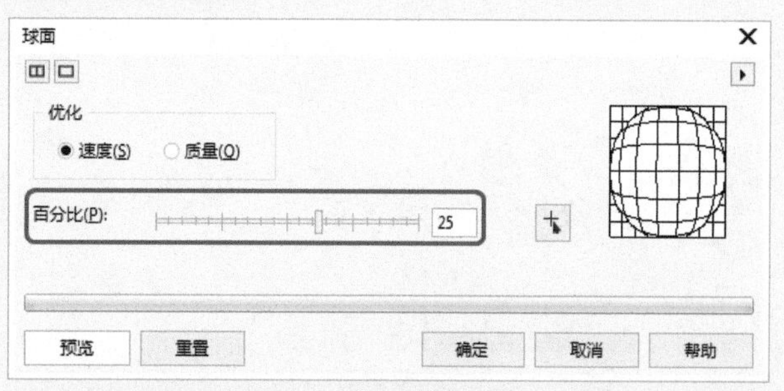

图9-67　【球面】对话框

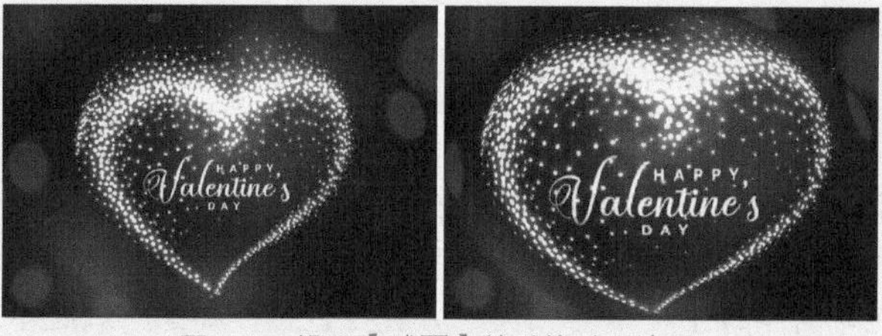

图9-68　设置【球面】前后的对比效果

【球面】对话框中各选项的功能如下。

- 【优化】：该选项组中的【速度】和【质量】选项用于控制图像品质。【速度】品质较差，【质量】品质较好，但渲染速度比较慢。
- 【百分比】：设置凹凸效果。

9.10　艺术笔触

使用【位图】菜单中【艺术笔触】下的命令可以快速地将图像效果模拟为传统绘画效果。

9.10.1　炭笔画

【炭笔画】子菜单命令用来模拟传统的炭笔画效果，执行该命令，可以把图像转换为传统的炭笔黑白画效果。选择位图后，在菜单栏中选择【位图】|【艺术笔触】|【炭笔画】命令，弹出【炭笔画】对话框，在该对话框中可以对相关参数进行设置，如图9-69所示。设置【炭笔画】前后的对比效果如图9-70所示。

- 【大小】：设置画笔的笔尖大小。
- 【边缘】：设置炭笔画的边缘绘画效果。

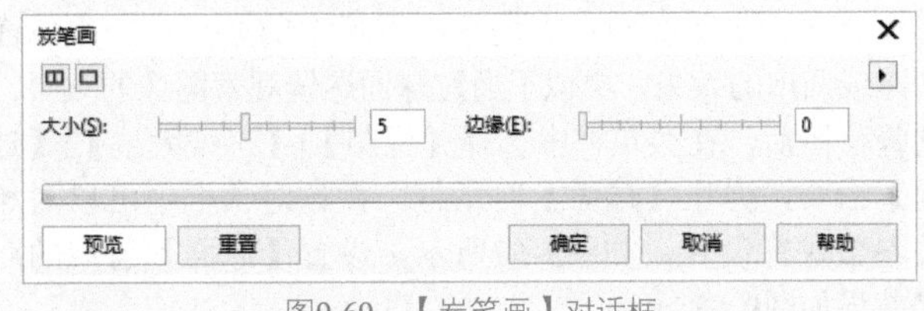

图9-69 【炭笔画】对话框

图9-70 设置【炭笔画】前后的对比效果

9.10.2 单色蜡笔画

【单色蜡笔画】子菜单命令用于模拟传统的单色蜡笔画效果。选择位图后，在菜单栏中选择【位图】|【艺术笔触】|【单色蜡笔画】命令，弹出【单色蜡笔画】对话框，在该对话框中可以对相关参数进行设置，如图9-71所示。设置【单色蜡笔画】前后的对比效果如图9-72所示。

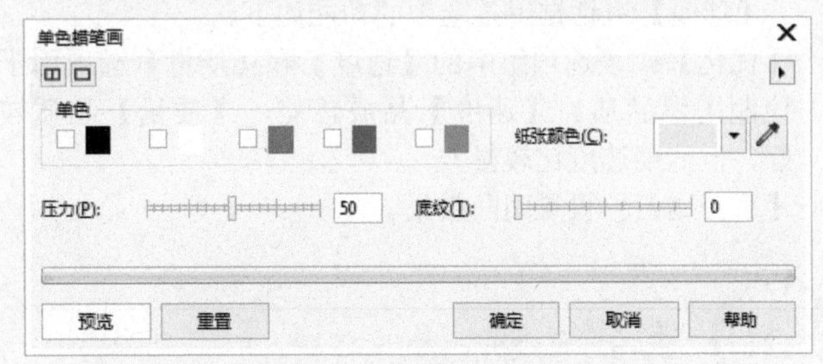

图9-71 【单色蜡笔画】对话框

图9-72 设置【单色蜡笔画】前后的对比效果

- 【单色】：用来设置蜡笔的颜色。
- 【纸张颜色】：设置传统纸张的颜色。
- 【压力】：调整蜡笔的深刻效果，压力越小，效果越柔和，反之则效果越明显。
- 【底纹】：控制图像的纹理。

9.10.3 蜡笔画

【蜡笔画】子菜单命令用来模拟传统蜡笔画的效果。选择位图后，在菜单栏中选择【位图】|【艺术笔触】|【蜡笔画】命令，弹出【蜡笔画】对话框，在该对话框中可以对相关参数进行设置，如图9-73所示。设置【蜡笔画】前后的对比效果如图9-74所示。

- 【大小】：控制蜡笔笔尖的大小。
- 【轮廓】：控制蜡笔效果的层次度，轮廓越大，层次越明显。

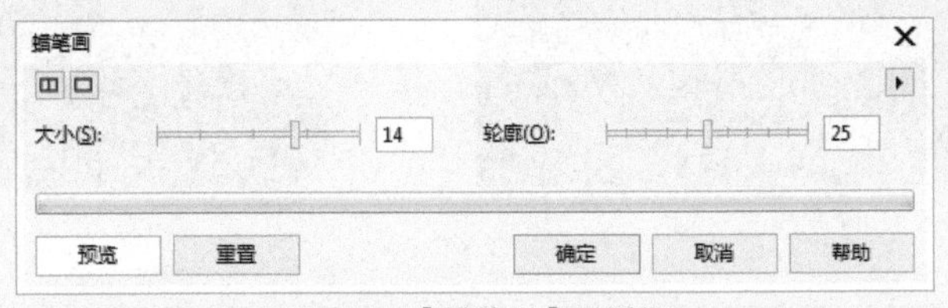

图9-73 【蜡笔画】对话框

图9-74 设置【蜡笔画】前后的对比效果

9.10.4 立体派

立体派是把对象分割成许多呈现不同角度的面，因此立体派作品看起来像是把很多碎片放在一个平面上。使用CorelDRAW 2018中的【立体派】子菜单命令，可以很好地再现这种效果。选择位图后，在菜单栏中选择【位图】|【艺术笔触】|【立体派】命令，弹出【立体派】对话框，在该对话框中可以对相关参数进行设置，如图9-75所示。设置【立体派】前后的对比效果如图9-76所示。

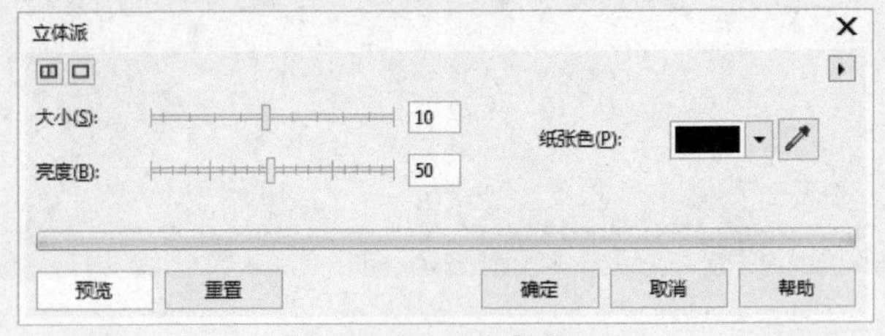

图9-75 【立体派】对话框

- 【大小】：控制画笔的大小。
- 【亮度】：控制画面的亮度。
- 【纸张色】：用于设置传统绘画纸张的颜色。

图9-76　设置【立体派】前后的对比效果

9.10.5　印象派

印象派也叫印象主义，是19世纪60～90年代在法国兴起的画派。印象派绘画用点取代了传统绘画中简单的线与面，从而可以表现出传统绘画所无法表现的对光的描绘。具体地说，当从近处观察印象派绘画作品时，我们看到的是许多不同的色彩凌乱的点，但是当我们从远处观察它们时，这些点就会像七色光一样汇聚在一起，达到意想不到的效果。使用CorelDRAW 2018中的【印象派】子菜单命令，可以很好地再现和模拟这种效果。

选择位图后，在菜单栏中选择【位图】|【艺术笔触】|【印象派】命令，弹出【印象派】对话框，在该对话框中可以对相关参数进行设置，如图9-77所示。设置【印象派】前后的对比效果如图9-78所示。

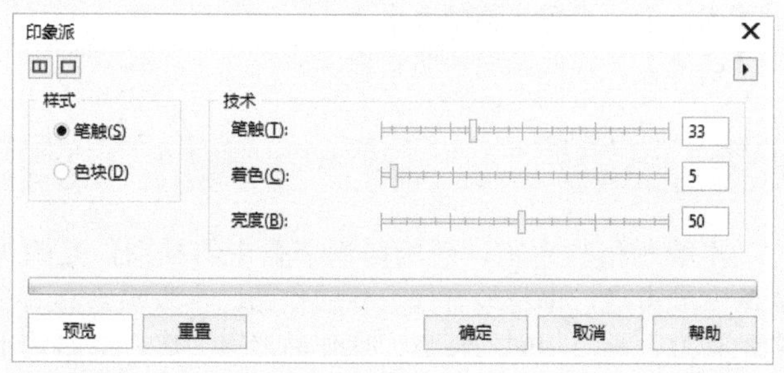

图9-77　【印象派】对话框

图9-78　设置【印象派】前后的对比效果

- 【样式】：即再现的两种样式，一种是笔触再现，另一种是色块再现。
- 【技术】：包含【笔触】、【着色】和【亮度】3个选项。【笔触】用来控制笔触的力度和大小；【着色】控制画面的染色度；【亮度】控制画面的明暗度。

9.10.6　调色刀

调色刀，又称画刀，由富有弹性的薄钢片制成，有尖状、圆状之分，用于在调色板上调匀颜料，不少画家也以刀代笔，直接用刀作画形成颜料层面、肌理，增加表现力。

选择位图后，在菜单栏中选择【位图】|【艺术笔触】|【调色刀】命令，弹出【调色刀】对话框，在该对话框中可以对相关参数进行设置，如图9-79所示。设置【调色刀】前后的对比效果如图9-80所示。

- 【刀片尺寸】：控制刀片的大小。数值越小，用调色刀表现的画面越细腻；数值越大，表现的画面颜色就越粗糙。
- 【柔软边缘】：控制图像的边缘效果。
- 【角度】：设置调色刀的角度。

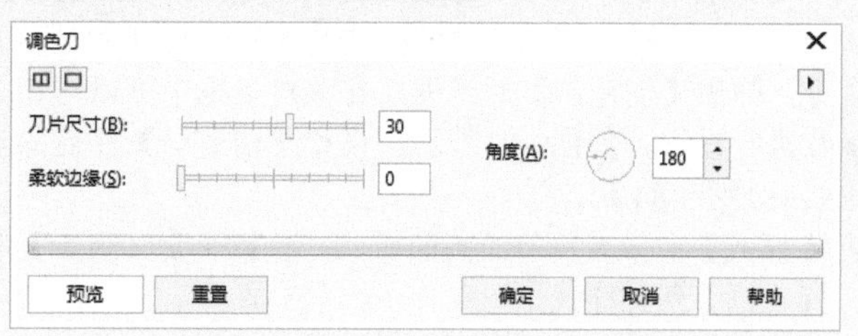

图9-79　【调色刀】对话框

图9-80　设置【调色刀】前后的对比效果

9.10.7　彩色蜡笔画

【彩色蜡笔画】子菜单命令用来模拟传统的彩色蜡笔画效果。选择位图后，在菜单栏中选择【位图】|【艺术笔触】|【彩色蜡笔画】命令，弹出【彩色蜡笔画】对话框，在该对话框中可以对相关参数进行设置，如图9-81所示。设置【彩色蜡笔画】前后的对比效果如图9-82所示。

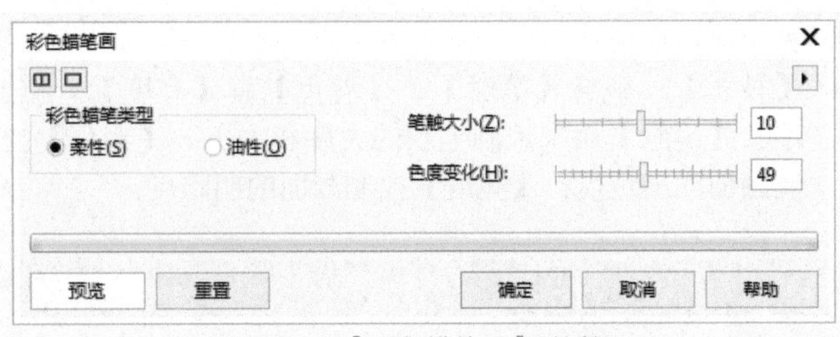

图9-81 【彩色蜡笔画】对话框

图9-82 设置【彩色蜡笔画】前后的对比效果

9.10.8 钢笔画

【钢笔画】子菜单命令用来模拟钢笔画效果。选择位图后，在菜单栏中选择【位图】|【艺术笔触】|【钢笔画】命令，弹出【钢笔画】对话框，在该对话框中可以对相关参数进行设置，如图9-83所示。设置【钢笔画】前后的对比效果如图9-84所示。

- 【样式】：设置钢笔绘画的样式，包括【交叉阴影】和【点画】两种样式。
- 【密度】：控制画面中钢笔画的密度。
- 【墨水】：控制钢笔绘画时的墨水使用量。

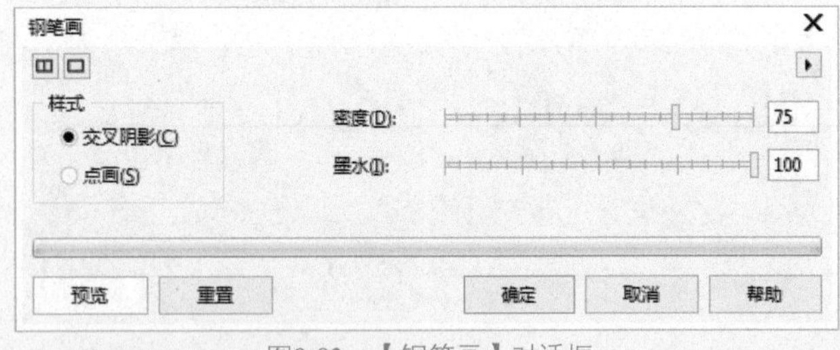

图9-83 【钢笔画】对话框

图9-84 设置【钢笔画】前后的对比效果

9.10.9 点彩派

点彩派的特点是画面上只有带色彩的斑点。在绘画时将对象分析成细碎的色彩斑块，用画笔一点一点地画在画布上。

这些绘制的斑斑点点，通过视觉作用达到自然结合，形成各种物像。

选择位图后，在菜单栏中选择【位图】|【艺术笔触】|【点彩派】命令，弹出【点彩派】对话框，在该对话框中可以对相关参数进行设置，如图9-85所示。设置【点彩派】前后的对比效果如图9-86所示。

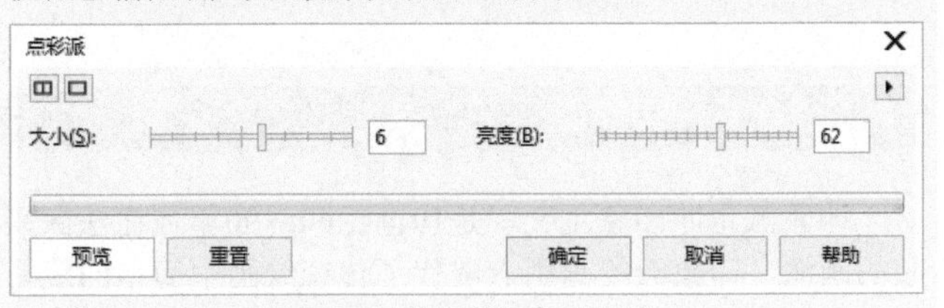

图9-85 【点彩派】对话框

图9-86 设置【点彩派】前后的对比效果

- 【大小】：设置点画的大小。
- 【亮度】：控制画面的明暗程度。

9.10.10 木版画

木版画俗称木刻，雕版印刷书籍中的插图，是版画家族中最古老，也是最有代表性的作品。木版画具有刀法刚劲有力、黑白相间的特点，使作品极有力度。通过使用CorelDRAW 2018中的【木版画】子菜单命令，可以很好地模拟这一效果。

选择位图后，在菜单栏中选择【位图】|【艺术笔触】【木版画】命令，弹出【木版画】对话框，在该对话框中可以对相关参数进行设置，如图9-87所示。设置【木版画】前后的对比效果如图9-88所示。

- 【刮痕至】：设置木板的颜色，包含【颜色】和【白色】两个选项，【颜色】即当前应用图像的颜色。
- 【密度】：控制木版画面的密度。
- 【大小】：设置木板刀刻的大小。

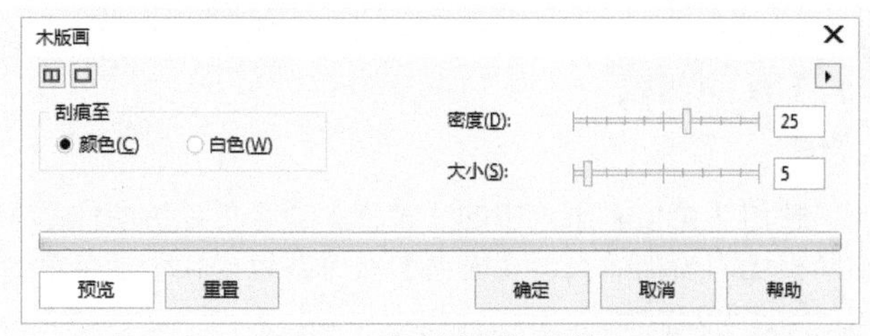

图9-87 【木版画】对话框

图9-88 设置【木版画】前后的对比效果

9.10.11 素描

【素描】子菜单命令用来模拟传统的纸上素描效果。选择位图后，在菜单栏中选择【位图】|【艺术笔触】|【素描】命令，弹出【素描】对话框，在该对话框中可以对相关参数进行设置，如图9-89所示。设置【素描】前后的对比效果如图9-90所示。

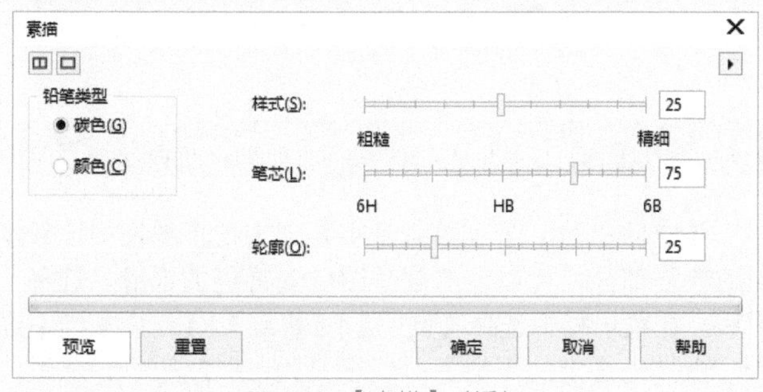

图9-89 【素描】对话框

图9-90 设置【素描】前后的对比效果

- 【铅笔类型】：包括【碳色】和【颜色】两种。【颜色】即当前默认的图像颜色。
- 【样式】：控制画面的粗糙和精细程度。
- 【笔芯】：通过笔芯选项，可以找到最适合的铅笔类型。
- 【轮廓】：设置图像轮廓的深浅。数值越大，轮廓越清晰。

9.10.12 水彩画

水彩画具有灵活自然、滋润流畅、淋漓痛快、韵味无尽的特点。使用CorelDRAW 2018中的【水彩画】子菜单命令，可以很好地模拟这一效果。

选择位图后，在菜单栏中选择【位图】|【艺术笔触】|【水彩画】命令，弹出【水彩画】对话框，在该对话框中可以对相关参数进行设置，如图9-91所示。设置【水彩画】前后的对比效果如图9-92所示。

- 【画刷大小】：控制水彩画笔的笔刷大小。
- 【粒状】：控制水彩的浓淡程度。
- 【水量】：控制颜料中的水分。
- 【出血】：控制水彩的渗透力度。
- 【亮度】：控制画面的明暗。

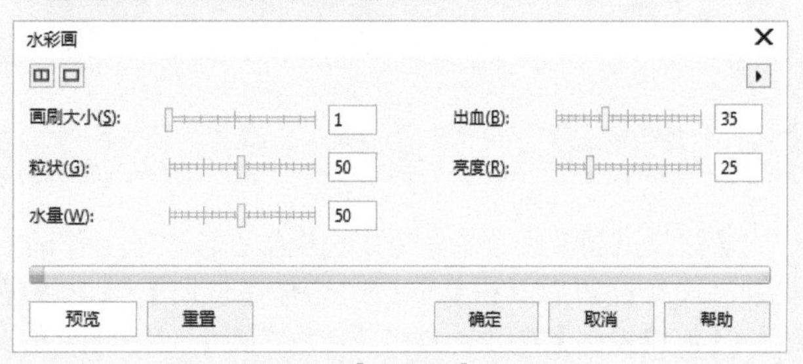

图9-91 【水彩画】对话框

图9-92 设置【水彩画】前后的对比效果

9.10.13 水印画

【水印画】子菜单命令用来模拟水印画艺术笔触效果。选择位图后，在菜单栏中选择【位图】|【艺术笔触】|【水印画】命令，会弹出【水印画】对话框，在该对话框中可以对相关参数进行设置，如图9-93所示。设置【水印画】前后的对比效果如图9-94所示。

- 【变化】：选择颜色在水中的变化方式，包含【默认】、【顺序】和【随机】3个选项。
- 【大小】：决定颜料晕开的大小程度，值越大，晕开的

颜色范围就越大。

- 【颜色变化】：控制画面的颜色变化。

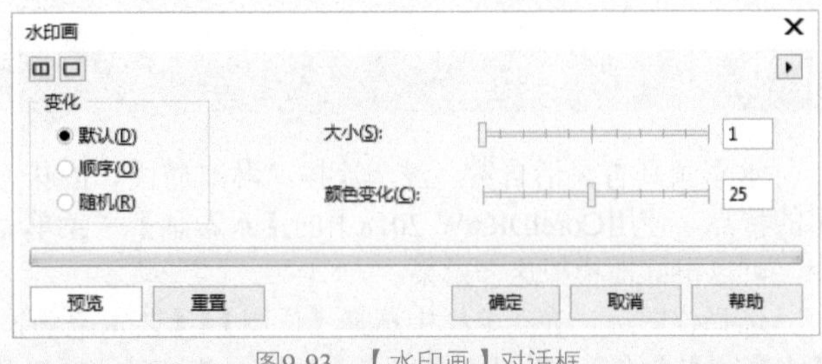

图9-93 【水印画】对话框

图9-94 设置【水印画】前后的对比效果

9.10.14 波纹纸画

【波纹纸画】子菜单命令用来模拟在波纹纸上作画的效果。选择位图后，在菜单栏中选择【位图】|【艺术笔触】|【波纹纸画】命令，弹出【波纹纸画】对话框，在该对话框中可以对相关参数进行设置，如图9-95所示。设置【波纹纸画】前后的对比效果如图9-96所示。

- 【笔刷颜色模式】：设置波纹纸画的颜色，包含【颜色】和【黑白】两种模式。
- 【笔刷压力】：控制笔刷的压力程度。

图9-95 【波纹纸画】对话框

图9-96 设置【波纹纸画】前后的对比效果

9.11 模糊

使用【位图】菜单中的【模糊】命令可以给图像添加不同程度的模糊效果。【模糊】命令共包含10个子菜单命令，如图9-97所示。

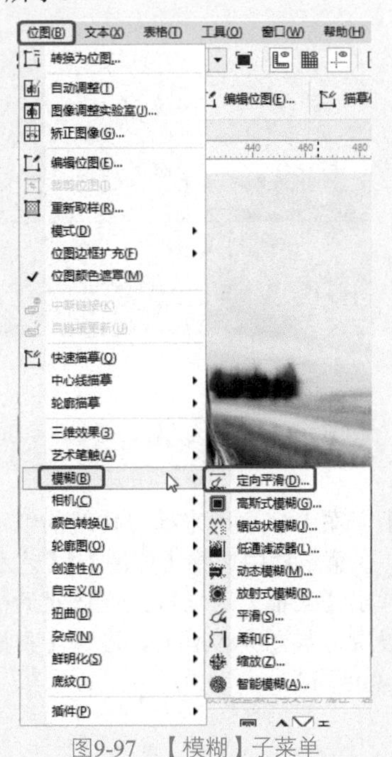

图9-97 【模糊】子菜单

9.11.1 定向平滑

【定向平滑】子菜单命令主要用来校正图像中比较细微的缺陷部分，可以使这部分图像变得更加平滑。选择位图后，在菜单栏中选择【位图】|【模糊】|【定向平滑】命令，会弹出【定向平滑】对话框，如图9-98所示。通过拖动【百分比】滑块可以调节图像的平滑程度。

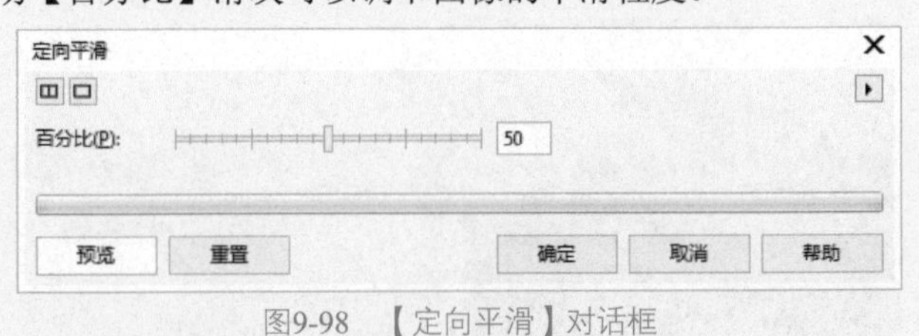

图9-98 【定向平滑】对话框

9.11.2 高斯式模糊

【高斯式模糊】子菜单命令是【模糊】命令中使用最频繁的一个命令，高斯式模糊是建立在高斯函数基础上

的一个模糊计算方法。选择位图后，在菜单栏中选择【位图】|【模糊】|【高斯式模糊】命令，会弹出【高斯式模糊】对话框，如图9-99所示，通过设置其中的【半径】选项，可以控制高斯式模糊的模糊效果。设置【高斯式模糊】前后的对比效果如图9-100所示。

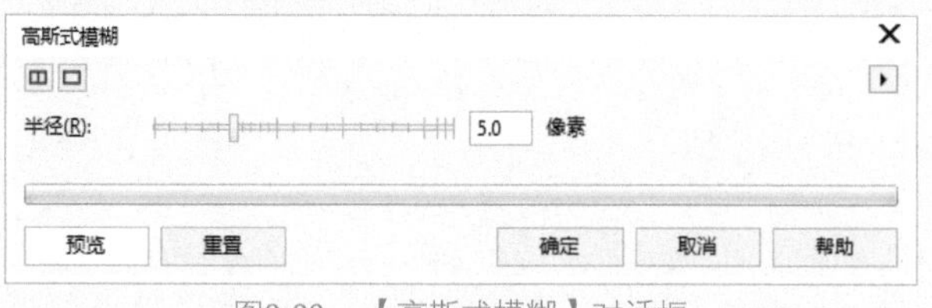

图9-99　【高斯式模糊】对话框

图9-100　设置【高斯式模糊】前后的对比效果

9.11.3　锯齿状模糊

【锯齿状模糊】子菜单命令主要用来校正边缘参差不齐的图像，属于细微的模糊调节。选择位图后，在菜单栏中选择【位图】|【模糊】|【锯齿状模糊】命令，弹出【锯齿状模糊】对话框，如图9-101所示，通过调节其中的【宽度】和【高度】值来控制图像效果。设置【锯齿状模糊】前后的对比效果如图9-102所示。

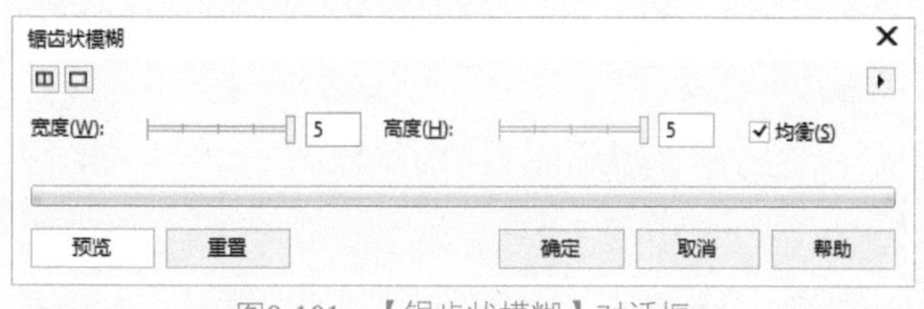

图9-101　【锯齿状模糊】对话框

图9-102　设置【锯齿状模糊】前后的对比效果

9.11.4　低通滤波器

【低通滤波器】子菜单命令用于对图像进行低通滤波模糊处理。选择位图后，在菜单栏中选择【位图】|【模糊】|【低通滤波器】命令，弹出【低通滤波器】对话框，如图9-103所示，拖动其中的【百分比】滑块可以调节模糊的程度，拖动【半径】滑块可以调节模糊处理的半径。设置【低通滤波器】前后的对比效果如图9-104所示。

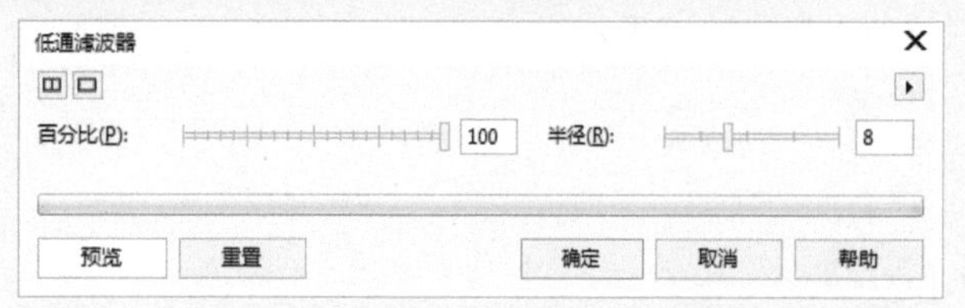

图9-103　【低通滤波器】对话框

图9-104　设置【低通滤波器】前后的对比效果

9.11.5　动态模糊

使用【动态模糊】子菜单命令可以使图像产生动感模糊的效果。选择位图后，在菜单栏中选择【位图】|【模糊】|【动态模糊】命令，弹出【动态模糊】对话框，如图9-105所示，设置其中的【间距】可以控制动感力度，设置【方向】可以控制动感的方向。设置【动态模糊】前后的对比效果如图9-106所示。

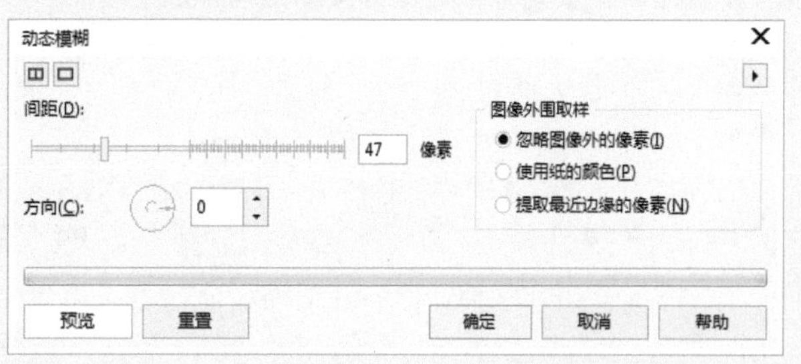

图9-105　【动态模糊】对话框

图9-106　设置【动态模糊】前后的对比效果

9.11.6　放射式模糊

使用【放射式模糊】子菜单命令可以给图像添加一种

自中心向周围呈旋涡状的放射模糊状态。选择位图后，在菜单栏中选择【位图】|【模糊】|【放射式模糊】命令，弹出【放射状模糊】对话框，如图9-107所示，通过设置其中的【数量】来控制放射力度，设置【放射式模糊】前后的对比效果如图9-108所示。

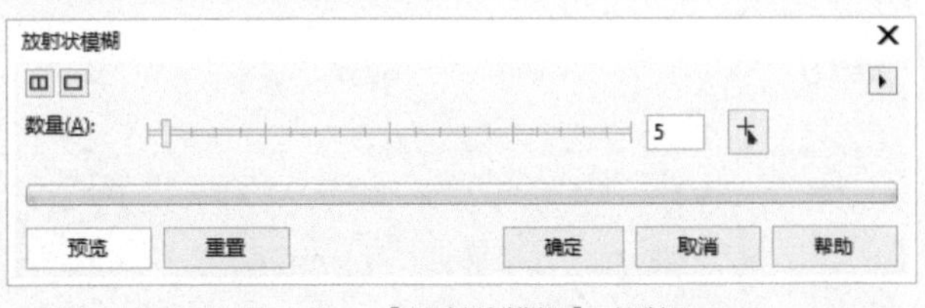

图9-107 【放射状模糊】对话框

图9-108 设置【放射式模糊】前后的对比效果

9.11.7 平滑

使用【平滑】子菜单命令可以使图像变得更加平滑，通常用于优化位图图像。选择位图后，在菜单栏中选择【位图】|【模糊】|【平滑】命令，弹出【平滑】对话框，如图9-109所示，设置其中的【百分比】可以控制平滑力度。设置【平滑】前后的对比效果如图9-110所示。

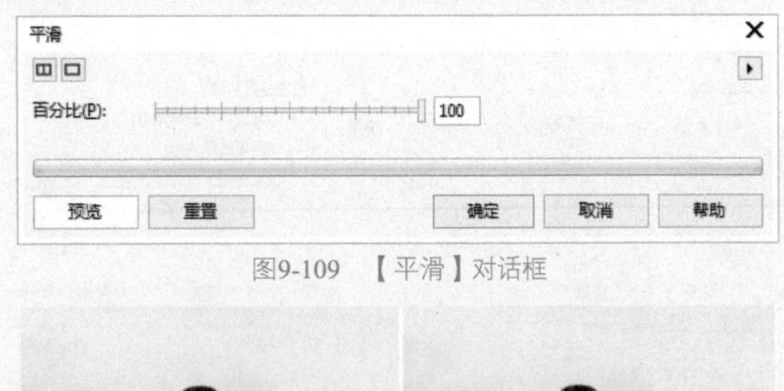

图9-109 【平滑】对话框

图9-110 设置【平滑】前后的对比效果

9.11.8 柔和

【柔和】子菜单命令和【平滑】子菜单命令的作用基本相同，都是用来优化图像的。选择位图后，在菜单栏中选择【位图】|【模糊】|【柔和】命令，弹出【柔和】对话框，如图9-111所示，设置其中的【百分比】可以控制柔和力度。设置【柔和】前后的对比效果如图9-112所示。

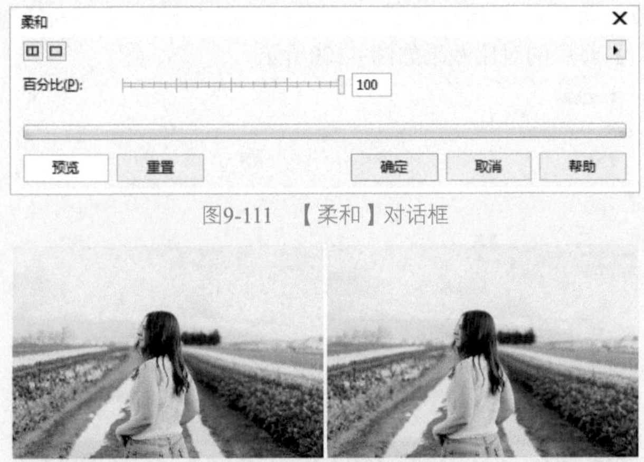

图9-111 【柔和】对话框

图9-112 设置【柔和】前后的对比效果

9.11.9 缩放

使用【缩放】子菜单命令可以使图像自中心产生一种爆炸式的效果。选择位图后，在菜单栏中选择【位图】|【模糊】|【缩放】命令，会弹出【缩放】对话框，如图9-113所示，设置其中的【数量】可以控制爆炸的力度。设置【缩放】前后的对比效果如图9-114所示。

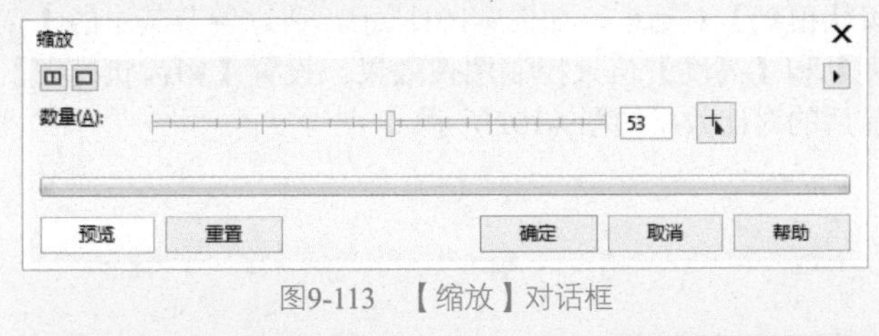

图9-113 【缩放】对话框

图9-114 设置【缩放】前后的对比效果

9.11.10 智能模糊

使用【智能模糊】命令可以光滑表面，同时又可以保留鲜明的边缘。选择位图后，在菜单栏中选择【位图】|【模糊】|【智能模糊】命令，会弹出【智能模糊】对话框，如图9-115所示，设置其中的【数量】可以调整模糊的程度。

设置【智能模糊】前后的对比效果如图9-116所示。

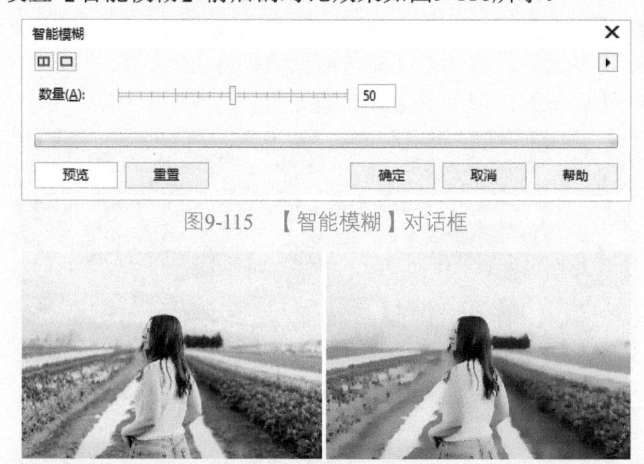

图9-115　【智能模糊】对话框

图9-116　设置【智能模糊】前后的对比效果

9.12 轮廓图

使用【位图】菜单中【轮廓图】子菜单中的命令可以突出显示和增强图像的边缘，其中包括【边缘检测】、【查找边缘】和【描摹轮廓】命令。

9.12.1　边缘检测

【边缘检测】子菜单命令用于突出刻画图像的边缘轮廓，而忽略图像的色彩。选择位图后，在菜单栏中选择【位图】|【轮廓图】|【边缘检测】命令，弹出【边缘检测】对话框，如图9-117所示，可以在【背景色】选项组中选择一种颜色作为图像的背景色，然后通过拖动【灵敏度】滑块来调节检测和刻画时的灵敏度。设置【边缘检测】前后的对比效果如图9-118所示。

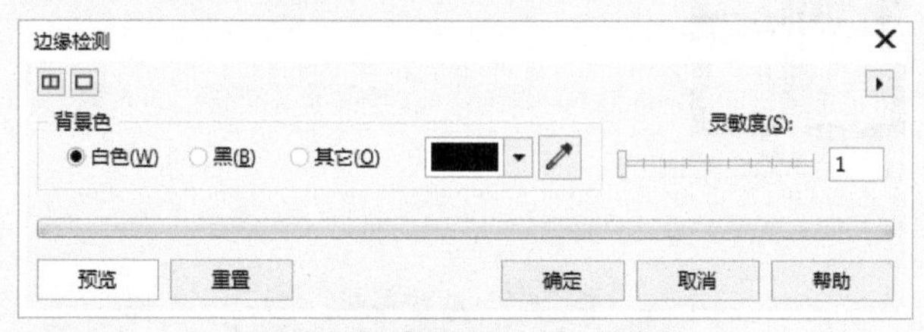

图9-117　【边缘检测】对话框

图9-118　设置【边缘检测】前后的对比效果

9.12.2　查找边缘

【查找边缘】子菜单命令用于检测并刻画图像的线条，从而突出图像轮廓的层次感。选择位图后，在菜单栏中选择【位图】|【轮廓图】|【查找边缘】命令，弹出【查找边缘】对话框，如图9-119所示，在该对话框中先选择一种边缘类型，然后可以通过拖动【层次】滑块来调节图像轮廓的层次感。设置【查找边缘】前后的对比效果如图9-120所示。

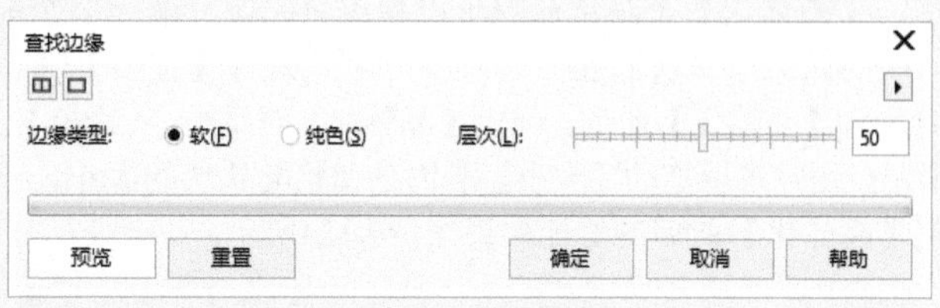

图9-119　【查找边缘】对话框

图9-120　设置【查找边缘】前后的对比效果

9.12.3　描摹轮廓

通过【描摹轮廓】子菜单命令可以使用多种颜色描摹图像的轮廓。选择位图后，在菜单栏中选择【位图】|【轮廓图】|【描摹轮廓】命令，弹出【描摹轮廓】对话框，如图9-121所示，拖动【层次】滑块可以调节刻画轮廓时的层次感。设置【描摹轮廓】前后的对比效果如图9-122所示。

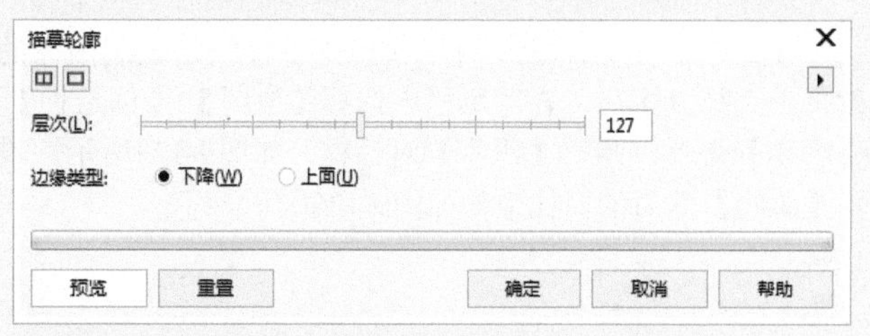

图9-121　【描摹轮廓】对话框

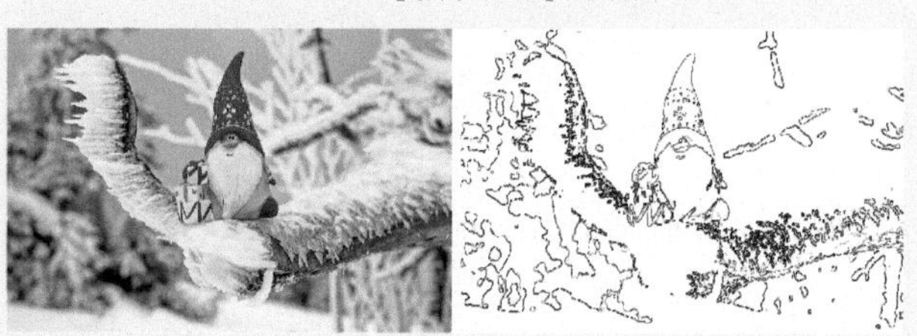

图9-122　设置【描摹轮廓】前后的对比效果

9.13 创造性

使用【位图】菜单中【创造性】子菜单中的命令可以为图像应用各种底纹和形状。

9.13.1 晶体化

【晶体化】子菜单命令可以模拟将图像分解为多个晶体块的效果。选择位图后，在菜单栏中选择【位图】|【创造性】|【晶体化】命令，弹出【晶体化】对话框，如图9-123所示。用户可以拖动【大小】滑块来调整晶体块的大小，设置【晶体化】前后的对比效果如图9-124所示。

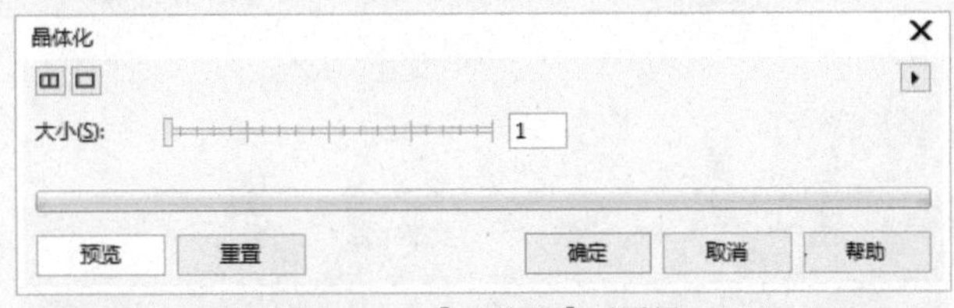

图9-123 【晶体化】对话框

图9-124 设置【晶体化】前后的对比效果

9.13.2 织物

【织物】子菜单命令可以模拟用各种织物编制图像的效果。选择位图后，在菜单栏中选择【位图】|【创造性】|【织物】命令，弹出【织物】对话框，如图9-125所示。设置【织物】前后的对比效果如图9-126所示。

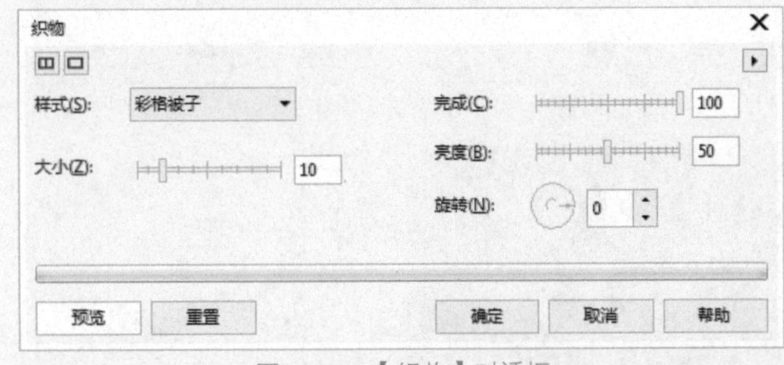

图9-125 【织物】对话框

- 【样式】：在该下拉列表框中选择一种织物样式。
- 【大小】：拖动滑块调节织物线条的大小。
- 【完成】：拖动滑块调节编织的完成程度。
- 【亮度】：拖动滑块调节图像的亮度。
- 【旋转】：调节图像旋转的方向。

图9-126 设置【织物】前后的对比效果

9.13.3 实战：框架

使用【框架】子菜单命令可以让图像按照框架的样式来显示。具体操作如下。

01 导入一个图像素材文件，选中该素材文件，在菜单栏中选择【位图】|【创造性】|【框架】命令，即可弹出【框架】对话框，在该对话框中的左侧列表框中选择任意一种框架，如图9-127所示。更改边框后的效果如图9-128所示。

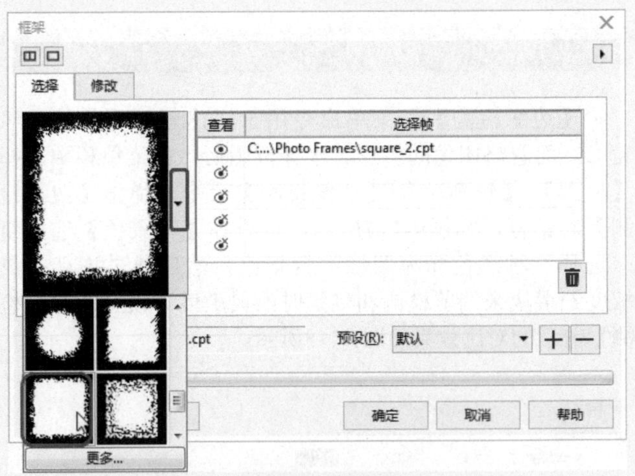

图9-127 选择框架

图9-128 更改边框后的效果

02 在该对话框中切换到【修改】选项卡，将【不透明】、【模糊/羽化】、【水平】、【垂直】参数分别设置为55、1、110、110，如图9-129所示。

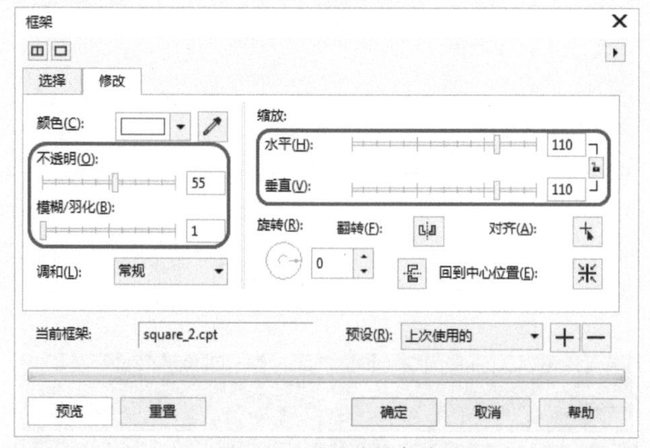

图9-129　设置边框参数

03 设置完成后，单击【确定】按钮，即可完成修改，效果如图9-130所示。

图9-130　修改边框参数后的效果

9.13.4　玻璃砖

使用【玻璃砖】子菜单命令可以模拟玻璃砖的效果。选择位图后，在菜单栏中选择【位图】|【创造性】|【玻璃砖】命令，弹出【玻璃砖】对话框，如图9-131所示。设置【玻璃砖】前后的对比效果如图9-132所示。

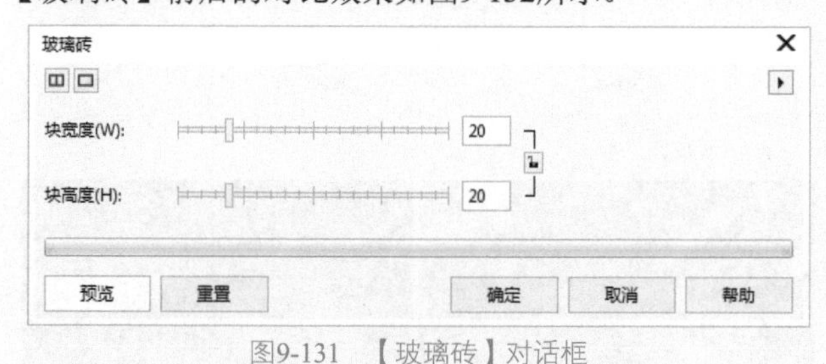

图9-131　【玻璃砖】对话框

- 【块宽度】：拖动滑块调节玻璃砖块的宽度。
- 【块高度】：拖动滑块调节玻璃砖块的高度。
- 【锁定比例】按钮：选中该按钮，可以同时调节玻璃砖块的高度和宽度。

图9-132　设置【玻璃砖】前后的对比效果

9.13.5　马赛克

使用【马赛克】子菜单命令可以模拟为图像打上马赛克的效果。选择位图后，在菜单栏中选择【位图】|【创造性】|【马赛克】命令，弹出【马赛克】对话框，如图9-133所示。设置【马赛克】前后的对比效果如图9-134所示。

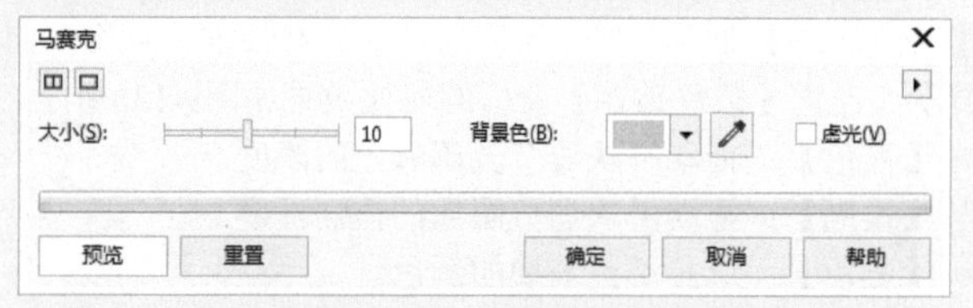

图9-133　【马赛克】对话框

图9-134　设置【马赛克】前后的对比效果

- 【大小】：拖动滑块调节马赛克的大小。
- 【背景色】：设置背景颜色。
- 【虚光】：勾选该复选框后，可以对图像进行虚光处理。

9.13.6　散开

【散开】子菜单命令用于模拟图像散开的效果。选择位图后，在菜单栏中选择【位图】|【创造性】|【散开】命令，弹出【散开】对话框，如图9-135所示。设置【散开】前后的对比效果如图9-136所示。

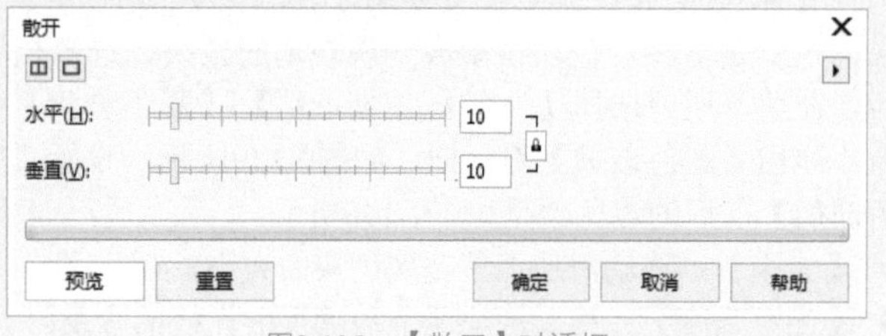

图9-135　【散开】对话框

图9-136 添加【散开】前后的对比效果

- 【水平】：以水平方式来改变散开的效果。
- 【垂直】：以垂直方式来改变散开的效果。

9.13.7 茶色玻璃

【茶色玻璃】子菜单命令用于制作茶色玻璃图像效果。选择位图后，在菜单栏中选择【位图】|【创造性】|【茶色玻璃】命令，弹出【茶色玻璃】对话框，如图9-137所示。设置【茶色玻璃】前后的对比效果如图9-138所示。

- 【淡色】：拖动滑块调节玻璃颜色的浓度。
- 【模糊】：拖动滑块调节图像的模糊程度。
- 【颜色】：选择茶色玻璃的颜色。

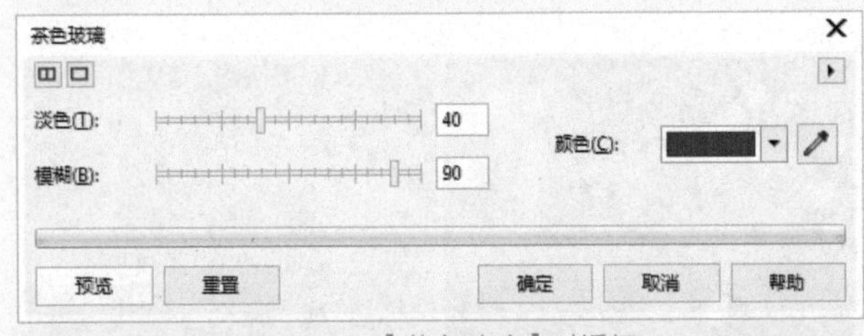

图9-137 【茶色玻璃】对话框

图9-138 设置【茶色玻璃】前后的对比效果

9.13.8 彩色玻璃

【彩色玻璃】子菜单命令用于制作彩色玻璃图像效果，也就是多种彩色块拼凑成一块玻璃的效果。选择位图后，在菜单栏中选择【位图】|【创造性】|【彩色玻璃】命令，弹出【彩色玻璃】对话框，如图9-139所示。设置【彩色玻璃】前后的对比效果如图9-140所示。

- 【大小】：拖动滑块调节玻璃色块的大小。
- 【光源强度】：拖动滑块调节玻璃反射光线的强度。
- 【焊接宽度】：设置焊接拼缝的宽度。
- 【焊接颜色】：选择焊接拼缝的颜色。
- 【三维照明】：如果选中该复选框，可以产生三维立体化效果。

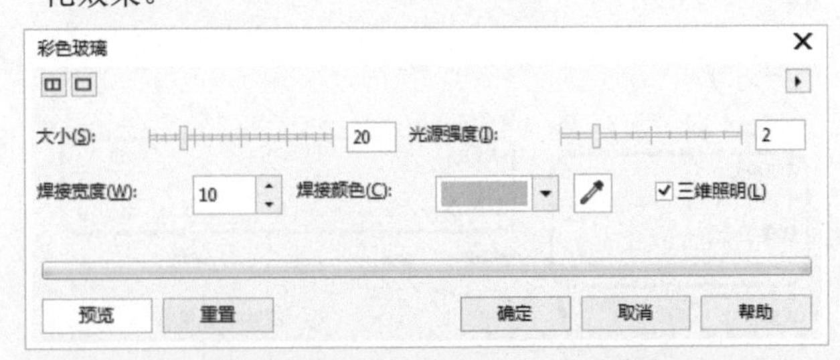

图9-139 【彩色玻璃】对话框

图9-140 设置【彩色玻璃】前后的对比效果

9.13.9 虚光

【虚光】子菜单命令用于制作图像中光线柔和渐变的效果。选择位图后，在菜单栏中选择【位图】|【创造性】|【虚光】命令，弹出【虚光】对话框，如图9-141所示。设置【虚光】前后的对比效果如图9-142所示。

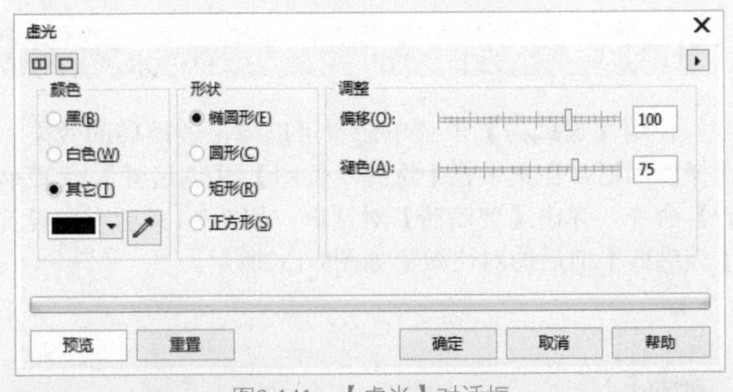

图9-141 【虚光】对话框

图9-142 设置【虚光】前后的对比效果

- 【颜色】：在该选项组中选择光线的颜色。
- 【形状】：在该选项组中选择光线散射的形状。
- 【偏移】：拖动滑块调节光线渐变的扩展程度。
- 【褪色】：拖动滑块调节光线渐变的褪色速度。

9.13.10　旋涡

【旋涡】子菜单命令用于在图像中创建旋涡效果。选择位图后，在菜单栏中选择【位图】|【创造性】|【旋涡】命令，弹出【旋涡】对话框，如图9-143所示。设置【旋涡】前后的对比效果如图9-144所示。

- 【样式】：在该下拉列表框中选择旋涡样式。
- 【粗细】：拖动滑块调节旋涡的纹路大小。
- 【内部方向】和【外部方向】：调节旋涡内部和外部的旋转方向。

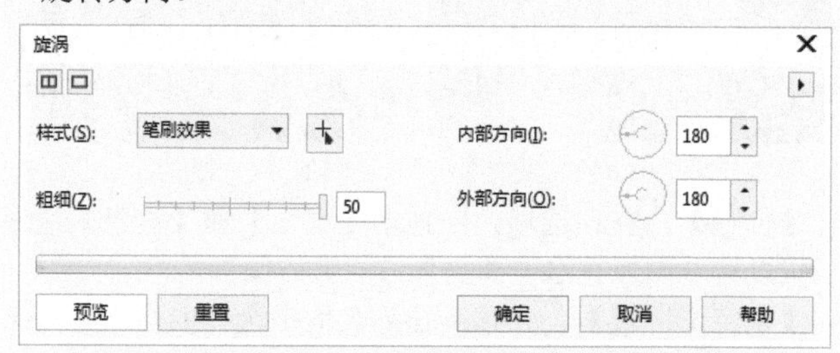

图9-143　【旋涡】对话框

图9-144　设置【旋涡】前后的对比效果

9.14　扭曲

【位图】菜单中【扭曲】子菜单中的各命令可以创建多种图像表面的扭曲效果。

9.14.1　块状

【块状】子菜单命令用于创建碎块状的图像扭曲效果。选择位图后，在菜单栏中选择【位图】|【扭曲】|【块状】命令，弹出【块状】对话框，如图9-145所示。设置【块状】前后的对比效果如图9-146所示。

- 【未定义区域】：在该选项组中选择碎块空隙间的颜色。
- 【块宽度】和【块高度】：拖动滑块调节碎块的宽度和高度。
- 【最大偏移】：拖动滑块调节碎块的偏移量。

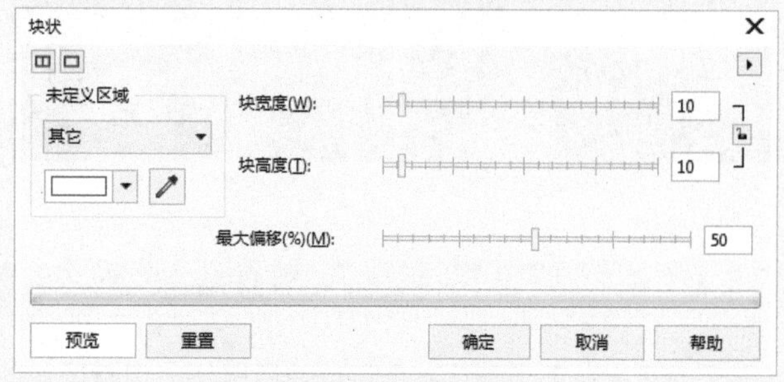

图9-145　【块状】对话框

图9-146　设置【块状】前后的对比效果

9.14.2　置换

【置换】子菜单命令可以使用多种网格置换图像的原有区域，从而创建图像被网格切割的效果。选择位图后，在菜单栏中选择【位图】|【扭曲】|【置换】命令，弹出【置换】对话框，如图9-147所示。设置【置换】前后的对比效果如图9-148所示。

图9-147　【置换】对话框

- 【缩放模式】：在该选项组中选择适合图像大小的方式。
- 【未定义区域】：在该下拉列表框中选择处理图像边缘区域的选项。
- 【水平】和【垂直】：拖动滑块调节水平和垂直方向上的网格大小。

- 网格预览窗口：在该窗口中选择要使用的网格样式。

图9-148　设置【置换】前后的对比效果

9.14.3　网孔扭曲

【网孔扭曲】子菜单命令可以使用网格来调整图像的扭曲效果。选择位图后，在菜单栏中选择【位图】|【扭曲】|【网孔扭曲】命令，弹出【网孔扭曲】对话框，如图9-149所示。设置【网孔扭曲】前后的对比效果如图9-150所示。

图9-149　【网孔扭曲】对话框

图9-150　设置【网孔扭曲】前后的对比效果

9.14.4　偏移

【偏移】子菜单命令用于创建图像内部偏移的效果。选择位图后，在菜单栏中选择【位图】|【扭曲】|【偏移】命令，弹出【偏移】对话框，如图9-151所示。设置【偏移】前后的对比效果如图9-152所示。

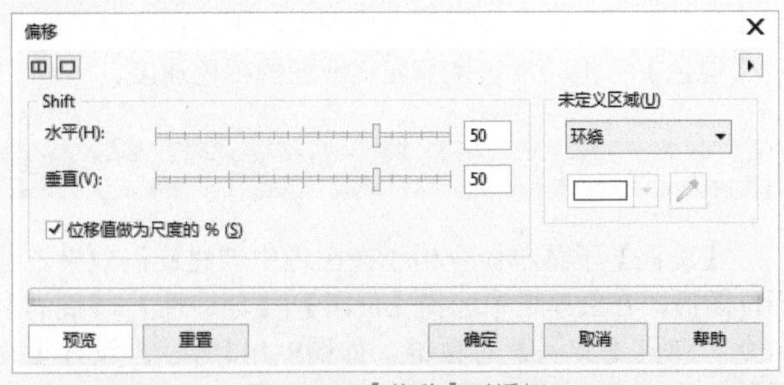

图9-151　【偏移】对话框

图9-152　设置【偏移】前后的对比效果

- 【位移】：在该选项组中拖动【水平】和【垂直】滑块可以调节图像在水平和垂直方向上的偏移量。
- 【未定义区域】：在该下拉列表框中选择偏移后超出图像边框部分的处理方式。

9.14.5　像素

【像素】子菜单命令用于对图像进行像素化处理，从而创建像素化图像效果。选择位图后，在菜单栏中选择【位图】|【扭曲】|【像素】命令，弹出【像素】对话框，如图9-153所示。设置【像素】前后的对比效果如图9-154所示。

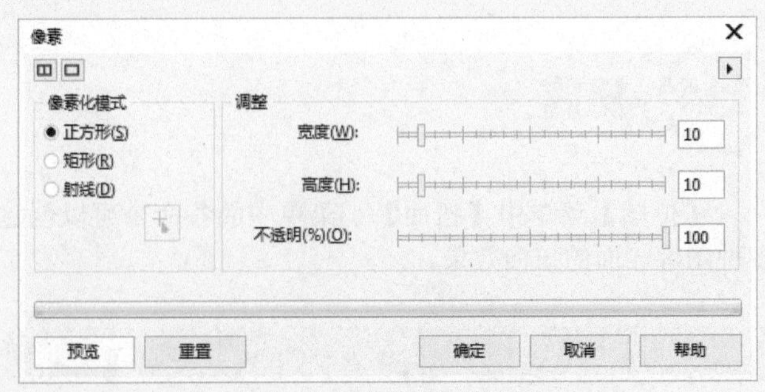

图9-153　【像素】对话框

- 【像素化模式】：在该选项组中选择像素化的方式。
- 【调整】：在该选项组中拖动【宽度】和【高度】滑块来调节像素颗粒的宽度和高度。
- 【不透明】：拖动滑块调节颗粒的不透明度。

图9-154 设置【像素】前后的对比效果

9.14.6 龟纹

【龟纹】子菜单命令用于对图像进行龟纹效果处理，使图像产生水平或垂直方向上的波纹状扭曲。选择位图后，在菜单栏中选择【位图】|【扭曲】|【龟纹】命令，弹出【龟纹】对话框，如图9-155所示。设置【龟纹】前后的对比效果如图9-156所示。

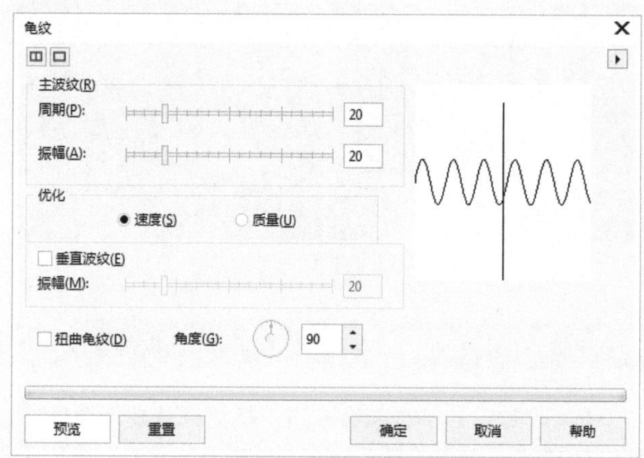

图9-155 【龟纹】对话框

图9-156 设置【龟纹】前后的对比效果

- 【主波纹】：在该选项组中调节主波纹的周期和振幅。
- 【优化】：在该选项组中选择是优化扭曲速度还是图像质量。
- 【垂直波纹】：如果勾选该复选框，还可以为图像添加垂直方向上的扭曲。
- 【扭曲龟纹】：如果勾选该复选框，可以进一步深化扭曲的程度。
- 【角度】：调节纹路扭曲的角度。

9.14.7 旋涡

【旋涡】子菜单命令用于使图像产生旋涡状的扭曲。选择位图后，在菜单栏中选择【位图】|【扭曲】|【旋涡】命令，弹出【旋涡】对话框，如图9-157所示。设置【旋涡】前后的对比效果如图9-158所示。

- 【定向】：在该选项组中选择旋涡的方向。
- 按钮：单击该按钮后，在图像中单击可以确定旋涡中心。
- 【优化】：在该选项组中选择是优化扭曲速度还是图像质量。
- 【整体旋转】：拖动滑块可以调节旋涡的旋转圈数。
- 【附加度】：拖动滑块可以在圈数不变的情况下调整图像的旋转程度。

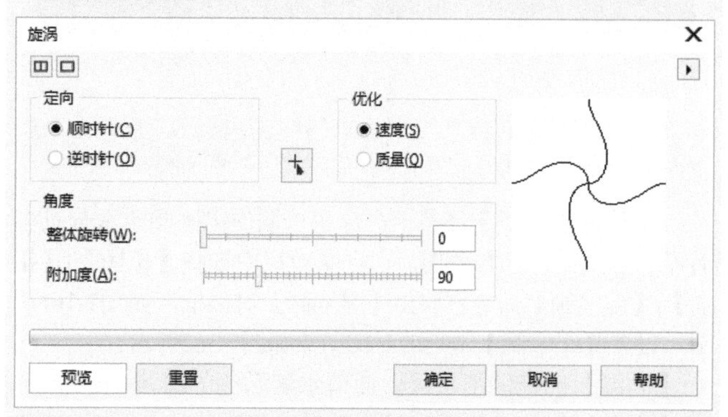

图9-157 【旋涡】对话框

图9-158 设置【旋涡】前后的对比效果

9.14.8 平铺

使用【平铺】子菜单命令可以创建用多幅缩略图整齐地铺满原图像的效果。选择位图后，在菜单栏中选择【位图】|【扭曲】|【平铺】命令，弹出【平铺】对话框，如图9-159所示。设置【平铺】前后的对比效果如图9-160所示。

- 【水平平铺】或【垂直平铺】：拖动滑块可以调节水平或垂直方向上缩略图的数量。
- 【重叠】：拖动滑块可以调节缩略图之间的重叠程度。

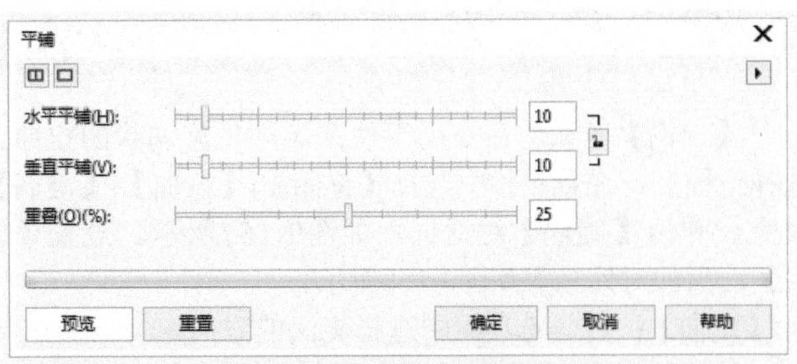

图9-159 【平铺】对话框

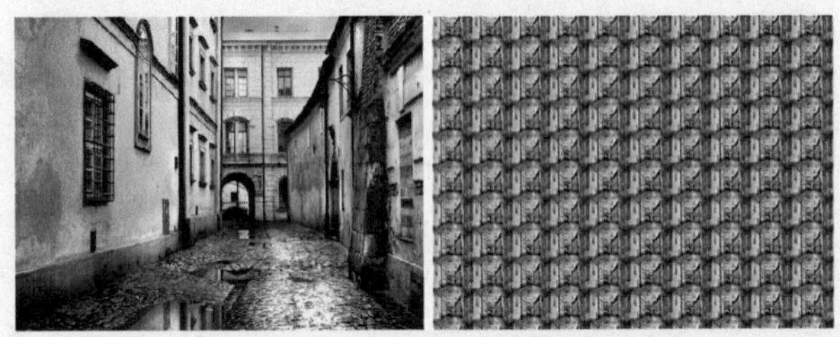

图9-160 设置【平铺】前后的对比效果

9.14.9 湿笔画

使用【湿笔画】子菜单命令可以制作出因颜料水分过多而流淌的效果。选择位图后，在菜单栏中选择【位图】|【扭曲】|【湿笔画】命令，弹出【湿笔画】对话框，如图9-161所示。设置【湿笔画】前后的对比效果如图9-162所示。

- 【润湿】：拖动滑块可以调节水滴颜色的深浅。
- 【百分比】：拖动滑块可以调节水滴的大小。

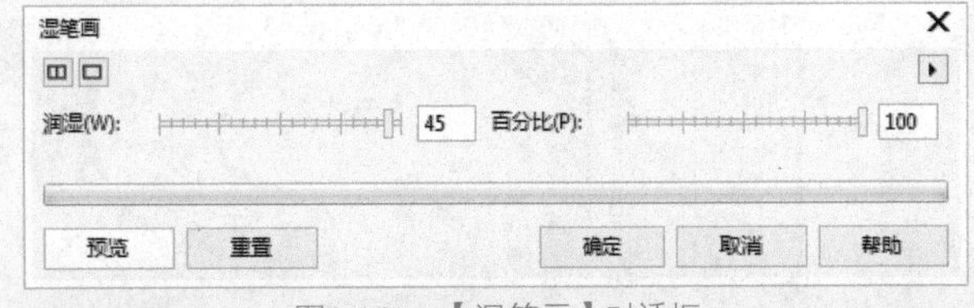

图9-161 【湿笔画】对话框

图9-162 设置【湿笔画】前后的对比效果

9.14.10 涡流

【涡流】子菜单命令用于在图像中创建涡流效果，使图像产生旋涡状扭曲。选择位图后，在菜单栏中选择【位图】|【扭曲】|【涡流】命令，弹出【涡流】对话框，如图9-163所示。设置【涡流】前后的对比效果如图9-164所示。

- 【间距】：拖动滑块可以调节旋涡图案间的距离。
- 【弯曲】：勾选该复选框，可以使旋涡的条纹更加弯曲。
- 【擦拭长度】：拖动滑块可以调节旋涡条纹的长度。
- 【扭曲】：拖动滑块可以调节图像的扭曲程度。
- 【条纹细节】：拖动滑块可以调节旋涡条纹刻画的细致程度。
- 【样式】：在该下拉列表框中可以选择预设的旋涡样式。

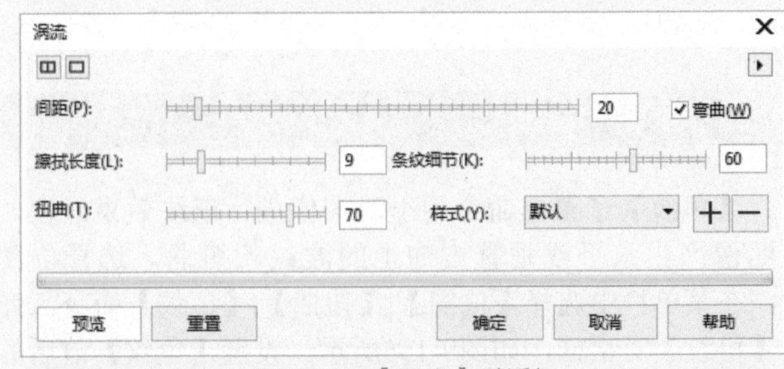

图9-163 【涡流】对话框

图9-164 设置【涡流】前后的对比效果

9.14.11 风吹效果

【风吹效果】子菜单命令用于模拟风从某个角度掠过物体时的效果。选择位图后，在菜单栏中选择【位图】|【扭曲】【风吹效果】命令，弹出【风吹效果】对话框，如图9-165所示。设置【风吹效果】前后的对比效果如图9-166所示。

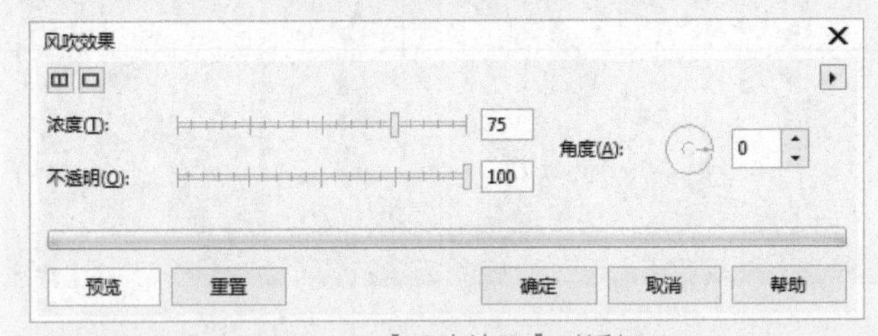

图9-165 【风吹效果】对话框

图9-166 设置【风吹效果】前后的对比效果

- 【浓度】：拖动滑块可以调节风掠过时的猛烈程度。
- 【不透明】：拖动滑块可以调节刮痕的不透明度。
- 【角度】：调节风产生的角度。

9.15 上机练习——制作相机广告

本例将讲解如何制作相机广告。本例相机广告为了突显相机的清晰度，对素材图片进行复制后，将背景图片设置为高斯模糊，然后导入其他相机和镜头素材图片，最后输入文本文字。完成后的效果如图9-167所示。

图9-167　相机广告

01 按Ctrl+N组合键，在弹出的【创建新文档】对话框中，将【宽度】设置为408mm，【高度】设置为302mm，【渲染分辨率】设置为300dpi，单击【确定】按钮，如图9-168所示。

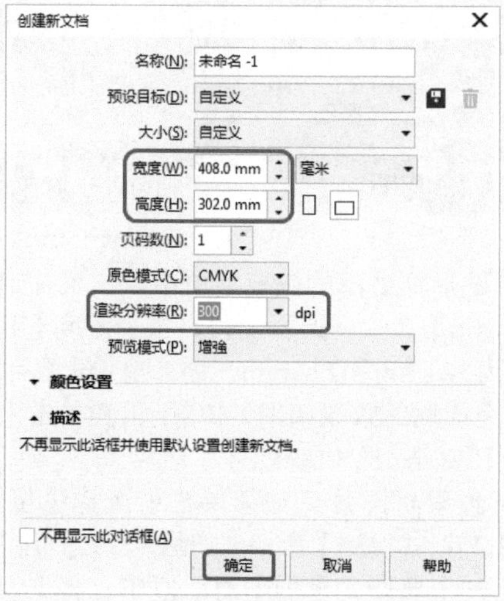

创建新文档

名称(N):	未命名 -1
预设目标(D):	自定义
大小(S):	自定义
宽度(W):	408.0 mm　毫米
高度(H):	302.0 mm
页码数(N):	1
原色模式(C):	CMYK
渲染分辨率(R):	300 dpi
预览模式(P):	增强

▼ 颜色设置

▲ 描述

不再显示此话框并使用默认设置创建新文档。

□ 不再显示此对话框(A)

确定　取消　帮助

图9-168　新建文档

02 在工具箱中双击【矩形工具】，创建一个与工作区同样大小的矩形，如图9-169所示。

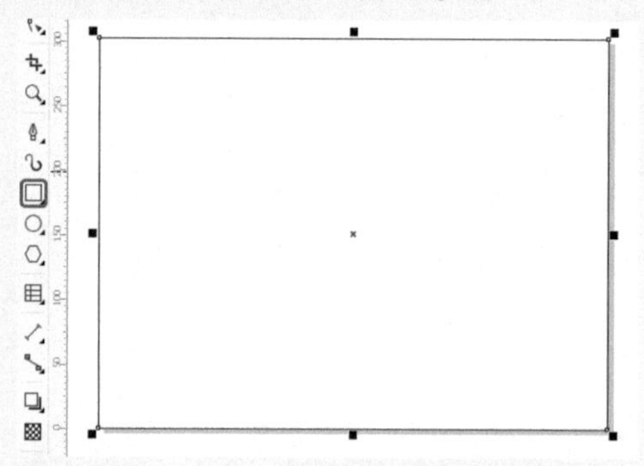

图9-169　创建矩形

03 按Ctrl+I组合键打开【导入】对话框，选择素材|Cha09|T1.jpg素材图片，单击【导入】按钮，将其导入到工作区中，调整其位置和大小，如图9-170所示。

图9-170　导入素材图片

04 在工具箱中使用【矩形工具】，绘制一个【宽度】为408mm，【高度】为30mm的矩形，在默认调色板中单击按钮，将其填充为青色，【轮廓颜色】设置为无，如图9-171所示。

图9-171　绘制矩形

05 继续使用【矩形工具】，绘制一个【宽度】为220mm，【高度】为120mm的矩形，将X和Y设置为

202mm和155mm，如图9-172所示。

图9-172 绘制矩形

06 选中绘制的小矩形框，按F12键打开【轮廓笔】对话框，将【颜色】设置为白色，【宽度】设置为1.0mm，如图9-173所示。

图9-173 【轮廓笔】对话框

07 单击【确定】按钮完成对小矩形框轮廓的设置。在工具箱中使用【钢笔工具】，绘制【高度】为50mm和【长度】为50mm的两条线段，然后调整其位置，如图9-174所示。

08 按F12键打开【轮廓笔】对话框，将【颜色】设置为白色，【宽度】设置为2mm，将【角】设置为，将【线条端头】设置为，如图9-175所示。

09 单击【确定】按钮完成对线段轮廓的设置。按+号键，对其进行复制，然后单击属性栏中的【水平镜像】按钮和【垂直镜像】按钮，对复制的对象进行镜像，如图9-176所示。

10 对背景素材图片进行复制，然后选中复制得到的素材图片，在菜单栏中选择【对象】|PowerClip|【置于图文框内部】命令，然后将鼠标指向小矩形框内部并单击，如图9-177所示。

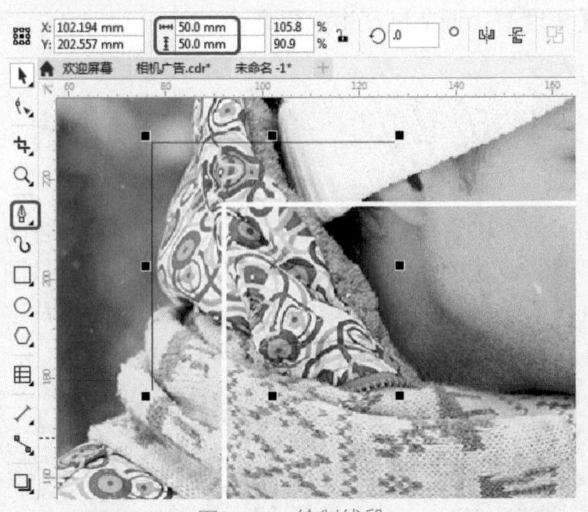

图9-174 绘制线段

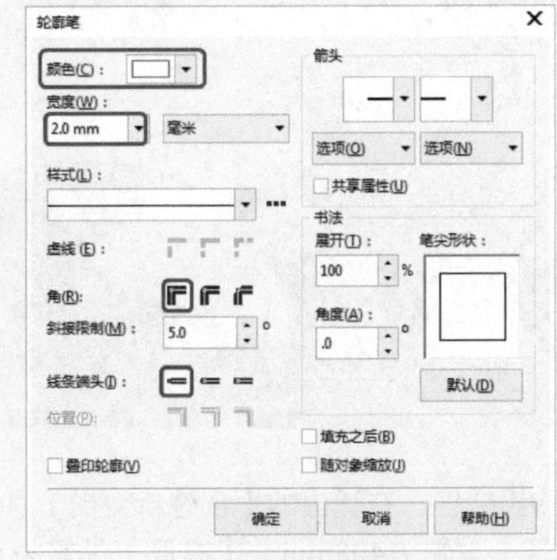

图9-175 【轮廓笔】对话框

图9-176 复制线宽 图9-177 鼠标指向小矩形框内部并单击

11 在矩形图形框底部的快捷菜单中单击▸并选择【编辑PowerClip】命令，选择图片，将【宽度】和【高度】分别设置为321mm和214mm，将X和Y设置为206mm和136mm，完成后的效果如图9-178所示。单击【完成编辑PowerClip】按钮退出编辑。

12 选中背景素材图片，在菜单栏中选择【位图】|【模糊】|【高斯式模糊】命令，如图9-179所示。

13 在弹出的【高斯式模糊】对话框中，将【半径】设置为3像素，然后单击【确定】按钮，如图9-180所示。

图9-178　选择【编辑PowerClip】命令

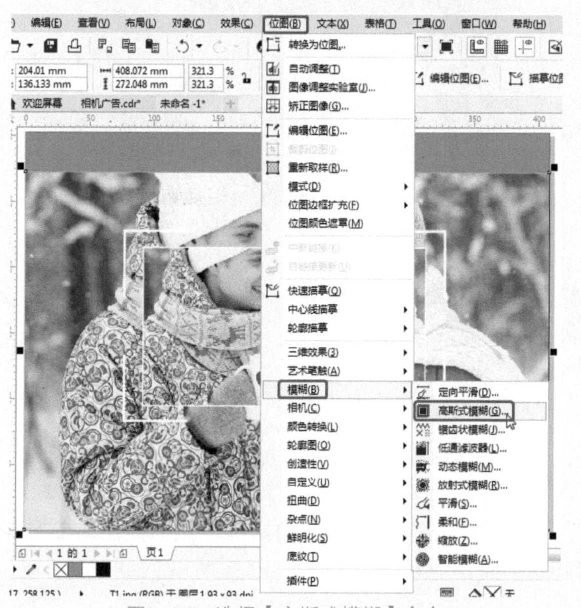

图9-179　选择【高斯式模糊】命令

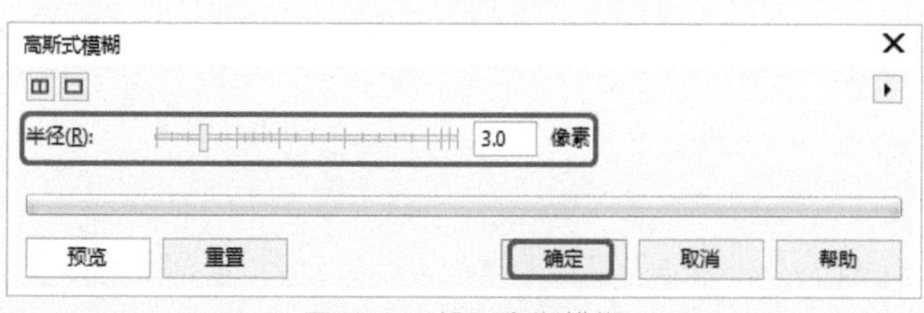

图9-180　设置高斯模糊

14 在工具箱中选择【钢笔工具】，绘制一条线段，效果如图9-181所示。

15 选择创建的线段，按F12键，在弹出的【轮廓笔】对话框中将【填充颜色】的CMYK值设置为0、0、0、0，【宽度】设置为1mm，单击【确定】按钮，完成后的效果如图9-182所示。

图9-181　绘制线段

16 按Ctrl+I组合键打开【导入】对话框，选择素材|Cha09|T2.png素材文件，单击【导入】按钮，将其导入到工作区中，调整其位置，如图9-183所示。

> 提示
>
> 在【高斯式模糊】对话框中，单击【预览】按钮可以预览设置高斯模糊后的图像模糊效果。

图9-182　【轮廓笔】对话框

图9-183　导入素材图片

17 使用同样的方法导入其他的素材图片，如图9-184所示。

图9-184 导入其他素材图片

18 在工具箱中使用【文本工具】字输入文本，将其【字体】设置为方正综艺简体，【字体大小】设置为72pt，将【文本颜色】设置为白色，然后调整文本至适当位置，如图9-185所示。

图9-185 输入文本

19 使用【椭圆形工具】○绘制【宽度】和【高度】均为3mm的圆，将【填充颜色】设置为白色，【轮廓颜色】设置为无，如图9-186所示。

图9-186 设置椭圆参数

20 使用相同的方法制作其他的内容，如图9-187所示。

图9-187 制作完成后的效果

9.16 思考与练习

1. 导入一张位图，然后运用更改图像颜色模式的方法，将该图像制作为双色调效果。

2. 转换位图颜色模式有几种？分别是什么？

3. 打开一张格式为JPG的图片，然后运用本章所学习的知识，将图像转换为矢量图。

第10章
项目指导——户外广告设计

户外广告一般把设置在户外的广告叫做户外广告。常见的户外广告有：路边广告牌、高立柱广告牌、灯箱、霓虹灯广告牌、LED看板等，现在甚至有升空气球、飞艇等先进的户外广告形式。本章将结合CorelDraw 2018来制作户外广告。

10.1 汽车户外广告设计

本例将介绍如何制作汽车报纸广告，主要使用【文本工具】在场景中输入文字，然后对文字进行设置，完成后的效果如图10-1所示。

图10-1　汽车户外广告设计

01 按Ctrl+N组合键创建新文档，设置【宽度】为500mm、【高度】为350mm，将【原色模式】设置为CMYK，【渲染分辨率】设置为300，单击【确定】按钮，如图10-2所示。

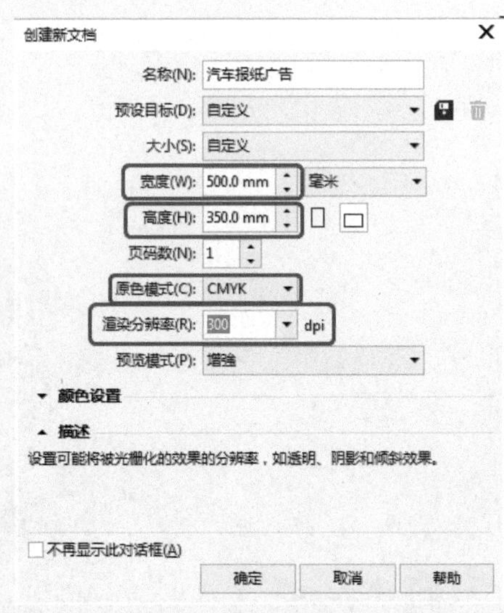

图10-2　创建文档

02 按Ctrl+I组合键打开【导入】对话框，选择素材|Cha10|L1.jpg素材图片，单击【导入】按钮，如图10-3所示。

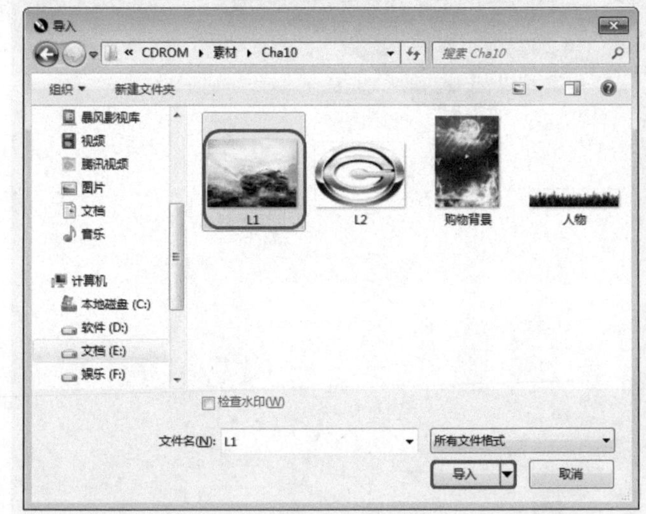

图10-3　导入素材

03 按Ctrl+I组合键打开【导入】对话框，在弹出的对话框中选择素材|Cha10|L2 .jpg素材图片，单击【导入】按钮，如图10-4所示。

04 按F8键激活【文本工具】字输入文字，将【字体】设置为汉仪橄榄体简，【字体大小】设置为25pt，【字体颜色】设置为黑色，效果如图10-5所示。

05 继续输入文字，将其【字体】设置为方正综艺简体，【字体大小】设置为50pt，【字体颜色】设置为黑色，效果如图10-6所示。

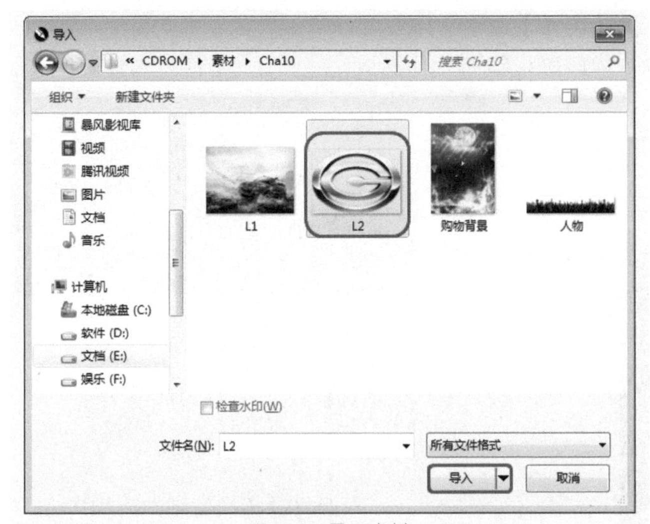

图10-4 导入素材

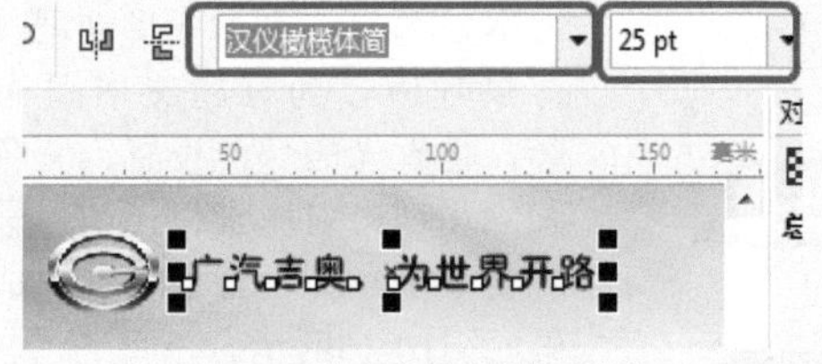

图10-5 输入文字并进行设置

图10-6 输入文字并进行设置

06 继续输入文字，将其【字体】设置为汉仪中楷简，【字体大小】设置为22pt，【字体颜色】设置为黑色，效果如图10-7所示。

07 在菜单栏中选择【布局】|【页面背景】命令，弹出【选项】对话框，在该对话框中选中【纯色】单选按钮，然后将颜色的CMYK设置为100、100、100、100，如图10-8所示。

08 单击【确定】按钮，然后使用【文本工具】字输入文本，将【字体】设置为汉仪菱心体简，【字体大小】设置为40pt，【字体颜色】设置为红色，效果如图10-9所示。

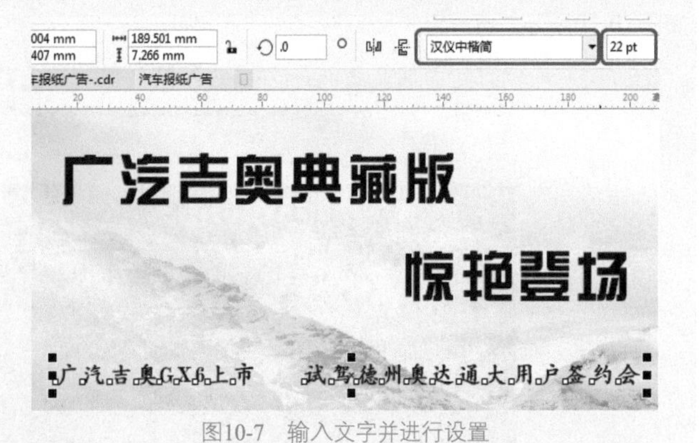

图10-7 输入文字并进行设置

图10-8 设置页面背景

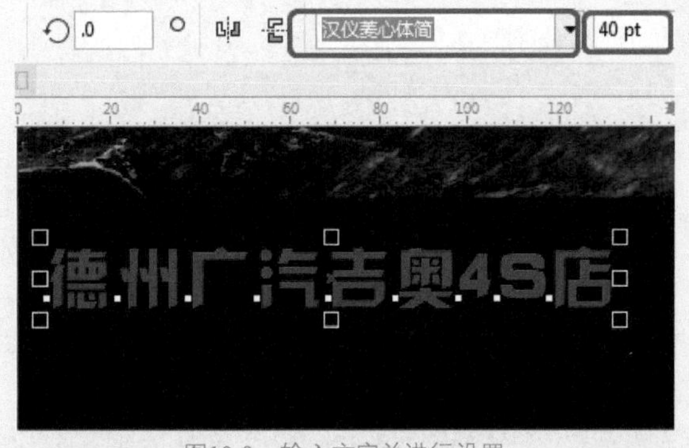

图10-9 输入文字并进行设置

提示 除了上述方法外，还可以使用组合键Ctrl+J，会弹出【选项】对话框，在【文档】组中选择【背景】选项也可以设置背景色。另一个常用的方法是，在工具箱中对【矩形工具】□进行双击，此时会新建一个同文档大小相同的矩形，并处于图层的最下方，通过对矩形填充颜色设置背景色。

09 单击【确定】按钮，然后使用【文本工具】字输入文本，将【字体】设置为微软雅黑，【字体大小】设置为17pt，【字体颜色】设置为白色，效果如图10-10所示。

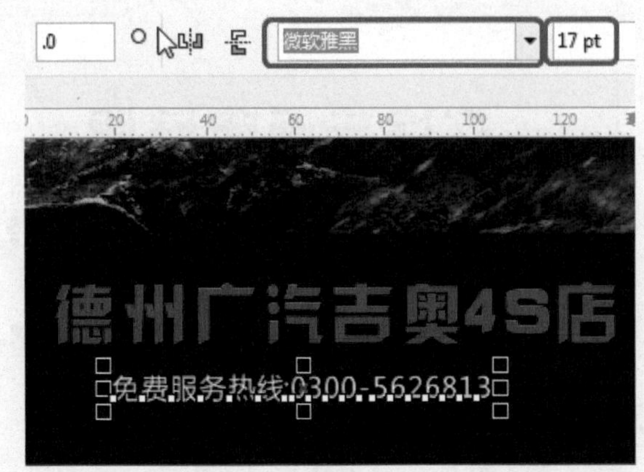

图10-10　输入文字并进行设置

10 继续输入文字，将【字体】设置为微软雅黑，【字体大小】设置为18pt，【字体颜色】设置为白色，效果如图10-11所示。

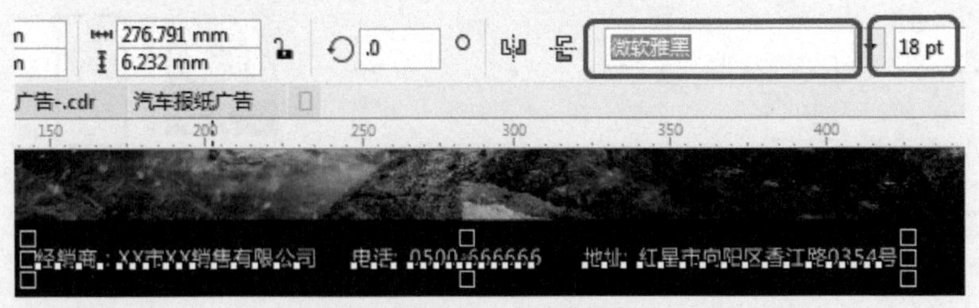

图10-11　输入文字并进行设置

11 利用【矩形工具】□绘制一条直线，将【轮廓宽度】设置为4px，【轮廓颜色】设置为白色，【线条样式】设置为直线，如图10-12所示。

图10-12　绘制直线并进行设置

12 按F8键激活【文本工具】字输入文字，将【字体】设置为微软雅黑，【字体大小】设置为17pt，【字体颜色】设置为白色，如图10-13所示。

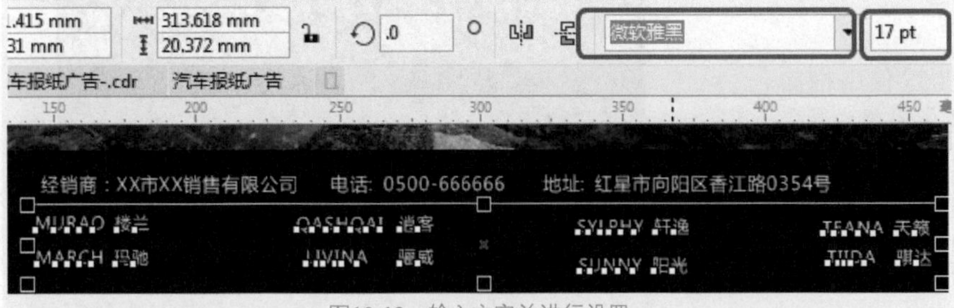

图10-13　输入文字并进行设置

13 完成后的最终效果如图10-14所示。

图10-14　完成后的效果

10.2 购物广告设计

本例将讲解如何制作购物广告。首先制作页面的背景，然后输入标题文本并对文本进行变形处理，为了与背景呼应，为标题文本添加辉光阴影，将辉光的颜色设置为紫色。导入人物和城市剪影素材，最后输入广告的文本信息并设置文本。完成后的效果如图10-15所示。

图10-15　购物广告

01 启动软件后新建文档。在【创建新文档】对话框中，将【名称】设置为“购物广告”，【宽度】设置为80mm，【高度】设置为111mm，【原色模式】设置为CMYK，【渲染分辨率】设置为300dpi，然后单击【确定】按钮，如图10-16所示。

02 按Ctrl+I组合键打开【导入】对话框，在弹出的对话框中选择素材|Cha10|【购物背景.jpg】素材图片，如图10-17所示。

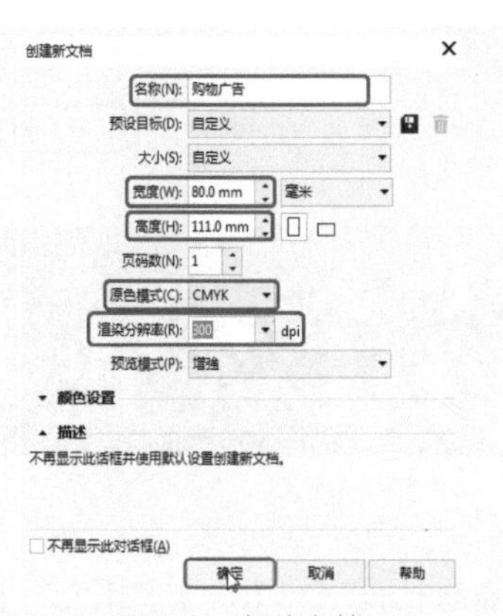

图10-16 新建文档

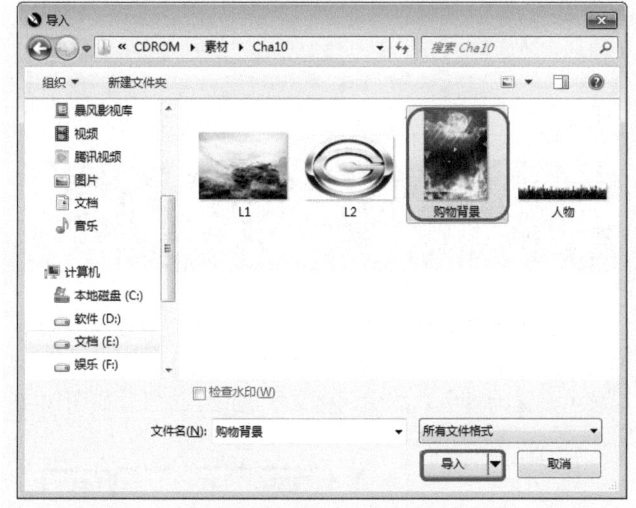

图10-17 导入素材图片

03 按Ctrl+I组合键打开【导入】对话框，在弹出的对话框中选择素材|Cha10|【人物.png】素材图片，如图10-18所示。

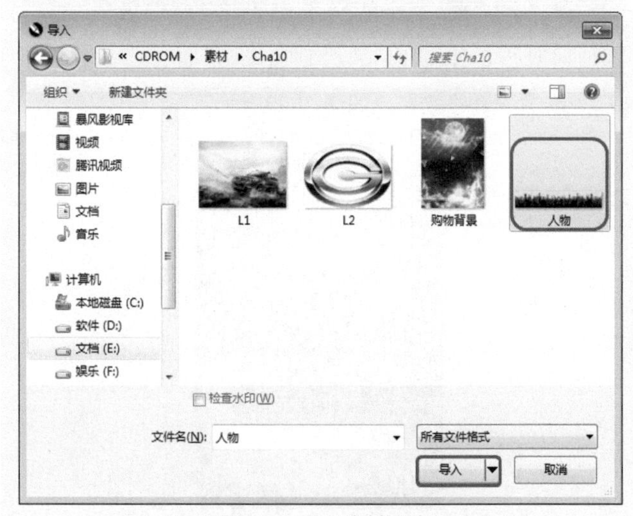

图10-18 导入素材图片

04 导入两张图片后的效果如图10-19所示。

图10-19 导入两张图片后的效果

05 选中导入后的两个素材文件并鼠标右键单击，在弹出的快捷菜单中选择【组合对象】命令，然后再选择【锁定对象】命令，如图10-20所示。

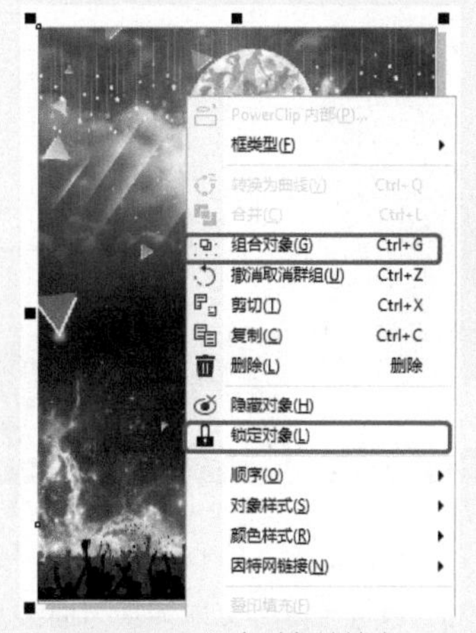

图10-20 组合对象并锁定

06 按F8键激活【文本工具】字输入文字“双11”，将【字体】设置为方正粗倩简体，【字体大小】设置为50pt，将【字体颜色】设置为白色，然后调整文本至适当位置，如图10-21所示。

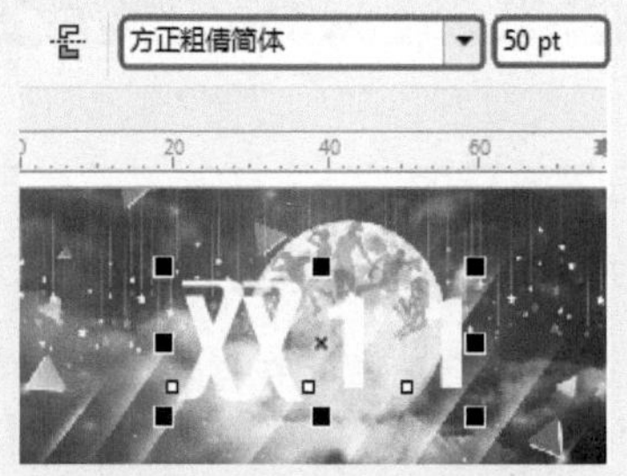

图10-21 输入文本并进行设置

07 选中该文本，选择工具箱中的【阴影工具】，在属性栏中将【预设】设置为小型辉光，将【阴影的不透

明度】设置为100，【阴影羽化】设置为10，【羽化方向】设置为向外，【羽化边缘】设置为方形的，【阴影颜色】设置为■▾，然后将文本调整至工作区的顶部，如图10-22所示。

图10-22　对文本文字设置阴影

08 完成后的效果如图10-23所示。

09 按F8键激活【文本工具】字输入文字购物狂欢节，将其【字体】设置为方正粗倩简体，【字体大小】设置为35pt，将其颜色设置为白色，然后调整文本至适当位置，如图10-24所示。

图10-23　添加阴影后的效果

图10-24　输入文字并进行设置

10 选中文本，按Ctrl+K组合键将文本拆分，然后选择所有文本并按Ctrl+Q组合键将文本转换为曲线。在工具箱中使用【形状工具】，调整文本节点位置，对文本进行变形操作，如图10-25所示。

图10-25　调整文本节点位置

> 提示　在调整节点时，可以增加或删除节点，也可以转换节点的类型，以达到方便调整节点的目的。

11 选中该文本，选择工具箱中的【阴影工具】，在属性栏中将【预设】设置为小型辉光，将【阴影的不透明度】设置为90，【阴影羽化】设置为10，【羽化方向】设置为向外，【羽化边缘】设置为方形的，【阴影颜色】设置为■▾，然后将文本调整至工作区的顶部，如图10-26所示。

图10-26　对文本文字进行阴影设置

12 按F8键激活【文本工具】字输入文字，将其【字体】设置为Adobe 仿宋 Std R，【字体大小】设置为10pt，将其颜色设置为白色，然后调整文本至适当位置，如图10-27所示。

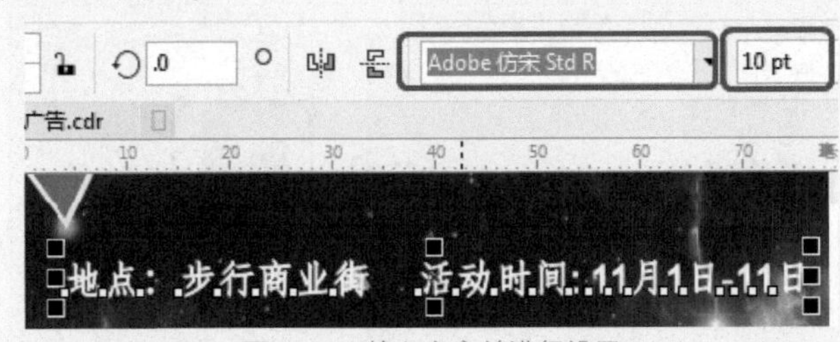

图10-27　输入文字并进行设置

13 按F8键激活【文本工具】字输入文字，将其【字体】设置为Adobe 仿宋 Std R，【字体大小】设置为8pt，将其颜色设置为黄色，然后调整文本至适当位置，如图10-28所示。

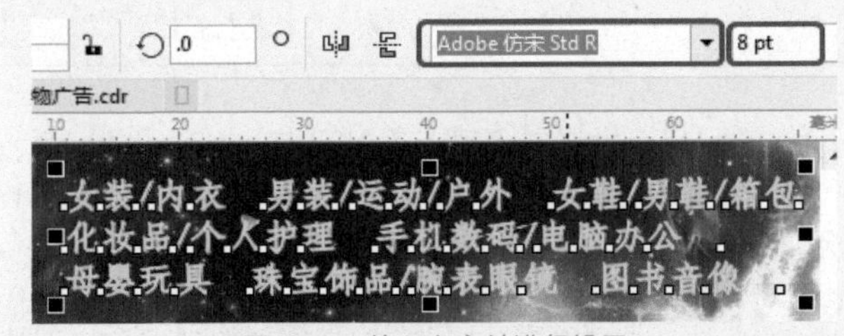

图10-28　输入文字并进行设置

14 完成后的最终效果，如图10-29所示。

图10-29　完成后的最终效果

第11章 项目指导——VI设计

本章将介绍VI的基本设计，其中包括LOGO、名片、信封等，通过本章的学习读者可以对VI设计有所了解。

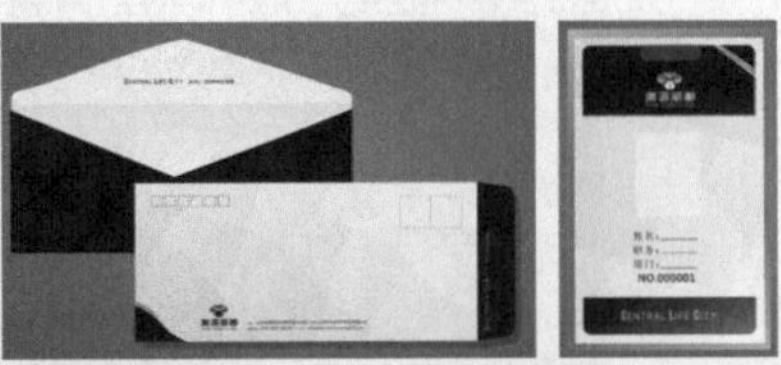

11.1 LOGO设计

本案例将介绍如何制作LOGO，主要用到的工具有【钢笔工具】和【文本工具】，然后为绘制的图形填充颜色，完成后的效果如图11-1所示。

图11-1 LOGO设计

01 按Ctrl+N组合键，弹出【创建新文档】对话框，将名称设置为“LOGO设计”，将【宽度】和【高度】分别设置为35、25，单击【确定】按钮，如图11-2所示。

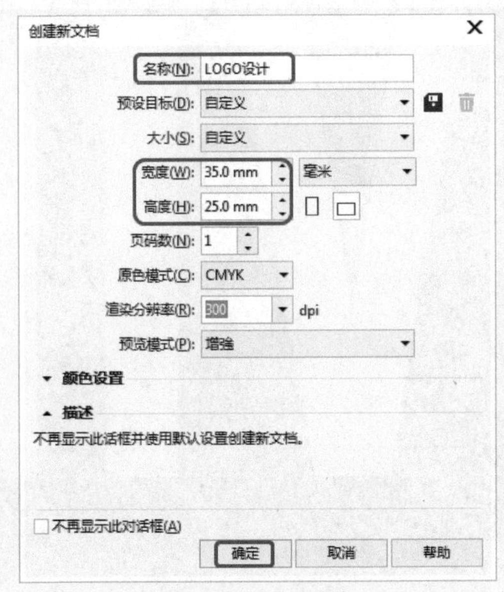

图11-2 创建新文档

02 使用【钢笔工具】，绘制logo标志，如图11-3所示。

图11-3 绘制logo标志

03 选择绘制的logo标志，按Shift+F11组合键，弹出【编辑填充】对话框，将CMYK值设置为100、60、0、80，如图11-4所示。

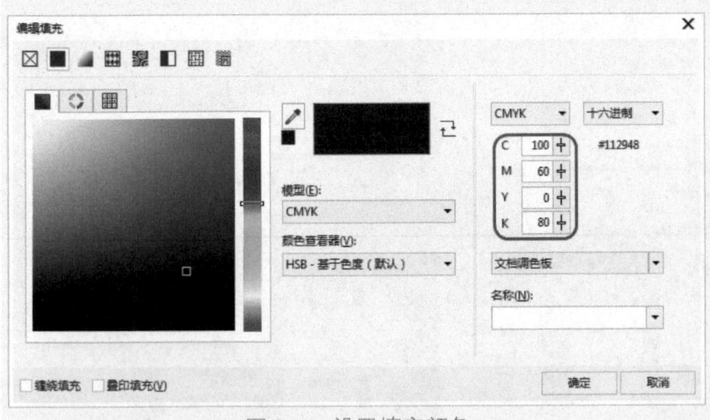

图11-4 设置填充颜色

04 单击【确定】按钮，效果如图11-5所示。

图11-5 填充颜色后的效果

05 使用【文本工具】字在绘图区中输入文本“南源丽都”，在属性栏中将【字体】设置为方正综艺简体，将【字体大小】设置为18pt，如图11-6所示。

06 按Shift+F11组合键，弹出【编辑填充】对话框，将CMYK值设置为100、60、0、80，单击【确定】按钮，如图11-7所示。

图11-6　输入文本并进行设置

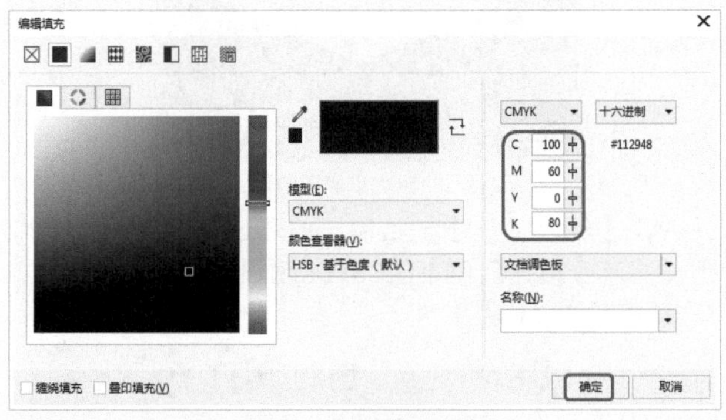

图11-7　设置填充颜色

07 填充完成后的效果如图11-8所示。

图11-8　填充颜色后的效果

08 使用【钢笔工具】，绘制如图11-9所示的文本对象，将【填充颜色】的CMYK值设置为100、60、0、80，将【轮廓颜色】设置为无。

图11-9　绘制文本对象

11.2 信封设计

本案例将介绍如何制作信封，首先使用【矩形工具】和【钢笔工具】绘制信封的正面，然后为绘制的图形填充颜色，使用【文本工具】输入文本，最后制作信封的背面，完成后的效果如图11-10所示。

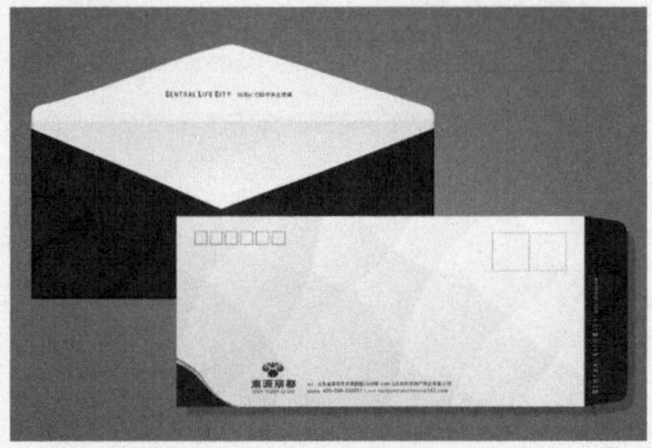

图11-10　信封设计

01 启动软件后，按Ctrl+N组合键，在弹出的【创建新文档】对话框中将【宽度】和【高度】分别设置为300mm和200mm，将【渲染分辨率】设置为300dpi，然后单击【确定】按钮。完成后的效果如图11-11所示。

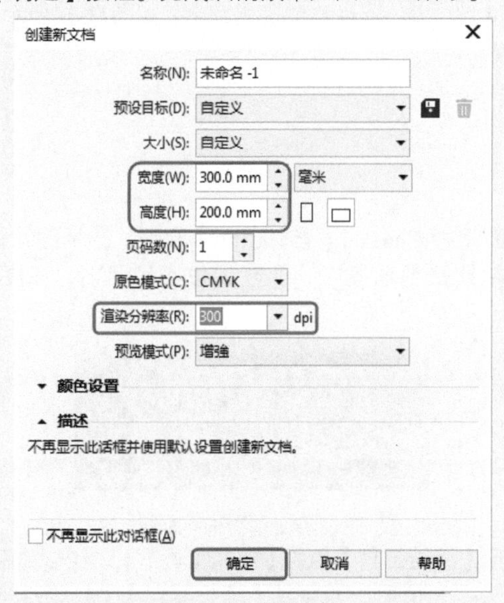

图11-11　创建文档

02 在工具箱中选择【矩形工具】，创建一个【宽度】和【高度】分别为300mm和200mm的矩形，将【填充颜色】在0%的位置处和100%的位置处的CMYK值分别设置为69、60、57、0和52、43、40、0，将【类型】设置为椭圆形渐变填充，完成后的效果如图11-12所示。

03 使用【钢笔工具】，绘制如图11-13所示的图形，将【填充颜色】的CMYK值设置为5、7、15、0，调整其

位置和大小。

图11-12 绘制矩形并设置填充颜色

图11-13 绘制图形并设置填充颜色

04 使用【矩形工具】□，绘制一个【宽度】和【高度】分别为127mm和29mm的矩形，将【填充颜色】在0%位置处和100%位置处的CMYK值分别设置为52、43、40、0和0、0、0、0，调整其位置和大小，如图11-14所示。

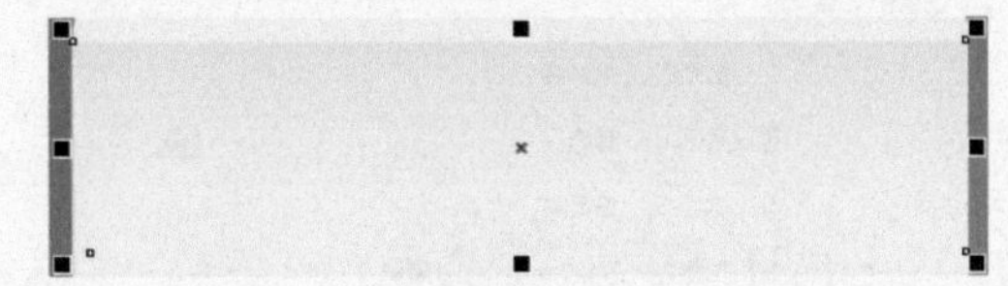

图11-14 绘制矩形并设置填充颜色

05 打开素材|Cha11 |【素材1.jpg】文件，选择图片进行复制并粘贴到场景中，调整其位置和大小，如图11-15所示。

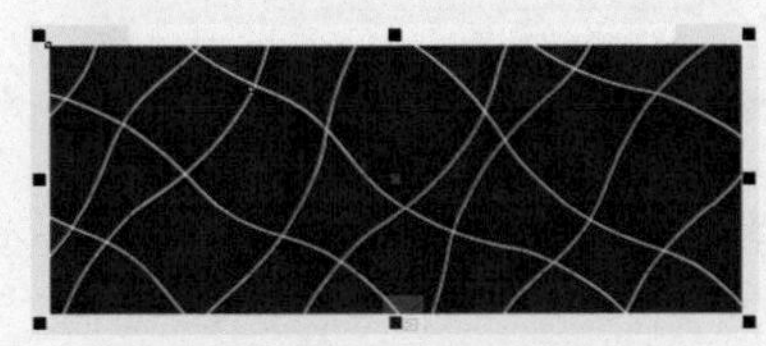

图11-15 导入素材文件

06 使用【手绘工具】中的【钢笔工具】，绘制如图11-16所示的三角形，并将其【填充颜色】的CMYK值设置为100、60、0、80，调整其位置和大小。

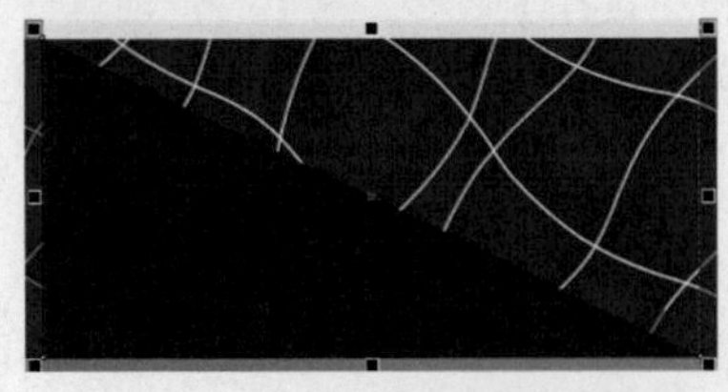

图11-16 绘制图形并填充颜色

07 选择素材1图片，单击鼠标右键，在弹出的快捷菜单中选择【PowerClip内部】命令，单击绘制的三角形内部，调整其位置和大小，完成后的效果如图11-17所示。

图11-17 设置完成后的效果

08 使用相同的方法绘制出相同的三角形，并将其水平镜像，完成后的效果如图11-18所示。

图11-18 镜像三角形

09 使用【钢笔工具】绘制出如图11-19所示的图形，并将其【填充颜色】的CMYK值设置为100、60、0、80，调整其位置和大小。

CENTRAL LIFE CITY

图11-19 绘制图形并设置填充颜色

10 使用【钢笔工具】绘制出如图11-20所示的图形，并将其【填充颜色】的CMYK值设置为100、60、0、80，调整其位置和大小。

56万m² | CBD中央生活城

图11-20 绘制图形并设置填充颜色

11 打开素材Cha11 |【素材2.jpg】文件，选择图片进行复制并粘贴到场景中，如图11-21所示。

12 使用【钢笔工具】，绘制如图11-22所示的图形，并将其【填充颜色】设置为100、60、0、80。打开素材|Cha11 |【素材1.jpg】文件，选择图片进行复制并粘贴到场景中。选择素材1图形，单击鼠标右键，在弹出的快捷菜单中选择【PowerClip内部】命令，单击绘制的图形内部。

图11-21 导入素材文件　　图11-22 绘制图形

13 使用【矩形工具】□，绘制一个【宽度】和【高度】都为11.5mm的矩形。按F12键激活【轮廓笔】对话框，

选择虚线，将【颜色】的CMYK值设置为0、0、0、70，调整其位置和大小，完成后的效果如图11-23所示。

14 复制上一步骤创建的矩形，调整其位置和大小，如图11-24所示。

图11-23 设置矩形的轮廓　　图11-24 复制矩形

15 使用同样的方法复制出其他矩形，调整其位置和大小，如图11-25所示。

16 使用【钢笔工具】，绘制如图11-26所示的图形，将【填充颜色】的RGB值设置为45、13、13，调整其位置和大小。

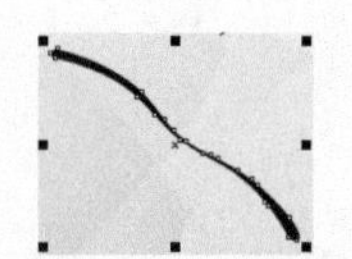

图11-25 复制其他矩形　　图11-26 绘制图形并设置填充颜色

17 使用【钢笔工具】，绘制如图11-27所示的图形，将【填充颜色】的RGB值在0%位置处设置为206、164、76，在13%位置处设置为203、167、81，在25%位置处设置为214、172、81，在36%位置处设置为237、195、96，在43%位置处设置为243、213、116，在49%位置处设置为240、205、108，在55%位置处设置为237、195、96，在64%位置处设置为220、175、84，在72%位置处设置为211、169、69，在79%位置处设置为223、180、81，在82%位置处设置为237、195、96，在87%位置处设置为243、214、108，在92%位置处设置为243、210、108，在96%位置处设置为239、199、101，在100%位置处设置为206、164、76，调整其位置和大小。

18 使用【钢笔工具】，绘制如图11-28所示的图形，将【填充颜色】的RGB值在0%位置处设置为177、124、17，在13%位置处设置为171、130、25，在25%位置处设置为195、142、29，在36%位置处设置为242、188、58，在43%位置处设置为253、226、100，在49%位置处设置为248、210、83，在55%位置处设置为242、188、58，在64%位置处设置为208、148、33，在72%位置处设置为188、134、3，在79%位置处设置为214、159、29，在82%位置处设置为242、188、58，在87%位置处设置为253、229、84，在92%位置处设置为253、220、84，在96%位置处设置为246、199、68，在100%位置处设置为177、124、17，调整其位置和大小。

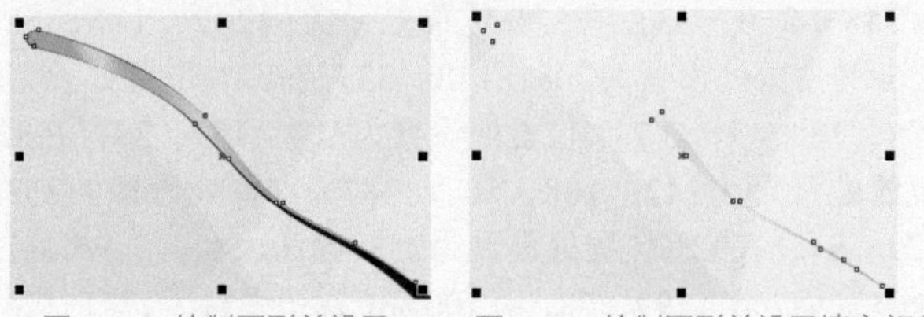

图11-27 绘制图形并设置填充颜色　　图11-28 绘制图形并设置填充颜色

19 使用【钢笔工具】，绘制如图11-29所示的图形，将【填充颜色】的CMYK值在0%位置处设置为0、7、34、24，在76%位置处设置为0、6、21、17，在100%位置处设置为0、5、18、17，调整其位置和大小。

20 使用【钢笔工具】，绘制如图11-30所示的图形，将【填充颜色】的CMYK值设置为13、35、39、1，为其添加透明度，调整其位置和大小。

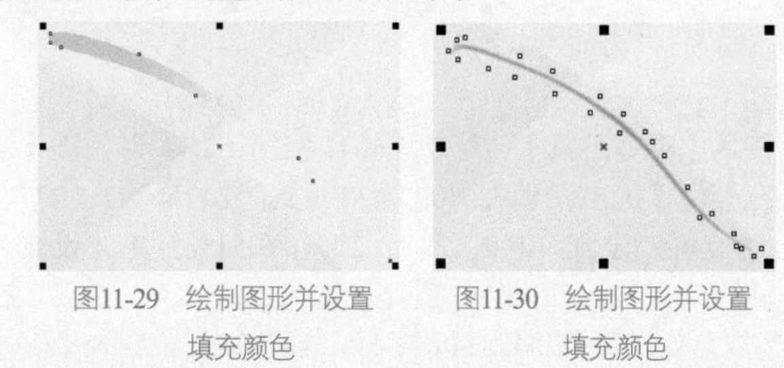

图11-29 绘制图形并设置填充颜色　　图11-30 绘制图形并设置填充颜色

21 使用【钢笔工具】，绘制如图11-31所示的图形，将【填充颜色】的CMYK值在0%位置处设置为0、4、41、0，在59%位置处设置为0、3、16、0，在100%位置处设置为0、0、0、0，调整其位置和大小。

22 使用【椭圆形工具】，绘制出如图11-32所示的图形，将【填充颜色】的CMYK设置为0、0、0、0，为其添加透明度，调整其位置和大小。

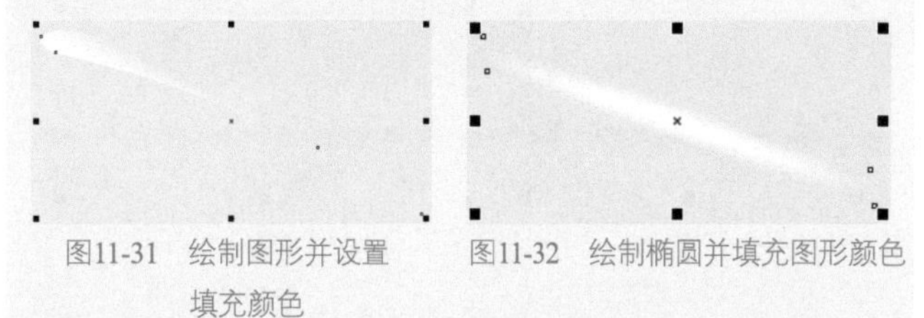

图11-31 绘制图形并设置填充颜色　　图11-32 绘制椭圆并填充图形颜色

23 使用【钢笔工具】，绘制如图11-33所示的图形，将【填充颜色】的CMYK值在0%位置处设置为60、40、0、40，在100%位置处设置为0、0、0、0，调整其位置和大小。

24 使用【钢笔工具】，绘制如图11-34所示的图形，将【填充颜色】的RGB值在0%位置处设置为177、124、17，在13%位置处设置为171、130、25，在25%位置处设

置为195、142、29，在36%位置处设置为242、188、58，在43%位置处设置为253、226、100，在49%位置处设置为248、210、83，在55%位置处设置为242、188、58，在64%位置处设置为208、148、33，在72%位置处设置为188、134、3，在79%位置处设置为214、159、29，在82%位置处设置为242、188、58，在87%位置处设置为253、229、84，在92%位置处设置为253、220、84，在96%位置处设置为246、199、68，在100%位置处设置为177、124、17，调整其位置和大小。

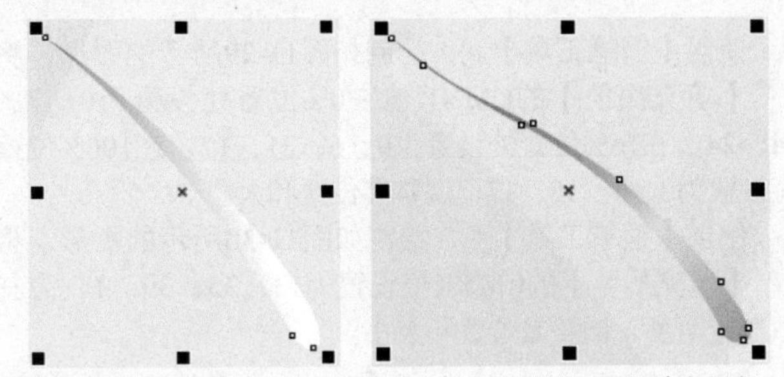

图11-33　绘制图形并设置填充颜色　　图11-34　绘制图形并设置填充颜色

25 使用【钢笔工具】，绘制如图11-35所示的图形，将【填充颜色】的RGB值在0%位置处设置为242、241、237，在22%位置处设置为240、237、225，在51%位置处设置为251、245、212，在78%位置处设置为253、247、222，在100%位置处设置为254、249、235，调整其位置和大小。

26 使用【钢笔工具】，绘制如图11-36所示的图形，将【填充颜色】的CMYK值设置为19、29、33、4，为其添加透明度，调整其位置。

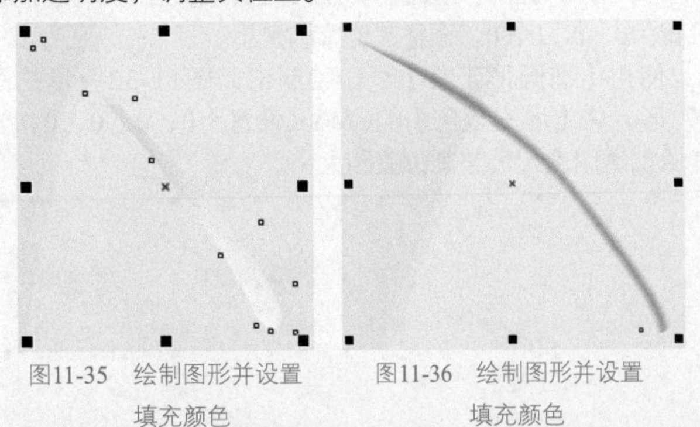

图11-35　绘制图形并设置填充颜色　　图11-36　绘制图形并设置填充颜色

27 将第16步骤至第27步骤绘制的图形进行组合，调整其位置，完成后的效果如图11-37所示。

28 使用【钢笔工具】，绘制如图11-38所示的图形，并将其【填充颜色】设置为100、60、0、80。打开素材 | Cha11 |【素材1.jpg】文件，选择图片进行复制并粘贴到场景中，选择素材1图形单击鼠标右键，在弹出的快捷菜单中选择【PowerClip内部】命令，单击绘制的图形内部。

29 使用【矩形工具】，绘制一个【宽度】、【高度】都为11.5mm的矩形。按F12键激活【轮廓笔】对话框，将【颜色】的CMYK值设置为0、0、0、70，将【宽度】设置为0.15mm，将【样式】设置为虚线，调整其位置，完成后如图11-39所示。

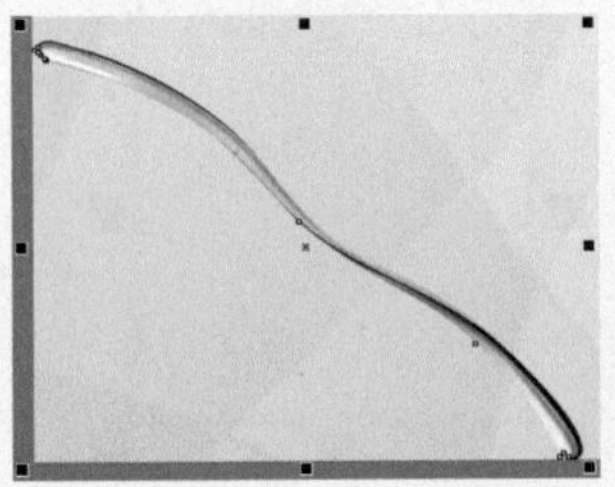

图11-37　组合对象并调整位置

图11-38　设置完成后的效果

30 复制上一步骤创建的矩形，调整其位置和大小，完成后的效果如图11-40所示。

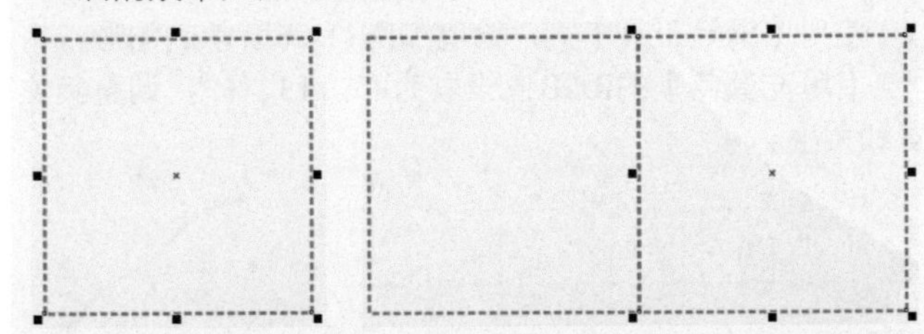

图11-39　设置矩形的轮廓　　图11-40　复制矩形并进行调整

31 打开素材 | Cha11 |【LOGO设计.jpg】素材文件，选择图片进行复制并粘贴到场景中，调整其位置和大小，完成后的效果如图11-41所示。

图11-41　导入LOGO

32 使用【文字工具】，输入“地址： 山东省青岛市共青团路1668号 | 投资商: 山东利东房地产职业有限公司”，将【字体】设置为微软雅黑，将【字体大小】分别设置为2pt和3.6pt，将字体的【填充颜色】的CMYK值设置为100、60、0、80，调整其位置和大小，完成后的效果如图11-42所示。

地址：山东省青岛市共青团路1668号 | 投资商：山东利东房地产职业有限公司

图11-42　输入文字并进行设置

33 使用【文字工具】字，输入“客服专线： 400-588-36699 | E-mail：nanyuanliduchenxi@163.com”，将【字体】设置为微软雅黑，将【字体大小】分别设置为2pt和3.6pt，将字体的【填充颜色】的CMYK值设置为100、60、0、80，调整其位置和大小，完成后的效果如图11-43所示。

图11-43　输入文字并进行设置

34 复制第9步骤创建的图形并将其旋转90°，调整其位置，如图11-44所示。

35 复制第10步骤创建的图形并将其旋转90°，调整其位置，如图11-45所示、

图11-44　旋转图形对象 　　图11-45　旋转图形对象

 11.3 工作证设计

本案例将介绍如何制作工作证，该案例首先制作工作证的包装封皮，然后制作工作证的背景，设计其结构内容，输入相应的文本信息，以及导入LOGO素材。在制作过程中主要用到的工具有【钢笔工具】和【文本工具】，完成后的效果如图11-46所示。

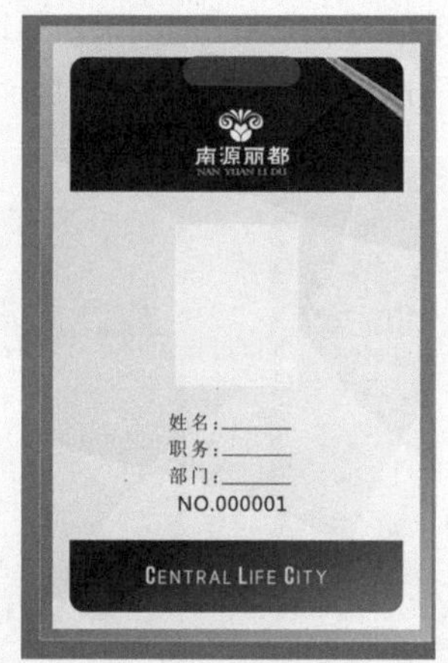

图11-46　工作证

01 启动软件后，按Ctrl+N组合键，弹出【创建新文档】对话框，将【宽度】和【高度】分别设为300mm和200mm，【渲染分辨率】设置为300dpi，如图11-47所示。

02 在工具箱中双击【矩形工具】创建与文档大小一样的矩形，并将其【填充颜色】的CMYK值在0%位置处设置为69、60、57、7，在100%位置处设置为52、43、40、0，将【类型】设置为【椭圆形渐变填充】，如图11-48所示。

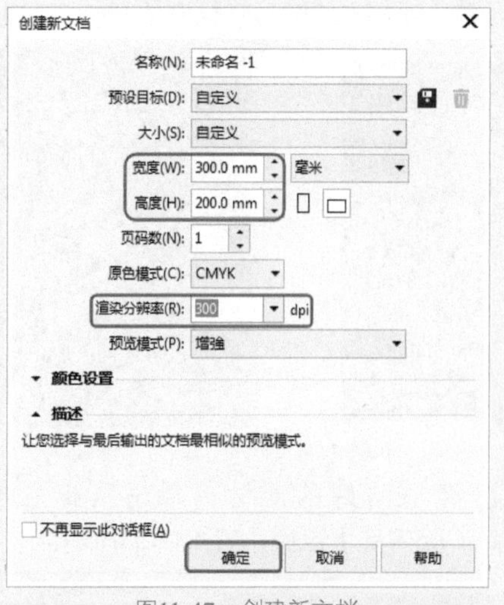

图11-47　创建新文档

图11-48　设置渐变颜色

03 使用【矩形工具】，绘制一个【宽度】和【高度】分别为67mm和102mm的矩形。按F12键激活【轮廓笔】对话框，将【颜色】的CMYK值设置为20、7、9、0，如图11-49所示。

04 打开素材 | Cha11 | 【素材2.cdr】素材文件，选择图片进行复制并粘贴到场景中，调整其位置和大小，如图11-50所示。

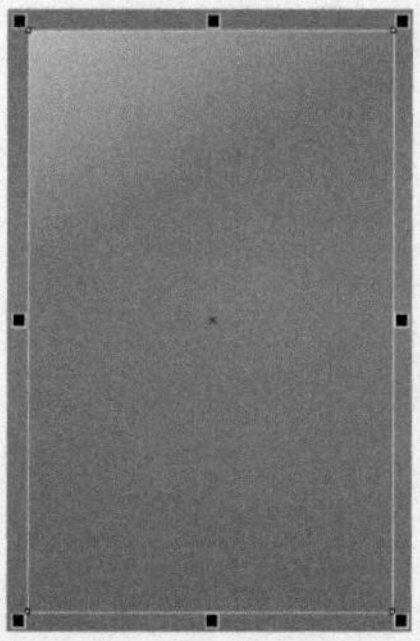

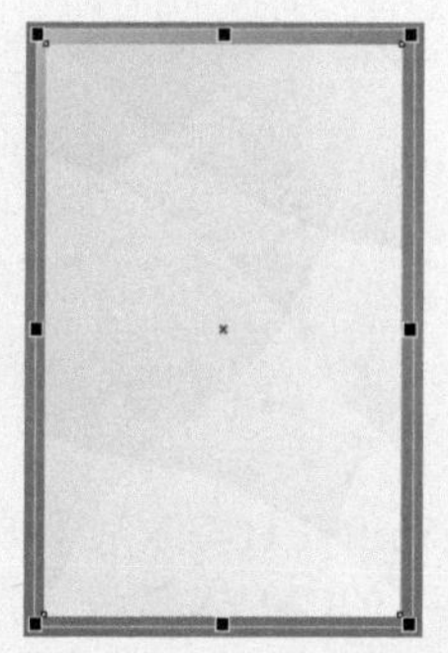

图11-49　设置轮廓的颜色　　图11-50　导入素材文件

05 打开素材 | Cha11 | 【素材3.cdr】 素材文件，选择图片复制并粘贴到场景中，调整其位置和大小，如图11-51

所示。

06 使用【钢笔工具】，绘制如图11-52所示的图形，为了便于观察，我们先将图形外轮廓的颜色设置为红色。

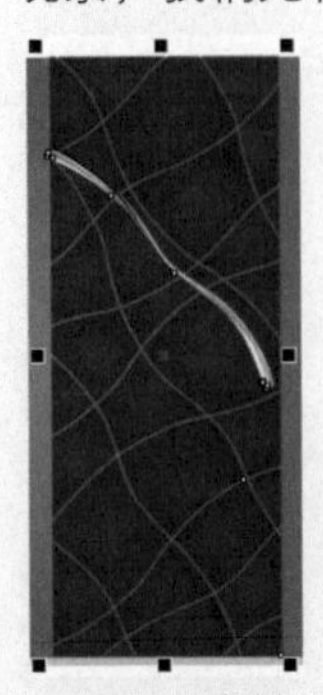

图11-51 导入素材文件

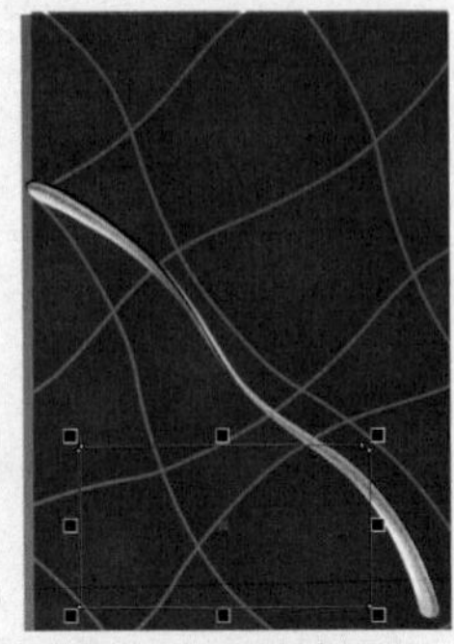

图11-52 绘制图形

07 选择已经粘贴好的素材，单击鼠标右键，选择【PowerClip内部】选项，如图11-53所示。

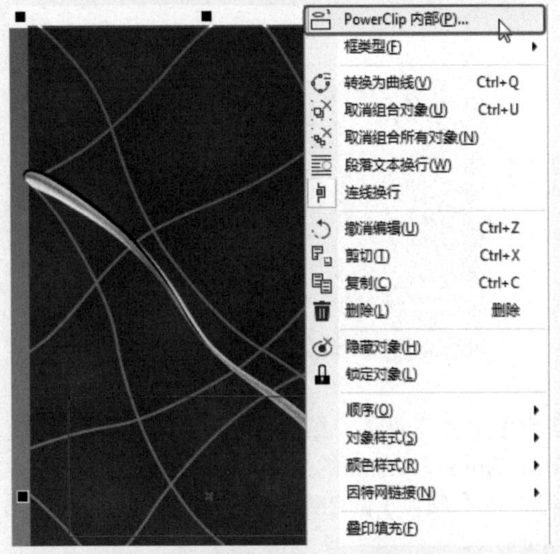

图11-53 选择【PowerClip内部】选项

08 单击绘制好的图形内部，完成后的效果如图11-54所示。

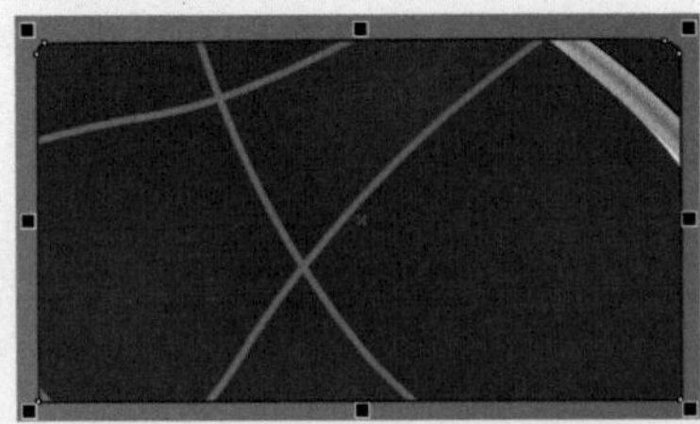

图11-54 完成后的效果

09 按Shift+F11键激活【编辑填充】对话框，将【填充颜色】的CMYK值设置为100、60、0、80，如图11-55所示。

10 按F12键激活【轮廓笔】对话框，将【颜色】设置为黑色（0、0、0、100），将【宽度】设置为0.2mm，单击【确定】按钮，如图11-56所示。

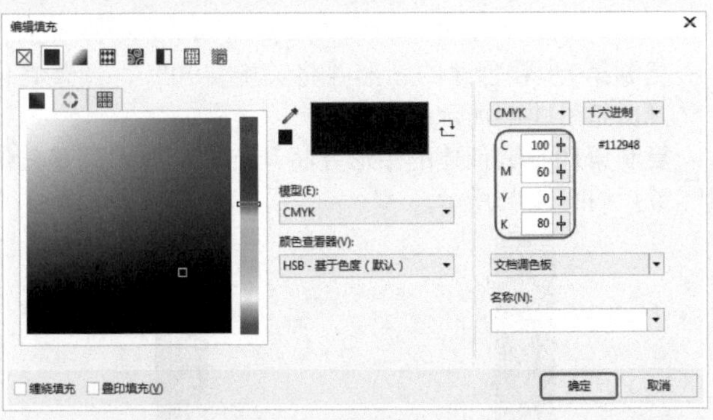

图11-55 设置填充颜色

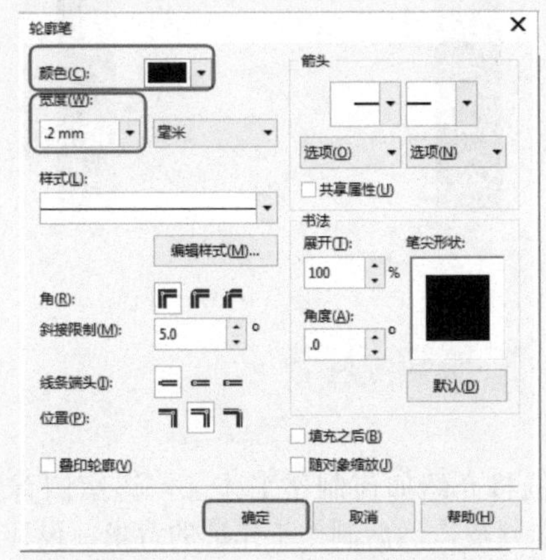

图11-56 设置轮廓颜色

11 使用【矩形工具】□，绘制出【宽度】和【高度】分别为21mm和27mm的矩形，将【填充颜色】的CMYK值设置为0、0、0、10，完成后的效果如图11-57所示。

12 使用同样的方法制作出矩形，如图11-58所示。

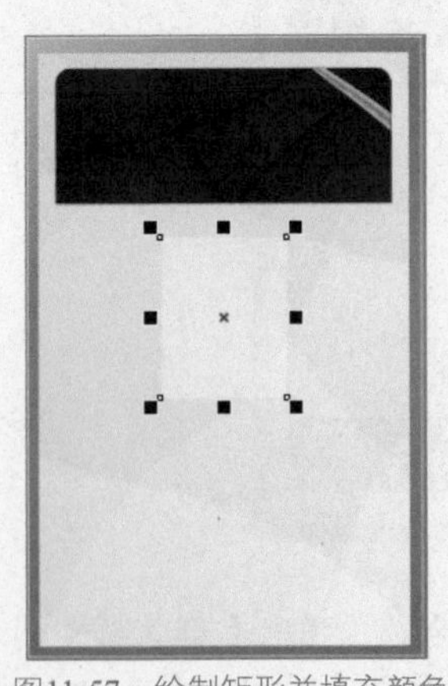

图11-57 绘制矩形并填充颜色

图11-58 绘制矩形并填充颜色

13 按Shift+F11组合键激活【编辑填充】对话框，将【填充颜色】的CMYK值设置为100、60、0、80，单击【确定】按钮，如图11-59所示。

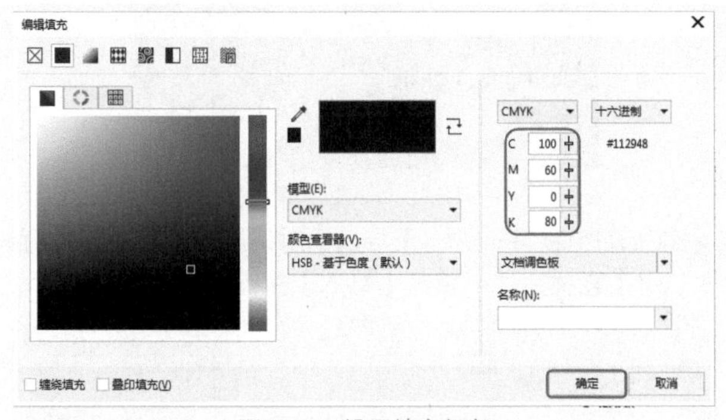

图11-59 设置填充颜色

14 按F12键激活【轮廓笔】对话框，将【颜色】设置为深蓝色（100、60、0、80），将【宽度】设置为0.15mm，单击【确定】按钮，如图11-60所示。

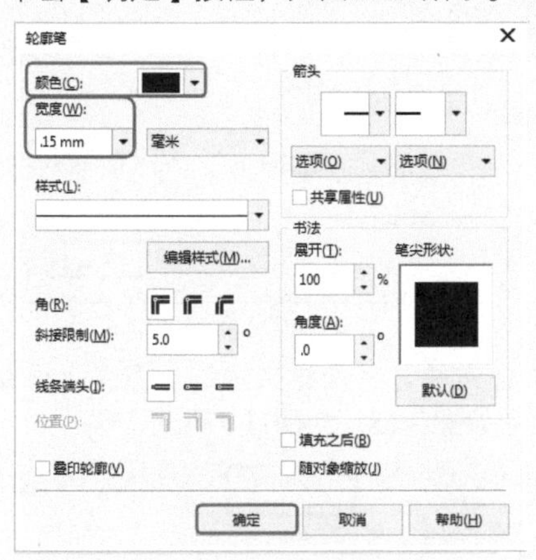

图11-60 设置轮廓颜色

15 选择已经设置好的图形，为其添加【透明度】，如图11-61所示。

16 按F8键激活【文本工具】字，在场景中输入“姓名：职务：部门：”，将【字体】设置为宋体，将【字体大小】设置为9pt，将字体的【填充颜色】的CMYK值设置为100、60、0、80。在【文本属性】泊坞窗中将字体的【行间距】设置为140，将【字符间距】设置为30，使用【钢笔工具】，绘制3条线段，并填充相同的颜色，如图11-62所示。

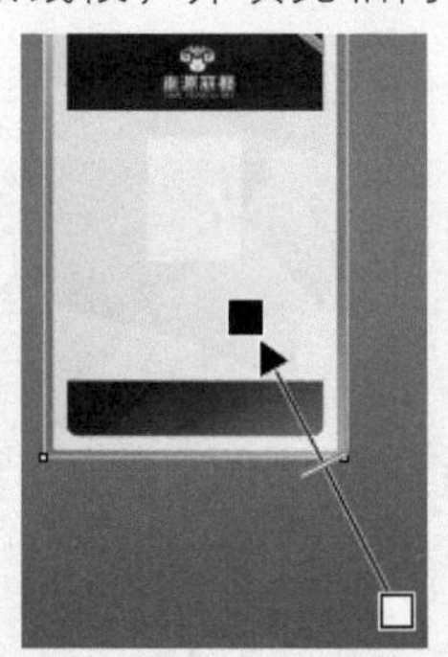

图11-61 添加透明度

图11-62 输入文本并绘制线段

17 按F8键激活【文本工具】字，在场景中输入“NO.000001”，将【字体】设置为微软雅黑，将【字体大小】设置为9pt，将字体的【填充颜色】的CMYK值设置为100、60、0、80，如图11-63所示。

18 使用【矩形工具】□，绘制一个【宽度】和【高度】分别为20mm和5mm的矩形，在属性栏中设置【圆角】为3.2mm，将【填充颜色】设置为82、65、62、21，如图11-64所示。

图11-63 输入文本

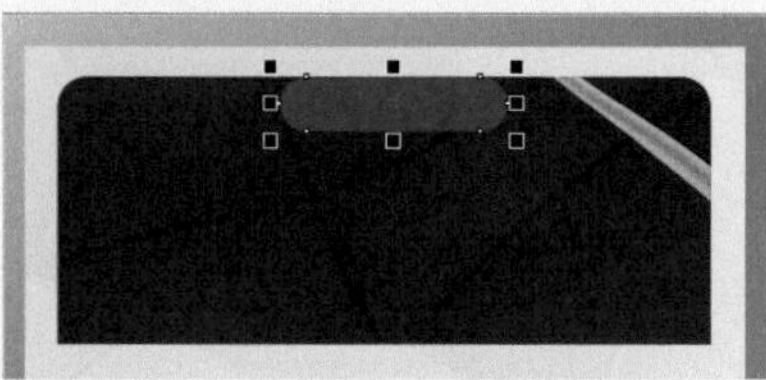

图11-64 绘制矩形并设置填充颜色

19 打开素材|Cha11|【LOGO设计.cdr】文件，选择图片进行复制并粘贴到场景中，调整其位置和大小，完成后的效果如图11-65所示。

图11-65 导入素材logo

20 使用【矩形工具】□，绘制出如图11-66所示的图形，将【填充颜色】的CMYK值设置为30、0、15、0。

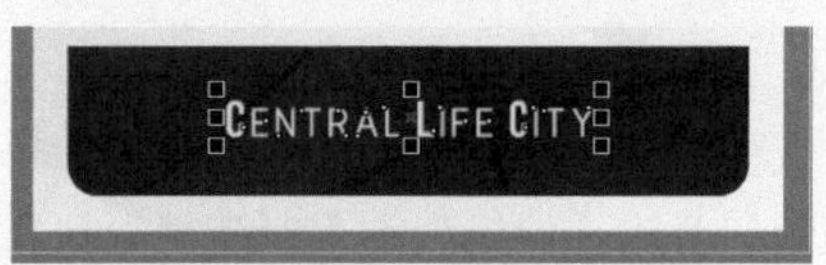

图11-66 绘制图形并填充颜色

11.4 名片设计

本案例将介绍如何制作名片，首先使用【矩形工具】确定名片的大小，然后使用【钢笔工具】和【文本工具】填充名片，最后导入图片完成名片的制作，完成后的效果如图11-67所示。

图11-67 名片设计

01 按Ctrl+N组合键，弹出【创建新文档】对话框，将【名称】设置为【名片设计】，将【宽度】和【高度】分别设置为180、60，如图11-68所示。

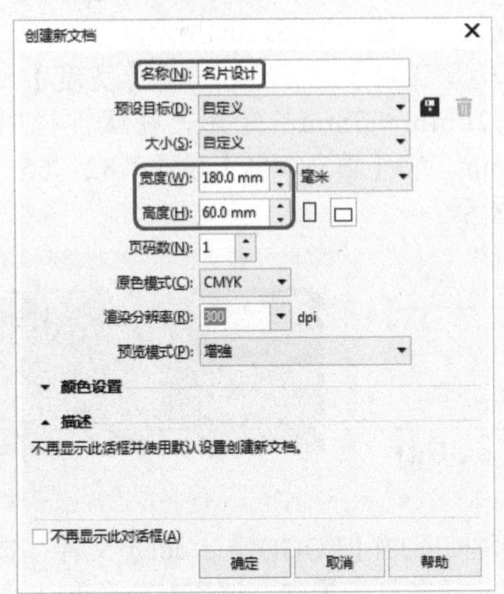

图11-68 创建新文档

02 单击【确定】按钮，使用【矩形工具】，绘制【宽度】为180，【高度】为60的矩形，如图11-69所示。

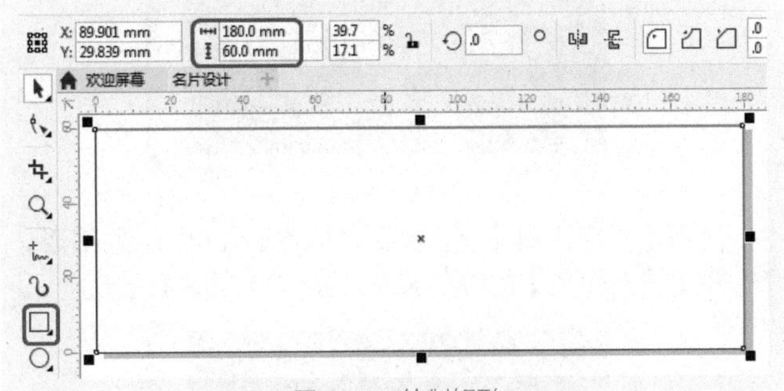

图11-69 绘制矩形

03 按F11键，弹出【编辑填充】对话框，选择左侧的节点，将颜色值设置为#676969，选择右侧的节点，将颜色值设置为#8F8F8F，将【类型】设置为【椭圆形渐变填充】，如图11-70所示。

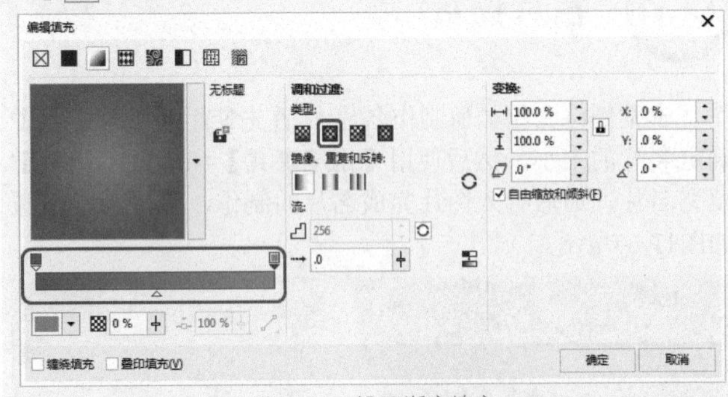

图11-70 设置渐变填充

04 单击【确定】按钮，将【轮廓颜色】设置为无，如图11-71所示。

图11-71 设置轮廓颜色

05 按Ctrl+I组合键，弹出【导入】对话框，选择【名片背景1.cdr】素材文件，单击【导入】按钮，如图11-72所示。

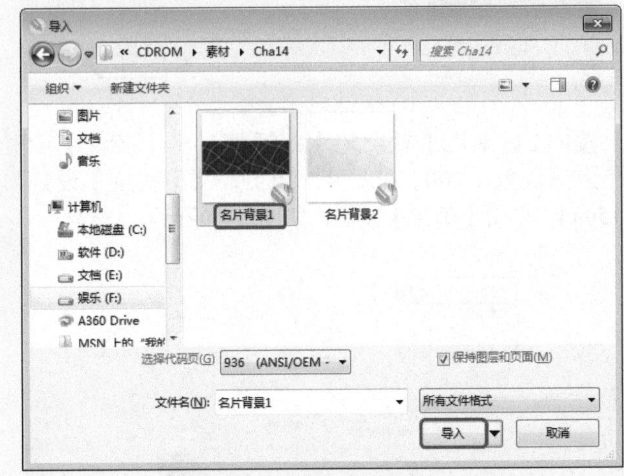

图11-72 导入素材文件

06 导入素材文件，将素材文件的【宽度】设置为180，【高度】设置为68，如图11-73所示。

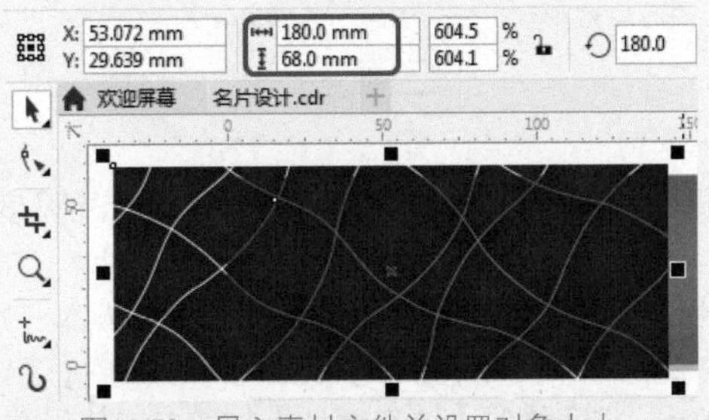

图11-73 导入素材文件并设置对象大小

07 使用【矩形工具】，绘制【长度】为80，【宽度】为45的矩形，如图11-74所示。

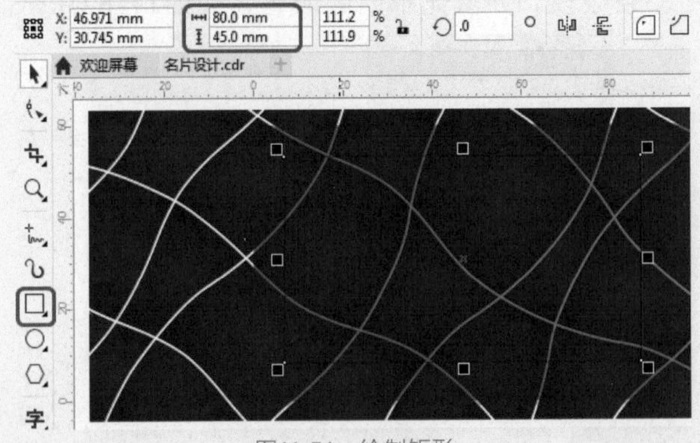

图11-74 绘制矩形

08 选择导入的素材文件，单击鼠标右键，在弹出的快捷菜单中选择【PowerClip内部】选项，如图11-75所示。

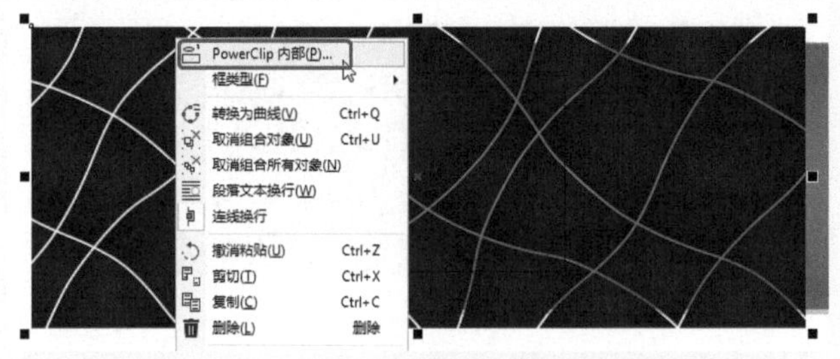

图11-75　选择【PowerClip内部】选项

09 当鼠标变为箭头形状时，单击上一步绘制的矩形，如图11-76所示。

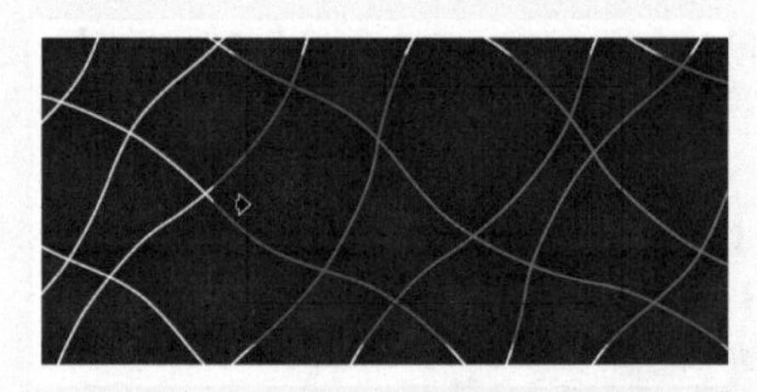

图11-76　选择矩形

10 将轮廓设置为无，设置完成后的效果如图11-77所示。

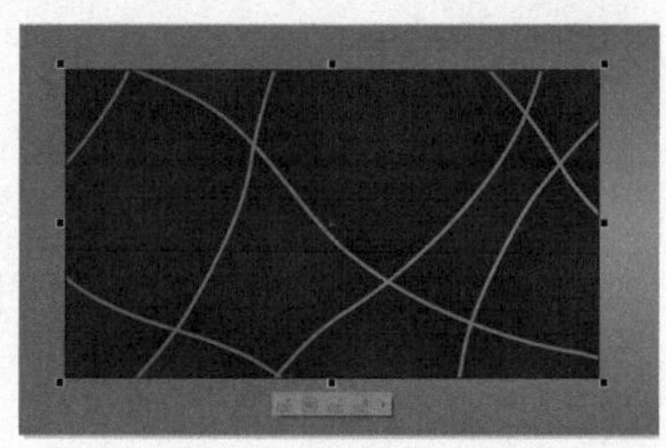

图11-77　完成后的效果

11 使用【文本工具】字，输入文本“CENTRAL LIFE CITY”，将【字体】设置为方正综艺简体，将【字体大小】设置为8pt，将颜色设置为白色，如图11-78所示。

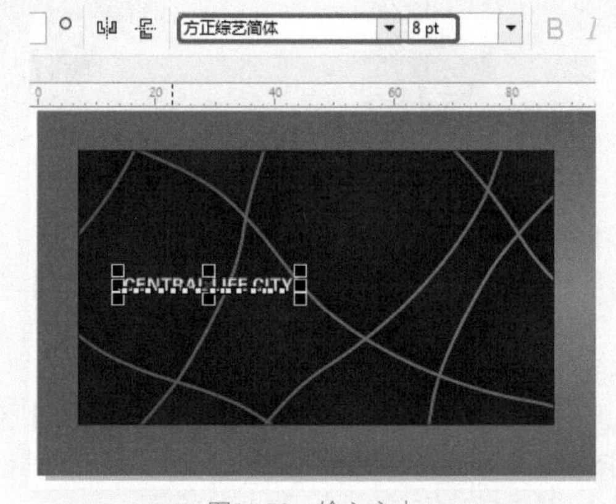

图11-78　输入文本

12 继续使用【文本工具】字，输入文本，将【字体】设置为方正美黑简体，将【字体大小】设置为7pt，将颜色设置为白色，如图11-79所示。

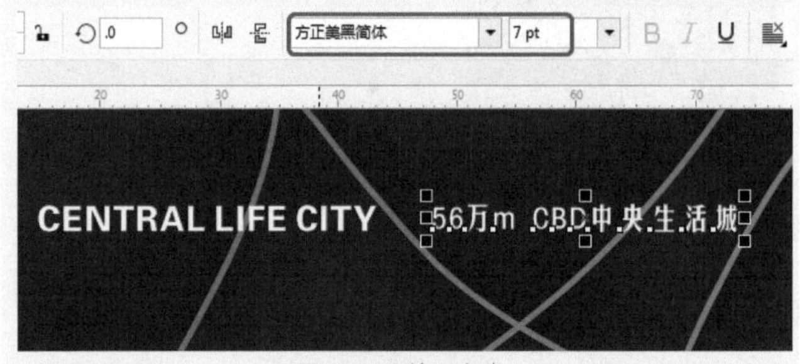

图11-79　输入文本

13 使用【文本工具】字，输入文字【2】，将【字体】设置为Arial，将【字体大小】设置为2.5 pt，使用【钢笔工具】，绘制【高度】为2mm的直线，将【轮廓宽度】设置为细线，将颜色设置为白色，如图11-80所示。

图11-80　输入文本并绘制线段

14 使用【阴影工具】，对绘制的名片添加阴影，将阴影的不透明度设置为20，如图11-81所示。

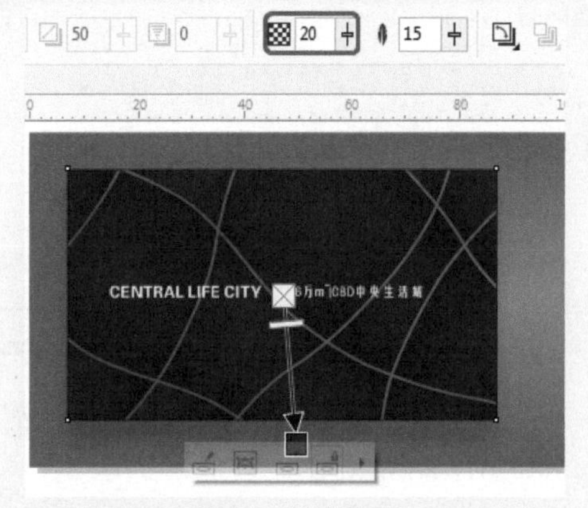

图11-81　设置阴影

15 将素材|Cha11|【名片背景2.cdr】素材文件导入至文档中，如图11-82所示。

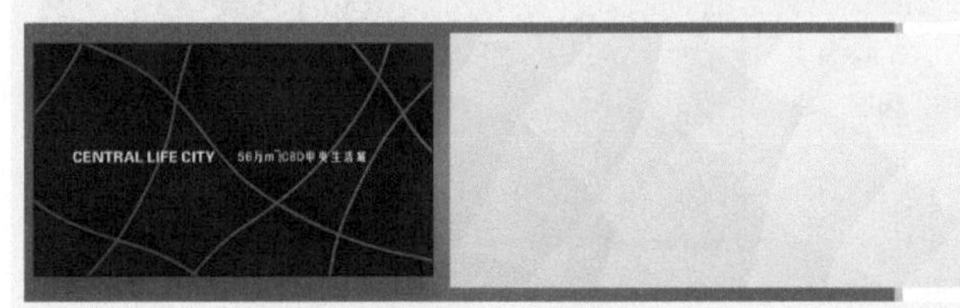

图11-82　导入素材文件

16 使用【矩形工具】□，绘制【宽度】为80、【高度】为45的矩形，如图11-83所示。

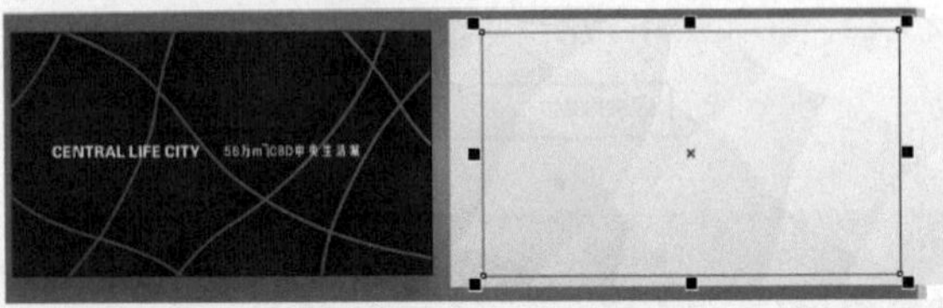

图11-83　绘制矩形

17 选择导入的素材文件，单击鼠标右键，在弹出的快捷菜单中选择【PowerClip内部】选项，当鼠标变为黑色箭头时，单击绘制的矩形，将【轮廓】设置为无，设置完成后的效果如图11-84所示。

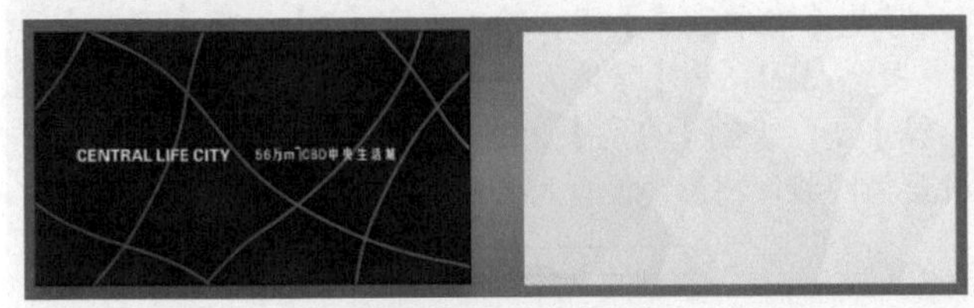

图11-84　制作名片背景

18 导入绘制好的LOGO标志，在调色板上右击☒按钮，将LOGO标志的轮廓去除，然后调整LOGO的大小，取消LOGO编组，选择A、A、D字上的白色图形，将颜色值设置为0、5、15、10，如图11-85所示。

图11-85　导入logo标志

19 导入【名片背景1.cdr】素材文件，调整对象的大小和位置，如图11-86所示。

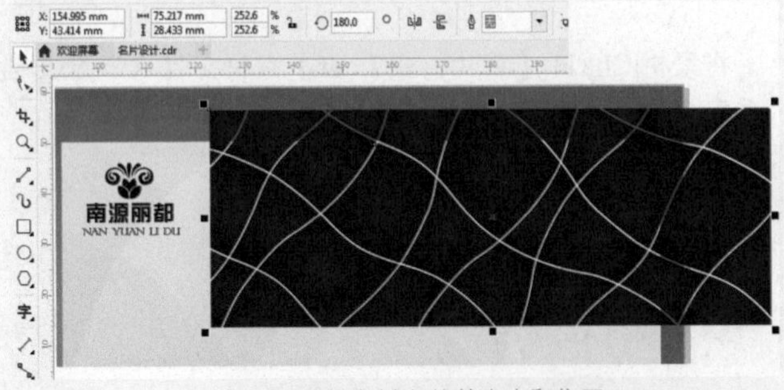

图11-86　调整素材文件的大小和位置

20 使用【钢笔工具】🖋，绘制如图11-87所示的图形，将CMYK值设置为100、55、0、75，将【轮廓】设置为无。

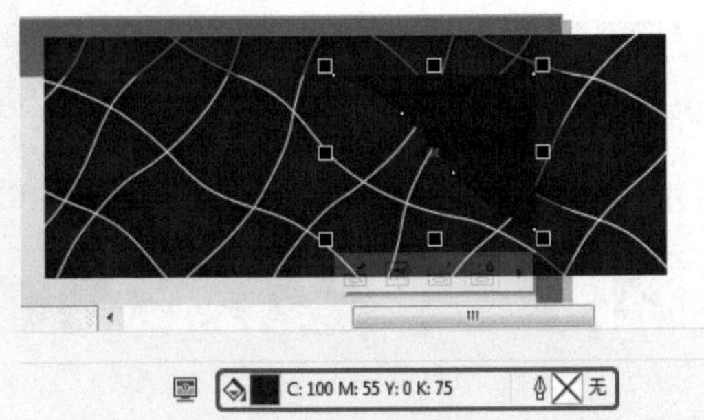

图11-87　设置图形的颜色和轮廓

21 选中导入的背景素材文件，单击鼠标右键，在弹出的快捷菜单中选择【PowerClip内部】选项，当鼠标变为黑色箭头时，单击绘制的三角形，设置完成后的效果如图11-88所示。

22 导入【装饰.cdr】素材文件，导入素材文件，如图11-89所示。

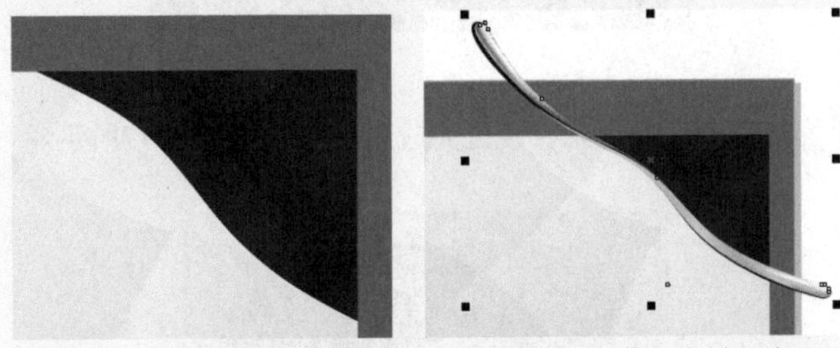

图11-88　设置完成后的效果　　图11-89　导入素材文件

23 单击鼠标右键，在弹出的快捷菜单中选择【PowerClip内部】选项，当鼠标变为黑色箭头时，单击如图11-90所示的图形对象。

24 设置完成后的效果如图11-91所示。

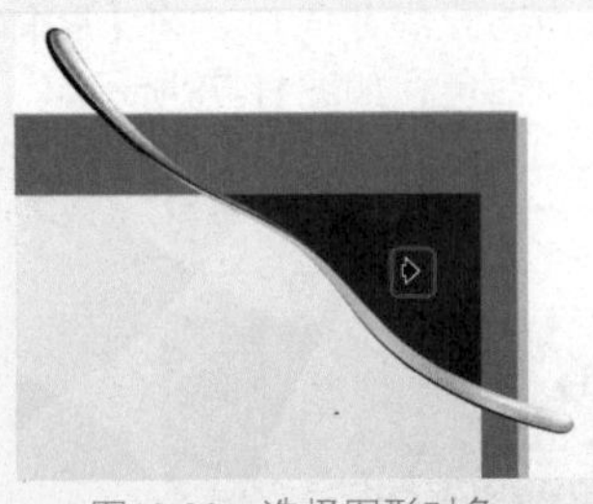

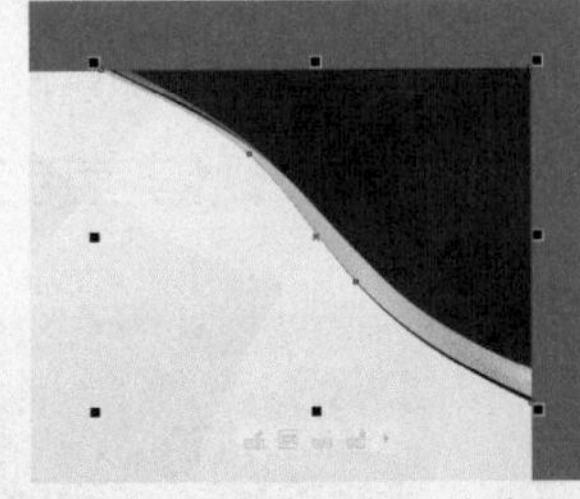

图11-90　选择图形对象　　图11-91　设置完成后的效果

25 使用【文本工具】字，输入文字，将【字体】设置为微软雅黑，将【字号】设置为4pt，将CMYK值设置为100、60、0、80，如图11-92所示。

26 使用【文本工具】字，输入文字，将【字体】设置为黑体，分别设置【字体大小】为4.5pt和11pt，将CMYK值设置为100、60、0、80，如图11-93所示。

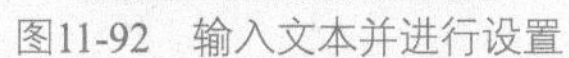

图11-92 输入文本并进行设置

图11-93 输入文本

27 使用【文本工具】字，将【字体】设置为Adobe Gothic Std B，将【字体大小】设置为8pt，将CMYK值设置为100、60、0、80，如图11-94所示。

图11-94 输入文字

28 使用同样的方法，输入其他的文本，如图11-95所示。

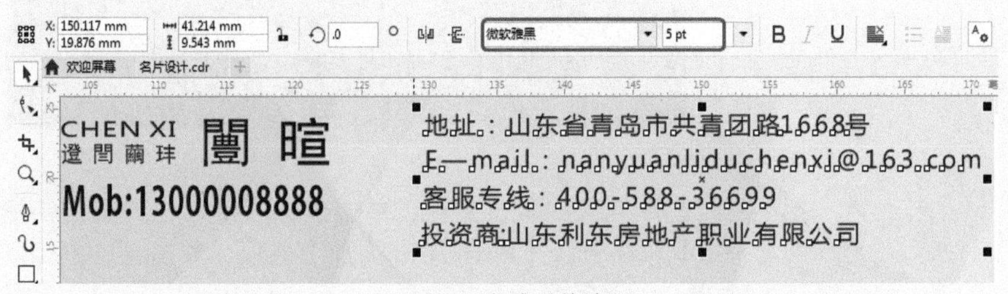

图11-95 完成后的效果

29 使用【阴影工具】，为名片背景添加阴影，如图11-96所示。

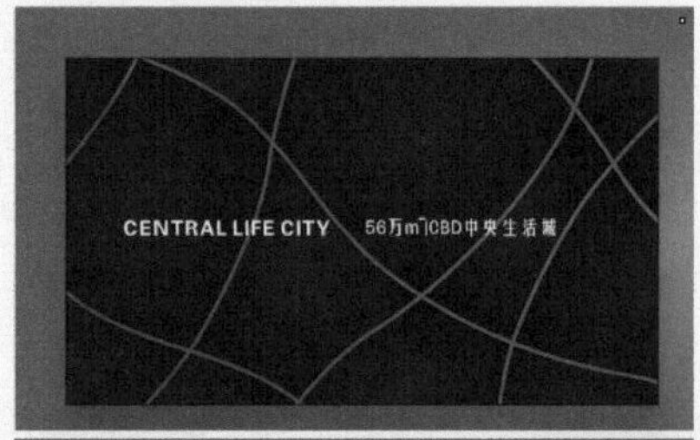

图11-96 添加阴影

11.5 会员卡

本案例将介绍如何制作会员卡，首先绘制矩形，使用【编辑填充】填充名片，然后使用【PowerClip内部】命令，将背景置入矩形内部，然后输入文本，最终完成如图11-97所示。

图11-97 会员卡

01 按Ctrl+N组合键，弹出【创建新文档】对话框，将【名称】设置为“会员卡”，将【宽度】和【高度】分别设置为100mm和110mm，如

图11-98所示。

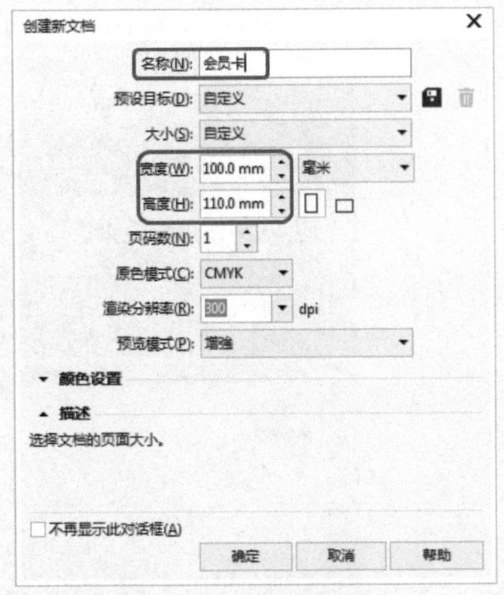

图11-98 创建新文档

02 单击【确定】按钮，使用【矩形工具】□，将【宽度】和【高度】分别设置为100mm和110mm，如图11-99所示。

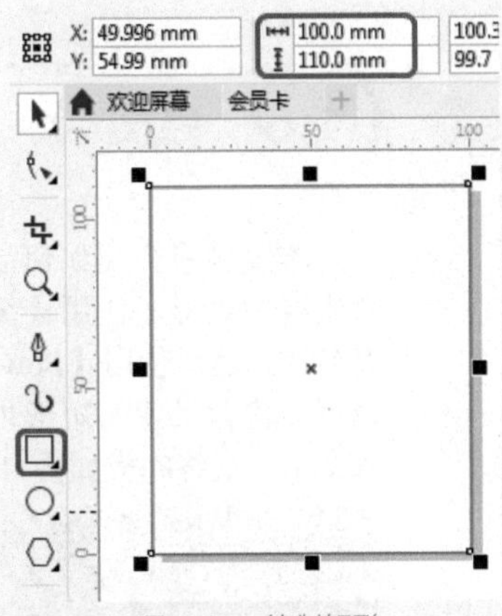

图11-99 绘制矩形

03 按F11键，弹出【编辑填充】对话框，选择左侧的节点，将颜色值设置为#676969，选择右侧的节点，将颜色值设置为#8F8F8F，将【类型】设置为【椭圆形渐变填充】▧，如图11-100所示。

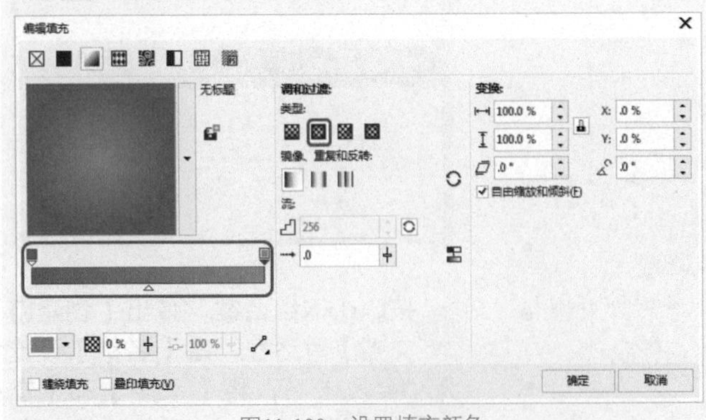

图11-100 设置填充颜色

04 单击【确定】按钮，将【轮廓颜色】设置为无，效果如图11-101所示。

图11-101 填充颜色后的效果

05 将素材|Cha11|【名片背景1.cdr】素材文件导入至文档中，调整素材文件的大小及位置，如图11-102所示。

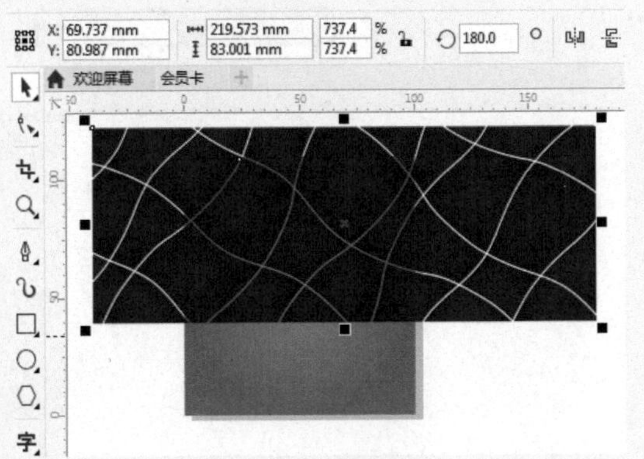

图11-102 导入素材文件

06 使用【矩形工具】□，将【宽度】和【高度】分别设置为85和47，将【转角半径】设置为2，将【填充颜色】设置为黑色，将【轮廓颜色】设置为无，如图11-103所示。

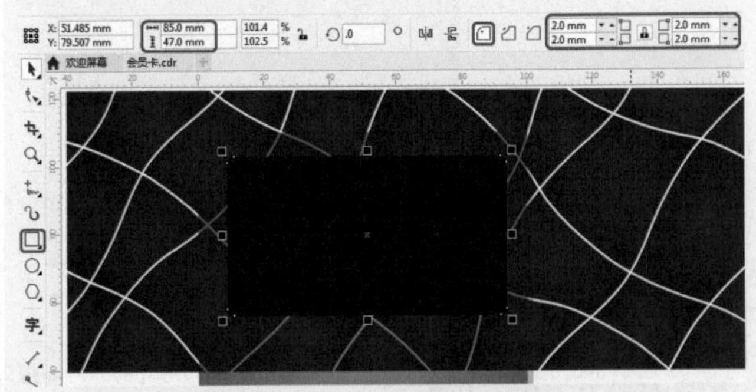

图11-103 设置填充颜色

07 选择导入的素材文件，单击鼠标右键，在弹出的快捷菜单中选择【PowerClip内部】选项，单击创建的矩形对象，设置完名片后的效果如图11-104所示。

图11-104 设置完成后的效果

08 导入【装饰】素材文件，调整其位置，如图11-105所示。

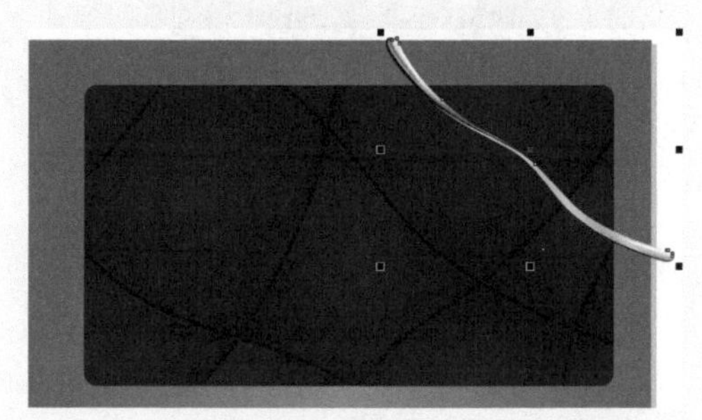

图11-105 导入素材文件

09 单击鼠标右键，在弹出的快捷菜单中选择【Power Clip内部】选项，单击创建的名片对象，如图11-106所示。

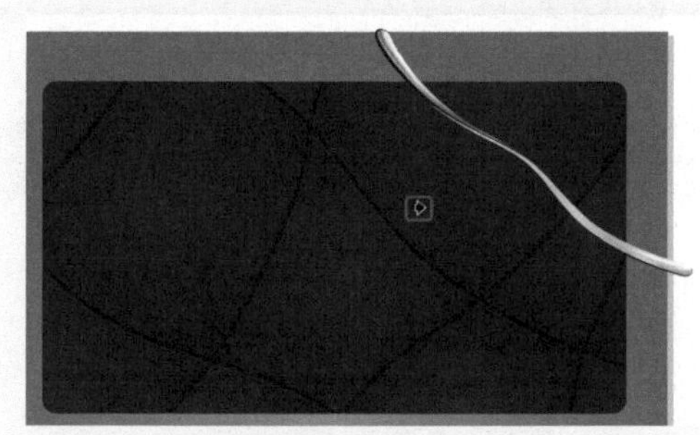

图11-106 选择名片对象

10 设置完成后的效果如图11-107所示。

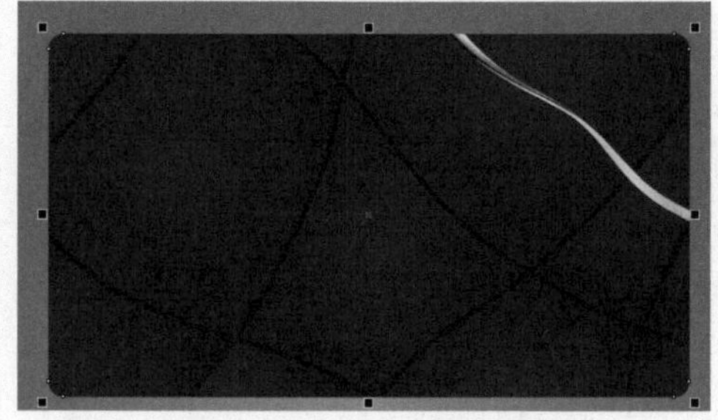

图11-107 完成后的效果

11 导入绘制好的LOGO，将【轮廓颜色】设置为无，然后按Shift+F11组合键，弹出【编辑填充】对话框，将CMYK值设置为5、7、15、0，如图11-108所示。

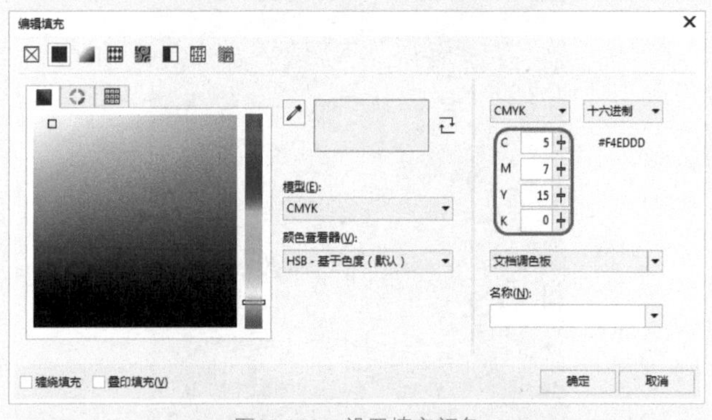

图11-108 设置填充颜色

12 单击【确定】按钮，调整LOGO的大小和位置，如图11-109所示。

图11-109 调整LOGO的大小和位置

13 将LOGO取消编组，选择字母A、A、D上的图形对象，将CMYK颜色值设置为100、52、0、69，如图11-110所示。

图11-110 设置颜色

14 使用【文本工具】字，输入文本，将【字体】设置为微软雅黑，将【字体大小】设置为8pt，将字体的CMYK值设置为5、7、15、0，如图11-111所示。

图11-111 输入文本

15 使用【钢笔工具】，绘制如图11-112所示的文字对象，然后选择绘制的对象，按Ctrl+L组合键，将对象进行合并，这里为了便于观察，我们先将【轮廓颜色】设置为白色。

图11-112 绘制文本

16 将对象的CMYK值设置为5、7、15、0，将【轮廓颜色】设置为无，如图11-113所示。

图11-113 设置填充颜色和轮廓颜色

17 使用【阴影工具】，为会员卡添加阴影效果，如图11-114所示。

18 使用同样的方法，制作如图11-115所示的图形对象，并为其添加阴影效果。

图11-114 添加阴影效果

图11-115 制作会员卡背面

19 使用【文本工具】，输入文本，将【字体大小】设置为5pt，如图11-116所示。

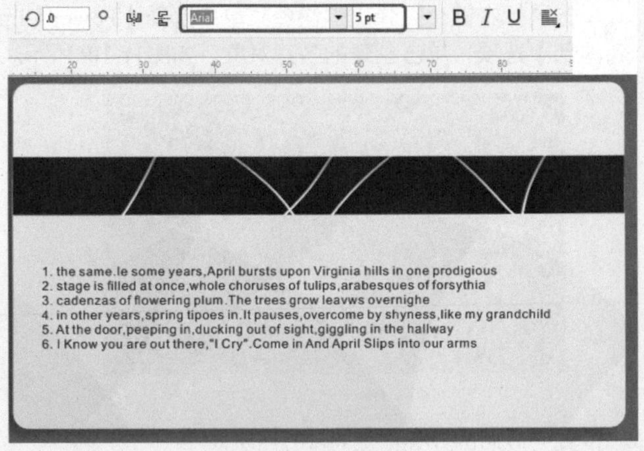

图11-116 输入文字

11.6 档案袋设计

本案例将介绍如何制作档案袋，使用【矩形工具】绘制圆角矩形，确定档案袋的大小，为绘制的矩形填充颜色，然后使用【钢笔工具】和【表格工具】绘制图形，最后调整导入素材的位置和大小，完成后的效果如图11-117所示。

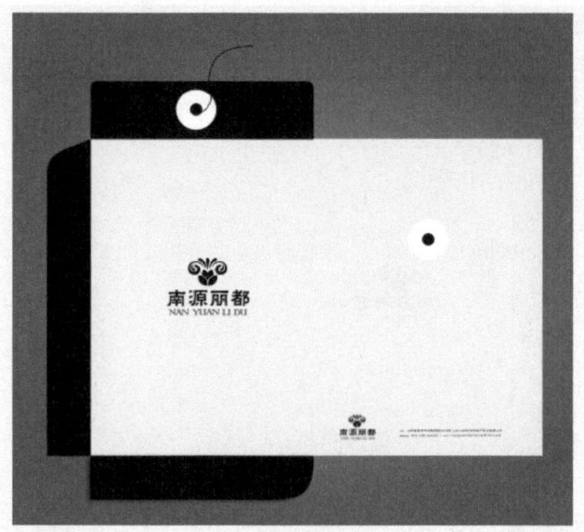

图11-117 档案袋设计

01 按Ctrl+N组合键，在弹出的【创建新文档】对话框中，将【名称】设置为档案袋设计，将【宽度】和【高度】分别设置为453mm和350mm，如图11-118所示。

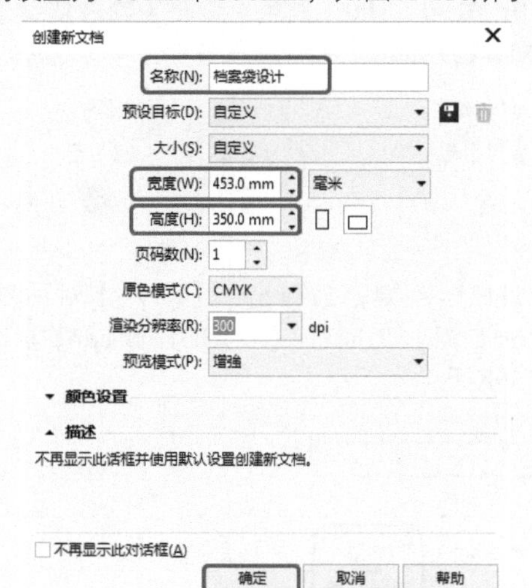

图11-118　创建文档

02 单击【确定】按钮，在工具箱中双击【矩形工具】□，创建一个与文档大小一样的矩形，如图11-119所示。

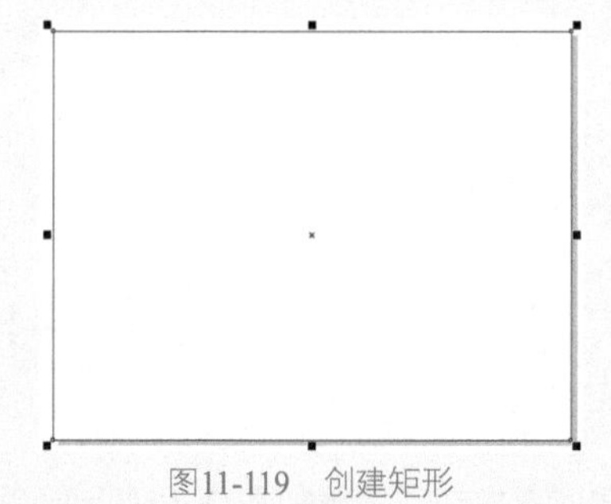
图11-119　创建矩形

03 按F11键弹出【编辑填充】对话框，将第一个节点颜色的CMYK值设置为69、60、57、7，第二个节点颜色的CMYK值设置为52、43、40、0，将【调和过渡】中的类型设置为【椭圆形渐变填充】▣，如图11-120所示。

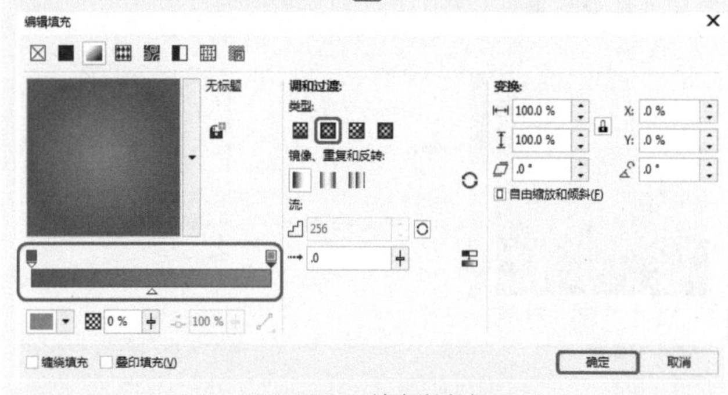

图11-120　填充渐变色

04 单击【确定】按钮，效果如图11-121所示。

图11-121　填充后的效果

05 利用【矩形工具】□绘制出一个【宽度】为155mm，【高度】为211mm的矩形，然后按+号键进行复制，并调整到相应的位置，如图11-122所示。

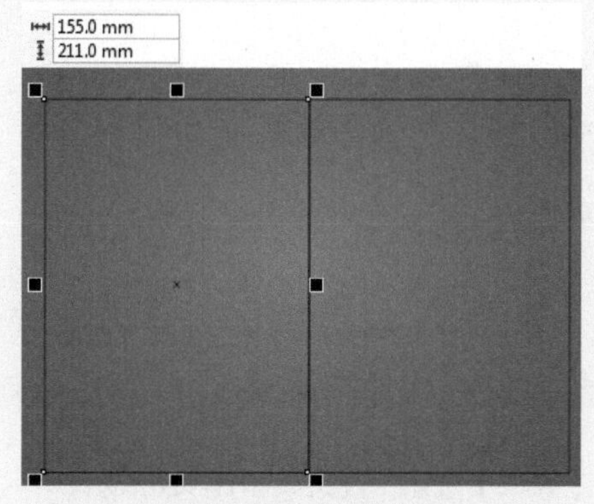

图11-122　绘制矩形

06 同时选中两个矩形，按F11键弹出【编辑填充】对话框，将颜色的CMYK值设置为5、7、15、0，如图11-123所示。

07 单击【确定】按钮，并将其【轮廓宽度】设置为无，效果如图11-124所示。

08 按Ctrl+I组合键，在弹出的【导入】对话框中选择素材|Cha11|【LOGO设计.cdr】素材文件，如图11-125所示。

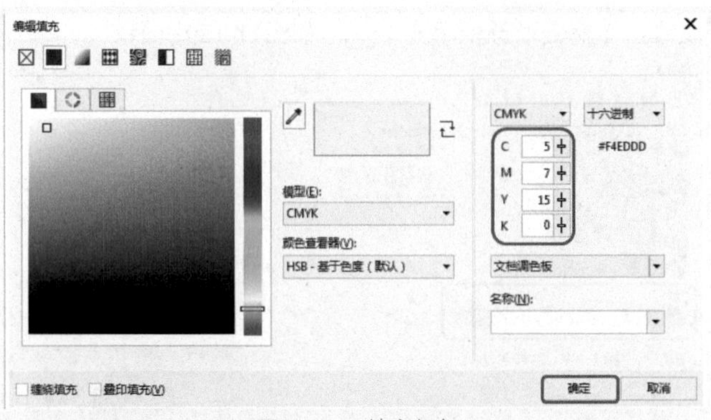

图11-123　填充颜色

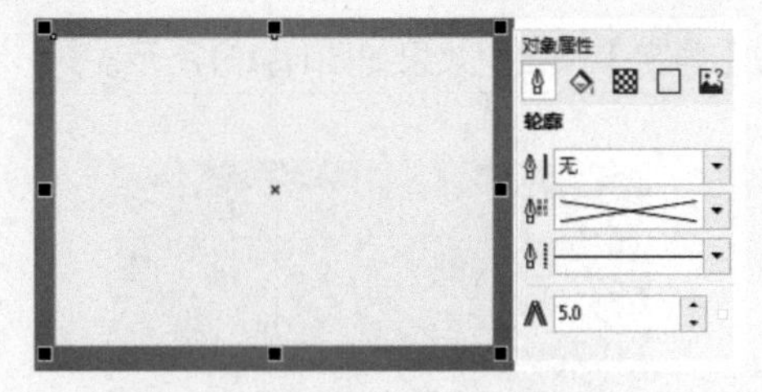

图11-124　设置轮廓宽度

图11-125　导入素材

09 单击【导入】按钮，效果如图11-126所示。

图11-126　导入素材后的效果

10 利用【椭圆形工具】，并按Ctrl键绘制出一个正圆，然后再按+号键对正圆进行复制，调整大小与位置，效果如图11-127所示。

图11-127　绘制正圆

11 选中绘制的第一个正圆，将【颜色】的CMYK值设置为0、0、0、0（白色），将【轮廓宽度】设置为无，如图11-128所示。

12 选中绘制的第二个正圆，将【颜色】的CMYK值设置为0、0、0、100（黑色），将【轮廓宽度】设置为无，如图11-129所示。

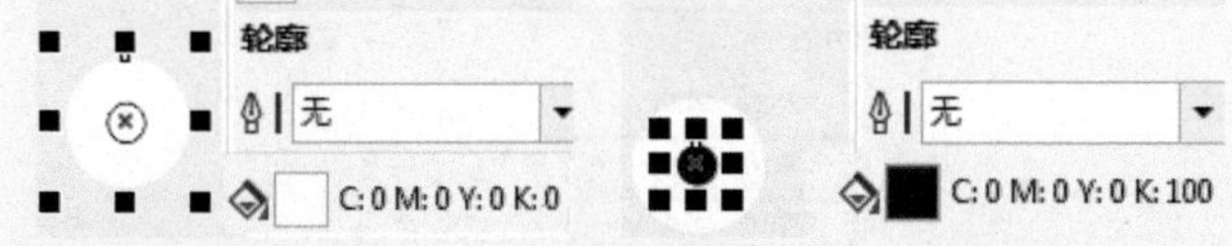

图11-128　对正圆进行设置　　图11-129　对正圆进行设置

13 按Ctrl+I组合键，在弹出的【导入】对话框中选择CDROM| 素材 |Cha11 |【LOGO设计.cdr】素材文件，如图11-130所示。

图11-130　导入素材

14 单击【导入】按钮，效果如图11-131所示。

15 按F8键激活【文本工具】字输入文字，并将其【字体】设置为黑体，【字体大小】设置为4pt，如图11-132所示。

图11-131 导入素材后的效果

图16-132 输入文字并进行设置

16 继续输入文字，并将其【字体】设置为黑体，【字体大小】设置为6pt，如图11-133所示。

图16-133 输入文字并进行设置

17 继续输入文字，并将其【字体】设置为黑体，【字体大小】设置为4pt，如图11-134所示。

图11-134 输入文字并进行设置

18 继续输入文字，并将其【字体】设置为黑体，【字体大小】设置为6pt，如图11-135所示。

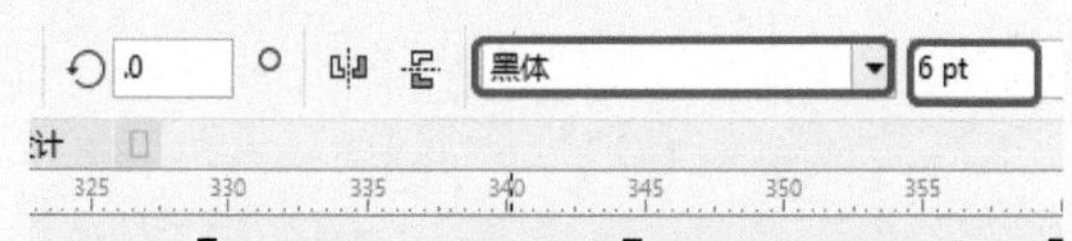

图11-135 输入文字并进行设置

19 继续输入文字，并将其【字体】设置为黑体，【字体大小】设置为4pt，如图11-136所示。

图11-136 输入文字并进行设置

20 继续输入文字，并将其【字体】设置为Arial，【字体大小】设置为6pt，如图11-137所示。

图11-137 输入文字并进行设置

21 利用【钢笔工具】绘制图形，将其【颜色】的CMYK值设置为100、60、0、80，【轮廓宽度】设置为无，效果如图11-138所示。

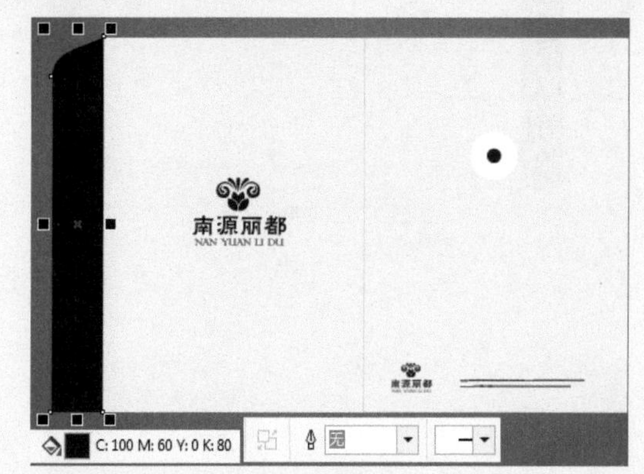

图11-138 绘制图形并进行设置

22 继续绘制图形，与上述样式一致，如图16-139所示。

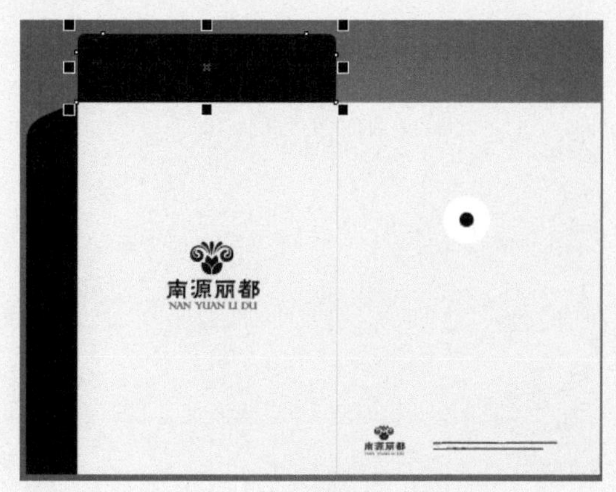

图11-139 绘制图形并进行设置

23 在工作区中选择前面所绘制的两个正圆，然后按+号键进行复制，效果如图11-140所示。

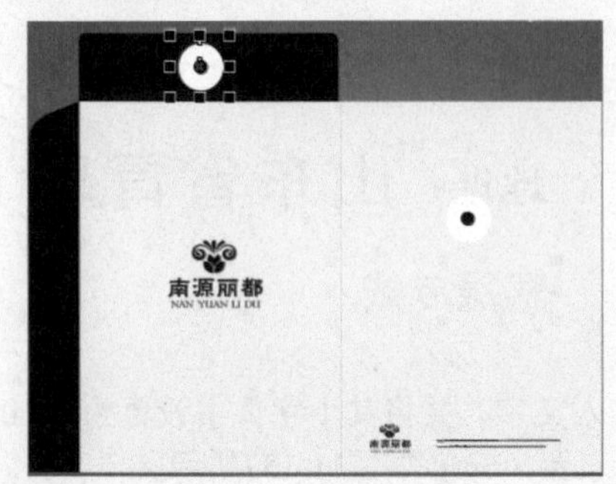

图11-140　复制正圆

24 利用【钢笔工具】绘制出如图11-141所示的图形。

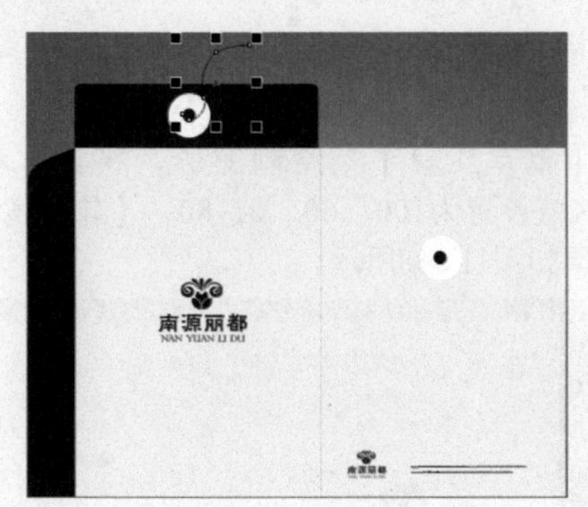

图11-141　绘制图形

25 选中图形，利用【阴影工具】对其添加阴影，将其【阴影的不透明度】设置为50，【阴影羽化】设置为15，如图11-142所示。

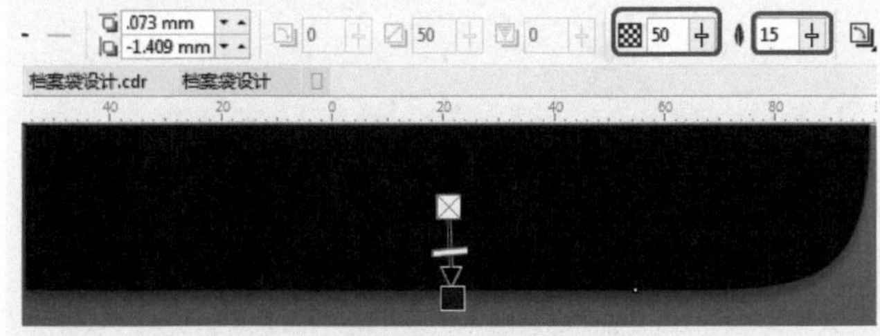

图11-142　添加阴影

26 设置完成后最终效果如图11-143所示。

图11-143　最终效果

第12章 项目指导——宣传海报设计

在现实生活当中，海报是最为常见的一种宣传方式之一，海报大多用于影视剧和新品、商业活动等宣传中，主要利用图片、文字、色彩、空间等要素进行完整的结合，以恰当的形式向人们展示出宣传信息，本章介绍如何制作海报效果。

12.1 制作护肤品宣传海报

护肤品已成为每个女性必备的法宝，精美的护肤能唤起女性心理和生理上的活力，增强自信心。随着消费者自我意识的日渐提升，护肤品市场迅速发展，然而随着社会发展的加快，众多化妆品销售部门都专门建立了相应的宣传部，本节介绍如何制作护肤品宣传海报，效果如图12-1所示。

图12-1 护肤品宣传海报

01 启动软件，按Ctrl+N组合键，在弹出的【创建新文档】对话框中将【宽度】和【高度】分别设置为204和227，将【渲染分辨率】设置为300，如图12-2所示。

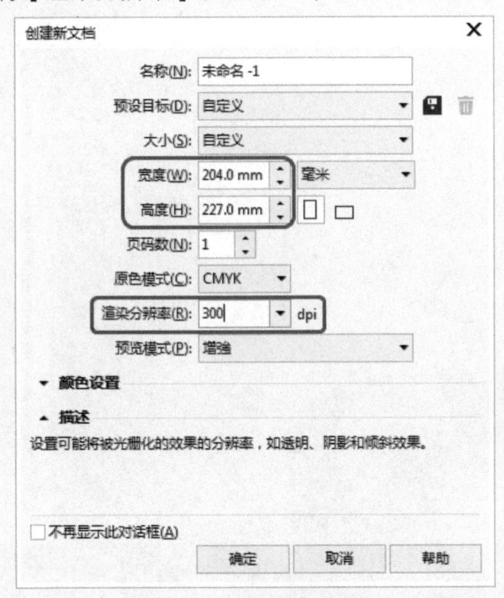

图12-2 设置新建文档参数

02 设置完成后，单击【确定】按钮。按Ctrl+I组合键，在弹出的【导入】对话框中选择素材|Cha12|【护肤品背景.jpg】素材文件，如图12-3所示。

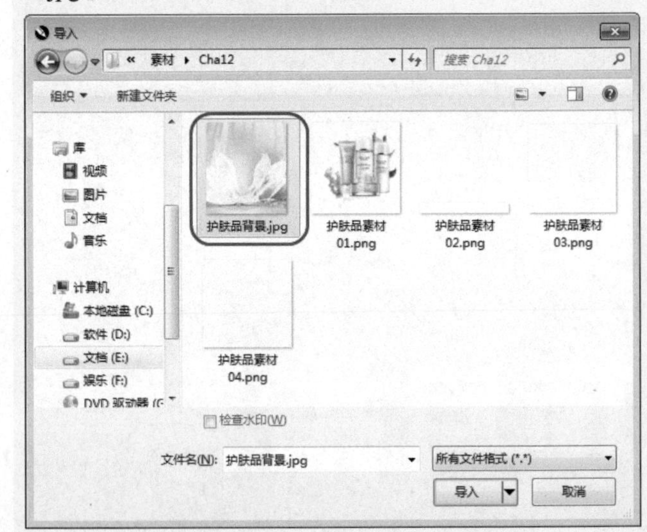

图12-3 选择素材文件

03 单击【导入】按钮，在工作区中单击鼠标，将选中的素材文件导入至文档中，并调整其大小与位置，效果如图12-4所示。

04 使用同样的方法将【护肤品素材01.png】素材文件导入至文档中，并调整其位置与大小，效果如图12-5所示。

图12-4　导入素材文件并调整

图12-5　添加素材文件

05 在工具箱中选择【文本工具】字，在工作区中单击鼠标，输入文字。选中输入的文字，在【文本属性】泊坞窗中将【字体】设置为方正粗活意简体，将【字体大小】设置为43，将【文本颜色】设置为63、30、4、0，如图12-6所示。

06 在工具箱中选择【选择工具】，选中该文字对象，按+号键，对其进行复制，在【文本属性】泊坞窗中将【文本颜色】设置为0、0、0、0，并调整其位置，效果如图12-7所示。

图12-6　输入文字并进行设置

图12-7　复制文字并进行调整

07 根据前面所介绍的方法将【护肤品素材02.png】素材文件导入至文档中，并调整其大小与位置，效果如图12-8所示。

08 在工具箱中选择【文本工具】字，在工作区中单击鼠标，输入文字。选中输入的文字，在【文本属性】泊坞窗中将【字体】设置为方正黑体简体，将【字体大小】设置为24，将【文本颜色】设置为100、89、17、0，如图12-9所示。

09 根据前面所介绍的方法在工作区中输入其他文字，并进行相应的设置，效果如图12-10所示。

10 将【护肤品素材03.png】素材文件导入至文档中，并调整其位置与大小，如图12-11所示。

11 在工具箱中选择【矩形工具】□，在工作区中绘制一个矩形。选中绘制的矩形，在工具属性栏中将【宽度】和【高度】分别设置为204和115，并调整其位置，效果

果如图12-12所示。

图12-8 导入素材文件

图12-9 输入文字并进行设置

图12-10 输入其他文字后的效果

图12-11 导入素材文件并调整

图12-12 绘制矩形并设置

⑫ 在工作区中选择【护肤品素材03.png】对象，右击鼠标，在弹出的快捷菜单中选择【PowerClip内部】命令，如图12-13所示。

⑬ 执行该操作后，在矩形对象上单击鼠标，并在默认调色板上右键单击☒色块，取消轮廓线的填充，如图12-14所示。

⑭ 根据前面所介绍的方法将【护肤品素材04.png】素材文件导入至文档中，并调整其位置与大小，效果如图12-15所示。

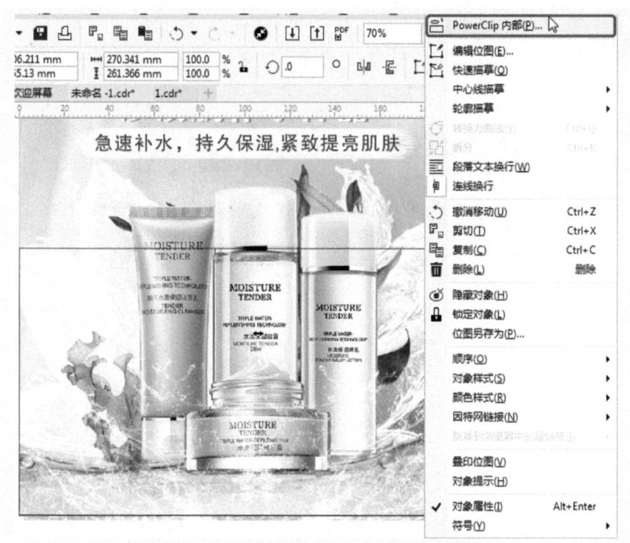

图12-13　选择【PowerClip内部】命令

图12-14　取消轮廓线填充

图12-15　导入素材文件

15 选中添加的素材文件，在工具箱中选择【透明度工具】，在工具属性栏中单击【均匀透明度】按钮，将【透明度】设置为50，如图12-16所示。

图12-16　设置透明度效果

16 设置完成后，即可完成护肤品宣传海报的制作，效果如图12-17所示。

图12-17　护肤品宣传海报

12.2 制作足球赛事海报

海报设计是视觉传达的表现形式之一，通过版面的构成在第一时间内吸引人们的目光，并获得瞬间的刺激，这要求设计者要将图片、文字、色彩、空间等要素进行完整的结合，以恰当的形式向人们展示出宣传信息。下面将介绍如何制作足球赛事海报，效果如图12-18所示。

图12-18 足球赛事海报

01 启动软件后新建文档。在【创建新文档】对话框中，将【宽度】设置180mm，【高度】设置为130mm，【渲染分辨率】设置为300dpi，如图12-19所示。

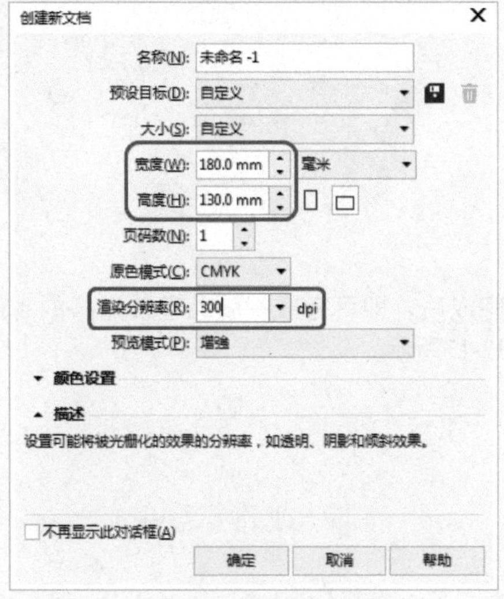

图12-19 设置新建文档参数

02 设置完成后，单击【确定】按钮。在工具箱中双击【矩形工具】□，创建一个与工作区同样大小的矩形。选中矩形并按F11键打开【编辑填充】对话框，将位置0的CMYK值设置为100、82、0、0。在【变换】组中，将【X：】设置为-50.0，【旋转】设置为-90.0°，勾选【自由缩放和倾斜】复选框，如图12-20所示。

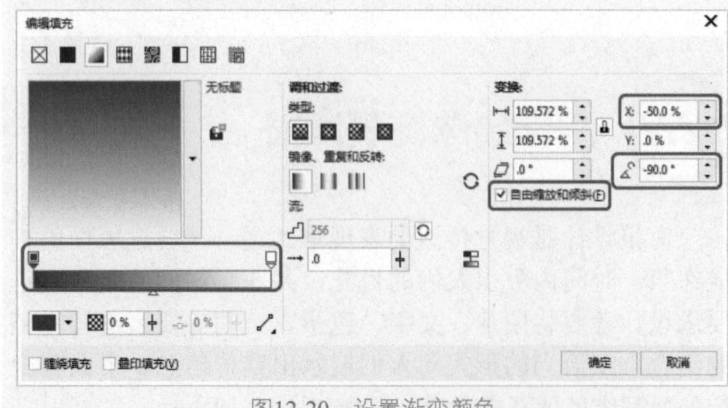

图12-20 设置渐变颜色

03 单击【确定】按钮，对矩形填充渐变颜色，并在默认调色板上右击☒色块，取消轮廓线的填充，如图12-21所示。

图12-21 填充渐变颜色

04 将矩形对象锁定，然后按Ctrl+I组合键打开【导入】对话框，在该对话框中选择素材|Cha12|【足球场.png】素材图片，如图12-22所示。

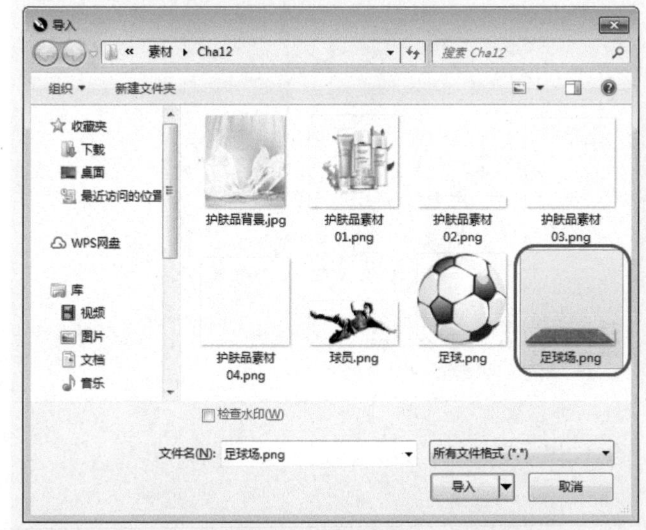

图12-22 选择素材图片

05 单击【导入】按钮，在绘图中单击并拖动鼠标，绘制插入区域，如图12-23所示。

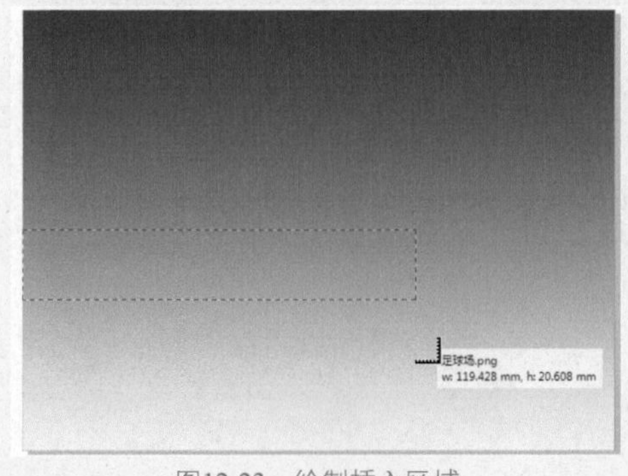

图12-23 绘制插入区域

06 插入图片后，在工作区中调整图片的大小及位置，如图12-24所示。

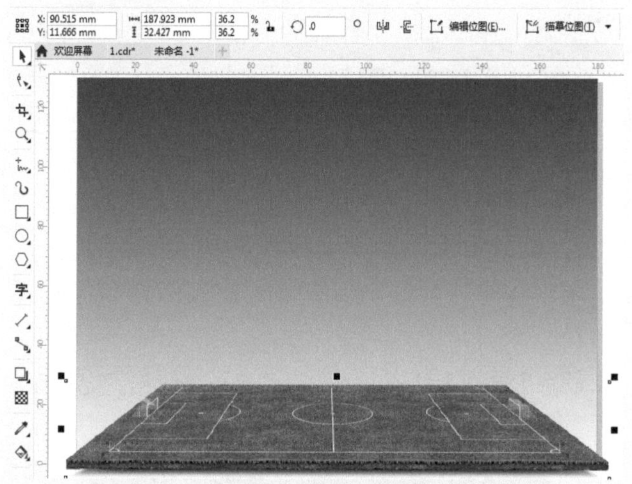

图12-24　调整素材图片

07 使用相同的方法，导入素材|Cha12|【球员.png】素材图片，在属性栏中将图片【宽度】和【高度】都设置为26，然后调整图片的位置，如图12-25所示。

图12-25　导入素材图片

08 选中导入的人物素材图片，按+号键对其进行复制，单击工具属性栏中的【水平镜像】按钮，然后调整复制图片的位置，如图12-26所示。

09 使用相同的方法，导入素材|Cha12|【足球.png】素材图片，在属性栏中将图片【宽度】和【高度】都设置为105，然后调整图片的位置，如图12-27所示。

10 在工具箱中使用【文本工具】字，在工作区中输入文本。选中输入的文本，在【文本属性】泊坞窗中将【字体】设置为方正综艺简体，将【字体大小】设置为72，将【文本颜色】设置为白色，如图12-28所示。

图12-26　调整图片位置

图12-27　导入素材图片

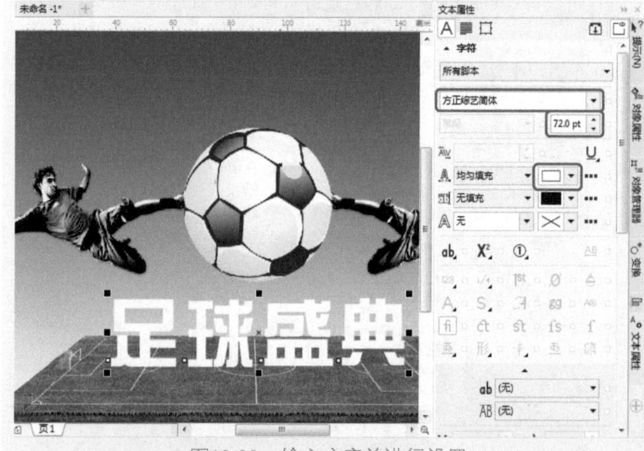

图12-28　输入文字并进行设置

11 选中文本并按F12键，打开【轮廓笔】对话框，将【宽度】设置为5.0mm，【角】设置为圆角，勾选【填充之后】、【随对象缩放】复选框，如图12-29所示。单击【确定】按钮后，文字效果如图12-30所示。

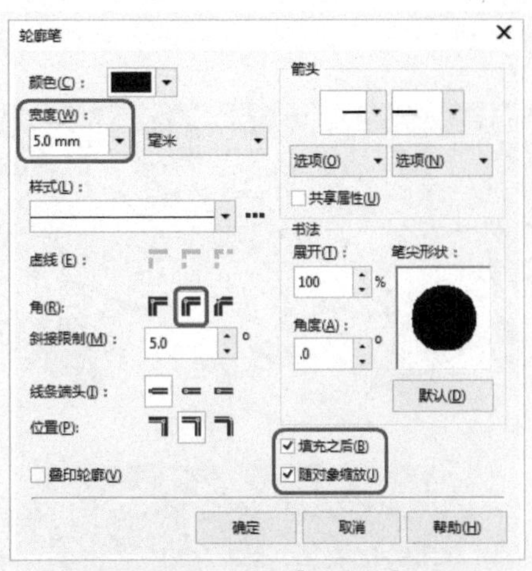

图12-29 设置【轮廓笔】

图12-30 设置轮廓后的文字效果

12 在工具箱中选择【交互式填充工具】，在工具属性栏中单击【双色图样填充】按钮，将填充类型设置为如图12-31所示的图案。

图12-31 设置填充图案

13 在工具属性栏中单击【编辑填充】按钮，在弹出的【编辑填充】对话框中，将【前景颜色】和【背景颜色】分别设置为黑色和白色，在【变换】组中，将【填充宽度】和【填充高度】都设置为12，将【水平位置】设置为-0.8，【垂直位置】设置为-5，如图12-32所示。

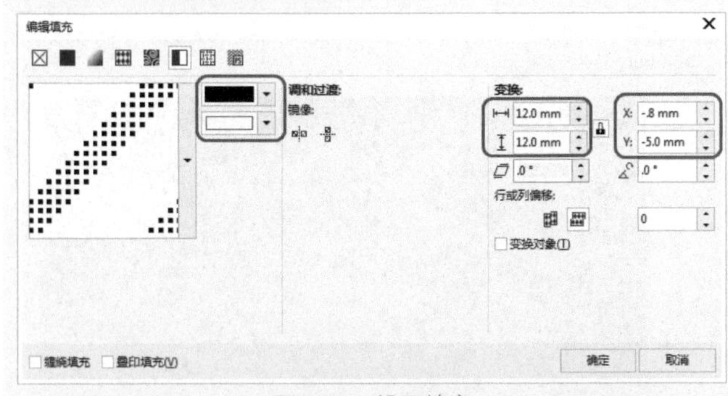

图12-32 设置填充

14 单击【确定】按钮，在空白位置单击鼠标，完成文字图案填充，效果如图12-33所示。

图12-33 填充文字图案

15 在工具箱中使用【文本工具】，在工作区中输入文本。选中输入的文本，在【文本属性】泊坞窗中将【字体】设置为微软雅黑，将【字体样式】设置为粗体，将【字体大小】分别设置为14pt和24pt，将【文本颜色】设置为白色，如图12-34所示。

图12-34 输入文字并进行设置

16 在工具箱中选择【贝塞尔工具】，绘制如图12-35所示梯形框。

图12-35　绘制梯形框

17 在默认调色板上单击【白】色块，并在默认调色板上右击☒色块，取消轮廓线的填充，如图12-36所示。

图12-36　填充颜色

18 在工具箱使用【形状工具】，调整矩形节点的位置，如图12-37所示。

图12-37　调整节点位置

19 在工具箱中使用【透明度工具】，在工具属性栏中单击【渐变透明度】按钮，然后调整渐变透明度，如图12-38所示。

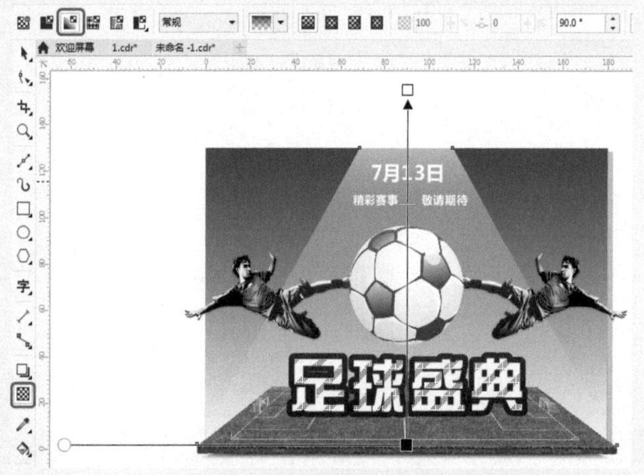

图12-38　设置渐变透明度

提示

【形状工具】可以更改所有曲线的形状，形状工具对对象形状的改变，是通过对所有曲线对象的节点和线段的编辑实现的。

20 在空白位置处单击鼠标，完成操作。将矩形灯光层向下移动至球员层的下面，然后调整各个图形对象的位置完成海报的制作，最后将场景文件进行保存并输出效果图。

三十年窖藏

香型：浓香型白酒
原料:水、高粱、小麦、糯米、大米、玉米
产品标准号：GB/110781.1-2006(优级)
生产许可证号：QS410001501 3668
生产日期（批号）见瓶盖
标签认可证号：RK/411122047
产地：山东 德州市
邮编：370000
http://WWW.zhouchengjiuye.cn
电话：05345-886888
传真：0534-886888

过度饮酒 有害健康

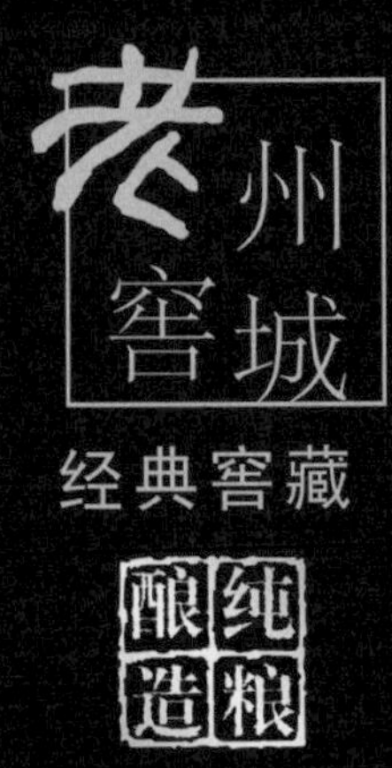

经典窖藏

酿纯
造粮

[浓香型白酒]

酒精度52%vol 净含量:500ml

山东州城老窖酒业有限公司
SHAN DONGZHOU CHENG GAGEOPIT WINECO.,LTD

三十年窖藏

文化是中华民族饮食文化的
酒是人类最古老的食物之一，它
与人类文化史一道开始的。自从
作为一种物质文化，酒的形态多
展历程与经济发展史同步，而酒
种食物，它还具有精神文化价值
作为一种精神文化它体现在
文学艺术乃至人的人生态度、审
方面。在这个意义上讲，饮酒不
酒，它也是在饮文化。

地址：山东省德州市土桥路南1

第13章 项目指导——商业包装设计

包装是一古老而现代的话题，也是人们自始至终在研究和探索的课题。从远古的原始社会、农耕时代，到科学技术十分发达的现代社会，包装随着人类的进化、商品的出现、生产的发展和科学技术的进步而逐渐发展，并不断地发生一次次重大突破。从总体上看，包装大致经历了原始包装、传统包装和现代包装3个发展阶段，本章通过两个案例来介绍现代包装的制作方法。

13.1 白酒包装盒

本例将介绍如何制作白酒包装盒，其中包括图形的绘制及渐变颜色的填充等，通过这些操作，最终达到所需的效果，如图13-1所示。

图13-1　白酒包装盒

01 按Ctrl+N组合键,在弹出的【创建新文档】对话框中将【高度】和【宽度】都设置为630，如图13-2所示。

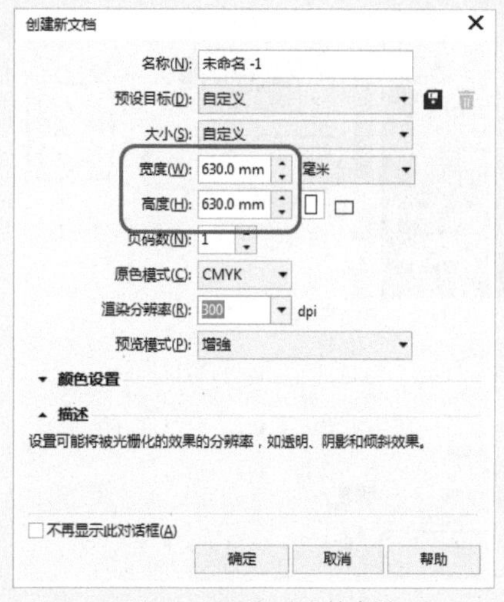

图13-2　设置新建文档参数

02 单击【确定】按钮，新建一个空白文档。在工具箱中选择【矩形工具】□，在工作区中绘制一个矩形，在工具属性栏中将【高度】和【宽度】分别设置为150和310，并调整其位置，如图13-3所示。

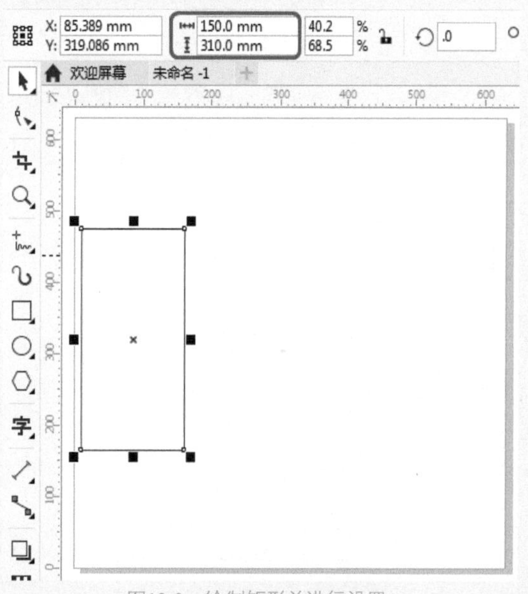

图13-3　绘制矩形并进行设置

03 选中该矩形，按Shift+F11组合键，在弹出的【编辑填充】对话框中将【模型】设置为RGB，将RGB值设置为215、183、136，单击【确定】按钮，如图13-4所示。

04 按F12键，在弹出的【轮廓笔】对话框中将【宽度】设置为无，单击【确定】按钮，如图13-5所示。

05 在工具箱中选择【矩形工具】□，在工作区中绘制一个矩形，在工具属性栏中将【高度】和【宽度】分别

设置为82和310，并调整其位置，如图13-6所示。

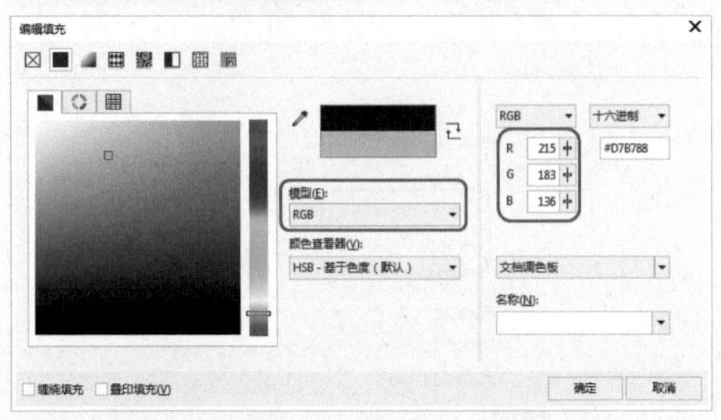

图13-4 设置矩形的填充颜色

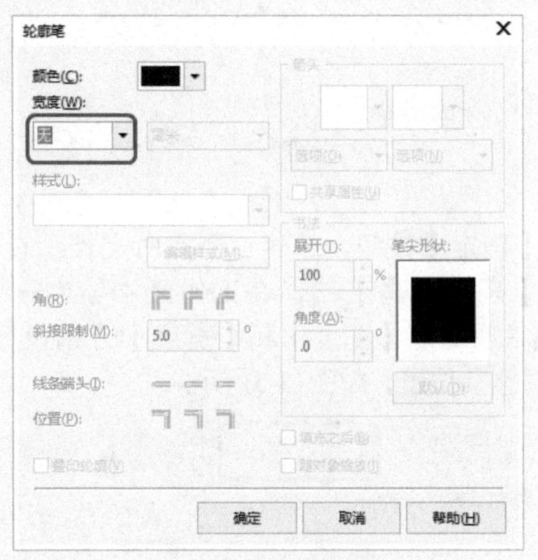

图13-5 设置轮廓

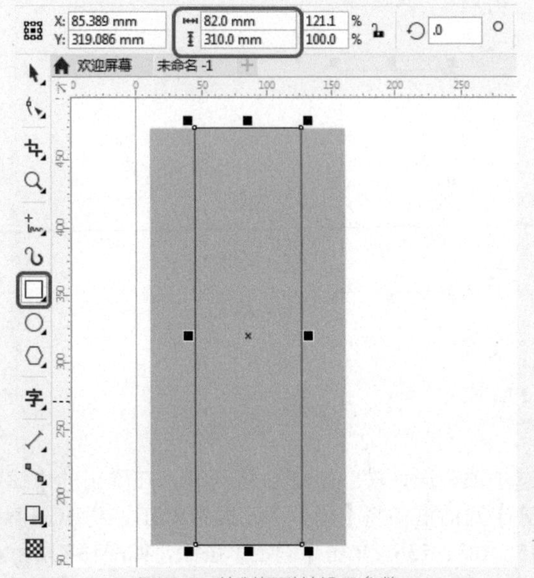

图13-6 绘制矩形并设置参数

06 选中该矩形，按Shift+F11组合键，在弹出的【编辑填充】对话框中将【模型】设置为RGB，将RGB值设置为52、23、25，单击【确定】按钮，如图13-7所示。

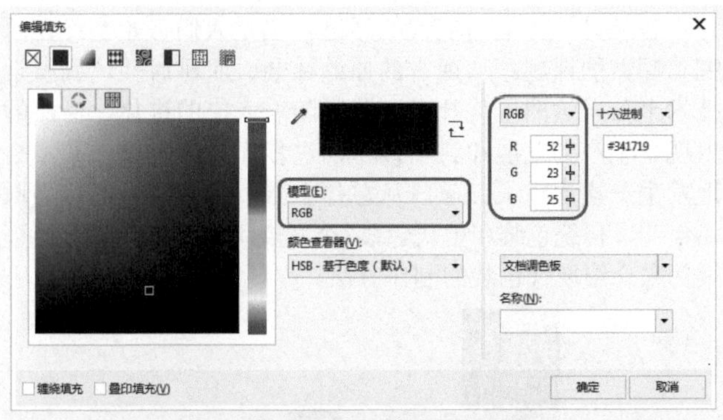

图13-7 设置填充颜色

07 在工具箱中选择【钢笔工具】，在工作区中绘制一个如图13-8所示的图形。

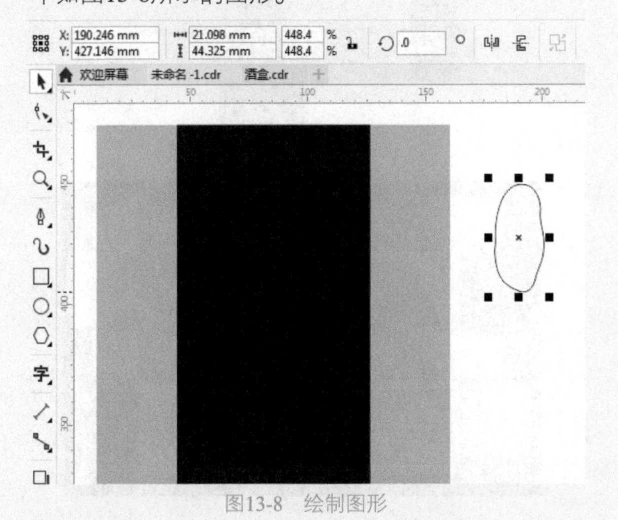

图13-8 绘制图形

08 选中绘制的图形，按Shift+F11组合键，在弹出的【编辑填充】对话框中将CMYK值设置为0、20、60、20，如图13-9所示。

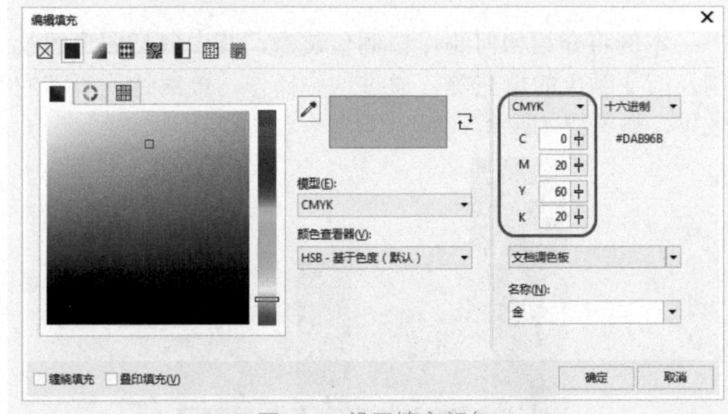

图13-9 设置填充颜色

09 设置完成后，单击【确定】按钮，取消该图形的轮廓显示，并在工作区中调整其位置，效果如图13-10所示。

10 在工具箱中选择【文本工具】字，在工作区中单击鼠标，输入文字。选中输入的文字，在【文本属性】泊坞窗中将

【字体】设置为新宋体，将【字体大小】设置为54，将【文本颜色】的RGB值设置为52、23、25，如图13-11所示。

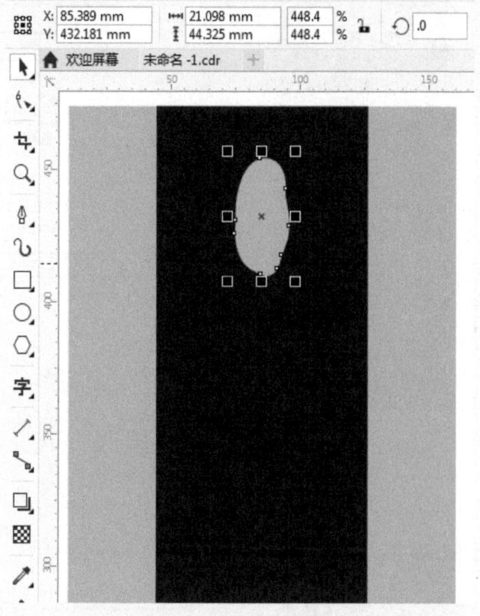
图13-10 调整图形位置

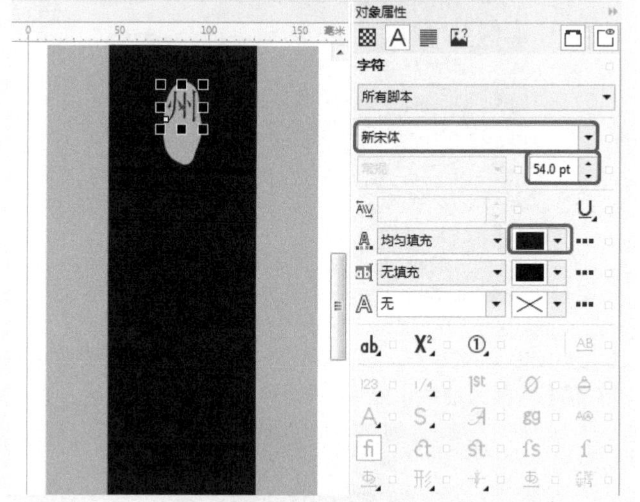
图13-11 输入文字并进行设置

⑪使用同样的方法输入其他文字，并对输入的文字进行设置，如图13-12所示。

⑫在工具箱中选择【文本工具】字，在工作区中单击鼠标，输入文字。选中输入的文字，在【文本属性】泊坞窗中将【字体】设置为Arial Unicode MS，将【字体大小】设置为26，将【文本颜色】的CMYK值设置为0、20、60、20，如图13-13所示。

⑬在工具箱中选择【矩形工具】□，在工作区中绘制一个矩形，在工具属性栏中将【宽度】和【高度】均设置为53，如图13-14所示。

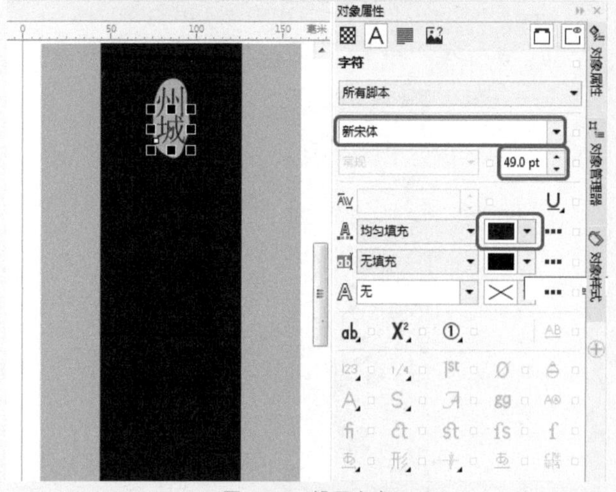
图13-12 设置文字

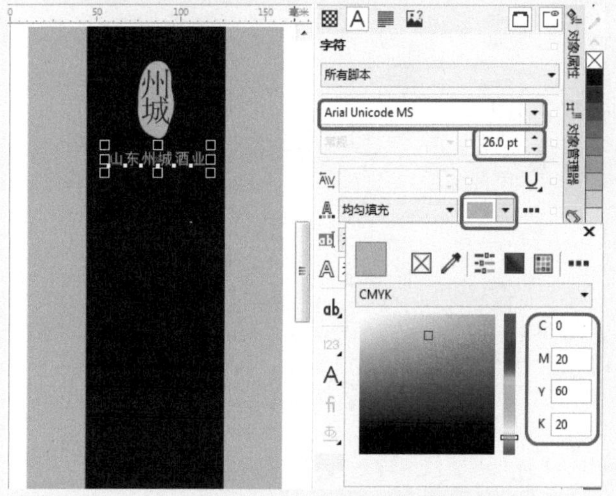
图13-13 输入文字并进行设置

⑭确认该矩形处于选中状态，按F12键，在弹出的【轮廓笔】对话框中将【颜色】的CMYK值设置为0、20、60、20，将【宽度】设置为0.75，如图13-15所示。

⑮设置完成后，单击【确定】按钮，在工作区中调整其位置，调整后的效果如图13-16所示。

⑯在工具箱中选择【文本工具】字，在工作区中单击鼠标，输入文字。选中输入的文字，在【文本属性】泊坞窗中将【字体】设置为宋体-方正超大字符集，将【字体大小】设置为56，将CMYK值设置为0、20、60、20，将【字符间距】设置为47，将【字间距】设置为127，将【文本方向】设置为垂直，如图13-17所示。

⑰在工具箱中选择【文本工具】字，在工作区中单击鼠标，输入文字。选中输入的文字，在【文本属性】泊坞窗中将【字体】设置为经典细隶书简，将【字体大小】设置为125，将CMYK值设置为0、20、60、20，如图13-18所示。

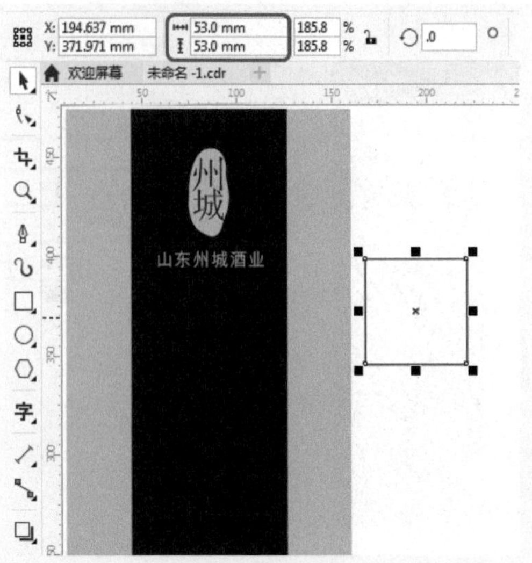
图13-14 设置矩形大小

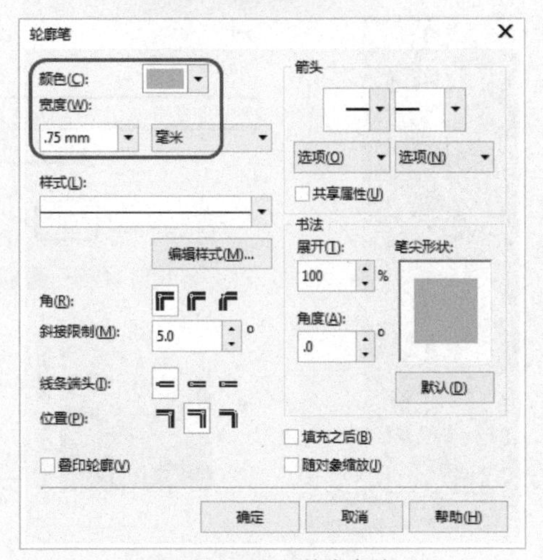
图13-15 设置轮廓参数

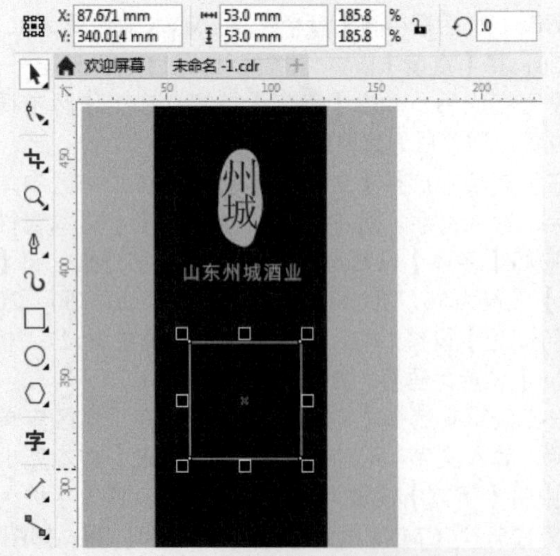
图13-16 调整矩形的位置

图13-17 输入文字并进行设置

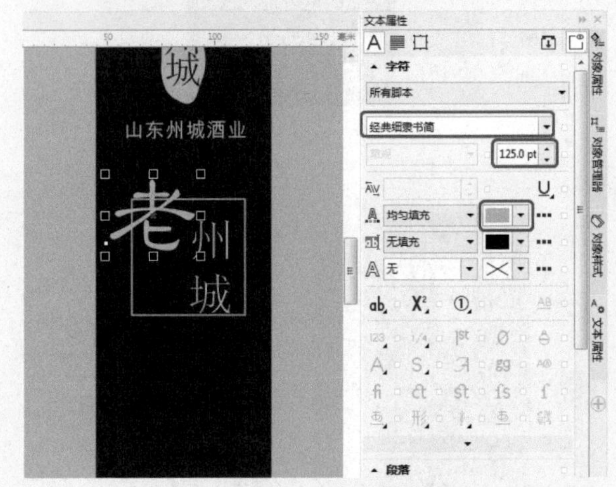
图13-18 输入文字并进行设置

18 选中输入的文字，右击鼠标，在弹出的快捷菜单中选择【转换为曲线】命令，如图13-19所示。

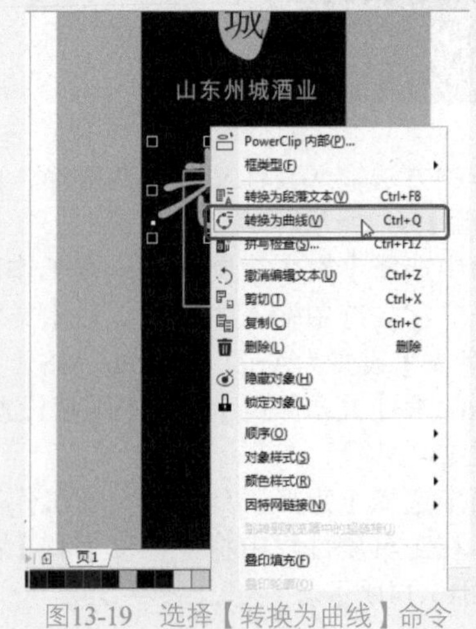
图13-19 选择【转换为曲线】命令

19 在工具箱中选择【形状工具】，在工作区中对转换后的文字进行调整，调整后的效果如图13-20所示。

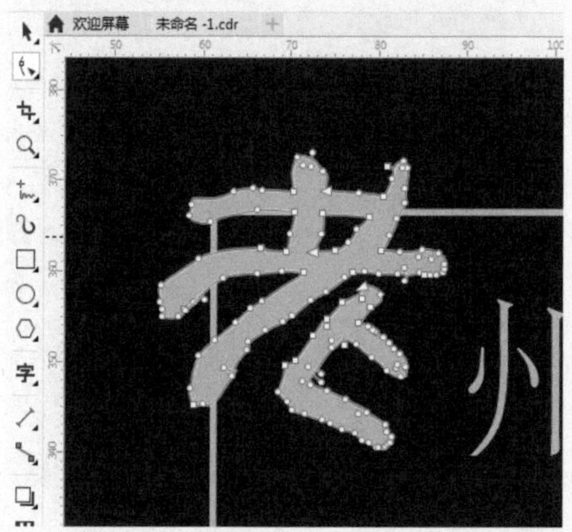

图13-20 调整文字后的效果

20 根据前面所介绍的方法输入其他文字，并对输入后的文字进行设置及调整，效果如图13-21所示。

图13-21 输入其他文字后的效果

21 在工具箱中选择【矩形工具】，在工作区中绘制一个矩形，在工具属性栏中将【宽度】和【高度】都设置为32，如图13-22所示。

图13-22 绘制矩形

22 选中该矩形为其填充任意一种颜色，并取消其轮廓显示，选中该矩形，右击鼠标，在弹出的快捷菜单中选择【转换为曲线】命令，如图13-23所示。

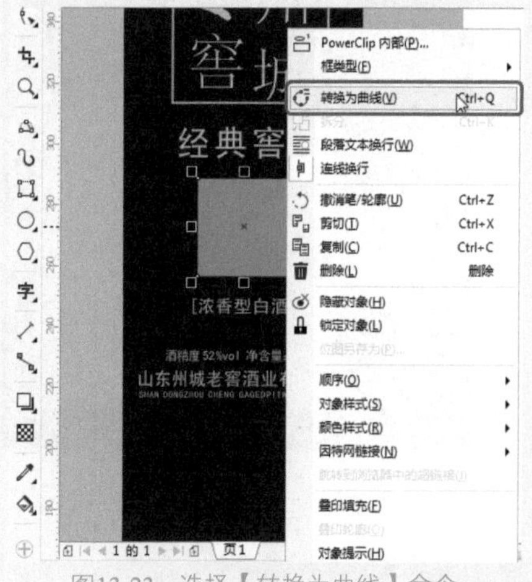

图13-23 选择【转换为曲线】命令

23 在工具箱中选择【形状工具】，在工作区中对转换后的曲线进行调整，效果如图13-24所示。

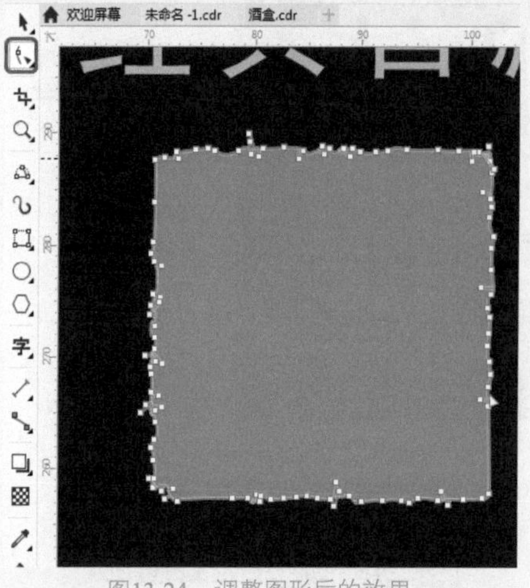

图13-24 调整图形后的效果

24 根据相同的方法创建4个小矩形，并对其进行相应的设置及调整，如图13-25所示。

25 在工具箱中选择【文本工具】字，在工作区中单击鼠标，输入文字。在【文本属性】泊坞窗中将【字体】设置为方正大标宋简体，将【字体大小】设置为38，如图13-26所示。

26 选中新输入的文字，右击鼠标，在弹出的快捷菜单中选择【转换为曲线】命令，如图13-27所示。

27 在工具箱中选择【形状工具】，在工作区中对转换为曲线后的对象进行调整，如图13-28所示。

28 在工作区中选择调整后的曲线及前面所绘制的新矩形，右击鼠标，在弹出的快捷菜单中选择【合并】命

令，如图13-29所示。

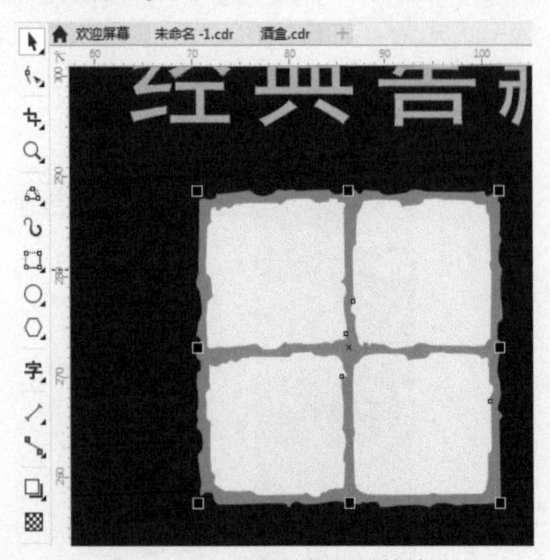

图13-25　绘制其他矩形后的效果

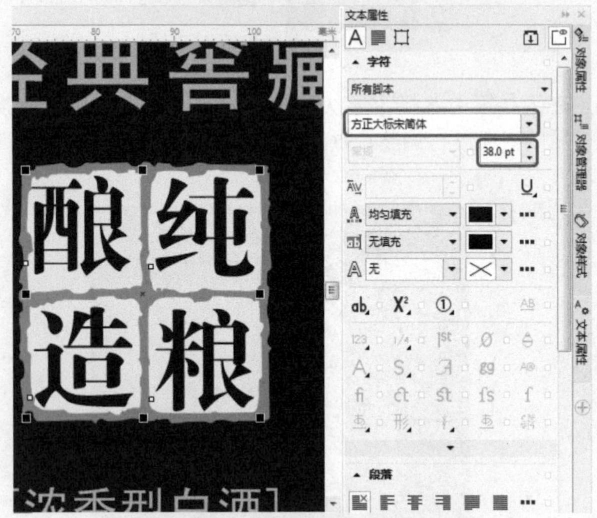

图13-26　输入文字并进行设置

图13-27　选择【转换为曲线】命令

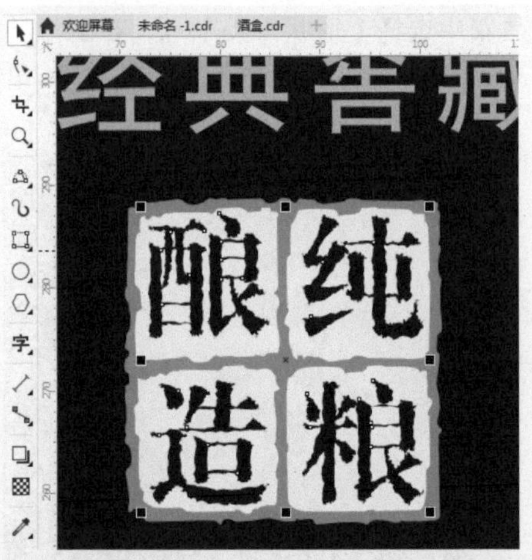

图13-28　调整曲线后的效果

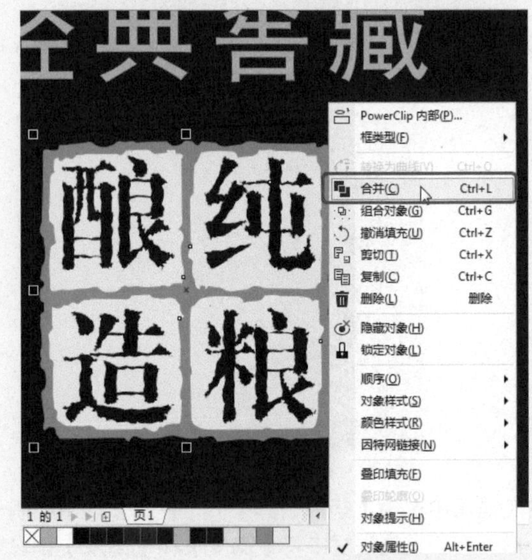

图13-29　选择【合并】命令

29 选中合并后的对象，按F11键，在弹出的【编辑填充】对话框中将左侧色标的CMYK值设置为0、20、60、20，在位置57处添加一个色标，将其CMYK值设置为0、0、30、0，将右侧色标的CMYK值设置为0、20、60、20，将【填充宽度】设置为141，将【旋转】设置为-137，如图13-30所示。

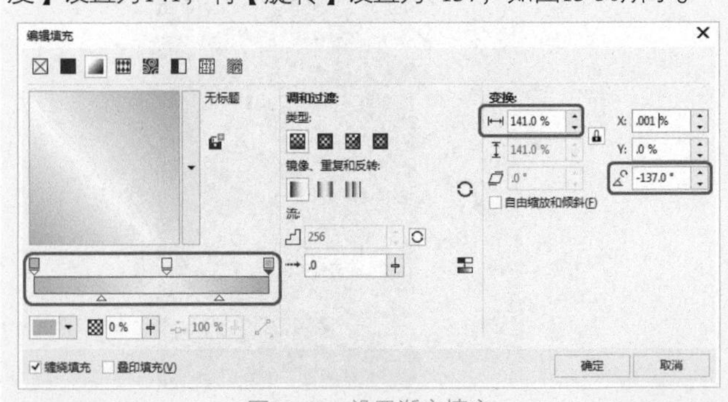

图13-30　设置渐变填充

30 使用相同的方法创建其他对象，并对创建后的对象进行调整，效果如图13-31所示。

图13-31　创建其他对象后的效果

31 按Ctrl+I组合键，在弹出的【导入】对话框中选择如图13-32所示的素材文件。

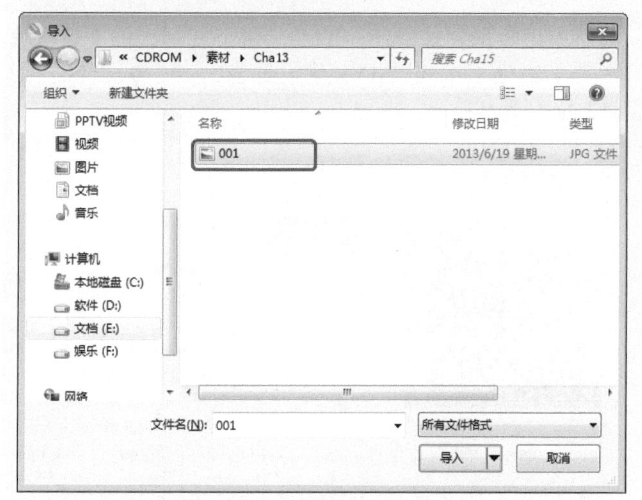

图13-32　选择素材文件

32 单击【导入】按钮，在工作区中调整其大小，调整后的效果如图13-33所示。

图13-33　调整图片大小

33 继续选中该图片，右击鼠标，在弹出的快捷菜单中选择【顺序】|【置于此对象前】命令，如图13-34所示。

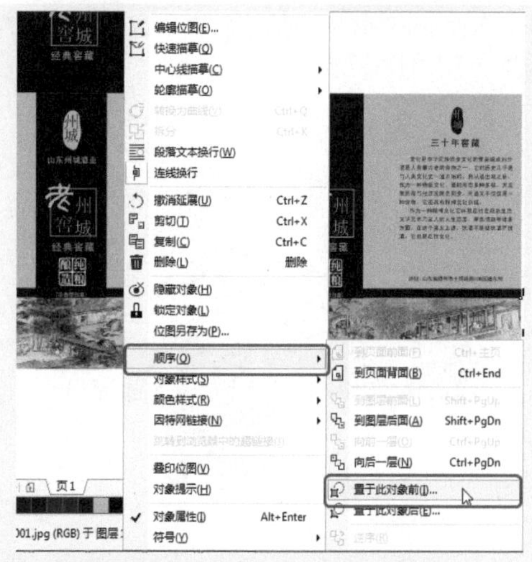

图13-34　选择【置于此对象前】命令

34 执行该命令后，在工作区中调整该图片的排放顺序，调整后的效果如图13-35所示。

图13-35　调整图片排放顺序

35 在工具箱中选择【矩形工具】□，在绘图区中绘制一个矩形，并调整其轮廓颜色，效果如图13-36所示。

图13-36　绘制矩形

36 选中该矩形，对其进行复制，并调整复制后对象的位置，效果如图13-37所示。

图13-37 复制对象并调整其位置

13.2 牙膏包装设计

本例将介绍如何制作牙膏包装，在本案例中主要使用【矩形工具】和【钢笔工具】绘制包装的轮廓，然后在使用【渐变填充】对其进行填色处理，并对其进行美化，从而完成最终效果，效果如图13-38所示。

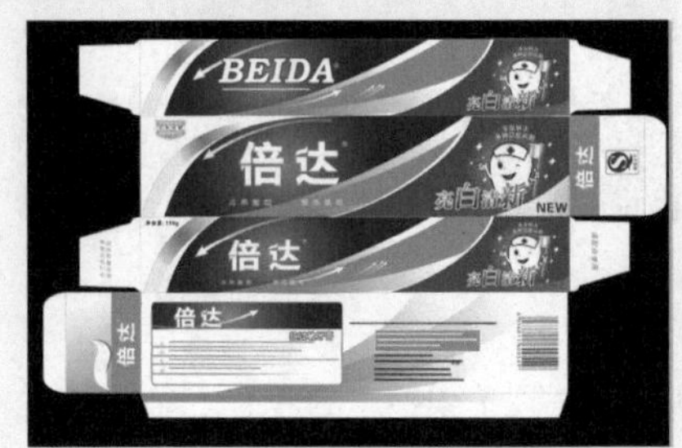

图13-38 牙膏包装设计

01 按Ctrl+N组合键，在弹出的【创建新文档】对话框中将【宽度】和【高度】都设置为300，如图13-39所示。

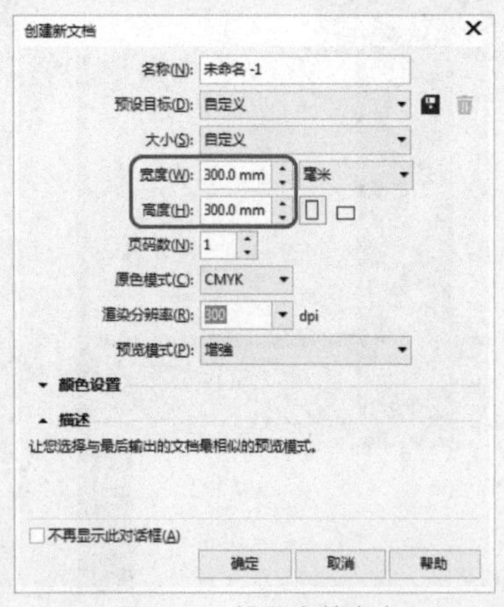

图13-39 设置文档大小

02 设置完成后，单击【确定】按钮，在工具箱中选择【矩形工具】□，在工作区中绘制一个矩形，如图13-40所示。

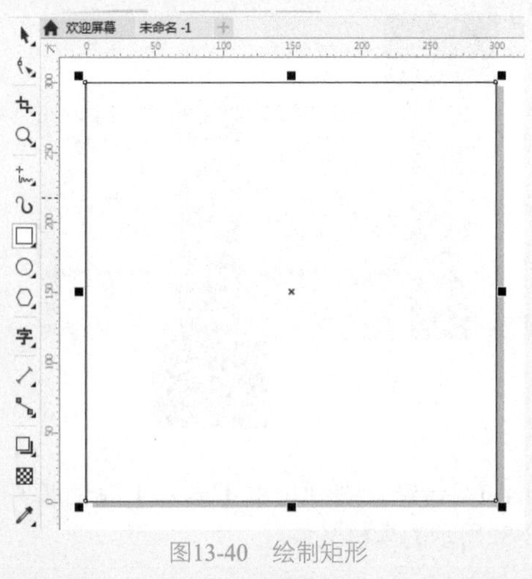

图13-40 绘制矩形

03 选中该矩形，按Shift+F11组合键，在弹出的【编辑填充】对话框中将CMYK值设置为0、0、0、100，如图13-41所示。

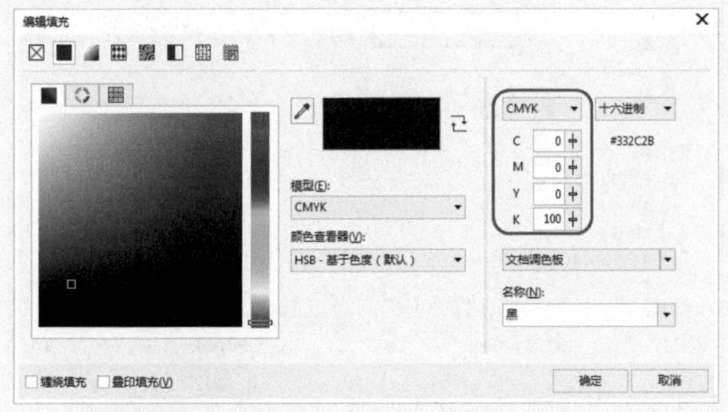

图13-41 设置填充颜色

04 设置完成后，单击【确定】按钮，即可为选中的矩形添加填充颜色，效果如图13-42所示。

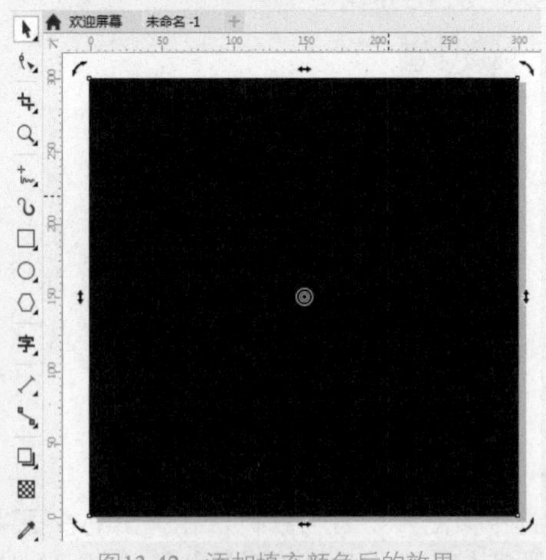

图13-42 添加填充颜色后的效果

05 在工具箱中选择【矩形工具】，在工作区中绘制一个矩形，在工具属性栏中将【宽度】和【高度】分别设置为200和34，并为其填充白色，取消轮廓显示，效果如图13-43所示。

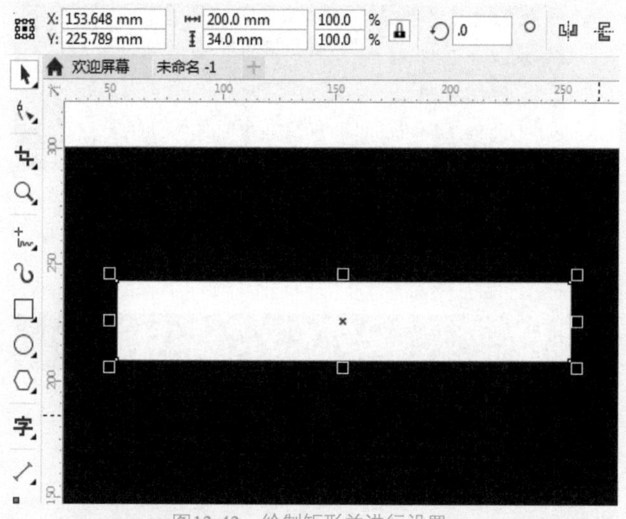

图13-43 绘制矩形并进行设置

06 在工具箱中选择【钢笔工具】，在工作区中绘制如图13-44所示的图形。

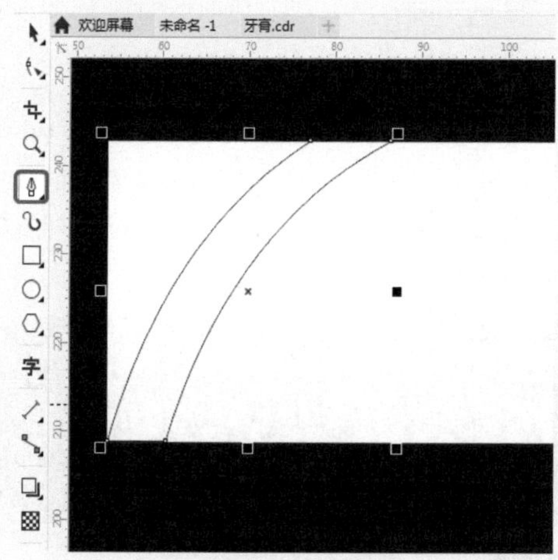

图13-44 绘制图形

07 确认该图形处于选中状态，按F11键，在弹出的【编辑填充】对话框中将左侧色标的CMYK值设置为0、0、0、0，在位置60%处添加一个色标，将其CMYK值设置为98、20、2、0，将右侧色标的CMYK值设置为0、0、100、0，将【填充宽度】设置为109，将【水平偏移】、【垂直偏移】分别设置为21、20，将【旋转】设置为-142.8，如图13-45所示。

08 设置完成后，单击【确定】按钮，按F12键，在弹出的【轮廓笔】对话框中将【宽度】设置为无，如图13-46所示。

09 设置完成后，单击【确定】按钮，设置后的效果如图13-47所示。

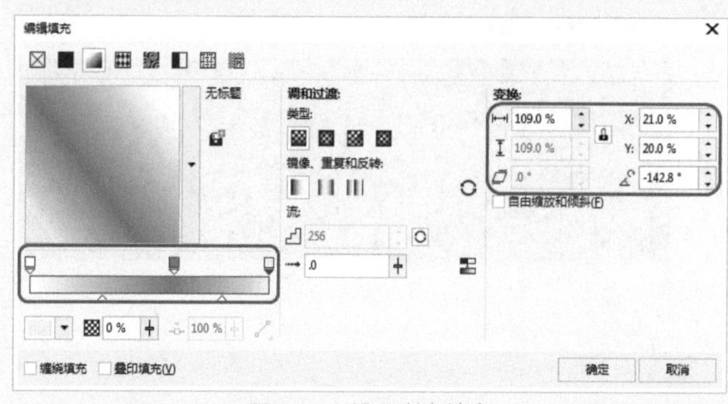

图13-45 设置渐变填充

图13-46 设置轮廓

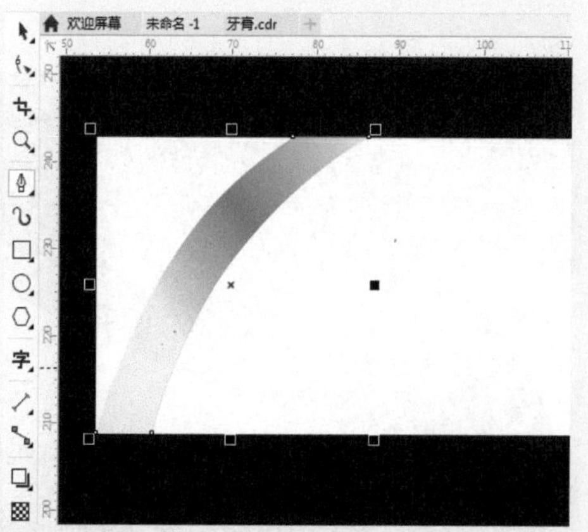

图13-47 设置颜色及轮廓后的效果

10 在工具箱中选择【钢笔工具】，在工作区中绘制一个如图13-48所示的图形。

11 确认该图形选中状态，按F11键，在弹出的【编辑填充】对话框中单击【椭圆形渐变填充】按钮，将左侧色标的CMYK值设置为100、100、0、0，将右侧色标的

CMYK值设置为100、0、0、0，将【填充宽度】设置为85，将【水平偏移】设置为-10，如图13-49所示。

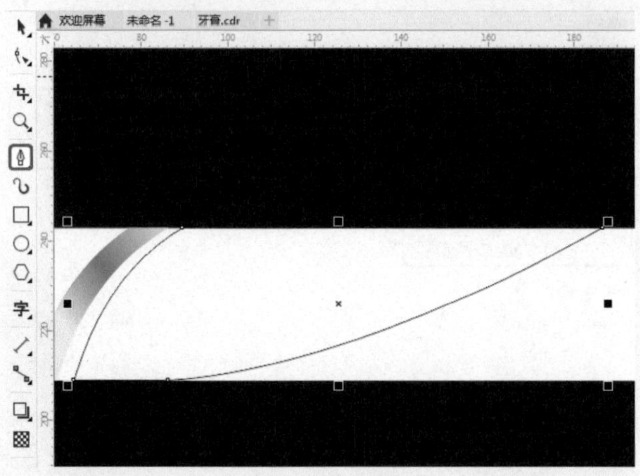

图13-48 绘制图形

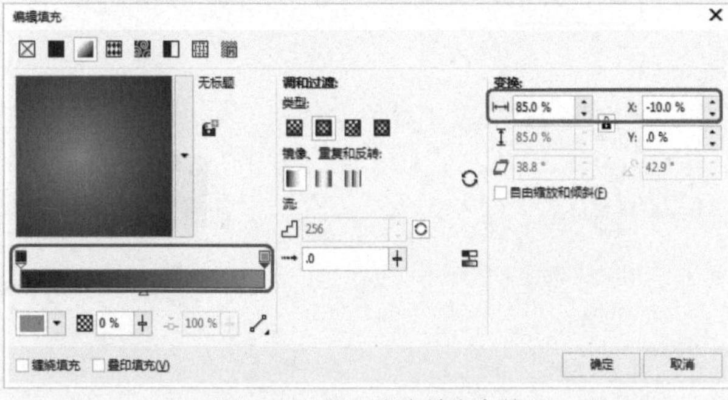

图13-49 设置渐变填充参数

12 设置完成后，单击【确定】按钮，取消轮廓显示，效果如图13-50所示。

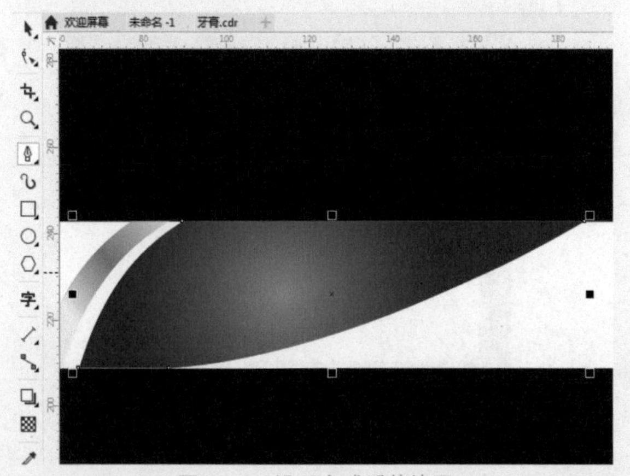

图13-50 设置完成后的效果

13 再次使用【钢笔工具】在工作区中绘制一个如图13-51所示的图形。

14 确认该图形处于选中状态，按F11键，在弹出的【编辑填充】对话框中单击【线性渐变填充】按钮，将左侧色标的CMYK值设置为100、0、0、0，将右侧色标的CMYK值设置为0、0、0、0，将【填充宽度】设置为109，将【旋转】设置为70.3，如图13-52所示。

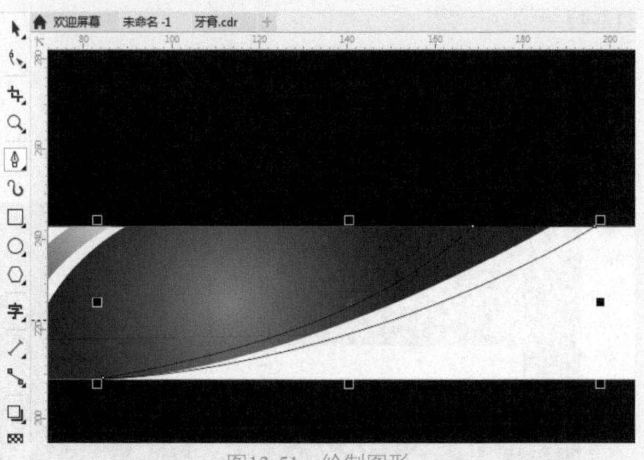

图13-51 绘制图形

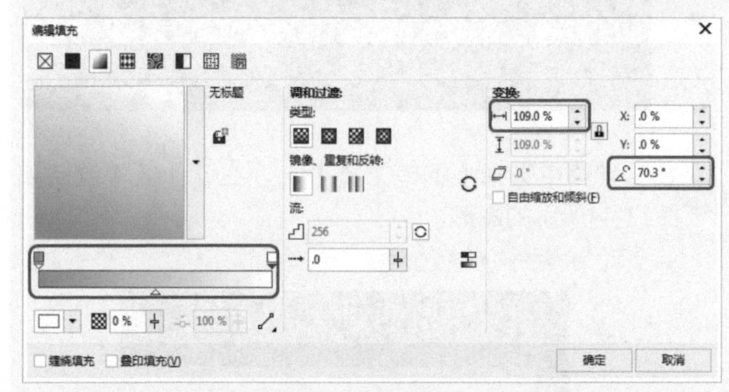

图13-52 设置渐变填充颜色

15 设置完成后，单击【确定】按钮，取消该图形的轮廓显示，效果如图13-53所示。

图13-53 设置完成后的效果

16 继续选中该对象，右击鼠标，在弹出的快捷菜单中选择【顺序】|【向后一层】命令，如图13-54所示。

17 执行该命令后，即可将选中对象向后移动一层，效果如图13-55所示。

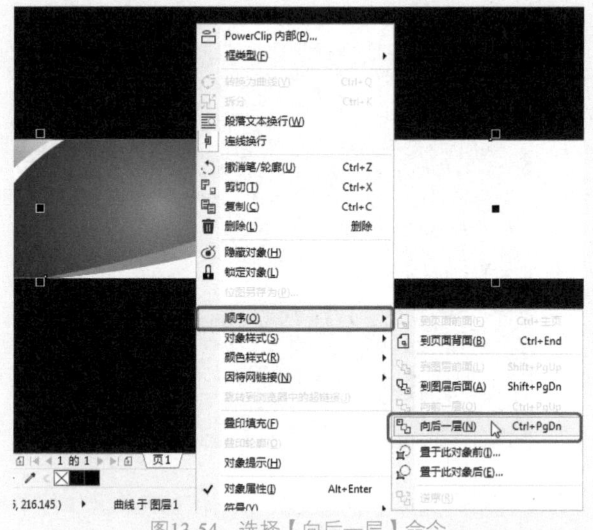

图13-54 选择【向后一层】命令

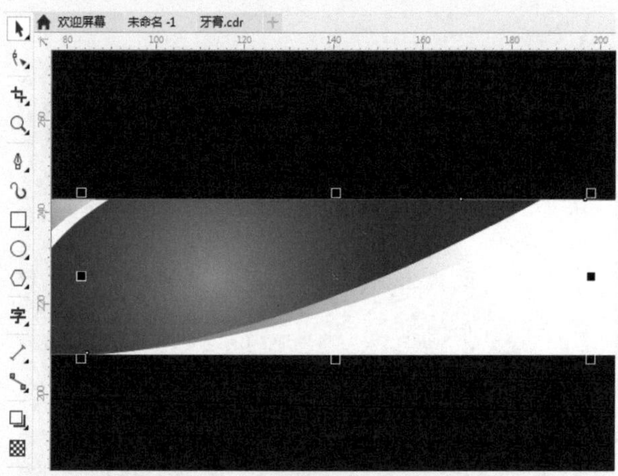

图13-55 调整顺序后的效果

18 在工具箱中选择【钢笔工具】，在工作区中绘制一个图形，如图13-56所示。

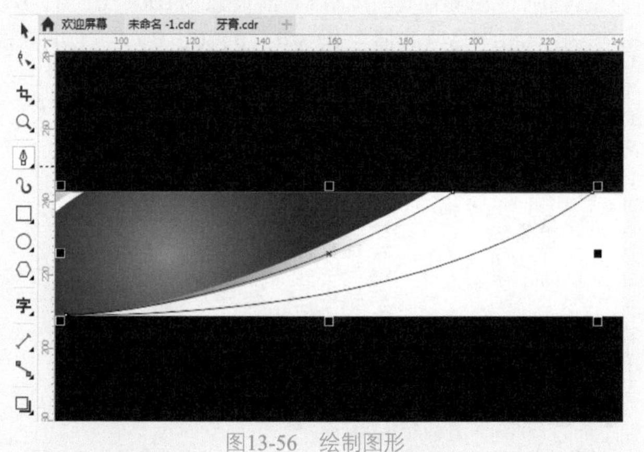

图13-56 绘制图形

19 确认该图形处于选中状态，按Shift+F11组合键，在弹出的【编辑填充】对话框中将CMYK值设置为100、0、0、0，如图13-57所示。

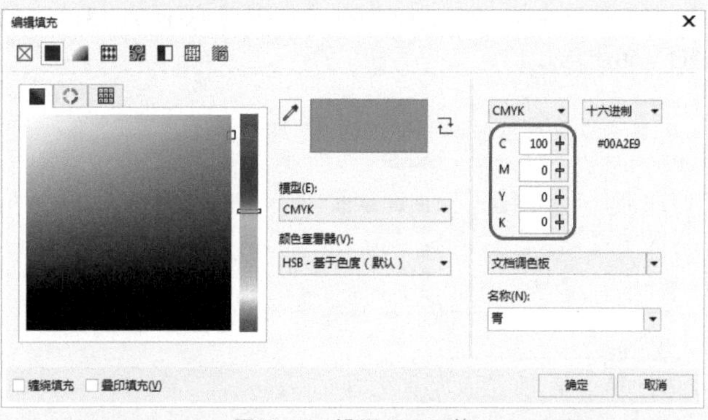

图13-57 设置CMYK值

20 设置完成后，单击【确定】按钮，并取消轮廓显示，效果如图13-58所示。

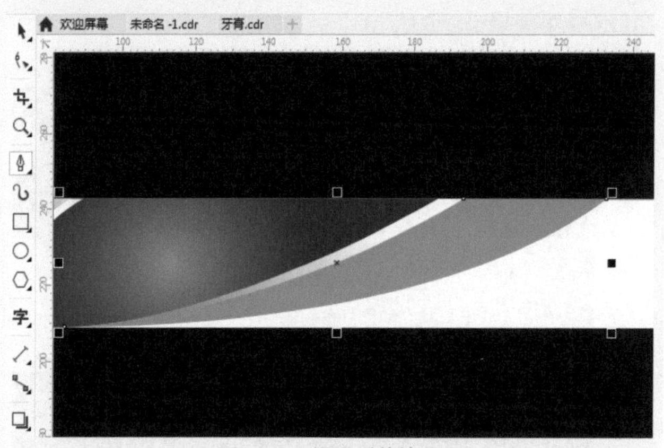

图13-58 设置后的效果

21 在工具箱中选择【钢笔工具】，在工作区中绘制一个如图13-59所示的图形。

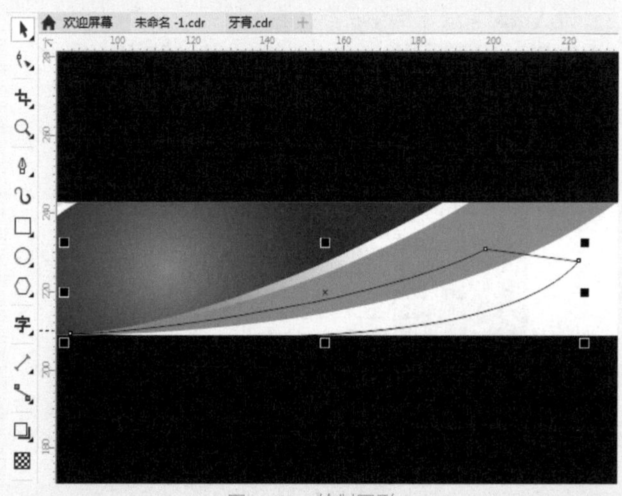

图13-59 绘制图形

22 确认该图形处于选中状态，按F11键，在弹出的【编辑填充】对话框中将左侧色标的CMYK值设置为100、

0、0、0，将右侧色标的CMYK值设置为0、0、0、0，将【填充宽度】设置为172，将【旋转】设置为78.8，如图13-60所示。

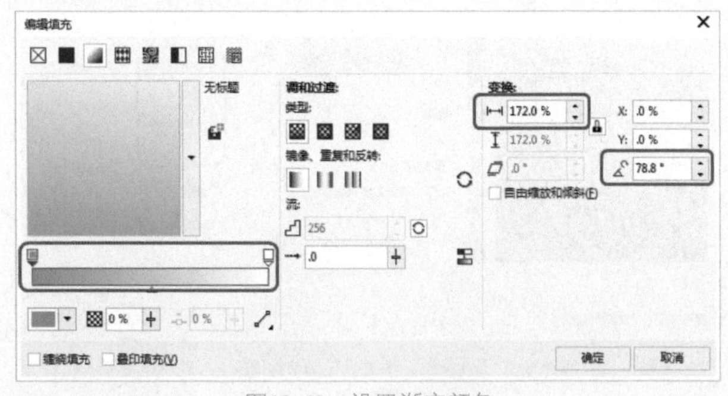

图13-60　设置渐变颜色

23 设置完成后，单击【确定】按钮，并取消轮廓显示，效果如图13-61所示。

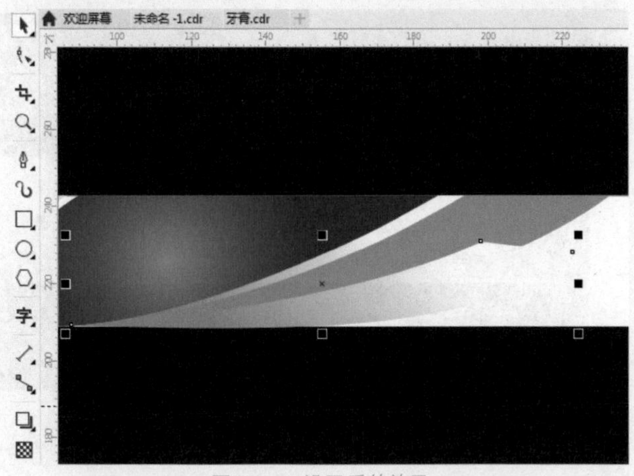

图13-61　设置后的效果

24 确认该对象处于选中状态，右击鼠标，在弹出的快捷菜单中选择【顺序】|【向后一层】命令，如图13-62所示。

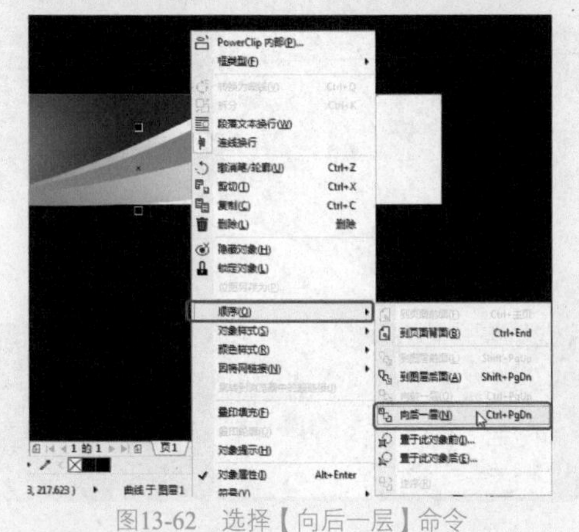

图13-62　选择【向后一层】命令

25 执行该操作后，即可将选中对象向后移动一层，调整后的效果如图13-63所示。

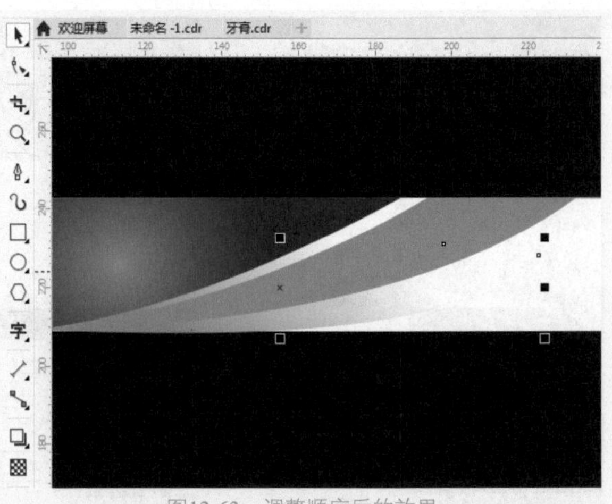

图13-63　调整顺序后的效果

26 在工具箱中选择【钢笔工具】，在工作区中绘制一个如图13-64所示的图形。

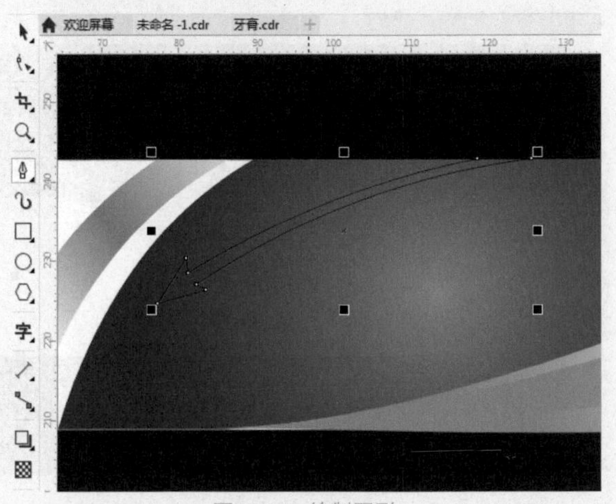

图13-64　绘制图形

27 选中绘制的图形，按F11键，在弹出的【编辑填充】对话框中将左侧色标的CMYK值设置为100、0、0、0，将右侧色标的CMYK值设置为0、0、0、0，将【填充宽度】设置为120，将【旋转】设置为-128.6，如图13-65所示。

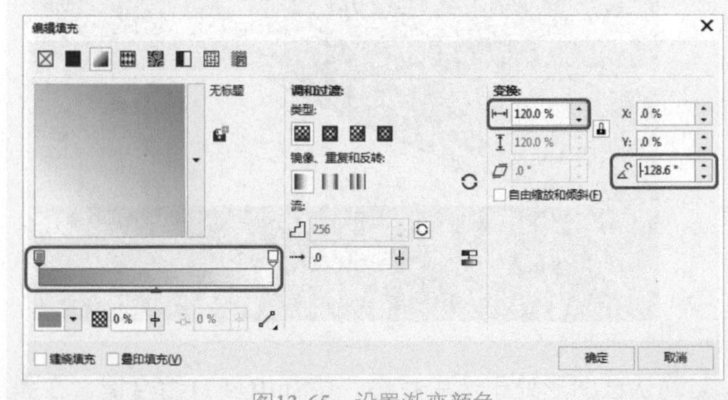

图13-65　设置渐变颜色

28 设置完成后，单击【确定】按钮，取消其轮廓显示，效果如图13-66所示。

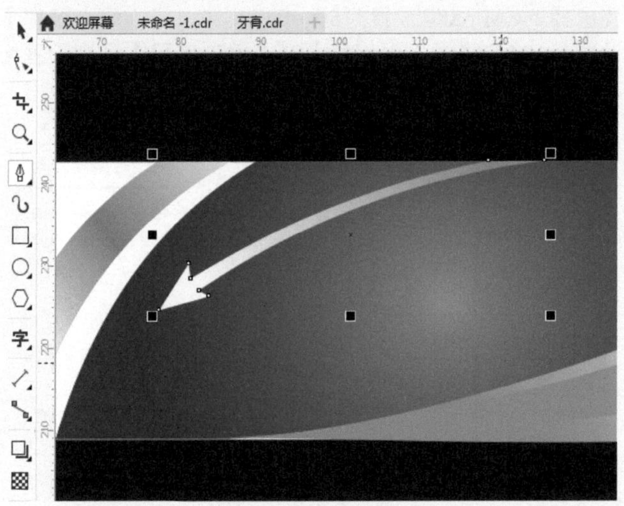

图13-66 取消轮廓显示

29 对该图形进行复制，并对复制后的对象进行调整，效果如图13-67所示。

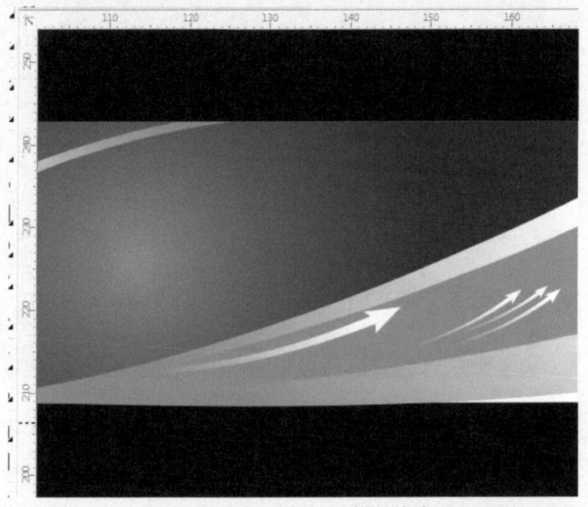

图13-67 复制对象并调整后的效果

30 在工具箱中选择【文字工具】字，在工作区中单击鼠标，输入文字。选中输入的文字，在【文本属性】泊坞窗中将【字体】设置为Bookman Old Style，将【字体大小】设置为45，将【字体样式】设置为半粗体-斜体，将【文本颜色】设置为白色，将【字符间距】设置为20，如图13-68所示。

31 确认该对象处于选中状态，按F12键，在弹出的【轮廓笔】对话框中将【宽度】设置为0.75，将颜色的CMYK值设置为100、85、0、0，勾选【填充之后】复选框，如图13-69所示。

32 设置完成后，单击【确定】按钮，设置完成后的效果如图13-70所示。

图13-68 输入文字并进行设置

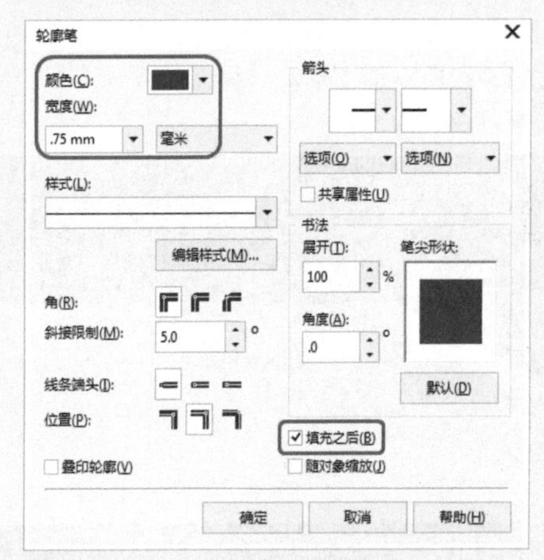

图13-69 设置轮廓参数

图13-70 设置完成后的效果

33 根据相同的方法输入其他对象，并对其进行相应的设置，效果如图13-71所示。

图13-71　输入其他对象后的效果

34 在工具箱中选择【钢笔工具】，在工作区中绘制一个如图13-72所示的图形。

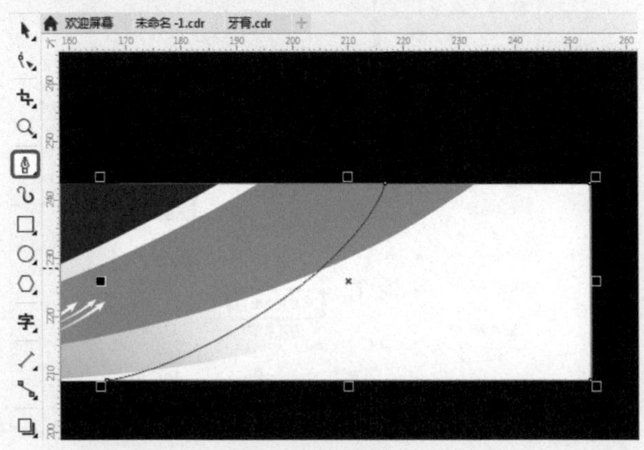

图13-72　绘制图形

35 为该图形填充白色，并取消轮廓显示，使用钢笔工具再绘制一个如图13-73所示的图形。

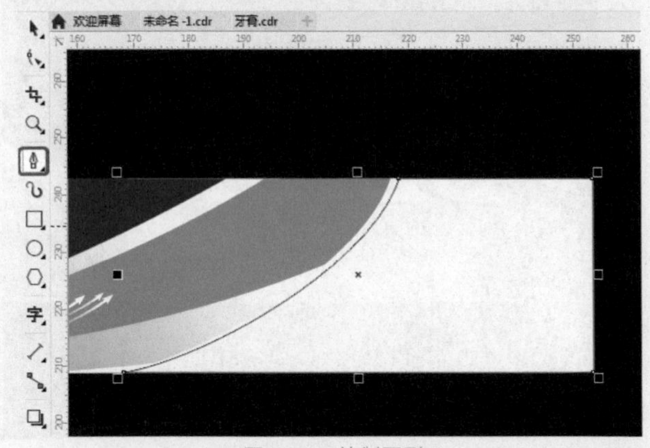

图13-73　绘制图形

36 确认该图形处于选中状态，按F11键，在弹出的【编辑填充】对话框中单击【椭圆形渐变填充】按钮，将左侧色标的CMYK值设置为100、60、0、0，在位置66%处添加一个色标，将其CMYK值设置为100、60、0、0，将右侧色标的CMYK值设置为60、0、0、0，将【填充宽度】设置为104，将【水平偏移】、【垂直偏移】分别设置为24、-1，如图13-74所示。

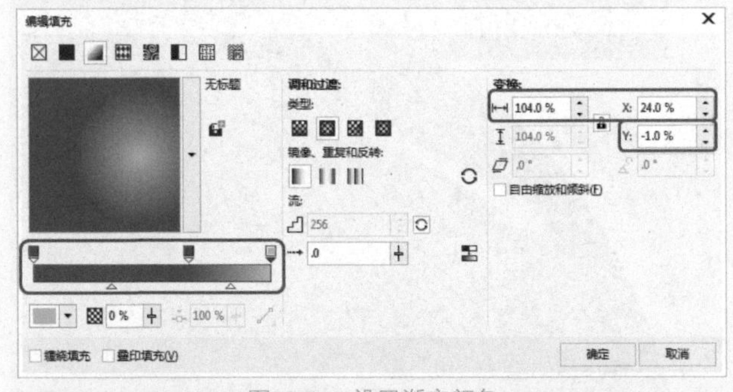

图13-74　设置渐变颜色

37 设置完成后，单击【确定】按钮，并取消轮廓显示，效果如图13-75所示。

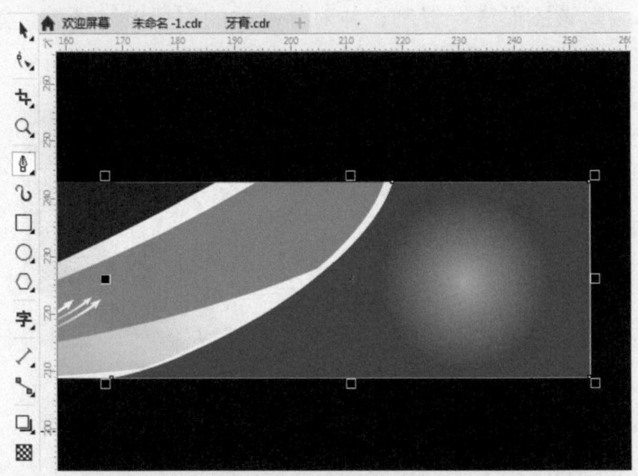

图13-75　设置后的效果

38 在工具箱中选择【钢笔工具】，在工作区中绘制一个如图13-76所示的图形。

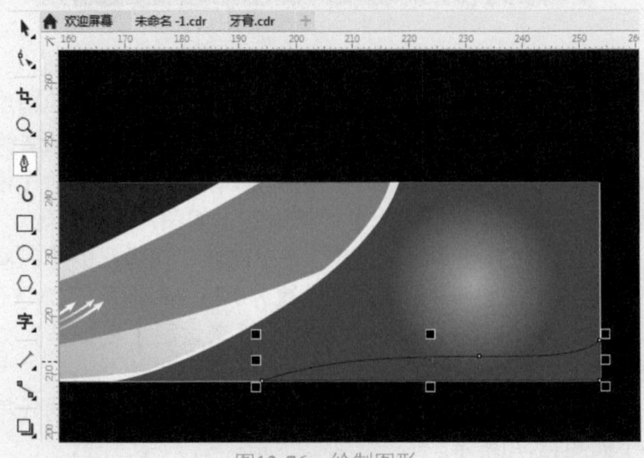

图13-76　绘制图形

39 确认该图形处于选中状态，按Shift+F11组合键，在弹出的【编辑填充】对话框中将CMYK值设置为100、0、0、0，如图13-77所示。

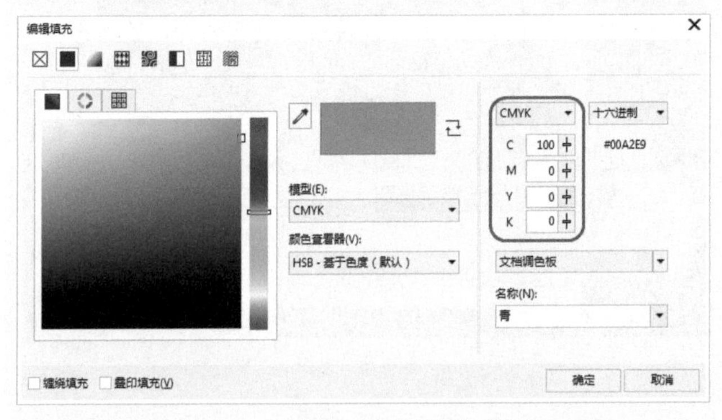

图13-77　设置CMYK值后的效果

40 设置完成后，单击【确定】按钮，取消其轮廓显示，效果如图13-78所示。

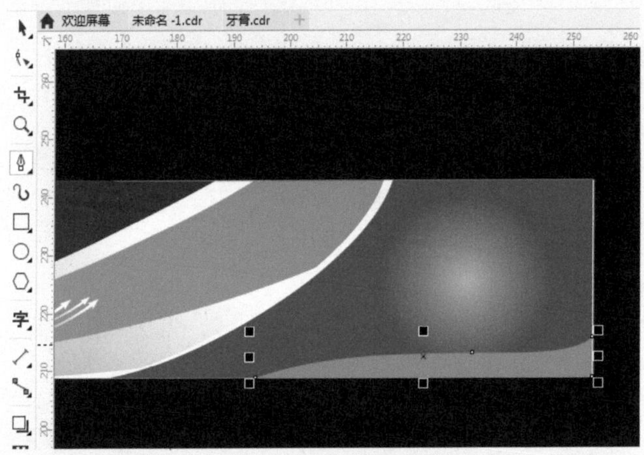

图13-78　取消轮廓显示后的效果

41 确认该图形处于选中状态，在工具箱中选择【透明度工具】，在工具属性栏中单击【渐变透明度】按钮，将【旋转】设置为-160.8，在工作区中对渐变透明度进行调整，效果如图13-79所示。

图13-79　添加透明度后的效果

42 在工具箱中选择【钢笔工具】，在工作区中绘制一个如图13-80所示的图形。

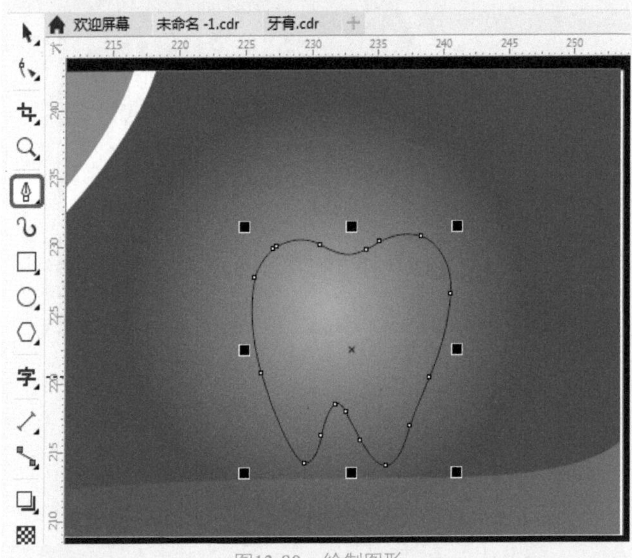

图13-80　绘制图形

43 选中绘制的图形，为其填充白色，按F12键，在弹出的【轮廓笔】对话框中将【宽度】设置为0.679，勾选【填充之后】和【随对象缩放】复选框，如图13-81所示。

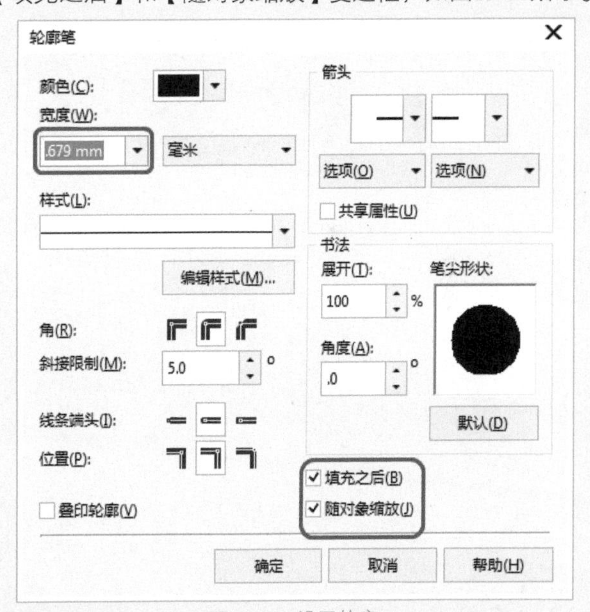

图13-81　设置轮廓

44 设置完成后，单击【确定】按钮，根据前面所介绍的方法添加其他对象，效果如图13-82所示。

45 使用同样的方法添加其他对象，并对其进行相应的设置，效果如图13-83所示。

图13-82　添加其他对象后的效果

图13-83　添加其他对象后的效果

第14章 项目指导——宣传单设计

宣传单（Leaflets）又称宣传单页，是商家为其宣传自己的一种印刷品，一般为单张双面印刷或单面印刷，单色或多色印刷。宣传单一般分为两大类，一类是推销产品、发布一些商业信息或寻人启事之类；另外一类是义务宣传，例如宣传人们义务献血，宣传征兵等。本章将介绍如何制作宣传单。

14.1 制作咖啡宣传单

宣传单设计与创意要新颖别致，制作精美，内容设计要让人不舍得丢弃，确保其具有吸引力和保存价值。本节介绍如何制作咖啡宣传单,效果如图14-1所示。

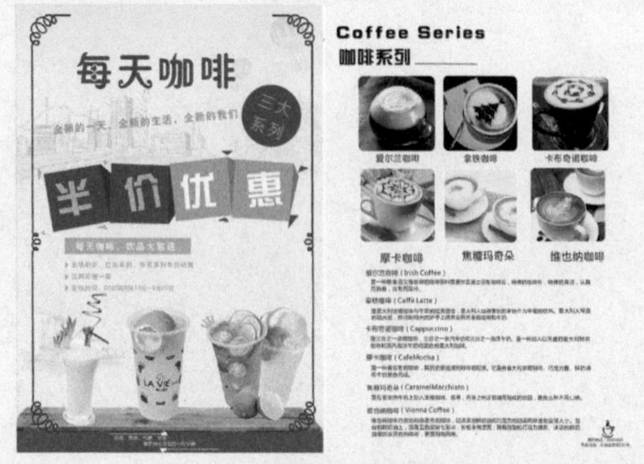

图14-1 咖啡宣传单

01 启动软件后新建文档。在【创建新文档】对话框中，将【宽度】设置为873，【高度】设置为613，如图14-2所示。

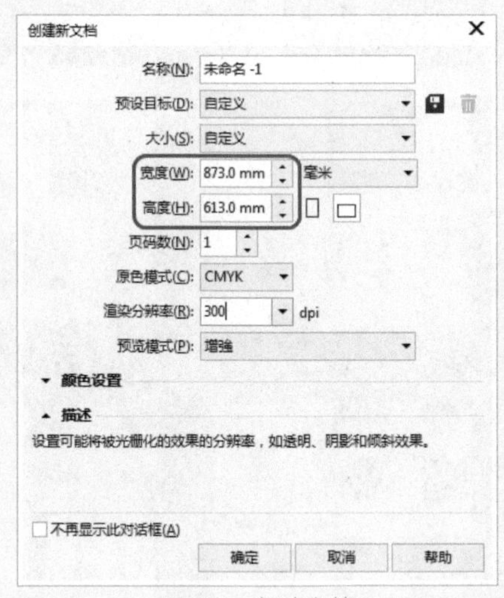

图14-2 新建文档

02 单击【确定】按钮，新建一个文档。按Ctrl+I组合键打开【导入】对话框，在该对话框中选择素材|Cha14|【咖啡背景.jpg】素材文件，然后单击【导入】按钮，在工作区中导入素材图片，调整其位置和大小，如图14-3所示。

图14-3 导入素材图片

03 按Ctrl+I组合键打开【导入】对话框，在该对话框中选择素材|Cha14|【木板.jpg】素材文件，然后单击【导入】按钮，在工作区中导入素材图片，调整其位置和大小，如图14-4所示。

图14-4 导入素材图片

04 使用【矩形工具】□，绘制一个【宽度】和【高度】分别为434mm和29mm的矩形，将其【填充颜色】的CMYK值设置为57、67、71、14，完成后的效果如图14-5所示。

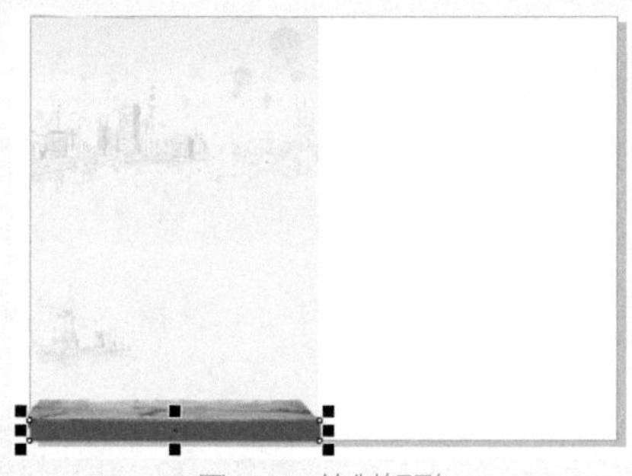

图14-5　绘制矩形

05 按Ctrl+I组合键打开【导入】对话框，在该对话框中选择素材|Cha14|【装饰.jpg】素材文件，然后单击【导入】按钮，在工作区中导入素材图片，调整其位置和大小，如图14-6所示。

图14-6　导入素材图片

06 使用【文本工具】字，输入文本“每天咖啡”，将其【字体】设置为汉仪秀英体简，【字体大小】设置为150，将其颜色的CMYK值设置为67、67、65、19，然后调整文本至适当位置，如图14-7所示。

图14-7　输入文字并进行设置

07 使用【文本工具】字，输入文本“全新的一天，全新的生活，全新的我们”，将其【字体】设置为汉仪大黑简，【字体大小】设置为40pt，将其颜色的CMYK值设置为0、53、86、0，将其旋转5°，调整其位置，如图14-8所示。

08 使用【圆形工具】○，在工作区中绘制一个【高度】和【宽度】都为84.667mm的圆形，将其【填充颜色】设置为67、67、65、19，调整其位置，如图14-9所示。

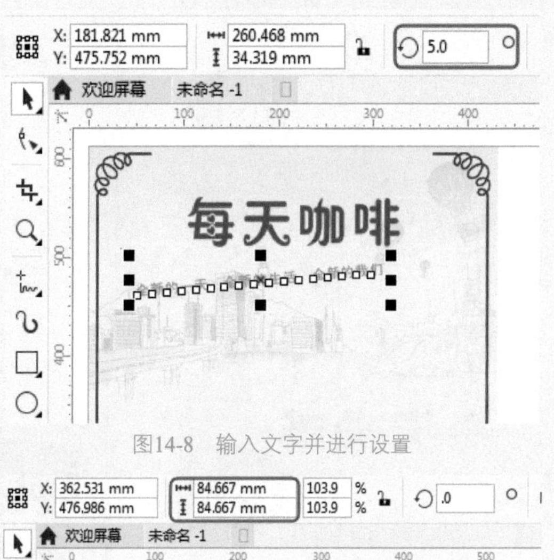

图14-8　输入文字并进行设置

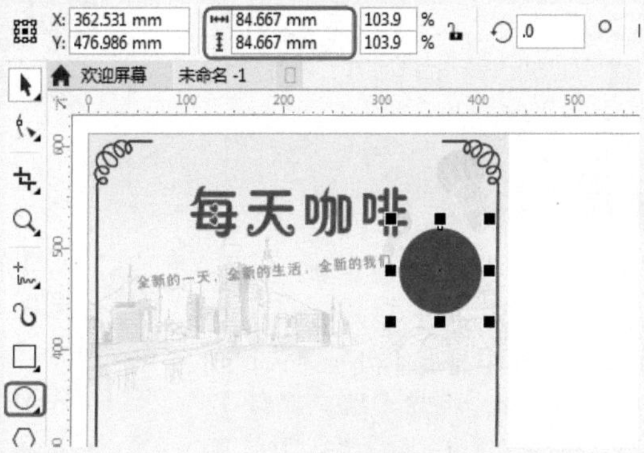

图14-9　绘制圆形并设置

09 使用【文本工具】字，输入文本“三大系列”，将其【字体】设置为长城粗圆体，【字体大小】设置为62pt，将其颜色的CMYK值设置为0、53、86、0，将其旋转340°，调整到合适位置，如图14-10所示。

图14-10　输入文字并进行设置

10 使用【矩形工具】□，绘制一个【宽度】和【高度】分别为95mm和92mm的矩形，将其【填充颜色】的CMYK值设置为67、67、65、19，调整其位置，完成后的效果如图14-11所示。

11 使用【矩形工具】□，绘制一个【宽度】和【高度】分别为95mm和92mm的矩形，将其【填充颜色】的

CMYK值设置为67、67、65、19，调整其位置，如图14-12所示。

图14-11　创建矩形并设置

图14-12　创建矩形并设置

12 使用【矩形工具】□，绘制一个【宽度】和【高度】分别为95mm和92mm的矩形，将其【填充颜色】的CMYK值设置为7、46、73、0，调整其位置，如图14-13所示。

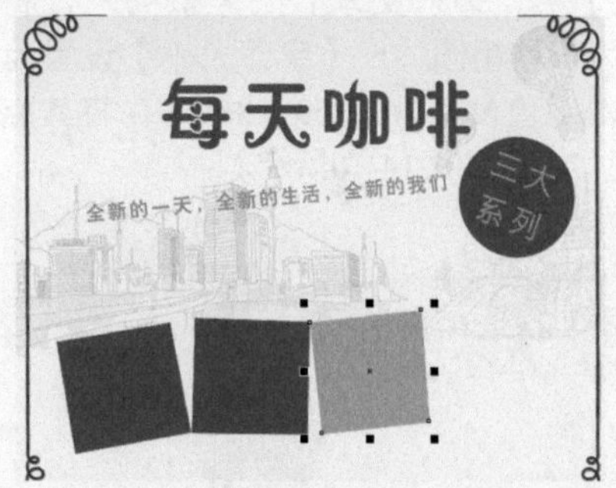

图14-13　创建矩形并设置

13 使用【矩形工具】□，绘制一个【宽度】和【高度】分别为95mm和92mm的矩形，将其【填充颜色】的CMYK值设置为7、46、73、0，调整其位置，如图14-14所示。

14 使用【钢笔工具】，绘制一个【宽度】和【高度】分别为15mm和73mm的三角形，将其【填充颜色】的CMYK值设置为63、76、80、38，调整其位置，完成后的效果如图14-15所示。

图14-14　创建矩形并设置

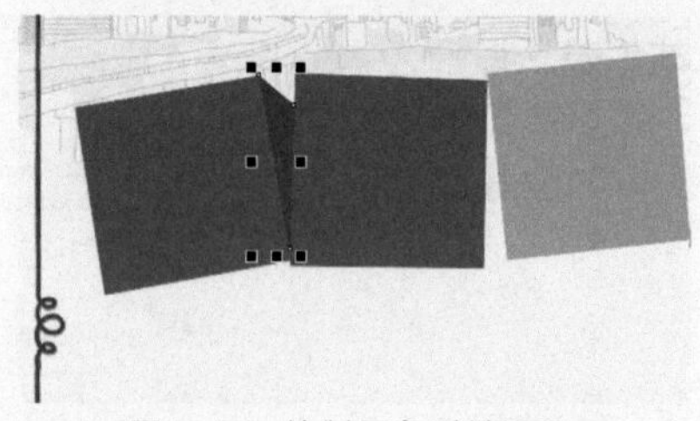

图14-15　绘制三角形并设置

15 使用【钢笔工具】，绘制一个【宽度】和【高度】分别为9mm和78mm的三角形，将其【填充颜色】的CMYK值设置为63、76、80、38，调整其位置，如图14-16所示。

图14-16　绘制三角形设置

16 使用【钢笔工具】，绘制一个【宽度】和【高度】分别为12mm和78mm的三角形，将其【填充颜色】的CMYK值设置为14、64、100、0，调整其位置，如图14-17所示。

17 使用【钢笔工具】，绘制一个【宽度】和【高度】分别为12mm和68mm的三角形，将其【填充颜色】的CMYK值设置为14、64、100、0，调整其位置，如图14-18所示。

图14-17　绘制三角形并设置

图14-18　创建三角形并设置

18 使用【钢笔工具】，绘制一个【宽度】和【高度】分别为6mm和18mm的三角形，将其【填充颜色】的CMYK值设置为8、36、89、0，调整其位置，如图14-19所示。

图14-19　创建三角形并设置

19 使用同样的方法绘制其他的三角形，将其【填充颜色】的CMYK值分别设置为8、36、89、0和67、67、65、19，调整其位置，完成后的效果如图14-20所示。

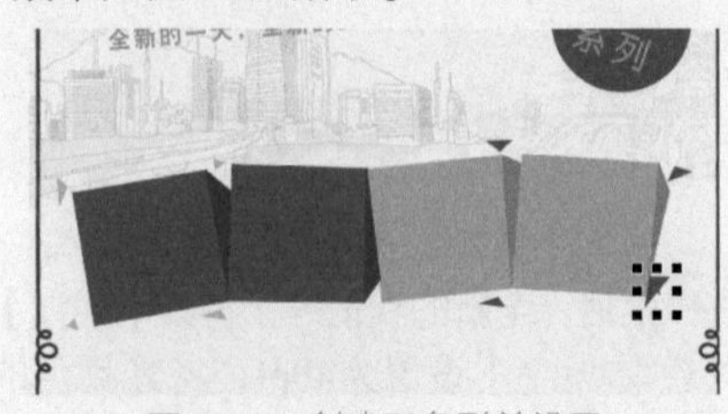

图14-20　创建三角形并设置

20 使用【文本工具】字输入文本“半”，将其【字体】设置为方正综艺简体，【字体大小】设置为150pt，将其【填充颜色】的CMYK值设置为7、36、89、0，然后调整文本至适当位置，完成后的效果如图14-21所示。

图14-21　输入文字并设置

21 使用相同的方法输入其他文本，将其【填充颜色】的CMYK值分别设置为7、36、89、0和0、0、0、0，然后调整文本至适当位置，完成后的效果如图14-22所示。

图14-22　输入其他文本并设置

22 使用【矩形工具】□，创建一个【宽度】和【高度】分别为179mm和22mm的矩形，将其【填充颜色】设置为7、36、89、0，调整其位置，完成后的效果如图14-23所示。

图14-23　创建矩形并设置

23 使用【文本工具】字，输入文本“每天咖啡，饮品大放送”，将其【字体】设置为汉仪大黑简，【字体大小】设置为37pt，将其【填充颜色】的CMYK值设置为0、0、0、0，然后调整文本至适当位置，完成后的效果如图14-24所示。

图14-24　输入文本并设置

24 使用【钢笔工具】，绘制一个【宽度】和【高度】分别为5mm和9mm的三角形，将其【填充颜色】的CMYK值设置为7、36、89、0，调整其位置，完成后的效果如图14-25所示。

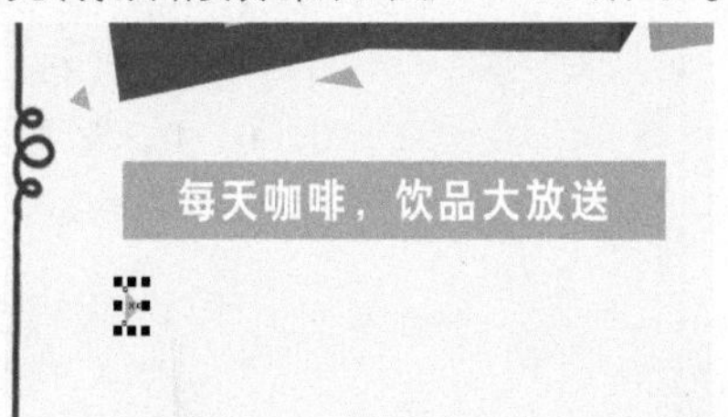

图14-25　创建三角形并设置

25 将前面所创建的三角形进行复制并粘贴，调整其位置，完成后的效果如图14-26所示。

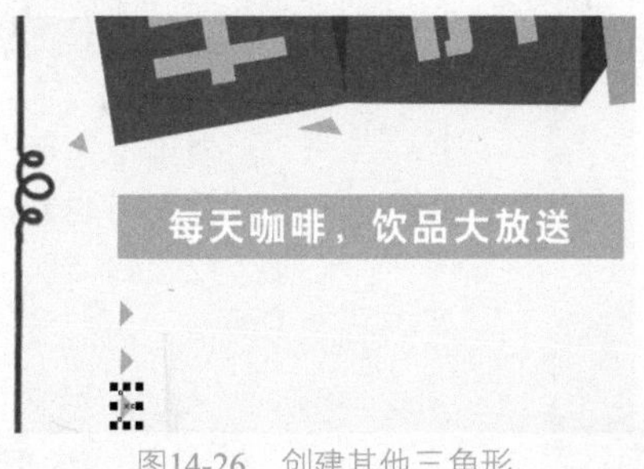

图14-26　创建其他三角形

26 使用【文本工具】字，输入文本“全场奶茶、红茶系列、绿茶系列半价销售”，将其【字体】设置为汉仪大黑简，【字体大小】设置为25pt，将其【填充颜色】的CMYK值设置为7、36、89、0，然后调整文本至适当位置，完成后的效果如图14-27所示。

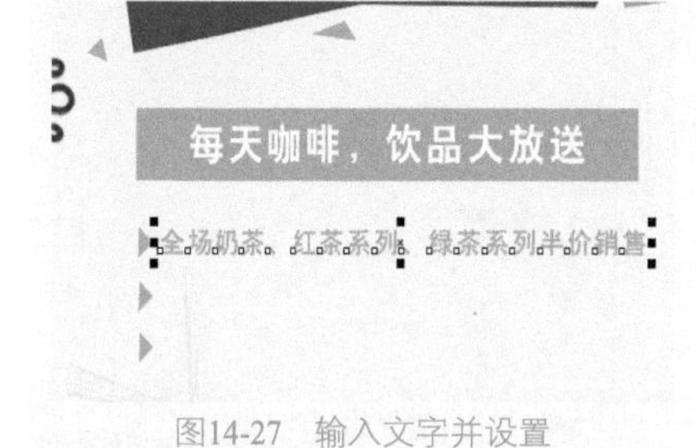

图14-27　输入文字并设置

27 使用【文本工具】字，输入文本“买两杯赠一杯”，将其【字体】设置为汉仪大黑简，【字体大小】设置为25pt，将其【填充颜色】的CMYK值设置为7、36、89、0，然后调整文本至适当位置，完成后的效果如图14-28所示。

每天咖啡，饮品大放送

全场奶茶、红茶系列、绿茶系列半价销售

买两杯赠一杯

图14-28　输入文字并设置

28 使用【文本工具】字，输入文本“活动时间：2020年8月13日—8月20日”，将其【字体】设置为汉仪大黑简，【字体大小】设置为25pt，将其【填充颜色】的CMYK值设置为7、36、89、0，然后调整文本至适当位置，完成后的效果如图14-29所示。

图14-29　输入文字并设置

29 按Ctrl+I组合键打开【导入】对话框，在该对话框中选择素材|Cha14|【素材1.jpg】文件，然后单击【导入】按钮，在工作区中导入素材图片，调整其位置和大小，如图14-30所示。

30 按Ctrl+I组合键打开【导入】对话框，在该对话框中选择素材|Cha14|【素材2.jpg】文件，在工作区中导入素材图片，调整其位置和大小，如图14-31所示。

31 按Ctrl+I组合键打开【导入】对话框，在该对话框中选择素材|Cha14|【素材3.jpg】文件，在工作区中导入素材图片，调整其位置和大小，如图14-32所示。

图14-30　导入素材

图14-31　导入素材

图14-32　导入素材

32 按Ctrl+I组合键打开【导入】对话框，在该对话框中选择素材|Cha14|【素材4.jpg】素材文件，在工作区中导入素材图片，调整其位置和大小，如图14-33所示。

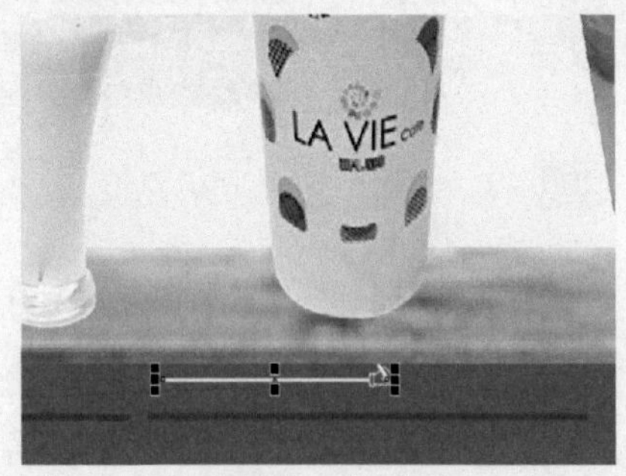

图14-33　导入素材

33 选择【素材4.jpg】素材文件，按+号键，对其进行复制，在工具属性栏中单击【水平镜像】按钮，对其进行镜像，并调整其位置，如图14-34所示。

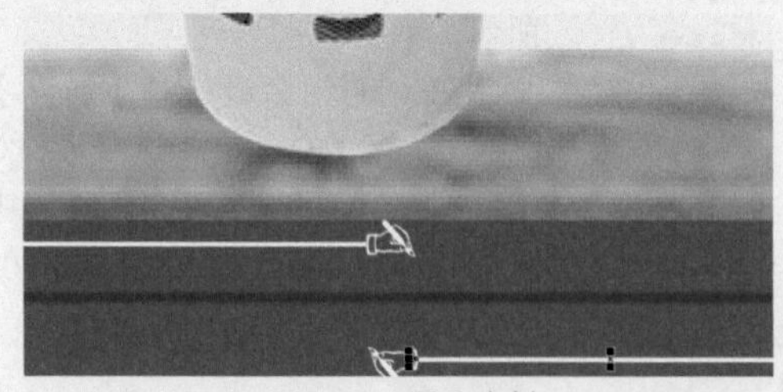

图14-34　导入素材

34 使用【文本工具】，输入文本“自在、悠然、恬静、安详”，将其【字体】设置为微软雅黑，【字体大小】设置为18pt，将其【填充颜色】的CMYK值设置为0、0、0、0，然后调整文本至适当位置，完成后的效果如图14-35所示。

图14-35　输入文字并设置

35 使用【文本工具】，输入文本“享受内心深处的一片宁静”，将其【字体】设置为微软雅黑，【字体大小】设置为18pt，将其【填充颜色】的CMYK值设置为0、0、0、0，然后调整文本至适当位置，完成后的效果如图14-36所示。

图14-36　输入文字并设置

36 使用【矩形工具】，创建一个【宽度】和【高度】分别为434mm和613mm的矩形，将其【填充颜色】设置为2、4、8、0，调整其位置，完成后的效果如图14-37所示。

图14-37　创建矩形并设置

37 使用【文本工具】，输入文本“Coffee Series”，将其【字体】设置为汉仪菱心体简，【字体大小】设置为68pt，将其【填充颜色】的CMYK值设置为0、0、0、

100，然后调整文本至适当位置，完成后的效果如图14-38所示。

Coffee Series

图14-38 输入文字并设置

38 使用【文本工具】字，输入文本“咖啡系列”，将其【字体】设置为方正综艺简体，【字体大小】设置为68pt，将其【填充颜色】的CMYK值设置为0、0、0、100，然后调整文本至适当位置，完成后的效果如图14-39所示。

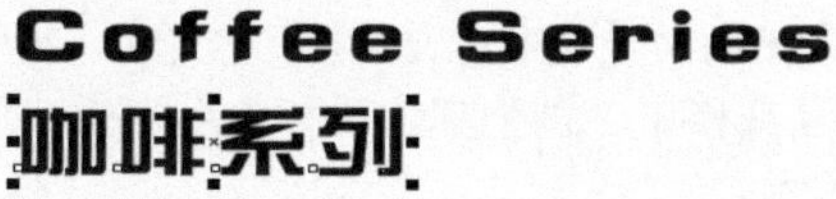

Coffee Series
咖啡系列

图14-39 输入文字并设置

39 使用【矩形工具】□，创建一个【宽度】和【高度】分别为91mm和0.5mm的矩形，将其【填充颜色】设置为53、49、51、0，调整其位置，完成后的效果如图14-40所示。

Coffee Series
咖啡系列

图14-40 绘制矩形并填充颜色

40 按Ctrl+I组合键打开【导入】对话框，在该对话框中选择素材|Cha14|【爱尔兰咖啡.jpg】素材文件，在工作区中导入素材图片，调整其位置和大小，完成后的效果如图14-41所示。

Coffee Series
咖啡系列

图14-41 导入素材

41 使用相同的方法将其他素材文件导入至文档中，并对其进行相应的设置，完成后的效果如图14-42所示。

42 使用【文本工具】字，输入文本“爱尔兰咖啡”，将其【字体】设置为微软雅黑，【字体大小】设置为33pt，将其【填充颜色】的CMYK值设置为56、91、85、40，然后调整文本至适当位置，完成后的效果如图14-43所示。

图14-42 导入素材

图14-43 输入文字

43 使用同样的方法输入其他文字，完成后的效果如图14-44所示。

图14-44 输入文字

44 使用【文本工具】字，输入文本“爱尔兰咖啡Irish Coffee”，将其【字体】设置为微软雅黑，【字体大小】设置为24pt，将其【填充颜色】的CMYK值设置为56、91、85、40，然后调整文本至适当位置，完成后的效果如图14-45所示。

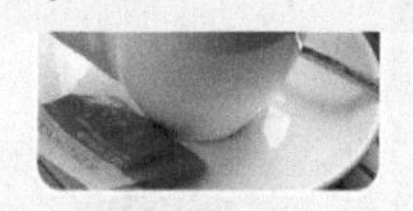

摩卡咖啡　焦糖玛奇朵
爱尔兰咖啡（Irish Coffee）

图14-45 输入文字并进行设置

45 使用【文本工具】字，输入文本。选中输入的文本，将其【字体】设置为微软雅黑，【字体大小】设置为20pt，将其【填充颜色】的CMYK值设置为0、0、0、100，然后调整文本至适当位置，完成后的效果如图14-46所示。

图14-46 输入文字并进行设置

46 使用同样的方法，在工作区中输入其他文字并进行相应的设置，并将其他素材文件导入至文档中，完成后的效果如图14-47所示。

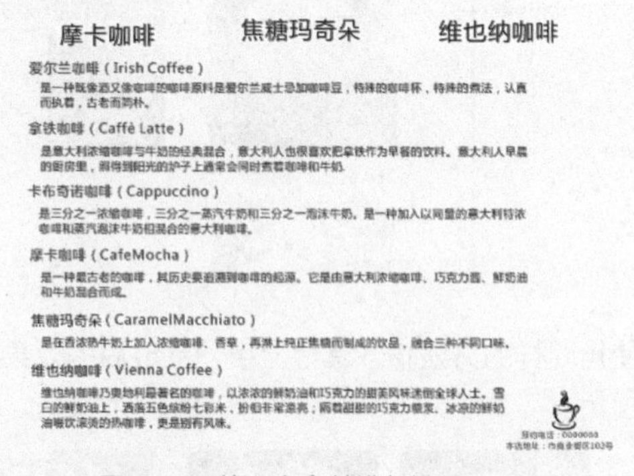

图14-47 输入文字并进行设置

14.2 制作手机宣传单

宣传单具有针对性、独立性和整体性的特点，为工商界所广泛应用，本节介绍如何制作手机宣传单，效果如图14-48所示。

图14-48 手机宣传单

01 启动软件后，按Ctrl+N组合键弹出【创建新文档】对话框，将【宽度】设置425mm，【高度】设置为285mm，单击【确定】按钮，如图14-49所示。

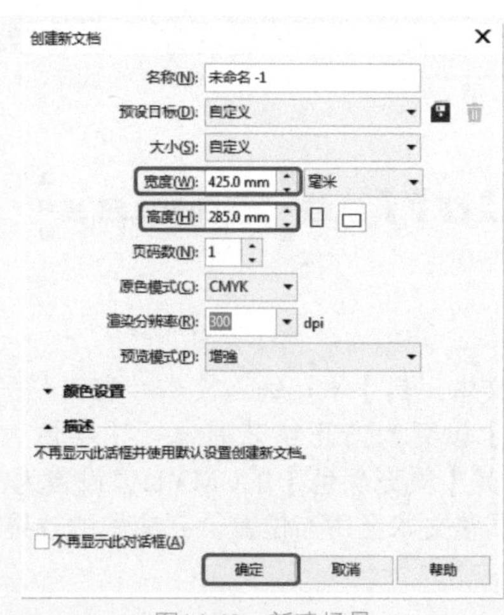

图14-49 新建场景

02 打开素材|Cha14|【素材01.cdr】素材文件，将素材复制并粘贴至文档中，调整其位置和大小，完成后的效果如图14-50所示。

图14-50 添加素材

03 复制上一步的素材并粘贴，选中白色矩形并删除，完成后的效果如图14-51所示。

图14-51 添加素材

04 按Ctrl+I组合键，在弹出的【导入】对话框中选择素材|Cha14 |【素材02.cdr】素材文件，单击【导入】按钮，效果完成后如图14-52所示。

05 按F8键激活【文本工具】字，输入“新店开业 超机优惠“，在工具属性栏中将【字体】设置为方正综艺简体，将【字体大小】设置为94pt，将【字体颜色】设置为白色。选择【阴影工具】的【立体化工具】，设置【立

体化颜色】的【使用递减的颜色】，从浅蓝（73、15、7、0）到深蓝（99、80、1、0），效果完成后如图14-53所示。

图14-52 导入素材文件

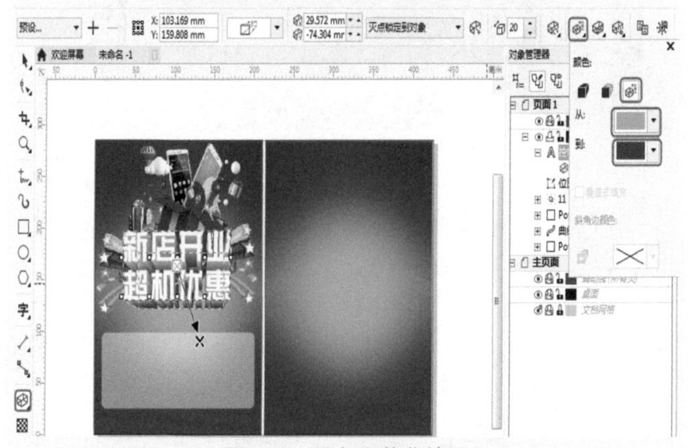

图14-53 添加立体化效果

06 按F8键激活【文本工具】字，输入“活动开始时间：2020年8月25-8月31日”，在工具属性栏中将【字体】设置为汉仪大宋简，将【字体大小】设置为12pt，将【字体颜色】设置为白色。使用【阴影工具】的【轮廓图工具】，设置【外部轮廓】的【轮廓图偏移】为0.5mm，【填充颜色】设置为黑色，如图14-54所示。

图14-54 添加外轮廓

07 调整一下轮廓的位置，打开素材| Cha14 |【素材03.cdr】素材文件，并将其复制粘贴至文档中，完成后如图14-55所示。

08 按F8键激活【文本工具】字，在工作区输入“X5SL”，在工具属性栏中将【字体】设置为BankGothic Md BT，将【字体大小】分别设置为30pt和24pt，将【字体颜色】设置为黑色，如图14-56所示。

图14-55 添加素材

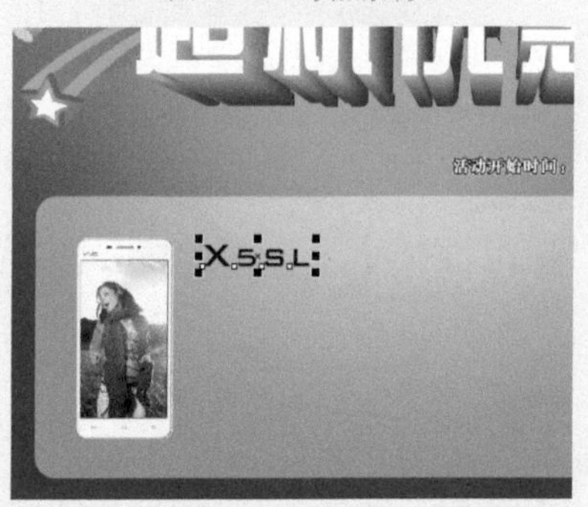

图14-56 输入文字

09 使用【椭圆形工具】，按Ctrl键在工作区画5个圆形，将其【填充颜色】为黑色，调整其位置和大小，如图14-57所示。

10 按F8键激活【文本工具】字，在工作区输入“Hi-Fi K歌之王”，在工具属性栏中将【字体】设置为Arial Unicode MS，将【字体大小】设置为10pt，将【字体颜色】设置为黑色，如图14-58所示。

图14-57 输入符号

图14-58 输入文字并进行设置

11 使用同样的方法输入其他文字，完成后的效果如图14-59所示。

12 使用【矩形工具】，绘制【宽度】和【高度】分别为51mm和9mm的矩形，在工具属性栏中单击【圆角】

按钮，将【转角半径】都设置为1.02mm，并将其【填充颜色】的CMYK值设置为0、0、0、10。按F12键打开【轮廓笔】对话框，设置【轮廓颜色】为白色，完成后的效果如图14-60所示。

图14-59 输入文字并进行设置

图14-60 绘制矩形并进行设置

13 按F8键激活【文本工具】，在工作区输入“原价：2498元”，在工具属性栏中将【字体】设置为Arial Unicode MS，将【字体大小】设置为5pt，将【字体颜色】设置为白色，调整其位置，如图14-61所示。

14 按F8键激活【文本工具】，在工作区输入“暑假特价：”，在工具属性栏中将【字体】设置为【Arial Unicode MS】，将【字体大小】设置为10pt，将【字体颜色】设置为白色，调整其位置，如图14-62所示。

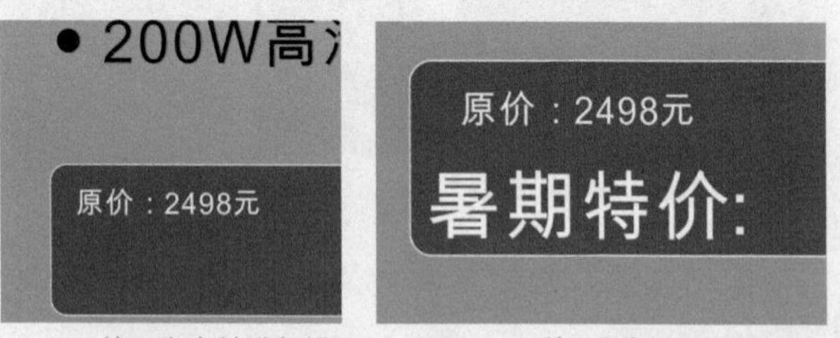

图14-61 输入文字并进行设置　图14-62 输入文字并进行设置

15 按F8键激活【文本工具】，在工作区输入“2298”，在工具属性栏中将【字体】设置为Arial Narrow，将【字体大小】设置为45pt，将【字体颜色】设置为粉色。使用【阴影工具】的【轮廓图工具】，设置【外部轮廓】的【轮廓图步长】为1，【轮廓图偏移】为0.5mm，【轮廓色】为黑色（0、0、0、100），【填充色】的CMYK值为0、0、0、10，调整其位置，如图14-63所示。

图14-63 设置外轮廓

16 按F8键激活【文本工具】，在工作区输入“元”，在工具属性栏中将【字体】设置为Arial Unicode MS，将【字体大小】设置为10pt，将【字体颜色】设置为白色，调整其位置，如图14-64所示。

17 打开素材| Cha14 |【素材04.cdr】素材文件，并复制粘贴至文档中，完成后的效果如图14-65所示。

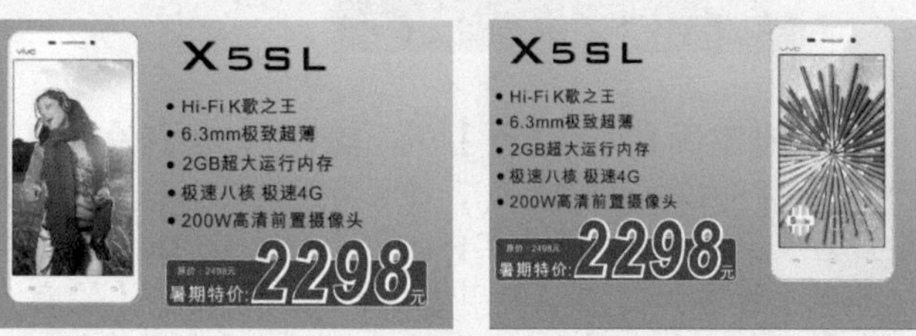

图14-64 输入文字并设置　图14-65 添加素材

18 按F8键激活【文本工具】，在工作区输入“XSHOT”，在工具属性栏中将【字体】设置为BankGothic Md BT，将【字体大小】分别设置为30pt和24pt，将【字体颜色】设置为黑色，如图14-66所示。

19 使用【椭圆形工具】，按Ctrl键在工作区画5个圆形，将其【填充颜色】设置为黑色，调整其位置和大小，如图14-67所示。

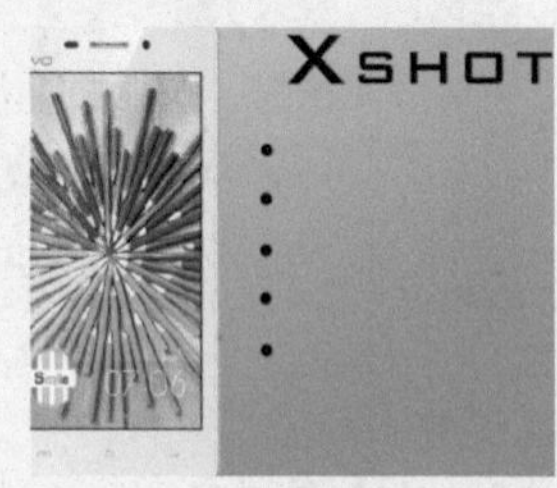

图14-66 输入文字并设置　图14-67 绘制图形并填充颜色

20 按F8键激活【文本工具】字，在工作区输入“F1.8超大光圈+OIS光学防抖”，在工具属性栏中将【字体】设置为Arial Unicode MS，将【字体大小】设置为10pt，将【字体颜色】设置为黑色，如图14-68所示。

图14-68 输入文字并设置

21 使用同样的方法输入其他文字，完成后的效果如图14-69所示。

图14-69 输入文字

22 使用【矩形工具】□，绘制【宽度】和【高度】分别为51mm和9mm的矩形，在工具属性栏中单击【圆角】按钮□，将【转角半径】都设置为1.02mm，并将其【填充颜色】的CMYK值设置为0、100、0、0。按F12键打开【轮廓笔】对话框，设置【轮廓颜色】为白色，完成后的效果如图14-70所示。

图14-70 绘制矩形并进行设置

23 按F8键激活【文本工具】字，在工作区输入“原价：1298元”，在工具属性栏中将【字体】设置为Arial Unicode MS，将【字体大小】设置为5pt，将【字体颜色】设置为白色，调整其位置，完成后的效果如图14-71所示。

24 按F8键激活【文本工具】字，在工作区输入“暑假特价：”，在工具属性栏中将【字体】设置为Arial Unicode MS，将【字体大小】设置为10pt，将【字体颜色】设置为白色，调整其位置，如图14-72所示。

图14-71 输入文字并设置　　图14-72 输入文字并设置

25 按F8键激活【文本工具】字，在工作区输入“999”，在工具属性栏中将【字体】设置为Arial Narrow，将【字体大小】设置为45pt，将【字体颜色】设置为白色。使用【阴影工具】□的【轮廓图工具】，设置【外部轮廓】的【轮廓图步长】为1，【轮廓图偏移】为0.5mm，【轮廓色】为黑色（0、0、0、100），【填充色】的CMYK值为0、0、0、10，调整其位置，如图14-73所示。

图14-73 绘制矩形

26 按F8键激活【文本工具】字，在工作区输入“元”，在工具属性栏中将【字体】设置为Arial Unicode MS，将【字体大小】设置为10pt，将【字体颜色】设置为白色，调整其位置，效果如图14-74所示。

27 使用【钢笔工具】，画出一条直线，按F12键打开【轮廓笔】对话框，设置【颜色】为白色，【宽度】为0.25mm，【样式】为虚线，调整其位置和大小，完成后的效果如图14-75所示。

图14-74 输入文字并设置

图14-75 绘制直线并设置轮廓

28 按F8键激活【文本工具】字，在工作区输入“制造商:维沃移动通信有限公司　地址:××市××镇××大道275号”，在工具属性栏中将【字体】设置为Arial Unicode MS，将【字体大小】设置为5pt，将【字体颜色】设置为白色，调整其位置，完成后的效果如图14-76所示。

图14-76　输入文字并设置

29 使用同样的方法输入其他文字，完成后的效果如图14-77所示。

图14-77　输入其他文字

30 按F8键激活【文本工具】字，在工作区输入“话费打×折/送××超大流量/加油每升省××”，在工具属性栏中将【字体】设置为Arial Unicode MS，将【字体大小】设置为24pt，将【字体颜色】分别设置为白色和黄色，调整其位置，效果如图14-78所示。

图14-78　输入文字并设置

31 打开素材|Cha14|【素材05.cdr】素材文件，并复制粘贴至文档中，效果如图14-79所示。

32 使用【钢笔工具】，画出一条直线，按F12键打开【轮廓笔】对话框，设置【颜色】为白色，【宽度】为0.25mm，【样式】为虚线，调整其位置和大小，完成后的效果如图14-80所示。

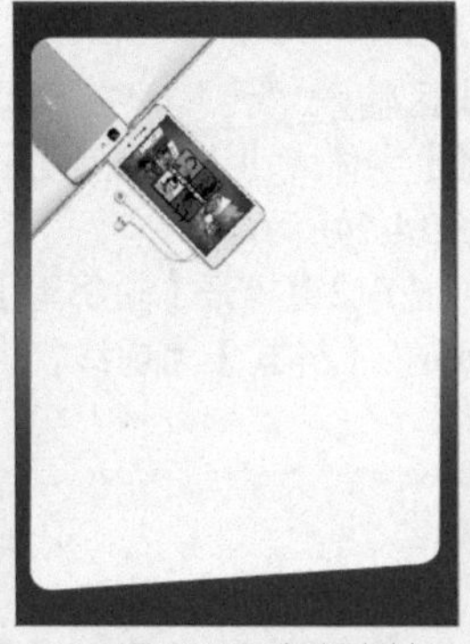

图14-79　复制素材

图14-80　绘制虚线

33 打开随书附带光盘中的素材|Cha14|【素材06.cdr】素材文件，并复制粘贴至文档中，完成后的效果如图14-81所示。

34 按F8键激活【文本工具】字，在工作区输入文字“极致Hi-Fi　纤薄王者”，在工具属性栏中将【字体】设置为Arial Unicode MS，将【字体大小】设置为14pt，将【字体颜色】设置为蓝色（100、0、0、0），如图14-82所示。

图14-81　添加素材

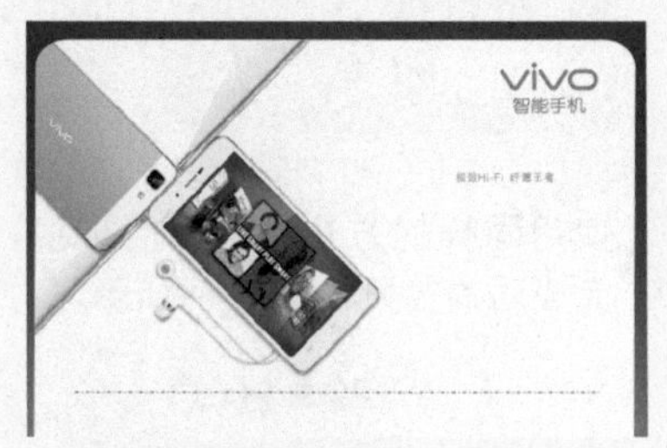

图14-82　输入文字并设置

35 按F8键激活【文本工具】字，在工作区输入文字“薄动心弦 k歌之王”，在工具属性栏中将【字体】设置为Arial Unicode MS，将【字体大小】设置为18pt，将【字体颜色】设置为黑色，如图14-83所示。

图14-83　输入文字并设置

36 使用同样的方法输入其他文字，如图14-84所示。

图14-84　输入其他文字

37 按F8键激活【文本工具】字，在工作区输入文字“全网通”，在工具属性栏中将【字体】设置为汉仪大黑简，将【字体大小】设置为

37pt，将【字体颜色】设置为蓝色(100、0、0、0)，完成后的效果如图14-85所示。

图14-85　输入文字并设置

38 按F8键激活【文本工具】字，在工作区输入文字“支持移动、联通、电信”，在工具属性栏中将【字体】设置为汉仪中楷简，将【字体大小】设置为16pt，将【字体颜色】设置为蓝色(100、0、0、0)，调整其位置和大小，如图14-86所示。

图14-86　输入文字

39 打开素材|Cha14|【素材07.cdr】素材文件，并复制粘贴至文档中，如图14-87所示。

图14-87　添加素材图片

40 打开素材|Cha14|【素材08.cdr】素材文件，并复制粘贴至文档中，如图14-88所示。

41 打开素材|Cha14|【素材09.cdr】素材文件，并复制粘贴至文档中，调整其位置和大小，如图14-89所示。

图14-88　添加素材

图14-89　添加素材

42 打开素材|Cha14|【素材10.cdr】素材文件，并复制粘贴至文档中，调整其位置和大小，如图14-90所示。

43 按F8键激活【文本工具】字，在工作区输入文字“Y28L”，在工具属性栏中将【字体】设置为Arial Unicode MS，将【字体大小】设置为24pt，将【字体颜色】设置为灰色（71、65、61、15），使用【椭圆形工具】绘制5个圆形并设置其【填充颜色】的CMYK值为71、65、61、15，调整其位置和大小，如图14-91所示。

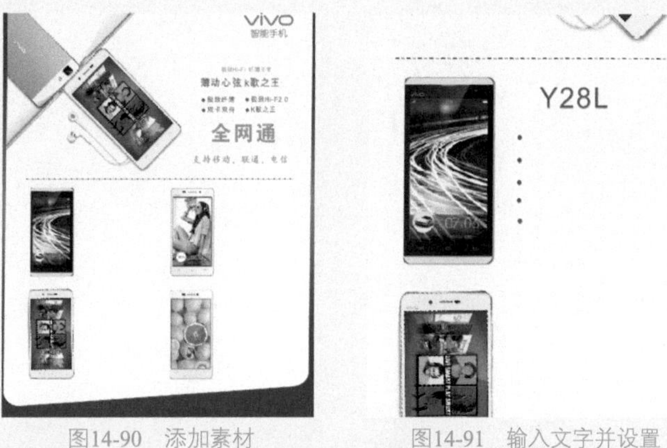

图14-90　添加素材　　图14-91　输入文字并设置

44 按F8键激活【文本工具】字，在工作区输入文字“F1.8超大光圈+OIS光学防抖”，在工具属性栏中将【字体】设置为Arial Unicode MS，将【字体大小】设置为9pt，将【字体颜色】设置为与上一步文字相同的属性，如图14-92所示。

图14-92　输入文字并设置

45 使用同样的方法输入其他的文字，完成后的效果如图14-93所示。

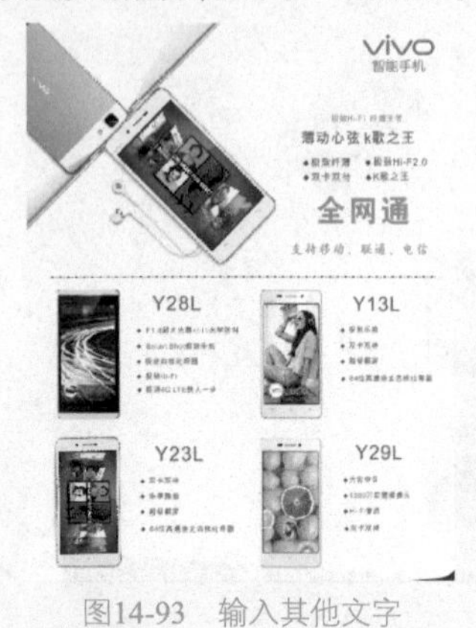

图14-93 输入其他文字

46 按F8键激活【文本工具】字，在工作区输入文字“买手机选电信移动/联通/电信卡都能用”，在工具属性栏中将【字体】设置为方正综艺简体，将【字体大小】设置为30pt，如图14-94所示。

47 手机宣传折页制作完成后，最终效果如图14-95所示。

图14-94 输入文字并设置

图14-95 完成后的效果

附录1　参考答案

第1章　思考与练习

1. 尽管从屏幕上看不出CMYK颜色模式的图像与RGB颜色模式的图像之间的差别，但是这两种图像是截然不同的。在图像尺度相同的情况下，RGB图像的文件大小比CMYK图像要小，但RGB颜色空间或色谱却可以显示更多的颜色。因此，凡是用于要求有精确色调逼真度的Web或桌面打印机的图像，一般都采用RGB模式。在商业印刷机等需要精确打印再现的场合，图像一般采用CMYK模式创建。调色板颜色图像在减小文件大小的同时力求保持色调逼真度，因而适合在屏幕上使用。

2. 在【选项】对话框的左边栏中选择【背景】选项，就会在右边栏中显示它的相关设置参数。用户可以在其中选择【纯色】或【位图】单选框来设置所需的背景颜色或图案。

3. 选中图形对象然后在【默认调色板】中鼠标左键单击颜色色块，为图形填充颜色，右键单击颜色色块，为图形设置轮廓色。

第2章　思考与练习

1. （1）使用【钢笔工具】时，可以预览正在绘制的线段。【钢笔工具】的属性栏上有一个【预览模式】按钮，激活它后在绘制线条时能看见线条预先的状态。

（2）在【钢笔工具】的属性栏上还有一个【自动添加/删除节点】按钮，按下它在绘制时可以随时在画好的线条中增加和删除节点。

2. （1）按住Ctrl键的同时拖动鼠标以两对角的方式画圆形。

（2）按住Ctrl+Shift组合键的同时拖动鼠标以中心放大的方式画圆形

3. 按Ctrl键可以绘制水平或垂直直线，也可呈一定的增量角度倾斜绘制直线。系统默认为15°。

第3章　思考与练习

1. 滴管工具分为两种，包括【颜色滴管工具】和【属性滴管工具】。

2. 辅助线分为3种，分别是水平辅助线、垂直辅助线和倾斜辅助线。添加辅助线之后可以双击辅助线，在弹出的【辅助线】对话框中对辅助线进行添加、修改或删除操作。

3. 选择工具箱中的【缩放工具】，将鼠标指针移动到工作区域中的素材上，当鼠标指针变为放大状态时单击图像可以放大图像，按住Shift键或单击工具属性栏中的缩小按钮，在工作区中单击可以缩小图像。

第4章　思考与练习

1. ①直接填入路径：绘制一个矢量对象，然后单击【文本工具】，接着将光标移动到对象路径的边缘单击路径，即可输入文字。

②执行菜单命令：选中美术文本，然后选择【文本】|【使文本适合路径】命令，将光标移动到要填入的路径，在对象上单击鼠标即可。

③右键填入文本：选中美术文本，然后按住鼠标右键拖曳文本到要填入的路径，释放鼠标右键，在弹出的快捷菜单中选择【使文本适合路径】命令即可。

2. 选择已经置入对象的段落文本，选择菜单栏中的【对象】|【拆分路径内的段落文本】命令，即可将文本和图形分离。

第5章　思考与练习

1. CorelDRAW的填色方式有5种，分别如下。

（1）标准色填充，也就是单色填充，CorelDRAW有色板，可以直接选色；

（2）渐变色填充，渐变又分为线性、射线、圆锥、方角渐变；

（3）图案填充，又分为双色、全色、位图图样填充；

（4）底纹填充，可以填充各种纹理效果；

（5）PostScript填充，类似几何图形效果；

2. CorelDRAW中的【网状填充工具】主要是为造型做立体感的填充。用【网状填充工具】填充对象时可以产生独特的效果。【网状填充工具】可以创建任何方向的平滑的颜色过渡，而无须创建调和或轮廓图。

第6章　思考与练习

1. 选择对象：

①选择单个对象：选择工具栏中的【选择工具】，然后单击要选择的对象。

②选择多个对象：选择工具栏中的【选择工具】，然后按住鼠标左键在空白处拖动出虚线矩形范围，释放鼠标即可；或单击【手绘选择工具】，然后按住鼠标左键在空白处绘制一个不规则范围即可。

③选择多个不相连的对象：选择【选择工具】，然后按住Shift键在逐个单击不相连的对象进行加选。

④按顺序选择：选择【选择工具】，然后选择最上面的图像，接着按Tab键按照从前到后的顺序依次选择编辑的对象。

⑤全选对象：选择【选择工具】，按住鼠标左键在所有对象外围拖动出矩形虚线框，释放鼠标即可将对象全选；双击【选择工具】，可将对象全选；选择【编辑】|【全选】命令，可在子菜单中选择全选的类型。

⑥选择覆盖对象：使用【选择工具】选择上方对象后，按住Alt键同时再单击鼠标左键，即可选中下方被覆盖的对象。

取消选择对象：在工作区中的空白处单击或在工具箱中选择其他工具即可取消选择对象。

2. 在使用【贝塞尔工具】进行编辑时，为了使编辑更加细致，需要在调整时进行添加与删除节点。添加与删除节点的方法有4种。

第1种：选中线条上要添加节点的位置，然后在属性栏上单击【添加节点】按钮，单击【删除节点】按钮可删除节点。

第2种：选中线条上要添加节点的位置，然后单击鼠标右键，在快捷菜单中选择【添加】命令进行添加节点，选择【删除】命令可删除节点。

第3种：在需要增加节点的位置，双击鼠标左键添加节点，双击已有节点可删除节点。

第4种：选中线条上要添加节点的位置，按+号键可添加节点，按-号键可删除节点。

第7章　思考与练习

1. 在菜单栏中选择【对象】|【顺序】命令，在弹出的子菜单中可以选择提供的顺序命令。

2. 选择需要镜像的对象，在菜单栏中选择【对象】|【变换】|【缩放和镜像】命令，弹出【变换】泊坞窗，在该泊坞窗中可以单击【水平镜像】按钮和【垂直镜像】按钮。用户还可以选择需要镜像的对象，在属性栏中单击【水平镜像】按钮和【垂直镜像】按钮，也可以镜像选择的对象，但不会复制对象。

3. 选择需要拆分的对象，右击鼠标，在弹出的快捷菜单中选择【拆分曲线】命令(或按Ctrl+K组合键)。

第8章　思考与练习

1. 轮廓图效果可使轮廓线向内或向外复制，并将所需的颜色以渐变状态进行填充。

2. 使用【立体化工具】可以将简单的二维平面图形转换为三维立体化图形，如将正方形变为立方体。

3. 在工具箱中选择【透明度工具】，可以为对象设置透明效果，方法是通过减少图像颜色的填充量来更改透明度，使其成为透明或半透明的效果。

第9章　思考与练习

1. 略。

2. 共7种，其中包括黑白、灰度、双色、调色板、RGB颜色、Lab颜色、CMYK颜色。

3. 略